Winfried Storhas

**Angewandte
Bioverfahrensentwicklung**

Winfried Storhas

Angewandte Bioverfahrensentwicklung

Praxisbeispiele für Auslegung, Betrieb
und Kostenanalyse

Verlag GmbH & Co. KGaA

Autor

Prof. Dipl.-Ing. Winfried Storhas
Bioverfahrenstechnik
Hochschule Mannheim
Paul-Wittsack-Straße 10
68163 Mannheim

Titelbild
Unter Verwendung von Abbildungen der BASF SE sowie © fotolia_fdenb.

Alle Bücher von Wiley-VCH werden sorgfältig erarbeitet. Dennoch übernehmen Autoren, Herausgeber und Verlag in keinem Fall, einschließlich des vorliegenden Werkes, für die Richtigkeit von Angaben, Hinweisen und Ratschlägen sowie für eventuelle Druckfehler irgendeine Haftung.

Bibliografische Information der Deutschen Nationalbibliothek
Die Deutsche Nationalbibliothek verzeichnet diese Publikation in der Deutschen Nationalbibliografie; detaillierte bibliografische Daten sind im Internet über http://dnb.d-nb.de abrufbar.

© 2018 WILEY-VCH Verlag GmbH & Co. KGaA, Boschstr. 12, 69469 Weinheim, Germany

Alle Rechte, insbesondere die der Übersetzung in andere Sprachen, vorbehalten. Kein Teil dieses Buches darf ohne schriftliche Genehmigung des Verlages in irgendeiner Form – durch Photokopie, Mikroverfilmung oder irgendein anderes Verfahren – reproduziert oder in eine von Maschinen, insbesondere von Datenverarbeitungsmaschinen, verwendbare Sprache übertragen oder übersetzt werden. Die Wiedergabe von Warenbezeichnungen, Handelsnamen oder sonstigen Kennzeichen in diesem Buch berechtigt nicht zu der Annahme, dass diese von jedermann frei benutzt werden dürfen. Vielmehr kann es sich auch dann um eingetragene Warenzeichen oder sonstige gesetzlich geschützte Kennzeichen handeln, wenn sie nicht eigens als solche markiert sind.

Umschlaggestaltung   Adam-Design, Weinheim
Satz   le-tex publishing services GmbH, Leipzig
Druck und Bindung   Strauss GmbH, Mörlenbach

Gedruckt auf säurefreiem Papier.

Print ISBN   978-3-527-33878-8
ePDF ISBN   978-3-527-69313-9
ePub ISBN   978-3-527-69312-2
Mobi ISBN   978-3-527-69314-6
oBook ISBN   978-3-527-69311-5

Inhaltsverzeichnis

Vorwort *XI*

Formelzeichenerklärung *XV*

Indizes *XIX*

1 **Ergänzende Theorien** *1*
1.1 Bedeutung des Leistungseintrags – Methoden zur Bestimmung *1*
1.1.1 Standard und klassische Methoden *1*
1.1.2 Wärmebilanz und Schnittpunktmethode aus Temperaturmessungen *2*
1.2 Kritische Toträume aus Sicht der Sterilisation *5*
1.2.1 Sterilkonstruktionen aus Sicht des Sterilisierens *5*
1.2.2 Praktische Bedeutung realer Konstruktionsdetails *7*
1.3 Auslegungsroutine eines Sterilisationsprozesses *9*
1.3.1 Einleitung *9*
1.3.2 Ermittlung des Sterilisationskriteriums *11*
1.3.3 Ermittlung eines Mediumskriteriums *14*
1.3.4 Sterilisationsarbeitsdiagramm *17*
1.3.5 Umsetzung in kontinuierlich betriebene Sterilisationsanlagen *21*
1.4 Spezielle Betrachtungen zum Sauerstoffsignal *23*
1.4.1 Sauerstoffsignal (Partialdruck, Gelöstkonzentration) *23*
1.4.2 Methode zur Bestimmung des Henry-Koeffizienten *30*
1.5 Erweiterung der Zweifilmtheorie *35*
1.5.1 Basis 1. Fick'sches Gesetz *35*
1.5.2 Erweiterte Gedanken zur $k_L \cdot a$-Bestimmung *43*
1.5.3 Dynamische Methode *45*
1.6 Auswahl eines Bioreaktors – Update *48*
1.6.1 Kurzfassung der Auswahlroutine *48*
1.6.2 Reaktorvolumen *50*
1.7 Besonderheiten zur Gasbilanzierung *50*
1.7.1 Einleitung *50*
1.7.2 Angabe der Begasungsrate *50*

1.7.3	Gasbilanzierung	52
1.8	Modellierung und Simulation von Betriebsweisen	57
1.8.1	Allgemeine Betrachtungen	57
1.8.2	Modellaufbau	58
1.8.3	Modellierungsgrundlagen	59
1.9	Modellierung der synchronisierten Parallelfermentation für den Scale-up	63
1.9.1	Einleitung	63
1.9.2	Parameterblockbildung (Systematik, Probleme, Grenzen, Gegenläufigkeit, Bewertung, Zusammenstellung)	64
1.9.3	Synchronisierte Parallelfermentationen	65
1.9.4	Symbiose von Simulation und synchronisierter Parallelfermentation	68
1.9.5	Simulationsmodell in Berkeley-MADONNA®	70
1.10	Konzeption einer Anlagenplanung	74
1.10.1	Allgemeine Betrachtungen	74
1.10.2	SuperPro Designer®	74
2	**Rechenaufgabenmanagement und Aufgabentypen**	**77**
2.1	Beschreibung der Aufgabentypen	77
2.1.1	Bioreaktoren	77
2.1.2	Bioreaktions- und Bioverfahrenstechnik	85
2.2	Problemmanagement	117
2.2.1	Lösungsstrategien	117
2.2.2	Vorgehen bei der Formulierung einer Aufgabenstellung	119
2.2.3	Vorgehen bei der Lösung einer Aufgabenstellung	119
2.3	Vorgehensweise bei der Aufgabenbearbeitung	120
2.3.1	Isolation der gegebenen Größen	120
2.3.2	Herausarbeitung der gesuchten Größen	121
2.3.3	Lösungen und Interpretation der Ergebnisse	121
3	**Aufgabenthemen**	**123**
3.1	Bioreaktorauswahl und Konstruktionsdetails	123
3.1.1	Auswahl eines geeigneten Bioreaktors	123
3.1.2	Kritische Stellen im Sterilbereich	124
3.1.3	Dichtigkeit unter dem Aspekt der Steriltechnik	126
3.1.4	Beurteilung von Sterilkonstruktionen	128
3.1.5	Lösungsebene 1 zu Abschn. 3.1.1 bis 3.1.4	131
3.1.6	Lösungsebene 2 zu Abschn. 3.1.1 bis 3.1.4	137
3.2	Wärmetechnische Betrachtungen	143
3.2.1	Abgaskühlung (Wärmeaustausch allgemein)	143
3.2.2	Wärmeaustausch unter dem Aspekt des Scale-ups	145
3.2.3	Wärmetausch und Scale-up – Lösungsansätze	146
3.2.4	Lösungsebene 1 zu Abschn. 3.2.1 bis 3.2.3	147
3.2.5	Lösungsebene 2 zu Abschn. 3.2.1 bis 3.2.3	152

3.3	Wirbelschicht *156*
3.3.1	Auslegung einer Wirbelschicht mit Carrier *156*
3.3.2	Auslegung einer Wirbelschicht mit Fibra-Cel®-Disc *157*
3.3.3	Auslegung einer Wirbelschicht mit dem Reh-Diagramm *159*
3.3.4	Lösungsebene 1 zu Abschn. 3.3.1 bis 3.3.3 *162*
3.3.5	Lösungsebene 2 zu Abschn. 3.3.1 bis 3.3.3 *168*
3.4	Sterilisation *174*
3.4.1	Beweisführung der Steigung *174*
3.4.2	Sterilisation: Vergleich chemisch – Hitze *176*
3.4.3	Sterilisation: Vergleich Batch und KONTI *179*
3.4.4	KONTISTER: Rohr oder Wendel *180*
3.4.5	Mediumssterilisation – Durchflusssterilisation ideal und real *182*
3.4.6	Titerreduktion von Viren *183*
3.4.7	Sterilisation bei realem Temperaturverlauf *184*
3.4.8	Lösungsebene 1 zu Abschn. 3.4.1 bis 3.4.7 *187*
3.4.9	Lösungsebene 2 zu Abschn. 3.4.1 bis 3.4.7 *201*
3.5	Messtechnische Effekte *218*
3.5.1	Bewertung des Sauerstoffsignals und Bestimmung des Henry-Koeffizienten *218*
3.5.2	Onlinebestimmung von Milchsäure *220*
3.5.3	Bestimmung eines Limitierungszustandes für Sauerstoff *223*
3.5.4	Leistungsberechnung *225*
3.5.5	Lösungsebene 1 zu Abschn. 3.5.1 bis 3.5.4 *227*
3.5.6	Lösungsebene 2 zu Abschn. 3.5.1 bis 3.5.4 *234*
3.6	Fermentation *246*
3.6.1	Auslegung einer Fermentation *246*
3.6.2	Auslegung und Entsorgung *248*
3.6.3	Stofftransport mit Begasungsrate *250*
3.6.4	Fermentation und Biomassegewinnung *251*
3.6.5	Stofftransport – OTR = OUR, Diffusionskoeffizient bestimmen *252*
3.6.6	Wirkstoffherstellung mit einem Pilz in Blasensäule – Scherung *254*
3.6.7	Fermentation im Spiegel des Scale-ups *256*
3.6.8	Vom Schüttelkolben in die Produktion – Hilferuf aus dem Labor *257*
3.6.9	Mischgüte und Scherung bei pH-Wert-Kontrolle *259*
3.6.10	Lösungsebene 1 zu Abschn. 3.6.1 bis 3.6.9 *261*
3.6.11	Lösungsebene 2 zu Abschn. 3.6.1 bis 3.6.9 *276*
3.7	Aufarbeitung – Down-Stream-Processing *289*
3.7.1	Reinigung durch Auswaschen *289*
3.7.2	Abtrennung von Ethanol aus wässrigem Medium (Wasser) *291*
3.7.3	Lösungsebene 1 zu Abschn. 3.7.1 und 3.7.2 *294*
3.7.4	Lösungsebene 2 zu Abschn. 3.7.1 und 3.7.2 *297*
3.8	Modellierung *303*
3.8.1	Simulation von Batch – Fedbatch – KONTI *303*
3.8.2	Symbiose von Simulation, SPF und Scale-up einer Fermentation *314*
3.8.3	Lösungsebene 1 zu Abschn. 3.8.1 und 3.8.2 *316*

3.8.4	Lösungsebene 2 zu Abschn. 3.8.1 und 3.8.2	*332*
3.9	Anlagenplanung	*343*
3.9.1	Wirtschaftlichkeitsbetrachtung der β-Galactosidaseherstellung	*343*
3.9.2	Wirtschaftlichkeitsbetrachtung eines Vakuumprozesses zur Ethanolherstellung	*346*
3.9.3	Lösungsebene 1 zu Abschn. 3.9.1 und 3.9.2	*347*
3.9.4	Lösungsebene 2 zu Abschn. 3.9.1 und 3.9.2	*368*
3.9.5	„Tierische" Bioverfahrenstechnik – Der BioVT-Zoo	*380*

Anhang A Formelsammlung *385*

A.1	Leistungsberechnung, Mischzeitcharakteristik und Kräfte ($\rightarrow$ Einheiten siehe Formelzeichenerklärung am Anfang des Buches)	*385*
A.2	Volumen- und Flächenberechnungen (Längen – Flächen – Volumen)	*386*
A.3	Stofftransportvorgänge, -geschwindigkeit – Wärmetransport	*389*
A.4	Reaktion, Kinetiken, Umsatz	*391*
A.4.1	Volumen und Reaktionskinetiken	*391*
A.4.2	Sterilisationskriterien, Mediumskriterium	*393*
A.4.3	Monod-Kinetiken	*393*
A.5	Bilanzgleichungen: Umsatz, Ausbeute, Selektivität	*393*
A.6	Feuchte Luft und andere Stoffdaten	*394*
A.7	Verweilzeitverteilung	*395*
A.8	Wirbelschicht	*396*
A.9	Enzymkinetik – Hemmtypen	*398*
A.10	Dichtigkeit	*398*
A.11	Übertragungsregeln – Scale-up-Regeln	*399*
A.12	Allgemeine mathematische Regeln	*399*
A.13	Kennzahlen und Sonstiges	*399*
A.14	Kostenschätzung – Wirtschaftlichkeit	*400*
A.15	Konstanten	*401*

Anhang B Hilfsmittel *403*

B.1	Nomogramm zur Ermittlung des Kontaminationsfaktors	*403*
B.2	Unterteilung von Bioreaktoren	*404*
B.2.1	Bioreaktorgruppe 1 – pneumatisch und hydraulisch betrieben	*404*
B.2.2	Bioreaktoren 2 – hydraulisch und mechanisch betrieben	*405*
B.3	Tabelle der Einsatzbereichsmöglichkeiten der zwölf Bioreaktoren	*406*
B.4	Kritische Stellen	*407*
B.5	Widerstandsbeiwert an einer umströmten Kugel	*408*
B.6	Dampfdruckkurve	*409*
B.7	Reh-Diagramm zur Auslegung einer Wirbelschicht	*410*
B.8	Mollier-Diagramme	*411*
B.9	Schüttelkolben – Becherglas	*413*

	Anhang C Ergänzende Hinweise *415*
C.1	Theorie (zu Kapitel 1) *415*
C.2	Sterilisation *418*
C.3	Modellierung und Simulation *420*
C.3.1	Simulation Batch *420*
C.3.2	Fed-Batch *421*
C.3.3	KONTI (A) *426*
C.3.4	KONTI (B) (CSTR Steady-State) *427*
C.4	Löslichkeit von Gasen in Wasser u. ä. *429*
C.5	Dampftabelle *430*
C.6	Faustwerte – Standardwerte – Erfahrungswerte *430*

Literatur *433*

Stichwortverzeichnis *437*

Vorwort

Es gibt auf dem Markt einige Fachbücher mit schier unendlich vielen Formeln und Gleichungen. Dazu zählen auch die beiden Bücher „Bioreaktoren und periphere Einrichtungen" Vieweg/Springer Verlag Heidelberg (1994) [1] und „Bioverfahrensentwicklung" [2] erste Auflage 2003 und die Neuauflage 2013 Wiley-VCH Verlag Weinheim, doch nur wenige, die auch genügend Anwendungsangebote bereitstellen. Was lag näher als diese Lücke zu schließen und ein Aufgabenbuch mit Blick auf die Anwendung bioverfahrenstechnischer Zusammenhänge zur Abrundung zu erstellen.

Dabei ging es dem Autor vor allem darum, möglichst nahe an praktischen Frage- und Problemstellungen, wie sie sich aus der täglichen Praxis ergeben, heranzukommen.

Die Grundstrukturen der Aufgaben stammen überwiegend aus Klausuren für die Vorlesungen Bioreaktoren und periphere Einrichtungen/Steriltechnik (BPE/BRS), Bioreaktionstechnik (BRT) und Bioreaction Modeling (BRME) sowie dem Biotechnischen Praktikum (BTP) an der Hochschule Mannheim im Zeitraum 1988 bis 2015. Allerdings mussten für die Klausuren diese Aufgaben aufgrund der naturgegebenen sehr knappen Zeit in der Regel etwas vereinfacht werden. Für dieses Buch hingegen wurden die Aufgaben ausführlicher, mit weniger freien Annahmen und noch praxisorientierter formuliert. Des Weiteren werden dort, wo möglich, auch mehrere Lösungswege gegangen.

Damit der Leser ungestört die Möglichkeit hat möglichst selbstständig die Aufgaben anzugehen und auch zu lösen, werden die einzelnen Aufgaben in drei Segmente unterteilt: in die Aufgabenstellung und zwei getrennte Lösungsebenen.

Die Lösungsschritte werden so organisiert, dass Hinweise direkt im Lösungstext der einzelnen Schritte beschrieben und erläutert werden, weiterführende Hinweise allerdings in den Lösungsebenen und im Anhang nachgeschlagen werden können, um zunächst die Gelegenheit zu haben, die Lösung selbst zu finden. Dabei ist anzumerken, dass vor allem bei gesteigertem Umfang (Schwierigkeitsgrad) die Anzahl der möglichen Lösungswege zunimmt. Es kann durchaus passieren, dass der ein oder die andere AnwenderIn einen nicht vorgestellten Weg, also einen „neuen" Weg findet.

Zur Unterstützung wird eine umfangreiche Formelsammlung bereitgestellt. Neben den hergeleiteten sowie den aus Dimensionsbetrachtungen gewonnenen

Gleichungen werden auch immer wieder „Faustformeln", „Anhaltswerte" und empirische Gleichungen in bestimmten Gültigkeitsgrenzen benutzt. Im Anhang sind einige gängige „Faustregeln" und „Faustwerte zusammengestellt. Obwohl in der Biotechnologie aus historischen (siehe hervorgehobene Kästen in den jeweiligen Abschnitten) Gründen überwiegend Batch-Prozesse zu finden sind, werden in diesem Bereich sehr häufig stationäre Zustände, wie sie strikt eigentlich nur in kontinuierlichen Fahrweisen vorliegen, betrachtet. Denn im Steady State ist „das mathematische Leben" doch etwas unkomplizierter als bei instationären Abläufen. Dazu wird auch das Bodenstein'sche „Quasistationaritätsprinzip[1]" bemüht, um auch im instationären Fall partiell Steady State annehmen zu können.

Ein kompletter bioverfahrenstechnischer Prozess besteht im engerem Sinne aus drei Kernbereichen, der Aufbereitung, der Reaktion und der Aufarbeitung. In der Aufbereitung, auch Upstreaming genannt, wird das Gemisch auf die Bedingungen der Reaktion vorbereitet, in der Reaktionsstufe die gewünschten Produkte erzeugt und in der Aufarbeitung, auch Down-Stream-Processing genannt, werden die gewünschten Produkte isoliert und gereinigt. Stellt man den technischen Aufwand für diese drei Stufen gegenüber, so erkennt man, dass die Aufarbeitung in den allermeisten Fällen den größten Aufwand darstellt (vgl. [2]). In diesem Buch ist dieser Umstand allerdings nicht so deutlich abgebildet. Vielmehr stellt die mittlere Stufe zusammen mit einigen Aspekten des Upstreamings, die Produktbildungsstufe mit Sterilisationsprozessen, den Schwerpunkt der Betrachtungen dar. Es trägt also dem Umstand Rechnung, dass es zunächst mal sehr wichtig ist, die gewünschten Produkte möglichst effektiv zu erzeugen. Die Wichtigkeit des Downstreamings und auch des restlichen Upstreamings soll dadurch aber nicht unterschlagen werden. Da es dazu aber sehr gute Darstellungen in der Literatur, z. B. von Sattler/Adrian [3] und Draxler/Siebenhofer [4] gibt, wird an gegebener Stelle auch auf Lösungshilfen aus diesen Arbeiten verwiesen.

Im letzten Aufgabenkapitel „3.9 Anlagenplanung" kann aus Rücksicht auf einen überschaubaren Gesamtumfang nur ansatzweise auf zwei Verfahren eingegangen werden. Es soll am Beispiel des Enzyms „β-Galactosidase" und des klassischen biotechnologischen Produktes „Ethanol" die Wirtschaftlichkeit dieser Prozesse bearbeitet werden.

Eine Anmerkung zu den gewählten Lösungswegen sei noch erlaubt: Es wird dem geneigten Leser auffallen, dass so mancher Lösungsweg nicht unbedingt dem absoluten „State of the Art" zuzuordnen ist, denn zum Teil sind Wege gewählt, die noch mit „prähistorischen" Hilfsmitteln (Nomogrammen, (logarithmische) Diagrammen, Tabellenwerten) bearbeitet werden, doch das hat zwei, hoffentlich einleuchtende Gründe: Zum einen verbergen solche Techniken keine Hintergründe und erhalten bzw. fördern das Verständnis zum Prozess und zum anderen sind

---

1) Quaistationär wird ein physikalischer Prozess bezeichnet, der als eine Abfolge von Gleichgewichtszuständen betrachtet werden kann, weil er im Vergleich zu anderen Geschehen viel langsamer verläuft und dadurch in einem überschaubaren Zeitabschnitt als konstant (stationär) angenommen werden kann, z. B. Zellwachstum im Vergleich zu Stofftransportvorgängen (vgl. auch Abschn. 3.6.5).

die modernsten Werkzeuge nicht immer für „Jedermann" erschwinglich bzw. ad hoc greifbar.

Es wurde also sowohl auf den „kleinen als auch auf den großen Geldbeutel" geachtet, denn Werkzeuge wie umfangreiche Bibliotheken, anspruchsvolle Software oder Stoffdatensammlungen gehören nicht überall zum selbstverständlichen Inventar.

Danksagung: Mein Dank zum Gelingen dieses Werkes gilt Frau Dr. Claudia Ley und Frau Stefanie Volk sowie Herrn Dr. Andreas Sendtko vom Wiley-VCH Verlag in Weinheim für die redaktionelle Unterstützung und so manchen Rat, Frau Lang, Frau Schlosser und Herrn Reuter für die Unterstützung bei der Durchführung verschiedener Versuche im Biolabor der Hochschule Mannheim sowie meiner Frau Anna für ihr Verständnis.

Mein besonderer Dank gilt einem Absolventen unserer Hochschule, Herr Dipl.-Ing. (FH) Stefan Plappert, der sich selbst durch die Klausuren mit einigen dieser Aufgabenstellungen quälte und es sehr spannend fand, das gesamte Manuskript zu begutachten, wobei er dabei viele der Aufgaben jetzt ohne Prüfungsstress auf den Prüfstand nehmen konnte. Die Anmerkungen und Hinweise halfen enorm dem Werk eine in sich schlüssige Form zu verleihen.

In der Endphase der Manuskripterstellung mussten noch sehr viele Abbildungen auf den Wiley-VCH Standard gebracht werden. Dabei half mir sehr engagiert Frau Afshan Tahseen (BA) mit sehr vielen Kenntnissen zur Bilddarstellung, wofür ich mich ganz besonders und herzlich bedanken möchte.

Wichtiger Hinweis: Die offiziellen Einheiten müssen alle SI-konform sein. Aufgrund der vielen (Stoff-)Daten, in denen der **Druck** vorkommt und diese auf die **Einheit** [bar] = 1000 [hPa] bezogen sind, soll in diesem Buch die Einheit **[bar]** den Vorrang zu [hPa] behalten.

Mannheim, Juni 2017 *Winfried Storhas*

Formelzeichenerklärung

Formelzeichen	Einheit	Anmerkungen/Beschreibung/Definition/Gleichung
a	m^{-1}	spezifische Stoffaustauschfläche $\equiv A_{PG}/V_{R,L}$
A	m^2	Fläche; Querschnittsfläche
Ar	–	Archimedes-Zahl (vgl. Gl. (A.141))
Bo	–	Bodenstein-Zahl $= (u \cdot L)/D_{ax}$
BST	h/a	Betriebsstunden
$C; c$	–; mol/L	dimensionslose Konzentration; Konzentration
c_W	–	Widerstandsbeiwert, umströmter Körper
c_p	J/kg/K	Wärmekapazität
$D_{i,j}; D_{ax}$	m^2/s	Diffusionskoeffizient der Komponente i im Medium j; axialer Dispersionskoeffizient (Rückvermischung)
$D; d$	m	Durchmesser
D	h^{-1}	Verdünnungsrate (vgl. Gl. (A.116))
Da$_I$	–	Damköhler-Zahl der ersten Art $= k(T) \cdot \tau$
DO	%	Gelöstsauerstoff (0 = nichts in Lösung bis 100 = gesättigt)
$E(t)$	s^{-1}	Dichtefunktion (vgl. Gl. (A.126))
E	–	Ereigniskennziffer (vgl. Gl. (A.180))
E_a	kJ/mol	Aktivierungsenergie
$F(t)$	–	Summenfunktion (vgl. Gl. (A.127))
F	N	Kraft $= m \cdot a$; $F_G = m \cdot g$ Gewichtskraft
f_i	–	Faktoren: K – Kontamination; F – Schaum; E – Einbauten; G – Gas Holdup
$f_S; f_R$	–	Schlankheitsgrad (Gl. (A.26)); Rührerdurchmesserverhältnis (Gl. (A.29))
f_{KZ}	–	Koaleszenzfaktor (Gl. (A.40))
g	m/s^2	Erdbeschleunigung = 9,81
H_i	bar L/mol	Henry-Koeffizient, Kehrwert der Löslichkeit[a]
h	m	Höhe (z. B. Flüssigkeitssäule im Reaktor)
H, H'	m	Höhe – Flüssigkeit-, Zugabestelle Gas

Formelzeichenerklärung

Formelzeichen	Einheit	Anmerkungen/Beschreibung/Definition/Gleichung
$k, k_n(T)$	$L^{(n-1)}/(s\,mol^{(n-1)})$	Reaktionsgeschwindigkeitskonstante, ... bei n-ter Ordnung
$k_{i,j}$	m/s	Stoffübergangsgeschwindigkeit der Komponente i in der Phase j an die Phasengrenze
k	W/m²/K	Wärmedurchgangskoeffizient
K	t/a; Jahrestonnen	Kapazität (herzustellende Produktmenge pro Jahr)
$k_{i,j}$	m/s	Stofftransportgeschwindigkeit des Stoffes i im Medium j
$K_S; K_M$	mol/L	Sättigungskonstante
L	mg/L; mol/L	Löslichkeit bei gegebenem Druck (Partialdruck)
L	m	Länge
M%	%	Mediumskriterium $= 100 \cdot (1 - C)$
m_i	g/mol	Molmasse der Komponente i
$\dot{m}_i$	kg/s	Massenstrom der Komponente i
M_d	Nm	Drehmoment
N_0, N	Keime	Zellzahl, absolut: zu Beginn; zur Zeit „t"
$\dot{n}_i$	mol/(m² s)	Molenstrom (diffusiv oder konvektiv) der Komponente i
n	upm; min^{-1}	Drehzahl (Rührwerk, Pumpe, ...)
n	–	Zellenzahl (Zellenmodell); Reaktionsordnung; Laufvariable
Ne	–	Newton-Zahl – Rührwerkswiderstandkennzahl (vgl. Gl. (A.176))
ODR/OUR/OTR	mol/(m³ h)	Sauerstoffbedarfs-/-aufnahme-/-transferrate
P_i	W	Leistungseintrag (Gl. (A.1))
$p, p(T), p_i$	bar; Pa	Druck, Partialdruck[a]
P	mol/L; g/L	Produktkonzentration
P	–	Wahrscheinlichkeit (vgl. Gl. (A.50))
$\dot{Q}_i$	W	Wärmestrom (Gl. (A.68))
q	$m_G^3/(m_{R,L}^3\,min)$; vvm	Begasungsrate, Gaszustrom zum Reaktor
q_i	mol/(g h)	Stoff i – Bedarfsrate bezogen auf die Biomasse
R	J/(mol K)	allgemeine Gaskonstante $= 8{,}314$
Re	–	Reynolds-Zahl (vgl. Gl. (A.174))
RQ	–	Respirationsquotient oder respiratorischer Quotient (vgl. Gl. (A.120))
RZA	kg/(m³ h); mol/(L s)	Raum-Zeit-Ausbeute (Reaktionsgeschwindigkeit, Produktbildungsrate)
S	–	Sterilisationskriterium $\equiv \ln N_0 / \ln N$ (Gl. (A.98))
S	mol/L; g/L	Substratkonzentration
t	s	Zeit (Basiseinheit)
T	°C; K	Temperatur
TS	g/g	Trockensubstanz

Formelzeichen	Einheit	Anmerkungen/Beschreibung/Definition/Gleichung
u_G	m/s	Gasleerrohrgeschwindigkeit $= \dot{V}_i/A$
U (MU)	Units (Millionen)	U = Unit(s); MU = Millionen Units
V	m^3	Volumen
$\dot{V}_i$	m^3/s	Volumenstrom
v, v_L	m/s	Geschwindigkeit, Lockerungs-
w_f	m/s	Geschwindigkeit, Austrags-
$x; \chi$	m; –	Längenachse (Abszisse); dimensionslos
X	g/L	Biomasse
$x_{i,j}$	g/g	Beladung der Komponente i im Gas j
x, x_S	g/g	Wasserbeladung von Luft
Y_i	–	Molenbruch der Komponente i
z	s^{-1}	Umwälzhäufigkeit $z \equiv \dot{V}_L/V_{R,L} \propto 1/\Theta$

Griechische Buchstaben ($\alpha, \beta, \gamma, \ldots, \omega$)

Formelzeichen	Einheit	Anmerkungen/Beschreibung/Definition/Gleichung
$\delta_{i,j}$	m	laminare Grenzschicht zwischen den Phasen i und j
ϕ	–	Thiele-Modul $\phi \equiv \sqrt{\dfrac{q_{O_2,\max} \cdot X \cdot r_P^2}{D_{O_2}^e \cdot c_{O_2,L}} \cdot \dfrac{C}{K_O^* + C}}$
χ	–	Längenachse (Abszisse); dimensionslos
$\mu; \mu_{\max}$	h^{-1}	Wachstumsgeschwindigkeit, spezifisch
Θ	s	Mischzeit (bei einer bestimmten Mischgüte)
Ω	–	Omega-Zahl (vgl. Gl. (A.142))
α	–	Aufarbeitungswirkungsgrad (Gl. (A.38) und (A.41))
ε	–	Lückengrad (vgl. Gl. (A.144))
η	Pa s	dynamische Viskosität
η	m	Durchmesser Micro-Eddy (vgl. Gl. (A.43))
φ_G	–	relativer Gasgehalt (Gl. (A.42))
$\varphi; \varphi_S$	–	relative Luftfeuchtigkeit; Sphärizitätsgrad (vgl. Gl. (A.143) und Tab. A.3)
κ	–	Isentropenexponent
ρ_i	kg/L	Dichte der Komponente/des Stoffs i
$\sigma_t; \sigma$	s^2; –	Varianz; dimensionslose Varianz
τ	s	mittlere hydrodynamische Verweilzeit $\equiv V/\dot{V}$
ω	s^{-1}	Winkelgeschwindigkeit
Siehe z. B. Tab. 1.9		Viele Parameter sind hier nicht aufgeführt – sie erklären sich vor Ort von selbst! Für ein weiteres Beispiel siehe Programm 1.2

a) ANMERKUNG: Die offiziellen Einheiten sind alle SI-konform. Der Druck stellt aus gegebenem Grund (siehe Vorwort) eine Ausnahme dar. Statt 1000 hPa → bar!

Indizes

′	hitzestabil
″	hitzelabil
*	Großmaßstab bei der Scale-up-Betrachtung; Abdichtungslänge
0	Anfang
0, 1, 2, 3, …	Komponentennummer
a	Exponent in $k_L a$-Gleichung, wichtet den Leistungseintrag, sowie unabhängig auch in Gl. (A.185) als Exponent verwendet
A	Auftrieb
A	Animpfen
ad	adäquater, stellvertretender Durchmesser
AD	axiales Dispersionsmodell
b	Exponent in $k_L a$-Gleichung, wichtet die Gasströmung, sowie unabhängig auch in Gl. (A.185) als Exponent verwendet
b	begast
B	Brutto
CO_2	Kohlendioxid
D	Dampf
d	death, sterben
e	Ende
F	Fermentation
G	Gas
g	gesamt
G,h	Gas Holdup
i	innen
i	allgemeine Stoffbezeichnung, Laufvariable
I	Inhibitor
j	allgemeine Stoffbezeichnung
ja	in Wahrscheinlichkeit, dass ein Ereignis zutrifft
K	Kugel
krit	kritisch, z. B. der Durchmesser bei einer Dichtigkeitsbetrachtung
KW	Kühlwasser, auch stellvertretend für Kühlmedium
L	Liquid

L	Lücke
M	molar; Mantel(fläche)
max	maximal
N_2	Stickstoff
n	normal, Standard
n	Reaktionsordnung, Endzahl einer Laufvariablen
O_2	Sauerstoff
p	Druck
P	Partikel, Produkt, Pumpe, Planung
PG	Phasengrenze
R	Reaktor, Reaktions-
R	Reibung
rel	relativ
RR	Rührwerksreaktor
S	Schlankheit, Substrat, Speicher, Sättigung, Sauter (mittlerer Wert eines Parameters)
T	Trägheit, Beschleunigung
t	time, Zeit
ü	Überflutung
V	Verlust(-wärme)
W	Widerstand
X	Biomasse
ZM	Zellenmodell
α	Eingangswert
ω	Ausgangswert

1
Ergänzende Theorien

1.1
Bedeutung des Leistungseintrags – Methoden zur Bestimmung

Alles was geschehen oder bewegt werden soll erfordert einen Aufwand in Form von Energie. Im täglichen Leben spricht man dabei von Arbeit. Im Grunde genommen ist aber die zu leistende Arbeit nur die eine Seite der Medaille, denn wie man sich gut vorstellen kann, soll diese Arbeit in einer gewissen Zeit erledigt sein! Bezieht man nun die zu leistende Arbeit auf die erforderliche Zeit, so kommt man zum Begriff Leistung. Es ist also die Leistung, die für Abläufe im Leben zählt, so auch in technischen Apparaten und Einrichtungen.

Damit gelangt der Leistungseintrag zu einer herausragenden Bedeutung. Um aber zu erfahren, wie der Status der „Leistung" in einem technischen System aussieht, muss man Möglichkeiten zur Messung, zur Berechnung oder zur Abschätzung haben. Um maßstabsunabhängig zu sein, ist der spezifische Leistungseintrag wertvoller, denn dieser wird als eine der wichtigen Übertragungsregeln in allen Maßstäben konstant gehalten (oft auch „idem = gleichwertig" genannt). Voraussetzung ist aber, dass man im Labormaßstab (Modellmaßstab) Leistungsdichten einstellt, die auch im Produktionsmaßstab technisch realisierbar sind (vgl. [2]).

Die Leistungsdichte ist eine intensive, spezifische Größe, die den Gesamtleistungseintrag auf ein Volumen, oder oft günstiger auf eine Masse bezogen wird. Im Reaktor auf die Reaktionsmasse. Meist kann man aber nur etwas über den Gesamtleistungseintrag und damit zu einer auf das Gesamtvolumen (-masse) bezogenen mittleren Leistungsdichte aussagen. Bezüglich der örtlichen Leistungsdichten fehlt aber häufig jegliche Information oder auch jegliches Wissen.

1.1.1
Standard und klassische Methoden

Einer der gängigsten Methoden ist die Aufnahme eines Drehmoments, das man entweder an der Primärquelle (Motor) abnimmt und über Winkelgeschwindigkeit in die abgegebene Leistung umrechnet. Noch besser ist die Aufnahme des Drehmoments direkt im technischen System (Apparat), weil man dann Kenntnis vom wirklichen Leistungseintrag in das interessierende System erfährt. Zur tech-

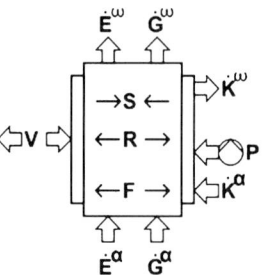

Abb. 1.1 Bilanzrahmen „BIOREAKTOR" mit einer Vielzahl an Wärmequellen, die entweder eine Wärmezu- oder eine Wärmeabfuhr sowie eine Wärmequelle oder -senke darstellen. Es bedeuten: F – Reaktionswärme (Fermentation) [W]; R – Leistungseintrag (z. B. Rührwerk) [W]; P – Pumpleistung (Temperierkreis) [W]; E – Stoffströme ((α) ein – (ω) aus) [W]; V – Wärmeaustausch mit der Umgebung [W]; K – Kühlleistung ((α) ein – (ω) aus) [W]; G – Gasströme ((α) ein – (ω) aus) [W]; S – Speicherterm [W].

nischen Lösung dieser Aufgabe bedient man sich der DMS-Technik (Dehnungsmessstreifen), die entweder direkt auf eine Welle (vorzugsweise einer Hohlwelle) aufgebracht werden oder aber in Drehmomentaufnehmer eingebaut sind [1]. Die Kosten für eine solche technische Lösung sind nahezu maßstabsunabhängig beträchtlich und belaufen sich schnell mal auf einige Tausend Euro (5000 bis 15 000). Das könnte auch der Grund sein, warum man eine solche technische Lösung in der Praxis selten findet, zumal nicht allerorts der Nutzen richtig eingeordnet wird. Deshalb sind einfachere Lösungen gesucht, die insbesondere mit den ohnehin vorhandenen, weil anderweitig erforderlichen Messtechniken durchgeführt werden können.

Im Falle älterer Anlagen, wo diese Technik von vornherein nicht berücksichtigt wurde und nicht nachgerüstet werden kann/soll, ist ohnehin eine Lösung zu suchen.

1.1.2
Wärmebilanz und Schnittpunktmethode aus Temperaturmessungen

Mit dem Wissen, dass die eingetragene Leistung letztendlich im System als Wärme registriert werden kann, lässt sich über eine exakte Wärmebilanz der Leistungseintrag bestimmen. Dabei ist festzustellen, je mehr Quellen und Senken im System verbleiben, desto komplizierter gestaltet sich diese Methode und umso höher ist die Fehlerbelastung.

Da der Bioreaktor in der Bioverfahrenstechnik in gewisser Weise doch den Mittelpunkt darstellt, sollen die folgenden Betrachtungen auf diesen Apparat bezogen und von Fall zu Fall angepasst werden.

Eine mögliche komplette Wärmebilanz rund um einen Bioreaktor ist in Abb. 1.1 dargestellt.

Die dazugehörige Bilanzgleichung für n Ströme lautet (vgl. Gl. (A.102) und (A.103))

$$\sum_{i=1}^{n} \dot{Q}_i = 0 \tag{1.1}$$

Das bedeutet, dass die Summe der zugeführten und abgeführten Wärmeströme unter Berücksichtigung deren Vorzeichen null sein muss. Für die Zielsetzung der

Leistungsbestimmung ist anzustreben, möglichst wenig Wärmeströme vorliegen zu haben, um Fehlerquellen zu minimieren.

Die Wärmebilanz gemäß Abb. 1.1 lautet

$$\dot{Q}_F + \dot{Q}_R + \dot{Q}_P + \dot{Q}_E^\alpha - \dot{Q}_E^\omega \pm \dot{Q}_V + \dot{Q}_K^\alpha - \dot{Q}_K^\omega + \dot{Q}_G^\alpha - \dot{Q}_G^\omega + \dot{Q}_S = 0 \quad (1.2)$$

In Gl. 1.2 stehen die Indizes für

F   Reaktionswärme (Fermentation) [W]
R   Leistungseintrag (Rührwerk) [W]
P   Pumpleistung (Temperierkreis) [W]
E   Stoffströme ((α) ein – (ω) aus) [W]
V   Wärmeaustausch mit der Umgebung (Verlust, Aufnahme) [W]
K   Kühlleistung ((α) ein – (ω) aus) [W]
G   Gasströme ((α) ein – (ω) aus) [W]
S   Speicherterm [W]

Um den Fehlerbereich möglichst klein zu halten, muss es das Ziel sein, für die Untersuchungen zur Leistungsbestimmung die Einflusskomponenten zu reduzieren. Eliminiert man jegliche Zu- als auch Ableitung, koppelt (schaltet) den Temperierkreis ab, also führt weder Dampf noch Kühlmittel zu, schaltet auch noch die Umwälzpumpe ab und lässt keine Reaktion zu, so bleiben nur noch die Wärmeströme „Verlust", „Leistungseintrag" und „Speicherung" übrig. Da die Verlustströme durch die Temperaturdifferenz beschrieben werden (vgl. Gl. (A.68)), können auch diese ausgeschlossen werden, wenn diese Differenz null ist, also die Untersuchung bei Umgebungstemperatur durchgeführt werden, es liegt in diesem Punkt ein quasiadiabates System vor. Daraus resultiert die Betrachtung in folgende Bilanzgleichung

$$\dot{Q}_R + \dot{Q}_S = 0 \quad (1.3)$$

Eine schwer zu greifende Wärmequelle wäre noch die Reibungswärme, die sich bei Rührern am Eintritt in den Reaktionsraum in der Gleitringdichtung und Lagerung entwickelt. Wollte man diese erfassen, müssten Versuche ohne Rührelement, also nur mit der „nackten„ Welle, durchgeführt werden. Da dies nur bei sehr kleinen Reaktoren ($V < 50$ [L]) von Bedeutung ist, kann dieser Aufwand in Kauf genommen werden.

Die eingetragene Wärmemenge ist identisch mit dem Leistungseintrag. Also lässt sich schreiben

$$P = \frac{dT}{dt} \cdot \sum_{i=1}^{n} c_{Pi} \cdot m_i \quad [W] \quad (1.4)$$

Gleichung 1.3 drückt aus, dass die eingetragene Leistung gleich der im System gespeicherten Wärme ist. Dabei müssen alle Massen mit der entsprechenden Wärmekapazität berücksichtigt werden. In wässrigen Flüssigkeiten ist der Anteil der anderen Materialien meist vernachlässigbar. Nicht so einfach ist das allerdings

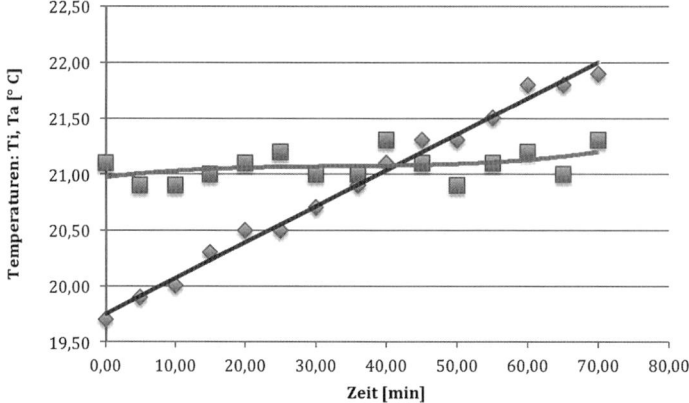

Abb. 1.2 Bei der Schnittpunktmethode müssen sich die Funktion für die Innentemperatur (Raute) und die Funktion für die Außentemperatur (Rechteck) schneiden, entscheidend ist hier die Steigung der Funktion der Innentemperatur im Punkt S.

mit der Verlustleistung, weil es in der Natur des Prinzips liegt, dass die Temperaturdifferenz nicht null sein kann. Die Schnittpunktmethode [5] schafft Abhilfe.

Dazu muss die Steigung dT/dt im Schnittpunkt (Abb. 1.2) der beiden Temperaturkurven berechnet werden. In diesem Punkt liegt ein adiabates System vor. Dieser Wert wird dann in Gl. (1.4) eingesetzt, um die Leistung zu berechnen.

Im Schnittpunkt S der beiden Kurven sind Reaktortemperatur und Umgebungstemperatur gleich. Das bedeutet, zu diesem Zeitpunkt findet kein Energieaustausch mit der Umgebung statt, das hat wiederum zur Folge, dass der Temperaturanstieg pro Zeit im Punkt S ausschließlich auf den Leistungseintrag zurückzuführen ist. Damit entspricht die Steigung der Systemtemperatur im Schnittpunkt S der Steigung.

Nachdem der Schnittpunkt der beiden Kurven bestimmt wurde, muss nur noch die erste Ableitung der Funktion der Innentemperatur gebildet und in diese der Schnittpunkt S eingesetzt werden, man erhält die Steigung dT/dt des adiabatischen Systems.

Diese Methode verlangt zwei Gleichungen für die gemessenen Temperaturkurven, die leicht aus einem Kalkulationsprogramm, z. B. Excel, in Form eines Polynoms gewonnen werden können. Folgendes Beispiel soll das verdeutlichen (vgl. Abb. 1.3).

Die gemessenen Temperaturpunkte werden in Excel eingetragen (Abb. 1.3) und man lässt sich eine Gleichung für die Ausgleichskurve ausgeben. Im vorliegenden Beispiel sind das folgende Polynome 2. bzw. 3. Grades

$$T_i \, [°C] = -2 \cdot 10^{-5} \cdot t^2 + 0{,}0222 \cdot t + 23{,}94 \tag{1.5}$$

$$T_a \, [°C] = -9 \cdot 10^{-8} \cdot t^3 + 4 \cdot 10^{-5} \cdot t^2 - 0{,}0005 \cdot t + 25{,}787 \tag{1.6}$$

Der Schnittpunkt kann bei 106,6 [min] z. B. mittels der Newton'schen Iterationsregel (vgl. Gl. (A.171)) ausgemacht werden und die Ableitung für Gl. (1.5) in

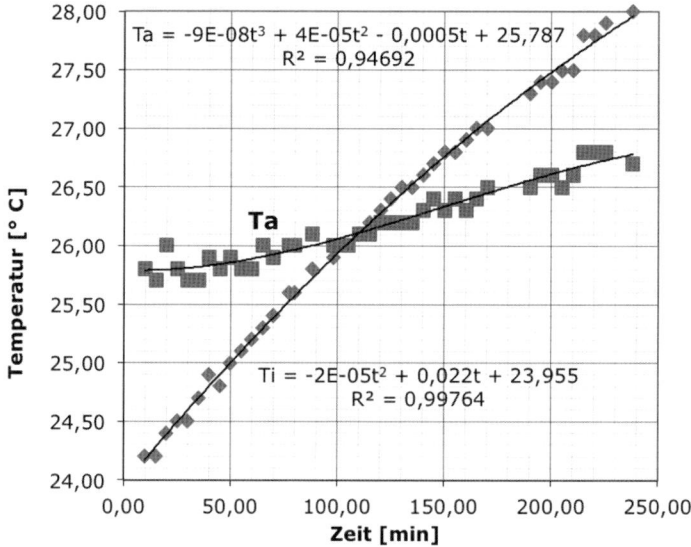

Abb. 1.3 Temperaturverlaufskurve für einen Versuch einem Laborrührwerksreaktor mit 5 [kg] Reaktionsmasse.

diesem Punkt ergibt

$$\frac{dT_i}{dt} = 3{,}31 \cdot 10^{-4} \left[\frac{K}{s}\right] \tag{1.7}$$

Mit Gl. (1.4) kann nun die eingetragene Leistung berechnet werden. Die Methode kann bei sorgfältiger Handhabung Genauigkeiten von ±10 [%] erreichen [5].

Mit dieser Methode kann bei angemessener Sorgfalt in allen Maßstäben und Systemen der Leistungseintrag bestimmt und damit auch die Newton-Zahl berechnet werden, sogar in *Wave*-Reaktoren [6].

1.2
Kritische Toträume aus Sicht der Sterilisation

1.2.1
Sterilkonstruktionen aus Sicht des Sterilisierens

Der Vorgang des Sterilisierens verlangt die geeignete *Sterilkonstruktion*, woraus sich die Regeln für geeignetes „steriles Konstruieren" ableiten lassen [1]. Dazu lässt sich folgende Definition formulieren:

> *Sterilkonstruktionen* müssen die konstruktiven Merkmale tragen, die *augenscheinlich* dem Prozess des *Sterilisierens* entgegenkommen. Die Gestaltung der Konstruktion muss so ausgeführt sein, dass die angestrebten Sterilisa-

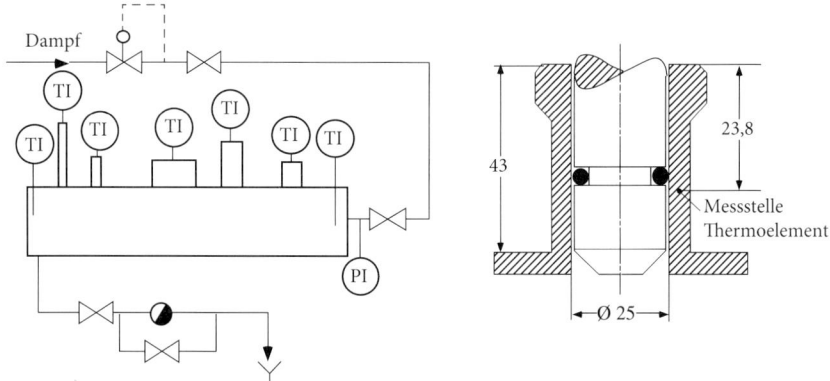

Abb. 1.4 Teststrecke für Toträume und ein Normstutzen (DN 25, rechtes Bild) mit Verdrängerkörper. Am Beginn und am Ende der Teststrecke wird die Solltemperatur gemessen. Die Temperatur in den Stutzen wird am oberen Ende gemessen. TI – Temperaturanzeige; PI – Druckanzeige [1].

tionsbedingungen in allen Teilen des zum Sterilbereich gehörigen Raumes erreicht und über die notwendige Zeit eingehalten werden können.

Im Falle einer *feuchten Hitzesterilisation* bedeutet das, dass in allen Teilen des Sterilraumes die Bedingungen *REINE Dampfatmosphäre*, die zugeordnete Temperatur und die vorgeschriebene Zeit erreicht werden. Theoretisch ist dieser Zustand messbar, indem man in möglichst schwierig erreichbaren Punkten die Temperatur und den Druck misst. Wenn die Temperaturanzeige mit dem dazugehörigen Dampfdruck übereinstimmt, dann ist das vorgegebene Ziel erreicht. Ist der Druck höher, so sind noch Fremdgase (Luft) im System und es liegt keine reine Dampfatmosphäre vor. Ist der Druck niedriger, dann bestellt man eine neue Messtechnik!

In der Praxis sieht dieses Unterfangen weit problematischer aus, denn es wird nicht gelingen, absolut „totraumfrei" zu konstruieren. Das bedeutet, im hintersten Punkt einer Sterilkonstruktion können die zu erreichenden Bedingungen (siehe Abb. 1.4), insbesondere der Druck, nicht gemessen werden.

Deshalb muss man in der Praxis möglichst Konstruktionen schaffen, die dem Unterfangen augenscheinlich gerecht werden [1].

Um dies zu verdeutlichen, wurden „kritische Stellen" in Konstruktionen hinsichtlich der erreichbaren Temperatur untersucht (Referenz 5 in [1]). Die daraus resultierenden Diagramme zur Abschätzung der Situation findet man in Anhang B „Hilfsmittel" und die Anwendung der Diagramme befindet sich in den Kapiteln 2 und 3 (vgl. Abschn. 2.1.1 und 3.1.2). Damit ist ein Werkzeug gegeben, mit dessen Hilfe eine Abschätzung der Situation möglich wird.

1.2.2
Praktische Bedeutung realer Konstruktionsdetails

1.2.2.1 Versuchstechnik und Versuchsvorbereitung

Weitere Untersuchungen richteten sich darauf herauszufinden, inwieweit *nicht* erfolgreiche Sterilisationen überhaupt den steril zu führenden Fermentationsprozess „beeindrucken" [8].

Dazu wurden an einem 400 L-Reaktor Versuche durchgeführt, bei denen neben der Standardtemperaturmessung mit einem Pt100 in der Reaktionsflüssigkeit auch ein Temperatur-Druck-Datenlogger im Gasraum eingebracht war.

Vor der Sterilisation wurden Sporen von einer vollständig sporulierten *Bacillus subtilis*-Kultur auf FP-Agar entnommen. Die Sporen waren in Saline gelöst, und es wurde mit dem Spektralphotometer bei 600 [nm] die Extinktion der Lösung bestimmt. Mithilfe der Kalibriergeraden kann die Sporenzahl bestimmt werden. 50 [µL] der Saline-Sporen-Lösung wird mit einer 100 [µL] Gilson-Pipette entnommen und tropfenweise auf den Blindstopfen aufgetragen. Nach jedem Auftrag wird über der offenen Flamme des Bunsenbrenners die Flüssigkeit auf dem Stopfen verdunstet, und es bleiben Sporen und Salz zurück.

Die so präparierten Blindstopfen wurden dann in den Reaktorstutzen unter Beachtung spezieller Vorsichtsmaßnahmen eingeführt. Danach wurde der Reaktorinnenraum auf 121 [°C] hochgeheizt und die Sterilisation durchgeführt. Anschließend wurden Medium und Peripherie – insbesondere die bewusst kontaminierten Stutzen – auf Sterilität untersucht. Die Ergebnisse sind in Tab. 1.1 zusammengestellt [8].

1.2.2.2 Ergebnisse

Für die Untersuchungen wurde der Stamm *Bacillus subtilis* DSM 347 verwendet. Die Aktivierungsenergie für Sporen dieses Mikroorganismus kann mit $E_a = 315\,000$ [J/(mol · K)] und die Arrhenius-Konstante mit $k_0 = 2{,}35 \cdot 10^{50}$ [1/s] angenommen werden (vgl. Tab. 1.2 [1, 2]).

Mit diesen kinetischen Daten lässt sich für den Fall der Standardbedingungen ein sehr hohes Sterilisationskriterium (siehe Gl. (1.15) sowie in der Formelsammlung (A.91)) ermitteln

$$S = 4{,}6 \cdot 10^{40} \cdot \exp\left(-\frac{315\,000}{8{,}314 \cdot 394}\right) \cdot 20 \cdot 60 = 95 \tag{1.8}$$

Für die Berechnung wurden die in den Versuchen angewendeten Sterilisationsbedingungen mit einer Temperatur $T = 121$ [°C] und einer Sterilisationszeit von 20 [min] verwendet, wobei nur die reine Sterilisationszeit t_S in die Berechnung einging. Berücksichtigt man hingegen auch die Aufheiz- und Abkühlphase, dann würde das Sterilisationskriterium noch größer ausfallen.

Weichen aber die erreichten Temperaturen in den kritischen Stellen (Toträume) aber von den Standardbedingungen ab, z. B. um 12–15 [°C], wie sie in Spalten von Blindstutzen gemessen wurden [1, Diagramm Abb. B.4 und B.5], so gestaltet sich

Tab. 1.1 Sterilisationsversuche zur Ermittlung eines Sterilisationsergebnisses.

Versuch	Entlüftet	Sterilität	Kolonien	N_{Sp}	T_{max} [°C]	p_{max} [mbar]
1	Ja	Nein	>30	6,00E+06	120,9	2004,1
2	Ja	Nein	20	4,00E+06	121,4	3497,3
3	Ja	Nein	2	2,99E+06	122,1	2064,4
7	Ja	Nein	1	4,00E+06	120,5	1970
8	Ja	Ja	0	3,24E+06	122,1	2068,4
9	Ja	Nein	4	3,07E+06	120,9	2002,1
10	Ja	Nein	3	3,31E+06	121,8	2060,4
11	Ja	Nein	1	2,64E+06	122,1	2074,5
12	Nein	Ja	0	2,64E+06	122,2	2971,1
13	Nein	Nein	>100	2,64E+06	122,1	3156,9
14	Nein	Nein	3	2,64E+06	122,6	3033,6
15	Nein	Nein	4	2,64E+06	121,7	2813,7
17	Nein	Nein	>200	3,10E+06	121,7	2858,1
18	Nein	Nein	27	2,60E+06	121,5	3264,1
19	Nein	Nein	15	2,78E+06	121,5	2630,1
20	Ja	Ja	0	2,78E+06	121,3	3454

die Situation kritisch. Es ergibt sich ein Sterilisationskriterium von

$$S = 4{,}6 \cdot 10^{40} \cdot \exp\left(-\frac{315\,000}{8{,}314 \cdot 379}\right) \cdot 20 \cdot 60 = 2{,}1 \qquad (1.9)$$

Mit dem berechneten Wert des Sterilisationskriteriums ist die Berechnung der theoretischen Endsporenzahl N nach der Sterilisation mit der Gleichung $N = N_0/e^S$ möglich. Mit einer Anfangssporenzahl in einem einzigen Stutzen von $N_0 = 7 \cdot 10^6$ Keimen erhält man im Falle der Idealbedingungen eine theoretische Endsporenzahl von

$$N = 7 \cdot 10^6 \cdot e^{-95} = 3{,}86 \cdot 10^{-35} \text{ Sporen} \qquad (1.10)$$

und damit eine gegen null divergierende Wahrscheinlichkeit des Überlebens einer Spore, während man unter den ungünstigeren Bedingungen eine Endkeimzahl von

$$N = 7 \cdot 10^6 \cdot e^{-2{,}1} = 8 \cdot 10^5 \text{ Sporen} \qquad (1.11)$$

und damit ein definitiv unsteriles Ergebnis erreicht, die Wahrscheinlichkeit des Überlebens, also mindestens einer Spore, 1,0 ist (vgl. Abschn. 1.3 und [1]).

Diesen theoretischen Überlegungen sollten praktische Untersuchen zur Seite gestellt werden [8].

Wie in Tab. 1.1 zu sehen ist, können die Drücke mit einer minimalen Abweichung immer der entsprechenden Dampftemperatur zugeordnet werden. Der

Dampfdruck kann mit folgender empirischen Gleichung bestimmt werden

$$p(T) = 0{,}0355 \cdot \exp(0{,}0334 \cdot T \ [°C]) \cdot 10^3 \quad [\text{mbar}] \quad (1.12)$$

Dennoch muss man davon ausgehen, dass die Zuordnung des Dampfdruckes zur Temperatur und des Entlüftungsgrades nur im Fall einer sehr mangelhaften Entlüftung des Kopfraumes möglich ist. Die kleinen Fremdgaspolster in den Toträumen kann man sicherlich nicht erkennen.

Geht man nun von einem Überleben der Kontaminanten aus, so wären laut Tab. 1.1 etwa 85 [%] aller Fermentationen unsteril durchgeführt. Diese Anzahl an Kontaminationen bei einer industriellen Fermentation in einem Bioreaktor muss aufgrund von Unwirtschaftlichkeit ausgeschlossen werden. Es muss jedoch berücksichtigt werden, dass Sporen, aufgrund ihrer nicht vegetativen Form, sehr resistent sind und im sterilen Bereich des Bioreaktors längere Zeit überleben können. Hierzu benötigen sie kein Medium, sind aber weiter lebensfähig und können bei Änderung der Lebensbedingungen wieder in die vegetative Form überführt werden. Somit wird keine Kontamination wahrgenommen, solange die Sporen in den kritischen Stellen verbleiben und nicht in das Fermentationsmedium gelangen. Das Medium ist somit nicht kontaminiert und es wird bei der Produktion keine Kontamination festgestellt. Geht man allerdings von den Versuchsergebnissen aus, sind in den meisten Fällen Kontaminanten vorhanden.

Aus Tab. 1.1 kann erkannt werden, dass von 20 Versuchen drei, also 15 [%], darunter waren, die nicht das „erwartete" unsterile Ergebnis brachten. Die Fehlerquote ist noch als sehr gering einzustufen, wenn man davon ausgeht, dass das Implementieren eines In-situ-Sterilisationstestsystems sich als sehr komplexe Aufgabe erwies, welche nur teilweise gelöst werden konnte [8].

Die Untersuchungen zeigten aber dennoch, dass es häufig zu nicht als erfolgreich anzusehenden Ergebnissen kommt, da sie den *Bacillus*-Sporen zu überleben erlauben. Bei diesen Ergebnissen kann davon ausgegangen werden, dass viele Sterilisationen unsteril beendet werden, jedoch verbleibt der Kontaminant überwiegend in den Toträumen in der spezifischen Dauerform (z. B. einer Spore). Nur wenn er in ein Medium gelangt und Nahrungsstoffe aufnehmen kann, geht er aus der spezifischen Dauerform wieder in die vegetative Form über und es kommt zu einer detektier- und spürbaren Kontamination.

1.3 Auslegungsroutine eines Sterilisationsprozesses

1.3.1 Einleitung

Die nachfolgenden Ausführungen zu einer Auslegungsroutine für Sterilisationsprozesse sind in der Praxis nicht sehr verbreitet, weil sie für viele Betreiber von biotechnologischen/sterilen Prozessen zu aufwendig erscheinen und dem vermeintlich zu erreichenden Nutzen nicht gerecht werden. Man setzt vielmehr auf die scheinbar lang „bewährten" Standardparameter $T_S = 121$ [°C] und $t_S = 20$ [min], quasi auf das „Naturgesetz der Konstanz der Sterilisationsbedingungen", wie es sonst im Universum nur der Lichtgeschwindigkeit seit Einsteins Relativitätstheorie zugestanden wird! Einzig in der Lebensmittelindustrie, wo das sterilisierte Gut dem Endprodukt entspricht, z. B. UHT-Milch [9], wird dieser Prozess seit mehr als 40 Jahren optimiert. Es lohnt sich für jeden Betreiber eines Sterilprozesses, einen Blick in dieses Erfahrungsfeld zu riskieren, und in den meisten Fällen wird erkannt werden, dass der Aufwand dem Nutzen gerecht werden kann. Bei Anwendung des Sterilisationsarbeitsdiagrammes (SAD; vgl. Abb. 1.8 und 1.9) kann erkannt werden, dass die günstigsten Bedingungen für eine Sterilisation die höchste zulässige Temperatur bei einer noch einstellbaren Zeit sind. Das gilt auch im umgekehrten Falle. Eine einstellbare Mindestzeit bei einer noch machbaren Temperatur.

Zur Inaktivierung von Keimen wird überwiegend die Hitzesterilisation angewandt. Aufgrund der höheren Effektivität bevorzugt man dabei die feuchte Hitzesterilisation, d. h., es muss neben den Zielparametern Temperatur und Zeit im Gasraum zusätzlich streng auf das Erreichen einer reinen Dampfatmosphäre geachtet werden. Für diesen Fall schlagen verschiedene Institutionen eine Standardprozedur vor, z. B. die WHO empfiehlt für die feuchte Hitzesterilisation 15 [min] bei einer Temperatur von 121 [°C], wobei für die trockene Hitzesterilisation allerdings 120 [min] bei 170 [°C] angegeben werden. Die folgenden Betrachtungen beziehen sich ausschließlich auf die feuchte Hitzesterilisation.

Am Rande sei noch bemerkt, dass seit dem 21. September 2007 der Sauna-Weltrekord bei 130 [°C] für 12 [min] und 26 [s] liegt und von dem Finnen (!) Timo Kaukonen gehalten wird. Natürlich lag dabei eine relativ trockene Luft vor, auch wenn alle 30 [s] mit 500 [mL] Wasser aufgegossen wurde. Dennoch zeigt dieses weniger technische Ereignis die große Bedeutung der *reinen* Dampfatmosphäre für die feuchte Hitzesterilisation.

Ist dies gewährleistet, so richtet sich die Frage nach den beiden, die Inaktivierung bestimmenden Führungsgrößen Temperatur und Zeit. Bei der Vireninaktivierung in Pharmamedien und auch in der Lebensmitteltechnologie strebt man nicht gezwungenermaßen ein steriles Ergebnis an, es genügt oft eine Titerreduktion von sieben bis acht Zehnerpotenzen. Neben der Inaktivierung von Keimen bzw. Viren treten auch Schädigungen von Inhaltsstoffen, wie Mediumsbestandteilen und/oder Produkten, auf, die minimal gehalten werden müssen (vgl. Aufgabe 3.6.4).

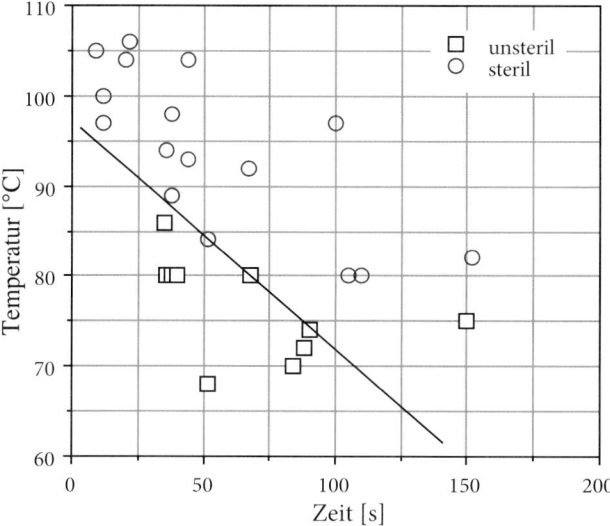

Abb. 1.5 Grenzgeraden zur Ermittlung des Sterilbereiches am Beispiel der natürlichen Population in einem Hefeextrakt. Da für die Erstellung einer Sterilisationskinetik zählbare Keime überleben müssen ($N > 1$), wird zunächst der Grenzbereich zwischen steril und unsteril ermittelt. Daraus kann dann die Versuchsmatrix für die Kinetikversuche erstellt werden. Die Abbildung zeigt, dass ein steriles Ergebnis in manchen Medien mit wesentlich niedrigeren Temperaturen und kürzeren Zeiten als die Standardbedingungen erreicht werden kann.

Diese beiden gegenläufigen Vorgänge bei der Hitzesterilisation gilt es in Einklang zu bringen und den optimalen Betriebspunkt auszuwählen. Es wird sich in der Praxis zeigen, dass nur ein einziger Auslegungspunkt für den Prozess optimal ist und dieser lässt sich durch die vorgestellte Auslegungsroutine ermitteln.

1.3.2
Ermittlung des Sterilisationskriteriums

Zunächst ist es ratsam, mit einfachen Mitteln einen *Grenzbereich* zu finden, indem die eigentlichen Inaktivierungsversuche letztendlich durchgeführt werden. Dieser Grenzbereich ist dadurch gekennzeichnet, dass er zwischen den Bereichen „steril" und „unsteril" liegt (vgl. Abb. 1.5 und [1]). Damit kann man für die Versuche im unsterilen Bereich Parameterpunkte (T_S und t_S) auswählen, die mit höchster Wahrscheinlichkeit ein unsteriles Ergebnis liefern, denn nur damit können die kinetischen Parameter berechnet werden, weil „steril" für die Endkeimzahl null bedeutet und damit mathematisch nicht verarbeitet werden kann.

Nun werden die *Inaktivierungsgeraden* bestimmt (Abb. 1.6). In der Literatur findet man einheitlich, dass Inaktivierungskinetiken (Abtötungskurven, Absterbevorgänge, Zerfallsprozesse) mit einer Gleichung 1. Ordnung beschrieben werden können. Daraus folgernd kann mit einer Reaktion 1. Ordnung ausreichend

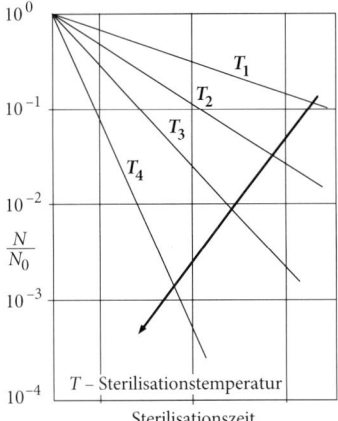

Abb. 1.6 Darstellungsform der Inaktivierungskurven bei vier verschiedenen Sterilisationstemperaturen. Da man von einer Reaktion 1. Ordnung ausgeht, müssen die „Kurven" im halblogarithmischen Diagramm eine Gerade ergeben. Um eine Kinetik bestimmen zu können, muss das Experiment bei mindestens zwei verschiedenen Temperaturen durchgeführt werden. Eine Wiederholung des Experiments bei verschiedenen Temperaturen bietet zudem die Möglichkeit, die Genauigkeit zu verbessern.

genau in der Praxis gearbeitet werden. Damit erhält man den Ansatz

$$\frac{dN}{dt} = -k \cdot N \tag{1.13}$$

Die Abhängigkeit der Inaktivierungsgeschwindigkeitskonstanten $k(T)$ von der Temperatur ist nach einer von Arrhenius empirisch gefundenen Beziehung darstellbar. Aus mindestens bei zwei verschiedenen Temperaturen ermittelten Inaktivierungsgeraden wird nun für eine bestimmte Zeit jeweils der Wert für N/N_0 abgelesen, und damit ist man in der Lage, die Arrhenius-Konstante k_0 (Formelsammlung Gl. (A.83b) mit Hilfe von Gl. (A.90)) und die Aktivierungsenergie E_a (Formelsammlung Gl. (A.91)) zu bestimmen, um die Reaktionsgeschwindigkeitskonstante bei Prozessbedingungen zu berechnen (Gl. (1.14))

$$k = k_0 \cdot \exp\left(-\frac{E_a}{R \cdot T}\right) \tag{1.14}$$

Die Lösung von Gl. (1.13) ist gleichzeitig Basis für die Definition des Sterilisationskriteriums S [1], man verwendet den Kehrwert, um positive Zahlenwerte zu erlangen

$$S \equiv \ln\left(\frac{N_0}{N}\right) = k \cdot t \tag{1.15}$$

Das Sterilisationskriterium lässt sich also einfach ermitteln. Man bestimmt zunächst messtechnisch die Ausgangskeimzahl und legt eine noch vertretbare Endkeimzahl fest. Diese muss bei sterilen Anforderungen kleiner eins sein, z. B. 10^{-4},

Tab. 1.2 Zusammenstellung einiger kinetischer Daten für Inaktivierungskinetiken von Mikroorganismen, Sporen und Viren [2].

Quelle	Typ/Ordnung	E_a [J/mol]	k_0 [s^{-1}]	Mikroorganismus/Spore/Virus S-Sterilisationskriterium; M-Mediumskriterium/Reaktionsordnung
[10]	S/1	> 84 000	$1{,}21 \cdot 10^{21}$	Vegetative Zellen allgemein
[10]	S/1	283 416	$4{,}93 \cdot 10^{37}$	Bacillus stearothermophilus (FS 1518)
[10]	S/1	288 540	$9{,}5 \cdot 10^{37}$	Bacillus subtilis (FS 5230)
[10]	S/1	288 540	$1{,}66 \cdot 10^{38}$	Clostridium sporogenes (PA 3679)
[11]	S/1	315 000	$4{,}6 \cdot 10^{40}$	Bacillus subtilis
[11]	S/1	125 888	$5{,}6 \cdot 10^{19}$	Escherichia coli (DSM 613)
[10]	S/1	282 400	$4{,}93 \cdot 10^{37}$	Bacillus stearothermophilus
[10]	S/1	100 400	$4{,}93 \cdot 10^{37}$	Bacillus stearothermophilus (trockensteril)
[12]	S/1	417 060	$4{,}57 \cdot 10^{56}$	Bacillus subtilis
[10]	S/1	84 000	$2 \cdot 10^{19}$	Vegetative Zellen maximal
[13]	M%/2	101 400	$1 \cdot 10^{10}$	Thiamin (Vitamin B2) in Milch
[14]	M%/2	101 000	$8{,}57 \cdot 10^{9}$	Thiamin
[12]	S/1	417 060	$4{,}57 \cdot 10^{56}$	Bacillus subtilis-Sporen
[15]	S/1	286 000	$4{,}31 \cdot 10^{38}$	Bacillus cereus-Sporen; in Wasser
[15]	S/1	367 000	$1{,}46 \cdot 10^{50}$	Bacillus cereus-Sporen; in Luft $\varphi = 1{,}0$
[15]	S/1	413 100	$2{,}63 \cdot 10^{50}$	Bacillus cereus-Sporen; in Luft $\varphi = 0{,}2$
[15]	S/1	375 130	$4{,}2 \cdot 10^{49}$	Bacillus licheniformis; Konz., pH 6,68
[15]	S/1	362 830	$2{,}6 \cdot 10^{48}$	Bacillus licheniformis; Magermilch, pH 6,68
[15]		289 000	$1{,}9 \cdot 10^{37}$	Thermophile Sporen
[15]		240 000	$4{,}46 \cdot 10^{30}$	Mesophile Sporen
[15]	M%/–	50 000	–	Allgemein
[15]	S/–	300 000	–	Allgemein
[15]	S/1	500 180	$1{,}92 \cdot 10^{69}$	Gattung *Alicyclobazillus*
[STO]	S/1	139 390	$5{,}1 \cdot 10^{20}$	*Streptococcus dysgalactiae* subsp. *equisimilis* (Sdse – ATCC 12449)
[14]	S/1	336 000	$2{,}99 \cdot 10^{48}$	Minute virus of mice (MVM)
[14]	S/1	167 000	$1{,}34 \cdot 10^{27}$	Human immunodeffiency virus (HIV)
[14]	S/1	202 000	$2{,}89 \cdot 10^{31}$	Simian-Virus (SV40)
[14]	M%/1	54 000	$1{,}81 \cdot 10^{6}$	β-Lactoglobulin

strebt man eine gewisse Titerreduktion an, z. B. 10^8, dann ist gemäß Gl. (1.15) für das zu bestimmende Sterilisationskriterium der natürliche Logarithmus dieses Wertes zu nehmen ($S = 18{,}42$).

Eine Reihe von kinetischen Daten für die Inaktivierung von Mikroorganismen, Sporen und Viren sind in Tab. 1.2 zusammengestellt [2]. Daneben findet man dort auch kinetische Daten für Mediumsbestandteile, wie sie in Abschn. 1.3.3 beschrieben sind.

Alle bisherigen Betrachtungen bezogen sich auf Monokulturen. In der Praxis werden aber häufig komplexe Nährmedien verwendet und dort befinden sich eine unbekannte Viel- und Artenzahl, z. B. Maisquellwasser (MQW), wo die Keime sowohl als hitzelabile vegetative Zellen als auch als hitzeresistente Sporen vorkommen können. Das zeigt sich sofort auch in der Darstellung $\ln(N/N_0)$ über t, wo es kaum möglich wird, eine Gerade zu erkennen.

Jede einzelne Art zu beschreiben wäre ein unüberschaubarer Aufwand. Deshalb ist eine Vereinfachung möglich, indem man nur zwei Gruppen bildet: die hitzelabilen Keime (LABIS, mit $''$ gekennzeichnet) und die hitzeresistenten Keime (RESIS, mit $'$ gekennzeichnet) [1].

Geht man davon aus, dass zu Beginn die LABIS wesentlich schneller absterben als die RESIS, dann kann vom Ursprung eine Gerade für die LABIS gezogen werden. Auf der anderen Seite verbleiben bei längeren Zeiten nur noch RESIS übrig, und alle Punkte von der größten Zeit in Richtung kleinerer Zeit ergeben eine Gerade für die Inaktivierungskinetik der hitzeresistenten Mikroorganismen. Die Geraden schneiden die Ordinate nicht im Nullpunkt, sondern bei $\ln(N/N_0) = \ln(N/N_0') < 0$ (Abb. 1.7).

Annahme: LABIS überleben nur, wenn das Verhältnis der beiden Anfangskeimzahlen (N_0''/N_0') viel größer als 1 ist und ausreichend lange sterilisiert werden muss.

Für die Gesamtkeimzahl gilt

$$N = N' + N'' \tag{1.16}$$

aber auch für die Anfangskeimzahlen

$$N_0 = N_0' + N_0'' \tag{1.17}$$

Damit kann die Anfangskeimzahl der RESIS aus dem Diagramm Abb. 1.7 bestimmt werden:

$$N_0' = N_0 e^{-SP} \tag{1.18}$$

SP ist dabei der Wert des Ordinatenschnittpunktes.

1.3.3
Ermittlung eines Mediumskriteriums

1.3.3.1 Definition eines geeigneten Kriteriums

Um dem gegenläufigen Prozess der Mediumsschädigung Rechnung zu tragen, wurde das Mediumskriterium $M\%$ vorgeschlagen [1, 2, 8]

$$M\% = 100(1 - C) \tag{1.19}$$

wobei C das Verhältnis der Konzentrationen c, die nach der Sterilisation verblieben sind, und der Anfangskonzentration einer ausgewählten Komponente c_0 darstellt. Man tut sich wesentlich leichter, wenn die ausgewählte Komponente eine sogenannte Schlüsselkomponente darstellt, die bei der Sterilisation geschädigt

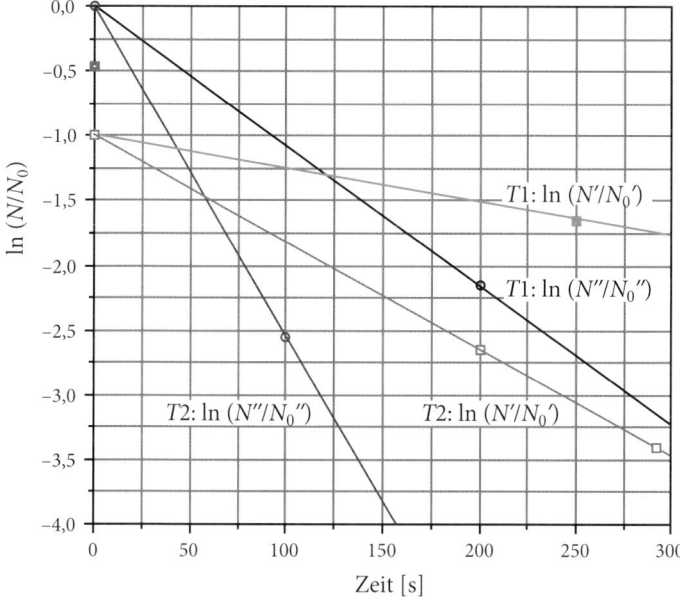

Abb. 1.7 Sterilisationskinetik einer Mischkultur. Resistente ($'$), labile ($''$) Keime.

wird und auf das spätere Fermentationsgeschehen und/oder auf die Wirtschaftlichkeit einen merklichen Einfluss hat.

Noch einfacher gestaltet sich die Situation, wenn nach einem Fermentationsprozess die Produktionskeime (GenTSV) oder die Produktlösung im Beisein des Produktes als Gesamtes sterilisiert werden müssen. In diesem Fall ist der Produktionsstamm der zu inaktivierende Mikroorganismus bzw. Virus.

Ist dies alles nicht vielversprechend, dann wird der Aufwand tatsächlich höher, denn es bleibt nichts anderes übrig, als das Endprodukt selbst als die Komponente auszuwählen. Dabei wird ein sinnvoller Wert für die im günstigsten Fall zu erreichende scheinbare Endkonzentration als „Anfangskonzentration" gewählt und zur erreichten Konzentration ins Verhältnis gesetzt und in Gl. (1.19) verwendet. Das bedeutet aber auch, dass erst die Sterilisationsuntersuchungen durchgeführt werden und anschließend in einer Fermentation die Auswirkungen überprüft werden. Die getroffene Annahme darf aber keinen zu unrealistisch hohen Wert der maximal zu erwarteten Produktkonzentration haben, sonst wird stets ein hoher Verlust ausgewiesen.

Das Mediumskriterium $M\%$ (Gl. (1.19)) soll direkt den während des Sterilisationsprozesses erlittenen Verlust einer essenziellen Komponente in Prozent zum Ausdruck bringen. Der optimale Prozess erreicht eine noch vertretbare Mediumsschädigung bei ausreichender Inaktivierung [1]. Empfindliche Inhaltsstoffe des Mediums, wie z. B. Vitamine, Wuchsstoffe, Aminosäuren u. v. m. werden der Gefahr der Zerstörung ausgesetzt.

Der einzige Weg, der jetzt noch bleibt, ist die Optimierung des Sterilisationsprozesses, der die erforderliche Inaktivierungswirkung verspricht, aber nur ein vertretbares Mindestmaß an Mediumsschädigung bringt.

Als mögliche Komponenten für die Definition des Mediumskriteriums kommen Vitamine (wie Thiamin) oder Aminosäuren (wie Lysin) oder auch Proteine (wie β-Lactoglobulin) oder eben im Notfall wie oben erwähnt eine fiktive maximale Produktkonzentration in Betracht. Im Falle einer Virusinaktivierung ist die Wahl der Komponente für das Mediumskriterium meist sehr einfach, denn das ist ein Beispiel, bei dem sowohl Kontaminant (Virus) als auch Wertstoff (z. B. Thiamin bzw. β-Lactoglobulin) im Medium vorliegen.

1.3.3.2 Reaktionsordnung von Mediumsschädigungsreaktionen

Im Gegensatz zu den Inaktivierungskinetiken, die man ausreichend gut mit einer Reaktion 1. Ordnung beschreiben kann, müssen bei Mediumsschädigungsreaktionen die Ordnung und die reaktionskinetischen Parameter bestimmt werden. Da es sich bei der Mediumsschädigung im Gegensatz zur Inaktivierung nur um niedrige „Umsätze" handelt, weil ja so wenig wie möglich verloren gehen soll, reicht in der Praxis eine grobe Zuordnung der Reaktionsordnung in 0., 1., 2. oder 3. Ordnung aus [9]. Die dazugehörigen Reaktionsgleichungen für die entsprechenden Abbaureaktionen lassen sich damit wie folgt formulieren [1, 2]

$$(0.\ \text{Ordnung}) \quad -\frac{dc}{dt} = k_0(T) \tag{1.20}$$

$$(1.\ \text{Ordnung}) \quad -\frac{dc}{dt} = k_1(T) \cdot c \tag{1.21}$$

$$(2.\ \text{Ordnung}) \quad -\frac{dc}{dt} = k_2(T) \cdot c_1 \cdot c_2 \tag{1.22}$$

$$(3.\ \text{Ordnung}) \quad -\frac{dc}{dt} = k_3(T) \cdot c_1 \cdot c_2 \cdot c_3 \tag{1.23}$$

Bei stöchiometrisch gegebenen Zusammenhängen lassen sich alle anderen Konzentrationen durch eine Komponente darstellen. Somit können für die 2. und 3. Reaktionsordnung die Substitutionen

$$c_2 = \frac{\nu_2}{\nu_1} \cdot c_1 \tag{1.24}$$

bzw.

$$c_3 = \frac{\nu_3}{\nu_1} \cdot c_1 \tag{1.25}$$

verwendet werden.

Setzt man die Gln. (1.24) und (1.25) in die Gln. (1.22) sowie (1.23) ein und integriert diese Gleichungen zwischen einer Anfangskonzentration c_0 und einer verbliebenen Konzentration c sowie zwischen der Zeit $t = 0$ und der Sterilisationszeit $t = t_S$, so erhält man für die einzelnen Ordnungen folgende Gleichungen:

$$C \equiv \left(\frac{c}{c_0}\right) = 1 - \frac{k_0(T)}{c_0} \cdot t \tag{1.26}$$

$$\ln C = -k_1(T) \cdot t \tag{1.27}$$

$$\frac{1}{C} \equiv 1 + k_2(T) \cdot c_0 \frac{v_2}{v_1} \cdot t \tag{1.28}$$

$$\frac{1}{C^2} = 1 + 2 \cdot k_3(T) \cdot c_0^2 \frac{v_2 \cdot v_3}{v_1^2} \cdot t, \tag{1.29}$$

Alle Gleichungen von (1.26) bis (1.29) entsprechen alle einer Geradengleichung des Typs

$$y = a + m \cdot t \tag{1.30}$$

wobei die Steigung m die Reaktionsgeschwindigkeitskonstante der jeweiligen Reaktionsordnung mit den dazugehörigen Konstanten E_a und k_0 darstellt [9].

Führt man nun die Versuche zur Bestimmung der kinetischen Reaktionsparameter durch, so wird C als Funktion der eingestellten Sterilisationstemperatur und der Sterilisationszeit bestimmt. Die gewonnenen Werte für C werden nun in $\ln C$, $1/C$ und $1/C^2$ umgerechnet. Damit lassen sich die Versuchsergebnisse in allen vier Darstellungen über t auftragen und in dem Diagramm, in dem die Ausgleichsgerade den höchsten Regressionskoeffizienten besitzt, lässt sich die Reaktionsordnung ausmachen. Dabei ist zu beachten, dass bei höheren Temperaturen die Unterschiede deutlicher werden. Sollte es bei einer Temperatur schwierig sein, eine Reaktionsordnung ausfindig zu machen, so muss das Experiment bei höherer Temperatur wiederholt werden.

Mit der gefundenen Reaktionsordnung besitzt man nun gleichzeitig die Ausgangssituation für die Bestimmung der reaktionskinetischen Parameter, Arrhenius-Konstante k_0 und Aktivierungsenergie E_a. In dem ausgewählten Diagrammtyp bei mindestens zwei Temperaturen lässt sich aus der Steigung der gefundenen Geraden die Arrhenius-Konstante und die Aktivierungsenergie gemäß den folgenden Gleichungen gewinnen

$$E_a = \frac{R \cdot \ln(k(T_1)/k(T_2))}{1/T_2 - 1/T_1} \tag{1.31}$$

bzw.

$$k_0 = \frac{k(T_i)}{\exp(-E_a/(R \cdot T_i))} \tag{1.32}$$

Sind die reaktionskinetischen Parameter gefunden, so kann man mit ihnen in die entsprechenden Gl. (1.23) bis (1.26) gehen, um die Mediumsschädigung zu berechnen, oder in die Gln. (1.17) bis (1.20), um die Reaktionsgeschwindigkeit der Abbauraten zu ermitteln.

1.3.4
Sterilisationsarbeitsdiagramm

1.3.4.1 Gewinnung der Berechnungsgleichungen
Zur Optimierung eines Sterilisationsprozesses geht man vorzugsweise mit beiden Kriterien in das sogenannte Sterilisationsarbeitsdiagramm (SAD). Dort trägt

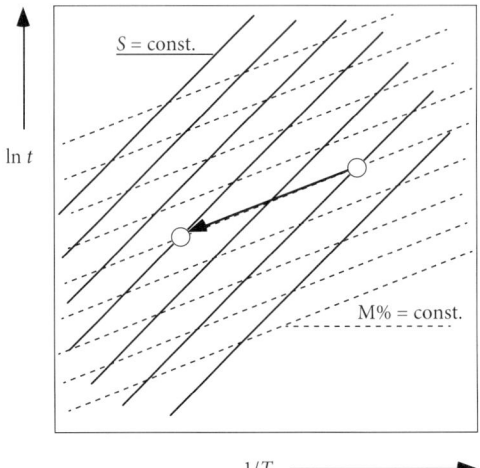

Abb. 1.8 Sterilisationsarbeitsdiagramm (SAD). In dieses Diagramm werden Linien des konstanten Sterilisationskriteriums ($S = $ const.) und Linien des konstanten Mediumskriteriums ($M\% = $ const.) eingetragen. Der Schnittpunkt des geforderten Sterilisationskriteriums (S) und der noch zulässigen Mediumsschädigung (M) ergibt den Arbeitspunkt (T, t). Da bei der Sterilisation für jeden Maßstab die Absolutkeimzahl maßgebend ist, wird im Großmaßstab das Sterilisationskriterium größer. Im Falle eines Scale-up bedeutet das, dass bei gleichem Mediumskriterium im Großmaßstab das notwendige höhere Sterilisationskriterium einzustellen ist.

man die Linien des konstanten Sterilisationskriteriums und Linien des konstanten Mediumskriteriums auf (siehe Abb. 1.8). Während aufgrund der Festlegung, dass die Inaktivierungsreaktion nur 1. Ordnung ist, für die Abbaureaktionen allerdings vier Reaktionsordnungen zugelassen werden, ergeben sich unterschiedliche Gleichungen. Die Gleichungen dazu lauten [9]

$$S: \quad \ln t = \ln\left(\frac{S}{k_0}\right) + \frac{E_a}{R}\frac{1}{T} \tag{1.33}$$

$$M\%, 0.\,O: \quad \ln t = \ln\left(\frac{M\%}{100 k_0}\right) + \frac{E_a}{R}\frac{1}{T} \tag{1.34}$$

$$M\%, 1.\,O: \quad \ln t = \ln\left\{\frac{\ln[1-(M\%/100)]\}}{k_0}\right\} + \frac{E_a}{R}\frac{1}{T} \tag{1.35}$$

$$M\%, 2.\,O: \quad \ln t = \ln\left[\frac{M\%/100}{(1-M\%/100)k_0}\right] + \frac{E_a}{R}\frac{1}{T} \tag{1.36}$$

$$M\%, 3.\,O: \quad \ln t = \ln\left\{\frac{1-[1-(M\%/100)]^2}{[1-(M\%/100)]^2 k_0}\right\} + \frac{E_a}{R}\frac{1}{T}\,. \tag{1.37}$$

Je nach Reaktionsordnung lassen sich dann die entsprechenden Geraden in das SAD, wie in Abb. 1.8 beispielhaft geschehen, eintragen.

Aufgrund dessen, dass die Aktivierungsenergien für die Inaktivierung größer sind als für die Mediumsschädigung, verlaufen die $S = $ const-Linien steiler als die M%-Linien und somit kann aus dem SAD deutlich erkannt werden, dass die günstigsten Bedingungen für einen Sterilisationsprozess bei der höchst möglichen Temperatur liegen.

Die höchst mögliche Temperatur ist entweder materialbedingt (Dichtungen, Sonden etc.) oder verfahrensbedingt, indem die dazugehörige Zeit noch eingestellt werden kann (Mindestzeiten im Bereich von 10 bis 30 [s]) [2].

Mit den Gln. (1.33) bis (1.37) kann man sehr einfach das „grafische SAD" in ein „kalkulatorisches SAD" umwandeln und kommt so wohl der „modernen Denkweise" nahe, auch wenn die Anschaulichkeit verloren geht. Dazu wird für die jeweilige Ordnung die Gl. (1.33) mit der entsprechenden Gleichung (Gln. (1.34) bis (1.37)) gleichgesetzt und nach der Sterilisationstemperatur umgestellt. Mit den Eingabeparametern Anfangskeimzahl N_0, Endkeimzahl N und Mediumskriterium M% erhält man die erforderliche Sterilisationstemperatur für jede Reaktionsordnung. Es ist eine kleine Abweichung festzustellen, weil mit höherer Ordnung der Aufwand geringer wird. Das ist leicht einzusehen, weil höhere Ordnungen auch langsamere Reaktionsgeschwindigkeiten nach sich ziehen.

Allerdings ist es auch möglich, statt dem Mediumskriterium die maximale Sterilisationstemperatur vorzugeben, und man erhält dann die Mediumsschädigungen für jede Ordnung.

1.3.4.2 Ermittlung der Arbeitspunkte

Zunächst muss das erforderliche Sterilisationskriterium sowie das noch zulässige Mediumskriterium (Mediumsschädigung) ermittelt werden, damit die Auslegung des Sterilisationsprozesses durchgeführt werden kann.

Bei dieser Betrachtung fällt ganz besonders auf, dass Bedingungen, die im Labormaßstab spielend eingestellt werden können, im Großmaßstab (im Folgenden mit * gekennzeichnet) nicht mehr möglich sind. Deshalb ist es sehr empfehlenswert, immer an die Produktionsmaßstäbe zu denken, damit im Labor nicht suboptimale Bedingungen gewählt werden, die nicht übertragen werden können. Somit kann unnütze Arbeit vermieden werden.

Für die Vorgehensweise zur Auslegungsroutine eines Sterilisationsprozesses werden folgende Schritte vorgeschlagen:

a) Ermittlung des erforderlichen Sterilisationskriteriums S bzw. S^*,
b) Festlegung der praktischen Randbedingungen (z. B. T_{max} bzw. t_{min}),
c) Eintragen von S, S^*, T^*_{max} bzw. t^*_{min} in das SAD,
d) Gewinnung der Sterilisationsparameter.

Aus den sich ergebenden Schnittpunkten im SAD lassen sich die Betriebsparameter für die entsprechenden Maßstäbe ablesen (vgl. Abb. 1.9). Ist die für den Produktionsmaßstab maximal mögliche Temperatur sowie das erforderliche Sterilisationskriterium S^* gefunden, so hat man bereits im Schnittpunkt dieser beiden Geraden den Auslegungspunkt $A^*(T, t)$ für diese Prozessgröße ermittelt. Da im Modellmaßstab (Labormaßstab) keine besseren Bedingungen als in den Produktionsmaßstab übertragbar herrschen sollten, geht man auf der M% = const.-Linie

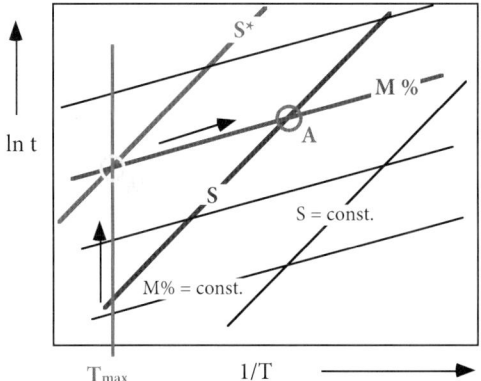

Abb. 1.9 Nutzung des SADs zur Ermittlung der Arbeitspunkte im Produktions- und Modellmaßstab. Ausgehend von einer maximal möglichen Temperatur im Produktionsmaßstab T_{max} findet man im Schnittpunkt mit $S^*A^*(T^*, t^*)$ und bei gleichem $M\%$ auch $A(T, t)$.

bis zum Schnittpunkt mit dem Sterilisationskriterium S im Modellmaßstab und findet dort den Arbeitspunkt des Labormaßstabes A [2].

Die Ausgangskeimdichte X_0 sollte bei Nutzung identischer Einsatzstoffe im Falle der Mediumssterilisation, und bei der Inaktivierung nach einer Fermentation sowieso, gleich sein. Da die anzustrebende theoretische Endkeimzahl von $N < 1{,}0$ in allen Maßstäben ebenfalls gleich sein muss, um die Wahrscheinlichkeit einer nicht gelungenen Sterilisation gleich zu halten, berechnen sich die Sterilisationskriterien wie folgt

$$S^* = \ln\left(\frac{X_0 \cdot V^*}{N}\right) \tag{1.38}$$

bzw.

$$S = \ln\left(\frac{X \cdot V^*}{N}\right). \tag{1.39}$$

Löst man die Gln. (1.38) und (1.39) nach der Endkeimzahl N auf und setzt sie gleich, so findet man für die beiden Sterilisationskriterien folgenden Zusammenhang

$$S^* = S + \ln\left(\frac{V^*}{V}\right). \tag{1.40}$$

Um die Sterilisationskriterien berechnen zu können, muss die entsprechende Keimdichte im Medium ermittelt und eine „zulässige Endkeimzahl" festgelegt werden. Die Keimdichte erhält man über die klassische, aufwendige Verdünnungsreihe, die Endkeimzahl legt man über wirtschaftliche Betrachtungen fest, indem eine noch vertretbare Verlustquote von Chargen durch ungenügende Sterilisationen festgelegt wird, z. B. $N = 10^{-2}$ bedeutet 1 [%] Verluste, oder es ist durch

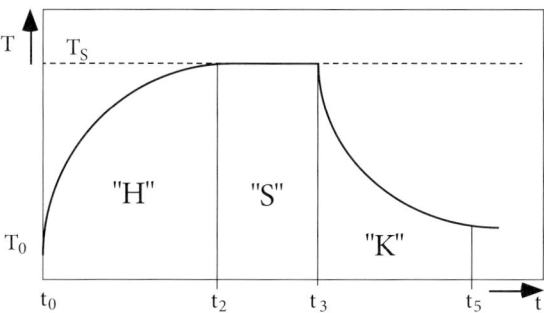

Abb. 1.10 Eine ideale Temperatur-Zeit-Kurve lässt sich zwischen t_2 und t_3 vorstellen („S"), ist aber in der Praxis nicht erreichbar. Vielmehr sind dabei auch noch der Heizvorgang „H" und der Abkühlvorgang „K" zu berücksichtigen.

das Gentechnik-Gesetz mit $N = 10^{-6}$ vorgegeben. Zu niedrige Wahrscheinlichkeiten und damit N-Werte festzulegen geht wiederum auf Kosten der Mediumsgüte, sodass $N \ll 10^{-6}$ in der Regel wenig Sinn macht [2].

1.3.5
Umsetzung in kontinuierlich betriebene Sterilisationsanlagen

Die einmal gefundenen optimalen Sterilisationsbedingungen müssen nun in den technischen Maßstab übertragen werden. Da die Parameter allein für die Sterilisationszeit t_S bei $T_S = $ const. Ermittelt wurden und im Labor hinsichtlich eines idealen Temperatur-Zeit-Profiles noch ausgerichtet werden können, d. h. es sind nahezu keine Aufheiz- und Abkühlzeiten zu verzeichnen, wird diese Situation mit zunehmendem Maßstab zusehends ein Problem.

In der Praxis muss für die beiden Kriterien der gesamte Temperaturverlauf berücksichtigt werden (Abb. 1.10), d. h. es muss der Einfluss der Heiz- und Kühlphase zur eigentlichen Sterilisationsphase hinzuaddiert werden. Es gilt somit [2]

$$S_\Sigma = S_H + S + S_K, \tag{1.41}$$

bzw.

$$M\%_\Sigma = M\%_H + M\% + M\%_K, \tag{1.42}$$

Für die einzelnen Phasen können folgende Gleichungen angegeben werden:

$$S_H = k_0 \int_{t_0}^{t_2} \exp\left(-\frac{E_a}{R \cdot T(t)_H}\right) dt, \tag{1.43}$$

$$S = k_0 \exp\left(-\frac{E_a}{R \cdot T_S}\right), \tag{1.44}$$

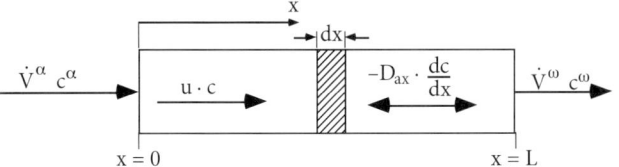

Abb. 1.11 Darstellung des axialen Dispersionsmodelles zur Beschreibung der Verweilzeitverteilung in einem Rohrreaktor.

$$S_K = k_0 \int_{t_3}^{t_5} \exp\left(-\frac{E_a}{R \cdot T(t)_K}\right) dt \ . \tag{1.45}$$

Verbessert kann diese Situation nur werden, indem nicht mehr batchweise, sondern im Durchflusssterilisator inaktiviert wird. Im Durchflusssterilisator wird allerdings der konvektiven Strömung eine axiale Diffusion (Dispersion) überlagert (Abb. 1.11). Hierbei tritt dann das Phänomen auf, dass nicht mehr alle Teilchen (hier Viren) dieselbe Verweilzeit haben und damit unterschiedlich an der Inaktivierung partizipieren. Wird die Sterilisation nicht batchweise, sondern in einem Durchflussreaktor durchgeführt, so ist das Sterilisationsergebnis und das Mediumskriterium aus diesem Grund von der Verweilzeitverteilung abhängig. Während im Batchprozess bei rechteckigem Temperatur-Zeit-Profil (Abb. 1.10) und vollkommener Durchmischung sowie für hohe Bodenstein-Zahlen das Sterilisationskriterium identisch mit der Damköhler-Zahl ist, verringert sich der Sterilisationseffekt mit abnehmender Bodenstein-Zahl [2].

Diese Situation kann u. a. durch das „axiale Dispersionsmodell" beschrieben werden. Dieses Modell geht davon aus, dass einem konvektiven Transport ($u \cdot c$) der Teilchen eine axiale Diffusion (Dispersion, $-D_{ax} \cdot dc/dx$) überlagert ist (Abb. 1.11) [2].

Die zeitliche Veränderung der Menge einer bestimmten Substanz innerhalb eines betrachteten Volumenelementes ($A \cdot dx$) lässt sich dann wie folgt beschreiben

$$A \cdot dx \cdot \frac{dc}{dt} = -\frac{d}{dx}\left(u \cdot c - D_{ax} \cdot \frac{dc}{dx}\right) A \cdot dx - k \cdot c \cdot A \cdot dx \tag{1.46}$$

Mit den Randbedingungen stationär, konstante Geschwindigkeit, Reaktion 1. Ordnung und der Normierung $\chi \equiv x/L$; $C \equiv c/c^\alpha$ sowie Einführung der beiden dimensionslosen Kennzahlen

$$\text{Bodenstein-Zahl:} \quad \text{Bo} \equiv \frac{u \cdot L}{D_{ax}} \tag{1.47}$$

$$\text{Damköhler-Zahl:} \quad \text{Da}_I \equiv \frac{k(T) \cdot L}{u} = k(T) \cdot \tau \tag{1.48}$$

erhält man schließlich

$$0 = -\frac{dC}{dc} + \frac{1}{\text{Bo}} \frac{d^2 C}{dc^2} - \text{Da}_I \cdot C \tag{1.49}$$

Mit den Randbedingungen [8] $C^\alpha = c - (1/\text{Bo})(d^2C/dc^2)$ bei $\chi = 0$ sowie $dC/dc = 0$ bei $\chi = 1$ ergibt es für Gl. (1.49) die Lösung [7]

$$C = \frac{4 \cdot \beta}{(1+\beta)^2 \cdot \exp\left(-\frac{\text{Bo}}{2} \cdot (1-\beta)\right) - (1-\beta)^2 \cdot \exp\left(-\frac{\text{Bo}}{2} \cdot (1+\beta)\right)} \quad (1.50)$$

mit der Substitution

$$\beta = \sqrt{1 + \frac{4\text{Da}_\text{I}}{\text{Bo}}} \;. \quad (1.51)$$

Die eigentliche Verweilzeitverteilung muss letztendlich empirisch bestimmt werden [2]. Das geschieht dadurch, dass der durchströmte Bilanzraum mit Aufgabefunktionen beschickt wird. Man kennt dazu die Impulsfunktion und die Sprungfunktion. Bei der Impulsfunktion wird am Eingang eines Bilanzraumes mit einer schnellen Zugabe eines Tracers ein sogenannter Dirac-Impuls erzeugt und am Ausgang die Verteilung detektiert. Bei der Sprungfunktion wird eine Tracerkonzentration am Eingang spontan erhöht und ebenfalls am Ausgang die Antwortfunktion detektiert [2].

Aus der Impulsfunktion resultiert die Dichtefunktion und aus der Sprungfunktion die Summenfunktion am Ausgang. Die Definitionen und die resultierenden Gleichungen sind in der Formelsammlung im Block A.7 „Verweilzeitverteilung" zusammengefasst.

1.4
Spezielle Betrachtungen zum Sauerstoffsignal

1.4.1
Sauerstoffsignal (Partialdruck, Gelöstkonzentration)

Das Lösungsverhalten (vgl. Anhang Tab. C.3 und C.4) von Sauerstoff in wässrigen Lösungen ist ein wichtiges Phänomen bei der Bearbeitung biotechnologischer Prozesse. Deshalb sollen zu diesem Thema einige Betrachtungen vorangestellt werden. Insbesondere folgende Fragen stehen immer wieder im Raum (G. Wehnert: persönliche Mitteilung, Labor Makromolekulare Chemie und Kunststofftechnik Technische Hochschule Nürnberg Georg Simon Ohm, 2016):

- Wie lässt sich die Aufnahmekapazität erklären?
- Warum ist diese bei CO_2 30-fach und bei NH_3 1500-fach gegenüber O_2?
- Wie werden die Gasmoleküle in die Wassermatrix eingeordnet?
- Was bewirkt, dass das „Fass" überläuft?
- Und wie ist es zu erklären, dass das Beisein von z. B. Salzmolekülen sowie erhöhte Temperatur die Aufnahmekapazität erniedrigt?

Unter einer Lösung versteht man eine homogene, molekular-disperse Mischphase. Phänomenologisch wird die Löslichkeit durch das Henry'sche Gesetz beschrieben (vgl. Gl. (A.63)). Eine Vielzahl von Henry-Koeffizienten für die Lösung von Gasen in Wasser findet man in der Literatur [16].

Wasser ist ein polar-protisches Solvens. Sauerstoff ist elektronegativer als Wasserstoff, sodass die Sauerstoff-Wasserstoff-Bindung polar ist. Zudem können die Wasserstoffatome im Wasser zu Sauerstoffatomen in benachbarten Wassermolekülen Wasserstoffbrückenbindungen ausbilden (siehe Abb. 1.12).

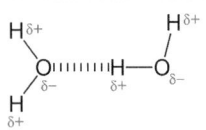

Abb. 1.12 Ein Wasserstoffatom bildet über eine Wasserstoffbrücke (gestrichelt) eine lineare Bindung zu einem weiteren Sauerstoffatom aus (Quelle: Wikipedia, 2016).

Durch die Wasserstoffbrückenbindungen entstehen Verbände (Cluster) von Wassermolekülen. Das erklärt u. a. den ungewöhnlich hohen Schmelz- und Siedepunkt von Wasser.

Für die Löslichkeit eines Gases in Wasser ist entscheidend, ob und in welcher Weise das Gas intermolekulare Wechselwirkungen zu Wasser ausbilden kann.

Gut löslich: polar-protische Gase (Halogenwasserstoffe) Gase, die Wasserstoffbrückenbindungen ausbilden können (Ammoniak),

Mäßig löslich: polare Gase (Kohlendioxid, Distickstoffoxid, Schwefelwasserstoff),

Schlecht löslich: unpolare Gase (Edelgase, Stickstoff, Kohlenmonoxid, Sauerstoff, Wasserstoff).

Bei den unpolaren Gasen hängt die Löslichkeit ebenfalls davon ab, inwieweit Nebenvalenzkräfte zu Wasser ausgebildet werden können. Bei den Edelgasen steigt die Löslichkeit in Wasser von Helium zu Radon an, da die Edelgasatome immer größer werden und damit die Polarisierbarkeit der Elektronenhülle steigt.

Stickstoff ist durch seine Dreifachbindung schwerer polarisierbar als Sauerstoff. Sauerstoff ist daher in Wasser besser löslich.

In biotechnologischen Prozessen ist zur Messung der „Gelöstsauerstoffkonzentration" das Clark-Prinzip die Methode der Wahl [1]. Der Elektrolyt wird zum Medium hin mit einer sterilisierbaren Membran abgeschirmt. Das Signal der Sonde hängt direkt mit dem Sauerstoffstrom, der aus dem Medium durch die laminare Grenzschicht aber auch durch die Membran diffundiert, zusammen. Kommt pro Zeit weniger Sauerstoff an, ist das Signal X % niedriger, kommt mehr an, ist das Signal X % höher (vgl. Abb. 1.13 und 1.14) [2].

Das bedeutet, dass man sich genau darüber Gedanken machen muss, unter welchen Bedingungen die Kalibrierung durchzuführen ist und wie sich während des Betriebes diese Bedingungen für die Sauerstoffmessung ändern. Dazu gehört

1.4 Spezielle Betrachtungen zum Sauerstoffsignal | 25

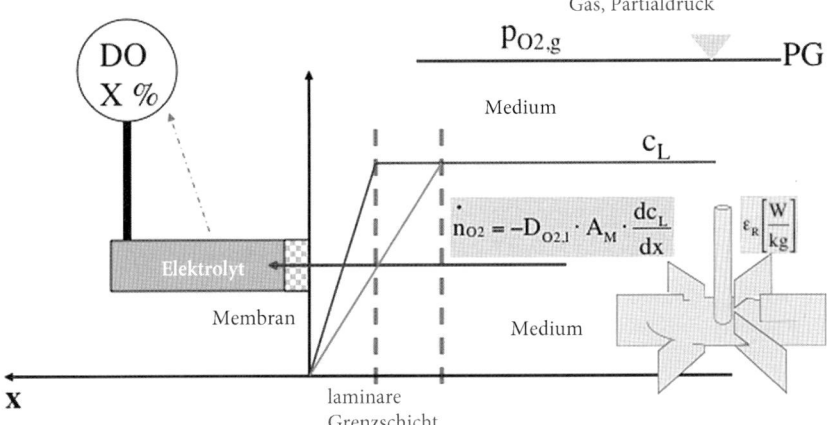

Abb. 1.13 Die DO-Anzeige ist abhängig von der laminaren Grenzschicht (dc_L/dx) und damit auch von den Anströmbedingungen, also dem Leistungseintrag (Drehzahl). Bei dicker laminarer Grenzschicht, also schwacher Anströmung, wird die Anzeige für DO geringer und umgekehrt.

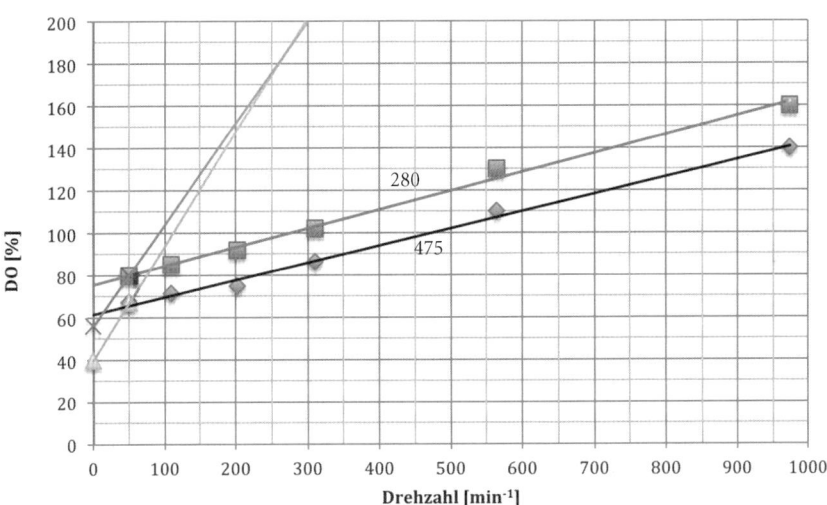

Abb. 1.14 Zwei getrennte Untersuchungen zur DO-Anzeige mit einer WTW-Sonde in Abhängigkeit der Rührwerksdrehzahl in einem 1 L-Rührwerksreaktor bei Raumtemperatur, Raumluftbedingungen und mit Luftsauerstoff komplett gesättigtem Wasser. Die Kalibrierung wurde einmal bei 280 [min^{-1}] (Quadrate obere Gerade) und zum anderen bei 475 [min^{-1}] (Raute untere Gerade) durchgeführt. Die beiden Ursprungsgeraden beziehen jeweils nur die beiden ersten Messpunkte ein, um den undefinierten Zustand bei $n = 0$ [upm] hervorzuheben.

neben dem Leistungseintrag aber auch die Rheologie des Mediums, weil insbesondere die Viskosität ebenfalls die Dicke der laminaren Grenzschicht beeinflusst (vgl. Gl. (A.10)).

Wie sich aus Abb. 1.14 erkennen lässt, kann die DO-Anzeige (Dissolved Oxygen) einer WTW-Sonde in einem *1 L-Rührwerkskessel* in Abhängigkeit der Rührerdrehzahl als lineare Funktion dargestellt werden, was durch zwei getrennte Versuche bestätigt ist. Der Zusammenhang ist aber erst deutlich, wenn sich eine laminare Grenzschicht auszubilden scheint. Bei Stillstand des Rührwerks, also bei völlig undefinierten Verhältnissen was die laminare Grenzschicht betrifft, ist die Anzeige deutlich niedriger und passt so noch nicht auf die Geradenfunktion (die beiden Punkte bei $n = 0$). In einem der beiden Versuche wurde die Sonde bei 280 [min^{-1}] und in einem anderen bei 475 [min^{-1}] kalibriert.

Die Funktion der oberen Geraden (Kalibrierung bei $n = 280$ [min^{-1}]) entspricht einer Leistungsdichte von etwa 0,07 [W/kg]) und lässt sich mit

$$DO_1 [\%] = 0{,}089 \cdot n\,[\text{min}^{-1}] + 75{,}46 \tag{1.52}$$

angeben, während die untere Gerade (Kalibrierung bei $n = 475$ [min^{-1}]) entspricht einer Leistungsdichte von etwa 0,3 [W/kg]) durch

$$DO_2 [\%] = 0{,}081 \cdot n\,[\text{min}^{-1}] + 61{,}81 \tag{1.53}$$

beschrieben wird.

Die Steigung beider Geraden ist sehr ähnlich mit $dDO/dn = 0{,}089$ [% min] für die obere und $dDO/dn = 0{,}081$ [% min] für die untere Gerade. Zunächst mag es erstaunlich erscheinen, dass Werte von bis zu 160 bzw. 140 [%] bei hohen Drehzahlen sowie etwa 75 [%] resp. etwa 62 [%] bei sehr niedrigen Drehzahlen gemessen werden, doch die angestellten Überlegungen belegen diese Werte!

Die bisher gemachten Darstellungen entstammen einer „Momentaufnahme" einer einzelnen Sonde (Typ, Hersteller, Seriennummer, Alter, geometrische Verhältnisse im Reaktor). Führt man weitere Untersuchungen mit einer anderen Sonde (andere Seriennummer), einem anderen Alter, in einem anderen Reaktor und von einem anderen Hersteller durch, so findet man ein u. U. anderes Bild.

Das bestätigt ein zweites Beispiel. Diesmal mit einer anderen WTW-Sonde und zusätzlich einer Ingold-Sonde in einem 10 L-Bioreaktor (NFL-Bioengineering). Das Ergebnis ist in den Abb. 1.15 bis 1.18 dargestellt.

Im direkten Vergleich war am Bioreaktor eine Ingold-Sonde seitlich am 25-mm-Stutzen eingebracht und eine WTW-Sonde von oben an einem Stromstörer befestigt. Beide Sonden wurden gut angeströmt. Das Medium, vollentsalztes Wasser, wurde vorab bei einer Belüftungsrate von 0,5 [vvm] und einer Drehzahl von 750 [upm] entsprechend einer Leistungsdichte von etwa 0,8 [W/kg] gesättigt sowie die Sonden kalibriert. Diese Kalibrierungseinstellung gilt in diesem Fall für beide Versuchsreihen. Der Unterschied der Kurven spiegelt lediglich die Anzeigeschwankungen wider.

Die eigentlichen Versuche wurden gestartet, nachdem bei ausgeschaltetem Rührwerk die Anzeige beider Sonden einen stationären Wert annahmen (etwa

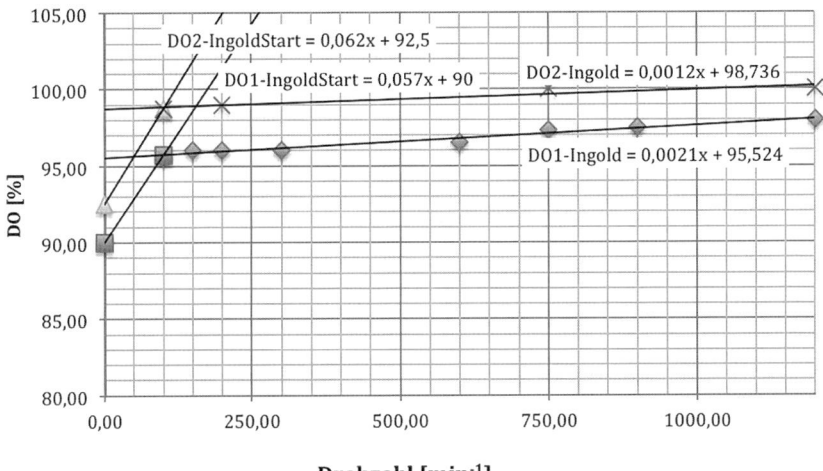

Abb. 1.15 Abhängigkeit der DO-Anzeige einer Ingold-Sonde von der Drehzahl. Lediglich, wenn die Drehzahl gegen null geht ($n = 0$ [upm]) ist eine merklich geringere DO-Anzeige zu erkennen (10 [%] weniger). Ab einer Drehzahl von 250 [upm] ist die Abweichung weniger als 5 [%].

nach 30 [min]). Danach wurden auf- und absteigend verschiedene Drehzahlen eingestellt und jeweils das Gleichgewicht abgewartet (wenige Minuten). Der dann ausgegebene Wert der DO-Sonde wurde dann notiert und in den Abb. 1.15 bis 1.18 grafisch dargestellt.

Die Ingold-Sonde zeigt hinsichtlich der laminaren Grenzschicht einen undefinierten Zustand und bei $n = 0$ [upm] eine um 6 bis 10 [%] niedrigere Anzeige. Aber bei einer Leistungsdichte von 0,8 [W/kg] nähert sich die Anzeige auf 98 [%] an den Erwartungswert an. Danach steigt um sie weitere 2 bis 3 [%] an, wobei der Leistungseintrag dann schon 3,5 [W/kg] beträgt (vgl. Abb. 1.15 und 1.17).

Wenn also die Anströmgeschwindigkeit ausreichend groß ist, dann zeigt die Anzeige eine Abweichung von maximal ±3 [%]. Damit kann man gut arbeiten, weil die Anzeigestabilität und -genauigkeit schon in diesem Bereich angesiedelt werden kann.

Etwas abweichend von dem Verhalten der sterilisierbaren Ingold-Sonde zeigt sich die nicht sterilisierbare WTW-Sonde (andere Seriennummer als in Abb. 1.14).

In Abb. 1.16 und 1.18 kann man erkennen, dass bei ruhendem Medium ($n = 0$ [upm] also $\varepsilon_R = 0$ [W/kg]) die Anzeige bis zu 45 [%] unter dem Erwartungswert liegt. Bei einer Leistungsdichte von 0,2 [W/kg] (etwa 450 [upm]) beträgt die Abweichung schon nur noch 2 bis 3 [%]. Und bei hoher Leistungsdichte, z. B. bei 3,5 [W/kg], wird die Zielgröße um denselben Betrag überschritten (vgl. Abb. 1.16 und 1.18).

Um weitere Einsichten in den Vorgang der Sauerstoffmessung zu erlangen, sollen die gewonnen Gln. (1.52) und (1.53) noch genauer analysiert werden. Zu-

1 Ergänzende Theorien

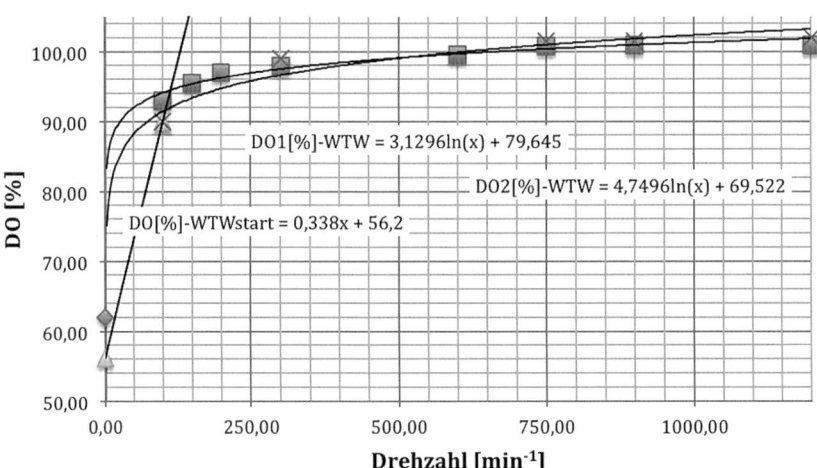

Abb. 1.16 Abhängigkeit der DO-Anzeige einer WTW-Sonde von der Drehzahl. Lediglich, wenn die Drehzahl gegen null geht ($n = 0$ [upm]) ist eine merklich geringere DO-Anzeige zu erkennen (bis 45 [%] weniger). Ab einer Drehzahl von 250 [upm] ist die Abweichung weniger als 5 [%].

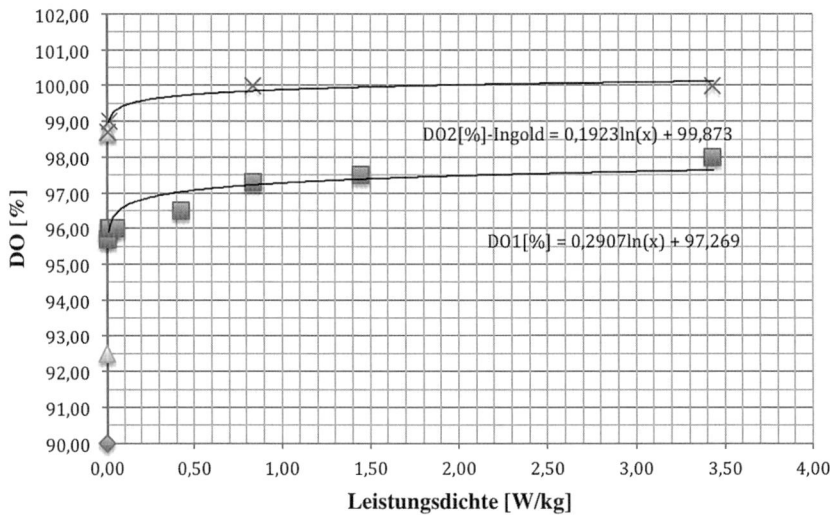

Abb. 1.17 Abhängigkeit der DO-Anzeige einer Ingold-Sonde von der Leistungsdichte in [W/kg]. Lediglich, wenn die Drehzahl gegen null geht ($\varepsilon_R = 0$ [W/kg]) ist eine merklich geringere DO-Anzeige zu erkennen (bis 10 [%] weniger). Ab einer Leistungsdichte von 0,75 [W/kg] ist die Abweichung weniger als 5 [%].

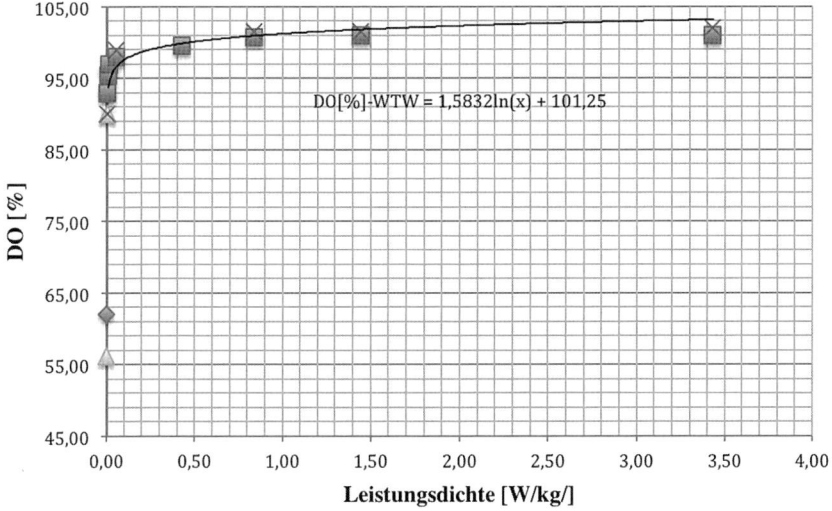

Abb. 1.18 Abhängigkeit der DO-Anzeige einer WTW-Sonde von der Leistungsdichte. Lediglich, wenn die Drehzahl gegen null geht ($\varepsilon_R = 0$ [W/kg]) ist eine merklich geringere DO-Anzeige zu erkennen (bis 45 [%] weniger). Ab einer Leistungsdichte von 0,35 [W/kg] ist die Abweichung weniger als 5 [%].

nächst wird die allgemeine Formulierung für diese Gleichungen eingeführt. Man erhält

$$DO_1 = m_1 \cdot n + a_1 \quad \text{(KAL bei 280 upm)} \tag{1.54}$$

$$DO_2 = m_2 \cdot n + a_2 \quad \text{(KAL bei 475 upm)} \tag{1.55}$$

Es kann davon ausgegangen werden, dass der von der Sonde generierte DO-Wert zunächst gleichbedeutend mit einem bestimmten elektrischen Stromfluss (Elektronenstrom). Dieser Stromverbrauch für die Reduktionsreaktion an der Kathode steht mit dem Sauerstofftransport zum Elektrolyten im Gleichgewicht und entspricht deshalb der Sauerstofftransferrate (OTR in mol/s).

Da die DO-Anzeige proportional zur Sauerstofftransferrate ist, kann mit der Proportionalitätskonstante fDO_i [mol/s/%] der Zusammenhang

$$DO_i \cdot fDO_i = \frac{D_{O_2,L}}{\delta_{L,i}} \cdot A_M \cdot c_L^* \quad \text{[mol/s]} \tag{1.56}$$

formuliert werden. Allerdings ist die Proportionalitätskonstante fDO_i von den Kalibrierungsbedingungen abhängig, weil ein einmal erreichter konstanter Wert zu DO = 100 [%] gesetzt und mit einem Potentiometer einjustiert wird. Im Grunde genommen geschieht das willkürlich, weil die gewählte Kalibrierungsdrehzahl nirgends festgelegt ist. Die Proportionalitätskonstante wird durch den Index „i" unterschieden. Das bedeutet, dass für die beiden Messreihen auch zwei unterschiedliche Konstanten resultieren. Da in Gl. (1.56) der Diffusionskoeffizient (z. B.

Sauerstoff in Wasser bei 25 [°C]: $D_{O_2,L} = 2{,}1 \cdot 10^{-9}$ [m²/s]), die Membranfläche der Sonde (z. B. bei $d_M = 12$ [mm]: $A_M = 115$ [mm²]) und die Sättigungskonzentration (z. B. bei 1013 [mbar] und 25 [°C]: $c_L^* = 0{,}28$ [mol/m³]) konstant sind, bleibt lediglich die Proportionalitätskonstante und die laminare Grenzschicht unbekannt.

Dennoch muss festgehalten werden, dass die Darstellung der in Abb. 1.14 gezeigten Effekte in ihrer Tendenz richtig ist, aber, wie die weiteren Messungen (Abb. 1.15 bis 1.18) darlegen, doch nur einzelne systembezogene Sondersituationen sind. Für die Praxis bedeutet das, dass man neu in Betrieb zu nehmende Sauerstoffmessungen diesbezüglich validiert und dies von Zeit zu Zeit wiederholt, um solche Effekte ausschließen zu können.

1.4.2
Methode zur Bestimmung des Henry-Koeffizienten

Um das DO-Signal richtig deuten zu können, muss man eigentlich Kenntnis über die Löslichkeit, ausgedrückt durch den Henry-Koeffizienten (Gl. (A.63)), haben, da die Sonde nur eine Aussage über den herrschenden Partialdruck in der Gasphase zur Situation bei der Kalibrierung liefert. Wenn die Angabe in Prozent erfolgt, ist der Bezug auf die Sättigung bei Kalibrierungsbedingungen gerichtet. Die Sonde erkennt also nicht die Gelöstkonzentration, sondern nur die Abweichung zur Sättigung. DO = 100 [%] bedeutet Sättigung (nach erfolgter Kalibrierung) unabhängig vom c_L-Wert [mg/L bzw. mol/L]. Die Verknüpfung bietet der Henry-Koeffizient.

Eine relativ einfache Möglichkeit den Henry-Koeffizienten zu bestimmen ist nachfolgend vorgestellt [17, 18]. Dazu benötigt man einen Versuchsaufbau, wie er in Abb. 1.19 dargestellt ist.

Aus zwei Versuchen mit VE-Wasser (bekannter Henry-Koeffizient) und eines Fermentationsmediums (vgl. Tab. 1.3 – gesuchter Koeffizient) wird zweimal ein DO-Wert (DO_1 und DO_2) bestimmt. Aus der Kombination können die Löslichkeit und der unbekannte Henry-Koeffizient bestimmt werden. Dazu wird zunächst das Medium sauerstofffrei vorgelegt und danach das Wasser sauerstoffgesättigt untergemischt und danach in umgekehrter Reihenfolge, d. h., in das vorgelegte sauerstofffreie Wasser wird das sauerstoffgesättigte Medium untergemischt. Die Bestimmung des Löslichkeitskoeffizienten erfolgt dann gemäß folgendem Zusammenhang

$$L_L = \frac{DO_2}{DO_1} \cdot L_W \quad [\text{mg/L}] \tag{1.57}$$

bzw. der in diesem Zusammenhang meist verwendete Henry-Koeffizient

$$H_{O_2} = \frac{32 \cdot 0{,}21 \cdot 1000}{L_L} \quad [\text{bar} \cdot \text{L/mol}] \tag{1.58}$$

Aus Tab. 1.4 ist ersichtlich, dass die Methode sehr gut funktioniert (man beachte die geringen Unterschiede in den Spalten L_W für Wasser und L_L für das

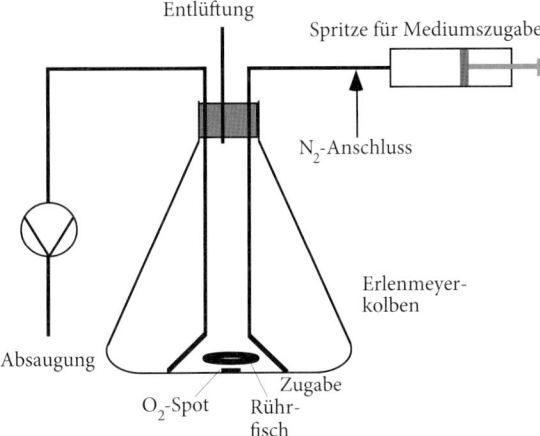

Abb. 1.19 Versuchsaufbau zur Bestimmung des Henry-Koeffizienten [17]. Ein Erlenmeyerkolben zur Aufnahme der Medien, eine Spritze zur Zugabe der sauerstoffgesättigten Lösung und eine Messsonde, z. B. vom Typ Presens, für die Erfassung des Analogsignals der Messsonde zur Bestimmung des Sauerstoffpartialdruckes.

Tab. 1.3 Bestandteile des untersuchten FB-Mediums [17].

Bestandteil	Menge [g/L]	Bestandteil	Menge [g/L]
Glucose	100	$(NH_4)_2SO_4$	12,0
Lactose	200	KH_2PO_4	2,0
K_2SO_4	0,1	$MgSO_4 \cdot 7H_2O$	0,5
$CaCl_2 \cdot 2H_2O$	0,1	$FeSO_4 \cdot 7H_2O$	0,05

Tab. 1.4 Ergebnisse der Untersuchungen zum FB-Medium [17].

Druck [mbar]	Temperatur [°C]	DO_1 [%]	DO_2 [%]	L_W [mg/L]	L_L [mg/L]	H_{O_2} [bar · L/mol]
1001	29,0	40,39	37,57	8,00	7,44	**903,2**
1001	28,0	42,20	38,60	8,12	7,43	**904,4**
1001	28,0	41,63	37,94	8,12	7,40	**908,1**
1002	29,5	40,77	38,31	7,94	7,46	**900,8**
1001	30	40,43	38,90	7,88	7,60	**884,2**

Medium), sofern die aufgrund der Versuchsanordnung herrührenden Unzulänglichkeiten berücksichtigt werden, d. h., dass nach der Einstellung auf DO = 0 [%] der vorgelegten Lösung im Messbehälter dieser im Kopfraum komplett mit Stickstoff ausgefüllt ist. Demzufolge findet während der Messung noch ein Stoffaustausch zwischen dem Flüssigkeitsgemisch und der Gasphase statt und zudem ist auch eine Sondendynamik zu berücksichtigen. Umgangen werden kann dies natürlich durch eine günstigere Konstruktion, z. B. einer Saug-Pump-Konstruktion (Spritze), die keinen Gasraum aufweist. Dort taucht dann aber das Problem der Durchmischung beider Medien auf. Dies kann technisch durch Vibration oder anderer mechanischer Mischsysteme gelöst werden.

Gemäß dem Messverlauf ist zu Beginn der Sauerstoffspot mit einer sauerstofffreien Lösung umgeben, die Anzeige ist (zumindest nahezu) null. Wird dann die gesättigte Lösung hinzugegeben, dann herrscht in der Mischung der gesuchte DO-Wert, die Anzeige hinkt aber aufgrund der Ansprechzeit diesem Wert hinterher und steigt entsprechend der Stofftransportbedingungen an, während der eigentliche Wert aufgrund des Stoffaustausches mit der Stickstoffphase über der Mischung schon wieder sinkt. Man wird über das Sondensignal also nie erfahren, welcher Wert herrschte, sondern nur den Wert erhalten, der im „Schnittpunkt" zwischen Messwert und dem wirklichen Wert liegt. Der gesamte Verlauf wird im Wesentlichen durch die Stofftransportvorgänge bestimmt. Die verantwortlichen Parameter sind der Diffusionskoeffizient (Medium, Temperatur) und die laminare Grenzschicht (Stoffdaten, Temperatur, Strömungsbedingungen (Leistungseintrag)). Beschreibt man nun die Abläufe bei der Sauerstoffmessung mithilfe der Zweifilmtheorie, so kann man drei Austauschzonen ausmachen.

Zum einen der Transport aus dem Medium zum Spot, ausgedrückt durch den DO-Wert im Spot DO_S ($dDO_S/dt = k_{LS} \cdot a_S \cdot (DO - DO_S)$). Die spezifische Sondenaustauschfläche a_S ist dabei die auf das Mediumvolumen bezogene Spotoberfläche $[A_S/V_{R,L}]$ und das treibende Konzentrationsgefälle wird durch die Differenz zwischen der gesuchten Gelöstkonzentration und dem Stand des Sauerstofflevels im Spot (im Gleichgewicht sind beide gleich) repräsentiert.

Die zweite Austauschzone ist die Oberfläche zwischen dem Medium und dem Gasraum darüber (Kopfraum), in dem zu Beginn eine reine Stickstoffatmosphäre vorliegt. Beschrieben wird der Stoffaustausch durch den eigentlichen DO-Wert im Medium, also der gesuchten Größe ($dDO/dt = k_L \cdot a \cdot (100 \cdot Y^\omega_{O_2}/Y^\alpha_{O_2} - DO)$).

Die dritte Zone ist das Entlüftungsröhrchen über die per „Langstreckendiffusion" mit dem Raum Stoff ausgetauscht wird und dadurch das Molverhältnis im Gasraum beeinträchtigt wird ($dY^\omega_{O_2}/dt = k_L \cdot a \cdot (Y^\alpha_{O_2} \cdot DO/100 - Y^\omega_{O_2}) \cdot V_L/V_G + A_R/(L \cdot V_G) \cdot D \cdot (Y^\alpha_{O_2} - Y^\omega_{O_2})$). Mit den angeführten Bilanzgleichungen kann aus der Messgröße der eigentliche DO-Wert bestimmt und – zurückgerechnet auf den Startpunkt – die gesuchte Größe DO_1 oder DO_2 angegeben werden (vgl. Abb. 1.20 und 1.21).

Programm 1.1 Modell zur Simulation der DO-Werte (angewandt in Berkeley MADONNA®).

```
{Hilfsprogramm zur Ermittlung der Korrekturdaten für die Sauerstoff-
  messung mit einer optischen Sonde (PreSens)}

{Systemparameter}
```

1.4 Spezielle Betrachtungen zum Sauerstoffsignal

```
METHOD RK4 Runge-Kutta 4 numerische Integrationsmethode
STARTTIME = 0    ; min
STOPTIME  = 5    ; min
dt = 0.02        ; min

{Stoffbilanzen}
d/dt(DO)  = kL*a*(100*(Yo2w/Yo2a) - DO)            ; 1/min
d/dt(DOs) = kLs*aS*(DO - DOs)                      ; 1/min
d/dt(Yo2w) = kL*a*(Yo2a*(DO/100) - Yo2w)*fV + FG*D*(Yo2a - Yo2w)  ; 1/min

{Kinetiken/Rechnungen}
a   = Apg/VL*10^6          ; m^-1
aS  = Aso/VL*10^6          ; m^-1
Aso = dS^2*3.14/4*10^-6    ; m^2
Apg = dK^2*3.14/4*10^-6    ; m^2
kL  = 0.0016               ; m/s
kLs = 9                    ; m/s

{Konstanten}
dK = 80       ; mm - Kolbendurchmesser an der Oberfläche von VL
dS = 4        ; mm - Spotdurchmesser
fV = VL/VG*10^-6   ; Volumenverhältnis Liquid/Gas
VL = 100      ; mL
;========================================
{das Entlüftungsröhrchen als Sauerstofflieferant}
D  = 2.8*10^-5           ; m^2/s
L  = 0.09                ; m - 90 mm Länge
VG = 0.26/1000           ; m^3 - 200 mL Gasraum
FG = AR/(L*VG)           ; m^-2
AR = dR^2*3.14/4*10^-6   ; m^2 - Röhrchenquerschnitt
dR = 4                   ; mm - Röhrchendurchmesser
;========================================
{Konstanten}
Yo2a = 0.21
Yo2wo = 0
DO1 = 70      ; %
DOo = 3.7     ; wird für jeden Versuch eingestellt

{Anfangsbedingungen}
init DO  = DO1    ; das ist die gesuchte Größe
init DOs = DOo    ; sollte eigentlich null sein
init Yo2w = Yo2wo
```

Benutzt man ein Softwaretool, wie z. B. Berkeley MADONNA®, so kann das Gleichungssystem in die in Programm 1.1 dargestellte Konzeption überführt werden. Die Simulation liefert dann neben der unbekannten, aber gesuchten Größe DO zur Zeit null zusätzlich noch Werte zum Stofftransport. Daraus lässt sich auch ablesen, dass es zwingend notwendig ist, die Untersuchungen bei genau bekannten und konstanten Rahmenbedingungen wie Volumina, Rührfischdrehzahl, Temperatur und Raumdruck durchzuführen.

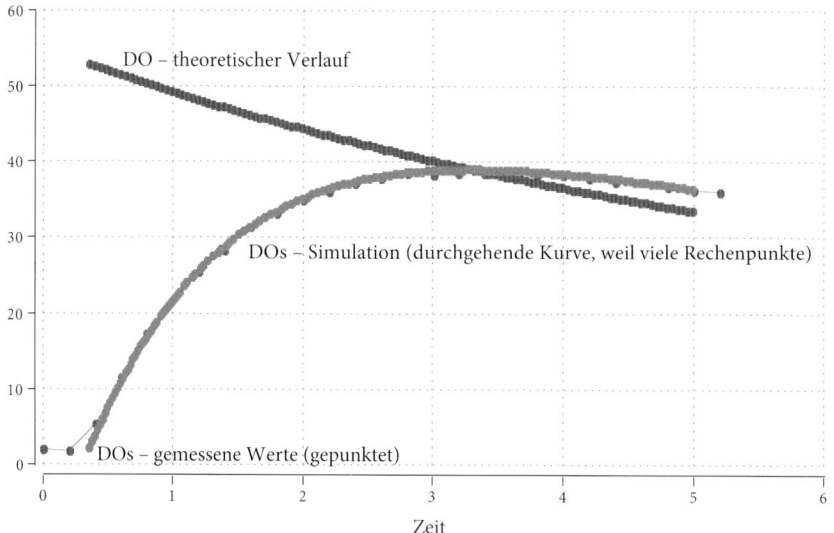

Abb. 1.20 Verlauf des von der Sonde ausgewiesenen DO_2-Wertes (bei null beginnend).

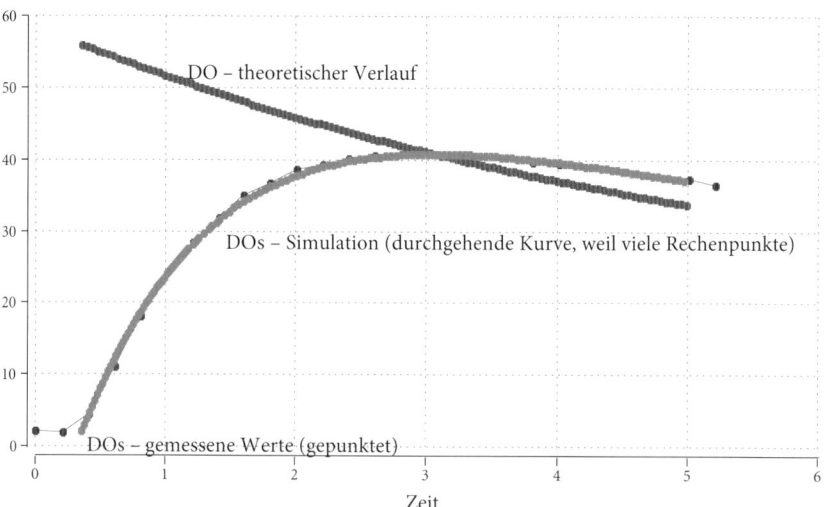

Abb. 1.21 Verlauf des von der Sonde ausgewiesenen DO_1-Wertes (bei null beginnend).

Folgende Randbedingungen sind für das Modell berücksichtigt worden:
- Alle Stoffübergänge lassen sich mit der Zweifilmtheorie darstellen.
- Nach dem Untermischen der zweiten Lösung liegt spontan Homogenität vor.
- Der Gasraum über der Lösung ist ebenfalls vollkommen durchmischt.
- Während des einzelnen Messvorgangs bleibt die Temperatur und der Druck konstant (Umgebung).

- Da sich je nach Mediumszusammensetzung nicht nur die Löslichkeitssituation ändert, sondern auch die Stofftransportkoeffizienten, so muss diesem Umstand in der jeweiligen Simulation Rechnung getragen werden.
- Für die Berechnung des Löslichkeitskoeffizienten bzw. des Henry-Koeffizienten benötigt man die Werte für DO_1 und DO_2. Keiner der beiden Werte kann das Signal liefern, also liegt es nahe, aus der Simulation eventuell ein geeignetes Auswerteschema zu entwickeln. Beim Vergleich des Verhältnisses DO_1/DO_2 mit dem Verhältnis $DO_{Smax,1}/DO_{Smax,2}$ findet man, dass beide denselben Zahlenwert ergeben. Den Zahlenwert findet man genau im Schnittpunkt der theoretischen aber wirklichen Kurve mit der Simulation. Rechnerisch kann dieser Punkt sehr einfach mit der ersten Ableitung aus dem mit Excel gewonnenen Polynom für die aufgenommene DO_S-Kurve gefunden werden. Dabei wird die Ableitung null gesetzt ($y'(x) = 0$) und man bestimmt so den gesuchten DO-Wert.

> Am Ende stellt sich wieder einmal die Frage: Was soll denn dieser Aufwand, wenn man die geringen Abweichungen der Löslichkeit zwischen Wasser und dem Medium sieht? Die Antwort ist sehr einfach: Erst das Verständnis zum gesamten Zusammenhang verleiht ein „sanftes Ruhekissen", wenn man an die Vereinfachungen physikalischer Abläufe herangeht.

1.5 Erweiterung der Zweifilmtheorie

1.5.1 Basis 1. Fick'sches Gesetz

Um physikalische Zusammenhänge gemachter Beobachtungen mit den vermuteten eigentlichen Abläufen möglichst deckungsgleich zu gestalten, bemüht man in der Regel Modellvorstellungen. So auch für den Ablauf von Transportvorgängen der Wärme, des Stoffs und des Impulses. In der Literatur wird zur Darstellung des Stofftransportes zwischen zwei Phasen unterschiedlichen Aggregatszustandes sehr häufig, ja fast immer, die Zweifilmtheorie verwendet. Diese geht davon aus, dass auf beiden Seiten der Phasengrenze, also dort, wo die beiden Phasen aufeinandertreffen, eine laminare Grenzschicht gedacht wird. Durch diese Schichten verläuft der Transport ausschließlich via Diffusion, repräsentiert durch den Diffusionskoeffizienten [m²/s]. Vor der laminaren Grenzschicht wird der Stoff konvektiv bewegt, was extrem schnell erfolgt, damit kein Konzentrationsgradient auftritt. Die Transportgleichung wird demnach im einfachsten Fall gemäß dem 1. Fick'schen Gesetz [2] wie folgt formuliert

$$\dot{n}_i = -D_{i,j} \cdot \frac{dc_i}{dx} \quad \left[\frac{mol}{m^2 \cdot s}\right] \qquad (1.59)$$

Die Indizes sind erforderlich, weil gekennzeichnet werden muss, welcher Stoff „i" sich in welchem Medium „j" bewegt. Für das System Sauerstoff in Luft als Gas (g) und im flüssigen Medium (Liquid, l) gilt mit der Konzentrationsveränderung dc entlang des Weges x als treibendes Gefälle

$$\dot{n}_{O_2} = -D_{O_2,l} \cdot \frac{dc_{O_2}}{dx} \quad \left[\frac{mol}{m^2 \cdot s}\right] \quad \text{bzw.} \tag{1.60}$$

$$\dot{n}_{O_2} = -D_{O_2,g} \cdot \frac{dc_{O_2}}{dx} \quad \left[\frac{mol}{m^2 \cdot s}\right] \tag{1.61}$$

Mit der Phasengrenzfläche A_{PG} [m²] kann man den Absolutstrom [mol/s] bestimmen. Bezieht man noch den Stoffstrom auf das Reaktionsvolumen (Flüssigreaktionsvolumen) $V_{R,L}$ [m³] erhält man den für die Reaktion zur Verfügung stehenden volumenbezogenen Strom [mol/(m³ · s)]. Geht man noch davon aus, dass innerhalb der Grenzschichten keine Reaktion stattfindet, also Stoff weder entstehen noch verschwinden kann, so ist der Stoffstrom der die eine Phase verlässt (Gas) gleich groß wie der Strom, der in der anderen Phase (Flüssigkeit) erscheint. So gesehen ist in den laminaren Grenzschichten der Konzentrations- bzw. der Partialdruckabfall konstant. Damit kann man aus dem Differenzialausdruck dc/dx einen Differenzenausdruck $\Delta c/\Delta x$ herstellen. Sei nun noch die Teilstrecke Δx gleich der Dicke der laminaren Grenzschicht, so erhält man

$$\dot{n}_{O_2} = \frac{D_{O_2,g}}{\delta_g} \cdot a \cdot (c_g - c_g^*) = \frac{D_{O_2,l}}{\delta_l} \cdot a \cdot (c_l^* - c_l) \tag{1.62}$$

In der Praxis ist es üblich, die laminare Grenzschichtdicke und den Diffusionskoeffizienten zu einem Stofftransportkoeffizienten "k" zu vereinen sowie die Konzentrationen in der Gasphase durch den Partialdruck auszudrücken. Damit wird aus Gl. (1.62)

$$\text{OTR} = \frac{k_g}{R \cdot T} \cdot a \cdot (p_{O_2} - p_{O_2}^*) = k_L \cdot a \cdot (c_L^* - c_L) \tag{1.63}$$

Sieht man sich Gl. (1.63) genauer an, so sind die Konzentration bzw. der Partialdruck an der Phasengrenze messtechnisch nicht erfassbar. Deshalb bietet es sich an, wie man es aus dem Wärmedurchgang kennt, einen Stoffdurchgangskoeffizienten zu verwenden

$$k = \frac{1}{R \cdot T/k_g + H_{O_2}/k_L} \quad \left[\frac{mol}{bar \cdot m^2 \cdot s}\right] \tag{1.64}$$

oder auch mit Gl. (1.62)

$$k = \frac{1}{R \cdot T \cdot \delta_g/D_{O_2,g} + H_{O_2} \cdot \delta_l/D_{O_2,l}} \quad \left[\frac{mol}{bar \cdot m^2 \cdot s}\right] \tag{1.65}$$

Letztendlich in Gl. (1.63) eingeführt erhält man

$$\text{OTR} = k \cdot a \cdot (p \cdot Y_{O_2} - H_{O_2} \cdot c_L) \quad \left[\frac{mol}{m^3 \cdot s}\right] \tag{1.66}$$

mit den beiden, in den Phasenkernen vorliegenden, messbaren Parametern Y_{O_2} ((Ab-)Gasanalysator) und c_L (indirekt über das Signal der Sauerstoffsonde).

Auf einen Unterschied zwischen Wärme- und Stofftransportmodell muss doch noch hingewiesen werden. Im Gegensatz zum Wärmedurchgang wird beim Stoffdurchgang kein Übergangsverhalten angenommen, sondern aufgrund des wesentlich schnelleren konvektiven Transportes im Phasenkern bis zur laminaren Grenzschicht ein „Knick" des Konzentrationsverlaufes.

Der Diffusionskoeffizient von Sauerstoff in Gas ist etwa um den Faktor 10^4 höher als in Flüssigkeit. Für das Stoffsystem Luft–Sauerstoff gilt z. B. bei 0 [°C] $D_{O_2,\text{Luft}} = 1{,}76 \cdot 10^{-5}$ [m^2/s] und das Stoffsystem Wasser–Sauerstoff bei 25 [°C] $D_{O_2,H_2O} = 2{,}1 \cdot 10^{-9}$ [m^2/s] [19]. Die laminaren Grenzschichten unterscheiden sich hingegen lediglich um den Faktor 10 ($\delta_g > \delta_L$) [1], so kann man in guter Näherung den Widerstand in der Gasphase vernachlässigen. Für den Partialdruck in der Gasphase gilt $p_{O_2,g} \approx p^*_{O_2,g}$, die laminare Grenzschicht in der Gasphase kann also vernachlässigt werden. Somit findet man in der Literatur meist den Zusammenhang

$$\text{OTR} = k_L \cdot a \cdot \left(c^*_L - c_L \right) \tag{1.67}$$

und berechnet die Konzentration an der Phasengrenze flüssigkeitsseitig mit dem Partialdruck des Sauerstoffs im Gasphasenkern. Man kann schreiben

$$c^*_L = \frac{p^*_{O_2,g}}{H_{O_2}} \approx \frac{p_{O_2,g}}{H_{O_2}} \tag{1.68}$$

Treten in einem System (Reaktor) Schaumphänomene auf, dann muss die Betrachtung erweitert werden. Schaum besteht aus einem in Flüssigkeitslamellen eingeschlossenen Gas [1]. Da aber Schaum nur auf der Oberfläche der Flüssigkeit existiert, beeinträchtigt er den Stofftransport zur Flüssigkeit (Medium).

Da das Schaumgebilde sehr komplex ist, soll mit einem einfachen Modell ein Einblick gewonnen werden. Dieses geht von folgenden Annahmen aus:

- Der Schaum wird in eine flüssige Lamellenschicht sowie einer anschließenden Gasschicht zerlegt. Beide Schichten zusammen ergeben in der Summe das Gebilde „Schaum".
- Ein Flüssigkeitsanteil φ_L, der die Menge an Flüssigkeit angibt (Werte: 0,0 bis 1,0). Dabei bedeutet 0,0 absolut kein Schaum und 1,0 nur Flüssigkeit, also auch kein Schaum.
- Der Bedeckungsgrad Θ soll angeben, wie viel der Oberfläche mit Schaum belegt ist (Werte: 0,0 bis 1,0). Hier bedeuten 0,0 keine Schaumbelegung und 1,0 die komplette Oberfläche ist gleichmäßig mit Schaum bedeckt
- Die Schaumhöhe H_S ist ein Maß für das Schaumvolumen [mm] im Reaktor
- Das in den Schaumblasen gefangene Gas hat dieselbe Zusammensetzung wie das Gas im Headspace, also auch im Abgas, was bei vollkommener Durchmischung aller Phasen gilt.

Die Betrachtung kann auch angewandt werden, um die Situation bei Zugabe von Antischaummittel zu beschreiben. Dabei wird der Entschäumer (E) im Medium

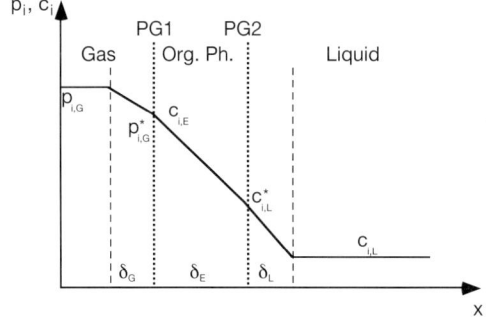

Abb. 1.22 Weg des Sauerstoffs vom Phasenkern der Gasphase (Blase) über eine organische Phase, wie z. B. PPG, bis in den Phasenkern des Mediums (Liquid). In diesem Fall ist angenommen, dass in allen Phasen dieselbe Löslichkeit vorliegt.

(L) sich um die Blase (G) legen, eine laminare Schicht darstellen und den Schäumer verdrängen.

Aus Sicht des Sauerstofftransportes ergibt sich nun folgender mathematischer Zusammenhang, der in Abb. 1.22 erklärt ist

$$\text{OTR} = \frac{1}{1/k_{O_2,G} + 1/k_{O_2,E} + 1/k_{O_2,L}} \cdot \left(\frac{p \cdot Y_{O_2}}{H_{O_2}} - c_L \right) \tag{1.69}$$

Auch hier gelten wieder nach Gl. (1.62) die Zusammenhänge

$$k_G = \frac{D_{O_2,G}}{\delta_G} \tag{1.70a}$$

$$k_E = \frac{D_{O_2,E}}{\delta_E} \tag{1.70b}$$

$$k_L = \frac{D_{O_2,L}}{\delta_L} \tag{1.70c}$$

Realistischer ist die Situation in einer Verfeinerung des Modells, wie es in Abb. 1.23 dargestellt ist, wiedergegeben. Denn in diesem verbesserten Modell wurden die unterschiedlichen Lösungspotenziale der Komponente „i" berücksichtigt.

Mit dem Henry-Koeffizienten $H_{i,GE}$ [bar · L/mol] zwischen der Gasphase und organischer Phase sowie dem Verteilungskoeffizienten $H_{i,EL}$ [mol/mol] zwischen der organischen Phase und der Liquidphase erhält man das Gleichungssystem

$$\dot{n}_i = \frac{D_{i,G}}{\delta_G \cdot R \cdot T} \cdot a \cdot (p_G - p_G^*) \tag{1.71}$$

$$\dot{n}_i = \frac{D_{i,E}}{\delta_E} \cdot a \cdot (c_{EG} - c_{EL}) \tag{1.72}$$

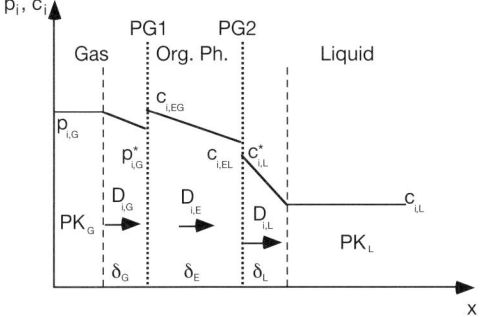

Abb. 1.23 Berücksichtigung der unterschiedlichen Löslichkeiten der Komponente „i" in der Dreifilmtheorie. Das geschieht mathematisch mittels der Henry-Koeffizienten $H_{i,GE}$ bzw. $H_{i,EL}$.

$$\dot{n}_i = \frac{D_{i,L}}{\delta_L} \cdot a \cdot (c_L^* - c_L) \tag{1.73}$$

das die drei Stufen einzeln behandelt und deshalb auch die unzugänglichen Größen p_G^*, c_{EG}, c_{EL} und c_L^* beinhaltet. Mit den Definitionen der Henry-Koeffizienten $H_{i,GE}$ bzw. des Verteilungskoeffizienten $H_{i,EL}$

$$H_{i,GE} = \frac{p_G^*}{c_{EG}} \quad \rightarrow \quad p_G^* = c_{EG} \cdot H_{i,GE} \tag{1.74}$$

$$H_{i,EL} = \frac{c_{EL}}{c_L^*} \quad \rightarrow \quad c_L^* = \frac{c_{EG}}{H_{i,EL}} \tag{1.75}$$

benutzt man zunächst Gl. (1.74) um in Gl. (1.72) c_{EG} durch Erweiterung mit $H_{i,GE}/H_{i,GE}$ in p_G^* zu überführen (vgl. Gl. (1.74) rechter Term)

$$\dot{n}_i = \frac{D_{i,E}}{\delta_E \cdot H_{i,GE}} \cdot a \cdot (c_{EG} \cdot H_{i,GE} - c_{EL} \cdot H_{i,GE}) = \frac{D_{i,E}}{\delta_E \cdot H_{i,GE}} \cdot a \cdot (p_G^* - c_{EL} \cdot H_{i,GE}) \tag{1.76}$$

Nun muss noch in Gl. (1.76) die Anpassung zu Gl. (1.73) erfolgen. Das geschieht indem man die Konzentration c_L^* mithilfe des rechten Terms in Gl. (1.75) bildet. Dazu muss mit $(H_{i,EL} \cdot H_{i,GE})/(H_{i,EL} \cdot H_{i,GE})$ erweitert werden

$$\dot{n}_i = \frac{a \cdot H_{i,GE} \cdot H_{i,EL}}{R \cdot T \cdot \delta_G/D_{i,G} + H_{i,GE} \cdot \delta_E/D_{i,E}} \cdot \left(\frac{p_G}{H_{i,GE} \cdot H_{i,EL}} - \frac{c_{EL}}{H_{i,GE} \cdot H_{i,EL}} \cdot H_{i,GE} \right) \tag{1.77}$$

Führt man jetzt noch Gl. (1.77) mit Gl. (1.73) zusammen, dann erhält man die brauchbare Gl. (1.78)

$$\dot{n}_i = \frac{a \cdot H_{i,GE} \cdot H_{i,EL}}{R \cdot T \cdot \delta_G/D_{i,G} + H_{i,GE} \cdot \delta_E/D_{i,E} + \delta_L/D_{i,L}} \cdot \left(\frac{p_G}{H_{i,GE} \cdot H_{i,EL}} - c_L \right) \tag{1.78}$$

Brauchbar deshalb, weil in der Klammer jetzt nur noch mess- und bestimmbare Parameter stehen.

Folgt man dem Weg des Sauerstoffs noch weiter, nämlich bis zum eigentlichen Ziel dem Zellinneren, so addiert sich ein weiterer Widerstand hinzu. Der Übergang des Sauerstoffs zur Zelle lässt sich unter der Annahme, dass Sauerstofftransporter auf der Zelle für einen sehr schnellen Abtransport der Sauerstoffmoleküle von der äußeren Zellmembran zum Zellinnern sorgen und damit die Konzentration an der äußeren Zellmembran „quasi" null ist, wie folgt formulieren

$$\text{OTR} = \frac{D_{O_2,Z}}{\delta_Z} \cdot a_Z \cdot (c_L - 0) \tag{1.79}$$

Der Diffusionskoeffizient $D_{O_2,Z}$ innerhalb der laminaren Grenzschicht vor der Zelle sollte derselbe wie der in der Mediumsphase (L) sein, also $D_{O_2,Z} = D_{O_2,L}$, weil diese aus dem Medium besteht. Doch wie gestaltet sich die *Dicke der laminaren Grenzschicht um die Zelle*? Ist sie, wie bei den Blasen dann auch, von der Größe der Zellen (Durchmesser) abhängig oder nicht?

In [20] wird die Behauptung aufgestellt, dass die *laminare Grenzschicht um die Zellen nicht existiert*, weil die Zellen im Vergleich zu den Blasen so klein sind, kann sich keine laminare Grenzscheicht ausbilden. Wenn dem so wäre, dann müsste der Sauerstoff aus dem Phasenkern der Flüssigkeit direkt per Konvektion in die Zelle schwappen! Das hieße aber auch, dass es keine Relativbewegung zwischen Zellen und Flüssigkeit gibt.

Um diese These zu stützen oder zu widerlegen, sollen folgende Überlegungen angestellt werden: Befindet sich ein Bioreaktor im Steady State, so muss OTR = OUR gelten. Führt man eine gesonderte Betrachtung für OUR (Oxygen Uptake Rate) und OTR (Oxygen Transfer Rate) durch, dann lassen sich folgende Zusammenhänge formulieren

$$\text{OUR} = k_{L,MO} \cdot \frac{A_{S,MO}}{V_{R,L}} \cdot (c_L - c_Z) \tag{1.80}$$

$$\text{OTR} = k_{L,B} \cdot a \cdot \left(c_L^* - c_L\right) \tag{1.81}$$

Benutzt man wieder Gl. (1.62), dann können die Zusammenhänge

$$k_{L,MO} = \frac{D_{O_2,L}}{\delta_{L,MO}} \tag{1.82}$$

sowie

$$k_{L,B} = \frac{D_{O_2,L}}{\delta_{L,B}} \tag{1.83}$$

für die Stofftransportgeschwindigkeiten festgestellt werden. Diese sind dann identisch, wenn die laminaren Grenzschichten gleich wären.

Nimmt man nun aber den Hinweis aus [20] auf, so ergibt sich folgende Situation: Aufgrund der geringen Abmessungen im Mikrometerbereich (1 bis 50 [µm]) und auch des relativ geringen Dichteunterschieds zwischen Medium und Zellmasse lässt sich sehr leicht vorstellen, dass diese geringen Massen nahezu keine Trägheit aufweisen und so Geschwindigkeitsschwankungen problemlos folgen, also „treu" im Stromfaden verweilen. Damit erfahren sie kaum eine Relativbewegung zur Umgebung und dadurch kann sich auch keine laminare Grenzschicht ausbilden. Der Transport der Sauerstoffmoleküle kann somit nur per Diffusion durch eine mehr oder weniger undefinierte Wegstrecke erfolgen. Da sich aber die Stromfäden im konvektiven Strömungsgebiet dennoch kräftig vermischen, ist der Nachschub gesichert. Der Widerstand der OUR liegt somit allein in der Zelle.

Dazu lässt sich eine Bilanz aufstellen, die besagt, dass der limitierende Schritt des Stofftransportes in der Zelle liegt. Unter der Annahme einer kugelförmigen Zelle ergibt sich innerhalb einer Segmentschale dV für den Sauerstoff die Bilanz

$$dV \cdot \frac{dc_{O_2}}{dt} = -D^e_{O_2} \cdot dA_x \cdot \frac{dc_{O_2,x}}{dx} + D^e_{O_2} \cdot dA_{x+dx}$$
$$\cdot \left(\frac{dc_{O_2,x}}{dx} + \frac{d^2 c_{O_2}}{dx^2} \cdot dx \right) - q_{O_2,\max} \cdot X \cdot \frac{c_{O_2}}{K_S + c_{O_2}} \cdot dV \quad (1.84)$$

Durch Einfügen der Berechnungsgleichungen für das Volumenelement und die beiden Flächenelemente

$$dV = (2 \cdot x)^2 \cdot \pi \cdot dx \quad (1.85)$$

sowie

$$dA_x = (2 \cdot x)^2 \cdot \pi \quad (1.86)$$

und

$$dA_{x+dx} = (2 \cdot (x+dx))^2 \cdot \pi \quad (1.87)$$

das Herauskürzen von „π" und Ausmultiplizieren erhält man den Gleichungsblock

$$0 = -D^e_{O_2} \cdot (2 \cdot x)^2 \cdot \pi \cdot \frac{dc_{O_2,x}}{dx} + D^e_{O_2} \cdot (2 \cdot (x+dx))^2 \cdot \pi$$
$$\cdot \left(\frac{dc_{O_2,x}}{dx} + \frac{d^2 c_{O_2}}{dx^2} \cdot dx \right) - q_{O_2,\max} \cdot X \cdot \frac{c_{O_2}}{K_S + c_{O_2}} \cdot (2 \cdot x)^2 \cdot \pi \cdot dx \quad (1.88)$$

$$0 = -D^e_{O_2} \cdot 4 \cdot x^2 \cdot \frac{dc_{O_2,x}}{dx}$$
$$+ D^e_{O_2} \cdot 4 \cdot x^2 \cdot \frac{dc_{O_2,x}}{dx} + D^e_{O_2} \cdot 4 \cdot x^2 \cdot \frac{d^2 c_{O_2}}{dx^2} \cdot dx$$
$$+ D^e_{O_2} \cdot 8 \cdot x \cdot dx \cdot \frac{dc_{O_2,x}}{dx} + D^e_{O_2} \cdot 8 \cdot x \cdot dx \cdot \frac{d^2 c_{O_2}}{dx^2} \cdot dx$$
$$+ D^e_{O_2} \cdot 4 \cdot dx^2 \cdot \frac{dc_{O_2,x}}{dx} + D^e_{O_2} \cdot 4 \cdot dx^2 \cdot \frac{d^2 c_{O_2}}{dx^2} \cdot dx$$
$$- q_{O_2,\max} \cdot X \cdot \frac{c_{O_2}}{K_O + c_{O_2}} \cdot (2 \cdot x)^2 \cdot \pi \cdot dx \tag{1.89}$$

Gleichung 1.89 erhält man durch Ausmultiplizieren von Gl. (1.88). Nun lassen sich einige Summanden herauskürzen, der erste und der zweite Term eliminieren sich und alle Terme mit $dx^{>1}$ (also dx^2 und dx^3) sind nahezu null und können somit vernachlässigt werden.

Es bleibt der Rest:

$$0 = \frac{d^2 c_{O_2}}{dx^2} + \frac{2}{x} \cdot \frac{dc_{O_2,x}}{dx} - \frac{q_{O_2,\max}}{D^e_{O_2}} \cdot X \cdot \frac{c_{O_2}}{K_O + c_{O_2}} \tag{1.90}$$

Erweitert man Gl. (1.89) mit $r_P^2/c_{O_2,L}$ und führt die Definitionen für

- den dimensionslosen Radius

$$\chi \equiv \frac{x}{r_P} \tag{1.91}$$

- die dimensionslose Konzentration

$$C \equiv \frac{c_{O_2}}{c_{O_2,L}} \tag{1.92}$$

- und einer modifizierten Sättigungskonstanten

$$K_O^* \equiv \frac{K_O}{c_{O_2}} \tag{1.93}$$

ein, so ergibt das die resultierende Gleichung

$$\frac{d^2 C}{d\chi^2} + \frac{2}{\chi} \cdot \frac{dC}{d\chi} = \frac{q_{O_2,\max} \cdot X \cdot r_P^2}{D^e_{O_2} \cdot c_{O_2,L}} \cdot \frac{C}{K_O^* + C} \equiv \phi^2 \tag{1.94}$$

wobei der Term

$$\phi \equiv \sqrt{\frac{q_{O_2,\max} \cdot X \cdot r_P^2}{D^e_{O_2} \cdot c_{O_2,L}} \cdot \frac{C}{K_O^* + C}}$$

den Thiele-Modul darstellt [2].

Für den Fall einer quasistationären Biomassekonzentration X und $K_S \gg C$ findet man die Lösung [2]

$$\text{OUR} = \frac{3}{\phi} \cdot q_{O_2,\max} \cdot X \cdot C \cdot \left(\frac{1}{\tanh \phi} + \frac{1}{\phi} \right) \tag{1.95}$$

Gleichung 1.95 steht nun also anstelle von Gl. (1.80).

1.5.2
Erweiterte Gedanken zur $k_L \cdot a$-Bestimmung

Der Sauerstofftransport bzw. die Sauerstofftransferrate (OTR) ist eines der wesentlichen Kennzeichen eines Bioreaktors. Um den OTR zu bestimmen, muss der $k_L \cdot a$-Wert ermittelt werden. Dazu bedient man sich im Originalmedium vorzugsweise zweier Methoden: der statischen und der dynamischen Methode. Des Weiteren kennt man die Sulfit-Methode, die auch zu den statischen wie auch zu den dynamischen Methoden gezählt werden kann, aber hier nicht näher darauf eingegangen wird, weil sie nicht im Originalmedium arbeiten kann oder zumindest das Medium verändert und so höhere $k_L \cdot a$-Werte vortäuscht.

1.5.2.1 Verschiedene Modellvorstellungen für die dynamische Methode
Modell A: Vereinfachtes dynamisches Modell
Grundsätzlich ist der Reaktorraum in drei Phasen unterteilt, in die Liquidphase $V_{R,L}$, in eine Gasphase über der Liquidphase V_G und eine Gasphase in der Liquidphase $V_{G,h}$. Es wird eine vollkommene Durchmischung aller Phasen, also der Liquidphase, der Gasphase in der Liquidphase sowie der Gasphase über der Liquidphase und darüber hinaus eine vollkommene Verknüpfung beider Gasphasen angenommen. Des Weiteren wird die stark vereinfachende Annahme getroffen, dass von Beginn an der Abgasmolenbruch $Y^\omega_{O_2}$ gleich dem Wert in der Zuluft $Y^\alpha_{O_2}$ entspricht. Es gelten für dieses Modell somit die in Abb. 1.24 dargestellten Randbedingungen und die Gleichung

$$Y^\omega_{O_2} \neq f(t) = Y^\alpha_{O_2} = Y^\omega_{O_2} \tag{1.96}$$

Da ja bis zum Abbruch des Versuches oder bis zur Sättigung Sauerstoff transferiert wird, muss $Y^\omega_{O_2} < Y^\alpha_{O_2}$ sein, zumal zu Beginn die Liquidphase hinsichtlich Stickstoff übersättigt ist und dieser in Richtung der Gasphase wandert. Deshalb muss dieses vereinfachte Modell modifiziert werden.

Modell B: Dynamisches Modell mit eingeschränkter Dynamik
Neben der Liquidphasenbilanz wird in diesem Modell auch eine Gasphasenbilanz und eine Sondendynamik betrachtet. Allerdings wird weiterhin die Annahme getroffen, dass von Beginn an der Abgasmolenbruch $Y^\omega_{O_2}$ gleich dem Wert in der Zuluft $Y^\alpha_{O_2}$ entspricht. Es gilt also auch hier Gl. (1.96).

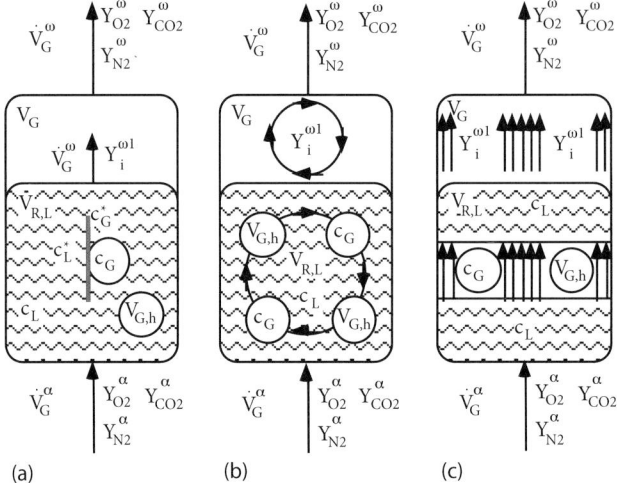

Abb. 1.24 Begriffszuweisung für die verschiedenen Modellvorstellungen zur Beschreibung des Sauerstofftransportes bzw. der Sauerstofftransferrate (OTR) sowie zur Bestimmung der spezifischen Sauerstofftransfergeschwindigkeit $k_L \cdot a$. Eine vollkommene Rückvermischung der Liquidphase wird in allen Fällen vorausgesetzt. (a) Allgemeine Begriffe für die Eingangs-, Ausgangsverhältnisse und die Zusammenhänge im Innern. (b) Verhältnisse für vollkommene Rückvermischung der Gasphase in der Liquid- und in der Gasphase (Bo = 0). (c) Verhältnisse für Pfropfenströmung in der Liquid- und der Gasphase (Bo = ∞). Kombinationen der verschiedenen Modellvorstellung sind ebenfalls möglich.

Modell C: Dynamisches Modell bei vollkommener Rückvermischung

Es wird nun die Annahme getroffen, dass zu Beginn der Abgasmolenbruch $Y^\omega_{O_2} = 0$ ist und erst nach unendlich langer Zeit den Wert der Zuluft $Y^\omega_{O_2}$ annimmt. Zur Zeit $t = 0$ gilt also $Y^\omega_{O_2} = 0$ und zur Zeit $t = \infty$ gilt $Y^\omega_{O_2} = Y^\alpha_{O_2}$.

Modell D: Dynamisches Modell mit Pfropfenströmung der Gasphase

Es sei nur die Liquidphase vollkommen durchmischt und die Gasphase in der Liquidphase als auch im Gasraum strömt als Pfropfenströmung, also ohne jegliche Rückvermischung. Es gilt wieder, dass zur Zeit $t = 0$ der Abgasmolenbruch $Y^\omega_{O_2} = 0$ und zur Zeit $t = \infty$ $Y^\omega_{O_2} = Y^\alpha_{O_2}$ wird, aber innerhalb der Liquidphase der Wert von $Y^\alpha_{O_2}$ am Eintritt bis zum Wert $Y^\omega_{O_2}$ am Austritt in die obere Gasphase ansteigt.

Ansatz zur mathematischen Lösung

Betrachtet man die Gasphasendynamik der inneren Gasphase, also des Gas Hold-ups, so lässt sich für eine dynamische Bilanz der Sauerstoffphase folgender Ansatz formulieren

$$V_{G,h} \cdot \frac{p}{R \cdot T} \cdot \frac{dY^\omega_{O_2,G}}{dt} = \frac{1}{V_M} = \dot{V}^\alpha_G \cdot Y^\alpha_{O_2} - \dot{V}^\omega_G \cdot Y^\omega_{O_2} \qquad (1.97)$$

Annahmen: $V_M = $ const.; $Y_{N_2} = $ const.; nur Stickstoff und Sauerstoff in Zuluft und Abgas

$$\frac{dY^\omega_{O_2,G}}{dt} = \left[\frac{R \cdot T \cdot \dot{V}^\alpha_G}{V_{G,h} \cdot V_M \cdot p}\right] \left(Y^\alpha_{O_2} - Y^\alpha_{N_2} \frac{Y^\omega_{O_2}}{1 - Y^\omega_{O_2}}\right) \tag{1.98}$$

$$\int_0^{Y^\omega_{O_2}} \frac{dY^\omega_{O_2}}{\left(Y^\alpha_{O_2} - Y^\alpha_{N_2} \frac{Y^\omega_{O_2}}{1 - Y^\omega_{O_2}}\right)} = \left[\frac{R \cdot T \cdot \dot{V}^\alpha_G}{V_{G,h} \cdot V_M \cdot p}\right] \int_0^t dt \tag{1.99}$$

$$\int_0^{Y^\omega_{O_2}} \frac{1 - Y^\omega_{O_2}}{\left(Y^\alpha_{O_2} - Y^\omega_{O_2}\right)} dY^\omega_{O_2} = \left[\frac{R \cdot T \cdot \dot{V}^\alpha_G}{V_{G,h} \cdot V_M \cdot p}\right] \int_0^t dt \tag{1.100}$$

1.5.3
Dynamische Methode

1.5.3.1 Vernachlässigung der Gasphasen- und Sondendynamik (Sondenansprechzeit) – Auswertung nach Methode A

In dieser Modellvorstellung wird nur die Flüssigphasendynamik berücksichtigt, d. h., es wird lediglich eine Bilanz des Sauerstoffs innerhalb einer vollkommen durchmischten (Bo = 0) Flüssigphase durchgeführt. Die Bilanzgleichung dazu lautet

$$V_{R,L} \cdot \frac{dc_L}{dt} = k_L \cdot a \cdot (c^*_L - c_L) \cdot V_{R,L} \tag{1.101}$$

Da weder die Gleichgewichtskonzentration (Sättigungskonzentration) c^*_L noch die Gelöstkonzentration des Sauerstoffs c_L gemessen werden kann, müssen beide Größen berechnet werden. Für die Berechnung der Gleichgewichtskonzentration setzt man die Gültigkeit des Henry'schen Gesetzes (Gl. (A.63)) und die Gültigkeit des Zusammenhangs

$$Y^\alpha_{O_2} = Y^\omega_{O_2} = Y^{\omega 1}_{O_2} \tag{1.102}$$

von Beginn des Versuches voraus. Die Berechnungsgleichungen lauten dann

$$c^*_L = \frac{p}{H} \cdot Y^\omega_{O_2} \tag{1.103}$$

bzw.

$$c_L = \frac{DO}{100} \cdot \frac{p}{H} \cdot Y^\alpha_{O_2} \tag{1.104}$$

Setzt man Gln. (1.103) und (1.104) in Gl. (1.101) ein, so erhält man mit dem von der Sauerstoffsonde gelieferten Signal DO (Dissolved Oxygen)

$$\frac{dDO}{dt} = k_L \cdot a(100 - DO) \tag{1.105}$$

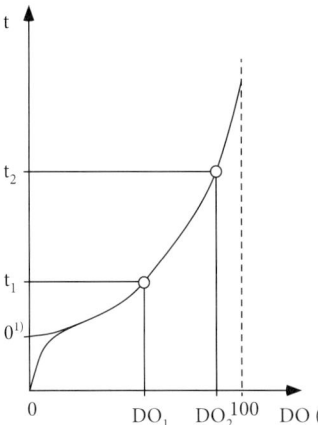

Abb. 1.25 Schreiberaufzeichnung eines dynamischen Sauerstofftransferversuches. Nach anfänglicher Überwindung einer Sonden- und Gasphasendynamik läuft die Kurve in einen exponentiellen Verlauf über. Aus diesem Bereich greift man zwei Punkte heraus und berechnet näherungsweise gemäß Gl. (1.106) die spezifische Sauerstofftransportgeschwindigkeit. [1)] Korrigierter Nullpunkt, abzüglich Sondendynamik (Ansprechzeit der Sonde).

Wendet man Gl. (1.105) für zwei Punkte aus der aufgenommenen Kurve innerhalb der exponentiellen Phase an (vgl. Abb. 1.25), so erhält man die Berechnungsgleichung für die spezifische Sauerstofftransfergeschwindigkeit:

$$k_L \cdot a = \frac{\ln((100 - DO_1)/(100 - DO_2))}{t_2 - t_1} \tag{1.106}$$

Die Auswertegleichung (1.106) ist sehr streng nur mit den oben festgelegten Annahmen gültig und kann deshalb nur grobe und ungenaue, mit Fehler behaftete Ergebnisse liefern.

1.5.3.2 Methode B: Vereinfachte Gasphasen- und Sondendynamik

In dieser Modellvorstellung wird neben der Flüssigphasendynamik auch die vereinfachte Gasphasendynamik und die Sondendynamik berücksichtigt. Neben der vollkommen durchmischten Flüssigphase wird auch das Gas im Gas Holdup, also innerhalb der Flüssigkeit, und im Gasraum als vollkommen durchmischt mit einer einheitlichen Konzentration der verschiedenen Komponenten (Sauerstoff, Stickstoff und Kohlendioxid) angesehen. Zu Beginn der Versuchsdurchführung, also nachdem der Sauerstoffgehalt wieder mit Stickstoff auf null eingestellt wurde, sind außer beim Stickstoff ($Y_{N_2} = 1{,}0$) alle anderen Molenbrüche null ($Y_i = 0$). Die einzelnen Bilanzgleichungen dazu lauten:

Gasphasendynamik – Gasphasenbilanz für den *Sauerstoff*

$$V_G \cdot \frac{dc_{O_2,G}}{dt} = \dot{V}_G^\alpha \cdot c_{O_2}^\alpha - \dot{V}_G^\omega \cdot c_{O_2}^\omega - k_L \cdot a \left(c_L^* - c_L \right) \cdot V_{R,L} \tag{1.107}$$

Flüssigphasendynamik – Flüssigphasenbilanz für den *Sauerstoff*

$$\frac{dc_{O_2,L}}{dt} = k_L \cdot a \left(c_L^* - c_L \right) \tag{1.108}$$

Sondendynamik – Bilanz für den *Sauerstoff* in der laminaren Grenzschicht und Membran

$$\frac{dc_{O_2,F}}{dt} = \frac{1}{\tau_F}(c_L - c_F) \quad \text{bzw.} \tag{1.109}$$

$$\frac{dc_{O_2,M}}{dt} = \frac{1}{\tau_M}(c_F - c_M) \tag{1.110}$$

In Gl. (1.109) bedeutet τ_F die mittlere, hydrodynamische Verweilzeit innerhalb der laminaren Grenzschicht (Film) und τ_M in der Membran der Sauerstoffsonde.

Die Gln. (1.107) bis (1.110) sind miteinander gekoppelt. Eine Laplace-Transformation führt schließlich zu folgender Lösung bzw. Auswertegleichung:

$$k_L \cdot a = \frac{1}{\int_0^\infty (c_L^* - c_{O_2,L})/c_L^* \, dt - \tau_G(V_{R,L}/V_{G,h})(R \cdot T/H) - \tau_G - \tau_M - \tau_F} \tag{1.111}$$

wobei

$$\tau_G = \frac{V_{G,h}}{\dot{V}_G^\alpha} \tag{1.112}$$

die mittlere, hydrodynamische Verweilzeit des Gases in der Gas-Holdup-Phase darstellt (vgl. Gl. (1.107)). Mit Gln. (1.103), (1.104) und (1.112) in Gl. (1.111) wird

$$k_L \cdot a = \frac{1}{\int_0^\infty (1 - DO/100) \, dt - (V_{R,L}/\dot{V}_G^\alpha)(R \cdot T/H) - \tau_G - (\tau_M + \tau_F)} \tag{1.113}$$

Die mittlere, hydrodynamische Verweilzeit in der inneren Gasphase wird durch Gl. (1.112) repräsentiert, die Summe $(\tau_M + \tau_F)$ stellt die Sondenansprechzeit dar, die separat ermittelt werden muss und insbesondere auch eine Funktion der Anströmgeschwindigkeit ist. Das Integral stellt die Fläche über der Kurve in Abb. 1.24 dar. Dieses kann durch manuelles auszählen (ausmessen) oder mittels Planometer bestimmt werden.

Im oben beschriebenen Modell sind zwar die verschiedenen dynamischen Zusammenhänge während des Versuches berücksichtigt, doch wurde weiter von der nicht korrekten Annahme ausgegangen, dass die Gleichgewichtskonzentration des Sauerstoffs auf der flüssigkeitsseitigen Phasengrenzschicht mit dem Partialdruck des Sauerstoffs in der Zuluft im Gleichgewicht steht. Außerdem wird das Verhalten des Gasraumes so eingeordnet, als würde er nicht vorhanden sein, es wird nur der Gas Holdup berücksichtigt.

1.6
Auswahl eines Bioreaktors – Update

Für die Auswahl eines Bioreaktors ist in „Bioreaktoren und periphere Einrichtungen" [1] ein Vorschlag unterbreitet und eine ausführliche Beschreibung wiedergegeben. Da das Grundgerüst dieser Auswahlroutine z. T. auf Daten beruht, deren Ursprung schon mehr als 30 Jahre zurückreicht, sei an dieser Stelle lediglich auf einige Punkte hingewiesen, die dem „Zahn der Zeit" nicht standhielten. Deshalb soll an hier nur eine Kurzfassung der Auswahlroutine beschrieben werden.

1.6.1
Kurzfassung der Auswahlroutine

Am Beginn beschreibt man die Aufgabenstellung mithilfe der Kriterien, wie sie in den Tab. B.1 und B.2 zusammengestellt sind. Dabei stellt Tab. B.2 die vorrangige Auswahlmatrix dar. Mit den dort aufgeführten zehn Kriterien kommen aus den zwölf angebotenen Reaktortypen einige wenige in die engere Auswahl.

Hat man sich auf einige wenige Typen verständigt, so zieht man noch Sekundärkriterien heran, wozu die letzten drei Kriterien in Tab. B.1 zählen, um schließlich zum Bioreaktor der Wahl zu gelangen.

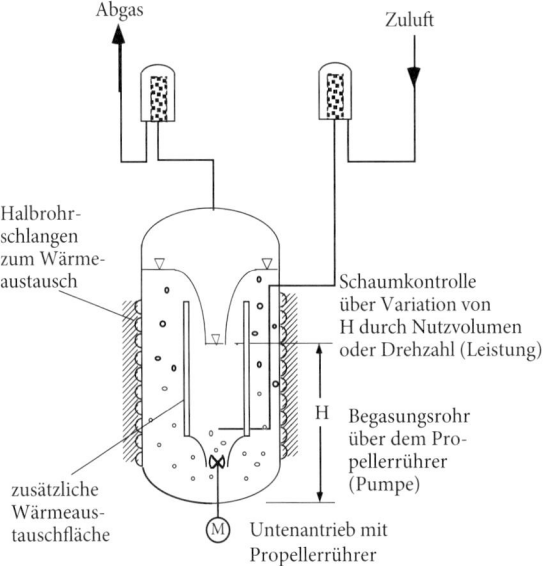

Abb. 1.26 Ausgewählter Bioreaktor für das Fallbeispiel I.

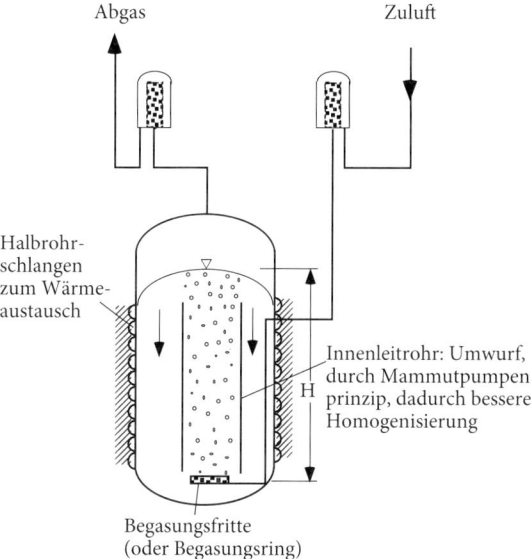

Abb. 1.27 Ausgewählter Bioreaktor für das Fallbeispiel II.

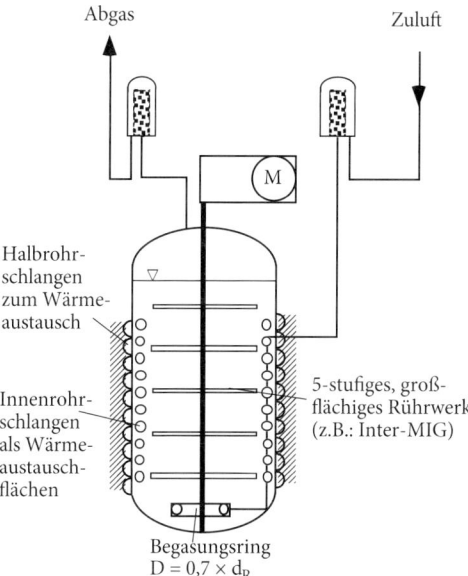

Abb. 1.28 Ausgewählter Bioreaktor für das Fallbeispiel III.

1.6.2
Reaktorvolumen

Das Bruttoreaktorvolumen berechnet sich nach Gl. (A.34) mit den Nebengleichungen (A.36), (A.39), (A.41) und (A.42) sowie den Angaben (A.37), (A.38) und (A.40). Den Kontaminationsfaktor entnimmt man aus dem aktualisierten Nomogramm B.1.

Es sei noch angemerkt, dass das Bruttovolumen lediglich für die Anschaffung des Apparates und damit für die Kosten ist, während für alle verfahrenstechnischen Belange nur noch das Liquidreaktionsvolumen zu betrachten ist.

In [1] findet man auch drei Auswahlbeispiele, die den Umgang mit der vorgeschlagenen Routine anschaulich zeigen.

1.7
Besonderheiten zur Gasbilanzierung

1.7.1
Einleitung

In der Biotechnologie, im speziellen in der Fermentationstechnologie, stellt u. a. die Begasungsrate q mit der etwas sonderbaren Einheit [vvm] eine auffällig wichtige Rolle dar. Die Definition (vgl. Gl. (A.53))

$$q \equiv \frac{\dot{V}_G^\alpha}{V_{R,L}} \left[\frac{m_G^3}{m_{R,L}^3 \cdot \min} \right] \tag{1.114}$$

setzt dabei den Eingangsgasvolumenstrom zum Liquidreaktionsvolumen ins Verhältnis. Daraus jetzt die Einheit [vvm] abzuleiten ist ein Alleinstellungsmerkmal der Biotechnologie. Dagegen ist nichts zu sagen, man muss nur wissen, wovon man spricht.

Anders sieht es aus, wenn man die Gaskomponenten beschreibt bzw. bilanziert. In der Regel werden Bilanzen immer auf untrügliche Einheiten wie Masse oder Mol bezogen, wohingegen das Gasvolumen (weil kompressibel) und damit auch ein Gasvolumenstrom temperatur- und druckabhängig ist. Dies ist bei der Darstellung der Begasungsrate und der daraus abgeleiteten Gasleerrohrgeschwindigkeit (vgl. Gl. (A.52)) zu beachten.

1.7.2
Angabe der Begasungsrate

Jeder aerobe Fermentationsprozess muss mit Sauerstoff versorgt werden. Das wird in der Regel über einen sauerstofftragenden Gasstrom (meist Luft) bewerkstelligt und das Maß dafür ist die Begasungsrate q [vvm] (vgl. Gl. (1.114)).

Betrachtet man nun einen Bioreaktor genau, dann wird sehr schnell einleuchten, dass zur Angabe „Gasvolumenstrom" auch noch der herrschende Druck und die herrschende Temperatur dazu angegeben werden muss – oder man bezieht jedes Gasvolumen immer auf einen Normzustand. Aber da gibt es zwei Bezugspunkte: Die einen, die Ingenieure, nehmen Bezug auf $T = 273{,}15\,[\text{K}]$ und $p = 1013\,[\text{mbar}]$ während die anderen, die Physiker, beim selben Bezugsdruck die Temperatur um 25 [°C] erhöhen und $T = 298{,}15\,[\text{K}]$ verwenden.

Da an dieser Stelle das Thema eher einer Ingenieursicht entspricht, soll hier festgelegt werden, dass sich der *NORMZUSTAND für Gas* auf $T_n = 273{,}15\,[\text{K}]$ und $p_n = 1013\,[\text{mbar}]$ bezieht. Bei Messgeräten muss das im Einzelfall überprüft werden.

In einem vollkommen durchmischten Bioreaktor ist zwar eine möglichst einheitliche Temperatur sehr wahrscheinlich, wohingegen der Druck von der Reaktorhöhe und vom Kopfraumdruck selbst abhängt. Es herrscht bezüglich des Druckes über der Reaktorhöhe nirgends derselbe Druck und damit auch nirgends derselbe Gasvolumenstrom unabhängig vom Stoffaustausch. Also muss man eine Bezugsstelle einführen, für die der dort herrschende Gasvolumenstrom und damit auch die Begasungsrate angegeben wird. Es bietet sich dafür die halbe Flüssigkeitssäulenhöhe an (vgl. Abb. 1.29). Der dort herrschende Druck ist dann

$$\overline{p} = p^\omega + \frac{\rho_L \cdot g \cdot H}{2 \cdot 10^5} \quad [\text{bar}] \tag{1.115}$$

Für die zuständige Gasleerrohrgeschwindigkeit gilt des Weiteren

$$u_{G,\text{ist}} = \frac{V_{G,n}^\alpha}{A} \cdot \frac{p_n \cdot T}{\overline{p} \cdot T_n} \quad [\text{m/s}] \tag{1.116}$$

Gleichung 1.116 verlangt neben den beiden Temperaturen im Reaktor und unter Normbedingung (273,15 [K]) die Querschnittsfläche des Reaktors, den Normdruck (1,013 [bar]) und vor allem den mit Gl. (1.114) ermittelten mittleren Bezugsdruck. Den auf Normbedingungen bezogenen Gasvolumenstrom erhält man automatisch, wenn ein Mass-Flow-Meter benutzt wird, der an einem Bioreaktor installiert meist einen Gasvolumenstrom in $[L_n/\text{min}]$ ausgibt (Tipp: Nachsehen, auf welchen Normzustand die Angabe bezogen ist!). Diese Einheit ermöglicht dem Biotechnologen eine schnelle Berechnung der Begasungsrate in [vvm].

Der Betreiber einer Fermentationsanlage möchte aber eigentlich wissen, auf welchen Wert in $[L_n/\text{min}]$ der Mass-Flow-Meter eingestellt werden muss, um eine vorgegebene Begasungsrate zu erreichen. Da angenommen werden kann, dass bei einem respiratorischen Quotienten (RQ) um 1,0 (vgl. Abb. 1.30 und Gln. (A.120) bzw. (1.119)) der Molenstrom unverändert bleibt (OTR (Oxygen Transfer Rate) = CTR (Carbon Transfer Rate) = CPR (Carbon Production Rate)), folgt daraus ein sich mit dem Druck veränderlicher Volumenstrom (vgl. Gl. (A.124)). Deshalb wird der Mittelwert als Bezugsgröße herangezogen und man erhält für den einzustellenden Volumenstrom

$$\dot{V}_{G,\text{soll}(n)} = q_{\text{ist}} \cdot V_{R,L} \cdot \frac{\overline{p}_{\text{ist}} \cdot T_n}{p_n \cdot T_{\text{ist}}} \tag{1.117}$$

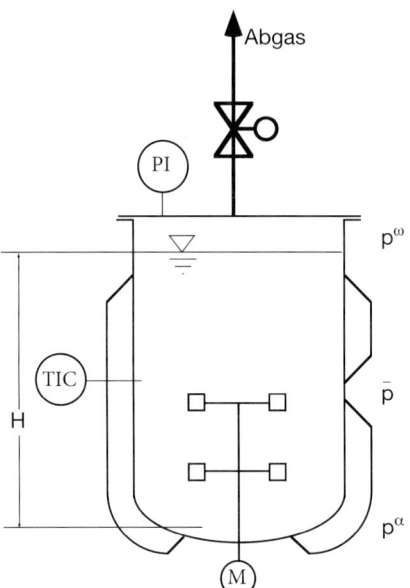

Abb. 1.29 Bioreaktor mit seinen Hauptabmessungen.

1.7.3
Gasbilanzierung

Für die Bilanzierung der OTR stehen zwei Wege zur Verfügung. Zum einen die Gas-Liquid-Phase, repräsentiert durch die allgemeine Bilanzgleichung (A.63) ($i = O_2$) und zum anderen die Gasphase repräsentiert durch Gl. (A.66). Diese Gleichung vereinigt die Sauerstoffbilanz mit einer Bilanz der inerten Stoffe ($Y_{I\Sigma}$ – Stickstoff, Edelgase insbesondere Argon). Mit der Randbedingung, dass diese Stoffe sich neutral verhalten, also alles was eintritt das System auch wieder verlässt, kann damit der Ausgangsvolumenstrom durch den Eingangsvolumenstrom vertreten werden (vgl. Gleichungsblock (1.118)). Es müssen nur alle Gaskomponenten aufgenommen werden, also neben Sauerstoff, Stickstoff und Kohlendioxid auch Argon, Wasserdampf und alle anderen, systembedingte flüchtige Substanzen. In der Praxis beschränkt man sich in der Regel auf die drei erst genannten, auch in der Zuluft.

Sobald das Medium mit Stickstoff gesättigt ist, und das geht schnell, weil Stickstoff sehr schlecht in Lösung geht, kann diese Komponente auch bilanztechnisch als inert betrachtet werden. Dadurch ergibt sich der im Gleichungsblock (1.118) dargestellte Zusammenhang

$$\begin{aligned} \dot{V}_G^\alpha \cdot Y_{I\Sigma}^\alpha &= \dot{V}_G^\omega \cdot Y_{I\Sigma}^\omega \\ \dot{V}_G^\omega &= \dot{V}_G^\alpha \cdot \frac{Y_{I\Sigma}^\alpha}{Y_{I\Sigma}^\omega} \\ \Psi &\equiv \frac{Y_{I\Sigma}^\alpha}{Y_{I\Sigma}^\omega} \end{aligned} \quad (1.118)$$

1.7 Besonderheiten zur Gasbilanzierung

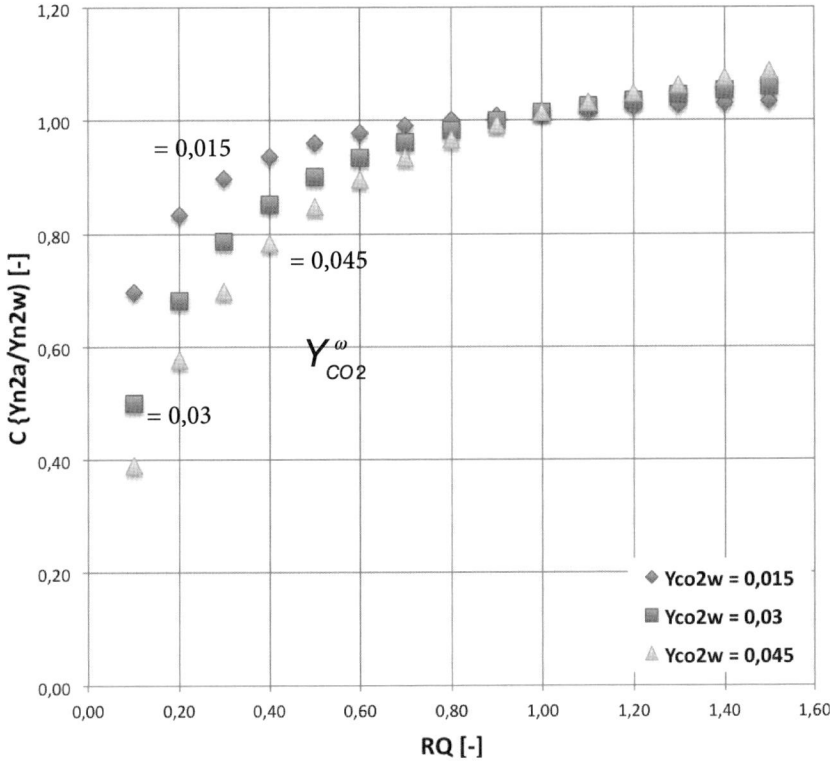

Abb. 1.30 Verhältnis der Stickstoffmolenbrüchen als Funktion des Respirationskoeffizienten. Man erkennt, dass der Wert im Bereich von 0,8 bis 1,2 etwa 1,0 und damit $\dot{V}_G^\alpha \approx \dot{V}_G^\omega$ ist (vgl. Tab. C.1).

Aus der Definition des Respirationskoeffizienten (vgl. Gl. (A.120)) findet man

$$\mathrm{RQ} \equiv \frac{\dot{V}^\omega \cdot Y_{CO_2}^\omega - \dot{V}^\alpha \cdot Y_{CO_2}^\alpha}{\dot{V}^\alpha \cdot Y_{O_2}^\alpha - \dot{V}^\omega \cdot Y_{O_2}^\omega} \tag{1.119}$$

Durch Umformung und Berücksichtigung der Gln. (1.118) erhält man

$$\Psi = \frac{\mathrm{RQ} \cdot Y_{O_2}^\alpha + Y_{CO_2}^\alpha}{Y_{CO_2}^\omega + \mathrm{RQ} \cdot Y_{O_2}^\omega} \tag{1.120}$$

Dieser Zusammenhang ist in Abb. 1.30 dargestellt. Daraus lässt sich ableiten, dass der Wert für Ψ im Bereich von RQ = 1,0 ebenfalls dem Wert 1,0 annimmt. Das bedeutet, dass die Annahme eines konstanten Molenstroms ($\dot{n}$ = const.) berechtigt ist. Damit ist der Volumenstrom nur noch vom örtlichen Druck und der Temperatur abhängig.

Tab. 1.5 Wertetabelle für Abb. 1.31.

T [°C]	p_S [Torr] Antoin	p_S [Torr] [21]	p_S [bar] Antoin	x_S [g/kg] Gl. (A.122)	x_S [g/kg] [21]
−20,00	0,92	0,77	1,22E-03	0,750	0,65
−5,00	3,13	3,00	4,17E-03	2,564	2,50
0,00	4,54	4,58	6,05E-03	3,732	3,90
5,00	6,50	6,54	8,66E-03	5,352	5,58
10,00	9,16	9,21	1,22E-02	7,571	7,88
15,00	12,73	12,79	1,70E-02	10,576	11,00
20,00	17,47	17,54	2,33E-02	14,606	15,19
25,00	23,69	23,76	3,16E-02	19,967	20,77
30,00	31,74	31,82	4,23E-02	27,052	28,14
35,00	42,07	42,18	5,61E-02	36,373	37,90

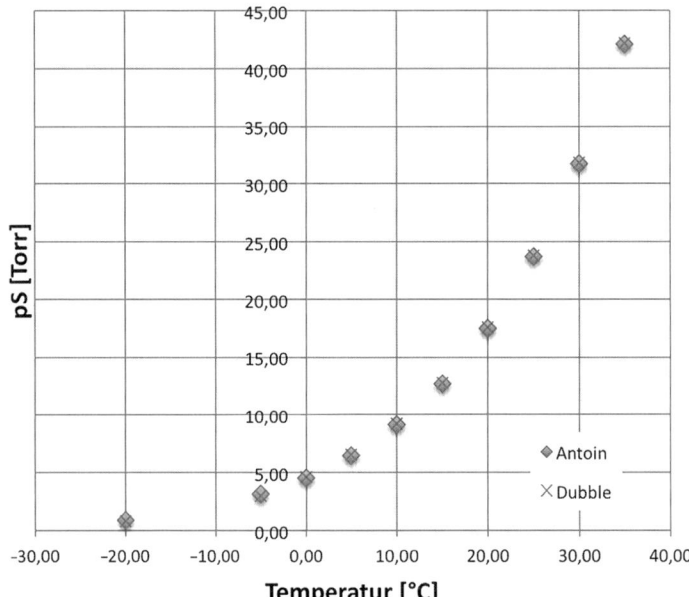

Abb. 1.31 Vergleich der Antoin-Gleichung (Gln. (A.125a) und (A.125b)) mit Tabellenwerten aus dem Dubbel [21] zeigt eine sehr gute Übereinstimmung.

Die Zusammensetzung von trockener Luft in der Atmosphäre ist dem Wandel der Zeit unterworfen. In Tab. 1.7 sind die einzelnen Komponenten zusammengestellt [23] (Stand 2013). Demnach machen Stickstoff und Sauerstoff bezogen auf ihren Volumenanteil schon 99,3 [%] aus. Der Rest sind Argon (inklusive anderer Edelgasspuren) und Kohlendioxid sowie bei feuchter Luft noch der Wasseranteil. Der maximale Wasseranteil (Sättigungszustand $= f(p, T)$ kann aus Tab. 1.5

Tab. 1.6 Zusammensetzung der trockenen Zuluft in 1 [L] Luft (temperaturunabhängig).

Stoff	Volumen [L]
Stickstoff	0,7808
Sauerstoff	0,2095
Argon	0,0093
Kohlendioxid	0,0004

entnommen oder mit dem Gln. (A.125a), (A.125b) und (A.122) bestimmt werden (Ergebnisse sind ebenfalls in Tab. 1.5 eingetragen). Für die Temperatur $T = 35$ [°C] und einem Druck von 1013 [mbar] findet man für den Dampfdruck den Wert $5,61 \cdot 10^{-2}$ [bar] und für die Beladung 36,373 [g/kg] bzw. aus dem Dubbel [21] 37,9 [g_{H_2O}/kg_{Luft}]. Nimmt man 37 [g/kg] an, so kann folgendes Rechenbeispiel aufgestellt werden. Die Zusammensetzung der trockenen Luft ist in Tab. 1.6 ersichtlich.

Bei Bilanzierungen von Fermentationsgasströmen findet man in der Literatur meist eine Darstellung ohne Argon. Wenn man aber den Anteil zum Kohlendioxid vergleicht, so ist der Anteil des Edelgases mehr als das 20-fache. Also ist es gerechtfertigt auch Argon aufzunehmen. Da es sich aber bilanztechnisch wie Stickstoff verhält, kann es zum Stickstoffmolenbruch addiert werden.

Die Zuluft ist in der Praxis meist auf einen Taupunkt von –20 oder gar –40 [°C] vorkonditioniert, d. h., die Zuluft ist sehr „trocken". Wie man in Tab. 1.7 sehen kann, ist die Wasserbeladung der Luft bei –20 [°C] noch 0,75 [g/kg] (Abb. 1.32). Im Abgas sind es allerdings bei 35 [°C] etwa 37 [g/kg] (Abb. 1.31).

Damit lassen sich folgende Zusammenhänge darstellen:

$$\rho_{H_2O}(35) = \frac{p \cdot M_{H_2O}}{R \cdot T} = \frac{1,013 \cdot 10^5 \cdot 18}{8,314 \cdot 308,15 \cdot 10^3} = 0,712 \text{ [g/L]}$$

$$V_{H_2O} = \frac{37}{0,712} = 52 \text{ [L]}$$

$$\rho_{Luft}(35) = \frac{p \cdot M_{Luft}}{R \cdot T} = \frac{1,013 \cdot 10^5 \cdot 29}{8,314 \cdot 308,15 \cdot 10^3} = 1,15 \text{ [g/L]} \quad (1.121)$$

$$V_{Luft} = \frac{1000}{1,15} = 869 \text{ [L]}$$

$$x_{(V),H_2O} = \frac{52}{869} = 0,06 \text{ [L/L]}$$

Das ergibt die Zusammensetzung gemäß Tab. 1.8.

Die Zielsetzung dieser Betrachtungen ist es klarzustellen, wie wichtig es ist, eine exakte Darstellung der Gasbilanz erstellen – oder vielleicht doch nicht?

Unter der Annahme, dass 3 [%] Kohlendioxid im trockenen Abgas entweicht und der damit verbundene Verbrauch an Sauerstoff bei einem RQ von 0,97 auch etwa 3 [%] beträgt, dann erhält man ein Ψ von 1,05 (vgl. Tab. 1.8 und Gleichungsblock (1.118)).

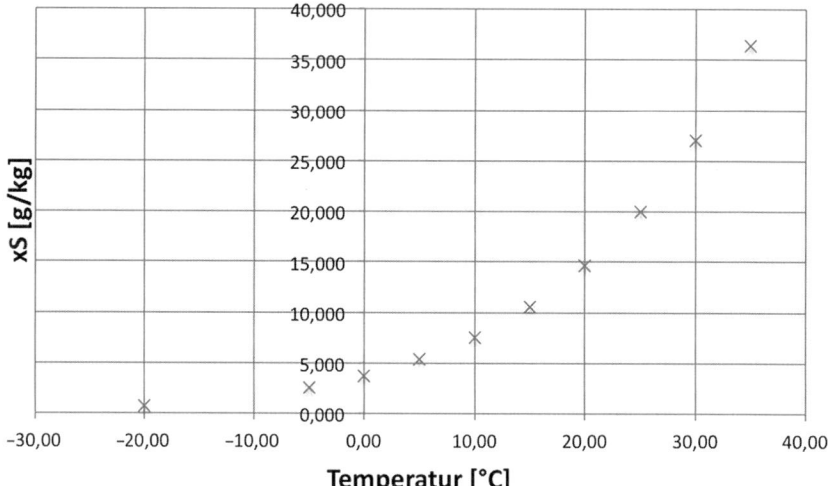

Abb. 1.32 Wasserbeladung von Luft als Funktion der Temperatur (vgl. Gl. (A.122)). Berechnete Werte mit Gl. (A.122) mit $\varphi = 1{,}0$, also gesättigtem Zustand.

Tab. 1.7 Zusammensetzung feuchter Zuluft in 1 [L] Luft bei $T_S = -20$ [°C] (vgl. Tab. 1.5).

Stoff	Volumen [L]
Stickstoff	0,779 92
Sauerstoff	0,209 26
Argon	0,009 29
Kohlendioxid	0,000 40
Wasser	0,001 13

Tab. 1.8 Feuchtes Abgas bei 35 [°C] mit 3 [%] CO_2-Anteil i. Tr. (im Trockenen, also in Luft ohne Wasseranteil).

Stoff	Anteil	Dim.
Stickstoff	0,737 50	L/L
Sauerstoff	0,169 07	L/L
Argon	0,008 78	L/L
Kohlendioxid	0,028 34	L/L
Wasser	0,056 30	L/L

Resümee: Da in sehr vielen Fällen der RQ um 1,0 liegt (vgl. [2]), kann für diese Fälle der umständliche exakte Weg der genauen Gasbilanzierung umgangen werden und mit der einfachen, trockenen Zusammensetzung gerechnet werden. Aber zuerst prüfen, ob die getroffene Voraussetzung gegeben ist!

1.8
Modellierung und Simulation von Betriebsweisen

1.8.1
Allgemeine Betrachtungen

> Kaum ein anderes Thema polarisiert in der Verfahrenstechnik mehr als die Modellierung. Insbesondere die „heiß geliebten oder gehassten" Anpassungsparameter, die dafür sorgen, dass die Simulation auch die Beobachtung möglichst identisch wiedergibt, stehen im Blickwinkel der Kritik. „Mit genügend Anpassungsparametern kann man auch einen Elefanten simulieren" ist das Argument der Modellierungsgegner, während die Befürworter einräumen müssen, dass ohne Anpassungsparameter keine erfolgreiche Simulation möglich ist. Und recht haben beide Gruppierungen.
>
> Die Modellierung kommt einerseits ohne die Experimente nicht aus, während das Experiment zunächst sehr wohl auf die Simulation verzichten kann. Doch will man schneller und kostengünstiger zum Ziel kommen und vor allem ein echtes Optimum erreichen, so kann die Modellierung dem Prozessentwickler doch sehr weiterhelfen.
>
> Dennoch, kritisch beleuchten sollte man jedes Modell und auch jede Simulation, denn sehr schnell können sich Missverständnisse einschleichen. Diese können nur verhindert werden, wenn man für die Anpassungsparameter Werte zulässt, die praxisnah sind. Dazu ist in der Regel ausreichend praktische Erfahrung erforderlich (vgl. Abschn. C.6 Faustwerte).

Zur Beschreibung der Leistungsfähigkeit eines Bioreaktors stehen mehrere Möglichkeiten zur Verfügung. Zum einen kann das rein empirische geschehen oder man bezieht die Möglichkeit der Simulation (Modellierung) mit ein. Beim empirischen Vorgehen wird das Verhalten des Bioreaktors unter allen möglichen Kombinationen und denkbaren Bedingungen untersucht, um daraus Korrelationen zur Abschätzung der Leistungsfähigkeit des Bioreaktors zu gewinnen. Die Modellierung hingegen benutzt gut bekanntes theoretisches Wissen und bezieht mathematische Tools zur Simulation der wirklichen Situation mit ein. Die Kombination beider Vorgehensweisen verspricht zum Optimum zu führen. Die Ergänzung zum Experiment durch ein ausgereiftes Modell kann Zeit und damit auch Kosten sparen, weil durch den Vergleich der experimentell gewonnenen Daten mit der Simulation wesentlich schneller Verständnis zum Prozess gewonnen werden kann. Die Simulation wird wertvoller, wenn das Softwarepaket auch Fitting- und Optimierungsfunktionen besitzt.

Beim experimentellen Vorgehen ist es nicht unbedingt erforderlich, den Prozess in allen Details zu verstehen, aber der Aufwand (Zeit und Finanzen) ist in der Regel enorm. Bei der Modellierung ist es erforderlich, mehr Details vom Prozess zu verstehen. In der Kombination beider Vorgehensweisen kann man folgende

Vorteile ausmachen:

- Die Modellierung fördert das Verständnis zum Prozess.
- Das Modell hilft das Experiment gezielter zu planen.
- Das Modell hilft Vorhersagen zu treffen und Prozesskontrollen zu optimieren.
- Das Modell hilft bei der Ausbildung und zur Schulung.
- Das Modell hilft bei der Prozessoptimierung.

Die Modellierung und Simulation wird immer wichtiger für die Forschung, in der Industrie und in der Ausbildung, zumal immer preiswertere und leistungsstärkere Programme zur Verfügung stehen.

Die Basis dafür sind die

- Bildung von Bilanzrahmen und Massenbilanzen,
- biologische Kinetiken (Monod, Hemmtypen),
- Merkmale und Gleichungssysteme.

1.8.2
Modellaufbau

Ausgehend von Modulen für verschiedene modellierende Beschreibungen von verfahrenstechnischen, biochemischen und physikalischen Abläufen gestaltet man sukzessive das Modell. Das geschieht zunächst mit Parameterverläufen, die „Führungscharakter" aufweisen, dazu gehört in der Regel das Produkt (P) und die Biomassebildung (Xx) sowie der Abbau eines Hauptsubstrates, z. B. Glucose.

Danach sollte man weitere Parameterverläufe in das Modell integrieren. Allerdings muss im Einzelfall überprüft werden, welche Bildungsraten aufgenommen werden. Dazu können DO- oder auch pH-Verläufe geeignete Hilfestellungen leisten.

Die Modellierungsphilosophie geht davon aus, dass das Modell schnell einsehbar und verständlich sein soll und – wenn nötig – auch von der Betriebsmannschaft vor Ort getestet werden kann.

Im Wesentlichen besteht das Modell aus

- Bilanzgleichungen für alle zeitlich veränderlichen Parameter,
- Kinetiken, die zur Darstellung der Bilanzgleichungen erforderlich sind,
- Konstanten, geometrischen Daten, festen Stoffwerten, zu ermittelnden Werten und Anpassungsparameter,
- Anfangswerten für zeitlich veränderliche Parameter sowie eventuell Grenzbedingungen

und wird bedient aus den Rubriken

- Stoffdaten (Dichte, Viskosität, ...),
- Anfangskonzentrationen der Einsatzstoffe,
- Einstellparameter (Drehzahl, Begasungsrate, Temperatur, pH-Wert, ...),
- geometrische Daten (Abmessungen, Volumen, Schlankheitsgrad, ...),

- berechnete (Zwischen-)Größen Leistung(-sdichte), Gasleerrohrgeschwindigkeit, ...,
- Anpassungsparameter.

Für das jeweilige Modell müssen die zuständigen Parameter möglichst lückenlos ausgemacht werden. In Tab. 1.9 ist beispielhaft eine Zusammenstellung wiedergegeben. Es mag im ersten Moment erschrecken, dass man beim Durchzählen des gewählten Beispiels insgesamt 120 Parameter erkennt, doch bei genauer Analyse entschärft sich die Situation doch gewaltig. Im ersten Block (neun Parameter) findet man lediglich Naturkonstanten (g, Rg) und Stoffdaten (H_{O_2}, H_{CO_2}, ρ_L, v, $Q_{O_2 max}$, a, C), also Werte, die durch das System vorgegeben sind. Der zweite Block besteht ausschließlich aus 24 Konzentrationen, die gemessen oder berechnet werden können. Als weiterer Block stehen die 14 Einstellparameter, die auch z. T. geregelt werden (müssen), aber ebenfalls systembezogen (vor-)gegeben sind. Im Block vier sind die geometrischen Parameter zusammengestellt, also acht feststehende Größen. Aus den gemessenen und eingestellten Parametern können 45 weitere Parameter berechnet werden und schließlich bleiben dann noch die 27 echten Anpassungsparameter (beispielbezogen), also 22 [%] aller Parameter.

Bis auf die letzte Gruppe, die Gruppe der 27 Anpassungsparameter (22 [%]), sind alle anderen Parameter entweder vorgegeben oder aber aus verschiedensten Gründen zugänglich oder festgelegt. Die Anpassungsparameter sind das „Zünglein an der Waage", sie entscheiden darüber, wie exakt eine Messkurve vom Modell simuliert werden kann. Nicht zuletzt sind sie deshalb auch sehr kritisch zu bewerten, denn mit genügend Anpassungsparametern kann man jede beliebige Kurve „nachzeichnen"!

1.8.3
Modellierungsgrundlagen

Die Zielsetzung der Modellierung ist, eine Übereinstimmung zwischen Simulation (Vorhersage) und Experiment zu gewinnen. Dazu ist es erforderlich, dass die Grundlagentheorie, das physikalische Modell, mit der verwendeten Mathematik harmoniert. Zur Erstellung eines Modells sind folgende Schritte durchzuführen:

- Probleme, Ziele und Randbedingungen müssen definiert werden.
- Zusammenstellung aller theoretischen und praktischen Zusammenhänge, die mit dem vorliegenden Problem verknüpft sind. Daraus können alternative Modelle definiert werden.
- Das Problem muss mathematisch beschrieben und mithilfe der Simulation gelöst werden.
- Die Qualität des Modells muss validiert werden bis eine ausreichende Übereinstimmung zwischen Modell und Experiment besteht.

Tab. 1.9 Modellparameter bestehen aus Stoffdaten, Anfangskonzentrationen, Einstellungsparametern, geometrischen Daten, berechnete Größen und Anpassungsparametern (allgemein ohne direkten Bezug).

Stoffdaten [SD]

Parameter	Dimension	Beschreibung
a	–	Exponent $k_L a$-Wert-Berechnung
C	–	Konstante $k_L a$-Wert-Berechnung
g	m/s²	Erdbeschleunigung
Henry	bar · L/mol	Henry-Koeffizient Sauerstoff
Henryc	bar · L/mol	Henry-Koeffizient Kohlenstoffdioxid
QO2max	mmol/cell/h	Max. spez. Sauerstoffbedarfsrate
Rg	J/mol/K	Allgemeine Gaskonstante
ro	kg/m³	Dichte
vis	m²/s	Kinematische Viskosität

Stoffkonzentrationen [SK]

Parameter	Dimension	Beschreibung
cL	mol/m³	Sauerstoffkonzentration in der Flüssigphase
cLmax	mol/m³	Sauerstoffkonzentration an der Phasengrenze
cCO2	mol/L	Konzentration Kohlenstoffdioxid
NB	g/L	Nebenprodukt
pH	–	pH-Wert
S	g/L	Glucosekonzentration
S2	g/L	Zweites Substrat (Komponente)
S4	g/L	Drittes Substrat (Komponente)
S5	g/L	Viertes Substrat (Komponente)
P	g/L	Produktgehalt
VXx	% · L	Zellgehalt
X	cells/mL	Spez. Zellzahl
X0	%	Inokulumskonzentration Zellen
Yco2w	–	Gehalt CO_2 im Abgas
Yn2w	–	Gehalt Stickstoff im Abgas
Yo2w	–	Gehalt Sauerstoff im Abgas
Ysub	–	Anteil substituierter Sauerstoff

Einstellungsparameter [EP]

Parameter	Dimension	Beschreibung
DO	%	Gelöstsauerstoffkonzentration
n	upm	Rührerdrehzahl
pω	bar	Kopfraumdruck

Tab. 1.9 Fortsetzung.

Stoffdaten [SD]

Parameter	Dimension	Beschreibung
q	vvm	Begasungsrate
q0	vvm	min. Begasungsrate
qmax	vvm	max. Begasungsrate
T	°C	Temperatur
tpuls	h	Startzeit Puls1
tpuls2	h	Startzeit Puls2
tpulsE	h	Endzeit Puls1
tpulsE2	h	Endzeit Puls2
Yn2a	–	Gehalt Stickstoff in der Zuluft
Yo2a	–	Gehalt Sauerstoff in der Zuluft
Yo2aa	–	Gehalt Luftsauerstoff

Geometrische Daten [GD]

Parameter	Dimension	Beschreibung
Aq	m^2	Querschnittsfläche Reaktor
D	m	Durchmesser Reaktor
dR	m	Rührerdurchmesser
fR	–	Faktor Rührer-/Reaktordurchmesser
fS	–	Schlankheitsgrad
H	m	Höhe des Reaktors
Ne	–	Newtonzahl unbegast
V	L	Reaktionsvolumen

Berechnungsgrößen [BG]

Parameter	Dimension	Beschreibung
CO2max	mol/m^3	max. Kohlenstoffdioxidkonzentration
DeltacL	mol/m^3	Konzentrationsgefälle Sauerstoff
dx	h^{-1}	Sterberate
eps	W/kg	Spez. Leistungsdichte
fKZ	–	Koaleszensfaktor
k2	–	Faktor wachstumsabhängige Produktbildungsrate
kLa	s^{-1}	Spez. Sauerstofftransportkoeffizient
kLaco	s^{-1}	Spez. Kohlenstoffdioxidtransportkoeffizient
mu	h^{-1}	Gesamtwachstumsrate
mu1	h^{-1}	Wachstumsrate Glucose
mu2	h^{-1}	Wachstumsrate S2
mu4	h^{-1}	Wachstumsrate S4
mu5	h^{-1}	Wachstumsrate Pepton

Tab. 1.9 Fortsetzung.

Stoffdaten [SD]

Parameter	Dimension	Beschreibung
Neb	–	Newtonzahl begast
Nx	cells	Zellzahl, absolut
ODR	mmol/m^3/h	Sauerstoffbedarfsrate
OTR1	mol/m^3/h	Sauerstofftransferrate aus Flüssigphasenbilanz
OTR2	mol/m^3/h	Sauerstofftransferrate aus Gasphasenbilanz
P11	g/h	Feedrate 1 Glucose
P12	g/h	Feedrate 2
P14	g/h	Feedrate 1
P25	g/h	Feedrate 2
phi	–	Gas-Holdup-Faktor
pmittl	bar	Mittlerer Druck
pTIT	h^{-1}	Produktbildungsrate
PULS11	g/h	Regelung Feedrate 1 Glucose
PULS12	g/h	Regelung Feedrate 2
PULS14	g/h	Regelung Feedrate 1
PULS25	g/h	Regelung Feedrate 2
qo2	mmol/cell/h	Spez. Sauerstoffbedarfsrate
rp	g/L	Produktbildungsrate peptonabhängige Bildung
RQ	–	Respiratorischer Quotient
uG	m/s	Gasleerrohrgeschwindigkeit
V1	L/h	Regelung Volumenzunahme Feed 1
V11	L/h	Volumenzunahme Feed1
V2	L/h	Regelung Volumenzunahme Feed 2
V22	L/h	Volumenzunahme Feed 2
VGh	m^3	Gas-Holdup-Volumen
VM	m^3/mol	Molvolumen
VRL	m^3	Reaktionsvolumen im m^3
Xm	g/L	Spez. Biomassegehalt
Xx	%	Zellzahl
Yo2en	–	Gehalt Sauerstoff in angereicherter Zuluft
Yo2w	–	Gehalt Sauerstoff im Abgas
Ysub	–	Anteil substituierter Sauerstoff

Anpassungsparameter [AP]

Parameter	Dimension	Beschreibung
dxx	h^{-1}	max. Sterberate
k1	h^{-1}	Wachstumsunabhängige Produktbildungsrate
k20	–	Faktor wachstumsabhängige Produktbildungsrate

Tab. 1.9 Fortsetzung.

Stoffdaten [SD]		
Parameter	Dimension	Beschreibung
k2L		Faktor wachstumsabhängiges NB
Kco2	g/L	Sättigungskonstante Kohlenstoffdioxidbildung
kd	g/L	Sättigungskonstante Sterberate
kd1	–	Konstante Glucosekonzentration/Sterberate
kd4	–	Konstante S4/Sterberate
kd5	–	Konstante S5/Sterberate
Ki	g/L	Inhibierungskonstante Glucosekonzentration/S2
Ki2	g/L	Inhibierungskonstante Glucosekonzentration/S2
Ki4	g/L	Inhibierungskonstante S4/Glucoseabbau
Ki5	g/L	Inhibierungskonstante S5/Glucoseabbau
m	h^{-1}	Wachstumsunabhängige Produktbildungsrate
mux	h^{-1}	Max. Wachstumsrate Glucose
mux2	h^{-1}	Max. Wachstumsrate S2
mux3	h^{-1}	Max. Wachstumsrate S3
mux4	h^{-1}	Max. Wachstumsrate S4
mux5	h^{-1}	Max. Wachstumsrate S5
pPx	h^{-1}	Max. Produktbildungsrate
S50	g/L	Initialdosis S3
Yxl	–	Ausbeutekoeffizient Biomasse/S3
Yxp	$\% \cdot L/g$	Ausbeutekoeffizient Biomasse/Produkt
Yxs	$L \cdot \%/g$	Ausbeutekoeffizient Biomasse/Glucose
Yxs2	$L \cdot \%/g$	Ausbeutekoeffizient Biomasse/S2
Yxs4	$L \cdot \%/g$	Ausbeutekoeffizient Biomasse/S4
Yxs5	$L \cdot \%/g$	Ausbeutekoeffizient Biomasse/S5

1.9 Modellierung der synchronisierten Parallelfermentation für den Scale-up

1.9.1 Einleitung

Immer wieder steht die Bioverfahrensentwicklung vor Problemen, die von der „launischen" Biomasse ins Spiel gebracht werden. Um reproduzierbare und vergleichbare Versuchsergebnisse zu produzieren und vor allem auch einen Prozess in den Produktionsmaßstab zu überführen, sollte es möglich sein, dieses Handicap zu umgehen. Die SPF kann Abhilfe schaffen. *SPF* steht für *synchronisierte Parallelfermentation*.

1.9.2
Parameterblockbildung (Systematik, Probleme, Grenzen, Gegenläufigkeit, Bewertung, Zusammenstellung)

In der entstandenen Multibioreaktoranlage ist es möglich, in unterschiedlichen Maßstäben verschiedene Kenngrößen (Parameter, Parametergruppen) zu variieren. Hierdurch wird es möglich, mithilfe der SPF neben der Parametervariation auch den Größeneinfluss der einzelnen Maßstäbe auf die Kenngrößen zu untersuchen. Es ist im Folgenden auch möglich, einzelne Parameter konstant zu halten, sodass sich andere zwangsläufig ändern [2]. Dadurch besteht die Möglichkeit, vor allem Situationen zu untersuchen, bei denen es alleine zu Veränderungen der Parameter, verursacht durch die Maßstabsübertragung, kommt. Diese Möglichkeit dient vor allen Dingen zur Aufklärung von Fragestellungen, die hauptsächlich mit den einhergehenden Reaktorveränderungen während des Scale-ups stattfinden. Zur Differenzierung werden im Vorfeld Parameterblöcke (PB) definiert, die sich dadurch auszeichnen, dass diese Parameter enthalten, die während der Maßstabsübertragung konstant gehalten werden (können). Anhand der mehr oder weniger starken Veränderung von Parametern in den anderen Parameterblöcken lässt sich ein Abstufungsgrad für dieses Merkmal der Parameterblöcke definieren. Parameterblöcke setzen sich vorzugsweise aus dimensionslosen Kennzahlen zusammen, können aber in einzelnen Fällen auch durch dimensionsbehaftete Einzelparameter ergänzt werden.

Bekannte und in der Bioreaktionstechnik wichtige Parameter und Kennzahlen sind beispielsweise die Leistungsdichte, die Sauerstofftransferrate (OTR), die Gasleerrohrgeschwindigkeit, die Reynolds-Zahl, die Froude-Zahl, die Weber-Zahl, die Mischzeit/Mischgüte, das Verhältnis von Scherkräften zur Umwälzmenge, die Ereigniskennziffer (EZ), die Deborah-Zahl (De) u. v. a. m.

Für die Beschreibung der parallelen Entwicklung in den verschiedenen Maßstäben muss mindestens ein aussagekräftiges Qualitätsmerkmal Q gefunden bzw. definiert werden. Hierbei könnte Q die Produktivität, Produktqualität, Biomassekonzentration, Nebenproduktbildung, Ausbeute, Selektivität etc. darstellen. Wie bei den Parameterblöcken kann sich das Qualitätsmerkmal auch aus einer Gruppe von Einzelmerkmalen zusammensetzen.

Bei der Vorgehensweise zur SPF ist die Kenntnis der notwendigen Inokulumkonzentration zum Animpfen des größten Fermenters der Multibioreaktoranlage essenziell. Hieraus ergibt sich nämlich auch die Beantwortung der Frage nach der Inokulumsentwicklung, bei der ausgehend vom kleinsten Bioreaktor, dem Schüttelkolben (SK), im Verlauf ein immer größerer Fermenter mit einem Scale-up-Faktor von etwa fünf bis zehn für die Inokulumsentwicklung angeimpft wird. Wobei in jedem der Maßstäbe eine bestimmte Zelldichte herangezogen und in den folgenden Fermenter überimpft wird bis letztlich der größte Bioreaktor angeimpft wird. Läuft dann der Prozess (Fermentation, Bioreaktion) im größten Bioreaktor, z. B. in der Log-Phase, dann werden für die jeweiligen kleineren Maßstäbe zeitgleich Aliquots aus dem großen Bioreaktor entnommen und die kleineren Reaktoren synchron angeimpft.

Somit herrschen zum „Startpunkt" in allen Bioreaktoren die gleichen biologischen/physiologischen Bedingungen, sodass bei Einstellung der gleichen konstant zu haltenden Parameter in jedem Maßstab hierdurch die Messergebnisse ausschließlich vom Maßstab und der Geometrie des jeweiligen Bioreaktors abhängig sind.

1.9.3
Synchronisierte Parallelfermentationen

Eine geeignete Technik (Methode), die einen Beitrag zur Lösung der Maßstabsübertragungsregeln liefert, ist eine Anlage, die aus mehreren Bioreaktoren unterschiedlicher Größe besteht. Die Bioreaktoren unterschiedlichsten Maßstabs, aber wenn möglich mit geometrischer Ähnlichkeit (mit Ausnahme des Schüttelkolbens), sollten sich jeweils um den Volumenfaktor von fünf bis zu zehn unterscheiden, in etwa einen Gesamt-Scale-up-Faktor von 0,1 bis 100 [L] überstreichen und dennoch in etwa Laborcharakter behalten.

In den unterschiedlichen Maßstäben können verschiedene Kenngrößen (Parameter, Parametergruppen) variiert werden, um in parallel betriebenen Ansätzen neben der Parametervariation auch den Größeneinfluss studieren zu können. Des Weiteren können vor allem auch Situationen studiert werden, die allein durch die Maßstabsübertragung verursacht werden, indem einige Parameter konstant gehalten werden und andere sich zwangsläufig ändern [2].

Diese Möglichkeit dient vor allen Dingen zur Aufklärung von Fragestellungen, die mit den unweigerlich verbundenen Veränderungen im Reaktor während des Scale-ups verbunden sind. Zur Differenzierung verwendet das Modell Parameterblöcke (PB), die dadurch gekennzeichnet sind, dass sie jeweils einige Parameter beinhalten, die als konstante Größen übertragen werden, andere jedoch wieder, die eine mehr oder weniger gravierende Veränderung erfahren, mit unterschiedlicher Abstufung. Der Abstufungsgrad ist dabei ebenfalls ein charakteristisches Merkmal des Parameterblocks (PB, vgl. auch Abb. 1.33). Parameterblöcke setzen sich vorzugsweise aus Kennzahlen zusammen, können aber in verschiedenen Fällen aus bestimmten Gründen durch dimensionsbehaftete Einzelparameter ergänzt werden.

Es wird nun ein Parameterblock PB_i in allen Maßstäben eingestellt und der Verlauf in den verschiedenen Maßstäben verfolgt (Abb. 1.33). Die Analyse der Gesamtsituation muss nun Rückschlüsse auf das Übertragungspaket zulassen.

Ausgehend vom kleinsten Bioreaktor, dem Schüttelkolben mit etwa 100–200 [mL], folgen verschiedene Bioreaktoren, wo zunächst nacheinander die Inokulumsentwicklung erfolgt (Abb. 1.34). In jedem dieser Maßstäbe wird eine bestimmte Zelldichte herangezogen und in den folgenden Bioreaktor überimpft bis am Ende der größte Bioreaktor angeimpft wird. In einem bestimmten Stadium der Fermentation im größten Bioreaktor werden dann für die kleineren Bioreaktoren zeitgleich Aliquots aus dem großen Bioreaktor entnommen und alle kleineren Reaktoren gleichzeitig angeimpft (Abb. 1.34). Ein möglicher Zeitpunkt der Entnahme der Aliquots wäre der Beginn der Log-Phase, d. h., wenn das

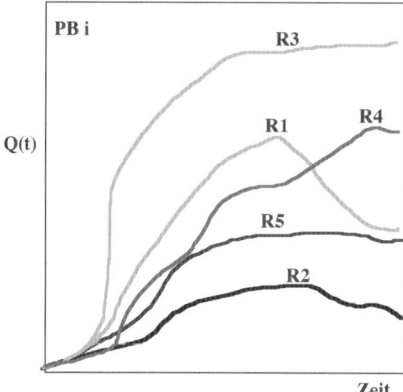

Abb. 1.33 Zur Beschreibung der parallelen Entwicklung eines Prozesses in verschiedenen Maßstäben muss mindestens ein aussagekräftiges Qualitätsmerkmal Q gefunden bzw. definiert werden. Q könnte sein: Die Produktivität, die Produktqualität, die Biomasseentwicklung, die Biomassekonzentration, Nebenproduktbildung, Ausbeute, Selektivität. Das Qualitätsmerkmal kann sich auch aus einer Gruppe von Einzelmerkmalen zusammensetzen, wie der Parameterblock PBi.

Wachstum in die exponentielle Phase übergeht. Ein weiterer Zeitpunkt ist eine bestimmte optische Dichte. Wichtig ist dabei, dass auf identische Bedingungen geachtet wird, sodass alle Reaktoren gleiche Startbedingungen haben, um eine Vergleichbarkeit der Ergebnisse sicherstellen zu können.

Anschließend wird die parallele Weiterentwicklung des Prozesses in allen Maßstäben unter Beobachtung aller verfügbaren Parameter und Kennzahlen weitergeschrieben (vgl. Abb. 1.35). Weichen die Entwicklungen in den verschiedenen Maßstäben von einander ab, so muss verglichen werden, welche Parameter und Kennzahlen mit unterschiedlichem Einfluss vorliegen und welche Einflüsse diese wiederum auf den Prozess haben.

In der nächsten Phase werden anhand der Parameteranalyse neue Einstellungen vorgenommen und die Entwicklung erneut nach demselben Muster verfolgt. Als biologische Modellsysteme kommen das sehr schnell wachsende Bakterium *Vibrio natriegens* und der myzelartig wachsende Pilz *Rhizopus delemar* in Betracht.

Die möglichen Parameter sind die Biomassebildung, die Produktion von Acetat und Lactat im Falle des *Vibrio natriegens* bzw. Lipaseaktivität und Scherverhalten beim *Rhizopus delemar*.

Um die Qualität der beiden biologischen Testsysteme beurteilen zu können, müssen sie ausreichend gut charakterisiert sein [10, 15, 22].

Um die Scherempfindlichkeit beurteilen zu können, sind zusätzliche Untersuchungen in einer speziellen Apparatur, z. B. einer Scherapparatur, erforderlich, wo sowohl Flockensysteme als auch ein biologisches Testsystem eingesetzt werden können.

1.9 Modellierung der synchronisierten Parallelfermentation für den Scale-up

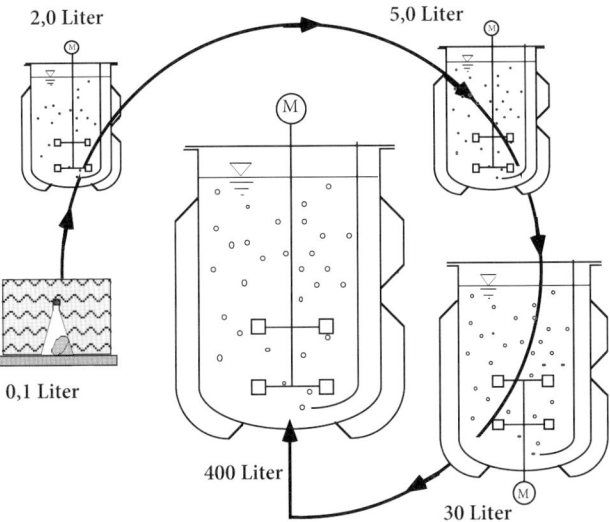

Abb. 1.34 In Reihe geschaltete Bioreaktoren vom Schüttelkolben bis zum 400 L-Maßstab zur Entwicklung des Inokulums. Läuft der größte Reaktor stationär, dann werden Aliquots aus diesem in alle anderen Reaktoren zurückgeführt und die parallele Entwicklung der einzelnen Fermentationen unter den ihnen eigenen Bedingungen verfolgt. Das gegebene Konzept erlaubt einen Scale-up-Faktor von 2000 und damit durchaus einen sehr ansprechenden Übertragungssprung.

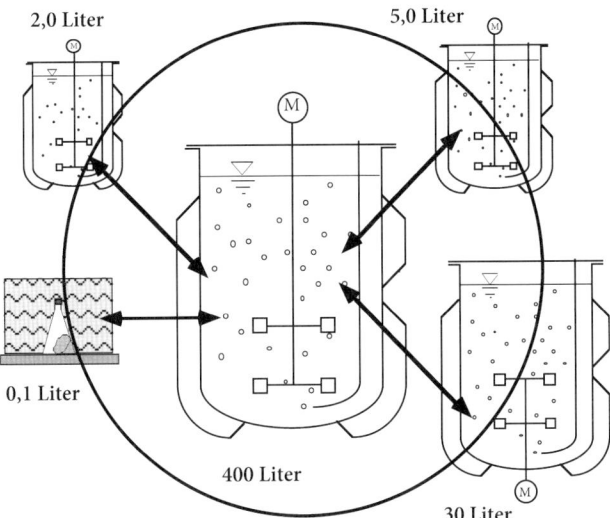

Abb. 1.35 Sternförmig angeordnete Bioreaktoren vom Schüttelkolben bis zum 400 L-Bioreaktor zur Untersuchung der parallelen Entwicklung des Prozesses, um die Auswirkung der unterschiedlich vorliegenden Parameter zu erkennen.

1.9.4
Symbiose von Simulation und synchronisierter Parallelfermentation

Für die Entwicklung eines Fermentationsprozesses benutzt man im Modellmaßstab Reaktorvolumina bis etwa 10 [L]. Die dort gewonnenen Ergebnisse bilden letztendlich die Basis für eine Projektstudie zur Darstellung der Wirtschaftlichkeit des betreffenden Produktionsprozesses. Der Produktionsmaßstab liegt allerdings oft um den Faktor 1000 oder gar 10 000 über dem Modellmaßstab und es gilt nun, die der Kalkulation und damit der vorhergesagten Renditen zugrunde liegenden Daten auch im Produktionsmaßstab zu erreichen.

Ein Weg, der mit modernen Rechnerkapazitäten und passender Software immer verlockender wird, ist, diese Aufgabe über das Herunterbrechen des Geschehens in ein endliches Mikrovolumen, in ein finites Element, dort die Abläufe zu modellieren und finites Element für finites Element dann in jeden beliebigen Maßstab mit den dazugehörigen Rand- und Übergabebedingungen aufzusummieren. Leisten kann eine solche Aufgabe ein Softwarepaket wie FLUENT (z. B. CFD-Softwarepaket). Unabhängig von der gewählten Vorgehensweise steigt der Mess- und Analysen- sowie auch Rechenaufwand exponentiell mit der verlangten Zuverlässigkeit. Da zusätzlich noch jeder Aufwand mit dem Faktor „Zeit" versehen ist, stellt sich in der Praxis immer wieder die Frage, ob es nicht etwas einfacher und „verständlicher" geht?

Ein Ansatz dafür sind Entwicklungsuntersuchungen in einem System von Bioreaktoren, das es erlaubt, synchron einen Prozess mit identischen Startbedingungen in Bezug auf die biologischen Aspekte in unterschiedlichen Maßstäben zu starten und zu verfolgen. Diese methodisch parallel betriebenen Bioreaktoren bezeichnet man als synchronisierte Parallelbioreaktoren und die Ergebnisse sollen der Maßstabübertragung dienen. In Symbiose mit der SPF dient die mathematische Simulation. Damit ist man in der Lage in Verbindung mit den Versuchen im Modellmaßstab die Scale-up-Vorhersagen zu festigen. Aus mehreren möglichen Softwarepaketen wurde für die dargestellten Untersuchungen in MADONNA modelliert. Als biologisches Testsystem diente *Vibrio natriegens* auf Glycerin-Fleischextrakt-Medium als Modellsystem ($\mu_{max} \leq 5\,[\text{h}^{-1}]$ hohe Salinität). Als Zielgröße wurde das Zwischenprodukt Acetat (ACE) gewählt, da es sowohl als Produkt als auch neben Glycerin und Fleischextrakt als drittes Substrat auftritt und damit in allen Maßstäben exakt nachgebildet werden soll. Die Modelluntersuchungen (SPF) wurden im 2 L- und 10 L-Maßstab durchgeführt.

Die gewählten Parametereinstellungen für beide Maßstäbe müssen zunächst nicht zwingend abgestimmt sein, denn in der Simulation werden anschließend durch Kurvenanpassung die Modellparameter ermittelt. Dabei unterscheidet man maßstabsrelevante und solche die maßstabsübergreifend sind. Demnach enthält die eine Gruppe alle Parameter, die in dem jeweiligen Maßstab eingestellt waren bzw. für die Vorhersage eingestellt werden müssen, und die andere Gruppe die maßstabsunabhängigen Systemparameter, die in allen Maßstäben konstant gehalten werden müssen. Mit dem hinterlegten Modell, das rein phänomenologisch arbeitet, können die gewonnen Kurven mit insgesamt 33 Parametern gut simuliert werden (Abb. 1.36).

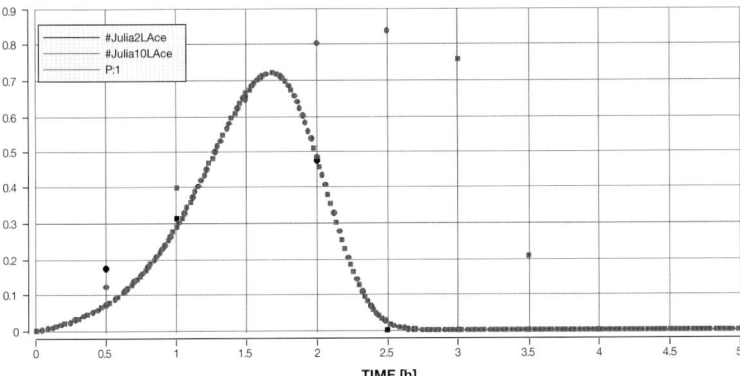

(a) $V = 2$ L; $n = 1425$ [upm]; $q = 1,5$ [vvm];
$f_S = 2,28$; $f_R = 0,42$

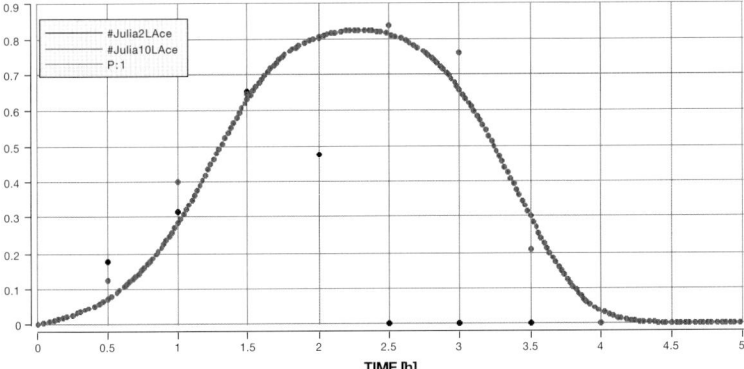

(b) $V = 10$ L; $n = 730$ [upm]; $q = 1,0$ [vvm];
$f_S = 1,74$; $f_R = 0,33$

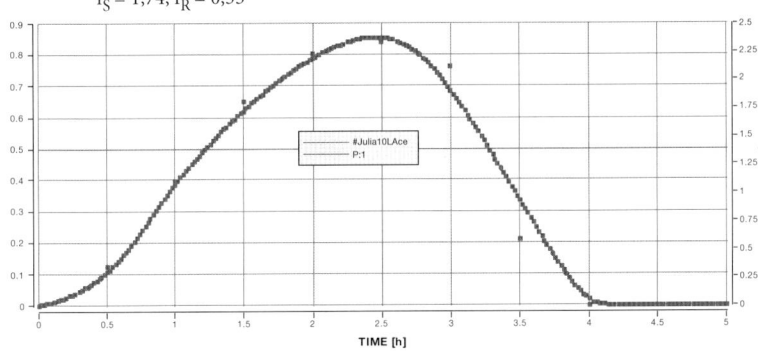

(c) $V = 100$ m^3; $n = 145$ [upm]; $q = 0,4$ [vvm];
$f_S = 1,6$; $f_R = 0,38$

Abb. 1.36 Die Fermentation im 2 L-Maßstab (a) wird anhand des ACE-Verlaufes bewertet und zusammen mit dem 10 L-Maßstab (b) mittels zwei frei verfügbarer (n und q) aus 31 Parametern simuliert. Simulation des Produktionsprozesses 100 000 [L] für die 10 L-Ergebnisse (c). Gepunktet sind die Messwerte, stetige Kurve ist die Simulation.

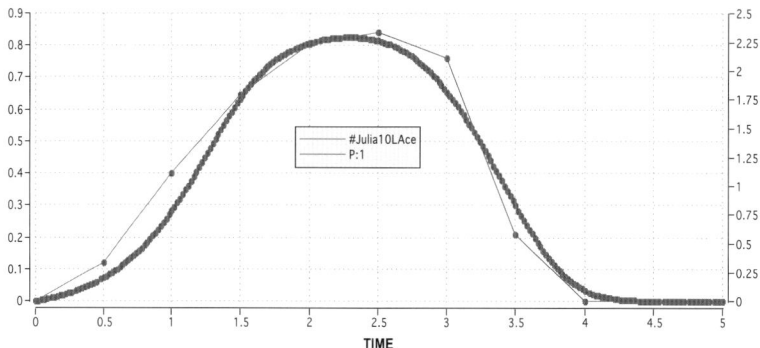

Abb. 1.37 Die Acetatkurve aus der SPF 10 L Nr. 5 [10] wird sowohl von der 10 L-Simulation als auch von der 100 000 L-Simulation mit den oben genannten Parametereinstellungen wiedergegeben (TIME in [h]). Gepunktet sind die Messwerte, stetige Kurve ist die Simulation.

Sofern der Produktionsreaktor noch nicht existiert, also viele Konstruktionsmerkmale (geometrische Faktoren: f_S, f_R, f_H, Ne_0) noch frei wählbar sind, gesellen sich zu den zusätzlich freien Betriebsparametern ($Y_{O_2}^\alpha$, p^ω) auch noch veränderbare/anpassbare Stoffparameter (Viskosität, Dichte, Henry-Koeffizient/Löslichkeit) in mehr oder weniger weiten/engen Grenzen hinzu. Aus den gewonnenen Erkenntnissen ist nun der nächste, wesentliche Schritt, die Übertragung in den Produktionsmaßstab zu wagen/vollziehen. Sei der Produktionsmaßstab ein 100 000 L-Bioreaktor, so ist zunächst zu prüfen, ob und welche weiteren Freiheitsgrade neben dem Volumen, der Drehzahl und der Begasungsrate verfügbar sind. Demnach muss konstruktiv geringfügig etwas (f_S, f_R) verändert sowie eine Drehzahl von 145 [upm] bei einer Begasungsrate von 0,4 [vvm] eingestellt werden. Das Resultat ist in Abb. 1.37 dargestellt.

1.9.5
Simulationsmodell in Berkeley-MADONNA®

Im Folgenden wird ein Programm zur Modellierung einer SPF vorgestellt. Es handelt sich um die in den Abschn. 1.9.2 und 1.9.3 erwähnte *Vibrio natriegens*-Fermentation (vgl. Aufgabe 3.8.2).

Programm 1.2 Modellierung eines Übertragungsvorganges von 2 in 10 [L]. Für das Intermediärprodukt Acetat sollen die Messwerte nachgebildet werden. Ziel: Findung der passenden Parametereinstellungen zur Beschreibung der Messkurven in beiden Maßstäben.

```
{Modellierung eines Übertragungsvorganges von 2 in 10 L}
{Für das Intermediärprodukt Acetat sollen die Messwerte nachgebildet
 werden}
{Ziel: Findung der passenden Parametereinstellungen zur Beschreibung der
 Messkurven in beiden Maßstäben -> diese Einstellungen bleiben dann für
```

1.9 Modellierung der synchronisierten Parallelfermentation für den Scale-up

```
 weitere Maßstäbe konstant}

{Systemparameter}
METHOD RK4
STARTTIME = 0
STOPTIME=5       {h}
DT = 0.02        {h}

{Bilanzgleichungen}
d/dt(X) = u*X         {Biomasseproduktion; g/L/h}
d/dt(S)= -u1*X/Yxs    {Glycerin; g/L/h}
d/dt(F) = -u3*X/Yxf   {unbekanntes Substrat im Fleischextrakt; g/L/h}
d/dt(P) = (((alpha + beta*(u3+u2))*X)-u2*X/Yxp)  {Acetat; g/L/h}
d/dt(CL)=(-OUR+OTR)   {Gelöstsauerstoff; mol/m^3/s}

{Modellgleichungen}
u1 = umax1*(S/(Ks1+S))*(CL/(Ko3+CL))  {Wachstumsrate auf Glycerin; 1/h}
u2 = umax2*(P/(Ks2+P+(F)^2/Ki))*(CL/(Ko2+CL))
{Wachstumsrate auf Acetat; 1/h}
u3 = umax3*(F/(Ks3+F))*(CL/(Ko1+CL))  {Wachstumsrate auf Acetat; 1/h}
u = u1 + u2 + u3                      {total growth rate; 1/h}

{Gleichungen}
{O2-Aufnahmerate; Quotient 3600 zur Umrechnung in 1/s; g/L*s;
 mo - Konstante für den Erhaltungsstoffwechsel}

OUR=((u2/3600)*X/Yxo2)+((0.023/VRL)^(-0.3))*((u3/3600)*X/Yxo3)+X*mo
OTR=((Kla)*(CLmax- CL))   {Sauerstofftransferrate; g/L*s}
kla = (9.3*10^-5/(vis^(2/3)*ro^{0.7}*g^(11/30)))*(Neb*1000
*(n/60)^3*dR^5/VRL)^0.7*ug^0.3
e = ((Neb*(n/60)^3*dr^5)/VRL) + ug*g*fH

{spez. Leistungseintrag; fH = H'/H [W/kg]; fH = H'/H;
 Quotient 60 zur Umrechnung von upm in 1/s}

pin = pout + ro*g*H*fH*10^-5
ug = (q/60)*H                  {Gasleerrohrgeschwindigkeit; m/s}
H = (VRL*fS^2*4/3.14)^(1/3)    {Höhe; m}
D = H/fS                       {Reaktordurchmesser; m}
Neb = NeO/((1+mF*ug/((g*D)^0.5))^0.5) {Newtonzahl begast; - }
mF = 490*(0.002/VRL)^0.05 {Anpassungsparameter für Newtonzahl begast; - }
dr = fR*D                      {Rührerdurchmesser; m}

{Auslegung: Slider 10L-100000L-Einstellungen}
VRL = 0.01 bzw. 100         {Flüssigreaktionsvolumen; m^3}
fS = 1.74 bzw. 1.6          {Schlankheitsgrad}
fR = 0.33 bzw. 0.3          {Verhältnis Kessel-Rührer-Durchmesser}
n = 730 bzw. 145            {Drehzahl des Rührers; upm}
q = 1.0 bzw. 0.4            {Begasungsrate; vvm}
NeO = 6.0                   {Newtonzahl, im Einzelfall bestimmen!}

{Konstanten - ermittelt durch "curve fit" und manueller Nachhilfe mittels
```

```
                "slider"}
umax1 = 2.0             {spez. max. Wachstumsrate auf Glycerin; 1/h}
umax2 = 0.10            {spez. max. Wachstumsrate auf Acetat; 1/h}
umax3 = 2.50            {spez. max. Wachstumsrate auf unbekanntem Substrat; 1/h}
Yxs = 0.5               {Ausbeutekoeffizient Biomasse Glycerin}
Yxf = 0.125             {Ausbeutekoeffizient Biomasse unbekanntes Substrat}
Yxp = 0.0045            {Ausbeutekoeffizient Biomasse Produkt}
Yxo2 = 1.0/0.01 !!      {Ausbeutekoeffizient Biomasse SAUERSTOFF-ACE}
Yxo3 = 5.0              {Ausbeutekoeffizient Biomasse SAUERSTOFF-FE}
Ks1 = 0.85              {Sättigungskonstante; g/L}
Ks2 = 0.45              {Sättigungskonstante; g/L}
Ks3 = 0.55              {Sättigungskonstante; g/L}
Ki = 3.50               {Inhibierungskonstante; g/L}
alpha = 0.0             {Produktbildungskonstante; 1/h}
beta = 5.5              {Produktbildungskonstante; -}
Ko1 = 3.6e-6            {Sättigungskonstante für Sauerstoff in Wachstum auf
                         Glycerin; g/L}
Ko2 = 1.5e-5            {Sättigungskonstante für Sauerstoff in Wachstum auf
                         Acetat; g/L}
Ko3 = 1.5e-6            {Sättigungskonstante für Sauerstoff ... auf
                         Fleischextrakt; g/L}
mo = 1.0e-12            {Konstante für den Erhaltungsstoffwechsel}

{geometrische Konstanten, feste und Naturkonstanten}
pout = 1.2/4.1          {bar; mittlerer Druck, die 1.2 ist noch Annahme}
YO2alpha = 0.21         {-; Luftbegasung}
Henry = 1000            {Henry-Konstante Annahme keine exakte Überprüfung;
                         bar*L/mol}
g = 9.81                {m/s^2}
vis = 1.0e-6/0.8e-6     {kinematische Viskosität; m^2/s}
ro= 1000                {Dichte des Mediums; kg/m^3}
fH = 0.9                {Höhenverhältnis; fH = H'/H}
CLmax=((pin*YO2alpha)/Henry)*32/1000 {Sättigungskonstante an Phasen-
                                     grenze; mol/m^3}

{Anfangsbedingungen}
init X = 0.01                                       {g/L}
init S = 2.0                                        {g/L, Glycerin}
init F = 15.0                                       {g/L}
init P = 0.0                                        {g/L}
init CL = ((pin*YO2alpha)/Henry)*32/1000            {g/L}

{Begrenzungen}
limit S >= 0                                        {g/L}
limit P >= 0                                        {g/L}
limit F >= 0                                        {g/L}
limit S >= 0                                        {g/L}
limit CL <= ((pin*YO2alpha)/Henry)*32/1000          {g/L}
limit CL>=0
limit OUR >=0
```

Über die Qualität der „Nachbildung" der Produktkurve (Abb. 1.37) in der erwähnten *Vibrio natriegens*-Fermentation kann man sicher streiten. Nicht unbedingt zufriedenstellend ist die verzögerte Anlaufphase und eventuell die geringere „Durchhaltephase" im Zenit. Es bliebe also noch Verbesserungspotenzial. Man sollte aber bedenken, dass die erreichbare Genauigkeit mit dieser Methode jetzt schon strapaziert erscheint.

Die Parameterblöcke gemäß Tab. 1.9 sind in diesem speziellen Fall im Anhang Tab. C.2 zusammengestellt. Der Nutzen des Modells liegt aber andererseits auf der Hand. Es muss das Ziel sein, die eingeführten Anpassungsparameter maßstabsunabhängig zu gestalten. Damit enthält der Parameterblock „Anpassungsparameter [AP]" das größte Deutungspotenzial. Die außerhalb des Blocks [AP] stehenden Anpassungsgrößen sind alle maßstabsgeprägt. Besonders auffällig ist dabei die Höhe des Headspace-Drucks im 100 000 L-Maßstab. Das bedeutet, dass die erforderliche OTR nur durch ein hohes treibendes Konzentrationsgefälle erreichbar ist. Darüber hinaus ist dazu zusätzlich durch die ermittelte Drehzahl eine sehr kräftige aber noch machbare Leistungsdichtesteigerung von 0,74 auf 6,1 [W/kg] erforderlich und die Begasungsrate nimmt von 0,0056 auf 0,046 [m/s] zu. Da die Begasungsrate im 10 L-Maßstab als sehr niedrig eingestuft werden kann, ist die Erhöhung um den Faktor zehn kritisch, aber auch machbar. Man sieht an diesem Beispiel, dass es vorausschauend erscheint, einige Parameter im Labormaßstab so zu wählen, dass eine Übertragung letztendlich dann auch möglich wird.

Aus den gewonnenen Werten für die spezifischen Wachstumsraten lässt sich ablesen, dass auf Glycerin und auf einem Bestandteil des Fleischextraktes das schnellste Wachstum resultiert, während der Produktabbau zur Biomassegewinnung einen geringeren Anteil ausmacht.

Die Definition des Ausbeutekoeffizienten bringt es mit sich, dass der Wert nicht aussagt, wie viel der abgebauten Komponente in die Biomasse geht, sondern nur, wie viel im Verhältnis insgesamt verbraucht wird. Der Wert für das Glycerin von 0,5 scheint sehr passend zu sein, während die beiden anderen Werte als gegeben hinzunehmen sind.

Eine Ausnahme bei den Anpassungsparametern fällt auf. Es handelt sich um den Ausbeutekoeffizienten des Sauerstoffs bezüglich des Wachstums auf der Fleischextraktkomponente. Dies könnte durch den stark erhöhten Druck bewirkt sein, weil damit ein effektiverer Einsatz von Sauerstoff bedingt wird.

Schließlich liefert die Simulation auch noch wertvolle Hinweise für die Auslegung des Produktionsreaktors hinsichtlich der geometrischen Faktoren und damit der Newton-Zahl und die schon erwähnte Druckstufe.

Anzufügen wäre noch, dass die Simulation eine Erhöhung der Viskosität um 20 [%] verlangt. Da sich diese Forderung allerdings lediglich auf die Dämpfung des $k_L a$-Wertes auswirkt, könnte sie bei weiteren Untersuchungen wohl vermieden werden. Das soll auch darauf hinweisen, dass das hier behandelte Beispiel ausreichend zu Demonstrationszwecken erscheint, aber noch nicht final bearbeitet ist.

1.10
Konzeption einer Anlagenplanung

1.10.1
Allgemeine Betrachtungen

Die Entwicklung eines marktfähigen und rentablen Produktes erfordert eine klar systematisierte Ablaufplanung. Nachfolgend ist die Kette der zu bewältigten Aufgaben synchron dargestellt [2].

- Produktidee: Hintergrund – Markt – Wirtschaftlichkeit.
- Suche nach einem Syntheseapparat (Mikroorganismen) – Biotop – Screening-Verfahren zum optimalen Produktionsstamm oder Genetic Engineering.
- Prozessoptimierung (Reaktion):
  - Mediumsanpassung, -optimierung,
  - Monitoring der Fermentation (Leitparameter),
  - Leitstrategien (Prädikation, Modellierungsparameter, …).
- Abstimmung zum Up-Streaming – Reaktion – Down-Streaming:
  - Einsatzstoffstrategie (Kostenanalyse)
  - Einbußen an Raum-Zeit-Ausbeute (RZA), Effektivität!
  - Anforderungen an das Down-Stream-Processing!
- Down-Stream-Processing: Kalkulation
  - Einsatzstoffe
  - Entsorgung
  - Personal
  - Wartung
  - Umlagen
  - Abschreibung
- Kostenstruktur, die Einfluss auf die Entwicklung des Verfahrens nimmt.
- Fließ- und Mengenschemata zur Darstellung des Gesamtprozesses inklusive aller Massenbilanzen mithilfe von Short-cut-Methoden oder geeigneter Software, z. B. SuperPro Designer® [2].

Da diese Software in Abschn. 3.9 beispielhaft eingesetzt wird, soll es hier kurz vorgestellt werden.

1.10.2
SuperPro Designer®

SuperPro Designer® ist ein Softwaretool zur Darstellung von chemischen und biochemischen/biotechnologischen Gesamtprozessen, also ein Werkzeug für die Verfahrensentwicklung [24].

An dieser Stelle soll nur ein kurzer Abriss über die wesentlichen Merkmale von SuperPro Designer® gegeben werden. Detailliertere Informationen können direkt von Intelligen Inc. [24] erfragt werden.

1.10 Konzeption einer Anlagenplanung

UNIT PROCEDURES Bietet eine Vielzahl von Funktionseinheiten (Apparaturen wie Behälter und Tanks, Reaktoren, mechanische Stofftrenneinrichtungen, thermische Trenntechniken, Fördertechniken u. v. m.). Diese wählt man aus und positioniert sie auf einem zunächst leeren Sheet.

Ein Verrohrungstool erlaubt eine Verbindung/Verknüpfung aller „Funktionseinheiten/unit operations". Jede Funktionseinheit kann mittels „Funktionsdaten/operation data", „Apparatedaten/equipment data" formatiert (vorschläge- oder anwenderorientiert) werden.

TASKS Bietet die Möglichkeit die einzusetzenden Stoffe unterteilt in „Reinstoffe/pure components" und „Mischungen/stock mixtures" zusammenzustellen. Dafür steht eine Datenbank zur Verfügung, es können aber auch benutzerdefinierte Stoffe aller Art eingegeben bzw. komponiert werden.

REPORTS Bietet die Möglichkeiten, den Gesamtprozess ökonomisch zu bilanzieren und darzustellen.

Eine vereinfachte Zusammenfassung der notwendigen Schritte in SuperPro Designer® ist der Tab. 1.10 zu entnehmen

Tab. 1.10 Vorgehensweise mit SuperPro Designer.

Schritt	Funktion	Ort	Bemerkungen
1	Eingabe der Reinstoffe	Pure components	möglichst nur solche, die auch wirklich durch den Prozess geschleppt werden sollen, den Rest in Block 2 integrieren
2	Eingabe der Mischungen	Stock mixtures	Komplexe Nährmedien, aber vor allem Hilfslösungen (Puffer, Extraktionsmittel, Chromatographiepuffer, …)
3	Apparate zusammenstellen (am besten immer nur so viele wie nötig!)	Unit procedures	ACHTUNG: pro Fließbild haben nur 25 Apparate Platz! Also sparsam umgehen, weil bei mehreren Fließbildern jedes einzelne wie ein eigenständiger Prozess behandelt werden muss! Der Ausgangsstoff des vorherigen ist Eingangsstoff des folgenden Fließbildes, die Kosten berechnen sich in jedem Fließbild
4	Operationen zuordnen	Add/remove operations	Die Reihenfolge muss eingehalten werden, sie ist entscheidend für die Zeitablaufplanung
5	Verrohren	Connect mode	Zuströme, Abläufe und Transferleitungen hinzufügen. ACHTUNG: die offenen Pfeile sind für die Ströme gedacht, die das Produkt beinhalten (nicht zwingend erforderlich!)
6	Datenzuordnung	Operation data	Spezifizierung der Operationen, charge using, Stoffe auswählen, Personal, Zeitplanung, u. v. a.

2
Rechenaufgabenmanagement und Aufgabentypen

2.1
Beschreibung der Aufgabentypen

2.1.1
Bioreaktoren

Typ 1: Energieeintrag in Reaktoren

Zur Durchführung aller erforderlichen Aufgaben muss ein Bioreaktor Arbeit in einer bestimmten Zeit aufbringen (vgl. Abschn. 1.1). Es ist also Leistung erforderlich. Diese kann er aus verschiedenen Quellen beziehen. Um dies zu realisieren, werden verschiedene Einrichtungen bereitgestellt. Die angebotenen Aufgabenstellungen behandeln diesen Aspekt.

Beispiel: Spezialfall „Selbstbegasung"

In einem 2 [m] tiefen Gärbottich läuft eine Gärung mit einer Raumzeitausbeute (RZA) von 20 [kg EtOH/m³/h]. Welche Leistungsdichte (Energiedissipation [W/m³]) kann dieser einfache Bioreaktor erbringen? Es kann eine Dichte von $\rho_L = 10^3$ [kg/m³] angenommen werden und die chemische Reaktionsgleichung lautet

$$C_6H_{12}O_6 \rightarrow 2C_2H_5OH + 2CO_2 \tag{2.1}$$

Lösung: Man erkennt aus der chemischen Reaktionsgleichung, dass aus 1 Mol Glucose je 2 Mol Ethanol und Kohlendioxid entstehen. Für den Leistungseintrag ist allein der dabei entstehende Gasstrom verantwortlich, also das Kohlendioxid.

Ausgehend von Gl. (A.8) aus der Formelsammlung kann der Einstieg vorgenommen werden. Allerdings sollte sie den gegebenen Bedingungen angepasst werden. Zunächst ist kein Rührwerk vorhanden, also entfällt der erste Term, und dann gibt es keine definierte Zugabestelle H'. Außerdem wird die eingetragene Leistung auf die Masse bezogen, so kürzt sich die Dichte. Es gilt demnach

$$\varepsilon_{G,P} = \frac{\dot{V}_G}{V_{R,L}} \cdot g \cdot H' = \frac{\dot{V}_G}{A \cdot H} \cdot g \cdot H' = u_G \cdot g \cdot \frac{H'}{H} \quad \left[\frac{W}{kg}\right] \tag{2.2}$$

Zunächst wendet man sich der Größe H' zu. Bei einer angenommenen gleichmäßigen, homogenen Entstehung der Gasblasen findet man über die Betrachtung aller Energiepotenziale einen fiktiven gemeinsamen Entstehungsort genau in der Mitte des Systems [1, S. 90]. Es gilt also für $H' = H/2$.

Um mit Gl. (2.2) weiterzukommen, muss man nun die Gasleerrohrgeschwindigkeit berechnen. Gegeben sind die Produktivität und damit die Ethanolentstehungsgeschwindigkeit. Daraus kann man mit dem gegebenen Zusammenhang, dass die Molmenge Ethanol gleich der Molmenge Kohlendioxid ist (vgl. Gl. (2.1)), den Gasvolumenstrom ermitteln. Da weder der Druck noch die Temperatur gegeben sind, wird ganz „unbürokratisch" der Vorgang auf Normbedingungen ($T_n = 273{,}15$ [K]; $p_n = 1013$ [mbar]) bezogen. Somit gilt

$$\frac{\dot{V}_G}{V_{R,L}} = \frac{\dot{m}_{EtOH}}{M_{EtOH}} \cdot V_M = \frac{20}{46} \cdot 22{,}4 = 9{,}74 \quad \left[\frac{m_G^3}{m_{R,L}^3 \cdot h}\right] \tag{2.3}$$

Setzt man nun alle gegebenen und gewonnen Größen zusammen mit dem Zeitumrechnungsfaktor in Gl. (2.2) ein, so erhält man

$$\varepsilon_{G,P} = \frac{9{,}74}{3600} \cdot g \cdot \frac{2}{2} = 0{,}0265 \quad \left[\frac{W}{kg}\right] \tag{2.4}$$

Das ist durchaus ein bescheidener Wert, aber dennoch für die vorliegende einfache Homogenisieraufgabe wohl ausreichend.

Typ 2: Wirbelschicht – Lockerungsgeschwindigkeit/Austragspunkt
Die Wirbelschicht ist ein spezielles Reaktorprinzip, das aufgrund seines vermeintlichen „sanften Umgangs" mit den Zellen gerne in der Zellkulturtechnik Anwendung findet. Da sich die Wirbelschicht besonderer physikalischer Gegebenheiten bedient, werden diese in diesem Aufgabentyp beleuchtet (weiterführende Betrachtungen siehe Abschn. 3.3).

Beispiel: Grenzgeschwindigkeiten
Zwischen welchen zwei Geschwindigkeiten (Leerrohrgeschwindigkeiten) kann eine Wirbelschicht betrieben werden?

Beim Schüttgut handelt es sich um runde Partikel mit dem Durchmesser von 5 [mm] die von Wasser umströmt werden. Welche Grenzgeschwindigkeiten lassen sich angeben?

Gegebene Größen: $d_P = 5$ [mm]; $\varphi_S = 1{,}0$; $\rho_S = 1{,}5 \cdot 10^3$ [kg/m^3]; $\rho_L = 10^3$ [kg/m^3]; $\varepsilon_L = 0{,}4$; $\nu = 10^{-6}$ [m^2/s]; $c_W(Re) = 0{,}44$.

Lösung: Die Kugelform der Partikel legt den Sphärizitätsgrad von $\varphi_S = 1{,}0$ fest. Um in den Lösungsweg einzusteigen, muss man in diesem Fall eine Annahme treffen, denn es kann sowohl ein laminarer als auch ein turbulenter Fall vorliegen.

Annahme: Es liegen turbulente Verhältnisse vor (Re > 24, gemäß Vereinbarung, vgl. Abschn. A.8 Formelsammlung)! Damit kann als Einstieg Gl. (A.150) verwendet werden

$$v_L = \left(\frac{1}{1{,}75} \cdot \varphi_S \cdot \varepsilon_L^3 \cdot g \cdot d_P \frac{\Delta \rho}{\rho_L}\right)^{0{,}5} \tag{2.5}$$

Da sämtliche Größen gegeben sind, brauchen in diesem sehr einfachen Fall diese nur in Gl. (2.5) eingesetzt zu werden. Somit erhält man für die Lockerungsgeschwindigkeit

$$v_L = \left(\frac{1}{1{,}75} \cdot 1{,}0 \cdot 0{,}4^3 \cdot g \cdot 5 \cdot 10^{-3} \cdot 0{,}5\right)^{0{,}5} = 0{,}03\,[\text{m/s}] \tag{2.6}$$

Wie üblich, muss eine getroffene Annahme überprüft werden. Dazu wird die Reynolds-Zahl nach Gl. (A.140) berechnet. Es gilt

$$\text{Re} \equiv \frac{d_P \cdot w}{\nu} = \frac{5 \cdot 10^{-3} \cdot 0{,}03}{10^{-6}} = 150 > 24 \tag{2.7}$$

Damit war die getroffene Annahme richtig. Im Falle einer falschen Annahme müsste nun ein neuer Einstieg gewagt werden.

Es bleibt die Austragsgeschwindigkeit zu berechnen. Dazu verwendet man Gl. (A.151)

$$w_f = \sqrt{\frac{4}{3}\frac{g \cdot \varphi_S \cdot d_P}{c_W(\text{Re}_{wf})}\frac{\Delta \rho}{\rho_L}} = \sqrt{\frac{4}{3}\frac{g \cdot 1{,}0 \cdot 5 \cdot 10^{-3} \cdot 0{,}5}{0{,}44}} = 0{,}27\,[\text{m/s}] \tag{2.8}$$

Die Wirbelschicht ist also zwischen den beiden Leerrohrgeschwindigkeiten 0,03 und 0,27 [m/s] existent.

Typ 3: Abgaskühlung

Die Begasung mit sehr trockenem Gas, meist Luft, hat zur Folge, dass flüchtige Substanzen, insbesondere Wasser, ausgetragen werden. Damit einher geht eine ungewollte Aufkonzentrierung der nicht flüchtigen Komponenten, was wiederum zu einer Beeinträchtigung des Reaktionsverlaufes führen kann. Deshalb sollte diese Aufkonzentrierung vermieden oder zumindest reduziert werden, insbesondere, wenn Wertkomponenten dabei sind. Eine Methode ist die Kondensation der flüchtigen Substanzen aus dem Abgas mittels Wärmeaustauschern. Dieser Aufgabentyp soll beispielhaft diese Situation verstehen und beschreiben helfen (weiterführende Betrachtung siehe Abschn. 3.2).

Beispiel: Reduktion des Wasseraustrages

Ein Abgasstrom aus einem Bioreaktor verlässt den Reaktor im gesättigten Zustand. Der Bioreaktor wird bei 40 [°C] betrieben. Wie weit muss der Abgasstrom abgekühlt werden, damit die Wasserverluste um 80 [%] gesenkt werden können, und wie hoch muss anschließend das Gas aufgeheizt werden, damit die Abluft mit einer relativen Feuchtigkeit von 20 [%] zum Abgasfilter gelangt?

Lösung: Diese Aufgabe lässt sich allein mithilfe des Mollier-Diagrammes (Hilfsmittel Abb. B.10) lösen. Die gesuchten Werte müssen allerdings aus dem Diagramm abgeschätzt werden, es handelt sich also um keine exakten Werte. Dazu geht man auf der $T = 40\,°C$-Linie nach rechts bis zur $\varphi = 1{,}0$-Kurve und findet dann auf der x-Achse die Beladung am Reaktorausgang

$$x_{S,1} = 0{,}0575\,[\text{kg/kg}]$$

Setzt man diese Beladung zu 100 [%], so muss gemäß der Forderung 80 [%] zurückzuführen die Beladung nach dem Kühler

$$x_2 = x_{S,1} \cdot 0{,}2 = 0{,}0115\,[\text{kg/kg}] \tag{2.9}$$

entsprechend weniger betragen. Die gesuchte Temperatur T_2 findet man entlang der $\varphi_1 = 1{,}0$-Kurve gehend bis nach x_2, von dort dann senkrecht hoch bis zur $\varphi_3 = 0{,}2$-Kurve und kann dort die Temperatur $T_3 = 42\,[°C]$ ablesen. Im Abgasheizer muss das Abgas (Abluft) also auf 42 [°C] hochgeheizt werden.

Typ 4: Zellkulturreaktor – Oberflächen-/Blasenfreie Begasung

Aufgrund der mechanischen Sensibilität, die sogar bei einer Submersbegasung zur Sauerstoffversorgung sichtbar ist, gibt es in der Zellkulturtechnik einige Konzepte zur blasenfreien Begasung. Solche Konzepte sollen in Form von Rechenaufgaben unter diesem Typ bearbeitet werden.

Beispiel: Oberflächenbegasung

Ein Zellkulturreaktor wird mittels Oberflächenbegasung mit Sauerstoff versorgt. Bis zu welchem Volumen ist der Reaktor vergrößerbar, wenn angenommen wird, dass lediglich die Oberfläche als Phasengrenze für den Stofftransport zur Verfügung steht? Bedarf = ODR = 0,5 [mmol/L/h]; $k_L = 10^{-3}\,[\text{m/s}]$; $p_\text{Luft} = 1\,[\text{bar}]$; $f_S = 1{,}0$; $H_{O_2} = 1000\,[\text{bar} \cdot \text{L/mol}]$. Die Reaktion ist flüssigkeitsseitig stofftransportlimitiert.

Lösung: Die gegebenen Werte sind alle schon in der Aufgabenstellung aufgeführt. Es muss lediglich noch vorausgesetzt werden, dass der Sauerstoffmolenbruch in der Luft 21 [%] beträgt. Damit kann die Berechnung des gesuchten Flüssigreaktionsvolumens sofort angegangen werden. Dazu reicht es, zunächst irgendeine geometrisch relevante Abmessung zu bekommen, weil der Schlankheitsgrad bekannt ist. Eine solche Größe wäre z. B. der Kesseldurchmesser. Also sucht man einen Einstieg, wo dieser Parameter auftaucht. Der Stofftransport böte sich an.

Eine Stofftransportlimitierung kann als $c_{O_2,l} = 0$ gedeutet werden. Damit kann im Steady State für die Sauerstoffaufnahmerate sowie für die Sauerstofftransferrate

$$\text{ODR} = \text{OUR} = \text{OTR} = k_L \cdot \frac{A}{V} \cdot \left(c^*_{O_2,l} - c_{O_2,l}\right) \tag{2.10}$$

formuliert werden. Hier steckt nun im Flächen-Volumen-Verhältnis der gesuchte geometrische Parameter. Um weiter zu kommen, muss man z. B. die Sättigungskonzentration ermitteln. Gemäß dem Henry'schen Gesetz nach Gl. (A.63) kann die Sättigungskonzentration im Medium berechnet werden. Es gilt

$$c^*_{O_2,l} = \frac{p^*_{O_2,g}}{H_{O_2}} = \frac{0{,}21}{1000} \cdot 1000 = 0{,}21 \left[\frac{\text{mol}}{\text{m}^3}\right] \qquad (2.11)$$

Durch Umstellung von Gl. (2.10) unter Benutzung des Zusammenhangs

$$\text{OTR} = k_L \cdot \frac{1}{f_S \cdot D} \cdot c^*_{O_2,l} \qquad (2.12)$$

nach dem Durchmesser ergibt

$$D = \frac{k_L \cdot c^*_{O_2,l}}{f_S \cdot \text{OTR}} = \frac{10^{-3} \cdot 0{,}21 \cdot 3600}{1 \cdot 0{,}5} = 1{,}512\,[\text{m}] \qquad (2.13)$$

Nun ist der Weg frei zur Bestimmung des gesuchten Volumens. Mit dem gefundenen Durchmesser erhält man

$$V_{R,L} = \frac{D^2 \cdot \pi}{4} \cdot H = \frac{D^3 \cdot \pi}{4} \cdot f_S = \frac{1{,}512^3 \cdot \pi}{4} \cdot 1 = 2{,}71\,[\text{m}^3] \qquad (2.14)$$

Wie man sieht, ist die Vergrößerbarkeit des Reaktors eingeschränkt und endet für den vorliegenden Fall bei knapp 3 [m³].

Typ 5: Sterilisation von Problemstellen
Theorie und Praxis weichen bekanntlich bisweilen etwas voneinander ab. So auch bei der Forderung der totraumfreien Konstruktion. Irgendwann muss der Konstrukteur dem Rechnung tragen und es verbleibt letztendlich ein mehr oder weniger großer oder auch kleiner Totraum übrig. Wie sich solche Stellen im Zusammenhang mit einer Hitzesterilisation darstellen, veranschaulichen die Aufgaben zu diesem Typ.

Beispiel: Sauerstoffauszehrung
Der annähernd realistische Fall hinsichtlich „blasenfreier" Begasung ist die Auszehrung, also die zugegebene Luft bei konstantem Blasendurchmesser hinsichtlich Sauerstoff, möglichst gut auszunutzen. Zu dieser Betrachtung die folgende einfache Aufgabenstellung:

Wie hoch muss ein Blasensäulenreaktor sein, wenn zur Sauerstoffversorgung der Luftstrom gleichmäßig in 1,0 [mm] (Sauterdurchmesser)-Blasen dispergiert wird und der Sauerstoff bis auf 2 [%] (auf 21 [%] bezogen) verbraucht werden soll? Das Medium hat eine Dichte von 1,2 [kg/L] und die Luft von 1,3 [g/L]. Zur Vereinfachung kann von einer starren Blase ausgegangen werden. Weitere Daten: $H = 1000\,[\text{bar} \cdot \text{L/mol}]$; $k_L = 10^{-4}\,[\text{m/s}]$; $T = 37\,[°\text{C}]$; $p = 1{,}16\,[\text{bar}]$; $\nu = 10^{-6}\,[\text{m}^2/\text{s}]$; $M_G = 29\,[\text{g/mol}]$.

Lösung: Mit der vereinfachenden Annahme, die Blasen wären starr, kugelförmig bei konstantem Durchmesser und bewegen sich unbehindert voneinander vom Zugabeort bis zur Flüssigkeitsoberfläche, lässt sich über eine Kräftebilanz ein Zusammenhang zwischen Aufstiegsgeschwindigkeit und Blasendurchmesser finden. Die auszumachenden, wirkenden Kräfte sind die Auftriebskraft F_A, die Gewichtskraft F_G und die Widerstandskraft F_W. Es gilt

$$F_A = F_G + F_W \approx F_W \tag{2.15}$$

Wie in Gl. (2.15) schon angedeutet, kann aufgrund des extrem großen Dichteunterschieds zwischen Gas und Flüssigkeit (etwa Faktor 1000) mit guter Näherung die Gewichtskraft vernachlässigt werden.

Setzt man nun für die beiden verbliebenen Kräfte die entsprechende Gleichung ein (vgl. Gln. (A.14), (A.17), (A.18)), so erhält man

$$\frac{d_B^3 \cdot \pi}{6} \cdot \rho_L \cdot g \approx c_W \cdot \frac{d_B^2 \cdot \pi}{4} \cdot \rho_L \cdot \frac{w_r}{2} \tag{2.16}$$

Gleichung 2.16 umgestellt nach der Aufstiegsgeschwindigkeit w_r, Kürzungen und der Annahme einer turbulenten Strömung ergibt

$$w_r = \sqrt{\frac{d_B \cdot g \cdot 4 \cdot 2}{6 \cdot c_W}} = \sqrt{\frac{10^{-3} \cdot g \cdot 8}{6 \cdot 0{,}44}} = 0{,}17 \, [\text{m/s}] \tag{2.17}$$

Wie gewohnt muss jetzt eine getroffene Annahme überprüft werden, dazu berechnet man die Reynolds-Zahl

$$\text{Re} = \frac{w_r \cdot d_B}{\nu} = \frac{10^{-3} \cdot 0{,}17}{10^{-6}} = 170 > 24 \tag{2.18}$$

Die getroffene Annahme war richtig! Nun benötigt man die Zeit, die die Blase im Reaktor verweilen muss, um die geforderte Auszehrung zu erfahren. Eine Sauerstoffbilanz führt zur Gleichung für die Aufenthaltszeit im Reaktor

$$V_B \cdot \frac{dc_{O_2,g}}{dt} = -k_L \cdot A_O \cdot (c^*_{O_2,L} - c_{O_2,L}) \approx k_L \cdot A_O \cdot c^*_{O_2,L}$$

$$\int_{0{,}21}^{0{,}02 \cdot 0{,}21} \frac{dc_{O_2,g}}{c_{O_2,g}} = -\frac{6 \cdot k_L \cdot R \cdot T}{d_B \cdot H_{O_2}} \cdot \int_0^{t_A} dt \tag{2.19}$$

$$\Rightarrow \ln(0{,}02) = -\frac{6 \cdot 10^{-4} \cdot 8{,}314 \cdot 310}{10^{-3} \cdot 1000} \left[\frac{10^3}{10^5}\right] \cdot t$$

$$t_A = 253 \, [\text{s}]$$

mit der Dimensionsrichtigstellung im Klammerausdruck [L/m³; Pa/bar].

Aus der Überlegung Weg = Geschwindigkeit · Zeit findet man

$$H = w_r \cdot t_A = 0{,}17 \cdot 253 = 43 \, [\text{m}] \tag{2.20}$$

Die Flüssigkeitssäule muss als mindestens 43 [m] hoch sein.

Anmerkung: Bei dieser Höhe ist der Druck über die Höhe des Reaktors sehr bemerkenswert. Der angenommene mittlere Druck von 1,16 [bar] ist in diesem Fall einiges zu niedrig. Bei einem Druck an der Oberfläche von 1,013 [bar] käme ein mittlerer Druck von

$$\overline{p} = p^a + \frac{g \cdot \rho_L \cdot H}{2 \cdot 10^5} = 1{,}013 + \frac{g \cdot 1{,}2 \cdot 10^3 \cdot 43}{2 \cdot 10^5} = 3{,}54\,[\text{bar}] \qquad (2.21)$$

zustande. Der angegebene Druck und damit auch die Dichte des Gases passen also keineswegs zur Realität. Da in diesem Abschnitt aber nur Aufgabentypen besprochen werden sollen, es also mehr auf das Prinzip als auf die Genauigkeit ankommt, kann das Ergebnis zunächst so stehen bleiben.

Typ 6: Auslegungsdruck/Dichtigkeit
Bei der Beschaffung eines Reaktors, hier eines Bioreaktors, muss dem Konstrukteur der tatsächlich zu beherrschende Betriebsdruck und die maximale Betriebstemperatur bekannt gegeben werden. Welche Forderungen und Faktoren diese Parameter beeinflussen, sind Gegenstände der Aufgaben zu diesem Typ.

Beispiel: Die maximale Temperatur, die in dem betrachteten Bioreaktor auftreten kann ist $T = 140\,[°C]$. Welcher Auslegungsdruck ist zu wählen, wenn auch die ungünstigsten Bedingungen berücksichtigt werden sollen und der Reaktor vor dem Aufheizen bei Normaldruck war?
Bei welchem Druck muss der Drucktest durchgeführt werden?
 Weiter gegeben sind der Sättigungsdampfdruck $p_S(140) = 3{,}7\,[\text{bar}]$ und die Raumtemperatur $T = 20\,[°C]$.

Lösung: Man kann wieder von der Idealen Gasgleichung ausgehen, weil der Druck und auch die Temperatur im moderaten Bereich angesiedelt sind. Also lässt sich formulieren

$$\begin{aligned} p_1 \cdot V &= n \cdot R \cdot T_1 \\ p_2 \cdot V &= n \cdot R \cdot T_2 \end{aligned} \qquad (2.22\text{a})$$

Außerdem gilt, dass die Summer aller Partialdrücke gleich dem Gesamtdruck sein müssen.

$$p = \sum p_i \qquad (2.22\text{b})$$

Da sich die Molmenge, das Gasvolumen und natürlich die allgemeine Gaskonstante nicht verändern, resultiert aus Gl. (2.21)

$$\frac{p_2}{p_1} = \frac{T_2}{T_1} \qquad (2.23)$$

und schließlich für die Luft bei 140 [°C]

$$p_L(140) = 1{,}0 \cdot \frac{413}{293} = 1{,}43\,[\text{bar}] \qquad (2.24)$$

Somit ergibt sich zusammen mit dem Sättigungsdruck des Dampfes bei 140 [°C] ein Gesamtdruck von

$$p = p_\text{L}(140) + p_\text{S}(140) = 1{,}38 + 3{,}7 = 5{,}1 \,[\text{bar}] \tag{2.25}$$

Gemäß der Druckbehälterverordnung muss der Prüfdruck, auch Abnahmedruck genannt, 30 [%] über dem zulässigen Druck liegen. Somit ergibt sich

$$p_\text{Prüf} = 1{,}3 \cdot 5{,}1 = 6{,}63 \,[\text{bar}] \tag{2.26}$$

Der Auslegungsdruck ist demnach 7 [bar].

Anmerkung: Diese Vorsichtsmaßnahme wird nur dann zum Sicherheitsanker, wenn beim Hochheizen des Reaktors die Entlüftung nicht funktioniert. Da dies durchaus mal vorkommen kann, weil die Automatik falsch reagiert, ein Ventil nicht richtig schaltet oder der Bediener einem Versäumnis unterliegt, lohnt sich dieser kleine Mehraufwand.

Typ 7: Vorspannung eines O-Ringes (10)
Die Frage nach der Totraumfreiheit muss speziell im Zusammenhang mit den statischen Dichtungen genauer gestellt werden. Hier kommen in aller Regel O-Ringe in Betracht (vgl. [1]), die in einer Nut geführt werden. Da sowohl der O-Ring als auch die Nut im Bereich einer zulässigen Toleranz angeboten werden, können sich je nach Paarung mehr oder weniger günstige Situationen hinsichtlich des Totraumes ergeben. Diese sollen unter diesem Typ betrachtet werden.

Basis für diese Überlegungen ist ein Modell, das davon ausgeht, dass eine gemessene Undichtigkeit auf eine einzige Pore als Verursacher reduziert wird. Wenn nun der Durchmesser dieser Pore kleiner als die kleinste Ausdehnung des in Betracht kommenden Keimes ist, dann kann davon ausgegangen werden, dass weder Keime entweichen noch eindringen können [1].

Beispiel: Ein O-Ring mit der Schnurstärke von 6 [mm] soll so eingebaut werden, dass er nicht aus den zulässigen bzw. erforderlichen Belastungswerten herausfällt
Welche Vorspannung (VSP) ist konstruktiv anzugeben und welcher Bereich ergibt sich in der Praxis aufgrund der Toleranzen? Bewegen sich diese Grenzen im Bereich des Notwendigen bzw. des Zulässigen?

Lösung: In der DIN 3771 und der ISO 3601 sind die (vereinbarten/vorgeschlagenen) zulässigen Toleranzen für O-Ringe in Tabellenform niedergelegt. Diese sind in [±mm] angegeben. Um einen besseren Umgang über alle Durchmesser hinweg zu bekommen, ist es nützlich, die Toleranz in [%] auf den Nenndurchmesser bezogen anzugeben. Dadurch erhält man für $d_\text{N} > 4$ [mm] einen Wert von [±3 %] und für $d_\text{N} \leq 4{,}0$ [mm] von [±4 %].

Die O-Ringe sind Elastomere, z. B. Ethylen-Propylen-Dien-Kautschuk – Gruppe M (EPDM), und um eine ausreichende Dichtwirkung zu bekommen, müssen sie gepresst bzw. vorgespannt werden. Es wird von den Herstellern eine Mindestvorspannung von 10 [%] angegeben. Damit sie aber nicht zerstört werden, soll eine maximale Vorspannung (VSP) nicht überschritten werden. Diese wird für $d_N > 4$ [mm] mit 22 [%] angegeben und darunter mit 30 [%].

Im vorliegenden Fall liegt ein 4-mm-O-Ring vor. Dadurch ergibt sich folgende Matrix

$$\begin{aligned} \text{VSP}_{min} &= 10\,[\%] \Rightarrow 0{,}4\,[\text{mm}] \\ \text{VSP}_{max} &= 30\,[\%] \Rightarrow 1{,}2\,[\text{mm}] \\ \text{Toleranzen:} &\quad \pm 4\,[\%] \Rightarrow \pm 0{,}16\,[\text{mm}] \\ \text{VSP}_{mittel} &= 0{,}8\,[\text{mm}] \pm 0{,}32\,[\text{mm}] \\ \text{VSP}_{res} &= 0{,}48 \ldots 1{,}12\,[\text{mm}] \end{aligned} \qquad (2.27)$$

Die resultierende VSP liegt demnach bei Kombination der ungünstigsten Bauteile O-Ring und Nut in jedem Fall innerhalb des Toleranzbereiches (0,4 ... 1,2 [mm]).

Typ 8: Auswahl eines Bioreaktors
Ein Reaktionsprozess, eine Fermentation soll ausgearbeitet werden oder ist bereits ausgearbeitet, dann steht man vor der entscheidenden Frage: Welchen Reaktor soll man nehmen? Wie in der Literatur [1] beschrieben, gibt es deren viele und vor allem noch eine Vielzahl von Kombinationsmöglichkeiten. Um sich das Leben etwas einfacher zu machen, wurde ein Auswahlverfahren vorgeschlagen [1], das in diesem Aufgabentyp angewendet werden soll.

Auf ein *Beispiel* wird in diesem Fall verzichtet, weil es sich um keinen reinen Aufgabentyp handelt (vgl. Abschn. 1.6 und [1]).

2.1.2
Bioreaktions- und Bioverfahrenstechnik

Typ 1: Wärmeabfuhr aus dem Bioreaktor
Stoffumwandlungen oder eben Reaktionen laufen in aller Regel isotherm, also bei konstanter Temperatur ab. Je nach Reaktionstyp, exotherm = Wärme freisetzend oder endotherm = Wärme aufnehmend, muss dem Reaktor entweder Wärme zu- oder abgeführt werden. Da aber neben der Reaktionsenthalpie (Reaktionswärme oder „Wärmetönung") auch noch andere Wärmequellen und -senken vorliegen, muss zur genauen Betrachtung eine Bilanzierung durchgeführt werden. Des Weiteren wird sich zeigen, dass aufgrund des Sachverhalts, dass der Entstehungs-/Verbrauchsort der Wärme, das Reaktionsvolumen, mit der dritten Potenz der linearen Ausdehnung eines Reaktors einhergeht und der Ort der Wärmeübergabe, die Wärmeaustauschfläche, nur mit der zweiten Potenz, ergibt sich eine Schwierigkeit, die insbesondere bei der Erfüllung von geometrischer Ähnlichkeit bei der Maßstabsvergrößerung Probleme mit der Wärmeabfuhr bereiten kann. Wie man an solche Fragestellungen herangehen kann, zeigen die Aufgaben von diesem Typ.

Beispiel: Scale-up von Flächen und Volumina

Verfahrenstechnische Abläufe, die Volumina und Flächen miteinander verknüpfen, stehen bei der Maßstabsvergrößerung unter einer besonderen Aufmerksamkeit. Um Verständnis dafür zu bekommen, soll das Verhältnis hergeleitet werden, das aussagt, dass mit zunehmendem Reaktionsvolumen die Wärmeabfuhr immer ungünstiger wird. Welche Gegenmaßnahmen sind denkbar? Geometrische Ähnlichkeit vorausgesetzt.

Lösung: Ausgehend von einer einfachen Wärmebilanzierung

$$\dot{Q}_{zu} = \dot{Q}_{ab} \tag{2.28}$$

und den dazugehörigen Gleichungen

$$\dot{Q}_{zu} = \Delta H \cdot \text{RZA} \cdot V_{R,L}$$
$$\dot{Q}_{ab} = k \cdot \Delta T_m \cdot A_M \tag{2.29}$$

kommt man unter der Voraussetzung, dass für die Reaktionswärme ΔH [kJ/kg], die Raum-Zeit-Ausbeute RZA [kg/m³/s], der Wärmedurchgangskoeffizient k [W/m²/K] und die Temperaturdifferenz ΔT_m [°C] = idem gelten, und mit den Zusammenhängen

$$V_{R,L} \propto D^3$$
$$A_M \propto D^2 \tag{2.30}$$

zu

$$\frac{A_M}{V_{R,L}} \propto \frac{D^2}{D^3} = \frac{1}{D} \tag{2.31}$$

Überträgt man nun den in Gl. (2.31) gewonnenen Zusammenhang auf zwei Maßstäbe und kennzeichnet den Produktionsmaßstab mit *, so bekommt man

$$\frac{(\dot{Q}_{zu}/\dot{Q}_{ab})^*}{(\dot{Q}_{zu}/\dot{Q}_{ab})} = \frac{D^*}{D} = \lambda \tag{2.32}$$

Gleichung 2.32 sagt aus, dass sich das Verhältnis reziprok proportional mit dem linearen Maßstabsfaktor λ – und damit die Wärmeabfuhr – verschlechtert!

Typ 2: Reaktionsvolumen

Bei der Auslegung eines Bioreaktors muss man zwei Volumina unterscheiden. Zum einen das Volumen, das bezahlt/gekauft werden muss, auch Bruttoreaktionsvolumen (vgl. Abschn. 2.1.1 Typ 8) genannt, und zum anderen das Volumen (Liquidreaktionsvolumen), das genutzt werden kann. In der Praxis kennt man dann auch noch das Nennvolumen, mit dem man in erster Näherung aber nicht viel anfangen kann, denn es kann lediglich als Namensgeber interpretiert werden, auch wenn es ursprünglich als Standardnutzvolumen gedacht war. Was an dieser Stelle von Bedeutung ist, ist einzig das Liquidreaktionsvolumen $V_{R,L}$. Mit diesem Sachverhalt setzt sich dieser Aufgabentyp auseinander.

Beispiel: Reaktionsvolumen durch Iteration
In der täglichen Praxis führen Fragestellungen häufig nicht durch lineare Zusammenhänge zur Lösung. Oft sind Wechselbetrachtungen erforderlich, um zum Ziel zu kommen. Ein Beispiel ist folgende Aufgabenstellung:

Es sollen 5000 t eines Produktes pro Jahr erzeugt werden. Es handelt sich um einen Batch-Prozess. Die Fermentationsdauer beträgt 40 [h], zur Befüllung und zur Entleerung sowie für die Sterilisation ist volumenabhängig eine Rüstzeit in Stunden von $t_R = 2{,}5\,[\text{h/m}^{0,6}] \cdot V_{R,N}^{0,2}$ ($V_{R,N}$ in m³) erforderlich, es ist also volumenabhängig. Welches Nettoreaktionsvolumen muss der Bioreaktor bekommen (Größenordnung), wenn 8000 Betriebsstunden im Jahr zur Verfügung stehen und am Ende 100 [g/L] Produkt vorliegen?

Lösung: Das Nettoreaktionsvolumen unterscheidet sich zum Liquidreaktionsvolumen lediglich durch den Aufarbeitungswirkungsgrad und den Kontaminationsfaktor. Es repräsentiert also das Mindestvolumen, das keine Aufarbeitungsverluste berücksichtigt.

Mit den gegebenen Werten kann der Einstieg mit der modifizierten Gl. (A.27) erfolgen. Man erhält

$$V_{R,N} = \frac{K \cdot (t_F + t_R)}{\text{BST} \cdot P} = \frac{5000 \cdot 10^3 \cdot \left(40 + 2{,}5 \cdot V_{R,N}^{0,2}\right)}{8000 \cdot 100} = 250 + 15{,}625 \cdot V_{R,N}^{0,2}$$

$$V_{R,N} - 250 - 15{,}625 \cdot V_{R,N}^{0,2} = 0 \Rightarrow y(x) = x - 250 - 15{,}625 \cdot x^{0,2} \qquad (2.33)$$

Es resultiert ein Polynom, das linear nicht gelöst werden kann. Die Lösung bringt nur ein Iterationsverfahren. Das kann ein einfaches „Tastverfahren" sein, indem man mit einem Startwert beginnt. Dieser muss größer als 250 [m³] sein, weil zwei Subtrahenden folgen. Ist der berechnete Wert dann null, so wäre das Ziel schon erreicht. Da dies aber nicht unbedingt zu erwarten ist, muss bei einem Wert größer null der zweite Schätzwert verkleinert werden und vice versa. Dann wiederholt man die Prozedur, bis eine zufriedenstellende Annäherung an null erreicht ist.

Etwas eleganter wäre die Newton'sche Iteration (Gl. (A.171)). Dazu interpretiert man das Polynom im Gleichungsblock (2.33) als $y(x)$ (vgl. rechter unterer Teil). Damit erhält man den Zusammenhang

$$x_{(i+1)} = x_{(i)} - \frac{y(x)}{y'(x)}$$

$$V_{R,N(i+1)} = V_{R,N(i)} - \frac{V_{R,N(i)} - 15{,}625 \cdot V_{R,N(i)}^{0,2}}{1 - 3{,}125/V_{R,N(i)}^{0,8}} \qquad (2.34)$$

Setzt man in Gl. (2.34) einen Startwert von 250 ein, ergibt sich daraus 298,9896 [m³]. Führt man die Kalkulation mit diesem Wert fort, erhält man 298,855 [m³] … Es macht nun keinen Sinn, das „Spielchen" fortzusetzen bis der eingesetzte Wert gleich dem Ergebnis ist, denn in der Praxis wird man einen Reaktor mit $V_{R,N} = 300\,[\text{m}^3]$ wählen.

Typ 3: Mischzeitbestimmung, Mischzeitcharakteristik

Eine der Basisaufgaben eines Reaktors ist die Homogenisierung, die Gleichverteilung von in sich löslichen Flüssigkeiten und gelöster Gase. Allgemein nennt man diesen Ablauf „Mischen" oder häufig auch „Rühren" [1]. Ein Maß für die Qualität hinsichtlich dieses Kriteriums ist das Erreichen einer bestimmten Mischgüte (meist 95 [%] von einer theoretisch möglichen „Endverteilung = vollkommene Durchmischung") in einer bestimmten Mischzeit. Da diese Aufgabe natürlich ebenfalls vom Leistungseintrag abhängt, sieht man diesen Aufgabentyp auch mit Typ 1 in Abschn. 2.1.1 im Zusammenhang.

Beispiel: Leistungsaufwand beim Mischen

Der Kurvenverlauf aus einem Messprotokoll liefert die Funktion $c/c_\infty = 1 - e^{-k \cdot \Theta}$ mit $k = 0{,}3\,[\mathrm{s}^{-1}]$ für das Mischzeitverhalten eines Bioreaktors. Welche spezifische Mindestleistung musste für den dargestellten Mischvorgang aufgebracht werden, wenn das Volumen 1 [m³] betrug, der Schlankheitsgrad = 2 und die Dichte $10^3\,[\mathrm{kg/m^3}]$ ist?

Lösung: Für die Berechnung des erforderlichen Mindestaufwandes kann man von dem Ansatz ausgehen, dass das zu erreichende Mischergebnis von der Umwälzhäufigkeit abhängt. Diese kann man wie folgt definieren

$$z \equiv \frac{\dot{V}_\mathrm{L}}{V_\mathrm{R,L}} \propto \frac{1}{\Theta} \tag{2.35}$$

und die Mischzeit Θ steht reziprok proportional dazu.

Bei einem Blick auf einen Rührwerksreaktor lassen sich für das Volumen und den Volumenstrom die proportionalen Zusammenhänge

$$V_\mathrm{R,L} \propto D^3$$
$$\dot{V}_\mathrm{L} \propto n \cdot D^3 \tag{2.36}$$

herstellen. Die Verknüpfung der beiden Gln. (2.35) und (2.36) bringt den proportionalen Zusammenhang

$$\Theta \propto n^{-1} \tag{2.37}$$

Die Drehzahl wiederum ist in der Leistungsberechnung verankert (vgl. Gl. (A.2)) und man erhält

$$n \propto \frac{P^{1/3}}{\rho_\mathrm{L}^{1/3} \cdot D^{5/3}} \tag{2.38}$$

Eingesetzt in Gl. (2.37) und umgestellt nach der Proportionalitätskonstanten ergibt

$$\mathrm{const.} = \frac{P \cdot \Theta^3}{\rho_\mathrm{L} \cdot D^5} \tag{2.39}$$

Meersmann [25] hat für die Proportionalitätskonstante den Wert 300 gefunden (vgl. Gl. (A.7)). Mit dieser Gleichung kann man auch in die Lösungsroutine einsteigen. Zuvor muss man aber erst die Mischzeit und den Kesseldurchmesser bestimmen. Mit dem Volumen und dem Schlankheitsgrad wird der Durchmesser zusammen mit den Gln. (A.25) und (A.26)

$$D = \sqrt[3]{\frac{4 \cdot V}{f_S \cdot \pi}} = \sqrt[3]{\frac{4 \cdot 1}{2 \cdot \pi}} = 0{,}86 \, [m] \tag{2.40}$$

Mit der gegebenen Funktion kommt man zur Mischzeit. Hierfür muss aber vorab eine Mischgüte (Grad der Durchmischung) gewählt werden. In der Praxis sind das meist 95 [%] Annäherung an die denkbar mögliche vollkommene Durchmischung

$$\Theta_{95} = -\frac{\ln(1 - 0{,}95)}{0{,}3} = 10 \, [s] \tag{2.41}$$

Damit erhält man für die erforderliche Mindestleistung

$$P_{min} = \frac{300 \cdot \rho_L \cdot D^5}{\Theta^3} = \frac{300 \cdot 10^3 \cdot 0{,}86^5}{10^3} = 141{,}15 \, [W] \tag{2.42}$$

Das entspricht einem spezifischen Wert von 0,145 [kW/m³], ein durchaus realistischer Wert für eine einfache Homogenisieraufgabe.

Typ 4: Dispergierung

Neben der Homogenisierung und der Suspendierung stellt beim Stofftransport über Phasengrenzen hinweg vor allem die Dispergierung eine wichtige Rolle. Sie hilft Phasengrenzen und Grenzschichten zwischen den unterschiedlichen Phasen zu beeinflussen und damit die Qualität der Stofftransfers zu kontrollieren. Dieser Typ Aufgabe formuliert Fragestellungen, die diesem Sachverhalt gerecht werden.

Beispiel: Spezifische Stoffaustauschfläche

Die Dispergierung von Luft als Sauerstoffträger im Bioreaktor dient der Sauerstofftransferrate (OTR). Wie hängt die Sauerstofftransferrate vom Dispergierungsgrad (Blasengröße) ab? Dazu ist der Zusammenhang zwischen Sauerstofftransferrate, dem mittleren Blasendurchmesser (Sauterdurchmesser) und dem relativen Gasgehalt OTR $= f(d_B; \varphi_G)$ herzuleiten.

Lösung: Als empfehlenswerter Einstieg in die Lösungsroutine bietet sich die Sauerstofftransferrate an. Der Zusammenhang

$$\text{OTR} \propto k_L \cdot a \propto a \tag{2.43}$$

ist hinlänglich bekannt (vgl. Gl. (A.63)). Zu $k_L \cdot a$ existieren viele empirisch gefundene Gleichungen (vgl. Gln. (A.55) bis (A.62)), doch wie gestaltet sich der Einfluss auf a alleine?

Zunächst ist a definiert als die gesamte Phasengrenze, bezogen auf das Reaktionsvolumen (Flüssigvolumen)

$$a \equiv \frac{A_{PG}}{V_{R,L}} = \frac{n \cdot A_{B,O}}{V_{R,L}} \tag{2.44}$$

Die gesamte Phasengrenze ist im Falle einer Submersbegasung die Summe aller Blasenoberflächen. Geht man von einheitlichen und runden Blasen aus, dann ist die Oberfläche einer einzigen Blase

$$A_{B,O} = d_B^2 \cdot \pi \tag{2.45}$$

Die Anzahl der Blasen berechnet sich aus dem Gas Holdup $V_{G,h}$ und dem Einzelblasenvolumen V_B

$$n = \frac{V_{G,h}}{V_B} = \frac{6 \cdot V_{G,h}}{d_B^3 \cdot \pi} \tag{2.46}$$

Jetzt fehlt nur noch ein Ausdruck für den Gas Holdup. Dazu bedient man sich üblicherweise der Definition des relativen Gasgehaltes

$$\varphi_G \equiv \frac{V_{G,h}}{V_{G,h} + V_{R,L}} \tag{2.47}$$

Damit erhält man für den Gas Holdup den Ausdruck

$$V_{G,h} = \frac{\varphi_G \cdot V_{R,L}}{(1 - \varphi_G)} \tag{2.48}$$

Setzt man nun Gl. (2.48) zusammen mit den Gln. (2.45) und (2.46) in Gl. (2.44) ein, so erhält man

$$a = \frac{6 \cdot \varphi_G \cdot V_{R,L} \cdot d_B^2 \cdot \pi}{(1 - \varphi_G) \cdot V_{R,L} \cdot d_B^3 \cdot \pi} = \frac{6 \cdot \varphi_G}{(1 - \varphi_G) \cdot d_B} \tag{2.49}$$

Damit wird aus Gl. (2.43)

$$\text{OTR} \propto \frac{\varphi_G}{(1 - \varphi_G) \cdot d_B} \tag{2.50}$$

Gleichung 2.50 informiert, dass der Stofftransport umso besser gelingt, je kleiner die Blasen dispergiert sind. Über das Koaleszenzverhalten des Mediums ist dabei noch nichts ausgesagt.

Typ 5: Abschätzung mechanischer Belastungen
Läuft eine biotechnologische Reaktion nicht so wie erhofft, so wird nicht selten der Grund in der mechanischen Belastung gesehen. Und schon ist die Stimmung im Team zwischen den Ingenieuren und den Biologen schnell abgesunken ... Was liegt mehr auf der Hand als ein Bewertungssystem zu finden, das diese Sorgen unterstreicht oder sie als unbegründet anzeigt? Ein solches Bewertungssystem geht von der „Ausbreitungstheorie mechanischer Wirbel" – hervorgerufen durch mechanische Bewegungsenergie nach Kolmogorow – aus [2]. Mit diesem Bewertungssystem beschäftigt sich dieser Typ.

Beispiel: Scherung und kritischer Leistungseintrag

Abschätzung der kritischen Energiedissipation in [kW/m³] hinsichtlich mechanischer Belastungen auf Mikroorganismen: Welche Energiedichte in [kW/m³] stellt für die folgenden Verhältnisse in einem Bioreaktor hinsichtlich mechanischer Belastungen bezüglich Reibungskräfte eine besonders kritische Situation dar und warum? Wie ist die Situation zu beurteilen?

Daten: myzelbildender Pilz mit $L_{max} = 200$ [µm]; dynamische Viskosität $\eta = 5 \cdot 10^{-3}$ [Pa s]; wässriges System mit der Dichte $\rho = 10^3$ [kg/m³].

Lösung: Für diese Fragestellung ist die Modellvorstellung, die auf der Turbulenzausbreitungstheorie nach Kolmogorow aufbaut, durchaus nützlich. Die Berechnungsgleichung für die Leistungsdichte für die Situation, dass die Zellen gleich groß wie die Kolmogorow-Wirbel (Micro-Eddies) sind, lautet

$$\varepsilon = \frac{v^3}{\eta^4} = \frac{(5 \cdot 10^{-3})^3}{(10^3)^3 \cdot (2 \cdot 10^{-4})^4} = 0{,}078 \left[\frac{W}{kg}\right] \tag{2.51}$$

Das bedeutet, dass schon ein Leistungseintrag von 0,078 [W/kg] eine mechanische Belastung darstellen kann. Das System ist also extrem scherempfindlich, denn Leistungsdichten bis 0,5 oder gar 1 [W/kg] sind für Dispergieraufgaben erforderlich!

Typ 6: Kontaminationsgeschwindigkeit

Kontaminationen kennt man in allen technischen Herstellungsprozessen. Während sie in den meisten Fällen allerdings von Anfang an stören oder nicht stören und auch konstant bleiben, ist es in biotechnologischen Prozessen heimtückischer. Denn eine zu Beginn eines Prozesses vorliegende biologische Kontamination kann sich im Laufe des Prozesses „entwickeln" und so von anfangs „nicht bemerkbar" bis hin zum „totalen Hemmnis" heranreifen! Dieser Typ soll anhand einiger Aufgabenstellungen diese Situation beleuchten.

Beispiel: Besonderheit der biologischen Kontamination

Nach welcher Zeit wäre ein 100 [m³] Bioreaktor komplett kontaminiert, wenn die Ausgangskeimzahl $N_0 = 1$ [Kontaminant] beträgt, die Zellen sich pro Stunde dreimal teilen und unlimitiertes Wachstum vorliegt ($\mu = \mu_{max}$)? Eine vollkommene Kontamination wird mit $N = 10^{10}$ [Kontaminanten/mL] vorgegeben (willkürlich).

Lösung: Es steht für diese Fragestellung Gl. (A.84) zur Verfügung. Zuvor muss aber μ_{max} bestimmt werden. Das erfolgt über die Verdoppelungszeit

$$\mu = \mu_{max} = \frac{\ln(N/N_0)}{t_D} = \frac{\ln 2}{20} \cdot 60 = 2{,}08 \, [h^{-1}] \tag{2.52}$$

Mit diesem Wert und durch Umstellung von Gl. (A.84) erhält man

$$t = \frac{\ln(N/N_0)}{\mu_{max}} = \frac{\ln(10^{10}/10^0)}{2{,}08} = 11{,}07 \, [h] \tag{2.53}$$

Nach 11 [h] wäre der Fermentationsprozess durch einen Kontaminanten völlig zerstört.

Typ 7: Aufheiz- und Abkühlzeiten-Batch
Bei der Auslegung von Sterilisationsprozessen mit der Hitzemethode, insbesondere der feuchten Hitze, sind die Einflussparameter die angestrebte Temperatur aber auch die einzuhaltende Zeit. Da es in der Praxis nun mal nicht möglich ist, das Medium spontan von der Anfangstemperatur, meist Raumtemperatur, auf die Sterilisationstemperatur zu bringen, hat man es plötzlich mit Abläufen zu tun, die differenziell zu betrachten sind, weil sich in der Aufheiz- und auch in der Abkühlphase mit der Zeit auch die Temperatur ändert. Wie sich dieser Sachverhalt auf die Bewertung und Auslegung des Sterilisationsprozesses auswirkt, soll dieser Aufgabentyp erst einmal für den diskontinuierlichen Fall zeigen.

Beispiel: Gesamtzeit einer Batch-Sterilisation
Wie lange dauert eine In-situ-Batch-Sterilisation in einem 50-m³-Bioreaktor insgesamt, wenn bei 25 [°C] der Aufheizvorgang begonnen wird, die Temperatur bei 121 [°C] 30 [min] gehalten werden soll und die Fermentationstemperatur 37 [°C] beträgt?

Der Dampf, der zum Aufheizen verwendet wird, hat eine Temperatur von 140 [°C] und das Kühlmedium von 10 [°C] (Annahme = const.). Der Wärmefluss erfolgt bei diesem Reaktor ausschließlich über den Doppelmantel ($f_S = 3$; Wärmeaustauschfläche abschätzen). Folgende Daten sind weiterhin bekannt: $c_p = 4{,}0$ [kJ/kg/K]; $k = 1000$ [W/(m² K)]; $\rho = 10^3$ [kg/m³].

Lösung: Zur ausreichend genauen Abschätzung der gefragten Zeiten reicht es, eine vereinfachte Wärmebilanz (vgl. Gl. (A.102) und (A.105)) zugrunde zu legen. Ausgehend von der Gl. (A.105) erhält man nach erfolgter Integration für die Aufheizzeit

$$t_H = \frac{m \cdot c_p}{k \cdot A_M} \cdot \ln\left(\frac{T_D - T_0}{T_D - T_S}\right) \qquad (2.54)$$

Für die Speicherung müssten eigentlich alle Massen einschließlich ihrer Wärmekapazität, die sich im Bilanzraum befinden, berücksichtigt werden, doch für die Abschätzung reicht es, sich auf das wässrige Medium zu beschränken, weil dessen Masse und auch dessen Wärmekapazität in der Regel sehr dominant sind.

Für Gl. (2.54) fehlen noch die Masse und die Mantelaustauschfläche. Für die Mediumsmasse gilt

$$m \approx m_L = \dot{V}_{R,L} \cdot \rho_L = 50 \cdot 10^3 = 5 \cdot 10^4 \text{ [kg]} \qquad (2.55)$$

Für die einen zylindrischen Körper umgebende Mantelfläche ohne den Deckel gilt

$$A_M = \frac{D^2 \cdot \pi}{4} + D \cdot \pi \cdot H \qquad (2.56)$$

In Gl. (2.56) fehlen noch die Geometrien Höhe und Durchmesser. Beide gewinnt man aus dem Volumen und dem Schlankheitsgrad

$$D = \sqrt[3]{\frac{V_{R,L} \cdot 4}{\pi \cdot f_S}} = \sqrt[3]{\frac{50 \cdot 4}{\pi \cdot 3}} = 2{,}8 \, [m] \tag{2.57}$$

$$H = \sqrt[3]{\frac{V_{R,L} \cdot f_S^2 \cdot 4}{\pi}} = \sqrt[3]{\frac{50 \cdot 9 \cdot 4}{\pi}} = 8{,}3 \, [m]$$

Damit kann man Gl. (2.56) lösen. Es gilt

$$A_M = D^2 \cdot \pi \cdot (0{,}25 + f_S) = 2{,}8^2 \cdot \pi \cdot (0{,}25 + 3) = 80 \, [m^2] \tag{2.58}$$

Mit diesen beiden Werten aus den Gln. (2.57) und (2.58) kann Gl. (2.54) gelöst werden

$$t_H = \frac{50 \cdot 10^4 \cdot 4}{1000 \cdot 80} \cdot \ln\left(\frac{140 - 25}{140 - 121}\right) \cdot \left[\frac{10^3}{60}\right] = 75 \, [min] \tag{2.59}$$

Derselbe Rechenvorgang kann nun auch für die Abkühlzeit angewandt werden. Jetzt ist es aber etwas schwieriger, denn im Gegensatz zum Aufheizvorgang bei konstanter Heiztemperatur T_D ist nun die Kühltemperatur T_{KW} weder zeitlich noch örtlich konstant. Um dennoch die vereinfachte Gleichung anwenden zu können, muss jetzt eine zeitlich und örtlich gemittelte Temperatur gefunden werden (vgl. [2]). Die zuständige Temperaturdifferenz gemäß Gl. (A.69) wäre

$$\Delta T(t) = \left[\left(T(t) - T_{KW}^\alpha\right) - \left(T(t) - T_{KW}^\omega(t)\right)\right] \tag{2.60}$$

oder die logarithmische Form

$$\Delta T(t) = \frac{\left(T(t) - T_{KW}^\alpha\right) + \left(T(t) - T_{KW}^\omega(t)\right)}{\ln\left(T(t) - T_{KW}^\alpha\right)/\left(T(t) - T_{KW}^\omega(t)\right)} \tag{2.61}$$

Die Kühlwasserauslauftemperatur kann mit der Zulauftemperatur und auch mit dem Massenstrom des Kühlmediums gesteuert werden. Insgesamt führt diese Betrachtung zu einem recht komplizierten Gleichungssystem.

An dieser Stelle soll es reichen, sich mit einem „fiktiven", konstanten über Zeit und Ort gemittelten Wert zu begnügen. Wie vorgegeben sei dieser Wert $T_{KW} = 10$ [°C]. Damit kann die Abkühlzeit abgeschätzt werden

$$t_K = \frac{m \cdot c_p}{k \cdot A_M} \cdot \ln\left(\frac{T_S - T_{KW}}{T_F - T_{KW}}\right) = \frac{50\,000 \cdot 4}{1000 \cdot 80} \cdot \left[\frac{10^3}{60}\right] \cdot \ln\left(\frac{121 - 10}{37 - 10}\right) = 59 \, [min] \tag{2.62}$$

Das ergibt in der Summe zusammen mit der Sterilisationszeit einen Wert von

$$t_\Sigma = 75 + 30 + 59 = 164 \, [min] \,\hat{=}\, 2{,}73 \, [h] \tag{2.63}$$

Fast 3 h für eine Operation, die für die Produktivität direkt nichts beiträgt, erscheint etwas lange und sollte optimiert werden. Eine Möglichkeit wäre der Einsatz einer Durchflusssterilisation (vgl. Abschn. 1.3.5 und 3.4.3 bis 3.4.5).

Typ 8: Aufheizzeit (Abkühlzeit) kontinuierlich
Der in Aufgabentyp 7 beschriebene Sachverhalt gilt auch hier. Die Betrachtung muss nun aber auch auf eine kontinuierliche Betriebsweise ausgedehnt werden. Das geschieht mit diesem Typ.

Beispiel: Zeiten einer kontinuierlichen Sterilisationsanlage (KONTISTER)
Es gibt verschiedene Konzepte für eine Durchflusssterilisationsanlage, die sich im Wesentlichen im Wärmeaustauschertyp unterscheiden. In dieser Fragestellung sollen Unterschiede im Betriebsverhalten eines Einzelrohres und eines Rohrbündels betrachtet werden. Eine steriltechnische Bewertung findet hier nicht statt.

Die Fragestellung lautet: Wie verhält sich in einer kontinuierlichen Sterilisationsanlage die Aufheiz- bzw. die Abkühlzeit am Einzelrohr im Vergleich zum Rohrbündel mit 50 Rohren bei gleicher Durchströmungsgeschwindigkeit und gleicher Wärmerückgewinnung im Gegenstrom?

Lösung: Zunächst sollten die Zusammenhänge für den Volumenstrom, die Strömungsgeschwindigkeit und den Wärmetransfer der beiden Systeme zusammengestellt werden. Mit den Randbedingungen

- gleicher Volumendurchsatz in beiden Systemen,
- gleiche Reynolds-Zahl um gleiche Turbulenz zu haben,
- gleiche Wärmeaustauschfläche,
- für kleinen k-Wert gleicher Wärmefluss

ergeben die Bedingungen (Gleichungsblock (2.64))

$$\dot{V}_1 = \dot{V}_{50} \cdot n$$
$$w_1 = w_{50} \qquad (2.64)$$
$$\dot{Q}_1 = \dot{Q}_{50} \cdot n$$

Gegenstromfahrweise bedeutet, dass sich jeweils der Eintritt des einen Stromes mit dem Austritt des anderen Stromes gegenüberstehen.

Für die Zeiten setzt man in diesem Fall die beiden mittleren hydrodynamischen Verweilzeiten ein. Für das Verhältnis der beiden Zeiten gilt

$$\frac{\tau_1}{\tau_{50}} = \frac{V_1 \cdot \dot{V}/n}{\dot{V} \cdot V_{50}} = \frac{d_1^2 \cdot \pi \cdot L_1 \cdot \dot{V} \cdot 4}{4 \cdot \dot{V} \cdot n \cdot d_{50}^2 \cdot \pi \cdot L_{50}} = \frac{1}{n} \cdot \left(\frac{d_1}{d_{50}}\right)^2 \cdot \left(\frac{L_1}{L}\right) \qquad (2.65)$$

Mit den beiden ersten Gleichungen aus dem Gleichungsblock (2.64) lässt sich folgender Block formulieren

$$A_1 = n \cdot A_{50}$$
$$d_1 \cdot \pi \cdot L_1 = n \cdot d_{50} \cdot \pi \cdot L_{50}$$
$$\frac{L_1}{L_{50}} = n \cdot \frac{d_1}{d_{50}} \qquad (2.66)$$
$$\frac{\tau_1}{\tau_{50}} = \frac{1}{n} \cdot \left(\frac{d_1}{d_{50}}\right)^2 \cdot n \cdot \left(\frac{d_{50}}{d_1}\right) = \frac{d_1}{d_{50}} = \sqrt{n}$$

Aus rein konstruktiven Gründen ist die Wärmeaustauschzeit im Rohrbündel um den Faktor $\sqrt{n}^{-1} = \sqrt{50}^{-1} = 0{,}14$ kürzer. Also ergibt sich daraus ein Vorteil für den Prozess.

Typ 9: Stofftransport/Stoffbilanz/Sorptionscharakteristik
Eine laufende Stoffumsetzung erfordert auch den dafür notwendigen Stoffnachschub, sofern dieser nicht stets, wie bei der homogenen Katalyse, „greifbar" ist. Eine heterogene Katalyse, zu der die biochemische Reaktion mit Zellen oder auch Enzymen einzuordnen ist, ist auf einen funktionierenden Stofftransport angewiesen. Diese Situation in Verbindung mit Stoffbilanzierungen und auch der Sorptionscharakteristik behandelt dieser Aufgabentyp.

Beispiel: Zweifilmtheorie
Zur Phasengrenze hin wurde gasseitig ein Mengenstrom (Teilchen) von $5 \cdot 10^{-5}$ [mol/(s m³)] gemessen. Mithilfe der Zweifilmtheorie soll die Konzentration der Komponente i in der Flüssigkeit bestimmt werden.

Folgende Daten sind bekannt: $R = 8{,}314$ [J/(mol K)]; $T = 25$ [°C]; $k_{i,l} \cdot a = 10^{-4}$ [s^{-1}]; $H = 1000$ [bar · L/mol]; $p^*_{i,g} = 2$ [bar].

Lösung: Da der Partialdruck der Komponente i an der Phasengrenze schon gegeben ist, kann direkt die Sättigungskonzentration über das Henry'sche Gesetz bestimmt werden. Es gilt also

$$c^*_{i,l} = \frac{p^*_{i,g}}{H_i} = \frac{20}{1000} \cdot 1000 = 2{,}0 \left[\frac{\text{mol}}{\text{m}^3}\right] \tag{2.67}$$

Für den gegebenen Molenstrom der Komponente i kann formuliert werden

$$\dot{n}_i = 5 \cdot 10^{-5} = k_{i,l} \cdot a \cdot \left(c^*_{i,l} - c_{i,l}\right) \tag{2.68}$$

Darin steckt nun schon die gesuchte Größe und kann danach aufgelöst werden

$$c_{i,l} = \frac{k_{i,l} \cdot a \cdot c^*_{i,l} - \dot{n}_i}{k_{i,l} \cdot a} = \frac{2 \cdot 10^{-4} - 5 \cdot 10^{-5}}{10^{-4}} = 1{,}5 \left[\frac{\text{mol}}{\text{m}^3}\right] \tag{2.69}$$

Die Konzentration stellt sich im Steady State bei 1,5 [mol/m³] ein.

Typ 10: Erweiterte Leistungsberechnung
Wie in Abschn. 2.1.1 Typ 1 wird in diesem Aufgabentyp ebenfalls der Leistungseintrag in den Mittelpunkt gestellt. Es werden Aufgaben in erweiterter Fassung mit mehr detaillierterem Einblick in das Geschehen bearbeitet.

Beispiel: Herleitung der Newton-Zahl
Es soll die Leistungsberechnung eines Rührwerkes hergeleitet werden. Man kann das Rührwerk als Pumporgan betrachten.

Lösung: Bei genauerem Hinsehen bewegt ein Rührwerk die Flüssigkeit, die es umgibt, durch den Reaktor, wie es eine Pumpe auch tut. Es fließt demnach ein Volumenstrom, dem sich natürlicherweise Widerstände entgegenstellen, die sich als Druckverlust äußern. Damit gilt

$$P_R = \dot{V}_L \cdot \Delta p \tag{2.70}$$

In Gl. (2.59) ist weder der Volumenstrom noch der Druckverlust so ohne Weiteres messbar. Also bedient man sich am besten einer Dimensionsbetrachtung für diese Größen, um zu einem proportionalen Zusammenhang zu gelangen. Dazu steht zu Beginn die Frage, welche Größen im Rührwerkreaktor den Volumenstrom bzw. den Druckverlust bewirken. Da stechen sofort der Rührerdurchmesser und die Drehzahl ins Auge, denn je größer das Rührwerk und je höher die Drehzahl ist, desto größer wird auch der Volumenstrom und damit auch der Druckverlust sein. Oder extrem gedacht: Dreht sich das Rührwerk nicht und ist der Durchmesser auch noch null (also nicht vorhanden), dann wird auch keine Bewegung des Mediums stattfinden. Aus diesen Überlegungen resultiert folgender Gleichungsblock

$$\begin{aligned}\dot{V}_L &\propto n \cdot d_R^3 \\ \Delta p &\propto \rho_L \cdot (n \cdot d_R)^2 \\ P &\propto \rho_L \cdot n^3 \cdot d_R^5 \end{aligned} \tag{2.71}$$

Es fehlt noch die Verbindung der beiden Ausdrücke in Gl. (2.60), unterer Teil. In der Rührtechnik bezeichnet man dieses Verbindungselement Rührerkennzahl oder auch bekannt als Newton-Zahl. Die Definition lautet somit

$$Ne \equiv \frac{P}{\rho_L \cdot n^3 \cdot d_R^5} \tag{2.72}$$

Die Newton-Zahl gibt auch Auskunft über das „Wesen" eines Rührwerkes (alle Einbauten inklusive). Hohe Newton-Zahlen (z. B. 4–6 für einen einstufigen Scheibenrührer, Rushton-Turbine) weisen einen guten Dispergierer aus und niedrige (z. B. 0,1–0,5 für einen einstufigen Propellerrührer) einen guten Mischer, weil er gut fördert (umwälzt).

Typ 11: Umsatzberechnung bei verschiedener Betriebsweise
Einsatzstoffe, in der Fermentationstechnologie auch Substrate genannt, werden umgesetzt bzw. abgebaut. Das kann zum einen erkennbar stöchiometrisch, wie in chemischen Reaktionen üblich, zum anderen mit einem Hilfsstoff unterstützend ablaufen. Wünschenswert wäre natürlich, dass die Einsatzstoffe auch komplett abgebaut bzw. verbraucht werden, denn verbleibende Stoffe verursachen unnütze Beschaffungskosten und Aufarbeitungskosten. Die Fahrweise einer Reaktion spielt dabei eine wesentliche Rolle. Umsatz und Verfahrensführung sind das Thema dieses Aufgabentyps. Voraussetzung dafür sind auch Bilanzgleichungen. Im Gleichungsblock A.4 und A.5 in der Formelsammlung findet man die dazu erforderlichen Ansätze.

Beispiel: Beispiel einer Bilanzgleichung
Der häufigste Fall in der Biotechnologie ist der Batch-Prozess. Dafür soll eine Bilanz für ein Substrat S und die Biomasse X aufgestellt werden.

Lösung: Ein klassischer Batch-Prozess verfügt weder über einen Zu- noch über einen Ablauf. Des Weiteren sei der Reaktor vollkommen durchmischt, also absolut homogen. Damit gilt für die Biomasse unter Einbezug von Wachstums- (μ) und Sterberate (d_x)

$$\frac{dX}{dt} = \mu \cdot X - d_x \cdot X = (\mu - d_x) \cdot X \tag{2.73}$$

Der Verbrauch an Substrat geht häufig mit dem Biomassewachstum einher. Diesen Sachverhalt drückt man meist mit dem Ausbeutekoeffizienten $Y_{X/S}$ (vgl. Gl. (A.118)) aus. Wenn man dann noch beispielhaft einen Anteil für Maintenance (Erhaltungsstoffwechsel) hinzunimmt, kommt man zu folgender Beziehung:

$$\frac{dS}{dt} = -\frac{\mu \cdot X}{Y_{X/S}} - k_{\text{main}} \cdot X \tag{2.74}$$

Die Wachstumsrate μ enthält noch sämtliche Effekte wie Substratlimitierung, Substratinhibierung und eventuell Fremdinhibierung durch einen Inhibitor. Beschrieben kann diese Situation durch die Monod-Kinetik und erweiterte Kinetiken für die verschiedenen Hemmtypen (vgl. Gleichungsblock A.9).

Typ 12: Gas Holdup
Wird zum Zweck der Stoffversorgung einer Reaktion ein Stoff aus einer Gasphase benötigt, so muss die Gasphase möglichst wirkungsvoll im Reaktionsgemisch verteilt werden. Dazu muss sie dispergiert und dann auch homogenisiert werden. Diese dann verteilte Gasphase tritt in Form von Blasen auf und beansprucht ein bestimmtes Volumen innerhalb des Reaktionsgemisches und zählt dabei nicht zum direkten Reaktionsvolumen. Dieses beanspruchte Gasvolumen nennt man Gas Holdup. Da es einen beträchtlichen Anteil beansprucht, muss es bei der Reaktorauslegung berücksichtigt werden. Dieser Aufgabentyp nimmt sich diesem Problem an.

Beispiel: Volumenausdehnung bei Begasung
Ein Bioreaktor mit einem Flüssigreaktionsvolumen von 50 [m³] und einem Schlankheitsgrad von 2,0 soll mit einer Begasungsrate von 0,5 [vvm] begast werden. Die Dispergierung erfordert einen hohen Aufwand und bedarf dazu einer Leistungsdichte von 1,0 [W/L]. Die Dichte des Mediums beträgt 1,3 [kg/L], und es liegt eine hohe Koaleszenzhemmung vor. Von Interesse wäre es nun, die Ausdehnung in Prozent zur Flüssigkeitssäule zu erfahren.

Lösung: Bildlich kann man sich vorstellen, dass sich der Gas Holdup als Ausdehnung ΔH über die Flüssigkeitssäule setzt. Damit kann man den Gas Holdup wie folgt definieren

$$V_{G,h} = \Delta H \cdot \frac{D^2 \cdot \pi}{4} \tag{2.75}$$

Mit der Definitionsgleichung (2.47) für den relativen Gasgehalt kann man die Gl. (2.48) für den Gas Holdup finden. Stellt man nun Gl. (2.64) nach der Ausdehnung ΔH um und ersetzt den Gas Holdup durch Gl. (2.48), so erhält man

$$\Delta H = \frac{4 \cdot \varphi_G \cdot V_{R,L}}{D^2 \cdot \pi \cdot (1 - \varphi_G)} \tag{2.76}$$

Für den relativen Gasgehalt existieren in der Literatur eine Reihe von empirischen Gleichungen [1]. Ein recht handliche Version, die allerdings dimensionsbehaftet ist, berücksichtigt die Leistungsdichte [W/kg]

$$\varepsilon_{R,b} = \frac{P_{R,b}}{V_{R,L} \cdot \rho_L} = \frac{1,0}{1,3} = 0,77 \,[\text{W/kg}] \tag{2.77}$$

die Gasleerrohrgeschwindigkeit [m/s]

$$u_G = \frac{q}{60} \cdot \sqrt[3]{\frac{V_{R,L} \cdot f_S^2 \cdot 4}{\pi}} = \frac{0,5}{60} \cdot \sqrt[3]{\frac{50 \cdot 9 \cdot 4}{\pi}} = 0,069 \,[\text{m/s}] \tag{2.78}$$

und einen Koaleszenzfaktor [ohne Einheit]. Der Koaleszenzfaktor muss aus gemachten Erfahrungen gewonnen werden. Ein stark koaleszierendes System kann den Wert 1,35 bekommen [1]. Damit erhält man

$$\varphi_G = \sqrt{\varepsilon^{0,5} \cdot u_G} \cdot f_{KZ} = \sqrt{0,77^{0,5} \cdot 0,069} \cdot 1,35 = 0,332 \tag{2.79}$$

Man benötigt noch den Durchmesser

$$D^2 = \left[\frac{50 \cdot 4}{3,0 \cdot \pi}\right]^{2/3} = 7,67 \,[\text{m}^2] \tag{2.80}$$

und kann dann Gl. (2.65) lösen

$$\Delta H = \frac{4 \cdot 0,332 \cdot 50}{7,67 \cdot \pi \cdot (1 - 0,332)} = 4,13 \,[\text{m}] \tag{2.81}$$

Mit dem Schlankheitsgrad erhält man

$$H = D \cdot f_S = 7,67^{1/2} \cdot 3,0 = 8,31 \,[\text{m}] \tag{2.82}$$

und damit die Ausdehnung in Prozent:

$$\Delta H \,[\%] = \frac{\Delta H}{H} \cdot 100 = \frac{4,13}{8,3} \cdot 100 = 49,73 \,[\%] \tag{2.83}$$

Tatsächlich eine gewaltige Ausdehnung! Aber ein Fall, der wieder einmal veranschaulicht, dass vor allem in großen Reaktoren Überraschungen lauern!

Typ 13: Überflutung

Stofftransport aus einer Gasphase in eine Flüssigphase erfordert die Dispergierung, die Zerteilung eines Gasstroms in möglichst feine (kleine) Blasen. Geschieht dies, wie in der Praxis meist üblich, mithilfe eines Rührwerks, so muss darauf geachtet werden, dass das Rührwerk den Gasstrom verkraftet, also verarbeiten kann. Das bedeutet, dass der Gasstrom mit der eingestellten Drehzahl (erforderlicher Leistungseintrag) und den Geometrien abgestimmt werden muss. Ist das System überfordert, so liegt man am oder unter dem Überflutungspunkt. Das bedeutet, dass das zugeführte Gas nicht mehr effektiv verarbeitet werden kann.

Beispiel: Mindestdrehzahl eines begasten Rührers

Ein Bioreaktor mit 50 [m^3] Flüssigkeitsvolumen, einem Schlankheitsgrad von 2,5, einem Rührer-Durchmesser-Verhältnis von 0,4 soll mit 0,8 [vvm] begast werden. Damit das Rührwerk auch effektiv arbeiten kann, muss die Mindestdrehzahl abgeschätzt werden. Die Faktoren für einen empirischen Ansatz sind $k = 20$, $\alpha = 1,5$ und $\beta = 2,5$ (vgl. Gl. (A.45)).

Lösung: Dazu bedient man sich der Überflutungskennzahl (vgl. Gln. (A.44) und (A.45))

$$Q \equiv \frac{q \cdot V_{R,L}}{n_{\ddot{u}} \cdot d_R^3} = k \cdot \text{Fr}^\alpha \cdot f_R^\beta \tag{2.84}$$

wo auch schon ein empirischer Ansatz gezeigt ist [1].

Die Froude-Zahl stellt das Verhältnis von Trägheitskräften zu Gewichtskräften (Erdbeschleunigung) dar. Für ein Rührwerk ist die Definition

$$\text{Fr} \equiv \frac{n_{\ddot{u}}^2 \cdot d_R}{g} \tag{2.85}$$

Die gesuchte Größe steckt nun in beiden Gleichungen, was noch fehlt ist lediglich der Rührerdurchmesser. Diesen erhält man über die geometrischen Faktoren f_S und f_R

$$d_R = f_R \cdot D = 0,4 \cdot \sqrt[3]{\frac{50 \cdot 4}{2,5 \cdot \pi}} = 1,18 \, [\text{m}] \tag{2.86}$$

Diesen Wert in Gl. (2.72) eingesetzt und die Drehzahl aus der Froude-Zahl ausgelagert ergibt

$$\frac{0,8 \cdot 520}{n_{\ddot{u}} \cdot 1,18^3} = 20 \cdot \left(\frac{1,18}{g}\right)^{1,5} \cdot 0,4^{2,5} \cdot n_{\ddot{u}}^3$$

$$n_{\ddot{u}} = \left(\frac{0,8 \cdot 50 \cdot 60^3}{0,0844 \cdot 1,18^3}\right)^{1/4} = 88,85 \, [\text{upm}] \tag{2.87}$$

Die Drehzahl des Rührwerks sollte merklich höher als 90 [upm] eingestellt werden, um sicherzustellen, dass man weit genug vom Überflutungspunkt entfernt ist.

Tab. 2.1 Wertetabelle für eine Hitzeinaktivierung bei 120 und 140 [°C] einer Monokultur inklusive der Ergebnisse.

t [s]	T [°C]	N/N_0	Ergebnisse
0	120	1,00	$k(120) = -7,4 \cdot 10^{-3}$ [s^{-1}]
100	120	0,44	$k(150) = -17,2 \cdot 10^{-3}$ [s^{-1}]
200	120	0,20	$E_a = 38\,240$ [J/mol]
300	120	0,11	$k_0 = -907$ [s^{-1}]
400	120	0,05	$\ln(N_0/N) = S = 907 \cdot \exp\left(-\dfrac{38\,240}{8{,}314 \cdot T}\right) \cdot t$
0	150	1,00	
100	150	0,18	Zu ermitteln sind die kinetischen Daten zur
200	150	0,03	Beschreibung der Inaktivierungskinetiken
300	150	0,006	
400	150	0,001	

Typ 14: Reaktionskinetische Daten einer Mono- und Mischkultur

Unter reaktionstechnischen Daten werden zunächst die Werte für Inaktivierungsvorgänge betrachtet und dabei auch Mono- und Mischkulturen aus Sicht der Sterilisationsaufgabe unterschieden. Anhand dieses Beispiels wird die Reaktionstechnik, besser die Reaktionskinetik hinsichtlich möglichst hoher Umsätze, behandelt. Das ist Thema dieses Aufgabentyps. Aus reaktionstechnischer Sicht wird mit diesem Typ der Fall eines sehr hohen, angestrebten 100 %-igen Umsatzes beschrieben.

Beispiele: Grafische Auswertung von Sterilisationskinetiken

Für die gegebenen Auswertetabellen der Sterilisation einer Monokultur sowie einer Mischkultur (hier idealisiert dargestellt) sollen grafisch die Daten für die Reaktionskinetik ermittelt werden.

1. Die Inaktivierungsversuche eines rekombinanten Bakteriums ergeben Werte, die in Tab. 2.1 dargestellt sind. Aufgrund der Annahme, dass sich für Monokulturen in der Darstellung $\ln(N/N_0)$ über der Zeit eine Gerade ergibt, kann man aus der Steigung der aufgestellten Formel die beiden Reaktionsgeschwindigkeitskonstanten $k(120)$ und $k(150)$ (vgl. Gln. (A.86), (A.87), (A.88)) ablesen. Die Werte sind in Tab. 2.1 eingetragen. Die Aktivierungsenergie berechnet man nach Gl. (A.91).
2. Ermittlung der kinetischen Daten zur Beschreibung der Inaktivierungskinetik einer Hitzesterilisation für eine Mischkultur: Die Inaktivierung soll in einem Diagramm dargestellt werden. Die Sterilisationsuntersuchungen eines komplexen Nährmediums (Maisquellwasser) ergeben Werte, die in Tab. 2.2 dargestellt sind.

Die grafische Auswertung ist in Abb. 2.1 dargestellt.

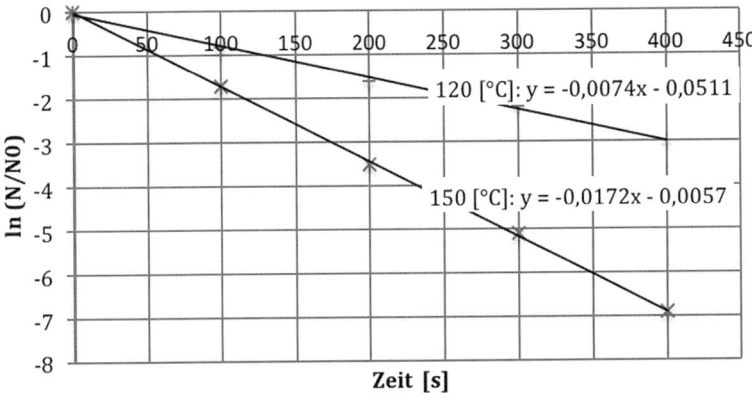

Abb. 2.1 Die Darstellung einer Monokulturkinetik muss im ln(N/N_0)-Zeit-Diagramm Geraden ergeben. Gezeigt ist die Gerade für 120 und 150 [°C] sowie die dazugehörigen Gleichungen.

Tab. 2.2 Wertetabelle für eine Hitzeinaktivierung bei 110 und 140 [°C] einer Mischkultur inklusive der Ergebnisse für beiden Gruppen.

t [s]	T [°C]	N/N_0	Ergebnisse
0	110	1,00	$k'(110) = -2,1 \cdot 10^{-3}$ [s^{-1}]
100	110	0,5	$k'(140) = -3,92 \cdot 10^{-3}$ [s^{-1}]
200	110	0,22	$E'_a = 27\,360$ [J/mol]
400	110	0,05	$k'_0 = -11,3$ [s^{-1}]
600	110	0,03	
800	110	0,02	$k''(110) = -7,5 \cdot 10^{-3}$ [s^{-1}]
1000	110	0,015	$k''(140) = -11,0 \cdot 10^{-3}$ [s^{-1}]
1200	110	0,01	$E''_a = 17\,377$ [J/mol]
0	140	1,00	$k''_0 = -1,75$ [s^{-1}]
100	140	0,3	
200	140	0,1	
400	140	0,025	
600	140	0,0082	
800	140	0,0045	
1000	140	0,002	
1200	140	0,001	

Die grafische Auswertung in diesem Fall ist in Abb. 2.2 dargestellt.

Die Verläufe der Messpunkte in Abb. 2.2 ergeben nicht den für Monokulturen gewohnten Verlauf einer Gerade, sondern Kurven.

Die Auswertung erfolgt aber auch in diesem Fall nach demselben Muster (vgl. Gln. (A.86) bis (A.88)). Allerdings werden die Punkte in zwei Gruppen unterteilt

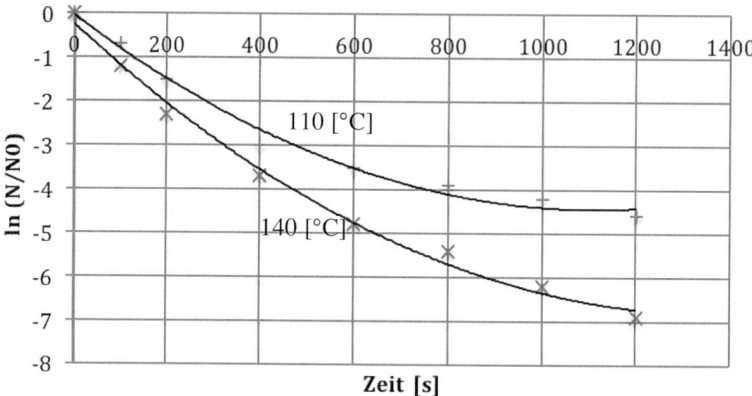

Abb. 2.2 Darstellung einer Hitzesterilisation einer Mischkultur bei 110 und 140 [°C]. Im Gegensatz zur Monokultur erhält man hier keine Geraden, sondern Kurvenverläufe. Man muss die Messpunkte in zwei Gruppen unterteilen (vgl. Abb. 2.3).

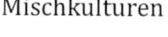
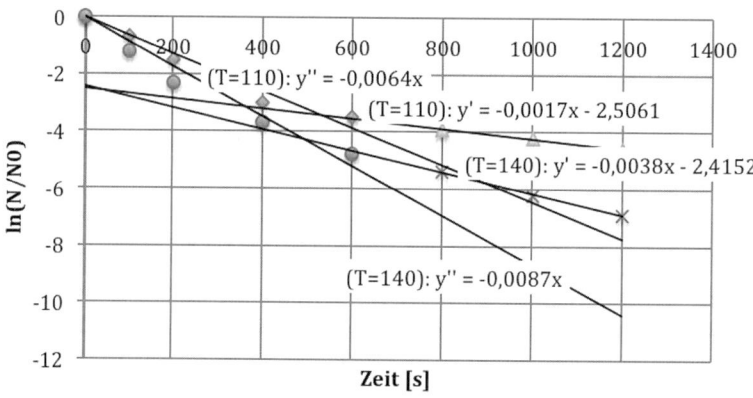

Abb. 2.3 Darstellung einer Hitzesterilisation einer Mischkultur bei 110 und 140 [°C]. In diesem Diagramm sind die Messpunkte in LABIS und RESIS unterteilt. Die Kennzeichnung erfolgte nach gemachter Vereinbarung; $y' = $ RESIS; $y'' = $ LABIS.

und für beide Gruppen wieder angenommen, dass sie in der Darstellung $\ln(N/N_0)$ über der Zeit eine Gerade ergeben Die Werte sind in Tab. 2.2 gezeigt. Die Aktivierungsenergie berechnet man wieder nach Gl. (A.91).

Tatsächlich ist das eine etwas „altertümliche" Art eines Lösungsweges, aber er verlangt das detaillierte Verständnis zur Sache und hilft dann auch im Umgang mit moderneren Lösungsroutinen (z. B. in Tabellenkalkulationsprogrammen).

Typ 15: Mediumskriterium

Im Gegensatz zur Inaktivierung mit möglichst 100 [%] Umsatz kommt es beim Mediumskriterium auf einen möglichst niedrigen Umsatz an, denn jeder Verlust verdirbt die wirtschaftliche Situation des Prozesses. In diesem Typ wird diese Situation diskutiert. Es handelt sich aus reaktionstechnischer Sicht um einen Vertreter mit sehr geringen Umsätzen, möglichst 0 [%].

Beispiel: Milchbehandlung, Thiaminschädigung

Bei der Hitzebehandlung von Vollmilch zum Zwecke der Sterilisation kommt es wie bei der Sterilisation von Nährmedien neben dem Keimabtötungseffekt auch zu nachteiligen Effekten. Ein Nachteil besteht darin, dass es zu Thiaminverlusten kommt. Thiamin ist Vitamin B1, greift in den Stoffwechsel von Aminosäuren, Fetten und Kohlenhydraten ein und ein Mangel an Vitamin B1 führt zu Schäden am Nervensystem sowie an Zellen des Herzmuskels. Das Vorkommen in der Milch ist dadurch sehr wertvoll, und es sollte durch eine falsche Hitzebehandlung nicht verloren gehen. Untersuchungen [18] zum Thiamingehalt in Vollmilch in Abhängigkeit der Sterilisationsbedingungen sind in Tab. 2.3 mit

$$C = \frac{c_t}{c_0} = \frac{\text{Gehalt nach dem Erhitzen}}{\text{Gehalt zur Zeit 0}} \qquad (2.88)$$

dargestellt.

Es sollen die Reaktionsordnung und die kinetischen Daten für die Thiaminschädigung ermittelt und das Ergebnis durch die M%-Gleichung ausgedrückt werden. Eine Umformung dieser Gleichung ist erwünscht, um sie für die Darstellung im Sterilisationsarbeitsdiagramm verwenden zu können.

Lösung: Zur Findung der zugehörigen Reaktionsordnung werden die Messergebnisse in vier verschiedenen Diagrammen dargestellt (Abb. 2.4a–d).

Wie den vier Diagrammen zu entnehmen ist, weisen die Geraden 2. Ordnung den deutlich günstigsten Korrelationskoeffizienten aus. Insbesondere bei den höheren Temperaturen ist das deutlich geworden. Demnach handelt es sich um eine Abbaureaktion 2. Ordnung [18]. Damit können die kinetischen Daten aus Diagramm (c) in Abb. 2.4 ermittelt werden.

Mit dieser Erkenntnis kann man nun die Reaktionsgeschwindigkeitskonstanten in Analogie zu Gl. (A.90) ermitteln

$$\begin{aligned} k_2(120) &= \frac{1-2{,}5}{0-5000} = 3{,}014 \cdot 10^{-4}\,[\text{s}^{-1}] \\ k_2(130) &= \frac{1-5{,}2}{0-5000} = 8{,}28 \cdot 10^{-4}\,[\text{s}^{-1}] \\ k_2(140) &= \frac{1-5{,}6}{0-3000} = 1{,}385 \cdot 10^{-3}\,[\text{s}^{-1}] \end{aligned} \qquad (2.89)$$

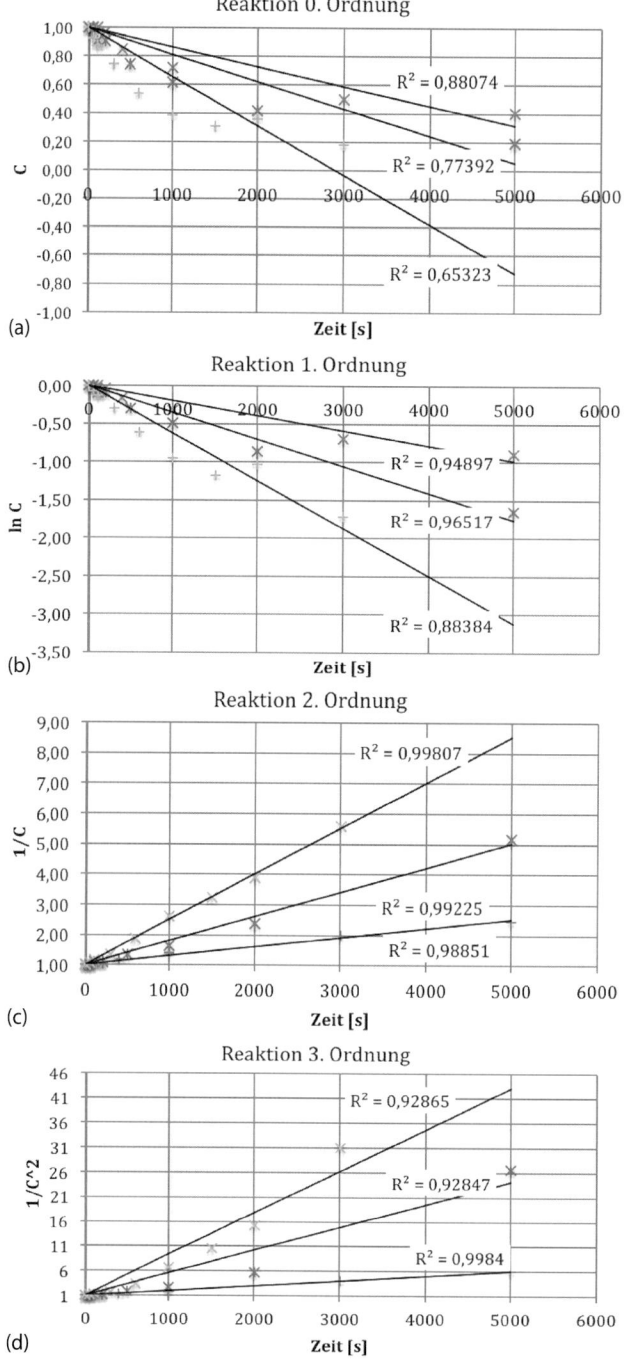

Abb. 2.4 Darstellung des Thiaminabbaus in Milch während der Sterilisation bei 120 [°C].

Tab. 2.3 Abhängigkeit des Thiamingehaltes von den Sterilisationsbedingungen.

Zeit [s]	Temperatur [°C]	C	ln C	1/C	1/C²
0	–	1,000	0,000	1,000	1,000
50	120	1,000	0,000	1,000	1,000
100	120	1,000	0,000	1,000	1,000
200	120	0,968	−0,033	1,032	1,060
400	120	0,843	−0,17	1,185	1,400
1000	120	0,718	−0,33	1,391	1,930
3000	120	0,500	−0,693	2,000	4,000
5000	120	0,406	−0,9	2,461	6,050
0	–	1,000	0,000	1,000	1,000
20	130	1,000	0,000	1,000	1,000
50	130	1,000	0,000	1,000	1,000
100	130	0,903	−0,1	1,107	1,220
200	130	0,903	−0,1	1,107	1,220
500	130	0,741	−0,3	1,347	1,810
1000	130	0,612	−0,491	1,631	2,660
2000	130	0,419	−0,87	2,384	5,680
5000	130	0,193	−1,65	5,166	26,690
0	140	1,000	0,000	1,000	1,000
50	140	0,923	−0,08	1,083	1,170
100	140	0,871	−0,14	1,147	1,310
300	140	0,743	−0,30	1,344	1,800
600	140	0,538	−0,62	1,857	3,440
1000	140	0,384	−0,96	2,600	6,760
1500	140	0,307	−1,18	3,250	10,560
2000	140	0,356	−1,03	3,900	15,210
3000	140	0,179	−1,72	5,571	31,040

Gleichung (A.91) benutzt man, um die Aktivierungsenergie zu bestimmen

$$E_a = \frac{8{,}314 \cdot \ln(3{,}02/15{,}85)}{1/413 - 1/393} = \frac{8{,}314 \cdot \ln(3{,}02/8{,}28)}{1/403 - 1/393}$$

$$= 102\,000 \left[\frac{J}{mol}\right] \tag{2.90}$$

und letztendlich die Arrhenius-Konstante

$$k_0 = \frac{3{,}02 \cdot 10^{-4}}{\exp(-102\,000/(8{,}314 \cdot 393))}$$

$$= \frac{8{,}3 \cdot 10^{-4}}{\exp(-102\,000/(8{,}314 \cdot 403))} = 1{,}1 \cdot 10^{10} \, [s^{-1}] \tag{2.91}$$

Für die Anwendung im Sterilisationsarbeitsdiagramm muss für die Mediumskinetik von einer Reaktion 2. Ordnung ausgegangen werden. Man erhält

$$M\% = 100 \cdot \left(1 - \frac{1}{1 + k(T_S) \cdot t_S}\right) \tag{2.92}$$

wobei die Reaktionsgeschwindigkeitskonstante bei der Sterilisationstemperatur gemäß

$$k(T_S) = 1{,}1 \cdot 10^{10} \cdot \exp\left(-\frac{102\,000}{R \cdot T_S}\right) \tag{2.93}$$

berechnet wird.

Typ 16: Sterilisationsarbeitsdiagramm (SAD)
Die Problematiken aus Typ 14 und 15 werden in diesem Typ zusammengefasst. In seiner ursprünglichen Form bediente sich dieser Typ einer grafischen Darstellung. Dies soll auch noch weiterhin beibehalten und durch zusätzliche Betrachtungsweisen erweitert werden.

Beispiel: Sterilisationsarbeitsdiagramm
Aufgabe: Es soll ein SAD für das System *Bacillus subtilis* und Thiamin erstellt werden. Die kinetischen Daten können aus Tab. 1.2 Abschn. 1.3.2 sowie aus Typ 14b entnommen werden.

Lösung: Es werden sowohl für verschiedene Sterilisationskriterien (S), z. B. S10, S25, S50, S75, als auch für verschiedene Mediumskriterien $M\%$, z. B. 1, 10, 25, 50 [%], die dazugehörigen Zeiten (in $\ln t$ [ln Zeit]) nach den Gln. (1.33) bis (1.37) in Abschn. 1.3.4.1 berechnet und in das Diagramm $\ln t$ [Zeit] über $1/T$ [1/K] aufgetragen. Für das Beispiel wurde als Zeitmaß „Minuten" verwendet und die Werte der x-Achse mit 10^3 multipliziert, um „handliche" Zahlenwerte verwenden zu können.
  Nutzungsbeispiel: Das Medium eines 50 m³-Reaktors mit einer Anfangskeimdichte von 10^4 [Keime/mL] soll mit einer Wahrscheinlichkeit von 10^{-4} [Keime] sterilisiert werden. Das bedeutet, es liegt ein Sterilisationskriterium von $S = 27$ (nahe $S = 25$-Linie) vor. Soll dabei das hitzelabile Vitamin Thiamin nur zu 1 [%] geschädigt werden, so ergibt sich nur der eine Arbeitspunkt: eine Sterilisationszeit von $t = 10$ [s] bei einer Temperatur von $T_S = 137{,}7$ [°C] (vgl. Abb. 2.5).

Typ 17: Verweilzeitverteilung
Die Umsätze in einer Reaktion hängen im Wesentlichen davon ab wie lange ein Reaktant im Reaktionsraum verweilt. Das spielt natürlich nur im Fall eines durchströmten Reaktionssystems eine Rolle, so wie es bei der Durchlaufsterilisation Anwendung findet. Dieser Aufgabentyp setzt sich mit diesem Thema auseinander und verbindet damit auch die Frage nach dem Umsatzverhalten.

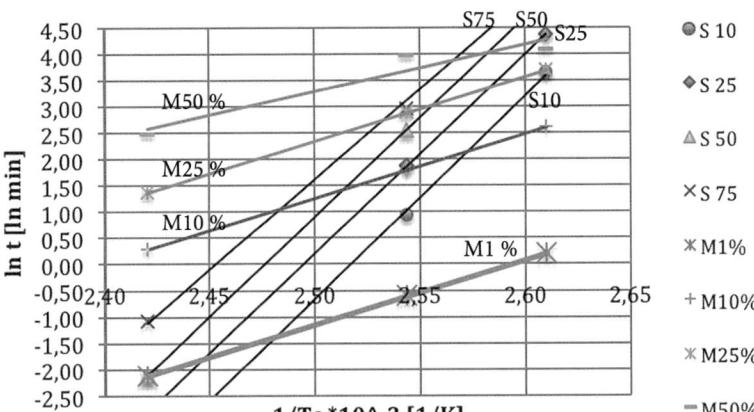

Abb. 2.5 SAD für *Bacillus subtilis* und Thiamin.

Tab. 2.4 Wertetabelle einer Verweilzeitverteilungsuntersuchung.

t_i [s]	c_i [mg/l]	Δt_i [s]	$c(t_i) \cdot \Delta t_i$ [mg·s/L]	$E(t)$ [1/s]	$E(t) \cdot t_i \cdot \Delta t_i$	$E(t) \cdot t_i^2 \cdot \Delta t_i$
0	0,00	5	0,000 005	0,000 000 0	0,000 000 0	0,000 000
5	0,05	5	0,25	0,000 375 1	0,009 377 0	0,046 885
10	0,5	5	2,5	0,003 750 8	0,187 539 8	1,875 398
15	2	5	10	0,015 003 2	1,125 239 1	16,878 586
20	15	5	75	0,112 523 9	11,252 390 7	225,047 814
25	8	5	40	0,060 012 8	7,501 593 8	187,539 845
30	1	5	5	0,007 501 6	1,125 239 1	33,757 172
35	0,1	5	0,5	0,000 750 2	0,131 277 9	4,594 726
40	0,01	5	0,05	0,000 075 0	0,015 003 2	0,600 128
45	0,001	5	0,005	0,000 007 5	0,001 687 9	0,075 954
Summen	26,66		133,31	tquer =	21,35	470,42

Beispiel: Durchflusssterilisation im Strömungsrohr

Aufgabe: In einem Strömungsrohrreaktor wird das Verweilzeitverhalten untersucht, um die Tauglichkeit für eine kontinuierliche Sterilisationsanlage zu überprüfen. Die Messungen mit der Impulsmethode ergaben das Protokoll gemäß Tab. 2.4. Der Reaktor kann als offenes System betrachtet werden.

Welches Sterilisationskriterium und welches Mediumskriterium lassen sich in dieser Anlage bei 130 [°C] erreichen? Folgende kinetische Daten liegen vor: $k_0(S) = -1,36 \cdot 10^5 \, [\text{s}^{-1}]$; $E_a(S) = 4,4 \cdot 10^4 \, [\text{J/mol}]$; $k_0(M\%) = 40 \, [\text{s}^{-1}]$; $E_a(M\%) = 3,4 \cdot 10^4 \, [\text{J/mol}]$; Reaktion 1. Ordnung.

Lösung: Zunächst müssen die gemessenen Werte (die beiden linken Spalten) in die Verweilzeitfunktionsfragmente (dritte bis siebente Spalte) übertragen werden (ist in Tab. 2.4 schon geschehen, vgl. Gln. (A.128) bis (A.135)). Dann kann man das „erste Moment" der Verteilungsfunktion, die mittlere arithmetische Verweilzeit $\bar{t}(= tquer)$

$$\bar{t} = \sum E(t_i) \cdot t_i \cdot \Delta t_i = 21{,}35 \, [\text{s}] \tag{2.94}$$

schon ablesen. Und das „zweite Moment" folgt sogleich. In der letzten Spalte findet man die dimensionsbehaftete Form, auch „Erwartungswert" genannt:

$$\sigma_t^2 = \sum E(t_i) \cdot t_i^2 \cdot \Delta t_i - \bar{t}^2 = 470{,}42 - 455{,}82 = 14{,}60 \, [\text{s}^2] \tag{2.95}$$

Und schließlich erhält man durch Umrechnung

$$\sigma^2 = \frac{\sigma_t^2}{\bar{t}^2} = \frac{14{,}60}{455{,}82} = 0{,}032 \tag{2.96}$$

die dimensionslose Form, auch „Varianz" genannt. Damit lässt sich die Bodenstein-Zahl berechnen. Man erhält mit Gl. (A.128)

$$\text{Bo} = \frac{1 \pm \sqrt{1 + 8 \cdot \sigma^2}}{\sigma^2} = \frac{1 \pm \sqrt{1 + 8 \cdot 0{,}032}}{0{,}032} = 66{,}27 \tag{2.97}$$

einen Wert, der als hoch einzustufen ist. Das lässt sich auch an dem kleinen Unterschied zwischen der arithmetischen und der hydrodynamischen mittleren Verweilzeit ablesen. Mit Gl. (A.132) gewinnt man einen Wert für die mittlere hydrodynamische Verweilzeit

$$\frac{\bar{t}}{\tau} = 1 + \frac{2}{\text{Bo}} = 1 + \frac{2}{66{,}27} = 1{,}030 \tag{2.98}$$

$$\tau = 21{,}35 \cdot 1{,}030 = 21{,}99 \, [\text{s}]$$

Jetzt muss noch die Damköhler-Zahl ermittelt werden. Man wendet Gl. (A.138) an. Dazu benötigt man aber vorher noch den Wert für die Reaktionsgeschwindigkeitskonstante. Diese erhält man mit

$$k_S = 1{,}36 \cdot 10^5 \cdot \exp\left(-\frac{4{,}4 \cdot 10^4}{8{,}314 \cdot 403}\right) = 0{,}27 \, [\text{s}^{-1}] \tag{2.99}$$

$$\text{Da}_{\text{I,S}} \equiv \frac{k_S \cdot L}{u} = \frac{k_S \cdot V}{\dot{V}} = k_S \cdot \tau = 0{,}27 \cdot 21{,}99 = 5{,}94 \tag{2.100}$$

Um nun für das Konzentrationsverhältnis von Ab- und Zulauf noch auf Gl. (A.134) zurückgreifen zu können, muss man noch die Substitution mit Gl. (A.135) bestimmen

$$\beta = \sqrt{1 + \frac{4 \cdot \text{Da}_{\text{I,S}}}{\text{Bo}}} = \sqrt{1 + \frac{4 \cdot 5{,}94}{66{,}27}} = 1{,}166 \tag{2.101}$$

$$\frac{N}{N_0} = \frac{4 \cdot 1{,}166}{(1+1{,}166)^2 \cdot \exp[-66{,}27/2 \cdot (1-1{,}166)] - (1-1{,}166)^2}$$
$$\cdot \exp[-66{,}27/2 \cdot (1+1{,}166)]$$
$$= 4{,}06 \cdot 10^{-3} \tag{2.102}$$

Damit lässt sich das Sterilisationskriterium S bestimmen. Man erhält

$$S = \ln\left(\frac{N_0}{N}\right) = \ln\left(\frac{1}{4{,}06 \cdot 10^{-3}}\right) = 5{,}5 \tag{2.103}$$

Für das Mediumskriterium $M\%$ gilt Gl. (A.99) und bei einer Reaktion 1. Ordnung bei gegebener Rückvermischung, d. h. für Bo > 0, wird ebenfalls Gl. (A.134) verwendet. Dazu benötigt man wieder die Reaktionsgeschwindigkeit und die Damköhler-Zahl für $M\%$. Es gilt für die Reaktionsgeschwindigkeitskonstante

$$k_{M\%} = 40 \cdot \exp\left(-\frac{3{,}4 \cdot 10^4}{8{,}314 \cdot 403}\right) = 1{,}57 \cdot 10^{-3}\,[\text{s}^{-1}] \tag{2.104}$$

$$\text{Da}_{\text{I},M\%} = 1{,}57 \cdot 10^{-3} \cdot 21{,}99 = 0{,}0345 \tag{2.105}$$

$$\beta = \sqrt{1 + \frac{4 \cdot 0{,}0345}{66{,}27}} = 1{,}00104 \tag{2.106}$$

$$C = \frac{4 \cdot 1{,}00104}{(1+1{,}00104)^2 \cdot \exp[-66{,}27/2 \cdot (1-1{,}00104)]} = 0{,}966 \tag{2.107}$$

Setzt man diesen Wert in Gl. (A.99) ein, so erhält man für die Verluste an dem betrachteten Mediumsbestandteil aufgrund der Sterilisationsbelastung

$$M\% = 100 \cdot (1 - 0{,}966) = 3{,}4\,[\%] \tag{2.108}$$

eine vertretbare Situation. In Abschn. 3.4 ist auch noch die Frage zu bearbeiten, wie die Situation bei anderen Sterilisationsbedingungen aussieht, z. B. bei den Standardbedingungen.

Typ 18: Ähnlichkeitsgesetze und Scale-up/Scale-down
Eine der Grundregeln der Maßstabsübertragung ist die Ähnlichkeit von Geometrien, Zeiten und Massenverhältnissen. Dazu gibt es feste Zusammenhänge, die in den sogenannten Ähnlichkeitsgesetzen zusammengefasst sind [2]. Dieser Aufgabentyp setzt sich mit diesen Gesetzen auseinander und zeigt auch Anwendungsmöglichkeiten auf.

Beispiel: Kennzahlen
Aufgabe: Für Strömungsvorgänge ist das Zusammenspiel von Kräften von großer Bedeutung. In der Ingenieurtechnik ist es üblich, zusammenwirkende Kräfte zu Kennzahlen zu bündeln. Die beiden wichtigsten sind die Froude- und die Reynolds-Zahl. Die beiden sollen über Ähnlichkeitsgesetze hergeleitet werden.

Lösung: Es soll die Vereinbarung gelten, dass der Kleinmaßstab ohne Index und Großmaßstab mit * gekennzeichnet wird.

Das Froude'sche Modellgesetz gilt für Vorgänge mit Trägheitskräften und Schwerkraft. Für das Verhältnis der Gewichtskräfte gilt

$$\kappa_G = \frac{m^* \cdot g^*}{m \cdot g} = \frac{V^* \cdot \rho^* \cdot g^*}{V \cdot \rho \cdot g} = \frac{\rho^* \cdot g^*}{\rho \cdot g} \cdot \lambda^3 \tag{2.109}$$

Das Verhältnis der Trägheitskräfte lautet

$$\kappa_T = \frac{m^* \cdot a^*}{m \cdot a} = \frac{\rho^* \cdot V^* \cdot \lambda}{\rho \cdot V \cdot \tau^2} = \frac{\rho^*}{\rho} \cdot \frac{\lambda^2}{\tau^2} \cdot \lambda^2 \tag{2.110}$$

Für die Froude-Zahl setzt man nun die beiden Kräfteverhältnisse aus den Gln. (2.109) und (2.110) gleich und ersetzt die Maßstabsfaktoren λ und τ durch die charakteristische Größen Geschwindigkeit w und Länge L, so erhält man

$$\frac{w^*}{\sqrt{L^* \cdot g^*}} = \frac{w}{\sqrt{L \cdot g}} \equiv \mathrm{Fr} \quad \text{(Froude-Zahl)} \tag{2.111}$$

das Froude'sche Gesetz für den Geschwindigkeitsmaßstab.

Das Reynold'sche Modellgesetz ist das Verhältnis von Trägheits- und Reinigungskräften.

Das Gesetz der Trägheitskräfte ist schon in Gl. (2.110) dargestellt. Es fehlt die Darstellung der Reibungskräfte. Dieses lautet

$$\kappa_R = \frac{\eta^* \cdot \mathrm{d}w^*/\mathrm{d}n^* \cdot A^*}{\eta \cdot \mathrm{d}w/\mathrm{d}n \cdot A} = \frac{\eta^* \cdot \lambda}{\eta \cdot \tau \cdot \lambda} \cdot \lambda^2 = \frac{\eta^* \cdot \lambda}{\eta \cdot \tau} \cdot \lambda \tag{2.112}$$

Wie schon für die Froude-Zahl setzt man nun die Verhältnisse von Trägheitskräften und Reibungskräften gleich und verwendet ebenfalls charakteristische Größen, dann folgt

$$\frac{v^* \cdot \rho^* \cdot w^*}{v \cdot \rho \cdot w} \cdot \frac{L^*}{L} = \frac{\rho^* \cdot w^{*2} \cdot L^{*2}}{\rho \cdot w^2 \cdot L^2} \tag{2.113}$$

Das ergibt

$$\frac{w^* \cdot L^*}{v^*} = \frac{w \cdot L}{v} \equiv \mathrm{Re} \quad \text{(Reynolds-Zahl)} \tag{2.114}$$

Diese beiden Beispiele sollen zeigen, dass die allgemeine Definition von Kennzahlen auf physikalischen Grundgrößen basieren sowie sich durch charakteristische Größen wie Geschwindigkeiten und Längen darstellen lassen und erst im Spezialfall bestimmte Werte zugeordnet bekommen.

Typ 19: Übertragung von Laborergebnissen in den Großmaßstab
Maßstabsübertragung bedeutet zunächst die Übertragung von Labor-/Modellergebnissen in den Produktionsmaßstab, aber auch der umgekehrte Weg ist oft notwendig. Das sogenannte Scale-down muss durchgeführt werden, wenn bei vorhandenem Produktionsmaßstab im Modellmaßstab Untersuchungen angestellt

werden sollen, die zur Steigerung der Wirtschaftlichkeit führen soll. Dann nämlich überträgt man zunächst die Verhältnisse vom Produktionsmaßstab in den Labormaßstab, um dann die Verbesserungen wieder in den Produktionsmaßstab zu transferieren. Dieser Aufgabentyp setzt sich mit diesem Thema auseinander und zeigt auch Anwendungsmöglichkeiten.

Beispiel: Maßstabsübertragung
Aufgabe: Die Laborergebnisse einer Fermentation sollen in einen größeren Maßstab übertragen werden (Technikum, Produktion). Folgende Verhältnisse lagen im Labor vor: Maßstab $V = 10$ [L]; Begasung $q = 1$ [vvm]; Drehzahl $n = 1000$ [min^{-1}]. Welche Einstellungen sind im 5-m^3-Maßstab für die Drehzahl n und die Begasungsrate q vorzunehmen unter den Annahmen, dass (P/V) = idem, Ne = idem und $k_L \cdot a$ = idem?

Lösung: Dieselbe Leistungsdichte wird aus gegebenen Gründen (vgl. Abschn. 1.1 und Literatur [2]) oft als Scale-up-Kriterium herangezogen. Für den spezifischen Sauerstofftransport ist es eigentlich erforderlich, zumindest aber wünschenswert. Bei der Newton-Zahl gestaltet sich aufgrund der geometrischen Gegebenheiten Ne = idem doch etwas schwieriger, ist aber für Abschätzungen allemal zulässig.

Bezugnehmend auf Gl. (A.2) kann der proportionale Zusammenhang

$$P_0 \propto \rho_L \cdot n^3 \cdot d_R^5 \tag{2.115}$$

formuliert werden. Setzt man die Leistungsdichte in beiden Maßstäben ins Verhältnis, so erhält man

$$\frac{(P/V)}{(P/V)^*} = 1 = \left(\frac{n}{n^*}\right)^3 \cdot \left(\frac{d_R}{d_R^*}\right)^2 \tag{2.116}$$

und kann dann durch Umstellen die gesuchte Drehzahl im Produktionsmaßstab ermitteln

$$n^* = n \cdot \left(\frac{d_R}{d_R^*}\right)^{2/3} = n \cdot \left(\frac{V_{R,L}}{V_{R,L}^*}\right)^{2/9} = 1000 \cdot \left(\frac{0{,}01}{5{,}0}\right)^{2/9} = 251 \text{ [upm]} \tag{2.117}$$

Zur Bestimmung der zweiten gesuchten Größe, der Begasungsrate, benutzt man die Bedingung $(k_L a)$ = idem und erhält

$$\frac{(k_L \cdot a)}{(k_L \cdot a)^*} = 1 = \frac{q \cdot H}{q^* \cdot H^*}$$

$$q^* = q \cdot \frac{H}{H^*} = q \cdot \left(\frac{V_{R,L}}{V_{R,L}^*}\right)^{1/3} = 1 \cdot \left(\frac{0{,}01}{5{,}0}\right)^{1/3} = 0{,}13 \text{ [vvm]} \tag{2.118}$$

Die Einstellung im Produktionsmaßstab sind damit $n^* = 251$ [upm] und $q^* = 0{,}13$ [vvm].

Typ 20: Dimensionsanalyse

Oft stehen zur Beschreibung und zum Verständnis eines vorliegenden Problems keine fertiggestrickten Gleichungen zur Verfügung, wohl aber sind mögliche Einflussparameter erkennbar. Betrachtet man nun die Einheiten der Zielgrößen, die das Problem charakterisieren sollen und versucht dann, die Einheiten der vermeintlichen Einflussparameter mit den Einheiten der Zielgrößen in Übereinstimmung zu bringen, dann ist ein zuversichtlicher Weg zur Problemlösung aufgetan. Das kann auch nach dem Prinzip „trial and error" erfolgen, doch professioneller bedient man sich da schon eher der Dimensionsanalyse. Etwas lasch ausgedrückt kann man auch sagen, mit dieser Technologie kann man physikalische Abläufe, die man „nicht versteht", dennoch beschreiben! Ganz so kann das natürlich nicht stehen bleiben. Ohne fundierte Kenntnisse ist es nicht möglich, eine erfolgsversprechende Relevanzliste zu erstellen. Dieser Aufgabentyp bietet die Möglichkeit, den Umgang mit der Dimensionsanalyse zu testen.

Beispiel: Scherung und Dimensionsanalyse

Aufgabe: Für die mechanische Belastung in einem Testsystem zur Untersuchung von Scherbelastungen an einem Pilz wurde die Ereigniskennziffer gefunden (vgl. [1, 2]). Das Experiment gab den Zusammenhang

$$E \propto [\text{Re} \cdot \text{Ne}]^{2/3} \cdot \tau^{5/3} \tag{2.119}$$

wobei E für ein messbares Ereignis (z. B. Zellzerstörung), Re für die Reynolds-Zahl, Ne für die Newton-Zahl und τ für eine dimensionslose Zeit steht.

Die Aufgabe besteht nun darin, bei vorhandenem Kessel den geeigneten Rührwerkstyp für einen Rührwerkbioreaktor abzuleiten.

Lösung: Diese Fragestellung ist prädestiniert für die Dimensionsanalyse [2]. Die Dimensionsanalyse verlangt zu Beginn die Aufstellung einer Relevanzliste, die alle Einflussparameter erfasst, soweit diese erkenntlich sind. Danach werden aus den Parametern der Relevanzliste die auftretenden Grundeinheiten zusammengestellt, weil diese die Form der Kern- und Restmatrix bestimmen. Man erhält

Relevanzliste: $\{\rho, d, \nu, n, P, t, f, E\}$ mit den Grundeinheiten $\{M, L, T\}$.

Darin enthalten sind die Dichte $[M \cdot L^{-3}]$, der Partikeldurchmesser $[L]$, die kinematische Viskosität $[L^2 \cdot T^{-1}]$, die Drehzahl $[T^{-1}]$, die Leistung $[M \cdot L^2 \cdot T^{-3}]$, die Einwirkdauer $[T]$ und die Häufigkeit $[T^{-1}]$ des Scherereignisses sowie die Zielgröße E [ohne Einheit].

Die Parameter aus der Relevanzliste werden jetzt in eine Kern- und eine Restmatrix eingeordnet (Kernmatrix so anordnen, dass sie möglichst nahe einer Einheitsmatrix kommt und bekannte Kennzahlen im Auge behalten)

	Kernmatrix			Restmatrix				
	ρ	d	n	v	P	t	f	E
M	1	0	0	0	1	0	0	0
L	−3	1	0	2	2	0	0	0
T	0	0	−1	−1	−3	1	−1	0

Mithilfe von zwei Lineartransformationen wird die Kernmatrix in eine Einheitsmatrix und die neue Restmatrix überführt [2].

	Kernmatrix			Restmatrix				
	ρ	d	n	v	P	t	f	E
M	1	0	0	0	1	0	0	0
3M+L	0	1	0	2	5	0	0	0
−T	0	0	1	1	3	−1	1	0

Der Rang der Matrix errechnet sich zu $r = 8 - 3 = 5$, d. h., es werden sich maximal fünf Kennzahlen ergeben. Diese lauten

$$\begin{aligned}\Pi_1 &= \frac{v}{d^2 \cdot n} &&\Rightarrow \text{Re}^{-1}: &&\text{(Reynolds-Zahl)} \\ \Pi_2 &= \frac{P}{\rho \cdot d^5 \cdot n^3} &&\Rightarrow \text{Ne}: &&\text{(Newton-Zahl)} \\ \Pi_3 &= t \cdot n &&\Rightarrow \tau': &&\text{(dimensionslose Zeit)} \\ \Pi_4 &= \frac{f}{n} &&\Rightarrow \tau'': &&\text{(dimensionslose Zeit)} \\ \Pi_5 &= E &&\Rightarrow E: &&\text{(Ereigniskennziffer)}\end{aligned}$$ (2.120)

Durch Umformung gelangt man schließlich zu vier Kennzahlen: Die Reynolds-Zahl Re, die dimensionslose Zeit τ, die Newton-Zahl Ne und die Ereigniskennziffer E. Die daraus resultierende Gleichung lautet

$$E \propto \text{Re}^a \cdot \text{Ne}^b \cdot \tau^c \tag{2.121}$$

In Gl. (2.121) sind die Exponenten schon benannt. Durch Umformen unter Einbezug von proportionalen Zusammenhängen und zielgerichtet nach Unterschiedsmerkmalen verschiedener Rührer (Newton-Zahl und Rührerdurchmesserverhältnis) resultiert letztendlich folgender Zusammenhang

$$E \propto \text{Ne}^{0{,}44} \cdot f_S^{3{,}65} \tag{2.122}$$

Tabelle 2.5 stellt die Unterschiede der beiden gewählten Rührertypen (InterMIG-Rührer und Scheibenrührer) gegenüber.

Demnach sollte der Scheibenrührer der Typ der Wahl sein [2]. Das mag zunächst erstaunlich erscheinen, doch aufgrund der stochastischen Strömungsvorgänge beim Scheibenrührer bekommen in der Gesamtheit weniger Zellen Stress

Tab. 2.5 Ein InterMIG-Rührer und ein Scheibenrührer im Vergleich bezüglich der mechanischen Belastung auf einen Pilz.

Parameter	InterMIG-Rührer	Scheibenrührer
Ne	0,7	5,0
$d_R/D = f_R$	0,7	0,33
E	$\sim 0{,}24$	$\sim 0{,}02$

ab als beim InterMIG-Rührer, bei dem aufgrund der geordneten Strömung jeder mal „eine abbekommt"! So erscheint nach außen dieses phänomenologisch günstigere Bild für den Scheibenrührer. *Die einzelne Zelle vertritt da u. U. eine andere Meinung!*

Typ 21: Wachstumskinetiken, Produktbildungskinetiken

Was in den Aufgabentypen 14 bis 16 speziell für die Inaktivierung und der damit einhergehenden Mediumsschädigung bezüglich Reaktionskinetiken aufgetan wird, soll in diesem Typ auf komplette Wachstumskinetiken und Produktbildungsraten ausgedehnt werden. Als Erweiterung werden im Wesentlichen Hemmfunktionen aufgenommen.

Beispiel: Einfache Substratlimitierung

Aufgabe: Die spezifische Wachstumsgeschwindigkeit eines Mikroorganismus lässt sich mit einem der gängigen Modelle beschreiben [2]. Dazu ist das in Tab. 2.6 zusammengestellte Verhalten in Abhängigkeit von einer Substratkomponente aufgenommen worden. Bei kontinuierlicher Fahrweise im Continuous Stirred Tank Reactor (CSTR; vgl. Abschn. 3.8.1.3) ist aus wirtschaftlichen Gründen die Einstellung einer möglichst niedrigen Konzentration erforderlich. Welche spezifische Wachstumsgeschwindigkeit des Mikroorganismus erreicht man bei einer Substratkonzentration von 0,3 [g/l]? Welche Substratkonzentration ist einzustellen, damit eine spezifische Wachstumsgeschwindigkeit von 0,75 [h^{-1}] erreicht werden kann?

Lösung: Der in Abb. 2.6 dargestellte Kurvenverlauf der Messwerte ($\diamond$) wird mit einer reinen Monod-Kinetik (+) beschreiben (vgl. Gl. (A.100)). Es liegt demnach eine Substratlimitierung vor.

Der Weg zur Beantwortung der gestellten Fragen beginnt mit der passenden Gleichung. Für eine Substratlimitierung kann der Ansatz (Monod-Kinetik)

$$\mu = \mu_{\max} \cdot \frac{S}{K_S + S} \tag{2.123}$$

verwendet werden.

Für die weiteren Schritte fehlen noch die maximale Wachstumsrate $\mu_{\max}$ und die Sättigungskonstante K_S.

Tab. 2.6 Messwerte einer Wachstumskinetik.

S [g/L]	µ [h⁻¹]
0	0
2	0,29
4	0,44
6	0,55
7,5	0,61
10	0,68
20	0,8
25	0,82
30	0,85
40	0,895
50	0,91
60	0,92

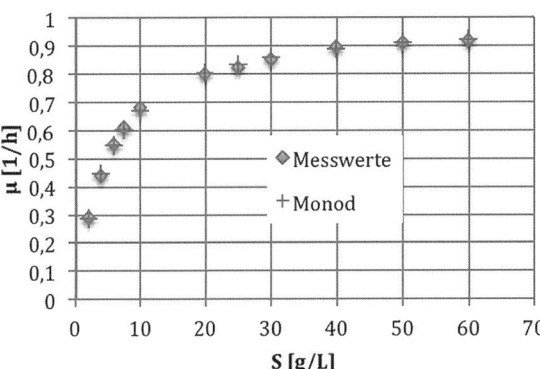

Abb. 2.6 Aufnahme der Wachstumskinetik in Abhängigkeit der Substratkonzentration. Neben den Messwerten (◇) ist eine Monod-Kinetik (+) aufgenommen.

Es bietet sich an, mit der Bestimmung der maximalen Wachstumsrate μ_{max} zu beginnen. Bei Vorliegen der klassischen Monod-Kinetik empfiehlt es sich hier, die Lineweaver-Burk-Beziehung anzuwenden. Dazu bildet man den Kehrwert der Monod-Kinetik und stellt die Gl. (2.110) nach $1/\mu$ über $1/S$ um. Man erhält die Geradengleichung

$$\frac{1}{\mu} = \frac{1}{\mu_{max}} + \frac{K_S}{\mu_{max}} \cdot \frac{1}{S} \qquad (2.124)$$

Aus der Auftragung in einem Diagramm (Abb. 2.7) kann am Schnittpunkt der Ordinate μ_{max} ($1/\mu_{max}$) die maximale Wachstumsrate und am Schnittpunkt der Abszisse die Sättigungskonstante K_S ($-1/K_S$) abgelesen werden. Oder man be-

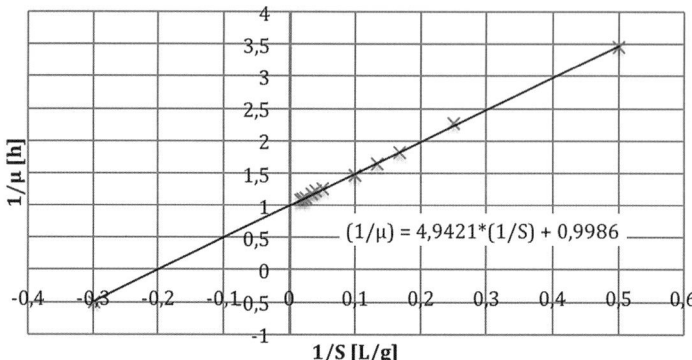

Abb. 2.7 Lineweaver-Burg-Auftragung der Monod-Kinetik zur Bestimmung der maximalen Wachstumsrate μ_{max} (= 1 [h^{-1}]) und der Sättigungskonstanten K_S (= 10 [g/L]).

nutzt die Gleichung von der Ausgleichsgeraden

$$\frac{1}{\mu} = 4{,}9421 \cdot \frac{1}{S} + 0{,}9986 \tag{2.125}$$

Um μ_{max} zu finden, setzt man $1/S = 0$ und erhält

$$\frac{1}{\mu} = \frac{1}{\mu_{max}} = 4{,}9421 \cdot 0 + 0{,}9986 = 0{,}9986$$
$$\mu_{max} = \frac{1}{0{,}9986} \approx 1{,}0 \, [\text{h}^{-1}] \tag{2.126}$$

Zur Bestimmung der Sättigungskonstanten K_S setzt man $1/\mu = 0$ und erhält in diesem Fall

$$0 = 4{,}9421 \cdot \frac{1}{S} + 0{,}9986 \Rightarrow \frac{1}{S} = -\frac{0{,}9986}{4{,}9421} = -0{,}0202 \left[\frac{\text{L}}{\text{g}}\right] = -\frac{1}{K_S}$$
$$K_S = \frac{1}{0{,}202} = 4{,}95 \left[\frac{\text{g}}{\text{L}}\right] \tag{2.127}$$

Man erhält also die Werte $\mu_{max} = 1$ [h^{-1}] und $K_S = 4{,}95$ [g/L].

Damit lassen sich nun die Fragen beantworten. Für die gefundenen Werte lässt sich Gl. (2.123) wie folgt umformulieren:

$$\mu = 1{,}0 \cdot \frac{S}{4{,}95 + S} \tag{2.128}$$

Setzt man nun den Wert für die Konzentration ein, so erhält man

$$\mu = 1{,}0 \cdot \frac{0{,}3}{4{,}95 + 0{,}3} = 0{,}057 \, [\text{h}^{-1}] \tag{2.129}$$

Das ist ein niedriger Wert und bedeutet für den CSTR gleichzeitig, dass auch die maximale Verdünnungsrate im Falle ohne Recycling auf diesen Wert eingestellt werden muss.

Und für die zweite Frage setzt man die vorgegebene spezifische Wachstumsrate ein und erhält

$$0,75 = 1,0 \cdot \frac{S}{4,95 + S} \Rightarrow S = \frac{0,75 \cdot 4,95}{1 - 0,75} = 14,84 \left[\frac{g}{L}\right] \quad (2.130)$$

Die gewünschte spezifische Wachstumsrate kann aber nur aufrechterhalten werden, wenn die Konzentration konstant gehalten wird.

2.2 Problemmanagement

2.2.1 Lösungsstrategien

„Probleme lösen ist das, was man tut, wenn man nicht weiß, was man tun soll" [11]!

Die etwas humorvolle Definition mag zwar zunächst einmal beruhigend wirken und Mut für das Angehen von Fragestellungen machen, aber etwas geordneter sollte der Einstieg in ein Problemmanagement schon sein.

Schränkt man das Problemfeld auf die Belange der Bioverfahrensentwicklung ein, weil es eben das Thema dieses Buches sein soll, so steht immer der Umgang mit biologischem Material, insbesondere mit Mikroorganismen als Produzenten von gewünschten Wirkstoffen und die Mikroorganismen selbst im Mittelpunkt. Dadurch ist die Biotechnologie unter dem Blickwinkel der Definition der OECD [2, 1.1] doch merklich eingeschränkt. Es gilt aber die Tatsache, dass das „Gewusst-wie" für ein spezielles Problemfeld im weiteren Sinne auch auf andere Felder ausgedehnt bzw. übertragen werden kann.

Um diese Aussage etwas anschaulicher darstellen zu können, sind die Tab. 2.7 bis 2.9 (Tab. 10-1 bis 10-3 in [2]) sehr hilfreich. Da diese Tabellen auch für die nachfolgenden Aufgabenstellungen von Bedeutung sein können, sollen sie hier nochmals wiedergegeben werden.

In erster Näherung scheint diese Stufe mit den Aufgaben für die Bioverfahrensentwicklung wenig zu tun zu haben. Aber abgesehen von den ersten beiden Punkten in Tab. 2.7, die allein zum Spektrum des Marketings gehören, ist die Wirtschaftlichkeit – im Zusammenhang mit dem Marktpreis und vor allem der Kapazität – für die Verfahrensentwicklung von großer Bedeutung.

In Tab. 2.8 (in [2], Tab. 10-2) sind die Grundvoraussetzungen für einen Prozess notiert, nämlich die Gewinnung des geeigneten Katalysators.

Im nächsten und umfangreichsten Schritt muss das Verfahrenskonzept entwickelt werden und ist in Tab. 2.9 (in [2], Tab. 10-3) aufgelistet. Hierbei liegt für die

Tab. 2.7 Leitfaden für die Sammlung verfahrenstechnischer Daten. An erster Stelle steht die Produktidee. Was und wie viel soll produziert werden? Es folgt der komplette Prozess der Verfahrensentwicklung (in [2], Tab. 10-1).

Stichworte	Offene Fragen
Produktidee	
• Hintergrund • Markt • Wirtschaftlichkeit (Preis) • Kapazität (Jahresmenge)	• Wofür ist dieses Produkt? (Qualität, Status) • Welchen Markt hat es? • Welcher Preis ist erzielbar [€/kg]? • Welche Kapazität (Produktmenge pro Jahr) kann der Markt aufnehmen [kg/a]?

Tab. 2.8 Basis einer jeden verfahrenstechnischen Entwicklung in der Biotechnologie ist die Stammsuche bzw. die Stammentwicklung (in [2], Tab. 10-2).

Stichworte	Offene Fragen
Stammsuche	
• Wildstamm, Eukaryonten, Prokaryonten, Zellkulturen, • Screening des Wildstammes oder Genetic Engineering (Einsatz der Molekularbiologie) • Expressionssystem	• Welches Synthesepotenzial ist gefragt? • Wo und wie wird gesucht (Biotyp, Stammsammlung, Internet)? • Welche Screeningstrategie wird gewählt? • Welches rekombinante Expressionssystem wird verwendet? • Wie wird es entwickelt (Expressionssystem, Wirtsstamm, Vektor, Plasmid, Restriktionsenzym, Ligase …)?

Tab. 2.9 Die Festlegung des Verfahrenskonzeptes ist der nächste und umfangreichste Schritt. Alle Angaben zur Logistik bis hin zur Konditionierung des Produktes müssen Berücksichtigung finden (in [2] 10-3).

Stichworte	Offene Fragen
Verfahrenskonzept	
• Logistik • Lagerung, Aufbereitung, Reaktion, Aufarbeitung • Verfahrens-/Betriebsweise • Entsorgung • BehördenEngineering	• Mengen an Einsatzstoffen (Lagerung) und Reaktion [g/l]? • Mediumssterilisation (getrennt, kontinuierlich), Methode? Fermentationsdauer, Verweilzeit [h], Ausbeute [%], Produktkonzentration(en), Neben- [g/l]? Fermentationsbedingungen (T, p, p_{O_2}, pH …)? • Alle Schritte der Aufarbeitung, Ausbeuten? • Behördliche Randbedingungen: GMP, FDA, GenTG, Validierung?

Rechenaufgaben der Schwerpunkt nahezu auf den Punkten Aufbereitung (Sterilisation), Reaktion sowie Verfahrens- und Betriebsweisen.

Die Punkte in Tab. 10-4 ([2], hier nicht übernommen) spielen für die Zielsetzung dieses Buches keine so große Bedeutung. Lediglich Wirtschaftlichkeitsbetrachtungen für die Rentabilität und die Anforderungen an das Produkt sind zum gestellten Thema zu nennen.

2.2.2
Vorgehen bei der Formulierung einer Aufgabenstellung

Den Kern stellt ein sich abzeichnendes Problem dar oder eine erkennbare Zielsetzung, woraus dann die Aufgabenstellung formuliert werden kann. Zunächst fragt man, welche Parameter gegeben sind und über welche einzelnen Schritte man das gesteckte Ziel erreichen kann.

Bei der Lösung einer Aufgabe isoliert man zunächst aus der Aufgabenstellung die gegebenen Größen und ordnet ihnen Formelzeichen zu. Diese können beispielhaft aus dem Indexverzeichnis entnommen werden, allerdings sind das nur Vorschläge, denn es ist nichts irreführender, als eine bestimmte physikalische Größe oder irgendeinen Prozessparameter einem bestimmten Formelzeichen zuzuordnen. Das kann zu verheerenden Missverständnissen führen. Die Formelzeichen sollen nicht allein zum Verständnis der Aufgabenstellung herhalten, sondern auch zur Ordnung und Orientierung dienen.

Man schafft einen Ansatzraum ähnlich einem Bilanzraum. Die vorrangigen Aufgaben bestehen nun darin die *Outputs* zu definieren. Das sind im Wesentlichen die Dinge, die angefragt werden, also die Antworten. Das ist eine Fragestellung, die eigentlich die Initialisierung des Problemmanagements darstellt.

Dem schließt sich die Frage nach den erforderlichen *Inputs* an. Welche Eingaben sind notwendig, um einen oder mehrere Wege zur Problemlösung aufzutun?

2.2.3
Vorgehen bei der Lösung einer Aufgabenstellung

Aus der Aufgabenstellung muss zunächst mal die gegebene Situation analysiert werden. Einfacher ausgedrückt bedeutet das, dass alle gegebenen Größen isoliert werden müssen. Danach steht die Suche nach den Zielgrößen und vor allem aber auch nach den Zwischengrößen an, wenn der Weg nur über Umwege gegangen werden muss, was meist der Fall ist.

Als Einstieg in den Lösungsalgorithmus/die Lösungsroutine ist es sehr hilfreich, eine Gleichung zu benutzen, in der einer der gesuchten Parameter steckt. Diese findet man in der Formelsammlung (siehe Anhang A), oder aber man versucht sie selbst über das Verständnis und einer logischen Dimensionsbetrachtung zu erstellen.

Mehrere Lösungswege

Es sei an dieser Stelle noch einmal vermerkt, dass eine Aufgabenstellung fast immer mehrere Lösungswege erlaubt. Manchmal kann es auch passieren, dass ein Weg in eine Sackgasse führt. In den überwiegenden Fällen kann man sich dadurch helfen, indem man Annahmen, sogenannte Hilfsannahmen, trifft und diese zu einem späteren Zeitpunkt verifiziert (nachgeschaltete Kontrolle).

Dimensionsbetrachtungen sollen jeden Rechenvorgang begleiten. Schon beim Einstieg in eine Lösungsroutine fragt man schon bei der ersten Gleichung danach, ob sie einheitengerecht ist. Geht die Einheitenbetrachtung nicht auf, stehen also bei einer Gleichung auch nach dem Einsatz von Umrechnungsfaktoren auf beiden Seiten nicht dieselben Einheiten, dann muss man diese Gleichung gründlich überprüfen und im Notfall auf sie verzichten. Eine rühmliche Ausnahme stellen in diesem Zusammenhang die nicht dimensionsgerechten, empirischen Gleichungen dar. In diesen Fällen muss für jeden Parameter die ihm zugedachten Einheit benannt und strikt eingehalten werden. Einige wenige Exemplare dieser „seltsamen Gattung" werden auch in diesem Buch gelegentlich angewandt.

Man kann in nicht wenigen Fällen die Einheitenbetrachtung wie eine Miniaturisierung einer Dimensionsanalyse betrachten und damit sogar „neue", für das gegebene Problem passende, Gleichungen formen.

2.3
Vorgehensweise bei der Aufgabenbearbeitung

2.3.1
Isolation der gegebenen Größen

„Es mag zunächst als lapidar abgetan werden, einer solchen Aufforderung nachzukommen, denn es erscheint doch klar was gegeben ist, schließlich liegt inzwischen ja die komplette Aufgabenstellung vor."

Zur ordentlichen Abarbeitung empfiehlt es sich dennoch die gegebenen Größen herauszuarbeiten und ihnen vor allem einem „griffigen Namen" oder besser einem üblichen Formelzeichen zuzuordnen. Das ist die Voraussetzung für eine geordnete Bearbeitung und man behält von Beginn an den Überblick.

Im Grunde genommen ist es zunächst egal, welche Formelzeichen für die gefundenen Parameter gewählt werden, doch wenn man sich entscheidet solche zu wählen, die üblicherweise für diesen Parameter verwendet werden (vgl. Formelzeichenerklärung, Indizes II und III), so wird die damit verbundene Sprache der Mathematik mehr Verständnis erlangen. Wichtig ist es nur, diese einmal gewählten Formelzeichen konsequent zumindest in ein und derselben Aufgabe beizubehalten.

Zu den Formelzeichen sind Differenzierungen erforderlich. Diese werden mit Indizes versehen und ordnen das Formelzeichen einem System zu.

Noch wichtiger als das Formelzeichen sind die Einheiten, die naturgegeben zu jedem Parameter gehören und demzufolge auch für jeden Zahlenwert. Ohne Dimension oder Einheit ist ein Zahlenwert nichts wert. Mit der Analyse der Einheiten innerhalb einer Gleichung/Formel kann auch sehr schnell festgestellt werden, ob mit der Gleichung auch alles in Ordnung ist. So gesehen ist diese bereits eine Art Dimensionsanalyse.

2.3.2
Herausarbeitung der gesuchten Größen

In einfachen Aufgabenstellungen ist es müßig danach zu fragen, was gesucht ist, doch wenn die Problemstellungen etwas komplexer wird, dann ist es vielleicht immer noch leicht die eigentliche Zielgröße zu formulieren, aber die dazu erforderlichen Zwischenlösungen sind dabei noch längst nicht bekannt und stellen nicht selten das eigentliche Problem dar. Diese zu formulieren ist Voraussetzung zur erfolgreichen Lösung eines Problems.

2.3.3
Lösungen und Interpretation der Ergebnisse

Lösungen kann man auf verschiedene Art und Weise erarbeiten. Dabei ist nicht jeder Weg gleich leicht bzw. einfach zu gehen und manchmal ist es auch eine Frage der zur Verfügung stehenden Hilfsmittel, wie Softwarepakete, Rechnerkapazitäten und Stoffdatenbanken. Letztendlich spielen in der Praxis auch die Kosten eine Rolle. Um dieser Praxissituation gerecht zu werden, werden im Folgenden zum Teil Lösungswege beschritten, die entweder für den „kleinen oder für den großen Geldbeutel" beschaffen sind.

Letztendlich liegt dann ein Ergebnis vor. Dieses so ohne Weiteres hinzunehmen, sollte nicht der Maßstab sein, den man an sich anlegen möchte. Die wichtigsten Fragen sind:

- Entspricht das Resultat dem was man erwarten konnte?
- Ist das Resultat vergleichbar mit bekannten Vorgängen oder Ergebnissen?
- Was bedeuten die Ergebnisse/die Zwischenergebnisse für die Problemstellung?
- Können Faustwerte oder gemachte Erfahrungen für die Bewertung helfen?

Besteht das Ergebnis diese „Prüfung", so kann man den Lösungsweg als passend einstufen und die Aufgabe als gelöst betrachten.

3
Aufgabenthemen

3.1
Bioreaktorauswahl und Konstruktionsdetails

3.1.1
Auswahl eines geeigneten Bioreaktors

Biotechnologische Prozesse benutzen statt anorganischer Katalysatoren organische oder besser biologische „Führer" einer Reaktion. Die Vorteile liegen im Wesentlichen darin, dass die biologischen Katalysatoren sehr spezifisch wirken und wesentlich weniger Nebenreaktionen versprechen oder gar im Falle optisch aktiver Moleküle nahezu reine Enantiomere liefern [1, 2]. Über die Nachteile soll an dieser Stelle der Mantel der Verschwiegenheit gelegt werden oder nur so viel gesagt werden, dass biotechnologische Prozesse relativ langsam und bei niedrigen Konzentrationen ablaufen und damit große Reaktionsvolumina erfordern. Um einen optimalen Weg zu finden, muss für die Produktion der geeignetste Bioreaktor ausgewählt werden (vgl. Abschn. 1.6). Ein möglicher Fall steckt in nachfolgender Aufgabe.

Aufgabenstellung
Für den folgenden Fall soll ein geeigneter Bioreaktor ausgewählt werden:
Ein diskontinuierlicher Prozess wird mittels immobilisierter Enzyme betrieben. Die Enzyme sind auf Carrier (Träger) fixiert. Die Viskosität des Mediums beträgt $3 \cdot 10^{-4}$ [m^2/s] und die Dichte 1,2 [kg/L]. Die Carrier sind etwas scherempfindlich, und der Feststoffgehalt ist allein schon wegen der Carrier als mittel einzustufen, aber hinsichtlich Suspendierbarkeit und Homogenisierfähigkeit sind nur geringe bis mäßige Anforderungen zu stellen. Die Pumpfähigkeit des Mediums in einem carrierfreien Medium ist gut. Die Carrier sollen deshalb im Reaktor gehalten werden (Rückhaltung). Mit Schaumbildung ist nicht zu rechnen, weil keine Begasung (Sauerstoffversorgung) erforderlich ist und auch kein Abgas entsteht. Allerdings sind wegen der rekombinanten Enzyme, die Sicherheitsstufe 2 erfordern, hohe Anforderungen an die biologische Sicherheit zu stellen. Zum Zweck

der Wärmeabfuhr soll das Verhältnis von mediumsberührter Reaktorwandfläche zum Reaktionsvolumen $A/V = 2{,}8\,[1/m]$ sein. Die Carrier besitzen eine Dichte von 2,5 [kg/L], haben einen Durchmesser von 0,2 [mm] und können als kugelförmig angesehen werden.

Folgende Daten stehen zur Abschätzung des Reaktorvolumens zur Verfügung: Die Menge eines hochwertigen Produktes beträgt 80 [kg] pro Jahr. Die Fermentationszeit wird mit 85 [h] angegeben, die Betriebsstunden mit 6000 [h] pro Jahr und am Ende eines Batches liegt das Produkt mit einer Konzentration von 0,3 [g/L] vor. Die Aufarbeitungsverluste betragen 45 [%]. Das Kontaminationsrisiko ist als hoch einzustufen. Für die Bestimmung der Rüstzeit steht die Tabelle unten bereit!

Folgende Daten sind der Reaktorauswahl hinzuzufügen:

- die Auslegungsparameter Temperatur und Druck,
- der Schlankheitsgrad *sowie die Abmessungen H und D in [m]*,
- eine Skizze des Reaktors mit Bezeichnungen,
- die Anordnung der Kühlfläche(n).
- Wie wird die Energie eingetragen?

(bitte die Dimensionen beachten!)

Rüstzeiten	$V_{R,L}$ [m³]	t_R [h]
	< 5	10
	5–30	15
	30–90	20
	90–160	25
	160–400	30

Vorschlag zum Einstieg in die Lösungsroutine:

Zunächst aus dem Text die gegebenen Größen isolieren und ihnen Formelzeichen zuweisen. Dann noch die gesuchten Größen zusammenstellen und mit der Lösung beginnen.

Sehr hilfreich ist es, die geeigneten Hilfsmittel aus Anhang B auszuwählen und nach den Kriterien im Text zu suchen. Daraus lassen sich viele Einschränkungen bezüglich der Auswahl des geeigneten Bioreaktors vornehmen.

3.1.2
Kritische Stellen im Sterilbereich

In der Praxis weichen die anzutreffenden Konstruktionen oft mehr oder weniger weit von der Idealvorstellung (vgl. auch Abschn. 3.1.4 grauer Kasten) ab. Häufig ist dabei am Reaktordeckel ein verschlossener Zulauf zu entdecken. Dieser stellt den „Prototyp" eines nach oben gerichteten Totraumes dar. Wenn nun aber solche Gegebenheiten vorliegen, so stellt sich doch sehr schnell die Frage, welche Auswirkungen solche Toträume auf das Sterilisationsergebnis haben können.

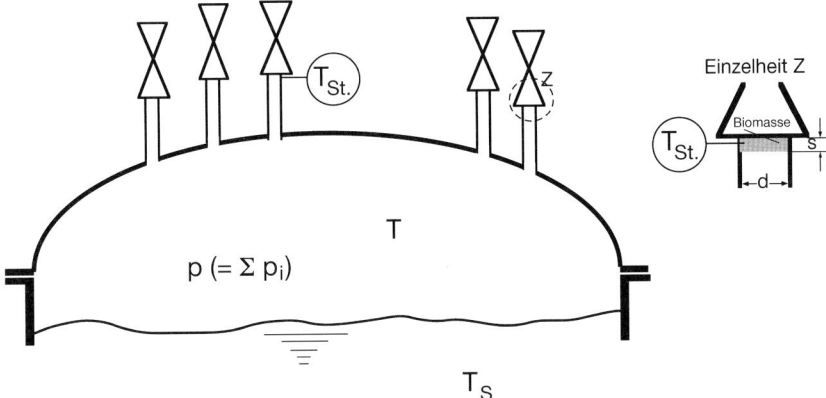

Abb. 3.1 Am Deckel eines Bioreaktors befinden sich beispielhaft fünf verschlossene, gleichlange 6-mm-Stutzen, die also während der Sterilisation nicht durchströmt werden. Demnach stellen sie einen Totraum dar.

> Um die Situation hinsichtlich der Sterilisationsbedingungen zu dokumentieren, wurden dazu Untersuchungen durchgeführt [12]. Dabei bezog man sich ausschließlich auf die Sterilisationstemperatur. Ob eine reine Dampfatmosphäre vorlag, wurde nicht überprüft. Man kann aber mit höchster Wahrscheinlichkeit davon ausgehen, dass diese ebenfalls nicht erreicht wurde.
> Die aus diesen Versuchen resultierenden Ergebnisse sind in Abschn. B „Hilfsmittel" in den Abb. B.4 und B.5 zusammengestellt.
> Im Folgenden werden Aufgabenstellungen zu diesem Sachverhalt bearbeitet.

Toträume im Reaktordeckel

Man stelle sich folgende Situation vor: Ein Bioreaktor besitzt im Deckel fünf verschlossene (abgeblindet oder durch ein Absperrorgan) 6-mm-Stutzen von 30 [mm] Höhe[1)], die am oberen Ende durch einen Biofilm (Verschmutzung, Mediumsbestandteile) belegt sind (vgl. Abb. 3.1). Sie stellen somit kritische Stellen hinsichtlich der Steriltechnik dar.

Der Reaktor soll bei einer Temperatur von 120 [°C] 10 [min] lang sterilisiert werden, wobei der Temperaturfühler seitlich am Reaktor am Ende des unteren Drittels angebracht ist (vgl. Abb. 3.11). Über dem Medium befindet sich ein Gasraum (Kopfraum). Die Stutzen sind nicht isoliert. Im Biofilm, der mit 0,6 [mm] Schichtdicke angenommen wird, ist es denkbar, dass ein Sporenbildner mit bis zu 10^{11} Sporen pro mL durchwächst.

---

1) Sollten Stutzen mit unterschiedlicher Länge angebracht sein, so muss jede Länge für sich behandelt werden und am Ende die Bewertung nach dem relevanten Typ ausgerichtet werden. In der Regel werden das die längeren Stutzen sein. Aber es zählt auch die Anzahl, weil die Gesamtkeimzahl entscheidend ist.

Die kinetische Daten-Aktivierungsenergie und Arrhenius-Konstante des Sporenbildners sind $E_a = 273\,000$ [J/mol]; $k_0 = 1{,}0 \cdot 10^{40}$ [s^{-1}]; $R = 8{,}314$ [J/(mol · K)].

Wie groß ist die Wahrscheinlichkeit einer ungenügenden Sterilisation? Das Resultat ist zu beurteilen.

Sehr hilfreich ist es, auf die geeigneten Hilfsmittel in Abschn. B.4 (Abb. B.4 und Abb. B.5) zurückzugreifen.

In *Lösungsebene 1 und 2* sind mögliche Verbesserungen für die Konstruktionen in Abb. 3.11 vorgeschlagen sowie ein Lösungsweg für die Situation im Stutzen am Reaktordeckel (Abb. 3.12) aufgezeigt.

3.1.3
Dichtigkeit unter dem Aspekt der Steriltechnik

Im Gentechnikgesetz ist im Zusammenhang bezüglich der Anforderungen an technische Einrichtungen immer wieder der lapidare Satz „...das System muss **dicht** sein!" zu lesen. Jeder, der mit der Praxis in Kontakt kam, wird sehr schnell erfahren haben, dass Dichtigkeit im absoluten Sinne nicht möglich ist. Es muss vielmehr eine Definition gefunden werden, die eine noch zulässige Undichtigkeit angibt. Vor der gleichen Fragestellung stand die Chemie schon vor langer Zeit, denn es sollte dort vor allem das Entweichen von gefährlichen Stoffen, insbesondere Gasen, auf ein Mindestmaß reduziert werden. Aus den Überlegungen, die in den 1980er-Jahren im Rahmen einer Dissertation durchgeführt wurden [26], kam ein Vorschlag für das Maß der noch zulässigen Undichtigkeit zustande. Danach soll ein System als „technisch dicht" gelten, wenn bei einem Testdruck von $p_T = 2{,}5$ [bar] bei $T_T = 25$ [°C] und dem Medium „Luft" der Massenverlust kleiner als 0,1 [g] pro laufendem Meter Dichtlänge und Stunde ist:

$$\dot{m}_{\text{Luft}} \leq 0{,}1 \left[\frac{g_{\text{Luft}}}{m \cdot h} \right]_{p=2{,}5;T=25}$$

Es stellt sich nun die Frage, ob dieses Maß für die Steriltechnik ausreichend oder übertrieben ist, denn hier geht es um das Entweichen von Keimen (Mikroorganismen, Sporen, Viren) [1]. Mit den folgenden Aufgaben soll diese Problematik näher beleuchtet werden.

Was auf die Steriltechnik (Eindringen von Keimen) ausgerichtet ist, gilt im umgekehrten Fall auch für die biologische Sicherheit (Entweichen von Zellen). Grundlage für die vorgeschlagenen Gln. (A.46) und (A.47) ist, dass eine gemessene Undichtigkeit auf eine Einzelpore als Verursacher reduziert wird (adäquater Durchmesser) [1]. Die dafür zugrunde gelegten Modelle sind zum einen das „Modell für reibungsfreie Gasströmung" und zum anderen das „Modell für reibungsbehaftete Gasströmung".

Man ist geneigt, einem solches Ereignis, dass nämlich eine gemessene Undichtigkeit einer einzigen Pore zugewiesen werden kann, das Prädikat „höchst unwahrscheinlich" zu verleihen. Aber eine solche Aussage ist für einen Wissenschaftler und insbesondere für einen Ingenieur nicht zulässig! Die Aussage benötigt ein

Maß! In diesem Fall hilft die „Wahrscheinlichkeitstheorie" weiter. In [1] ist ein Modell dafür angedacht. Ganz bestimmt ist es sehr angreifbar und absolut noch nicht zufriedenstellend, es gibt aber immerhin die Möglichkeit, der Wahrscheinlichkeit ein Maß zu verleihen. Aus der Modellüberlegung resultiert die Gl. (A.50). Mit dieser Gleichung wird in den folgenden Fragestellungen die Wahrscheinlichkeit berechnet.

Erste Problemstellung (vereinfachte Betrachtungsweise)

An einem Bioreaktor mit einem Bruttotestvolumen von 100 [L] beträgt in der Summe die Dichtlänge 10 M. Die Dichtschnurbreite ist 5 [mm] und die Vorspannung (VSP) 10 [%]. Im Reaktor werden rekombinante *Escherichia coli* (geringste Ausdehnung $d = 1$ [µm]) kultiviert. Der Bioreaktor wurde mit Luft ($M = 29$ [g/mol]; $\kappa = 1{,}4$; $\nu = 2 \cdot 10^{-5}$ [m²/s]) einem Dichtigkeitstest unterworfen. Dabei nahm bei konstanter Temperatur ($T = 25$ [°C]) in 10 [h] der Überdruck von 1500 [mbar] *linear* auf 1400 [mbar] ab. Mit welcher Wahrscheinlichkeit ist damit zu rechnen, dass ein *Escherichia coli* durch die vorhandenen Leckagen nach außen dringen kann? Um der „vereinfachten Betrachtungsweise" gerecht zu werden, wurde die Annahme getroffen, dass der geringe Druckabfall linear erfolgt, d. h., $dp/dt = $ const.

Sämtliche Daten für den Lösungsweg sind in der Aufgabenstellung bereits explizit ausgewiesen, man muss also nur noch die geeigneten Gleichungen in der Formelsammlung finden. In der Lösungsebene 1 und 2 sind die Vorschläge zur Lösung dargestellt. Zu empfehlen ist, dies für beide Modelle durchzuführen.

Zweite Problemstellung

Zur Veranschaulichung dieser Problematik sei noch eine weitere Aufgabenstellung angefügt.

Ein Bioreaktor mit dem Reaktionsvolumen von 5000 [L] mit seinen peripheren Einrichtungen steht im Mittelpunkt einer Produktion eines biotechnologischen Produktes mit einem rekombinanten Mikroorganismus der *Sicherheitsstufe S2*, der einen Durchmesser von 2 [µm] besitzt. Es soll das Risiko (Wahrscheinlichkeit), das durch ungewollte Freisetzung entstehen könnte, abgeschätzt werden.

Die gesamte Anlage ist mit O-Ring-Dichtungen abgedichtet. Die eingesetzten Dichtungen sind in Tab. 3.1 aufgelistet.

Die Betrachtung soll durch die beiden Grenzwerte der Wahrscheinlichkeit ausgedrückt werden (minimaler, maximaler Wert), die durch die vorgegebenen (erforderliche, noch zulässige) VSP und der Überlagerung der Toleranzen zustande kommt. Es soll der arithmetische Mittelwert für den adäquaten Durchmesser gebildet werden.

Der gesamte zu prüfende Raum füllt 8 [m³] aus, und der Test wird mit Luft (Molmasse 29 [g/mol]; $\kappa = 1{,}41$; $\nu = 2 \cdot 10^{-5}$ [m²/s]) bei einer Temperatur von 25 [°C] durchgeführt. Der Anfangsüberdruck beträgt 1,5 [bar]. Während des Tests wird die dargestellte Druck-Zeit-Kurve aufgenommen (Abb. 3.2).

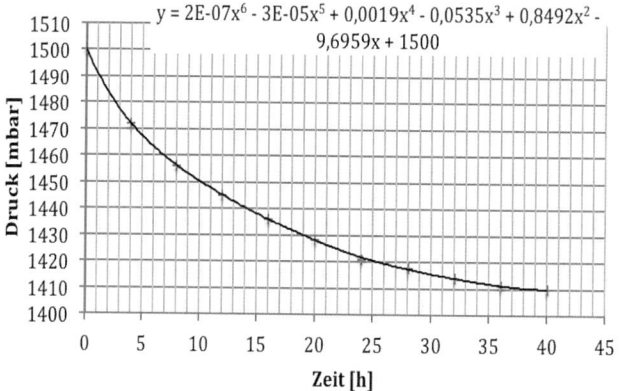

Abb. 3.2 Verlauf des Testdruckes entlang der Testzeit. Man kann erkennen, dass kein linearer Druckabfall zu verzeichnen ist. Das liegt darin begründet, dass der „Ruhedruck" nicht konstant bleibt und somit wie auch das treibende Gefälle abfällt. Was der Druckabfall um 90 [mbar] in 40 [h] bedeutet, muss ermittelt werden. Da bei der Herleitung der Gln. (A.46) und (A.47) der Gradient im Nullpunkt verwendet wurde, also ein konstanter Ruhedruck vorausgesetzt ist, muss dieser ebenfalls ermittelt werden.

Tab. 3.1 Anzahl und Länge der eingesetzten O-Ringe zur statischen Abdichtung an einem Bioreaktor.

Anzahl	Schnurdicke (ø) [mm]	O-Ring-Durchmesser [mm]	Länge [mm]
1	6	1600	5 000
3	6	400	3 770
10	6	100	3 140
25	6	25	1 965
35	6	19	2 090
			Σ 15 965

Der erste Schritt der Lösung ist in Tab. 3.1 schon durchgeführt, indem die Gesamtlänge aller Dichtungen ermittelt wurde. Sie beträgt aufgerundet $L = 16\,[\text{m}]$.

Für die weiteren Schritte sei auf die *Lösungsebenen 1 und 2* verwiesen.

3.1.4
Beurteilung von Sterilkonstruktionen

Das Ziel von Sterilkonstruktionen ist es, möglichst Totzonen zu vermeiden, die es Kontaminanten, vor allem Sporen, ermöglichen könnten, sich in einem Raum geschützt verbergen zu können und sich dadurch dem Zugriff der Sterilisations-

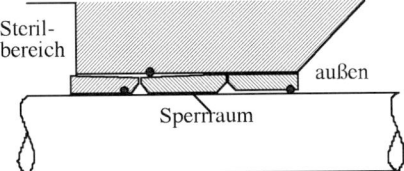

Abb. 3.3 Die Abdichtung einer drehenden Welle mittels doppeltwirkender Gleitringdichtung (dynamisch) und eine Anzahl von O-Ring-Dichtungen (statisch). Man muss zwischen drehenden und stehenden Elementen unterscheiden.

bedingungen zu entziehen. Sollte das nicht gelingen, dann besteht die Gefahr, dass ein Prozess gestört, im schlimmsten Fall sogar zerstört wird.
Die daraus folgende Forderung „Totraumfreiheit" zu erreichen widerspricht der Möglichkeit praktischer, mechanischer Gegebenheiten. Man kann Toträume konstruktiv auf ein Minimum verkleinern, aber irgendwann bleibt ein Raum übrig. Dieser wiederum sollte so gestaltet werden, dass Selbstreinigung (Umspülung, Durchspülung) greifen kann. In diesem Zusammenhang kann das etwas unwirklich klingende, aber dennoch treffende Motto „Maximierung des minimierten Totraumes" ausgegeben werden [1].
Um die Situation hinsichtlich der Sterilisationsbedingungen zu dokumentieren, wurden dazu Untersuchungen durchgeführt [12]. Dabei bezog man sich ausschließlich auf die Sterilisationstemperatur. Ob reine Dampfatmosphäre vorlag, wurde nicht überprüft. Man kann aber mit höchster Wahrscheinlichkeit davon ausgehen, dass diese ebenfalls nicht erreicht wurde.
Sterilkonstruktionen dürfen nicht alleine aus dem Blickwinkel der Steriltechnik gesehen werden. Gleichbedeutend ist auch die Sicherheit in der Biotechnologie einzustufen und natürlich auch die Qualitätssicherung. Gerade unter dem Aspekt der Qualitätssicherung sind Toträume ein wichtiges Thema, weil sie Quelle von Stoffverschleppungen sein können.
Die erforderlichen Konsequenzen und Maßnahmen sollen im folgenden Themenblock in Form von verschiedenen Problemstellungen bearbeitet werden.

Eine Sterilkonstruktion muss die konstruktiven Merkmale, die augenscheinlich dem Prozess des Sterilisierens entgegenkommen, gerecht werden (vgl. Abschn. 1.2 und [1]). Das bedeutet, dass in allen Stellen des Sterilbereiches die vorgegebenen Sterilisationsbedingungen über die erforderliche Zeit erreicht werden. Die Bedingungen sind die Sterilisationstemperatur T_S, die reine Dampfatmosphäre und die Sterilisationszeit t_S.

Unter diesen Gesichtspunkten soll die in Abb. 3.3 dargestellte Sterilkonstruktion einer doppelt wirkenden Gleitringdichtung beschrieben und beurteilt werden. Man betrachte die Konstruktion auch als Ganzes, vielleicht gibt es insgesamt Verbesserungsvorschläge? Sinnvolle Veränderungen sollen vorgenommen werden.

Auf der Welle sind zwei mitlaufende Gleitringe befestigt und jeweils mit einem O-Ring abgedichtet. Federn zum gezielten Ausgleich von Minimalverschleiß und

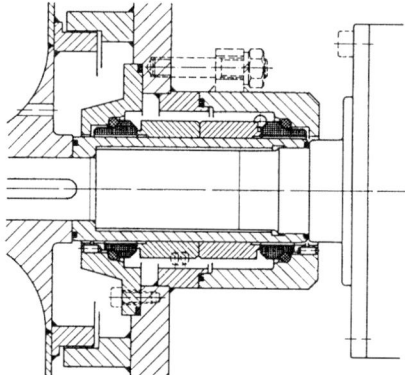

Abb. 3.4 Eine einfach wirkende Gleitringdichtung (dynamisch) im Sterilbereich für eine Kreiselpumpe, wie man sie häufig findet. Der Sterilbereich umschließt das Laufrad und alle daran angrenzenden Flächen.

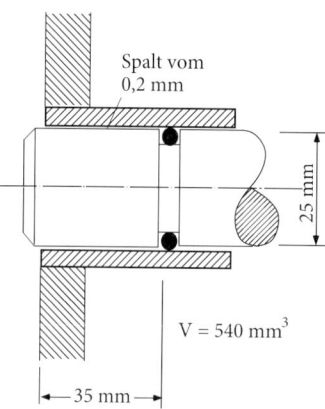

Abb. 3.5 Konstruktion eines Blindstopfens. In gleicher Art und Weise findet man solche Geometrien auch bei Sonden (pH, p_{O_2}). Man findet in der Praxis DN 19- und DN 25-Ausführungen. Diese Vereinbarung wurde schon in den 1960er-Jahren getroffen, aber Vorgaben zur steriltechnischen Ausführung wurden keine bereitgestellt.

zur Sicherung der Funktionsfähigkeit sind nicht erkennbar, müssen aber in aller Regel vorhanden sein. Als Gegenstück ist ein doppelter, stehender Gleitring am Gehäuse angebracht und ebenfalls mittels O-Ring abgedichtet. In dem Sperrraum zwischen der Welle und dem stehenden Gleitring kann ein Sperrmedium eingebracht werden. Das kann entweder steriles Kondensat sein oder aber auch ein steriles Gleitmittel (Glycerin). Ist eine gezielte Führung der Sperrflüssigkeit möglich?

Dieselben Überlegungen sollen auch auf die Konstruktionen gemäß Abb. 3.4 und 3.5 angewandt werden. Sinnvolle Veränderungen können auch in diesem Fall vorgenommen werden.

Bei Abb. 3.4 handelt es sich um eine doppeltwirkende Gleitringdichtung in einer Kreiselpumpe. Das Laufrad befindet sich im Sterilbereich (Annahme: Es soll steriles Medium gefördert werden) und die Gleitringe sind im Gehäuse etwas nach hinten verschoben angebracht. Die stehenden Gleitringe (in der Abb. 3.4 etwas dunkler hervorgehoben) sind am Gehäuse angebracht und die drehenden an

Tab. 3.2 Kriterienwertung für die Reaktorauswahl.

Lfd. Nr.	Wertung	Kriterium	Wertehinweis	Reaktorreihenfolge
1	+	Viskosität	0,36 [Pa · s]	9/11/12,10, 3/4/6/7/8
2	(+)	Scherprobleme	Etwas	1/2, 4/6/9/10
3	(+)	Feststoffgehalt	Etwas	9, 11, 12, 10, 4, 2, 1, 8
4	+	Sicherheitsanforderung	S2, hohe biologisch	1, 2, 3, 4, 8, 9, 10, 11, 7

der Welle. Der Zwischenraum kann wieder gespült bzw. überlagert werden (siehe Abb. 3.3). Die Anpressfedern sind an den stehenden Ringen platziert.

In Abb. 3.5 ist die Konstruktion eines üblichen Blindstopfens, wie sie auch für Sonden (pH, p_{O_2}) benutzt wird, gezeigt (vgl. Aufg. 3.1.2). Der Stutzen wird mit einem O-Ring abgedichtet und weist im gegebenen Beispiel ein Totraumvolumen von 540 [mm^3] aus.

Der Lösungsweg soll wieder zweigeteilt angelegt werden. Im ersten Schritt soll alleine eine Analyse des Istzustandes vorgenommen werden. Im zweiten Teil sind dann die entsprechenden Verbesserungsvorschläge aufzuzeigen.

In **Lösungsebene 1 und 2** sind schließlich die Konstruktionen analysiert und mögliche Verbesserungen für die Konstruktionen in den Abb. 3.3 bis 3.5 vorgeschlagen.

3.1.5
Lösungsebene 1 zu Abschn. 3.1.1 bis 3.1.4

Lösungsebene 1 zu Abschn. 3.1.1 *Auswahl eines geeigneten Bioreaktors*
Man nimmt sich nun die beiden Kriterientabellen B.1 und B.2 vor, wobei Matrix B.2 den Vorrang erhält und Matrix B.1 nur für die letzten drei Kriterien (Kosten, Fahrweise und Schlankheitsgrad) heranzuziehen ist.

Vorschlag: In einer Tabelle zuerst alle relevanten Kriterien auflisten und sie nach ihrer Bedeutung (+ große –, (+) abgeschwächte Bedeutung) wichten.

Wahl
Kriterium (1) lässt 9/11/12,10, 3/4/6/7/8 übrig.
Kriterium (2) schränkt weiter ein → 3, 7, 8, 11, 12 gestrichen, es bleiben 4, 6, 9, 10.
Kriterium (3) schließt BIR-Typ 6 aus.
Kriterium (4) hebt den BIR-Typ 4 hervor → deshalb wird **Typ 4**, der Wirbelschichtbioreaktor gewählt.

Aus dem Nomogramm in Abb. B.1 und mit der zusätzlichen Information zu hohem Kontaminationsrisiko + $t_F = 85$ [h] kann man in Abb. B.1 aus den rechten Säulenwerten einen Kontaminationsfaktor von 1,25 abschätzen (sehr hoch!), aus

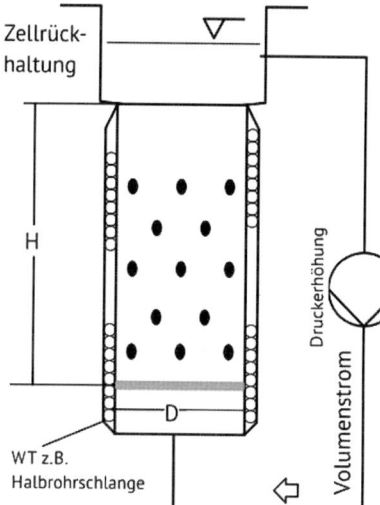

Abb. 3.6 Die Wahl fiel auf den Wirbelschichtreaktor. Er zeichnet sich dadurch aus, dass er mit der zu erwartenden Viskosität noch keine Probleme hat, hinsichtlich Scherung durch den vergleichmäßigten Leistungseintrag kaum Probleme machen wird, den Feststoff noch ausreichend beherrschen kann und den hohen biologischen Sicherheitsanforderungen sehr gut Rechnung trägt.
Der ausreichenden Wärmeabfuhr wird man durch am Außenmantel angebrachten Halbrohrschlangen gerecht. Im Bodenbereich ist ein Verteilerboden eingebracht, damit die Strömung möglichst gleichmäßig in den Reaktionsraum fließt. Der erweiterte Kopfraum dient als Zellrückhaltungseinrichtung.

den linken etwa 1,11 (nur 11 [%]). Für die weiteren Berechnungen wird der höhere Wert beibehalten.

Gegebene Größen $A/V = 2{,}5\,[\text{m}^{-1}]$; $\rho_P = 2{,}5\,[\text{kg/L}]$; $\rho_L = 1{,}2\,[\text{kg/L}]$; $\nu = 3 \cdot 10^{-4}\,[\text{m}^2/\text{s}]$; $d_P = 0{,}2\,[\text{mm}]$; $K = 80\,[\text{kg/h}]$; BST $= 6000\,[\text{h/a}]$; $P = 0{,}3\,[\text{g/L}]$; $\alpha = 0{,}55$ (entspricht Verlusten in Höhe von 45 [%]).

Empfehlung: Jetzt ist es angeraten mit einer Skizze, die alle Informationen beinhaltet, weiterzufahren. Danach sollte man sich an die Volumenberechnung machen und dabei beachten, dass zwischen Flüssigreaktionsvolumen und Bruttovolumen unterschieden wird!

Einer der vier Faktoren ist nun schon bestimmt (f_K).

Da der Wirbelschichtreaktor zur Gruppe der hydraulisch betriebenen Reaktoren gezählt wird, bezieht er die erforderliche Leistung aus der direkten Pumpleistung. Man kann also formulieren (vgl. Gl.((A.1)) aus der Formelsammlung):

$$P_L = \dot{V}_L \cdot \Delta p \quad [\text{W}] \tag{3.1}$$

wobei allerdings für die direkt in das Reaktionsgemisch eingetragene Leistung nur der Druckverlust zuständig ist, der in der Wirbelschicht herrscht. Die Pumpe hingegen muss auch alle anderen Druckverluste, wie den in der Umpumpleitung und im Verteilerboden aufbringen. Der Druckverlust in der Wirbelschicht lässt sich mithilfe der Gl. (A.152) aus der Formelsammlung bestimmen.

Damit lässt sich die Aufgabe weiterbearbeiten. In **Lösungsebene 2** findet man die Fortführung.

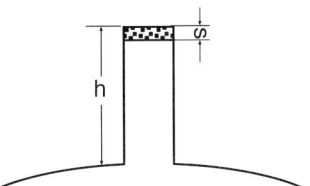

Abb. 3.7 Details des 6-mm-Einzelstutzen.

Lösungsebene 1 zu Abschn. 3.1.2 *Kritische Stellen im Sterilbereich*
Toträume im Reaktordeckel
Zusammenfassung der gegebenen Daten: $n = 5$ [Stutzen]; $d = 6$ [mm]; $h = 30$ [mm]; $T_S = 120$ [°C]; $t_S = 10$ [min]; $s = 0{,}6$ [mm]; $X_0 = 10^{11}$ [Sporen/mL]; $E_a = 273\,000$ [J/mol]; $k_0 = 1{,}0 \cdot 10^{40}$ [s^{-1}]; $R = 8{,}314$ [J/(mol·K)].

Gesucht ist die Wahrscheinlichkeit einer nicht geglückten Sterilisation P_{unsteril}.
In Abb. 3.7 ist der Einzelstutzen mit den wichtigsten Details dargestellt.

Zunächst bestimmt man das Filmvolumen, in dem die Keime durchwachsen und sporulieren, um die Gesamtzahl der Sporen in den Stutzen zu Beginn der Sterilisation zu bestimmen. Es gilt

$$V_{\text{Film}} = \frac{0{,}6^2 \cdot \pi}{4} \cdot 0{,}06 = 0{,}017 \,[\text{mL}] \tag{3.2}$$

Damit wird die Gesamtkeimzahl unter Einbezug aller Stutzen

$$N_0 = n_{\text{St.}} \cdot V_{\text{Film}} \cdot X_0 = 5 \cdot 0{,}017 \cdot 10^{11} = 8{,}5 \cdot 10^9 \,[\text{Sporen}] \tag{3.3}$$

Aus dem Diagramm – repräsentiert in Abb. B.5 – kann man aus der 120 °C-Kurve bei der Stutzenlänge von 30 [mm] die erreichte Stutzentemperatur $T_{\text{St.}} = 72$ [°C] ablesen. Diese Temperatur erlaubt es nun, die für die Inaktivierung der Sporen im Biofilm am oberen Stutzenende die Reaktionsgeschwindigkeitskonstante zu berechnen. Man erhält

$$k(72\,[°C]) = k_0 \exp\left(-\frac{E_a}{R \cdot T_{\text{St.}}}\right) = 10^{40} \cdot \exp\left(-\frac{273\,000}{8{,}314 \cdot 345}\right) = 0{,}046\,[\text{s}^{-1}] \tag{3.4}$$

Mit Gl. (A.86) lässt sich schließlich die erreichbare „Endsporenzahl" berechnen. Diese wird

$$\begin{aligned}N &= N_0 \cdot \exp(-k(72\,[°C]) \cdot t) \\ N &= 8{,}5 \cdot 10^9 \cdot \exp(-0{,}046 \cdot 10 \cdot 60) = 8{,}77 \cdot 10^{-3} \,[\text{Sporen}]\end{aligned} \tag{3.5}$$

Da die Endkeimzahl gleichzusetzen ist mit der Wahrscheinlichkeit des Überlebens von Keimen, gilt

$$P_{\text{unsteril}} = 8{,}77 \cdot 10^{-3} \tag{3.6}$$

Bemerkung Mit der Wahrscheinlichkeit des Überlebens von Keimen von ca. 10^{-2} entspricht das einer hohen Wahrscheinlichkeit von ca. 1 : 100, was gleichbedeutend mit einem Verlust von 1 [%] allein durch misslungene Sterilisationen ist.

In **Lösungsebene 2** sind mögliche Verbesserungen für die Konstruktionen in den Abb. 3.11 und 3.12 vorgeschlagen, die solche Situationen in der Praxis vermeiden helfen.

Lösungsebene 1 zu Abschn. 3.1.3 Dichtigkeit unter dem Aspekt der Steriltechnik
Erste Problemstellung
Zusammenfassung der in der Aufgabenstellung vorgegebenen Daten:

$V_T = 100\,[L]$; $L = 10\,[m]$; $d = 5\,[mm]$; VSP $= 10\,[\%]$; $d_{krit} = 1\,[\mu m]$; $M = 29\,[g/mol]$; $\kappa = 1,4$; $\nu = 2 \cdot 10^{-5}\,[m^2/s]$; $T = 25\,[°C]$; $\Delta t_T = 10\,[h]$; $p_R = 2,5\,[bar]$; $\Delta p = 100\,[mbar]$; Annahme: Umgebungsdruck $p = 1013\,[mbar]$ (in der Praxis empfiehlt es sich, am Versuchsort immer eine Wetterstation zu haben, um auf Temperatur, Feuchtigkeit und Luftdruck zurückgreifen zu können).

Es soll die Frage nach der Wahrscheinlichkeit, mit der ein *Escherichia coli*-Bakterium nach außen dringen kann, beantwortet werden.

Im ersten Schritt wird die Betrachtung mit dem „Modell zur reibungsfreien Gasströmung" herangezogen. Dieses legt die bekannte Gleichung von De Saint-Venant und Wantzel und die dafür zusammengestellten Randbedingungen zugrunde [1]. Mit Gl. (A.46) erhält man

$$D_{ad} = \sqrt{\frac{4 \cdot 0,1 \cdot 29 \cdot 10^{-3}}{\pi \cdot R \cdot 298 \cdot \sqrt{\frac{2 \cdot 1,4}{1,4-1} \cdot 2,93 \cdot 2,5 \cdot 10^5 \cdot \left[1 - \left(\frac{1,013}{2,5}\right)^{\frac{1,4-1}{1,4}}\right]}}} \cdot \frac{10\,000}{10 \cdot 3600}$$

$$= 1,96 \cdot 10^{-5}\,[m] \,\widehat{=}\, 19,6\,[\mu m] \qquad (3.7)$$

also einen fiktiven Durchmesser für eine Einzelpore, die die gemessene Undichtigkeit repräsentieren soll, der fast 20-mal größer ist, als die betrachteten Keime. Doch wie wahrscheinlich ist diese Situation?

Dazu hilft Gl. (A.50) weiter. Für die Berechnung der Wahrscheinlichkeit stehen der gefundene adäquate Durchmesser D_{ad} (Gl. (3.7)), der gegebene kritische Durchmesser (Keimdurchmesser oder kleinste Ausdehnung) und die gesamte Dichtlänge L zur Verfügung. Man erhält

$$P_{ja} = \left(\frac{19,6}{1,0}\right)^2 \cdot \frac{19,6 - 1,0}{2 \cdot 10 \cdot 10^6} = 3,57 \cdot 10^{-4} \qquad (3.8)$$

Die Wahrscheinlichkeit eines Eintretens des ungünstigen Ereignisses ist mit 1 : 3000 nicht so sehr unwahrscheinlich, zumindest aber sehr weit weg von der Wahrscheinlichkeit sicher sechs Richtige im Lotto zu erreichen (1 : 14 000 000).

Um sich ein Bild zu machen, was diese gemessene (Un-)Dichtigkeit aus technischer Sicht bedeutet, kann man die „Messlatte" aus der Chemie heranziehen. Dort wird ein Massenverlust des Messgases von weniger als 0,1 [g] pro laufendem Meter Dichtlänge und Stunde als das „technische Maß der Dinge" genannt [1]. Mit den gegebenen Parametern lässt sich für den vorliegenden Fall folgender Wert ermitteln

$$\dot{m}_{TG} = \frac{V \cdot M}{R \cdot T} \cdot \frac{\Delta p_1}{\Delta t} = \frac{0,1 \cdot 29}{8,314 \cdot 298} \cdot \frac{10\,000}{10} = 0,117 \left[\frac{g_{TG}}{m \cdot h}\right] \qquad (3.9)$$

Das liegt etwa beim Chemiestandard! Damit kann man sich zufrieden geben!

Doch was sagt das zweite Modell, also unter Berücksichtigung der Reibung, zu dieser Frage? Das soll in der **Lösungsebene 2** besprochen werden.

Zweite Problemstellung
Zusammenfassung der bisher bekannten Daten: $V_T = 8\,[\text{m}^3]$; $M = 29\,[\text{g/mol}]$; $\kappa = 1{,}41$; $\nu = 2 \cdot 10^{-5}\,[\text{m}^2/\text{s}]$; $T_T = 25\,[°C]$; $p_R = 2{,}5\,[\text{bar}]$; $L = 16\,[\text{m}]$; Annahme: Umgebungsdruck $p = 1013\,[\text{mbar}]$ (in der Praxis empfiehlt es sich, am Versuchsort immer eine Wetterstation zu haben, um auf Temperatur, Feuchtigkeit und Luftdruck zurückgreifen zu können).

Als Nächstes muss aus der aufgenommenen Druckverlaufskurve in Abb. 3.2 der Gradient $(dp/dt)_0$ zur Zeit null ermittelt werden. Das Tabellenkalkulationsprogramm gibt für die Messreihe ein Polynom 6. Grades aus. Differenziert man diese Gleichung (dy/dt) und setzt dann für x gleich null ein und integriert diese wieder, so ergibt dies die Geradengleichung für den Überdruck

$$p(t) = 1500 - 9{,}7 \cdot t \tag{3.10}$$

Setzt man nun noch für ein Δt die Zeitspanne von 10 [h] ein, so erhält man zunächst den Druck nach 10 [h] mit $p = 1403\,[\text{mbar}]$ und nach Subtraktion mit dem Ruhedruck (Testdruck = Ruhedruck) den Druckabfall $\Delta p_1 = 97\,[\text{mbar}]$.

Wie schon in der ersten Aufgabe dieses Typs verwendet man nun für die Berechnung des adäquaten Durchmessers Gl. (A.46)

$$D_{\text{ad}} = \sqrt{\frac{4 \cdot 8 \cdot 29 \cdot 10^{-3}}{\pi \cdot R \cdot 298 \cdot \sqrt{\frac{2 \cdot 1{,}4}{1{,}4-1} \cdot 2{,}93 \cdot 2{,}5 \cdot 10^5 \cdot \left[1 - \left(\frac{1{,}013}{2{,}5}\right)^{\frac{1{,}4-1}{1{,}4}}\right]}} \cdot \frac{9700}{10 \cdot 3600}}$$

$$= 1{,}73 \cdot 10^{-4}\,[\text{m}] \hat{=} 172{,}6\,[\mu\text{m}] \tag{3.11}$$

und erhält für einen „stellvertretenden Durchmesser" einer Einzelpore einen Wert, der jetzt 170-fach über dem kritischen Durchmesser liegt. Auch hier muss man wieder nach der Wahrscheinlichkeit fragen. Die Antwort liefert erneut Gl. (A.50)

$$P_{\text{ja}} = \left(\frac{172{,}6}{2{,}0}\right)^2 \cdot \frac{172{,}6 - 2{,}0}{2 \cdot 10 \cdot 10^6} = 3{,}97 \cdot 10^{-2} \tag{3.12}$$

Dieses Modell liefert nun eine Wahrscheinlichkeit des Auftretens einer adäquaten Pore, die schon wesentlich höher ist als in der ersten Problemstellung beschrieben. Mit 1 : 25 kann sie als hoch eingestuft werden. Dem Betreiber der Anlage ist wegen der Forderung nach $S2$ dringend zu empfehlen, die Anlage in einen „dichteren" Zustand zu versetzen (z. B. kompletter Austausch der Dichtmaterialien!). Das lässt sich schon allein durch den in der Chemie anerkannten Standardwert für eine technisch anspruchsvolle Dichtigkeit von 0,1 [g/L/h] abschätzen. Dieser Wert beträgt

$$\dot{m}_L = \frac{V_T \cdot M}{R \cdot T} \cdot \frac{\Delta p}{\Delta t} = \frac{8_T \cdot 29}{8{,}314 \cdot 298} \cdot \frac{9700}{10} = 14{,}53 \left[\frac{\text{g}}{\text{m} \cdot \text{h}}\right] \tag{3.13}$$

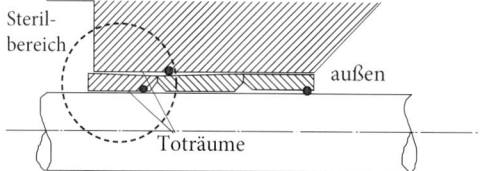

Abb. 3.8 Analyse für die Gleitringdichtung (Abb. 3.3) inklusive der Anordnung der O-Ring-Dichtungen. Die Position der O-Ringe verändern, eingeschlossene Sterilgrenze (Gleitfläche) vermeiden und Ausgleichsfeder platzieren.

In diesem Fall schlägt der Wert sehr weit nach oben aus und bestätigt die zuvor ausgesprochene Aufforderung!

Wieder stellt sich die Frage, wie es im reibungsbehafteten Modell aussieht. Das soll in der **Lösungsebene 2** beantwortet werden.

Lösungsebene 1 zu Abschn. 3.1.4 *Beurteilung von Sterilkonstruktionen*

Im Sterilbereich muss eine Konstruktion neben der Sterilisationstemperatur T_S auch eine reine Dampfatmosphäre ermöglichen und während der Sterilisationszeit t_S diese Bedingungen halten.

Unter diesen Randbedingungen soll die Konstruktion in Abb. 3.3 analysiert und verbessert werden. Gleich vorweg, diese Sterilkonstruktion einer doppeltwirkenden Gleitringdichtung ist verbesserungswürdig. Vom Sterilbereich her kann bis zur O-Ring-Dichtung Medium vordringen (vgl. Abb. 3.8), das bei Entleerung des Reaktors ganz sicher nicht mit entfernt wird. Da es unkontrolliert verweilt, können sich dort Mikroorganismen ausbreiten, wachsen und schließlich sporulieren und somit in „Hab-Acht-Position" gehen. Für eine spätere Sterilisation sind diese sicher überwiegend vor Hitze und ganz bestimmt vor reiner Dampfatmosphäre „geschützt". Außerdem wird eine Ausgleichsfeder vermisst.

Dieselben Überlegungen sollen auch auf die Konstruktionen gemäß Abb. 3.4 und 3.5 angewandt werden. Sinnvolle Veränderungen können auch in diesem Fall vorgenommen werden.

Die doppeltwirkende Gleitringdichtung einer Kreiselpumpe in Abb. 3.4 hat aus Sicht der Steriltechnik mehrere Mankos (vgl. Abb. 3.9). Zum einen ist der zum Sterilbereich hin gerichtete feststehende Gleitring ungünstig platziert, weil er bis zur Gleitfläche einen unerwünschten Totraum freigibt, wodurch die erwünschten Sterilisationsbedingungen nicht erreicht werden können und zum anderen können sich dort Feststoffe festsetzen. Des Weiteren ist die Zielsetzung die Sterilgrenze (primärseitige Gleichfläche) ins Medium zu legen unterlaufen.

Hier kann eine Regel für Sterilkonstruktionen von Gleitringdichtungen angewandt werden. Diese verlangt, dass die Gleitfläche im Sterilraum laufen soll. Damit wird sowohl der Totraum beseitigt und zusätzlich werden durch die Zentrifugalkräfte Feststoffe von der Gleitfläche ferngehalten.

Abb. 3.5 zeigt ein typisches Beispiel für die Verletzung der Regel der „Maximierung des minimierten Totraumes" (vgl. Aufgabe 3.1.2). In diesem verbliebenen, „unglücklichen" Minitotraum können sich mikrobiologisch viele unkontrollier-

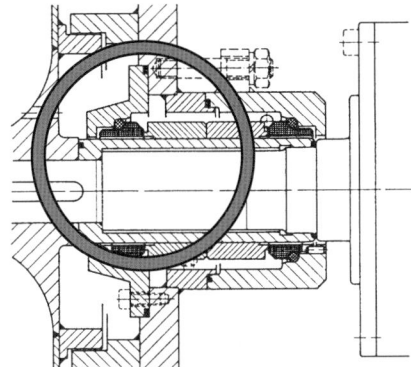

Abb. 3.9 Die Analyse einer einfach wirkenden Gleitringdichtung (dynamisch) im Sterilbereich. Verbesserungsvorschläge: Die eingekammerte Grenzfläche (Gleitfläche) ist denkbar unglücklich hinsichtlich der Vorgabe für eine Sterilkonstruktion. Eine Feder ist nicht unbedingt erkennbar.

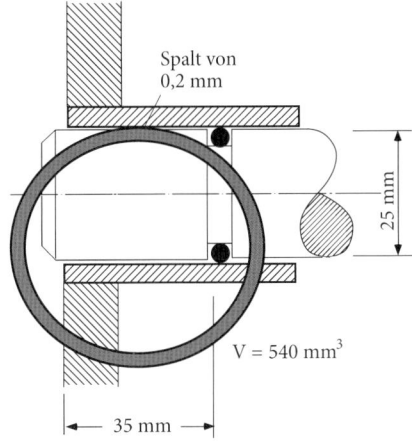

Abb. 3.10 Analyse der Konstruktion eines Blindstopfens. Im Minitotraum kann sich unkontrolliert einiges abspielen (vgl. Aufgabe 3.1.2). Ein typisches Beispiel für die Nichteinhaltung des Prinzips: „Maximierung des minimierten Totraumes". Hier bleibt er unakzeptabel beim Minimum.

te Vorgänge abspielen, wie z. B. Wachstum und Sporulierung von potenziellen Kontaminanten (Abb. 3.10). Insbesondere nach einer Kontamination sind solche Stellen die Quellen für die Fortführung dieser Infektion. Dann helfen oft nur noch Radikalprozeduren, um ein solches befallenes System wieder steril zu bekommen.

Wie diese Analyse konstruktiv für die Konstruktionen von den Abb. 3.3 bis 3.5 in einen Verbesserungsvorschlag umgesetzt werden kann, ist in **Lösungsebene 2** dargestellt.

3.1.6
Lösungsebene 2 zu Abschn. 3.1.1 bis 3.1.4

Lösungsebene 2 zu Abschn. 3.1.1 *Auswahl eines geeigneten Bioreaktors*

Als Nächstes beginnt man mit der Volumenberechnung. Es ist an dieser Stelle wieder einmal wichtig, die beiden Volumina in Betracht ziehen. Das eine Volumen, mit dem man wirtschaften kann, also das Reaktionsvolumen, und das andere Volumen, das man bezahlen muss. Man fragt deshalb zunächst nach dem Nutzvolumen (Reaktionsliquidvolumen). Dieses berechnet sich (vgl. Gln. (A.27) und (A.75) aus der Formelsammlung) nach

$$V_{R,L} = \frac{K \cdot f_K \cdot (t_F + t_R)}{BST \cdot P \cdot \alpha} = \frac{80 \cdot 1{,}25 \cdot (85 + 15)}{6000 \cdot 0{,}3 \cdot 0{,}55} = 10 \, [\text{m}^3] \quad (3.14)$$

Für den nächsten Schritt braucht man neben dem Kontaminationsfaktor, der ein „verlorenes Volumen" darstellt, noch die restlichen Faktoren, die das nicht nutzbare Volumen ausdrücken (vgl. Abschn. 1.6 und Gln. (A.34) bis (A.39)). Der Wirbelschichtreaktor besitzt zwar im Reaktionsraum keine Einbauten, erfordert aber einen Anströmbereich im Sumpf und eine Zellrückhaltung im Kopfraum. Um den Anspruch der Einbauten an zusätzlichem Reaktorraum zu bestimmen, bräuchte man die endgültige Konstruktionszeichnung. In Ermangelung einer solchen legt man den Einbautenfaktor f_E mit 1,11 fest.

Da kein Schaum zu erwarten ist, muss man nur den Fall einer Kontamination berücksichtigen und ein Volumen vorsehen, das erlaubt, im ungünstigen Fall einer nicht gewollten Kontamination mit Schaumbildung noch reagieren zu können, bevor die gesamte Abgaseinheit mit Schaum verschmiert wird. Eine Entscheidung für weitere 10 [%] Zuschlag ist zu empfehlen.

Der Gas-Holdup-Faktor ist unbedeutend, weil kein Gas eingeleitet werden muss, also setzt man ihn gleich 1,0. Damit erhält man für das Bruttoreaktionsvolumen

$$V_{R,B} = V_{R,L} \cdot f_E \cdot f_F \cdot f_G = 10 \cdot 1{,}11 \cdot 1{,}1 \cdot 1{,}0 = 12{,}2 \, [\text{m}^3] \quad (3.15)$$

Aus der Kriterienmatrix B.2 kann man entnehmen, dass für den Wirbelschichtbioreaktor ein Maximalvolumen von $\geq 400 \, [\text{m}^3]$ empfohlen wird. Demnach reicht allemal ein einziger Bioreaktor mit $V_{R,B} = 12{,}2 \, [\text{m}^3]$ aus.

Zur Ermittlung des Schlankheitsgrades ist das Verhältnis von seitlicher Mantelfläche und Reaktionsvolumen $A_M/V_{R,L}$ gegeben. Man erhält (vgl. Gln. (A.25) bis (A.32) ohne Bodenbereich)

$$\frac{A_M}{V_{R,L}} = \frac{D^2 \cdot \pi \cdot f_S \cdot 4}{D^3 \cdot \pi \cdot f_S} = 2{,}8 \, [\text{m}^{-1}] \quad (3.16)$$

Daraus lässt sich der Durchmesser

$$D = \frac{4}{2{,}8} = 1{,}43 \, [\text{m}] \quad (3.17)$$

und schließlich der Schlankheitsgrad über die Volumengleichung

$$V_{R,L} = 10 = \frac{D^3 \cdot \pi \cdot f_S}{4} \, [\text{m}^3] \quad (3.18)$$

ermitteln. Nach Umstellung ergibt sich

$$f_S = \frac{4 \cdot 10}{\pi \cdot 1{,}43^3} = 4{,}35 \quad (3.19)$$

Dieser Wert passt sehr gut zur Vorgabe (vgl. Tab. B.1).

Tab. 3.3 Zusammenfassung der Reaktorauslegung.

Argument	Bewertung
Typ	Wirbelschicht (4)
Volumen $V_{R,B}$	12 [m^3]
Anzahl n	1
Temperatur T_{zul}	200 [°C]
Druck p_{zul}	5 [bar]
Material	1.4571/1,4135
Oberfläche	Korn 240
Schlankheitsgrad f_S	4,35
Energie	Hydraulisch

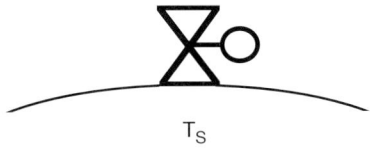

Abb. 3.11 Möglichkeit, den Totraum angeschlossener Leitungen am Deckel des Bioreaktors zu beseitigen.

Für die Auslegungsparameter Temperatur und Druck greift man auf die Standardwerte, beim Material und der Oberflächengestaltung auf den Standard [1] zurück, sodass alle Daten für die Bestellung festgelegt sind.

Die Zusammenfassung kann man Tab. 3.3 entnehmen. Damit ist die Aufgabe gelöst!

Lösungsebene 2 zu Abschn. 3.1.2 *Kritische Stellen im Sterilbereich*
Haupträume im Reaktordeckel
Eigentlich ist die Fragestellung schon gelöst, aber das Problem bleibt bestehen, es wurde eher noch deutlicher offengelegt. Es gilt nun konstruktive Maßnahmen vorzuschlagen, die das Problem der „kritischen Stellen" beseitigen oder zumindest einengen.

Eine Lösung wäre, das Absperrventil direkt auf den Reaktor zu montieren, um den Totraum zu beseitigen (Abb. 3.11).

Diese Lösung bringt mehrere neue Probleme mit sich. Zum Beispiel ist ein am Deckel direkt angeschweißtes Ventil Bestandteil des Reaktors und bereitet dann Probleme, wenn es zu einem späteren Zeitpunkt entfernt werden soll, weil dann im Sinne der Druckbehälterverordnung der gesamte Kessel neu abgenommen werden muss. Eine bessere Lösung stellt eine Zwangsentlüftung dar, wie sie in Abb. 3.12 dargestellt ist. Diese Lösung verspricht eine sichere Entlüftung und das Erreichen einer reinen Dampfatmosphäre.

Ob dieser Aufwand letztendlich wirklich zur täglichen Praxis werden muss, entscheidet allerdings die Praxis selbst. Wie in Abschn. 1.2.2.2 gezeigt, muss zur Kontamination noch der Umstand kommen, dass die Sporen vom Reaktordeckel auch

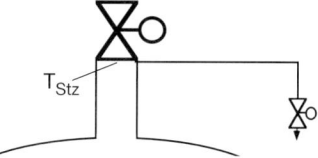

Abb. 3.12 Zwangsentlüftung, um den Totraum angeschlossener Leitungen am Deckel des Bioreaktors zu durchströmen.

den Weg in den Reaktor finden. Bei zuführenden Leitungen ist dies aber in jedem Fall gegeben, weil der kontaminierte Biofilm mit hineingespült wird.

Lösungsebene 2 zu Abschn. 3.1.3 *Dichtigkeit unter dem Aspekt der Steriltechnik*
Erste Problemstellung
Der adäquate Durchmesser für die stellvertretende Pore ist in der Lösungsebene 1 unter Verwendung des „reibungsfreien Modells" gefunden und mit 19,6 [µm] benannt worden. Die daraus gefundene Wahrscheinlichkeit wurde mit $3{,}57 \cdot 10^{-4}$ angegeben.

Jetzt soll untersucht werden, wie sich die Situation bei Anwendung des „reibungsbehafteten Modells" darstellt. Dazu wird auf Gl. (A.47) zurückgegriffen, in der das Hagen-Poiseuille'sche Gesetz verarbeitet ist [1]. Man erhält für die Länge einer quer zum O-Ring verlaufenden Pore

$$L^* = 2 \cdot 5 \cdot \sqrt{\frac{10}{200} \cdot \left(1 - \frac{10}{200}\right)} = 2{,}18 \,[\text{mm}] \tag{3.20}$$

Der nächste Schritt führt mit Gl. (A.47) zum adäquaten Durchmesser

$$D_{\text{ad}} = \sqrt[4]{\frac{128 \cdot 2{,}18 \cdot 10^{-3} \cdot 2{,}0 \cdot 10^{-5} \cdot 0{,}1 \cdot 29 \cdot 0{,}1 \cdot 10^5}{\pi \cdot 8{,}314 \cdot 298 \cdot 148\,700 \cdot 10 \cdot 3600 \cdot 10^3}} \cdot 10^6 = 44{,}4 \,[\text{µm}] \tag{3.21}$$

Jetzt ist mit 44,4 [µm] für den adäquaten Durchmesser der Wert etwa um den Faktor zehn höher. Das wirkt sich auch auf die Wahrscheinlichkeit aus. Diese wird analog zu Gl. (3.8)

$$P_{\text{ja}} = \left(\frac{44}{1{,}0}\right)^2 \cdot \frac{44 - 1{,}0}{2 \cdot 10 \cdot 10^6} = 4{,}28 \cdot 10^{-3} \tag{3.22}$$

jetzt etwas bedenklicher, weil damit ausgedrückt wird, dass etwa jede 230. Gelegenheit zum adäquaten Durchmesser führen wird! Das verschärft die Lage und fordert zum Handeln heraus, an der Dichtigkeit der Anlage bei nächster Gelegenheit zu arbeiten.

Dennoch ist das keineswegs ein Grund zur Beunruhigung, weil es immer noch erforderlich ist, dass auch ein infrage kommender Keim sich direkt davor platzieren würde. Und die Wahrscheinlichkeit dieser Voraussetzung ist sicherlich auch sehr gering, zumal die infrage kommenden Partikel aus der Liquidphase (Reaktionsmedium) in die Gasphase gelangen müssen. Diese Wahrscheinlichkeit mit einem Zahlenwert zu belegen ist äußerst schwierig und soll hier ausnahmsweise so stehen bleiben!

Zweite Problemstellung

Zusammenfassung der bisher bekannten Daten: $V_T = 8\,[\text{m}^3]$; $M = 29\,[\text{g/mol}]$; $\kappa = 1{,}41$; $\nu = 2 \cdot 10^{-5}\,[\text{m}^2/\text{s}]$; $T_T = 25\,[°C]$; $p_R = 2{,}5\,[\text{bar}]$; $L = 16\,[\text{m}]$; $d = 6\,[\text{mm}]$ (siehe Tab. 3.1); Annahme: Umgebungsdruck $p = 1013\,[\text{mbar}]$; $\Delta p_1 = 97\,[\text{mbar}]$; $\Delta p_2 = 2500 - 1013 = 1487\,[\text{mbar}]$. Als VSP wurde der ungünstiger Fall mit 22 [%] angenommen.

Damit ist es möglich, für die Betrachtungsweise ohne Reibung mit Gl. (A.47) den adäquaten Durchmesser zu ermitteln. Dazu muss aber vorerst noch die „Porenlänge" L^* bestimmt werden. Dafür ist Gl. (A.48) geeignet. Es gilt für die Länge der quer zum O-Ring verlaufenden Pore

$$L^* = 2 \cdot 6 \cdot \sqrt{\frac{22}{200} \cdot \left(1 - \frac{22}{200}\right)} = 3{,}75\,[\text{mm}] \tag{3.23}$$

Nun ist mit der Gl. (A.47) der adäquate Durchmesser berechenbar. Man erhält

$$D_{\text{ad}} = \sqrt[4]{\frac{128 \cdot 3{,}75 \cdot 10^{-3} \cdot 0{,}000\,02 \cdot 8 \cdot 29 \cdot 9700}{\pi \cdot 8{,}314 \cdot 298 \cdot 148\,700 \cdot 10}} \cdot 10^6 = 151\,[\mu\text{m}] \tag{3.24}$$

Mit 151 [µm] ist der adäquate Durchmesser doch erstaunlich groß. Das führt unweigerlich auch zu einer erhöhten Wahrscheinlichkeit. Diese wird

$$P_{\text{ja}} = \left(\frac{151}{2{,}0}\right)^2 \cdot \frac{151 - 2{,}0}{2 \cdot 16 \cdot 10^6} = 2{,}65 \cdot 10^{-2} \,\hat{=}\, 3\,[\%] \tag{3.25}$$

Dieses Ergebnis verleiht Anlass zur Besorgnis, weil damit ausgedrückt wird, dass es bei 100 Experimenten (Prüfungen) dreimal zum Ereignis (Auftreten des adäquaten Durchmessers) führen wird! Es wäre in diesem Fall wegen S2 angebracht die Anlage nochmals gründlich zu untersuchen und eventuell Nachbesserungen bis hin zur Neumontage(!) durchzuführen [1].

Lösungsebene 2 zu Abschn. 3.1.4 Beurteilung von Sterilkonstruktionen (Verbesserungsvorschläge!)

Bisher wurden die Merkmale von realen Konstruktionen im Sterilbereich beschrieben und kritische Anmerkungen zu den Abweichungen zur Theorie gemacht. Nun wäre es an der Zeit, auch Verbesserungsvorschläge zu unterbreiten.

Dazu muss man sich die Definition einer Sterilkonstruktion vornehmen und prüfen, inwieweit diese in die Praxis umsetzbar ist. Unter diesen Gesichtspunkten sollen in die in Abb. 3.3 dargestellte Konstruktion einer doppelt wirkenden Gleitringdichtung auf einer Antriebswelle sinnvolle Veränderungen eingebracht werden.

Als Erstes sollen die zwar kleinen aber umso gefährlicheren Minitoträume beseitigt oder zumindest umkonstruiert werden. Zunächst legt man den drehenden Gleitring ins Medium, indem man das Gehäuse nach hinten zieht und an der Welle den Gleitring dichtet und fixiert. Am stehenden Gleitring wird die Feder platziert. Die Dichtung des stehenden Gleitrings am Gehäuse ist so weit wie möglich nach vorne geholt und danach die Gehäusekonturlinie angepasst (Abb. 3.13).

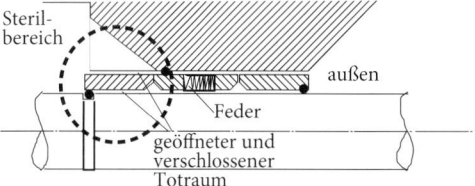

Abb. 3.13 Lösung: Die Sterilgrenze der Gleitringdichtung frei legen, d. h. ins Medium, und die O-Ring-Dichtungen günstiger anordnen, um Toträume zu beseitigen oder dem Sterilkonstruktionsprinzip zu folgen.

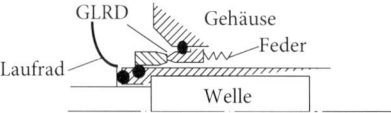

Abb. 3.14 Lösung: Konstruktive Verbesserung: Die Sterilgrenze (Gleichfläche) frei ins Medium legen und die O-Ringe günstiger platzieren. Den federbelastenden Gleitring aus dem Sterilbereich nehmen.

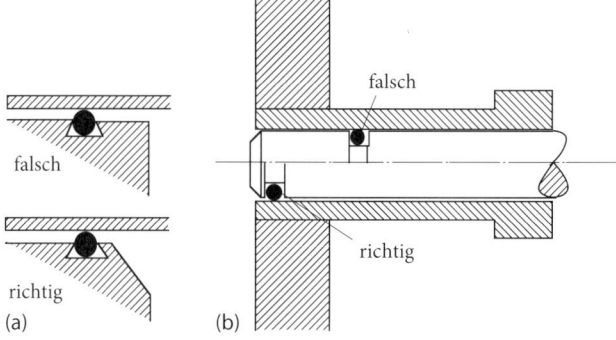

Abb. 3.15 Lösung: Verbesserung der Konstruktion eines Blindstopfens. Typisches Beispiel für die „Maximierung des minimierten Totraumes". Der O-Ring wird nach vorne genommen und danach der verbliebene Totraum geöffnet.

Dieselben Überlegungen sollen auch auf die Konstruktionen gemäß Abb. 3.4 und Abb. 3.5 angewandt werden. Sinnvolle Veränderungen können auch in diesem Fall vorgenommen werden. Auch hier soll die Sterilgrenze ins Medium gesetzt werden. Ansonsten sind die Veränderungen denen in Abb. 3.13 sehr ähnlich (vgl. Abb. 3.14 und 3.15).

Die drei Aufgaben repräsentieren typische Beispiele für eine Verbesserung gegebener Konstruktionen im Sterilbereich. Sie zeigen beispielhaft, dass man bei Sorgfalt im Detail große Wirkung erreichen kann.

3.2 Wärmetechnische Betrachtungen

3.2.1 Abgaskühlung (Wärmeaustausch allgemein)

Aerob betriebene Bioreaktoren benötigen die Zufuhr eines Sauerstoffträgers. In den allermeisten Fällen bedient man sich vorkonditionierter Luft. Diese Luft ist vorfiltriert, auf einen Taupunkt von mindestens –20 [°C] (oft auch –40 [°C]) getrocknet und schließlich verdichtet (auf 3 bis 6 [bar]).

Da man aufgrund des oft hohen Sauerstoffbedarfs und der geringen Löslichkeit des Sauerstoffs in wässerigen Lösungen (Fermentationsmedien) relativ große Mengen Luft durch einen Bioreaktor blasen muss, ergibt sich das Problem, dass ein nicht unerheblicher Teil aller flüchtigen Substanzen, insbesondere Wasser, ausgetragen werden. Um diesen Wasserverlust zu vermeiden oder zumindest zu reduzieren, stehen im Wesentlichen drei Methoden zur Verfügung:

1. Zuluftbefeuchtung
2. Abgaskühlung
3. Dosierung von sterilem Wasser (nur Wasserausgleich).

In der Praxis hat sich die Zuluftbefeuchtung nicht durchgesetzt, obwohl es mit ihr am ehesten gelingt, den Wasserverlust komplett auszugleichen. Steriltechnische und auch kostenbasierte Probleme ließen dieses Verfahren weit hinter das Abgaskühlverfahren fallen. Der Ausgleich von Wasser durch Dosierung von sterilem Wasser ist weniger gefragt, weil der technische Aufwand oft zu hoch eingestuft wird und außer Wasser andere flüchtige Substanzen nicht ersetzt werden. Am häufigsten findet man die Abgaskühlung.

Da man die Luft allerdings nicht unter –20 [°C] (bzw. –40 [°C]) abkühlen kann, ist es nicht möglich, das Gesamtwasser aus dem Abgas zu entfernen. Die tiefsten einstellbaren Temperaturen im Abgaskühler liegen knapp über dem Gefrierpunkt von Wasser, also bei 0 [°C]. Deshalb ist es notwendig, die Wasserverluste zu berechnen, um entscheiden zu können, ob noch zusätzlich zur Bilanz steriles Wasser zugegeben werden muss, damit keine störenden Konzentrationserhöhungen von Mediumsbestandteilen auftreten können (Hemmeffekte!, Fehlinterpretationen von Produktkonzentrationen).

Da sei folgende Anekdote erzählt: Im Glauben durch die Verlängerung der Fermentationszeit eine höhere Ausbeute zu erzielen, ließ ein findiger Biotechnologe eine 20-tägige Fermentation noch einige Tage länger bei hoher Begasungsrate weiterlaufen. Und siehe da, die Konzentration des Produkts war tatsächlich höher! Also war seine Vermutung ein Volltreffer? Doch am Ende der Aufarbeitung, nach dem Absacken des feststoffartigen Produktes, lagen genauso viel Säcke wie üblich zum Verkauf bereit!

> Was war geschehen? Man ahnt es schon, der „Gläubige" hat lediglich eine Aufkonzentrierung bewirkt und nicht die Ausbeute gesteigert!
> Was lernt man daraus? „Heißer Wind" bringt keinen Vorteil, wohl aber höhere Kosten und Umweltprobleme!

3.2.1.1 Reduzierung der Wasserverluste – Vorgabe der relativen Feuchtigkeit

Damit die Abgasfiltration keine Probleme bereitet, soll das Abgas aus einem Bioreaktor so konditioniert werden, dass es mit einer Temperatur von 50 [°C] und einer relativen Feuchtigkeit von 0,2 am Abgassterilfilter ankommt. Im Filter ist noch ein Druckverlust von 0,1 [bar] zu verzeichnen, und in der Umgebung herrscht Normaldruck (1,013 [bar]). Die Konstruktion des Abgasheizers ist so gestaltet, dass sich bis zum Filter das Gas nicht mehr abkühlt.

In der vorhandenen Anlage schafft der Kühler, die Wasserbeladung um 70 [%] zu reduzieren.

Mit welcher relativen Feuchtigkeit verlässt das Gas den Kopfraum eines Bioreaktors mit der Flüssigkeitssäule von 4 [m] und wie viel Kilogramm Wasser wird pro Kubikmeter Flüssigreaktionsvolumen und Stunde aus dem Reaktor ausgetragen, wenn die Fermentationstemperatur 45 [°C] und die Begasungsrate bei Istbedingungen 0,6 [vvm] beträgt?

Die Dichte kann bei diesen Bedingungen mit 1,3 [kg/m^3] angenommen werden und der mittlere Druck im Reaktor ist 1,5 [bar$_{abs}$].

Anmerkung: Die angenommene Dichte der Luft hält eine exakte Überprüfung (ideale Gasgleichung) nicht Stand. Mit allen Angaben zusammen ergäbe das einen Wert von 1,86 [g/L]. Dennoch soll mit dem Wert 1,3 [g/L] gerechnet werden, weil es bei dieser Aufgabe zunächst nur auf das Prinzip ankommt.

Tipps
- Die Vereinfachung, das Abgas als „reine Luft" zu betrachten, ist erlaubt und damit das Mollier-Diagramm für feuchte Luft zu Hilfe zu nehmen.
- Wenn eine Angabe fehlt, dann macht man eine Annahme (z. B. für den Druck), diese muss aber hinterher überprüft werden!
- Man denke an die (ideale) Gasgleichung.

Man beginnt mit der Isolation der gegebenen Größen, indem man ihnen auch ein geeignetes Formelzeichen zuordnet. Man sollte sich diesbezüglich an den Abschnitten Formelzeichenerklärung und Indizes am Anfang des Buches orientieren.

Als Nächstes wären Skizzen hilfreich, die den gegebenen Sachverhalt veranschaulichen. Insbesondere in diesem Aufgabentyp ist es sehr hilfreich, in einer Skizze die Übersicht darzustellen. Ein kleiner Ausschnitt sei schon zum Einstieg in die Lösungsroutine gegeben.

Nun ist zu empfehlen, zumindest die ersten Schritte der Lösungsroutine zu machen. Die Fortsetzung des Lösungsweges folgt in der **Lösungsebene 1**.

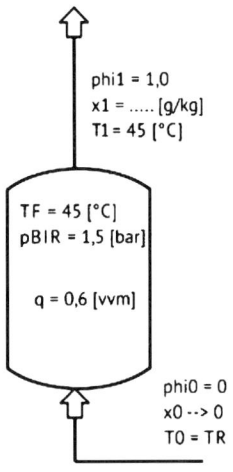

Abb. 3.16 Die wichtigsten Daten, die eine Skizze zur Charakterisierung der Abgassituation beinhalten sollten, sind die Temperatur, die Wasserbeladung und die relative Feuchtigkeit. Wo die Zahlenwerte schon bekannt sind, sollten sie auch eingetragen werden. In diesem Beispiel ist lediglich Wasser (Wasserdampf) als flüchtige Komponente betrachtet. Wohl wissend, dass auch andere flüchtige Substanzen (z. B. Alkohole, Öle) im Abgas zu finden sind.

3.2.2
Wärmeaustausch unter dem Aspekt des Scale-ups

In der Praxis liegt oft der Fall vor, dass ein in der Ausarbeitung befindlicher Prozess zum Zweck der Musterherstellung schon mal in einen Produktionsmaßstab übertragen werden soll. In solchen Fällen ist der „ideale" Apparat, in der Regel zunächst einmal der Bioreaktor, kaum in Sichtweite. Das bedeutet, man muss aus dem Labor heraus den Prozess möglichst passend übertragen, auch wenn z. B. die erzielbare Leistungsdichte, die geometrischen Verhältnisse – insbesondere der Schlankheitsgrad – nicht dem Idealbild entsprechen. Es gilt nun vielmehr dem bekannten Motto „einem deutschen Ingenieur ist nichts zu schwör" gerecht zu werden. Ein mögliches Beispiel steckt in nachfolgender Aufgabe.

Aufgabenstellung
Es soll die Situation für die Wärmeabfuhr bei der Maßstabsvergrößerung untersucht werden. In der Verfahrenstechnik gilt für alle Scale-up-Betrachtungen das Gesetz der geometrischen Ähnlichkeit. Wenn aus gegebenen Gründen dieses Gesetz gebrochen werden muss und der Schlankheitsgrad des Produktionsbioreaktors doppelt so groß ist, was bedeutet das für die Wärmeabfuhr?

Wie muss die Doppelmantelfläche im Produktionsmaßstab mit dem Flüssigreaktionsvolumen von 80 [m^3] angepasst werden, wenn die Reaktion gleich schnell verläuft, der Wärmedurchgangskoeffizient, die mittlere Temperaturdifferenz und die Stoffwerte gleich groß sind sowie im Labormaßstab die Wärmeaustauschfläche um den Faktor fünf größer als erforderlich wäre? Der Laborbioreaktor hat ein Volumen von 10 [L] bei einem Schlankheitsgrad von 1,5.

Zur Vereinfachung berücksichtigt man zunächst nur die seitliche Fläche und überprüft hinterher, welcher Fehler dabei gemacht wird.

Vorschlag zum Einstieg in die Lösungsroutine: Zunächst aus dem Text die gegebenen Größen isolieren und ihnen Formelzeichen zuweisen. Dann sollten noch die gesuchten Größen zusammengestellt werden und mit der Lösung begonnen werden.

Für den Schlankheitsgrad im Produktionsmaßstab mit der Vereinbarung, bei Scale-up-Betrachtungen den Großmaßstab mit * zu kennzeichnen, findet man einen Zusammenhang, der weiterhilft.

Die Fortführung der Betrachtungen ist in der **Lösungsebene 1** dargestellt.

3.2.3
Wärmetausch und Scale-up – Lösungsansätze

> Es ist hinlänglich bekannt, dass die im Reaktions*volumen* über die Reaktionswärme aber auch die durch die eingetragene Leistung eingebrachte Wärme nur über Wärmeaustausch*flächen* wieder abgeführt werden kann. Es besteht also die Notwendigkeit, die im Volumen vorhandene überschüssige Wärme über Flächen nach außen zu transportieren. Das gelingt im kleinen Labormaßstab in der Regel ohne große Probleme, ja es ist sogar davon auszugehen, dass dort die Wärmeaustauschfläche allein über die das Volumen umgebende Mantelfläche im „Überfluss" zur Verfügung steht!
>
> Diese komfortable Situation verschwindet aber mit zunehmendem Maßstabsfaktor. Und das bedeutet, dass in großen Reaktoren die Wärmeabfuhr eine immer dominierendere Rolle spielt. In der nachfolgenden Aufgabe soll dieser Aspekt gründlich beleuchtet werden.

Aufgabenstellung

Zum besseren Verständnis der maßstabsabhängigen Zusammenhänge der Wärmeabfuhr aus einem technischen Apparat (z. B. einem Bioreaktor) soll die Situation bei der Maßstabsvergrößerung untersucht werden. Zunächst soll der theoretische Zusammenhang hergestellt werden, um mithilfe des linearen Maßstabsfaktors das Problem zu verdeutlichen. Anschließend soll an einem expliziten Beispiel für Bioreaktoren verschiedener Maßstäbe ein Fall beschrieben und auch Lösungsansätze aufgezeigt werden.

Für das Beispiel sei folgende Situation gegeben: Ein Fermentationsprozess zur Herstellung eines Vitamins soll ausgearbeitet werden. Im Labormaßstab von 10 [L] wurde für den Sauerstoffverbrauch (OUR) ein Maximalwert von 130 [mmol/L/h] ermittelt. Die Begasungsrate war auf 2,5 [vvm] eingestellt.

Der Prozess wird nach der „klassischen" Vorgehensweise entwickelt, also vom Labor- über einen mehrstufigen Pilot- in den Produktionsmaßstab. Die Volumenstufen sind dabei 10 [L] – 100 [L] – 1000 [L] – 135 [m^3]. In allen Maßstäben wird dieselbe Leistungsdichte von 2,5 [W/kg] und die gleiche Gasleerrohrgeschwindigkeit angesetzt sowie die geometrische Ähnlichkeit zugrunde gelegt. Der Schlankheitsgrad ist mit 1,25 sowie das Rührerdurchmesserverhältnis mit 0,33 vermerkt.

Für die Wärmeabfuhr kann mit einem Erfahrungswert für den Wärmedurchgangskoeffizienten von 200 bis $-240\,[\text{W/m}^2/\text{K}]$ gerechnet werden (vgl. Abschn. C.6 Faustwerte – Standardwerte – Erfahrungswerte) und als Temperaturdifferenz ist 25 [K] angebracht (eventuell maßstabsabhängig! vgl. dazu Aufgabe 3.8.3). Man findet innerhalb dieses Buches in diesem Zusammenhang einige scheinbare Uneinigkeiten: Einmal wird ein k-Wert von 250, dann von 500 angegeben. Dazu muss bemerkt werden, dass dieser empirische Erfahrungswert stark vom Fouling-Zustand der Austauschflächen geprägt wird und somit eine exakte Angabe nicht möglich ist.

Zur Gewinnung eines Überblickes soll zunächst ein allgemeiner Zusammenhang der Situation zwischen Wärmeerzeugung (nur Reaktionswärme und Rührwerksleistung) und Wärmeabfuhr hergestellt werden. Die Bewertungsgröße sei der lineare Maßstabsübertragungsfaktor (vgl. Abschn. 2.1.2 – Typ 1).

Lösungsroutine

Vorschlag zum Einstieg in die Lösungsroutine: Zunächst aus dem Text die gegebenen Größen isolieren und ihnen Formelzeichen zuweisen. Dann stellt man noch die gesuchten Größen zusammen.

Gegebene Größen: $V_{R,L} = 10\,[\text{L}] - 100\,[\text{L}] - 1000\,[\text{L}] - 135\,000\,[\text{L}]$; $\text{OUR}_{max} =$ 170 [mmol/L/h]; $10 = 2{,}5$ [vvm]; $\varepsilon_{R,b} = 2{,}5\,[\text{W/kg}] = \text{idem}$; $u_G = \text{idem}$; $f_S = 1{,}25$; $f_R = 0{,}33$; $k_W = 200{-}240\,[\text{W/m}^2/\text{K}]$; $\Delta T_m = 25\,[\text{K}]$.

Gesuchte Größen: Allgemeine mathematische Darstellung der Wärmeaustauschverhältnisse; installierte Mantelflächen und erforderliche Wärmeaustauschflächen; Vorschläge für die technische Lösung des Problems.

Tipp

Die Sauerstoffaufnahmerate ist mit der Reaktionswärme verknüpft (vgl. Abschn. C.6 Faustregeln).

Der weitere Weg ist in **Lösungsebene 1** aufbereitet.

3.2.4
Lösungsebene 1 zu Abschn. 3.2.1 bis 3.2.3

Lösungsebene 1 zu Abschn. 3.2.1 *Abgaskühlung*

Isolation der *gegebenen Größen*: $T_3 = 50\,[°\text{C}]$; $\varphi_3 = 0{,}2$; $x_2 = (1 - 0{,}7) \cdot x_1$ (es sind nur noch 30 [%] drin!); $T_F = 45\,[°\text{C}]$; $q = 0{,}06$ [vvm]; $\rho_G = 1{,}3\,[\text{kg/m}^3]$; $p = 1{,}5$ [bar].

Darstellung der *gesuchten Größen*: φ_1; φ_2; $\dot{m}^\omega_{H_2O}\,[\text{kg}_{H_2O}/(\text{m}^3_{R,L} \cdot \text{h})]$.

Vorgehen: Es ist zu empfehlen, was in diesem Fall einfach geht, mit einer Gleichung für die Hauptzielgröße zu beginnen. Eine explizite Gleichung ist in der Formelsammlung nicht zu finden, also ist es erforderlich, via Dimensionsbetrachtung zum Ziel zu kommen:

$$\dot{m}^{\omega}_{H_2O} = q \cdot x_3 \cdot \rho_{G,n} \quad \left[\frac{m^3_G}{m^3_{R,L} \cdot \min} \quad \frac{g_{H_2O}}{kg_G} \right] \tag{3.26}$$

Wie die Einheitendarstellung zeigt, muss für das geforderte Ergebnis noch einiges umgestellt werden. Zunächst soll die Gasmasse in ein adäquates Volumen umgerechnet werden. Dazu bedient man sich einer einfacheren Variante der idealen Gasgleichung (bei diesen niedrigen Drücken und Temperaturen wohl erlaubt!) und erhält die ideale Gasgleichung:

$$\overline{p} \cdot V_G = \frac{m_G}{M_M} \cdot R \cdot T \quad \text{bzw.} \quad p_n \cdot V_{G,n} = \frac{m_G}{M_M} \cdot R \cdot T_n \tag{3.27}$$

Daraus folgt für die Dichten:

$$\frac{\rho_G}{\rho_{G,n}} = \frac{m_G}{V_G} \frac{V_{G,n}}{m_G} = \frac{\overline{p} \cdot M_M}{R \cdot T} \frac{R \cdot T_n}{p_n \cdot M_M} = \frac{\overline{p} \cdot T_n}{p_n \cdot T}$$

$$= \frac{1{,}5 \cdot 273}{1{,}013 \cdot 318} = 1{,}27 \quad \rightarrow \quad \rho_G = 1{,}3 \cdot 1{,}27 = 1{,}65 \quad \left[\frac{kg_G}{m^3_G} \right] \tag{3.28}$$

Somit erhält man für den gesuchten Massenverlust

$$\dot{m}^{\omega}_{H_2O} = q \cdot x_3 \cdot \rho_{G,n} \cdot 60 \cdot \frac{\rho_G}{\rho_{G,n}} = 0{,}6 \cdot x_3 \cdot 1{,}3 \cdot 60 \cdot 1{,}27$$

$$= 59{,}44 \cdot x_3 \tag{3.29}$$

Es ist noch die Wasserbeladung am Ausgang zu bestimmen.
Die **Lösungsebene 2** beschreibt die Fortführung des Lösungsweges.

Lösungsebene 1 zu Abschn. 3.2.2 Wärmetausch und Scale-up
Für den Schlankheitsgrad im Produktionsmaßstab und der getroffenen Vereinbarung findet man den Zusammenhang

$$f^*_S = 2 \cdot f_S \tag{3.30}$$

Aus der Angabe für die Mantelfläche im Labormaßstab lässt sich formulieren

$$A_M = 5 \cdot A_{M,soll} \tag{3.31}$$

Des Weiteren gilt: $f_S = 1{,}5$; $V^*_{R,L} = 80 \, [m^3]$; $V_{R,L} = 10 \, [L]$ – ferner gilt $k = k^*$ (geringere Vereinfachung), $\Delta T = \Delta T^*$ (größere Vereinfachung).
Zielsetzung: Es ist nach einer „Bewertung" gefragt, und da bietet es sich an, nach den beiden Flächen A^*_M und $A^*_{M,soll}$ zu fragen.

3.2 Wärmetechnische Betrachtungen

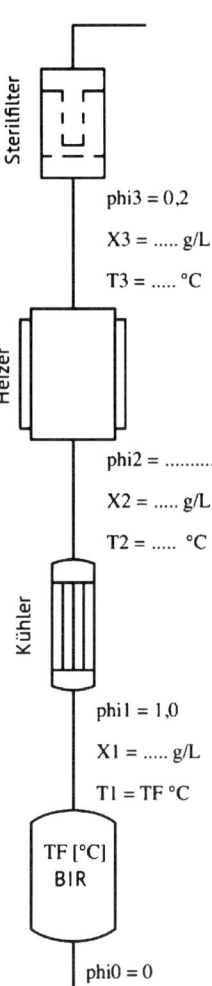

Abb. 3.17 Abgassektion: Das Frischgas (Luft) tritt in der Praxis mit einem Taupunkt bei −20 [°C] (auch mal bei −40 [°C]) auf, sodass für die relative Feuchtigkeit $\phi = 0$ angenommen werden kann. Es wird weiter angenommen, dass das Gas direkt nach dem Bioreaktor die Reaktortemperatur angenommen hat. Nach dem Kühler ist das Gas in jedem Fall gesättigt, hat also $\phi = 1{,}0$, und nach der Heizstrecke besitzt das Gas dieselbe Beladung wie vor dem Heizer (also nach dem Kühler). Die fehlenden Werte werden aus dem Mollier-Diagramm entnommen oder berechnet.

Die Wärmeabfuhr berechnet sich zu

$$\dot{Q}_R = \frac{\Delta H \cdot V_{R,L} \cdot \text{RZA}}{3600} = k \cdot A_{\text{soll}} \cdot \Delta T \tag{3.32}$$

Aus der Volumengleichung kann durch Umstellen eine Beziehung für den Kesseldurchmesser gefunden werden:

$$D = \sqrt[3]{\frac{4 \cdot V_{R,L}}{\pi \cdot f_S}} \tag{3.33}$$

Die seitliche Wärmeaustauschfläche eines als Zylinder angenommener Reaktors berechnet sich zu

$$A_M = D \cdot \pi \cdot H = D^2 \cdot \pi \cdot f_S \tag{3.34}$$

Die entstehende Wärmemenge, die abgeführt werden muss, ist (vgl. Gl. (A.72))

$$\dot{Q}_R = \frac{\Delta H \cdot V_{R,L} \cdot RZA}{3600} = k \cdot A \cdot \Delta T$$

$$\frac{J}{kg} \frac{m^3}{m^3 \cdot h} \frac{kg}{s} \frac{h}{s} = W = \frac{W}{m^2 \cdot K} \frac{m^2 \, K}{} \rightarrow \text{Dimensionsbetrachtung!} \tag{3.35}$$

Wird nun Gl. (3.35) so umgestellt, dass auf der einen Seite nur die maßstabsunabhängigen Größen stehen, so findet man für das Verhältnis der erforderlichen Wärmeaustauschfläche zum Reaktionsvolumen die weiterführende Beziehung.

In **Lösungsebene 2** wird die Berechnung fortgesetzt.

Lösungsebene 1 zu Abschn. 3.2.3 *Wärmetausch und Scale-up – Lösungsansätze*
Aus einer Ähnlichkeitsbetrachtung kann man ableiten, dass sich ein Volumen proportional zur 3. Potenz des linearen Maßstabsfaktors (λ) verändert, während bei einer Fläche λ nur mit der 2. Potenz eingeht. Da die Reaktionswärme im Volumen entsteht, die Wärmeabfuhr aber über die Fläche erfolgt, kann nachfolgender Zusammenhang formuliert werden. Es gilt

$$\dot{Q}_{zu} \sim \lambda^3 \quad \text{für die Wärmezufuhr und} \tag{3.36}$$

$$\dot{Q}_{ab} \sim \lambda^2 \quad \text{für die Wärmeabfuhr} \tag{3.37}$$

Führt man die Gln. (3.36) und (3.37) zusammen, so erhält man

$$\frac{\dot{Q}_{ab}}{\dot{Q}_{zu}} \sim \lambda^{-1} \tag{3.38}$$

Das bedeutet, dass sich die Wärmeabfuhr mit zunehmendem Maßstab schwieriger gestaltet. Dieser Sachverhalt soll nachfolgend am gegebenen Beispiel demonstriert werden.

Unter der vereinbarten Annahme, das Reaktionsvolumen immer als zylindrisches Volumen (Ausnahmen sind möglich) zu betrachten, kann als Erstes das Mantelvolumen (Seite + Boden) berechnet werden. Man erhält für den seitlichen Teil

$$A_{M,\text{seitl}} = D \cdot \pi \cdot H = D^2 \cdot \pi \cdot f_S \tag{3.39}$$

und für den Boden

$$A_{M,\text{Boden}} = \frac{D^2 \cdot \pi}{4} \tag{3.40}$$

Führt man beide Flächen zusammen, so ergibt sich

$$A_{M,\text{ist}} = D^2 \cdot \pi \cdot f_S + \frac{D^2 \cdot \pi}{4} = D^2 \cdot \pi \cdot (0{,}25 + f_S) \tag{3.41}$$

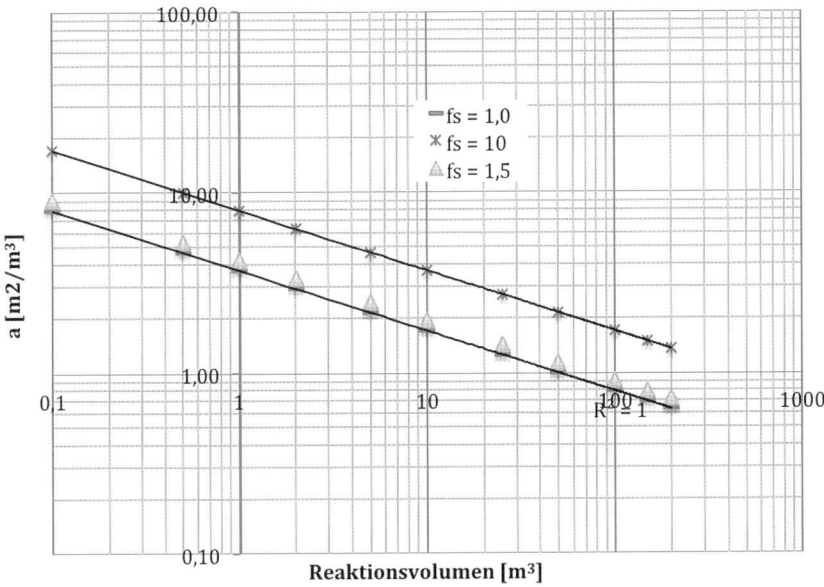

Abb. 3.18 Spezifische Wärmeaustauschmantelfläche in Abhängigkeit des Reaktionsvolumens.

Bei maßstabsübergreifenden Betrachtungen empfiehlt es sich, immer wieder auf spezifische, also intensive Größen, zurückzugreifen. Man erhält somit aus den Gln. (3.39) bis (3.41) den Zusammenhang

$$a_{M,ist} = \frac{D^2 \cdot \pi \cdot (0{,}25 + f_S)}{V_{R,L}} = 3{,}69 \cdot \frac{0{,}25 + f_S}{f_S^{2/3}} \cdot V_{R,L}^{-1/3} \quad (3.42)$$

Bei höheren Schlankheitsgraden lässt sich auch näherungsweise

$$a_{M,ist} \approx 3{,}7 \cdot \left(\frac{f_S}{V_{R,L}}\right)^{1/3} \quad (3.43)$$

formulieren.

Für die allgemeine Betrachtung lässt sich nun der in Abb. 3.18 dargestellte Zusammenhang finden. Man erkennt, dass die spezifische Wärmeaustauschfläche mit zunehmendem Volumen abnimmt. Das ist dadurch erklärbar, dass das Volumen mit dem Maßstabsfaktor in der 3. Potenz zunimmt, während die Austauschfläche das nur quadratisch tut.

Die verbliebenen Aufgaben sollen in **Lösungsebene 2** beschrieben werden.

3.2.5
Lösungsebene 2 zu Abschn. 3.2.1 bis 3.2.3

Lösungsebene 2 zu Abschn. 3.2.1 *Abgaskühlung*

Zunächst muss die Temperatur vor dem Sterilfilter bestimmt werden. Also $T_3 = T_2 \cdot T_2$ ist aber eine der gesuchten Größen. Diese lässt sich aus der Angabe, 70 [%] Wasser zurückzuhalten, bestimmen.

Aus Gl. (A.122) kann die Beladung berechnet werden. Den Wert für den Sättigungsdruck bei 50 [°C] erhält man aus dem Mollier-Diagramm, aus einer Dampfdrucktabelle [21] oder mit Gln. (A.121) und (A.122) aus der Formelsammlung

$$p_S(T_3) = 0{,}0083 \cdot e^{0{,}0525 \cdot T_3 \, [°C]} = 0{,}0083 \cdot e^{0{,}0525 \cdot 50} = 0{,}115 \, [\text{bar}] \quad (3.44)$$

$$x_3 = \frac{M_{H_2O} \cdot p_S(T_3) \cdot \varphi_3}{M_G \cdot (p_3 - \varphi_3 \cdot p_S(T_3))} = \frac{18}{29} \frac{0{,}115 \cdot 0{,}2}{(1{,}113 - 0{,}2 \cdot 0{,}115)} = 0{,}014 \left[\frac{\text{kg}_{H_2O}}{\text{kg}_G}\right] \quad (3.45)$$

Damit ergibt sich für den Massenverlust:

$$\dot{m}^\omega_{H_2O} = 59{,}44 \cdot 0{,}014 = 0{,}83 \left[\frac{\text{kg}_{H_2O}}{\text{m}_{R,L}^3} \cdot h\right] \quad (3.46)$$

Mit der Angabe 70 [%] Verlust zu reduzieren, kann man die Beladung am Reaktorausgang berechnen. Dazu muss zunächst der im Kopfraum herrschende Druck ermittelt werden. Dieser Druck entspricht dem mittleren Druck reduziert um die halbe Flüssigkeitssäule

$$p_3 = \overline{p} - \frac{\rho_L \cdot g \cdot H}{2 \cdot 10^5} = 1{,}5 - \frac{1{,}1 \cdot 10^3 \cdot g \cdot 4}{2 \cdot 10^5} = 1{,}28 \, [\text{bar}] \quad (3.47)$$

Zur Erklärung: Da der mittlere Druck in der Mitte der Flüssigkeitssäule genommen wird, verwendet man $H/2$. Die anderen Größen müssen gemäß der Dimensionsbetrachtung (Einheitenbetrachtung) eingesetzt werden. Nun ergibt sich für die Beladung am Reaktorausgang

$$x_1 = \frac{x_3}{0{,}3} = \frac{0{,}014}{0{,}3} = 0{,}047 \left[\frac{\text{kg}_{H_2O}}{\text{kg}_G}\right] \quad (3.48)$$

mit Gl. (A.121) der Sättigungsdruck bei 45 [°C] und damit mit den Gln. (A.121) und (A.123) die relative Feuchte

$$p_S(T_1) = 0{,}0083 \cdot e^{0{,}0525 \cdot T_1 [°C]} = 0{,}0083 \cdot e^{0{,}0525 \cdot 45 \, [°C]} = 0{,}088 \, [\text{bar}] \quad (3.49)$$

$$\varphi_1 = \frac{x_1 \cdot p}{\left(x_1 + \frac{M_{H_2O}}{M_G}\right) \cdot p_S(T_1)} = \frac{0{,}047 \cdot 1{,}28}{\left(0{,}047 + \frac{18}{29}\right) 0{,}088} = 1{,}02 \quad (3.50)$$

Es bleibt noch die Frage nach der relativen Feuchte nach dem Kühler. Da im Kühler Wasser auskondensiert werden soll, muss das Gas in den Nebelbereich gebracht werden (vgl. Mollier-Diagramm B.10 und B.11) und damit ist die Antwort sehr einfach, weil das Gas danach in jedem Fall gesättigt ist, also $\varphi_2 = 1{,}0$. Damit ist die Aufgabe gelöst.

Lösungsebene 2 zu Abschn. 3.2.2 *Wärmetausch und Scale-up*

Wie vorgeschlagen stellt man nun also Gl. (3.35) so um, dass auf der einen Seite nur die maßstabsunabhängigen Größen stehen. So findet man für das Verhältnis der erforderlichen Wärmeaustauschfläche zum Reaktionsvolumen folgende Beziehung

$$\frac{\Delta H \cdot \text{RZA}}{3600 \cdot k \cdot \Delta T} = \frac{A_{\text{soll}}}{V_{\text{R,L}}} = \frac{A^*_{\text{soll}}}{V_{\text{R,L}}} \; [1/\text{m}] \tag{3.51}$$

Die Reaktionswärme, auch Reaktionsenthalpie oder „Wärmetönung" genannt, muss natürlich in beiden Maßstäben dieselbe sein, weil man ja in der Produktion mindestens dieselbe Produktivität erreichen will. Deshalb ist auch die Raum-Zeit-Ausbeute gleichzusetzen. Der Wärmedurchgangskoeffizient und das treibende Temperaturgefälle wurden als konstant angenommen, was allerdings einer sehr groben Annahme entspricht. Damit steht auf der linken Seite der Gl. (3.30) eine Konstante.

Da im Laborreaktor die installierte Fläche zweimal so groß als erforderlich ist, gilt Gl. (3.34) zusammen mit Gl. (3.31). Damit erhält man durch umstellen einen Zusammenhang für die Mantelfläche (es handelt sich nur um den zylindrischen Teil, der Boden ist nicht einbezogen):

$$A_M = D^2 \cdot \pi \cdot f_S = \left(\frac{V_{\text{R,L}} \cdot 4}{f_S \cdot \pi}\right)^{2/3} \cdot \pi \cdot f_S = \left(\frac{0{,}01 \cdot 4}{1{,}5 \cdot \pi}\right)^{2/3} \cdot \pi \cdot 1{,}5$$
$$= 0{,}196 \, [\text{m}^2] \tag{3.52}$$

Daraus folgt für die erforderliche Fläche $A_{M,\text{soll}} = 0{,}1 \, [\text{m}^2]$ und mit Gl. (3.51)

$$\frac{0{,}1}{0{,}01} = 9{,}8 = \frac{A^*_{\text{soll}}}{80} \Rightarrow A^*_{\text{soll}} = 784 \, [\text{m}^2] \tag{3.53}$$

Berechnet man nun die installierte Fläche, so erhält man

$$A^*_M = \left(\frac{80 \cdot 4}{3 \cdot \pi}\right)^{2/3} \cdot \pi \cdot 3 = 99 \, [\text{m}^2] \tag{3.54}$$

Betrachtet man nun die beiden Flächen miteinander und setzt die Sollfläche zur Istfläche ins Verhältnis, so erhält man den Faktor 7,9. Das bedeutet, dass die installierte Wärmeaustauschfläche nur *ein Achtel* der erforderlichen Fläche abdeckt. Somit ist es ohne zusätzliche konstruktive Maßnahmen nicht möglich, den Prozess im Produktionsmaßstab zu betreiben.

Die gelöste Aufgabe endet also mit einer neuen Fragestellung, die in Aufgabe 3.2.3 behandelt wird.

Eine häufig anzutreffende Lösung in der Praxis sind innen liegende, zusätzliche Wärmeaustauschflächen. Im einfachsten Fall können die Stromstörer und andere Einbauten, wie Impulsaustauschrohr (falls vorhanden) dazu umgerüstet werden. Die Lösung hat den zusätzlichen Vorteil, dass die Geometrie des Innenlebens des Reaktors kaum Veränderungen erfährt. Sollten aber solche Maßnahmen nicht ausreichend sein, so kommen Rohrschlangen oder Wärmeaustauschregister verschiedener Bauart in Betracht. Eine dritte Ebene ist dann noch durch außen liegende Wärmeaustauscher gegeben, z. B. Rohrbündelwärmeaustauscher oder Spiralwärmeaustauscher. Weniger geeignet wären aufgrund der Sterilanforderungen, denen ein Bioprozess in der Regel unterliegt, Plattenwärmeaustauscher.

Lösungsebene 2 zu Abschn. 3.2.3 *Wärmetausch und Scale-up – Lösungsansätze*
Nun soll die Situation hinsichtlich der verfügbaren, also installierten, und der erforderlichen Wärmeaustauschfläche betrachtet werden. Auch erscheint der spezifische Wert die bessere Vergleichsgröße zu sein.

Da u_G = idem vorgegeben ist, muss erst der Wert im 10 L-Maßstab berechnet werden. Man erhält zunächst für die Flüssigkeitshöhe den Wert

$$H = \sqrt[3]{\frac{4 \cdot V_{R,L} \cdot f_S^2}{\pi}} = \sqrt[3]{\frac{4 \cdot 0{,}01 \cdot 1{,}25^2}{\pi}} = 0{,}27 \, [\text{m}] \tag{3.55}$$

und dann für die Gasleerrohrgeschwindigkeit

$$u_G = \frac{q}{60} \cdot H = \frac{2{,}5}{60} \cdot 0{,}27 = 0{,}00188 \left[\frac{\text{m}}{\text{s}}\right] \tag{3.56}$$

Die Flüssigkeitshöhe für die restlichen Reaktoren berechnet sich entsprechend Gl. (3.42) zu 100 [L]: 0,58 [m] – 1000 [L]: 1,26 [m] – 135 000 [L]: 6,45 [m].

Um die Flächen berechnen zu können, benötigt man auch den Reaktordurchmesser. Dieser ist über den Schlankheitsgrad erhältlich und man erhält

$$D = \frac{H}{f_S} = \frac{0{,}27}{1{,}25} = 0{,}22 \, [\text{m}] \tag{3.57}$$

sowie für die weiteren Maßstäbe: 100 [L]: 0,47 [m] – 1000 [L]: 1,01 [m] – 135 000 [L]: 5,16 [m].

Damit ist der Weg zur Berechnung der spezifischen Größen geebnet. Beispielhaft sei dies für den 10 L-Maßstab berechnet. In Tab. 3.4 sind zusätzlich alle anderen Werte aufgelistet. Es gilt

$$a_{M,\text{ist}} = \frac{D^2 \cdot \pi \cdot (0{,}25 + f_S)}{V_{R,L}} = 3{,}69 \cdot \frac{0{,}25 + f_S}{f_S^{2/3}} \cdot V_{R,L}^{-1/3}$$

$$a_{M,\text{ist}} = 3{,}69 \cdot \frac{0{,}25 + 1{,}25}{1{,}25^{2/3}} \cdot 0{,}01^{-1/3} = 22{,}14 \, [\text{m}^{-1}] \tag{3.58}$$

Die erforderliche spezifische Wärmeaustauschfläche erhält man über die Wärmebilanzierung. Es ist vorgegeben, dass lediglich die Reaktionswärme und die Rührleistung zu berücksichtigen sind. Aus der Tab. C.6 Faustwerte im Anhang lässt sich entnehmen, dass pro verbrauchtem Mol Sauerstoff 500 [kJ] Wärme entsteht. Da der Spitzenwert der Sauerstoffaufnahmerate (OUR) mit 170 [mmol/L/h] angesiedelt werden kann, findet man damit

$$\dot{Q}_F = \Delta H \cdot \text{OUR} \cdot V_{R,L} = 500 \cdot 170 \cdot 10 \cdot 10^{-6} = 0{,}234 \, [\text{kW}]$$

$$\dot{q}_F = \frac{\dot{Q}_W}{V_{R,L} \cdot \rho_L} = \frac{0{,}234 \cdot 10^3}{0{,}01 \cdot 1125} = 20{,}81 \left[\frac{\text{W}}{\text{kg}}\right] \tag{3.59}$$

Tab. 3.4 Zusammenstellung der geometrischen Parameter und der Drehzahl in den vier Maßstäben. Es gilt $u_G = 0{,}019\,[\text{m/s}] = \text{idem}$.

Maßstab	H [m]	D [m]	d_R [m]	$a_{M,ist}\,[\text{m}^{-1}]$	$a_{M,erf}\,[\text{m}^{-1}]$	WT-Faktor
10 [L]	0,27	0,22	0,07	22,14	5,36	0,24
100 [L]	0,58	0,47	0,15	10,28	5,33	0,52
1000 [L]	1,26	1,01	0,33	4,77	5,39	1,13
135 [m³]	6,45	5,16	1,70	0,93	5,39	5,8

Tab. 3.5 Zusammenstellung der wärmetechnischen Daten in den 4 Maßstäben. Es gilt $\varepsilon_{R,b} \approx 2{,}55\,[\text{W/kg}] = \text{idem}$. sowie $u_G = 0{,}019\,[\text{m/s}] = \text{idem}$.

Maßstab	$\dot{Q}_F$ [kW]	$\dot{q}_F$ [W/kg]	$\dot{q}_R$ [W/kg]	q [vvm]	u_G [m/s]	n [min^{-1}]
10 [L]	0,234	20,81	2,55	2,5	0,00190	925
100 [L]	2,327	20,69	2,51	1,2	0,00195	540
1000 [L]	23,52	20,91	2,55	0,55	0,00192	320
135 [m³]	6,45	5,16	2,54	0,11	0,00197	105

die Werte für den 10 L-Maßstab. Die restlichen Werte sind in Tab. 3.5 zu finden.

Für die Berechnung wurden folgende Gleichung aus der Formelsammlung verwendet: (A.3), (A.4) ($F_{RR} = 490$), (A.25), (A.26), (A.29), (A.32), (A.52), (A.58c) mit Tab. B.1 ($C = 2{,}5 \cdot 10^{-4}$; $a = 0{,}75$; $\nu = 10^{-6}\,[\text{m}^2/\text{s}]$; $\text{Ne}_0 = 4{,}75$) und (A.71).

Resümee

Wie aus Abb. 3.18 schon zu entnehmen ist, wird die Wärmeabfuhr aus dem Reaktor mit zunehmendem Maßstab zum Problem. Schon ab 1000 [L] muss u. U. die Mantelfläche (13 [%] zu wenig) ergänzt werden. Ganz sicher dann im Produktionsmaßstab, und zwar um den Faktor 5,8 (vgl. Tab. 3.4).

In der Praxis werden zu diesem Zweck sehr oft innen liegende Rohrschlangen (Wendel), die in Wandnähe entweder spiralförmig oder auch senkrecht stehend als Register mehrfach am Umfang angebracht werden, installiert. Auch eigens dafür entwickelte Heiz-/Kühlregister werden dafür eingesetzt.

3.3
Wirbelschicht

In der klassischen Verfahrenstechnik sind Wirbelschichtreaktoren schon seit vielen Jahren im Einsatz. Vor mehr als 90 Jahren wurde am 28. September 1922 das erste Patent zum Wirbelschichtreaktor offengelegt. Der damalige Anwender war die BASF AG jetzt BASF – The Chemical Company in Ludwigshafen am Rhein. Die Verfahren, in denen der Wirbelschichtreaktor damals verwendet wurde, hatten nicht im Geringsten etwas mit der Biotechnologie zu tun. Sie wurden bevorzugt in der Kohlevergasung eingesetzt [13, 27]. Dennoch ist die Technologie inzwischen sowohl in der klassischen Biotechnologie als auch in der Zellkulturtechnik angekommen

Die Wirbelschicht hielt in die Biotechnologie insbesondere deshalb Einzug, weil es galt, immobilisierte Enzyme zu handhaben. Mit der Immobilisierung gelingt es, die gelösten Enzyme auf einen Träger (Carrier) zu bringen [1, 2] und sie somit leichter beim Perfusionssystem im Bioreaktor zu halten oder im Batch-Betrieb leichter abzutrennen und zurückzuführen (Wiederverwendung).

Mögliche Fälle stecken in den nachfolgenden Aufgaben.

3.3.1
Auslegung einer Wirbelschicht mit Carrier

Zur biotechnologischen Herstellung eines Pharmaproteins mittels Zellkulturen sollen die adhärenten Zellen auf und in Carriern kultiviert werden. Die unregelmäßigen, aber gerundeten Träger haben ein Partikelvolumen von 0,065 [mm^3] und eine Dichte von 1,5 [kg/L]. Diese Trägerkulturen werden in einem Wirbelschichtreaktor gehalten. Für die Sauerstoffversorgung wird parallel dazu ein externer Begasungsreaktor betrieben.

Der Begasungsreaktor wird bei einem mittleren Druck von 2,0 [bar] gefahren und der Wirbelschichtreaktor unter einem Kopfraumdruck (Headspace) von 1,2 [bar] gehalten. Da im Bioreaktor blasenfreie Begasung eingehalten werden soll, wird am Eingang die Gelöstkonzentration auf den Sättigungszustand am oberen Ende des vollkommen durchmischten Wirbelschichtreaktors eingestellt. Im Abgas des Begasungsreaktors stellt sich ein Molenbruch von 0,15 ein.

Wenn im Wirbelschichtreaktor im Steady State ein Sauerstoffbedarf von 10 [mol/(m$^3 \cdot$ h)] (bezogen auf das Betriebsvolumen des Wirbelschichtreaktors) zu decken ist, muss genau derselbe Betrag in den 500 [L] fassenden Begasungsreaktor transferiert werden. Dafür steht ein Rührwerk mit folgenden Daten zur Verfügung: Newton-Zahl begast = 7,2; Durchmesserverhältnis = 0,4; Schlankheitsgrad = 2,5.

Es ist die erforderliche Drehzahl einzustellen!

3.3 Wirbelschicht | 157

Die Höhe der Schüttung im Wirbelschichtreaktor beträgt 1,5 [m] bei einem Schüttvolumen von 0,7 [m³] und der Lückengrad ist 0,4. Im Betriebspunkt soll die Ausdehnung auf 0,7 erfolgen.

Eine Skizze zum Sachverhalt ist gewünscht! Welche spezifischen Leistungseinträge sind erforderlich?

Hilfsgleichungen

$$k_L a = 1{,}3 \cdot 10^{-4} \cdot \left(\frac{g^2}{\nu}\right)^{1/3} \cdot \left(\frac{\varepsilon_{L,P}}{(g^4 \cdot \nu)^{1/3}}\right)^{0{,}5}$$

$\Omega = \varepsilon \cdot Ar^{-0{,}9}$ (diese Gleichungen haben keine Allgemeingültigkeit!)

Lösungsroutine

Zur Lösung der Aufgabe beginnt man wieder mit der Isolierung von gegebenen und gesuchten Größen aus dem Text der Aufgabenstellung. *Gegeben* sind demnach

- unregelmäßig geformter Carrier → $\varphi_S = 0{,}8$ (vgl. Tab. A.3); $V_P = 0{,}065$ [mm³]; $\rho_P = 1{,}5$ [kg/L]; $p^\omega = 1{,}2$ [bar]; $c_L^\alpha = c_L^{\omega*}$;
- begaster Bioreaktor: $Ne_b = 7{,}2$; $f_R = 0{,}4$; $f_S = 2{,}5$;
- Wirbelschicht: $h = 1{,}5$; $V_S = 0{,}7$ [m³]; $\varepsilon_L = 0{,}4$; $\varepsilon = 0{,}7$; $H_{O_2} = 1500$ [bar · L/mol];
- Verknüpfung: $ODR_{WS} = 10$ [mol/(m³_W · h)]; $\dot{n}_{O_2} = 10 \cdot V_{WS} = X \cdot V_{BIR}$;
- *gesuchte Größen*: n [upm]; $\varepsilon_{R,b}$ [W/kg]; $\varepsilon_{L,P}$ [W/kg]; Skizze.

Um von Beginn an einen besseren Überblick über die Aufgabenstellung zu bekommen und jederzeit zu behalten, empfiehlt es sich, die erkannten Gegebenheiten zu skizzieren. In Abb. 3.19 ist schematisch die Situation, wie sie im Aufgabentext beschrieben ist, dargestellt.

Damit sind die ersten Schritte des Lösungsweges gegangen. In **Lösungsebene 1** und in Lösungsebene 2 sind die weiteren Lösungsvorschläge dargestellt.

3.3.2
Auslegung einer Wirbelschicht mit Fibra-Cel®-Disc

Bei der Immobilisierung von Enzymen hat die Forschung eine Vielzahl von Materialien und Formen getestet und untersucht. Jeder Prozessentwickler hat dabei wohl seine eigene Erfahrung gesammelt und schwört auf einen bestimmten Typ oder ein bestimmtes Material. Ein Typ ist die sogenannte Fibra-Cel®-Disc. Dieser Trägertyp ist speziell als Aufwuchsfläche für adhärente Zellkulturen (z. B. Hybridomazellen), tierische Zellen und Insektenzellen entwickelt worden. Dabei werden Zelldichten bis 10^8 Zellen pro Milliliter Bettvolumen versprochen.
Der Einsatz dieses Carriers wird in nachfolgender Aufgabe in den Mittelpunkt gestellt.

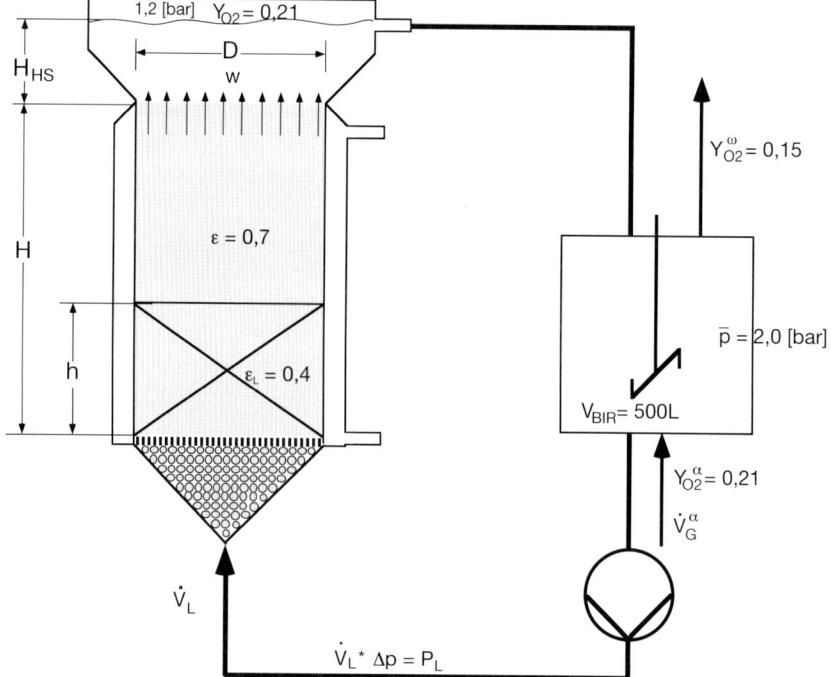

Abb. 3.19 Prinzipskizze des Reaktorsystems bestehend aus einem Wirbelschichtreaktor (Reaktion, blasenfrei) und einem Rührwerksreaktor (Sauerstofftransfer, Begasung). Die Sauerstoffversorgung des Produktionsreaktors, die Wirbelschicht, wird über einen parallel geschalteten Rührwerksreaktor bewerkstelligt. Da in diesem keine Zellen gehalten werden können, wird dieser begast und genügend Leistung eingetragen, um die Zellen mit dem erforderlichen Sauerstoff zu versorgen.

Aufgabentext

Vorab eine aufgabenbezogene Anmerkung: In der Regel werden die in dieser Aufgabe betrachteten Fibra-Cel®-Discs in einem Festbett betrieben. Die Verwendung in einer Wirbelschicht erscheint eher als Ausnahme, soll aber als Sonderfall in dieser Aufgabe verwendet werden.

Es ist ein Produktionsprozess mit adhärenten Zellkulturen auszulegen. Es bietet sich ein Wirbelschichtreaktor an, der mit Plättchen (Fibra-Cel®-Disc, plättchenförmig mit den Abmessungen: $d_P = 12$ [mm], $h_P = 1$ [mm]) als Träger bestückt wird. Die Plättchen haben eine Dichte von 1,3 [kg/L]. Der Reaktor soll bei einer Bettausdehnung auf einen Lückengrad von 0,75 betrieben werden (Betriebszustand).

Welche Abmessungen muss der Reaktor haben (D, H nach Ausdehnung im Betriebszustand)? Die *Schüttung* hat einen Schlankheitsgrad von 0,8. Die dynamische Viskosität ist $8 \cdot 10^{-3}$ [Pa · s]. Liegen im Punkt der Lockerung laminare oder turbulente Verhältnisse vor?

Die homogene Phase (Flüssigkeit, Medium) besitzt eine Dichte von 1,1 [kg/L], die Porosität der Schüttung (Partikelschüttung bevor sie in den Wirbelzustand übergeht) ist 0,45 und die Schütthöhe beträgt 0,5 [m]. Welches Wirbelvolumen bewirkt die Anströmgeschwindigkeit im Betrieb? Des Weiteren ist die Leistungsdichte [W/kg] und das Reaktionsvolumen (ausgedehntes Bett) [m^3] anzugeben. Dazu muss der erforderliche Volumenstrom auch ermittelt werden.

Der Sauerstoffbedarf der auf die Carrier aufgetragenen Zellen werden allein durch den Sauerstoffgehalt im Feedstrom gedeckt, es kann also ein zweiphasiges System angenommen werden und es ist keine Dispergierung notwendig. Der Leistungseintrag sollte eher hinsichtlich Scherung betrachtet werden, damit möglichst wenig Zellen, die nur physikalisch am Carrier haften, von den Trägern abgetragen werden. Das würde die Qualität der Carrier (Katalysatoren) vermindern.

Tipp
Der stellvertretende Kugeldurchmesser kann als der maßgebende Durchmesser betrachtet zu werden, es muss also nicht der hydraulische Durchmesser bestimmt werden.

Lösungsroutine
Zur Lösung der Aufgabe beginnt man wieder mit der Isolierung von gegebenen und gesuchten Größen aus dem Text der Aufgabenstellung.

- *Gegeben* sind demnach
    - regelmäßig geformter Carrier → $d_P = 12$ [mm], $h_P = 1,0$; $f_{S,L} = 0,8$; $\varepsilon_{L,L} = 0,45$; $\rho_P = 1,3$ [kg/L]; $\rho_L = 1,1$ [kg/L],
    - Schüttung: $h = 0,5$ [m], $V_S = 0,7$ [m^3];
    - Ausdehnung des Bettes auf $\varepsilon_{L,B} = 0,75$.
- *Gesuchte Größen*: D [m], H [m]; $V_{P,A}$ [m^3]; $\dot{V}^a$ [m^3/h]; Re_L; Re_B; ε_L [W/kg]; Skizze; Kommentare.

Die Skizze wird wieder an den Beginn der Betrachtungen gestellt, weil damit gezeigt werden kann, wie die Aufgabenstellung interpretiert wird. In Abb. 3.20 ist diese Skizze wiedergegeben.

Damit sind die ersten Schritte des Lösungsweges begangen. In **Lösungsebene 1** und in **Lösungsebene 2** sind die weiteren Lösungsvorschläge dargestellt.

3.3.3
Auslegung einer Wirbelschicht mit dem Reh-Diagramm

Es soll die Situation, wie sie in Abb. 3.22 für einen *Laborreaktor* dargestellt ist, bearbeitet werden.

Der Blasensäulenreaktor soll eine Fluidbetthöhe von 160 [mm], eine Schütthöhe von 100 [mm] und einen Durchmesser von 50 [mm] haben. Der von der Pumpe geförderte Volumenstrom (Umwälzstrom) wird mit 100 [L/h] angegeben. Der Reaktionsstrom (Durchfluss) kann zwischen null und dem Umwälzstrom eingestellt werden. Der einzustellende Wert hängt von den Reaktionsparametern und der

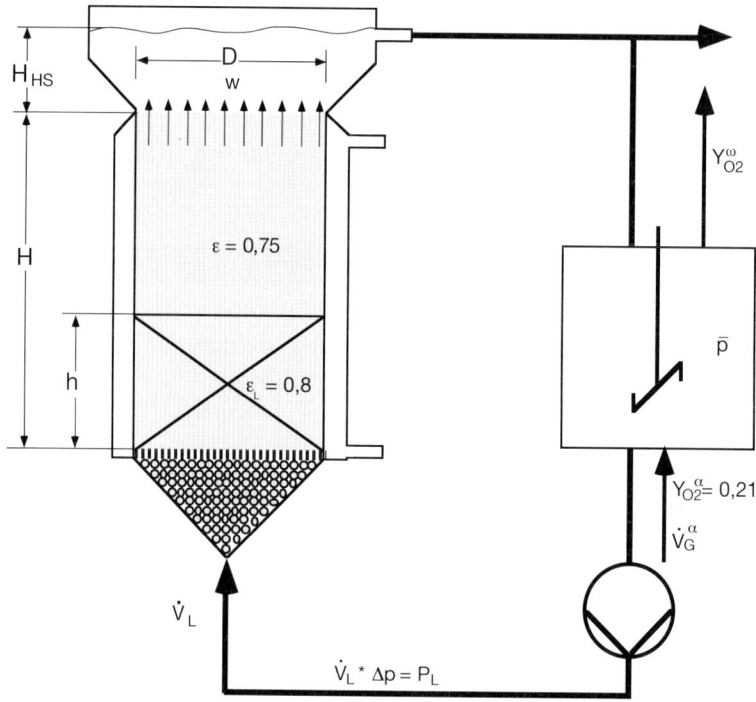

Abb. 3.20 Prinzipskizze des Wirbelschichtreaktors. Da keine Sauerstoffversorgung gefordert ist, liegt ein reines Flüssigkeitssystem vor. Vor dem Sieb im Reaktorboden ist eine Verteilerschüttung angebracht. Diese sorgt dafür, dass der Druckverlust in Strömungsrichtung erhöht wird, damit die Anströmung sich möglichst gleichmäßig über den Querschnitt verteilt. Neben dem Reaktor ist noch die spezielle Geometrie des Fibra-Cel®-Carriers dargestellt.

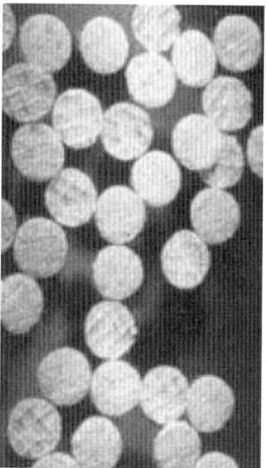

Abb. 3.21 Aufnahme der Fibra-Cel®-Discs (Abmessungen siehe Abb. 3.20).

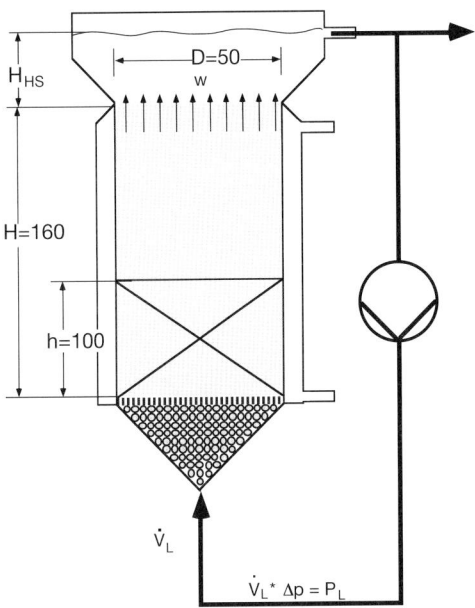

Abb. 3.22 Prinzipskizze des Wirbelschichtreaktors inklusive der Hauptabmessungen. Die Wirbelschicht hat abhängig von der Anströmgeschwindigkeit einen Existenzbereich, der am Lockerungspunkt beginnt und am Austragspunkt endet. Damit sich eine Wirbelschicht überhaupt ausbildet muss der Reaktor von unten angeströmt werden. Damit können dem Auftrieb und der Widerstandskraft die Gravitationskraft entgegengesetzt werden. Besonderes Kennzeichen einer Wirbelschicht ist auch die äußere Umwälzpumpe. Damit ist dieser Reaktortyp den hydraulisch betriebenen Reaktoren zuzuordnen (vgl. [1]), er bezieht also seine erforderliche Leistung aus einem Teil der Pumpleistung [1]. Ein wichtiger Teil ist auch die Verteilerschicht. Diese sorgt für eine Verteilung und damit Vergleichmäßigung der Anströmgeschwindigkeit [13].

gewünschten Kapazität ab und spielt in dieser Aufgabenstellung zunächst keine Rolle, weil es sich um eine Laboranlage handelt und zunächst andere Fragestellungen zu behandeln sind. Der *Sauterdurchmesser* der Partikel beträgt 0,8 [mm]. Die Partikeldichte ist 1,25 [kg/L], die Dichte der Flüssigkeit beträgt 0,98 [kg/L] und die kinematische Viskosität $0{,}95 \cdot 10^{-6}$ [m^2/s]. Die Partikel haben einen Sphärizitätsgrad von 0,9, sind also nahezu kugelförmig. Der Lückengrad in der Schüttung wird mit 0,4 angegeben.

Zu berechnen ist der Arbeitsbereich der Wirbelschicht, also zwischen welchen beiden Anströmgeschwindigkeiten existiert die Wirbelschicht. Im Betriebs- und im Lockerungspunkt sollen der Lückengrad und der Widerstandsbeiwert abgeschätzt werden. Da der Leistungseintrag, noch besser die Leistungsdichte, den Kernpunkt eines wiederkehrend arbeitenden Systems darstellt, müssen diese auch noch berechnet werden.

Die Situation soll auch im *Reh-Diagramm* (Abb. B.9) beschrieben werden (Skizze). Eine *Kommentierung* der Ergebnisse mit Sachverstand ist wünschenswert.

Insbesondere auch im Reh-Diagramm hinsichtlich des c_w-Werts bei einem Lückengrad → 1,0 sowie im Lockerungspunkt.

Zum Einstieg sollten in der Formelsammlung die passenden Gleichungen gesucht werden, die für dieses Problem geeignet wären, und die Situation skizziert werden, damit ein guter Überblick über die Aufgabenstellung vorliegt.

In der **Lösungsebene 1** – und wenn nötig auch in der **Lösungsebene 2** – kann der Lösungsvorschlag studiert und verglichen werden.

3.3.4
Lösungsebene 1 zu Abschn. 3.3.1 bis 3.3.3

Lösungsebene 1 zu Abschn. 3.3.1 *Auslegung einer Wirbelschicht mit Carrier*
Wie sehr häufig bietet auch diese Aufgabe wieder mehrere Angriffsmöglichkeiten. Ein Vorschlag wäre die angegebene Sauerstoffbedarfsrate aufzugreifen und den Anstieg in die Lösungsroutine zu wagen.

Die Bedarfsrate im Wirbelschichtreaktor wird mit $10\,[\text{mol}/(\text{m}^3_{\text{WS}} \cdot \text{h})]$ angegeben. Um auf die erforderliche Sauerstofftransferrate im Begasungsreaktor zu kommen, muss dieser Wert übertragen werden. Das geht ganz einfach über das Volumenverhältnis und man erhält

$$\text{OTR}_{\text{BIR}} = \text{ODR}_{\text{WS}} \cdot \frac{V_{\text{WS}}}{V_{\text{BIR}}} \quad \left[\frac{\text{mol}}{\text{m}^3_{\text{BIR}} \cdot \text{h}}\right] \tag{3.60}$$

wo allerdings noch das Flüssigkeitsvolumen der Wirbelschicht fehlt. Das soll etwas später ermittelt werden, weil dazu auch noch das Gesamtvolumen gebraucht wird.

Die dafür erforderliche Transferrate lässt sich mit Gl. (A.63) (vgl. Formelsammlung in Anhang A) berechnen. Da es sich um sehr kleine Reaktoren handelt und damit die Flüssigkeitssäule gering ist, kann die vereinfachte Form dieser Gleichung (vgl. Abschn. 1.7) verwendet werden und man erhält

$$\text{OTR}_{\text{BIR}} = k_L a \cdot (c^*_{L,\text{BIR}} - c_{L,\text{BIR}}) \tag{3.61}$$

Die Sättigungskonzentration im Begasungsreaktor berechnet sich zu

$$c^*_{L,\text{BIR}} = \frac{\overline{p} \cdot Y^\omega_{O_2,\text{BIR}}}{H_{O_2}} = \frac{2{,}0 \cdot 0{,}15}{1500} = 2 \cdot 10^{-4} \quad \left[\frac{\text{mol}}{L_{\text{BIR}}}\right] \tag{3.62}$$

Die Gelöstkonzentration im Begasungsreaktor sollte maximal der Sättigungskonzentration in der Wirbelschicht sein, weil bei einer höheren Konzentration sonst eine Ausgasung stattfindet und das Ziel einer blasenfreien Situation verfehlt wäre. Also gilt

$$c_{L,\text{BIR}} = c^{\omega *}_{L,\text{WS}} = \frac{1{,}2 \cdot 0{,}21}{1500} = 1{,}68 \cdot 10^{-4} \quad \left[\frac{\text{mol}}{L}\right] \tag{3.63}$$

3.3 Wirbelschicht

Damit erhält man mit den Gln. (3.62) und (3.64) eingesetzt in Gl. (3.61) für die treibende Konzentrationsdifferenz

$$\Delta c_{L,BIR} = 3{,}2 \cdot 10^{-5} \left[\frac{mol}{L}\right] \cong 0{,}032 \left[\frac{mol}{m^3}\right] \tag{3.64}$$

Mit dieser Größe ist nun der erforderliche $k_L a$-Wert im Begasungsreaktor zugänglich. Es gilt nämlich

$$k_L a = \frac{OTR_{BIR}}{\Delta c_{L,BIR}} = \frac{OTR_{WS} \cdot V_{WS}/V_{BIR}}{\Delta c_{L,BIR}} \tag{3.65}$$

Das Volumen der Schüttung, also der Carrier-Packung vor dem Fluidisieren setzt sich aus dem Feststoff und dem Flüssigkeitslückenvolumen zusammen. Es gilt

$$V_S = V_L + V_P = h \cdot A \tag{3.66}$$

Damit kann man mit dem gegebenen Schüttungsvolumen V_S (Gl. (3.69c)) das Lückenvolumen bestimmen. Man erhält mit Gl. (3.66)

$$V_L = V_S \cdot \varepsilon_L = 0{,}705 \cdot 0{,}4 = 0{,}282 \, [m^3] \tag{3.67}$$

und letztendlich mit Gl. (3.66) die Querschnittsfläche, den Durchmesser und das Schüttvolumen der Wirbelschicht. Denn es gilt

$$D = \sqrt{\frac{4 \cdot A}{\pi}} = 0{,}774 \, [m] \tag{3.69a}$$

$$A = \frac{0{,}7}{1{,}5} = 0{,}47 \, [m^2] \tag{3.69b}$$

$$V_S = h \cdot A = 1{,}5 \cdot 0{,}47 = 0{,}705 \, [m^3] \tag{3.69c}$$

Damit ist bereits alles für die Berechnung des Liquidvolumens im ausgedehnten Zustand der Wirbelschicht bereitgelegt. Man erhält mit der Definitionsgleichung

$$\varepsilon = \frac{V_L}{V_P + V_L} \tag{3.69}$$

und einer Umformung von Gl. (3.70)

$$V_P = V_S \cdot (1 - \varepsilon_L) = 0{,}705 \cdot (1 - 0{,}4) = 0{,}423 \, [m^3]$$

$$V_B = \frac{\varepsilon \cdot V_P}{1 - \varepsilon} + V_P = \frac{0{,}7 \cdot 0{,}423}{1 - 0{,}7} + 0{,}423 = 0{,}98 \, [m^3] + 0{,}423 \, [m^3] \tag{3.70}$$
$$= 1{,}41 \, [m^3]$$

Man hat nun alle Parameter, um aus Gl. (3.61) die erforderliche Sauerstofftransferrate im Begasungsreaktor zu bestimmen. Man erhält

$$OTR_{BIR} = ODR \cdot \frac{V_{WS}}{V_{BIR}} = 10 \cdot \frac{1{,}41}{0{,}7} = 20 \left[\frac{mol}{m^3_{BIR} \cdot h}\right] \tag{3.71}$$

und auch für die spezifische Sauerstofftransfergeschwindigkeit ist nun alles bekannt. Es gilt

$$k_L a = \frac{20}{0{,}032} = 625\,[\text{h}^{-1}] \tag{3.72}$$

Greift man nun noch auf die vorgegebene Gleichung zur Berechnung der spezifischen Sauerstofftransfergeschwindigkeit zurück, so erhält man

$$1{,}3 \cdot 10^{-4} \cdot \left(\frac{g^2}{2 \cdot 10^{-6}}\right)^{1/3} \cdot \left(\frac{\varepsilon}{(g^4 \cdot 2 \cdot 10^{-6})^{1/3}}\right)^{0{,}5} = 0{,}092 \cdot \varepsilon^{0{,}5} = \frac{625}{3600} \tag{3.73}$$

und schließlich für die gesuchte Leistungsdichte

$$\varepsilon_{R,b} = \left(\frac{625}{3600 \cdot 0{,}092}\right)^2 = 3{,}57\,[\text{W/kg}] \tag{3.74}$$

Damit kann die gesuchte Drehzahl für das Rührwerk bestimmt werden. Für die Leistungsdichte gilt der Zusammenhang

$$\varepsilon_{R,b} = \frac{\text{Ne}_b \cdot n^3 \cdot d_R^5}{V_{R,L}} \tag{3.75}$$

Es fehlt jetzt noch der Rührerdurchmesser. Dieser kann mit den Werten $f_R = 0{,}4$ und $f_S = 2{,}5$ wie folgt ermittelt werden

$$d_R = 0{,}4 \cdot \sqrt[3]{\frac{0{,}5 \cdot 4}{2{,}5 \cdot \pi}} = 0{,}254\,[\text{m}] \tag{3.76}$$

womit man dann für die Drehzahl

$$n = \sqrt[3]{\frac{\varepsilon_{R,b} \cdot V_{R,L}}{\text{Ne}_b \cdot d_R^5}} = \sqrt[3]{\frac{3{,}57 \cdot 0{,}5}{7{,}2 \cdot 0{,}254^5}} = 6{,}17\,[\text{s}^{-1}] \widehat{=} 370\,[\text{upm}] \tag{3.77}$$

erhält.

Es bleibt nun noch ein offener Block übrig, und zwar die Betriebsparameter und der Leistungseintrag der Wirbelschicht. Der weitere Lösungsweg soll in **Lösungsebene 2** beschrieben werden.

Lösungsebene 1 zu Abschn. 3.3.2 *Auslegung einer Wirbelschicht mit Fibra-Cel®-Disc*
Da es sich beim gewählten Carrier um keinen kugelförmigen Körper handelt ist schnell klar, dass man entweder den Sphärizitätsgrad oder Sauterdurchmesser ermitteln muss [1]. Die definierte Form der Körper erlaubt es, den Sphärizitätsgrad exakt zu bestimmen. Dazu benötigt man zunächst das Partikelvolumen und erhält

$$V_P = \frac{d_P^2 \cdot \pi}{4} \cdot h_P = \frac{12^2 \cdot \pi}{4} \cdot 1{,}0 = 113{,}1\,[\text{mm}^3] \tag{3.78}$$

Und mit der Kenntnis, dass dieses Volumen gleich dem Volumen der stellvertretenden Kugelform ist

$$V_P = V_K = \frac{d_K^3 \cdot \pi}{6} \tag{3.79}$$

kann der Durchmesser dieser Kugel berechnet werden. Durch Umstellen von Gl. (3.79) erhält man

$$d_K = \sqrt[3]{\frac{6 \cdot V_K}{\pi}} = \sqrt[3]{\frac{6 \cdot 113{,}04}{\pi}} = 6{,}0 \, [\text{mm}] \tag{3.80}$$

Der nächste Schritt beschäftigt sich mit den Oberflächen der realen und fiktiven Partikel. Man erhält für den Fibra-Cel®-Carrier

$$A_P = 2 \cdot \frac{d_P^2 \cdot \pi}{4} + d_P \cdot \pi \cdot h_P = 2 \cdot \frac{12^2 \cdot \pi}{4} + 13 \cdot \pi \cdot 1{,}0 = 236{,}8 \, [\text{mm}^2] \tag{3.81}$$

und die Oberfläche für die Kugel mit dem gleichen Volumen

$$A_{KO} = d_K^2 \cdot \pi = 6{,}0^2 \cdot \pi = 113{,}04 \, [\text{mm}^2] \tag{3.82}$$

Damit kann mit Gl. (A.143) der Sphärizitätsgrad bestimmt werden. Man erhält

$$\varphi_S = \frac{113{,}04}{263{,}076} = 0{,}43 \tag{3.83}$$

Wie man aus Tab. A.3 entnehmen kann, entspricht das einem „plattförmigen" Körper, wie er in Form der Fibra-Cel®-Plättchen vorliegt.

Auf der Suche nach den Betriebsbedingungen beschäftigt man sich zunächst mit den Grenzgeschwindigkeiten. In diesem Fall genügt es, die Lockerungsgeschwindigkeit zu berechnen. Dazu kann man auf die Carman-Kozeny-Gleichung zurückgreifen (Gl. (A.155) mit Gln. (A.156) und (A.45)), um den Druckverlust zu berechnen. Für die Reynolds-Zahl lässt nach Gl. (A.158)

$$d_{Ps} = 6 \cdot \frac{V_{Ps}}{A_{Ps}} = 6 \cdot \frac{113{,}04}{263{,}76} = 2{,}57 \, [\text{mm}] \xrightarrow{\text{damit}}$$

$$\text{Re}_{Ps} \equiv \frac{d_{Ps} \cdot v_L}{\nu} = \frac{2{,}57 \cdot 10^{-3} \cdot v_L}{7{,}27 \cdot 10^{-6}} = 353{,}5 \cdot v_L \tag{3.84}$$

formulieren. Es fehlt noch die Lockerungsgeschwindigkeit! Nun bestimmt man den Widerstandsbeiwert in Gl. (A.155) mit Gl. (A.156) und erhält

$$\Psi = 150 \cdot \frac{1 - \varepsilon_L}{\text{Re}_{Ps}} + 1{,}75 = 150 \cdot \frac{1 - 0{,}45}{253{,}5 \cdot v_L} + 1{,}75 = \frac{0{,}325}{v_L} + 1{,}75 \tag{3.85}$$

Fügt man nun Gl. (3.85) in (A.155) ein, so erhält man

$$\Delta p = \left(\frac{0{,}325}{v_L} + 1{,}75\right) \cdot \frac{(1 - 0{,}45)}{0{,}45^3} \cdot \frac{v_L^2}{2{,}57 \cdot 10^{-3}} \cdot 1{,}1 \cdot 10^3 \cdot 0{,}5$$

$$= 2\,259\,183{,}05 \cdot v_L^2 + 301\,224{,}41 \cdot v_L \tag{3.86}$$

Für die Druckdifferenz gilt im Lockerungspunkt Gl. (A.152) und man bekommt

$$\Delta p = (1 - 0{,}45) \cdot 0{,}5 \cdot 0{,}2 \cdot g = 539{,}55 \, [\text{Pa}] \tag{3.87}$$

und eingefügt in Gl. (3.86) die quadratische Gleichung

$$2\,259\,183{,}05 \cdot v_\text{L}^2 + 301\,224{,}41 \cdot v_\text{L} - 539{,}55 = 0 \tag{3.88}$$

Das verlangt nach der Lösung einer quadratischen Gleichung, und die daraus resultierende reale Lösung ist

$$v_\text{L} = \frac{-301\,224{,}41 + \sqrt{301\,224{,}41^2 - 4 \cdot 2\,259\,183{,}05 \cdot (-539{,}55)}}{2 \cdot 2\,259\,183{,}05}$$

$$= 0{,}001\,77 \, [\text{m/s}] \tag{3.89}$$

Mit dieser Lockerungsgeschwindigkeit kann man die Reynolds-Zahl berechnen. Mit Gl. (3.84) findet man

$$\text{Re}_\text{PS} = \frac{2{,}57 \cdot 10^{-3} \cdot 0{,}001\,77}{7{,}27 \cdot 10^{-6}} = 0{,}6 \tag{3.90}$$

Damit liegt der Lockerungspunkt im laminaren Bereich, und es lässt sich mit Gl. (A.147) die Lockerungsgeschwindigkeit bestätigen. Man findet

$$v_\text{L} = \frac{1}{150} \frac{0{,}41^2 \cdot 0{,}45^3}{1 - 0{,}45} \cdot g \cdot \frac{(6 \cdot 10^{-3})^2 \cdot 0{,}2}{7{,}27 \cdot 10^{-6} \cdot 1{,}1} = 0{,}001\,79 \, [\text{m/s}] \tag{3.91}$$

Man kann daraus erkennen, dass statt dem Sauterdurchmesser d_PS auch der stellvertretende Kugeldurchmesser d_K in Verbindung mit dem Sphärizitätsgrad φ_S verwendet werden kann.

In der vorliegenden Problemstellung ist eine Bettausdehnung durch den Betriebslückengrad von 0,75 vorgegeben. Zusammen mit der durch die Systemparameter festgelegten Archimedes-Zahl

$$\text{Ar} \equiv \frac{d_\text{PS}^3 \cdot g \cdot \Delta \rho}{\nu^2 \cdot \rho_\text{L}} = \frac{(2{,}57 \cdot 10^{-3})^3 \cdot 9{,}81 \cdot 0{,}2}{(7{,}27 \cdot 10^{-6})^2 \cdot 1{,}1} = 573 \tag{3.92}$$

kann man aus dem Reh-Diagramm B.9 die im Betriebszustand herrschende Reynolds-Zahl (Re = 10) sowie die Ω-Zahl ($\Omega = 1{,}7$) ermitteln. In beiden Kennzahlen steckt die Betriebsleerrohrgeschwindigkeit. Man findet

- aus der Reynolds-Zahl: $v_\text{B} = 0{,}028 \, [\text{m/s}]$,
- aus der Ω-Zahl: $v_\text{B} = 1{,}7$.

Der obere Existenzpunkt einer Wirbelschicht ist die Austragsgeschwindigkeit. Dazu ergibt die Kalkulation

$$w_\text{f} = \frac{1}{18} \frac{g \cdot \varphi_\text{S} \cdot d_\text{P}^2 \cdot \Delta \rho}{\rho_\text{L} \cdot \nu} = \frac{1}{18} \frac{g \cdot 0{,}43 \cdot (6{,}0 \cdot 10^{-3})^2 \cdot 0{,}2}{1{,}1 \cdot 7{,}27 \cdot 10^{-6}} = 0{,}21 \, [\text{m/s}] \tag{3.93}$$

Damit ist gezeigt, dass die Betriebsgeschwindigkeit weit unter der Austragsgeschwindigkeit liegt und die Wirbelschicht wie vorgesehen betrieben werden kann. Die weiteren Schritte zur Lösung sollen in **Lösungsebene 2** aufgezeigt werden.

Lösungsebene 1 zu Abschn. 3.3.3 *Auslegung einer Wirbelschicht mit dem Reh-Diagramm*
Aus der Aufgabenstellung findet man die

Gegebene Größen: $H_{max} = 160$ [mm]; $D = 50$ [mm]; $h = 100$ [mm]; Umpumprate $\dot{V}_R = 100$ [L/h]; $d_{PS} = 8 \cdot 10^{-4}$ [m]; $\rho_P = 1{,}25$ [kg/L]; $\rho_L = 0{,}98$ [kg/L]; $\nu = 0{,}95 \cdot 10^{-6}$ [m²/s]; $\varphi_S = 0{,}90$; $\varepsilon_L = 0{,}4$.
Gesuchte Größen: ν_L; w_f; c_W im Betriebs und Lockerungspunkt; $(P/V)_{L,P}$ [W/L]; $\varepsilon_{L,B}$; Vergleich mit Reh-Diagramm.

Abbildung 3.22 zeigt die wichtigen Größen Wirbelschichthöhe H, die Schütthöhe h, den Reaktordurchmesser D, den Eingangsvolumenstrom und die Anströmgeschwindigkeit ν.

Die Strömungsgeschwindigkeit ν ist gleichbedeutend mit der Leerrohrgeschwindigkeit (analog zur Gasleerrohrgeschwindigkeit) und stellt eine gedachte, über den Querschnitt gemittelte Geschwindigkeit dar. Die Pumpe stellt das Förderaggregat aber auch das Aggregat, das die Leistung einträgt, dar.

Das „Patentrezept", über eine Gleichung, die schon einen gesuchten Parameter trägt, den Einstieg zu wagen, ist in diesem Fall wieder einmal nicht so explizit möglich. Dennoch könnte man es mit der Lockerungs- und der Austragsgeschwindigkeit probieren.

Für die Leistungsberechnung sucht man am besten die Gleichung aus der Formelsammlung heraus, die sich verantwortlich für hydraulisch betriebene Reaktoren zeichnet. Wenn man sich nicht sicher ist, wo man nun ansetzen soll, dann sollte man sich eine Berechnung vornehmen, die höchstwahrscheinlich für diese Zwecke gebraucht wird. Eine Größe wäre die Querschnittsfläche des Reaktors. Die Gleichung dazu lautet (Gl. (A.31)):

$$A_Q = \frac{D^2 \cdot \pi}{4} = \frac{0{,}05^2 \cdot \pi}{4} = 2 \cdot 10^{-3} \, [\text{m}^2] \tag{3.94}$$

Da der Volumenstrom gegeben ist, kann man auch sofort die Anströmgeschwindigkeit bestimmen. Diese erhält den Wert

$$\nu = \frac{\dot{V}_L}{A} = \frac{100}{2 \cdot 10^{-3} \cdot 10^3 \cdot 3600} = 0{,}0135 \left[\frac{\text{m}}{\text{s}}\right] \tag{3.95}$$

Zur Berechnung der Austragsgeschwindigkeit stehen alle Daten zur Verfügung. Es muss zunächst eine Annahme getroffen werden, ob man sich im turbulenten oder laminaren Bereich befindet (vgl. dazu Abb. B.6 und B.7). Die Prüfung erfolgt über die Reynolds-Zahl. Also berechnet man zunächst für den *turbulenten* Fall die Lockerungsgeschwindigkeit gemäß Gl. (A.150) (Es ist darauf zu achten, dass der Sauterdurchmesser bereits gegeben ist und der Sphärizitätsgrad aus der Originalgleichung gestrichen werden muss!) und erhält

$$\nu_L = \left(\frac{1}{1{,}75} \cdot \varepsilon_L^3 \cdot g \cdot d_{PS} \cdot \frac{\Delta\rho}{\rho_L}\right)^{0{,}5} = \left(\frac{1}{1{,}75} \cdot 0{,}4^3 \cdot g \cdot 8 \cdot 10^{-4} \cdot \frac{0{,}27}{0{,}98}\right)^{0{,}5}$$
$$= 8{,}9 \cdot 10^{-3} \left[\frac{\text{m}}{\text{s}}\right] \tag{3.96}$$

und anschließend die Austragsgeschwindigkeit. Es gilt nach Gl. (A.151)

$$w_f = \left[\frac{4}{3}\frac{g \cdot d_{PS} \cdot \Delta\rho}{c_W \cdot \rho_L}\right]^{1/2} = \left[\frac{4}{3}\frac{g \cdot (8 \cdot 10^{-4}) \cdot 0{,}27}{0{,}44 \cdot 1{,}0}\right]^{1/2} = 0{,}081 \left[\frac{m}{s}\right] \quad (3.97)$$

Zur Kontrolle wird die Reynolds-Zahl berechnet. Damit erfährt man, ob die Annahme eines turbulenten Zustandes zutrifft. Man erhält für die Lockerungsgeschwindigkeit eine Reynolds-Zahl von

$$\text{Re} = \frac{0{,}0089 \cdot 8 \cdot 10^{-4}}{0{.}95 \cdot 10^{-6}} = 7{,}5 \quad (3.98)$$

sowie für die Austragsgeschwindigkeit eine Reynolds-Zahl von

$$\text{Re} = \frac{0{.}081 \cdot 8 \cdot 10^{-4}}{0{.}95 \cdot 10^{-6}} = 68 \quad (3.99)$$

Diese Werte liegen also unter dem sicheren turbulenten Bereich, aber auch über dem sicheren laminaren Bereich, also zwischen $1 < 7{,}5/68 < 500$ und damit im Übergangsbereich (vgl. Abb. B.6). Für diesen Bereich liegen keine Gesetzmäßigkeiten parat, aber man kann die Situation für den laminaren Bereich abschätzen und erhält

$$w_f = \frac{1}{18}\frac{g \cdot (d_{PS})^2}{\nu} \cdot \frac{\Delta\rho}{\rho_L} = \frac{1}{18}\frac{g \cdot (8 \cdot 10^{-4})^2}{0{,}95 \cdot 10^{-6}} \cdot \frac{0{,}27}{0{,}98} = 0{,}1 \left[\frac{m}{s}\right] \quad (3.100)$$

Die beiden Werte (Gln. (3.97) und (3.100)) liegen doch sehr nahe beieinander und auch die Reynolds-Zahl passt sich dem mit

$$\text{Re} = \frac{0{,}1 \cdot 8 \cdot 10^{-4}}{0{,}95 \cdot 10^{-6}} = 84{,}2 \quad (3.101)$$

sehr gut an (vgl. Gl. (3.99)). Zumindest kann man von derselben Größenordnung sprechen, obwohl weiterhin Re > 1,0 gilt, so ist er doch näher bei 1,0 als bei 500, und es kann mit der laminaren Situation gerechnet werden, auch wenn dadurch die Vereinbarung (vgl. Formelsammlung A.8 Wirbelschicht) verletzt wird. Wie heißt es so schön, Regeln sind dazu da, um Ausnahmen anwenden zu können!

Die weiteren Fragestellungen sollen in der **Lösungsebene 2** behandelt werden.

3.3.5
Lösungsebene 2 zu Abschn. 3.3.1 bis 3.3.3

Lösungsebene 2 zu Abschn. 3.3.1 *Auslegung einer Wirbelschicht mit Carrier*
Im Folgenden sollen noch die Betriebspunkte der Wirbelschicht festgelegt werden. Dazu berechnet man zunächst die Kennzahlen, die eine Wirbelschicht beschreiben. Das sind die Ω-Zahl und die Archimedes-Zahl. Da deren Zusammenhang durch die Hilfsgleichung vorgegeben ist (vgl. Abschn. 3.3.1,) erhält man

$$\Omega \equiv \frac{w \cdot \rho_L}{\nu \cdot g \cdot \Delta\rho} = 0{,}7 \cdot \text{Ar}^{-0{,}9} \quad (3.102)$$

Aus Gl. (3.102) kann die mittlere Anströmgeschwindigkeit der Wirbelschicht ermittelt werden. Durch Umstellung von Gl. (3.102) erhält man

$$w^3 = \frac{\nu \cdot g \cdot \Delta\rho}{\rho_L} \cdot 0{,}7 \cdot \left(\frac{d_K^3 \cdot g \cdot \Delta\rho}{\nu^2 \cdot \rho_L}\right)^{-0{,}9} \tag{3.103}$$

In Gln. (3.102) und (3.103) ist noch nicht der „stellvertretende" Durchmesser der Carrier bekannt. Diesen gewinnt man über das gegebene Volumen der Carrier, denn es gilt

$$V_P = V_K = 0{,}065 \tag{3.104}$$

und man erhält

$$d_K = \sqrt[3]{\frac{0{,}065 \cdot 6}{\pi}} = 0{,}5\,[\text{mm}] \stackrel{\wedge}{=} 5 \cdot 10^{-4}\,[\text{m}] \tag{3.105}$$

und somit

$$\begin{aligned}w^3 &= \frac{2 \cdot 10^{-6} \cdot g \cdot 0{,}4}{1{,}1} \cdot 0{,}7 \cdot \left(\frac{(5 \cdot 10^{-4})^3 \cdot g \cdot 0{,}4}{(2 \cdot 10^{-6})^2 \cdot 1{,}1}\right)^{-0{,}9} \\ &= 7{,}2 \cdot 10^{-8}\left[\left(\frac{\text{m}}{\text{s}}\right)^3\right] \\ w &= 4{,}16 \cdot 10^{-3} \stackrel{\wedge}{=} 0{,}0042\,[\text{m/s}]\end{aligned} \tag{3.106}$$

Damit lässt sich nun der Volumenstrom berechnen. Man bekommt

$$\dot{V}_L = A \cdot w = 0{,}47 \cdot 0{,}0042 = 1{,}95 \cdot 10^{-3}\,[\text{m}^3/\text{s}] \tag{3.107}$$

Für den Druckverlust kennt man den Zusammenhang (vgl. Formelsammlung Gl. (A.152) und [1])

$$\begin{aligned}\Delta p &= h \cdot g \cdot [(1-\varepsilon_L) \cdot \Delta\rho] \cdot 10^3 \\ &= 1{,}5 \cdot g \cdot [(1-0{,}4) \cdot 0{,}4] \cdot 10^3 = 3532\,[\text{Pa}]\end{aligned} \tag{3.108}$$

und schließlich für den hydraulischen Leistungseintrag

$$\begin{aligned}P_L &= 1{,}95 \cdot 10^{-3} \cdot 3532 = 6{,}9\,[\text{W}] \\ \varepsilon_L &= \frac{6{,}9}{1{,}41 \cdot 1{,}1 \cdot 10^3} = 4{,}5 \cdot 10^{-3}\,\left[\frac{\text{W}}{\text{kg}}\right]\end{aligned} \tag{3.109}$$

Das ist ein sehr geringer Wert und sollte sogar für die einfachsten Transportaufgaben etwas zu gering sein.

Prüfung Lockerungsgeschwindigkeit:

$$\text{Re} \equiv \frac{d_P \cdot v}{\nu} = \frac{5 \cdot 10^{-4} \cdot 0{,}0042}{2 \cdot 10^{-6}} = 1{,}05 \tag{3.110}$$

Das sind laminare Verhältnisse. Die Lockerungsgeschwindigkeit berechnet man in diesem Fall mit Gl. (A.147) und erhält

$$v_L = \frac{1}{150} \frac{0{,}8_S^2 \cdot \varepsilon_L^3}{1-\varepsilon_L} \cdot g \cdot \frac{d_P^2 \cdot \Delta\rho}{\nu \cdot \rho_L}$$
$$= \frac{1}{150} \frac{0{,}8^2 \cdot 0{,}4^3}{1-0{,}4} \cdot g \cdot \frac{(5 \cdot 10^{-4})^2 \cdot 0{,}4}{2 \cdot 10^{-6} \cdot 1{,}1} = 2{,}03 \cdot 10^{-4} \left[\frac{m}{s}\right] \quad (3.111)$$

Das liegt deutlich unter der ermittelten Anströmgeschwindigkeit. Nun muss noch die Austragsgeschwindigkeit ermittelt werden. Dazu verwendet man Gl. (A.148) und erhält

$$w_f = \frac{1}{18} \frac{g \cdot \varphi_S \cdot d_P^2 \cdot \Delta\rho}{\rho_L \cdot \nu} = \frac{1}{18} \frac{g \cdot 0{,}8 \cdot (5 \cdot 10^{-4})^2 \cdot 0{,}4}{1{,}1 \cdot 2 \cdot 10^{-6}} = 0{,}02 \left[\frac{m}{s}\right] \quad (3.112)$$

und liegt über der berechneten Anströmgeschwindigkeit. Somit ist alles in Ordnung und der Prozess kann mit den ermittelten Betriebsdaten betrieben werden.

Lösungsebene 2 zu Abschn. 3.3.2 *Auslegung einer Wirbelschicht mit Fibra-Cel®-Disc*
In **Lösungsebene 1** wurden schon viele Randbedingungen für die finale Auslegung der Wirbelschicht getätigt. Um nun an die Abmessungen, das Volumen, den Volumenstrom (Durchsatz) und die eingetragene Leistungsdichte zu kommen, greift man auf die bereits gefundenen Zwischenresultate zurück.

Mit der gegebenen Ausdehnung (Lückengrad = 0,75) und der berechneten Archimedes-Zahl (Ar = 573) geht man nun in das Reh-Diagramm (Abb. B.9 bzw. 3.23). Im Schnittpunkt der beiden Linien findet man die vorliegende Reynolds-Zahl (Re = 10) und die Omega-Zahl (Ω = 1,7).

In der Omega-Zahl und der Reynolds-Zahl steckt die erforderliche Leerrohrgeschwindigkeit im Betriebsmodus. Ausgehend von der Reynolds-Zahl erhält man dann

$$v_B = \frac{Re \cdot \nu}{d_{PS}} = \frac{10 \cdot 7{,}27 \cdot 10^{-6}}{2{,}57 \cdot 10^{-3}} = 0{,}028 \left[\frac{m}{s}\right] \quad (3.113)$$

Zur Bestimmung des Wirbelbettvolumens bestimmt man zunächst den Reaktordurchmesser. Mit dem gegebenen Schüttungsschlankheitsgrad f_{SS} und der Schüttungshöhe h_S gelangt man zu

$$D = \frac{h}{f_{SL}} = \frac{0{,}5}{0{,}8} = 0{,}625 \, [m] \quad (3.114)$$

und so kommt man zum Schüttungsvolumen

$$V_{Ges,L} = \frac{D^2 \cdot \pi}{4} \cdot h = \frac{0{,}625^2 \cdot \pi}{4} \cdot 0{,}5 = 0{,}15 \, [m^3] \quad (3.115)$$

Das Feststoffvolumen darin erhält man mittels der Definitionsgleichung (A.144) für den Lückengrad. Nach Umstellung dieser Gleichung gilt

$$V_P = V_{Ges,L} \cdot (1 - \varepsilon_L) = 0{,}15 \cdot (1 - 0{,}45) = 0{,}0875 \, [m^3] \quad (3.116)$$

Schließlich verwendet man dieselbe Definitionsgleichung für den Betriebszustand und erhält

$$\varepsilon_B = \frac{V_{L,B}}{V_P + V_{L,B}}$$
$$V_{L,B} = \frac{0{,}75 \cdot 0{,}0825}{1 - 0{,}75} = 0{,}25\,[\text{m}^3] \tag{3.117}$$

das Betriebsvolumen.

Mit der Leerrohrgeschwindigkeit im Betriebszustand und der Querschnittsfläche gelangt man zum Volumenstrom

$$\dot{V}_L = v_B \cdot A_Q = 0{,}028 \cdot 0{,}31 = 8{,}7 \cdot 10^{-3}\,\left[\frac{\text{m}^3}{\text{s}}\right] \widehat{=} 31{,}25\,\left[\frac{\text{m}^3}{\text{h}}\right] \tag{3.118}$$

Offen ist noch die Leistungsdichte. Diese erhält man aus Volumenstrom und Druckverlust (vgl. Gl. (A.1)). Es gilt somit für die Leistung und die Leistungsdichte (massenbezogene, spezifische Leistung)

$$P_L = \dot{V}_L \cdot \Delta p = 8{,}7 \cdot 10^{-3} \cdot 539{,}55 = 4{,}7\,[\text{W}]$$
$$\varepsilon_L = \frac{P_L}{V_{Ges,B}} = \frac{4{,}7}{(0{,}25 + 0{,}0875) \cdot 1{,}1} = 0{,}0127\,\left[\frac{\text{W}}{\text{kg}}\right] \tag{3.119}$$

In der Tat, eine sehr niedrige Leistungsdichte (vgl. Tab. C.6). Das sollte ein sicherer Hinweis sein, dass keine Zellbelastung mechanischer Art auftritt.

Lösungsebene 2 zu Abschn. 3.3.3 *Auslegung einer Wirbelschicht mit dem Reh-Diagramm*
Das Schüttungsvolumen ergibt sich aus Querschnittsfläche und Schütthöhe. Mit den Gln. (3.94) und (3.95) erhält man

$$V_S = h \cdot A_Q = 0{,}1 \cdot 2 \cdot 10^{-3} = 2{,}0 \cdot 10^{-4}\,[\text{m}^3] \widehat{=} 0{,}20\,[\text{L}] \tag{3.120}$$

Da die Bettausdehnung mit $H = 160$ [mm] gegeben ist und die Querschnittsfläche berechnet (vgl. Gl. (3.94)) wurde, kann das Reaktionsvolumen bestimmt werden. Es wird

$$V_B = H \cdot A_Q = 0{,}2 \cdot 2 \cdot 10^{-3} = 3{,}93 \cdot 10^{-4}\,[\text{m}^3] \widehat{=} 0{,}39\,[\text{L}] \tag{3.121}$$

Der herrschende Lückengrad im Betriebszustand wird beschrieben durch

$$\varepsilon_{L,B} = \frac{V_{L,B}}{V_B} = \frac{V_B - V_P}{V_B} \tag{3.122}$$

also die Flüssigkeit zwischen dem „wirbelnden" Feststoff bezogen auf das Gesamtvolumen.

Um Gl. (3.122) zu lösen, benötigt man noch das Volumen der Partikel V_P. Dieses wiederum berechnet sich aus dem Schüttungsvolumen und dem Lückengrad. Man erhält

$$V_P = V_S \cdot (1 - \varepsilon_L) = 0{,}20 \cdot (1 - 0{,}4) = 0{,}12\,[\text{L}] \tag{3.123}$$

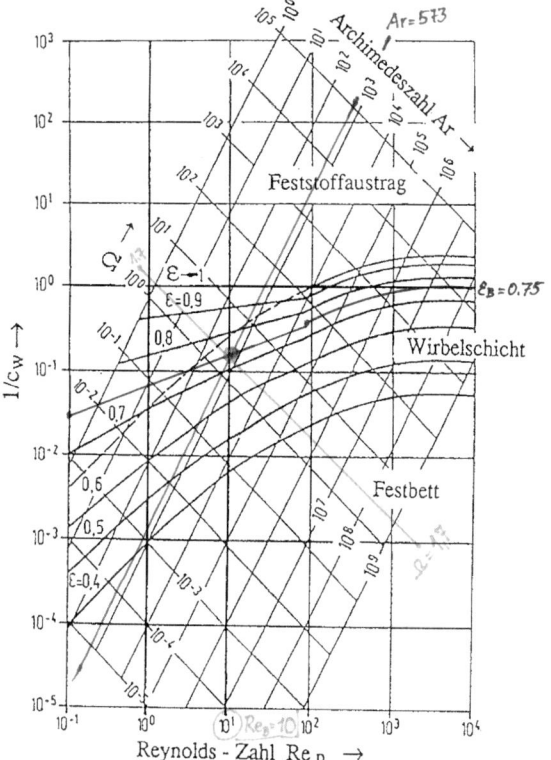

Abb. 3.23 Zustandsdiagramm nach Reh (Abb. B.9) zur Ermittlung der Betriebsparameter: (a) Die durch die Systemparameter festgelegte Archimedes-Zahl (573) einzeichnen; (b) Linie für den vorgegebenen Lückengrad (0,75) einfügen; (c) die Reynolds-Zahl (10) und die Omega-Zahl (1,7) ablesen.

und damit für den Lückengrad

$$\varepsilon_{L,B} = \frac{0{,}39 - 0{,}12}{0{,}39} = 0{,}70 \qquad (3.124)$$

Mit der bekannten Gleichung aus der Kräftebilanz für das Wirbelbett (Gl. (A.152)) erhält man den Druckverlust

$$\Delta p = g \cdot 0{,}1 \cdot [(1 - 0{,}4) \cdot 0{,}27] \cdot 10^3 = 159 \, [\text{Pa}] \qquad (3.125)$$

und damit den Leistungseintrag

$$P_L = \frac{100 \cdot 159}{3600 \cdot 10^3} = 4{,}42 \cdot 10^{-3} \, [\text{W}] \qquad (3.126)$$

bzw. den massenbezogenen spezifischen Leistungseintrag oder auch die Leistungsdichte

$$\varepsilon_{L,P} = \frac{4{,}42 \cdot 10^{-3}}{0{,}31} = 0{,}014 \left[\frac{\text{W}}{\text{L}}\right] \qquad (3.127)$$

3.3 Wirbelschicht

Hier nochmals der Hinweis, dass der berechnete *Druckverlust* einzig und allein aus der *Kräftebilanz* resultiert, allerdings liegt der reine Rohrreibungsverlust nicht mal bei 0,03 [%], sodass Gl. (3.125) bedenkenlos angewandt werden kann.

Der berechnete Wert für die Leistungsdichte ist für klassische Fermentationsprozesse äußerst niedrig und stößt auch zur Kultivierung von Zellkulturen an die untere Grenze (vgl. Tab. C.6 und [1]), „aber", so könnte es von vielen Zellbiologen gesehen werden, „um die Scherbelastung für die Zellen braucht man sich keine Sorgen zu machen", „wohl aber über die Versorgung mit Nährstoffen" fügt der Ingenieur hinzu!

Dieselben Betrachtungen sollen nun mit dem *Reh-Diagramm* (vgl. Hilfsmittel B.9) durchgeführt werden. Dazu berechnet man zuerst die von Systemparametern abhängige Archimedes-Zahl

$$\mathrm{Ar} = \frac{g \cdot d_{PS}^3}{v^2} \frac{\Delta \rho}{\rho_L} = \frac{g \cdot (8 \cdot 10^{-4})^3}{(0{,}95 \cdot 10^{-6})^2} \frac{0{,}27}{0{,}98} = 1533 \tag{3.128}$$

und dann die vom Betriebsparameter Anströmgeschwindigkeit bestimmte Ω-Zahl

$$\Omega = \frac{v^3}{g \cdot v} \frac{\rho_L}{\Delta \rho} = \frac{(0{,}018)^3}{g \cdot 0{,}95 \cdot 10^{-6}} \frac{0{,}98}{0{,}27} = 2{,}3 \tag{3.129}$$

Nun geht man ins Reh-Diagramm (vgl. Abb. 3.24) und findet im Schnittpunkt der Linien zwischen der Archimedes-Zahl und der Ω-*Zahl von 2,3* den *Lückengrad* unter Betriebsbedingungen mit einem Wert von *0,7* und einen c_W-*Wert von 8,3*.

Der c_W-Wert kann allerdings mit der vorgeschlagenen Gl. (A.157) nicht bestätigt werden. Laut dieser Gleichung liegt man mit

$$c_W = \frac{24}{\mathrm{Re}_{Ps}} + \frac{4}{\sqrt{\mathrm{Re}_{Ps}}} + 0{,}4 = \frac{24}{14{,}8} + \frac{4}{\sqrt{14{,}8}} + 0{,}4 = 3{,}1 \tag{3.130}$$

doch merklich niedriger und das passt mit dem Wert, den man aus dem Reh-Diagramm entnehmen kann, doch nicht so gut zusammen. Der Druckverlust stimmt nach Gl. (3.125) mit

$$\Delta p = c_W \cdot \rho_L \cdot \frac{v^2}{2} = 8{,}3 \cdot 980 \cdot \frac{0{,}0179^2}{2} = 1{,}3 \, [\mathrm{Pa}] \tag{3.131}$$

auch nicht überein.

Kommentar zum Wirbelschichtzustandsdiagramm: Ein bekannter Grenzpunkt hinsichtlich des Widerstandsbeiwertes liegt für kugelförmige Einzelpartikel im turbulenten Bereich bei 0,44 (vgl. Abb. B.6) und sollte im Wirbelschichtzustandsdiagramm abgelesen werden können. Legt man an die $\varepsilon_L \to 1$-Kurve bei hohen Reynolds-Zahlen (Re > 10^3) eine Tangente an, so findet man auf der Ordinate den Kehrwert des Widerstandsbeiwertes. Dieser stimmt mit dem genannten Wert überein.

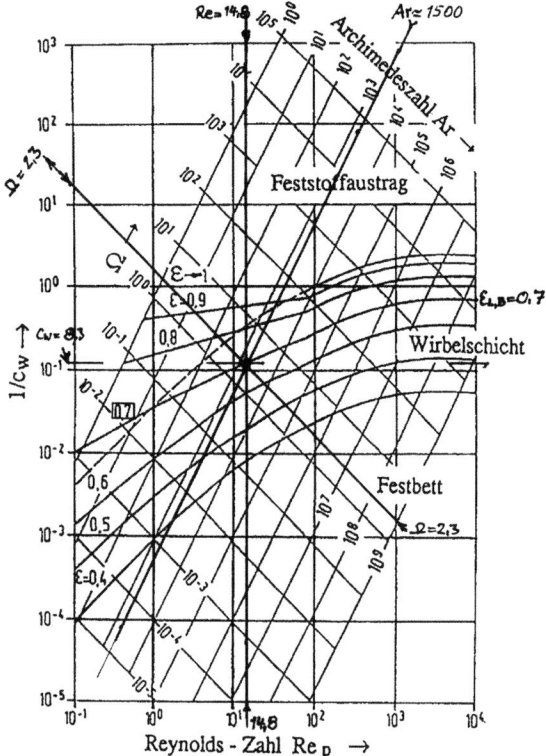

Abb. 3.24 Zustandsdiagramm nach Reh zur Ermittlung der Betriebsparameter. (a) die durch die Systemparameter festgelegte Archimedes-Zahl (1473) einzeichnen; (b) den vorgegebenen Lückengrad (0,7) einfügen; (c) die Reynolds-Zahl (14,8), den Widerstandsbeiwert (8,3) und die Omega-Zahl (2,3) ablesen.

3.4
Sterilisation

3.4.1
Beweisführung der Steigung

Der Fall, dass die kinetischen Untersuchungen im $\ln(N/N_0)$ über t keine Geraden ergeben, wird im Wesentlichen durch eine Mischkultur verursacht. Wie in Abschn. 1.3 und in [2] dargestellt, teilt man die Gesamtheit der Kontaminanten in zwei Gruppen ein: In die LABIS und in die RESIS. Da man weiterhin davon ausgeht, dass die jeweilige Gruppe für sich eine Gerade ergibt, sucht man also zwei Geradengleichungen für die Kinetik einer Mischkultur. In folgender Aufgabe soll eine spezielle Modellvorstellung diskutiert werden.

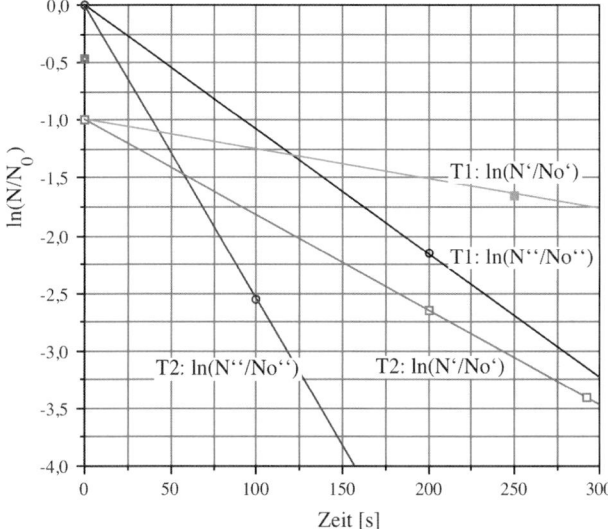

Abb. 3.25 Die Darstellung einer Sterilisationskinetik weist eindeutig auf das Vorliegen einer Mischkultur hin. Aus der gemeinsamen Kurve sucht man also zwei Geradengleichungen, einmal für die LABIS und dann für die RESIS (vgl. Abschn. 6.1 in [1]).

Die Ergebnisse von Kinetikmessungen ergaben eindeutig den Hinweis, dass eine Mischkultur vorliegt (vgl. Abb. 3.25). Um die Situation zu vereinfachen, bildet man zwei Gruppen von Kontaminanten. Es scheint dabei logisch zu sein, dass die gemeinsame Kurve im Nullpunkt mit der Steigung der LABIS-Kurve beginnt und zu höheren Zeiten in die Steigung der RESIS-Gerade übergeht. Anders ausgedrückt, fädelt man die Messpunkte (vom Nullpunkt beginnend) auf, solange diese noch auf eine Gerade passen. Dann kann man diese Gerade den LABIS zuordnen, weil zu Beginn der Sterilisation nahezu ausschließlich die LABIS sterben. Im nächsten Schritt vollführt man das Prozedere von sehr großen Zeiten beginnend, und die gefundene Gerade repräsentiert die RESIS, weil nach langen Sterilisationszeiten höchstwahrscheinlich nur noch RESIS überlebt haben.

Diese augenscheinliche Logik sollte einen Wissenschaftler letztendlich nicht vollkommen zufrieden stellen, also strebt man nach einem mathematischen Beweis.

Für die Aufgabe, die jetzt anzugehen ist, muss der mathematische Beweis erbracht werden, dass im Nullpunkt die gemeinsame Kurve die Steigung $-k''$ und bei hohen Zeiten $-k'$ besitzt.

Lösungsweg

Gegebene Größen: In diesem Fall ist es kein Zahlenwert, sondern nur der Hinweis, dass im Diagramm $\ln(N/N_0)$ über t zwei Steigungen gesucht sind.

Gesuchte Größen: Steigung im Nullpunkt ($t = 0$) und bei hohen Zeiten ($t \to \infty$).

Beginnen sollte man mit der Suche nach einem Ausdruck, der die Steigung der Kurve beschreibt und versuchen, dann das Ziel zu erreichen. Notfalls sind weiterführende Hinweise in der **Lösungsebene 1** gegeben.

3.4.2
Sterilisation: Vergleich chemisch – Hitze

> Die klassische Hitzesterilisation, also bei reiner Dampfatmosphäre 121 [°C] für 20–30 [min] halten, ist für die „Sterilisation danach" überhaupt nicht geeignet. Das ist immer dann der Fall, wenn biologisch aktives Material nach einer Fermentation inaktiviert werden muss. In diesem Fall liegen neben diesen störenden Stoffen auch die Wertstoffe vor, und wenn diese hitzelabil sind, wie z. B. Proteine, Vitamine und Enzyme, läuft man Gefahr, viel zu viel von diesen Substanzen zu zerstören. Der Prozess leidet an Wirtschaftlichkeit.
>
> Es muss also eine Alternative gesucht werden. Diese kann darin bestehen, dass der Hitzeprozess optimiert wird oder aber eine chemische Inaktivierungsmethode in Betracht kommt.
>
> Eine mögliche Chemikalie ist Wasserstoffperoxid. Diese wird zur Raumdesinfektion aufgrund vieler Vorteile schon zunehmend eingesetzt, doch in einer Produktionsanlage, wo größere Mengen an Wasserstoffperoxid erforderlich wären, gibt es immer wieder Bedenken. Hält man aber den etablierten Sicherheitsstandard ein und hält sich an alle gesetzlichen Auflagen, so ist Wasserstoffperoxid die Methode der Wahl.
>
> Die folgende Fragestellung soll den Einsatz von Wasserstoffperoxid zum Zwecke der „Sterilisation danach" verglichen mit einem optimierten Hitzesterilisationsprozess zeigen.

Aufgabenstellung

Es wird eine Fermentation mit einem L2-Mikroorganismus geplant. Hier kommen vonseiten des Gesetzgebers besondere Anforderungen, repräsentiert durch das Gentechnik-Gesetz (GenTG) und die Gentechnik-Sicherheitsverordnung (GenTSV) zur Geltung. Der Prozess soll in einem 18 000 [L] Bioreaktor durchgeführt werden, und am Ende der Fermentation liegt eine Zelldichte von 10^9 [Zellen/mL] vor.

Aus Sicherheitsgründen muss nach der Fermentation der Produktionsstamm mit einer Wahrscheinlichkeit von 10^{-6} inaktiviert werden [28]. Da das Produkt ein relativ hitzeempfindliches Enzym ist, kommt neben einer optimierten Hitzesterilisation auch eine chemische Inaktivierung in Frage.

Aufgrund des ungünstigen $T-t$-Profils kommt ein Batch-Prozess für die Hitzesterilisation nicht in Frage, es muss eine Durchlaufsterilisation einer chemischen Batch-Inaktivierung gegenübergestellt werden.

Technische Einschränkungen für die Hitzesterilisation sind durch die maximal materialbedingte zulässige Temperatur von 140 [°C] und einer machbaren Zeiteinstellung von minimal 10 [s] vorgegeben.

Tab. 3.6 Die kinetischen Daten für die Zellen und das Enzym.

Objekt	k_0	E_a	Ordnung
Zellen, thermisch	$5 \cdot 10^{20}$ [min^{-1}]	139 000 [J/mol]	1
Zellen, chemisch	1,65 [min^{-1}]	2,25 [%]	1
Enzym, thermisch	10 100 [min^{-1}]	40 100 [J/mol]	1
Enzym, chemisch	0,012 [min^{-1}]	1,90 [%]	2

Die erforderlichen kinetischen Parameter wurden für die Verfahrensausarbeitung alle ermittelt und in Tab. 3.6 eingetragen. Zur Berechnung der Reaktionsgeschwindigkeitskonstanten mit dem Arrhenius-Ansatz wird im Fall der chemischen Sterilisation die Konzentration der Chemikalie Wasserstoffperoxid in %(w/w) eingesetzt

$$k(c\%) = k_0 \cdot \exp\left(-\frac{E_a}{c\%}\right) \tag{3.132}$$

Beim Umgang mit Wasserstoffperoxid ist zu empfehlen, unter einer Konzentration von 3 [%](w/w) zu bleiben. Man muss aber daran denken, eine zu starke Verringerung der Konzentration bedeutet zusätzliche Zeit beim Sterilisieren!

Die Durchflusssterilisation muss unter realen Bedingungen betrachtet werden. Die dazu durchgeführten Verweilzeituntersuchungen brachten eine Bodenstein-Zahl von 15 hervor.

Da für die Auslegung der Hitzesterilisation sowohl die Zeit als auch die Temperatur an untere bzw. obere Grenzen stoßen, empfiehlt es sich, als Einstieg die Mindestzeit einzusetzen und dafür die erforderliche Temperatur zu berechnen. Liegt der so ermittelte Wert unter der maximalen Temperatur, dann kann man mit diesem Wert die Auslegung starten (vielleicht einige Grad höher!).

Zur Beurteilung kann man auch die erforderliche Rohrlänge des Rohrreaktors bestimmen, wenn der Durchmesser nicht größer als 50 [mm] sein soll und der Bioreaktor in 3 [h] entleert werden muss.

Welches Verfahren kann vorgeschlagen werden? Eine Begründung der Wahl ist sinnvoll.

Zum Schluss wäre es noch möglich zu versuchen, bessere Bedingungen für den „Verlierer", also den nicht vorgeschlagenen Prozess, zu finden.

Hinweise und Tipps
- Daran denken, dass es zwei gleichwertige Modelle gibt. Sollte also der Weg über das eine zu schwer sein, dann wählt man doch das andere! Achtung: Da_I hat je nach Modell zwei verschiedene Werte!
- Bei der chemischen Sterilisation soll vollkommene Durchmischung angenommen werden.
- Wenn Annahmen getroffen werden, nicht vergessen, die Kontrolle durchzuführen.

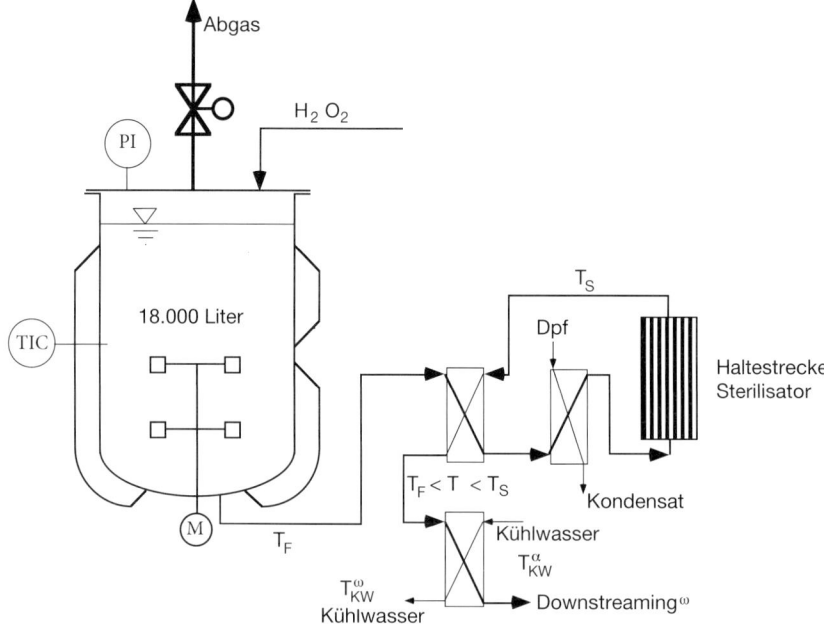

Abb. 3.26 Die Skizze zur Veranschaulichung der Situation zeigt den Bioreaktor und den eventuell erforderlichen Durchflusssterilisator.

- Es braucht keine Reaktionsgeschwindigkeit berechnet zu werden, nur Umsätze, also Endwerte von Konzentrationsverhältnissen!

Lösungsweg: Isolierung der gegebenen und der gesuchten Größen, Erkennung der Aufgabenstellung.

Gegebene Größen: $V_{R,L} = 18 \,[\text{m}^3]$; $X_0 = 10^9$ [Zellen/mL]; $P^{\omega}_{\text{unsteril}} = N = 10^{-6}$ [Zellen]; $T_{\max} = 140\,[°C]$; $t_{S,\min} = 10\,[\text{s}]$; $c_{H_2O_2} \leq 3\,[\%]$; Bo = 15; $t = 3\,[\text{h}]$.
Gesuchte Größen: Verfahren, Bewertung, Auslegung des Rohrreaktors.

Wie empfohlen beginnt man die Lösung mit einer möglichst aussagekräftigen Skizze. In Abb. 3.26 sind alle gegebenen Zusammenhänge erkenntlich. Dann versucht man wieder Beziehungen zu erkennen, die schon auf die gesuchte(n) Größe(n) hinweisen. Dieses Vorhaben wird im vorliegenden Fall etwas schwerfallen, also muss man einen anderen Weg gehen. Es sei an dieser Stelle noch einmal vermerkt, dass eine Aufgabenstellung fast immer mehrere Lösungswege erlaubt (vgl. Abschn. 2.2).

Für den Fortgang des Lösungsweges sei noch ein Tipp in Form einer Frage angebracht: Was kennzeichnet den Zustand eines sterilen Ergebnisses?

Die Fortführung des Lösungsweges wird in der **Lösungsebene 1** dargelegt.

3.4.3
Sterilisation: Vergleich Batch und KONTI

> Es kommt des Öfteren mal vor, dass im Fermentationsmedium hitzelabile Bestandteile vorliegen. Ein solcher Stoff ist das Vitamin Thiamin. Um die Schädigung während der Upstream-Operation „Sterilisieren" zu vermeiden, gibt man Thiamin steril nach der Sterilisation, also kurz vor dem Animpfen, in den Bioreaktor. Ist das nicht möglich, weil das Thiamin in einem komplexen Nährmedium vorliegt, wie z. B. in der Milch vor der Ultrahochtemperaturbehandlung, dann muss man im Beisein von Vitamin B1, wie Thiamin auch genannt wird, den Sterilisationsprozess durchführen.

Trägt man die technische Verantwortung für einen industriellen Prozess, aber die Betriebsleitung besteht darauf, den für das Medium erforderlichen Sterilisationsprozess bei 121 [°C] und 20 [min] zu fahren, quasi nach dem Naturgesetz der Konstanz der Sterilisationsbedingungen (vgl. Abschn. 1.3 Auslegung von Sterilisationsprozessen), so muss man etwas dagegen tun!

Im Medium befindet sich das wichtige Vitamin B1 ($\to$ Thiamin; für die Nerven). Als zuständige(r) IngenieurIn ist man also bestrebt, so wenig als möglich Thiamin während der Hitzesterilisation zu verlieren. Deshalb untersucht man auch alternative Verfahren dazu.

Die kinetischen Daten für Thiamin wurden bereits ermittelt oder können auch in der Literatur gefunden werden ([9] Arrhenius-Konstante mit 10^{10} [s^{-1}] und die Aktivierungsenergie mit 101 400 [J/mol]), ebenso weiß man, dass die Reaktion nach 2. Ordnung abläuft. Was sollte man der Betriebsleitung mitteilen, wenn man die Mediumsschädigung für die Argumentation heranzieht?

Welche Bedingungen (T, t) sollten bei gleichem Sterilisationseffekt (kinetische Daten für das Sterilisationskriterium: Arrhenius-Konstante mit 10^{37} [s^{-1}] und die Aktivierungsenergie mit 290 000 [J/mol]) vorgeschlagen werden, wenn die maximal mögliche Temperatur 140 [°C] beträgt, und wie gestaltet sich dann die Situation? Wie lässt sich das in der Praxis realisieren?

Hinweise
- Das Temperatur-Zeit-Profil ist rechteckig (idealisiert)!
- Man denke immer an die Einheiten (Dimensionen).

Es besteht auch hier wieder die Möglichkeit, bei Bedarf Annahmen zu treffen und diese hinterher zu kontrollieren.

Um in die Lösungsroutine einzusteigen, empfiehlt es sich wieder einmal erst die gegebenen und die gesuchten Größen zusammenzustellen. Am besten gleich mit der Zuordnung zu einer passenden Variablen. Natürlich ist es keineswegs zwingend notwendig eine sonst übliche Variable zu benutzen, man ist wie immer ganz frei und kann x-beliebige Variablen – sozusagen die „Lieblingsvariablen" – wählen. Man sollte nur sichergehen, dass man sich nicht selbst verwirrt. Innerhalb einer Aufgabe sollten die Variablen allerdings beibehalten werden (vgl. Kapitel 2).

In **Lösungsebene 1** werden die Überlegungen fortgesetzt.

3.4.4
KONTISTER: Rohr oder Wendel

> Wie in Abschn. 1.3 dargestellt, kann eigentlich nur eine Durchflusssterilisationsanlage die Lösung für die Optimierung eines Sterilisationsprozesses sein. Aber die Konstruktion der Haltestrecke oder auch des Sterilisators hat einen merklichen Einfluss auf das Verhalten der Anlage hinsichtlich des Sterilisationseffektes. Das drückt die unterschiedliche Bodenstein-Zahl aus, die wiederum u. a. durch das Vorhandensein von Dean-Wirbeln beeinflusst wird.
> Um diesen Effekt für die Praxis sichtbar zu machen, soll die folgende Aufgabe dienen. Des Weiteren bietet diese Aufgabe genügend Gelegenheiten Annahmen zu treffen und Kontrollen durchzuführen.

Um für die Mediumssterilisation im Produktionsmaßstab annähernd ein ideales Temperatur-Zeit-Profil zu erhalten, fällt die Entscheidung für einen Durchflusssterilisator vom Typ Rohrreaktor. Für diesen ist die Länge (in [m]) bei einem vorgegebenen Durchmesser von 65 [mm] zu ermitteln und zwar einmal in gewendelter (Wendelreaktor) und zum anderen in gerader Ausführung (Rohrreaktor).

Die Fermentation soll in einem 125-m³-Bioreaktor durchgeführt werden, d. h. also, pro Charge müssen Equipment und 125 [m³] Medium in 5 [h] sterilisiert werden. Es wurde festgestellt, dass die maximal einstellbare Sterilisationstemperatur 142 [°C] beträgt.

Man darf aufgrund der Erfahrungen davon ausgehen, dass der Wendelreaktor eine wesentlich höhere Bodenstein-Zahl aufweisen wird. Das kommt schon durch den gefundenen Zusammenhang für die Standardabweichung der beiden Reaktortypen zum Ausdruck:

$\sigma_t = L/w \cdot K_i$, wobei die Konstante für den Wendelreaktor $K_{WR} = 0{,}25$ und für den Rohrreaktor $K_{RR} = 0{,}8$ ist und L die Reaktorlänge sowie w die mittlere Strömungsgeschwindigkeit repräsentiert.

Zur Abschätzung der hydrodynamischen mittleren Verweilzeit für einen der beiden Reaktoren bedient man sich der Berechnung eines Batch-Modus. Wenn das Ergebnis weiter benutzt wird, dann bewertet man es hinsichtlich der hier vergleichbaren Bodenstein-Zahl (siehe Tipps)!

Im komplexen Nährmedium wurden Keime in einer Keimdichte von 10^3 [Keime/mL] gefunden, die eine Aktivierungsenergie von 210 000 [J/mol] und eine Arrhenius-Konstante von $2{,}5 \cdot 10^{26}$ [s^{-1}] besitzen. Die Zielsetzung soll sein, dass eine Wahrscheinlichkeit einer nicht geglückten Sterilisation von 1 : 10 000 erreicht wird.

Da man wie in der Praxis üblich iterativ vorgehen muss, ist es notwendig am Ende zu überprüfen, ob dieses Ziel und in welchem Reaktor erreicht werden kann.

Es ist möglich „fertige" Gleichungen zu verwenden. Man zeige mit einem Bilanzansatz dennoch den Ausgangspunkt für die verwendete Berechnungsgleichung auf.

3.4 Sterilisation | 181

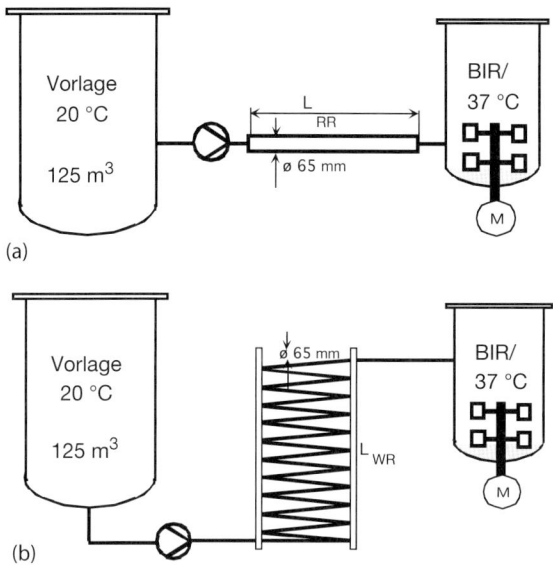

Abb. 3.27 Skizze zu den beiden Rohrreaktorvarianten. (a) Rohrreaktor mit einer Rohrstrecke als Haltestrecke. (b) Rohrreaktor mit einem Rohrwendel, Rohrstrecke als Haltestrecke.

Hinweise und Tipps
- Im Batch-Modus gibt es keine Bodenstein-Zahl, da aber alle Teilchen gleich lang an der Reaktion partizipieren, kann diesem Modus eine Bodenstein-Zahl zugeordnet werden! Da diese aber von den realen Bedingungen abweicht, sollte man bei der Annahme (Wahl) der Verweilzeit darauf Rücksicht nehmen.
- Bilanz an einem kleinen Element $A \cdot dx$, man nimmt stationäre Bedingungen an.
- Daran denken, dass sich die mittlere arithmetische und die mittlere hydrodynamische Verweilzeit unterscheiden; diese Tatsache an die gewählten/geschätzten Parameterwerte anpassen.

Lösungsvorschlag
Gegebene Größen: $D = 65$ [mm]; $V_{R,L} = 125$ [m^3]; $t_{ch} = 5$ [h]; $Bo_{WR} \gg Bo_{RR}$; $\sigma_t = L/w \cdot Ki$; $K_{RW} = 0{,}25$; $K_{RR} = 0{,}8$; $T_S = 142$ [°C]; $X_0 = 10^3$ [Keime/mL]; $E_a = 210\,000$ [J/mol]; $k_0 = 2{,}5 \cdot 10^{26}$ [s^{-1}]; $N = 10^{-4}$.

Gesuchte Größen: L_{RW}; L_{RR}; Bilanzansatz.

Wie meist empfiehlt es sich wieder einmal, dass man die Situation in Skizzen darstellt.

1. Rohrreaktor
2. Wendelrohrreaktor

Das ist eine Möglichkeit für den Einstieg in die Lösungsroutine. Mögliche nächste Schritte findet man dann in **Lösungsebene 1 und 2**.

3.4.5
Mediumssterilisation – Durchflusssterilisation ideal und real

Aufgabenstellung

> In der Praxis spricht man von einem „idealen" Rohrreaktor, wenn die Bodenstein-Zahl unendlich ist, und von einem „idealen" Rührwerksreaktor, wenn vollkommene Durchmischung herrscht oder die Bodenstein-Zahl null ist. Ob sich das wirklich als „ideal" erweist und wie das sich reaktionstechnisch im Vergleich zum realen Fall auswirkt, ist eine interessante Frage. Diese Frage soll im Mittelpunkt der nachfolgend gestellten Aufgabe stehen. Des Weiteren ist es auch interessant zu wissen, wie ein „idealer" Rührwerkshaltekessel als Sterilisationsapparat dabei abschneidet.

Um eine Mediumssterilisation optimal gestalten zu können, werden vorzugsweise Durchflusssterilisatoren (kontinuierlicher Rohrreaktor) eingesetzt. Eine solche Verfahrensweise soll beurteilt werden. Die Anlage besitzt eine Haltestrecke (Rohrreaktor) mit einem Rohrdurchmesser von 30 [mm] und einem Volumen von 400 [L]. Über die Anlage soll das Medium in einen Bioreaktor steril gefahren werden, wobei der 40 [m^3] Bioreaktor in 5 [h] gefüllt werden soll. Der Sterilisationsprozess wird bei der maximal möglichen Temperatur von 140 [°C] durchgeführt.

Zu betrachten ist zunächst das Mediumskriterium $M\%$ für einen „idealen" Rohrreaktor (Bo = ∞). Als Beurteilungsgröße dient ein Vitamin, dessen Abbaureaktion einer Reaktion 1. Ordnung bezüglich der Vitaminkonzentration gehorcht. Die reaktionskinetischen Daten wurden ermittelt: Für die Arrhenius-Konstante ergab das $7 \cdot 10^{10}$ [s^{-1}] und für die Aktivierungsenergie 110 000 [J/mol].

Welches Mediumskriterium ergibt sich für diese Situation?

Im realen Fall wurde für die Standardabweichung ein Wert von 2,28 [min] und eine Abweichung der beiden mittleren Verweilzeiten um 25 [%] gefunden. Zu ermitteln ist das Mediumskriterium mit beiden Modellen (axiales Dispersionsmodell und Zellenmodell). Wie sehr unterscheiden sich hinsichtlich des Mediumskriteriums zwischen idealem und realem Rohrreaktor die Ergebnisse? Welche Situation ist günstiger? Wie groß müsste ein Haltebehälter bei vollkommener Durchmischung sein, um das gleiche Ergebnis ($M\%$) wie im realen Rohrreaktor zu erreichen?

Hinweise und Tipps
- Stationäre Bedingungen annehmen.
- An einem kleinen Element $A \cdot dx$ bilanzieren und integrieren.
- Das System ist volumenbeständig.
- Achtung: Da$_I$ hat zwei verschiedene Werte [2]!

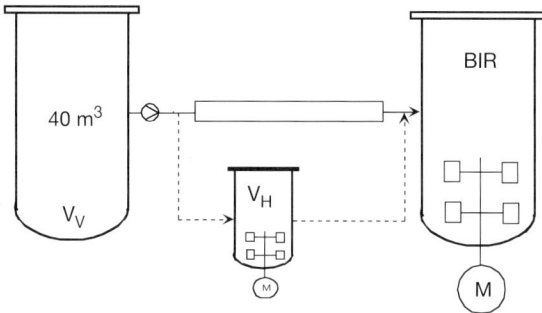

Abb. 3.28 Das zu betrachtende System mit dem 40-m³-Vorlagebehälter, einem 400 L-Rohrreaktor und einem Haltekessel als Sterilisatoren. Das Volumen des Haltebehälters ist noch unbekannt. Das sterilisierte Medium wird in den Bioreaktor geleitet.

- Man unterscheidet zwischen mittlerer hydrodynamischer und arithmetischer Verweilzeit.

Lösung

Gegebene Größen: Rohrreaktor – $D = 30$ [mm]; $V_{RR} = 400$ [L]; $X = 18$ [g/L]; $V_V = 40$ [m³]; $t = 5$ [h]; $T_S = 140$; Reaktion 1. Ordnung mit $k_0 = 7 \cdot 10^{10}$ [s⁻¹] und $E_a = 110\,000$ [J/mol]; $\sigma_t = 2{,}28$ [min]; $\overline{t}/\tau = 1{,}25$.

Gesuchte Größen: $M\%$ für Plug-Flow; $M\%$-real nach dem Zellen- und dem axialen Dispersionsmodell sowie die Größe in [L] eines Haltebehälters bei vollkommener Rückvermischung!

Zur Klarstellung der Situation wird zu Beginn eine Skizze angefertigt, um die gestellte Aufgabe zu visualisieren (siehe Abb. 3.28).

Damit ist gezeigt, wie die Aufgabenstellung interpretiert werden kann. Die Fortführung findet man bei Bedarf in den **Lösungsebenen 1 und 2**.

3.4.6
Titerreduktion von Viren

> Nicht immer ist es bei einer Inaktivierung das Ziel, mit höchster Wahrscheinlichkeit ein steriles Ergebnis zu erhalten, sondern es gibt auch Fälle, wo sich eine Keimreduktion, oder auch Pasteurisierung im weiteren Sinn genannt, als ausreichend erweist. Im Grunde genommen ist jede Inaktivierung eine Titerreduktion, weil immer ein Verhältnis von Anfangskeimzahl zu Endkeimzahl angestrebt wird. Der Unterschied liegt darin, dass bei der Sterilisation eine ausreichende Wahrscheinlichkeit für das Nichtüberleben angestrebt wird, ausgedrückt durch eine Endkeimzahl von $N < 1{,}0$, z. B. $N = 10^{-6}$ [Keime], während die Titerreduktion lediglich eine Reduzierung um einen festen Faktor verlangt, z. B. $N_0/N = 10^8$. Dabei richtet sich die Endkeimzahl (Virenzahl) nach der Ausgangskeimzahl, ist also nicht fest fixiert.

Tab. 3.7 Kinetische Daten für das Virus MVM und das Protein β-Lactoglobin (Protein B1).

Stoffsystem	E_a [J/mol]	k_0 [s^{-1}]
MVM	336 000	$2{,}99 \cdot 10^{48}$
β-Lactoglobin	54 000	$1{,}81 \cdot 10^6$

In einem Pharmabetrieb wird mittels einer Vireninduktion ein Wirkstoff produziert. Das bedeutet, dass nach der Fermentation neben dem gewünschten Produkt auch noch eine relativ hohe Virenzahl vorliegt. Im Beisein des temperatursensiblen Produktes sollen die Viren mittels Hitzesterilisation um $5 \cdot 8$ Zehnerpotenzen reduziert werden. Es wird also eine Titerreduktion von $5 \cdot 10^8$ vorgeschrieben. Das entspricht einem Sterilisationskriterium von $S = 20$. Der Virus Minute Virus Mice (MVM) soll im Beisein des Proteins β-Lactoglobin betrachtet werden.

Die Aufgabe besteht nun darin, die Prozessparameter für die Sterilisation zu bestimmen. Im ersten Schritt kann zunächst von einem „idealen Temperatur-Zeit-Profil" ausgegangen werden, Aufheiz- und Abkühlvorgänge bleiben unberücksichtigt.

Das erforderliche Sterilisationskriterium von $S = 20$ ist schon vorgegeben. Die kürzeste einstellbare Zeit in einer vorhandenen kontinuierlichen Sterilisationsanlage liegt bei knapp 10 [s] (genau bei 7,5 [s]). Die kinetischen Parameter Aktivierungsenergie und Arrhenius-Konstante für den Virus MVM und das Protein β-Lactoglobin können der Tab. 1.2 entnommen werden. Die für diese Aufgabe maßgebenden Größen sind nochmals in Tab. 3.7 zusammengestellt.

Mit diesen Daten können zwei Wege beschritten werden. Das sind zum einen die Anwendung des Sterilisationsarbeitsdiagrammes (SAD), und zum anderen die Nutzung einer Kalkulationssoftware, um die Gln. (1.33) bis (1.37) (Abschn. 1.3) zu verarbeiten.

Die Fortsetzung der Aufgabe findet man in den beiden **Lösungsebenen 1** und **2**.

3.4.7
Sterilisation bei realem Temperaturverlauf

Bisher wurde für alle Aufgabenstellungen die Annahme vorausgesetzt, dass die Sterilisationstemperatur spontan von Anfangstemperatur T_0 auf die Sterilisationstemperatur T_S springt und hinterher nach Ablauf der Sterilisationszeit t_S wieder spontan auf die einzustellende Fermentationstemperatur T_F absinkt.

In der Praxis liegen aber reale Bedingungen vor. Nach dem Motto „gut Ding muss Weile haben" verstreicht eine gewisse Zeit bis das Medium von der Anfangstemperatur T_0 (meist Raumtemperatur 20…30 [°C]) auf die gewünschte Sterilisationstemperatur T_S (meist 121 [°C]) gebracht wird, um sie danach auf die Fermentationstemperatur (meist 25…60 [°C]) abzusenken. Die Aufheizzeit t_H ist von der Heizmitteltemperatur (meist Dampf 140…200 [°C]), dem Wärmedurchgangskoeffizienten (beeinflusst vom Übergangs- und Wärmeleitverhalten der Stoffsysteme), dem Reaktionsliquidvolumen $V_{R,L}$ und der Geometrie (Schlankheitsgrad f_S, vgl. Aufgabe 3.2.3) abhängig. Die Gesamtdauer der Sterilisation kann insbesondere bei großen Volumina auch durchaus die Fermentationszeit übertreffen (vgl. Abschn. 2.1, Typ 7).

In einem Bioreaktor soll im Zuge des Up-Stream-Processings 5000 [L] Medium für einen Fermentationsprozess vorbereitet werden. Dazu zählt auch die Aufgabe der Sterilisation von Equipment und Medium. Zunächst soll die klassische Art der Durchführung betrachtet werden, d. h., das Medium und die Peripherie werden in einem Ablauf sterilisiert, wobei der erforderliche Dampf für die Peripherie aus dem Medium selbst erzeugt wird.

Das Ansetzen des Mediums erfolgt bei Raumbedingungen, es hat also zu Beginn des Sterilisationsprozesses eine Temperatur von 25 [°C]. Nach Erreichen der Sterilisationstemperatur von 120 [°C] mit 140 [°C] heißem Dampf (vgl. Auszug aus Dampftabelle, Tab. C.5) wird das Medium 10 [min] auf dieser Temperatur gehalten und danach mit einem Kühlmittel, das die räumlich und zeitlich gemittelte Temperatur mit dem Näherungswert von 10 [°C] aufweisen soll, auf die Fermentationstemperatur von 35 [°C] abgekühlt.

Die physikalischen Parameter Wärmedurchgangskoeffizient mit 500 [W/m²/K] (vgl. Aufgabe 3.2.3 und Abschn. C.6 Faustwerte – Standardwerte – Erfahrungswerte), die Dichte des Mediums mit 1000 [kg/m³], die Wärmekapazität des Mediums mit 4,2 [kJ/kg/K] sowie der Schlankheitsgrad als Geometriefaktor mit 2,0 sind zudem gegeben. Wohl wissend, dass der Wärmedurchgangskoeffizient in der Heizphase auf der Wärmeträgerphase durch den Kondensationsvorgang des Dampfes wesentlich günstigere Übergangsbedingungen aufweist (vgl. [2] und Abschn. C.6 Faustwerte – Standardwerte – Erfahrungswerte) soll zunächst in der Abkühlphase keine Unterscheidung gemacht werden, zumal die Hauptwiderstände in der Wärmeleitung und im inneren Wärmeübergang zu finden sind. Des Weiteren ist die Bildung einer zweifach gemittelten Kühlmediumstemperatur (örtlich und zeitlich!) ebenfalls eine „mutige", aber dennoch zu rechtfertigende Vereinfachung der Betrachtung [2].

Zur Bewertung der Ergebnisse kann das Sterilisationskriterium in der Sterilisationsphase als die Zielgröße angegeben werden.

Im angesetzten Medium befinden sich Keime verschiedener Kategorie (vgl. Abschn. 1.3.2). Da in jedem Fall eine starke „Fraktion" an RESIS vertreten ist, soll die Wahl als stellvertretende Keime auf die Sporen von *Bacillus subtilis* fallen. Die kinetischen Daten stammen aus Tab. 1.2 in Abschn. 1.3.2. Dort findet man die Werte für die Arrhenius-Konstante von $4,6 \cdot 10^{40}$ [1/s] und die Aktivierungsenergie von 315 000 [J/mol]. Das häufig im Fermentationsmedium vorkommende Thiamin (Vitamin B1) sei als Leitkomponente für die Bewertung eines Mediumskriteriums ausgewählt. Auch dafür lassen sich aus Tab. 1.2 die Reaktionsgeschwindigkeitskonstante (8,57 · 10^9 [1/s]), die Aktivierungsenergie (101 000 [J/mol]) und in diesem Fall auch die Reaktionsordnung (2) entnehmen.

Nun sollte geklärt werden, welches Sterilisationskriterium sich aufgrund der realen Begebenheiten wirklich ergibt und was die reale Situation für das Mediumskriterium bedeutet.

Eine weitere Aufgabenstellung besteht natürlich darin, nach weiteren Lösungen für die scheinbar ungünstige Situation zu suchen (Wärmetransport, Anlagenkonzeption, Betriebsweise). Sollte eine Lösung auf eine Durchflusssterilisation hinauslaufen, dann sollten die dazu einzustellenden Parameter gesucht werden (vgl. Abschn. 1.3.5). Zum Einstieg sei folgende Hilfe für eine Durchflusssterilisation gegeben: Die erreichbare Bodenstein-Zahl liegt über 50 und ist demzufolge nahe einer Plug-Flow-Strömung. Das bedeutet auch, dass die mittlere arithmetische gleich der mittleren hydrodynamischen Verweilzeit ist (vgl. Abschn. 1.3.5 sowie Formelsammlung Block A.7).

Diese Betriebsverhältnisse können auch durch die konstruktive Ausführung unterstützt werden, indem die Haltestrecke, der Rohrreaktor, als Wendel ausgeführt wird (vgl. Aufgabe 3.4.4). Aus technischer Sicht ist aufgrund der Materialbeschaffenheit die maximal zulässige Temperatur mit 145 [°C] vorgegeben.

Eine weitere Fragestellung beruft sich auf die Möglichkeit, aus einer Differenzialbilanz heraus direkt die Lösung am Beispiel des Mediumskriteriums im Durchflusssterilisator zu finden.

Lösungsroutine

Gegebene Größen: $V_{R,L} = 5000$ [L]; $T_0 = 25$ [°C]; $T_S = 120$ [°C]; $T_F = 35$ [°C]; $T_D = 140$ [°C]; $T_{KW} = 10$ [°C]; $c_p = 4{,}2$ [kJ/kg/K]; $t_S = 10$ [min]; $k = 500$ [W/m^2/K]; $\rho_L = 1000$ [kg/m^3], $f_S = 2{,}0$; *Bacillus subtilis*: $k_{0,S} = 4{,}6 \cdot 10^{40}$ [1/s], $E_{a,S} = 315\,000$ [J/mol]; Thiamin: $k_{0,M} = 8{,}57 \cdot 10^9$ [1/s]; $E_{a,M} = 101\,000$ [J/mol]. $T_{max} = 145$ [°C];

Gesuchte Größen: Sterilisationskriterien S_H, S, S_K, S_Σ; Mediumskriterium $M\%_\Sigma$; Bewertung; alternative Lösungen; Konzeption Durchflusssterilisation.

Folgende Vorgehensweise wird vorgeschlagen:

- Temperaturverläufe im Batch-Verfahren bestimmen und skizzieren.
- Auswirkungen der Temperaturverläufe auf das Gesamtsterilisationskriterium bestimmen.
- Auswirkungen der Temperaturverläufe auf das Gesamtmediumskriterium bestimmen.
- Beurteilung der Resultate und Verbesserungsvorschlag.
- Auslegung einer Durchflusssterilisation.
- Analyse der Situation in der Durchflusssterilisation mittels Differenzialbilanz und Modellierung.

In **Lösungsebene 1** wird der Einstieg in die Lösungsroutine beschrieben.

3.4.8
Lösungsebene 1 zu Abschn. 3.4.1 bis 3.4.7

Lösungsebene 1 zu Abschn. 3.4.1 *Beweisführung der Steigung – erste Schritte in die Lösungsroutine*

Sollte es nicht gelungen sein, die Einstiegsgleichung zu finden, so sind im Folgenden weitere Hilfestellungen gegeben (S. Plappert: Persönliche Mitteilung – Unterstützung beim Lösungsweg, Hochschule Mannheim, 1997):

Die Steigung einer Kurve in einem bestimmten Punkt ist die erste Ableitung der Kurve in diesem Punkt. Für die allgemeine Ableitung der Funktion

$$\frac{d(\ln(N/N_0))}{dt} \tag{3.133}$$

führt man noch gemäß der Gl. (A.89) in Kapitel A Formelsammlung den Zusammenhang ein, dass $N = N' + N''$ gilt, also die Summe beider Keimgruppen die Gesamtheit ergibt, sowie die Kinetiken für beide Keimtypen (siehe Gln. (A.87) und (A.88) in Abschn. A Formelsammlung). Man erhält

$$\frac{d(\ln(N/N_0))}{dt} = -\frac{d}{dt}[\ln(N' + N'') - \ln N_0] \tag{3.134}$$

bzw. mit $N' = N'_0 \cdot e^{-k' \cdot t}$ und $N'' = N''_0 \cdot e^{-k'' \cdot t}$ die Ableitung unter Anwendung der Produktregel (vgl. Gl. (A.172) sowie einschlägige mathematische Literatur [37, 38] oder in Memorandum an die Mathematikvorlesungen)

$$\frac{d(\ln(N/N_0))}{dt} = -\frac{N'_0 \cdot k' \cdot e^{-k' \cdot t} + N''_0 \cdot k'' \cdot e^{-k'' \cdot t}}{N'_0 \cdot e^{-k' \cdot t} + N''_0 \cdot e^{-k'' \cdot t}} \tag{3.135}$$

Zunächst fragt man nach der Situation im Nullpunkt. Dann bildet man den Grenzwert im Nullpunkt $\lim t \to 0$ und unter Berücksichtigung, dass für die Zeit „null" $e^0 = 1$ ist, erhält man

$$\frac{d(\ln(N/N_0))}{dt}\bigg|_{\lim t \to 0} = -\frac{N'_0 \cdot k' \cdot 1 + N''_0 \cdot k'' \cdot 1}{N'_0 \cdot 1 + N''_0 \cdot 1} \tag{3.136}$$

Da die labilen Keime wesentlich schneller inaktiviert werden als die hitzeresistenten Keime, muss die Reaktionsgeschwindigkeitskonstante für die LABIS viel größer als die für die RESIS sein. Es gilt also $k'' \gg k'$, und damit die labilen Keime überhaupt eine Rolle für die Sterilität spielen können, müssen sie zu Beginn in der Überzahl sein, also $N''_0 \gg N'_0$.

Damit wird aus Gl. (3.136)

$$\frac{d(\ln(N/N_0))}{dt}\bigg|_{\lim t \to 0} \approx -\frac{N''_0 \cdot k''}{N''_0} = -k'' \tag{3.137}$$

womit der erste Teil der Aufgabenstellung nachgewiesen wäre.

In **Lösungsebene 2** wird der zweite Schritt beschrieben.

Lösungsebene 1 zu Abschn. 3.4.2 *Sterilisation: Vergleich chemisch – Hitze*

Ausgehend von den Daten in Abschn. 3.4.2 kann man nun den Lösungsweg fortsetzen.

Da ein steriles Ergebnis immer im absoluten Sinne verstanden werden muss [1, 2], bestimmt man zuerst die Anfangskeimzahl N_0. Dazu geht man von der Anfangskeimdichte und dem Flüssigkeitsvolumen aus und erhält

$$N_0 = X_0 \cdot V_{R,L} = 10^9 \cdot 18 \cdot 10^6 = 1{,}8 \cdot 10^{16} \,[\text{Zellen}] \tag{3.138}$$

Bei Aufgabenstellungen, die die Sterilisation beschreiben, ist die Kenntnis des Sterilisationskriteriums „S" sehr von Bedeutung (DEF siehe Kapitel A Formelsammlung Gl. (A.98), [1, 2]). Da in „S" sowohl die Absolutangaben zu den Anfangs- wie auch zu den Endkeimzahlen als auch die Reaktionsgeschwindigkeitskonstante enthalten sind, verbergen sich in ihr wertvolle Informationen. Damit kann man schreiben

$$S = \ln\left(\frac{1{,}8 \cdot 10^{16}}{10^{-6}}\right) = 51{,}24 = k(T_S) \cdot t_S \tag{3.139}$$

Der Wert von 51,24 ist als relativ hoch einzustufen. Hat man einmal ein Gefühl dafür entwickelt, so ist das Sterilisationskriterium ein sehr nützlicher Gradmesser für einen Sterilisationsvorgang (vergleiche Kasten unten). Für die Reaktionsgeschwindigkeitskonstante zur Inaktivierung der Zellen k_S erhält man mit der vorgegebenen Zeit von 10 [s]

$$k(T_S) = \frac{51{,}24}{10} = 5{,}124 \,[\text{s}^{-1}] \tag{3.140}$$

Damit kann man mit den Daten aus Tab. 3.6 in die Kinetik der Sterilisation gehen (vgl. Gl. (A.86) (Basisgleichung) Formelsammlung), unter Berücksichtigung der Einheiten,

$$60 \cdot 5{,}124 = 5 \cdot 10^{20} \cdot \exp\left(-\frac{139\,000}{8{,}314 \cdot T_S}\right) \tag{3.141}$$

wo nur noch die Sterilisationstemperatur als Unbekannte auftaucht. Durch logarithmieren von Gl. (3.141)

$$\ln\left(\frac{60 \cdot 5{,}124}{5 \cdot 10^{20}}\right) = -41{,}93 = -\frac{139\,000}{8{,}314 \cdot T_S} \tag{3.142}$$

und anschließender Umstellung nach T_S

$$T_S = \frac{139\,000}{8{,}314 \cdot 41{,}93} = 398{,}7 \,[\text{K}] \tag{3.143}$$

findet man schließlich die erforderliche Sterilisationstemperatur

$$T_S = 125{,}7 \,[°\text{C}]$$

gewählt
$$T_S = 400\,[\text{K}] = 127\,[°\text{C}] \tag{3.144}$$

Damit kann die Reaktionsgeschwindigkeitskonstante berechnet werden

$$k_S(400) = 5 \cdot 10^{20} \cdot \exp\left(\frac{-139\,000}{8{,}314 \cdot 400}\right) = 352{,}2\,[\text{min}^{-1}] = 5{,}87\,[\text{s}^{-1}] \tag{3.145}$$

Mit der gewählten Temperatur ist es nun möglich, für das Mediumskriterium die Reaktionsgeschwindigkeitskonstante für die Hitzebehandlung zu bestimmen

$$k_M(400) = 10\,100 \cdot \exp\left(\frac{-40\,100}{8{,}314 \cdot 400}\right) = 0{,}059\,[\text{min}^{-1}] = 9{,}76 \cdot 10^{-4}\,[\text{s}^{-1}] \tag{3.146}$$

Es fehlt jetzt noch die Sterilisationszeit. Diese könnte man bei bekannter Bodenstein-Zahl aus dem axialen Dispersionsmodell oder aber aus dem Zellenmodell bestimmen. Da die Situation im axialen Dispersionsmodell merklich unübersichtlich erscheint, soll doch der Weg über das Zellenmodell gegangen werden. Dazu muss man die Bodenstein-Zahl Bo = 15 in eine Zellzahl überführen. Man findet in diesem Zusammenhang in der Formelsammlung die Gl. (A.129) und damit kann man die Zellenzahl bestimmen

$$n = 1 + \frac{15^2}{2 \cdot 15 + 3} = 7{,}82 \tag{3.147}$$

Die dimensionslose Konzentration im Fall der Zellinaktivierung ist das Verhältnis von Endkeimzahl zu Anfangskeimzahl und ergibt den Wert

$$C = \frac{10^{-6}}{1{,}8 \cdot 10^{16}} = 5{,}56 \cdot 10^{-23} \tag{3.148}$$

Geht man mit diesem Wert in die Gleichung für das Zellenmodell (Formelsammlung Gl. (A.136)), erhält man

$$\left(\frac{1}{C}\right) = 1{,}8 \cdot 10^{22} = \left(1 + \frac{\text{Da}_I}{7{,}82}\right)^{7,82} \tag{3.149}$$

sowie durch umformen

$$(1{,}8 \cdot 10^{22})^{1/7,82} = 701{,}36 \cong \frac{\text{Da}_{I,ZM}}{7{,}82} \tag{3.150}$$

die Damköhler-Zahl der 1. Art $\text{Da}_{I,ZM}$ im Zellenmodell [2]

$$\text{Da}_{I,ZM} = 5477 = k_S(T) \cdot \tau \tag{3.151}$$

Und mit der Definitionsgleichung für die Damköhler-Zahl bekommt man schließlich die mittlere hydrodynamische Verweilzeit

$$\tau = \frac{5477}{5{,}87} = 933\,[\text{s}] = 15{,}6\,[\text{min}] \tag{3.152}$$

Aus der Forderung, den Reaktorinhalt in 3 [h] zu entleeren, bestimmt man den dazu erforderlichen Volumenstrom

$$\dot{V}_L = \frac{18\,000}{3} = 6000 \left[\frac{L}{h}\right] = 100 \left[\frac{L}{\min}\right] \tag{3.153}$$

und damit das Volumen des Rohrreaktors

$$V_{RR} = \tau \cdot \dot{V}_L = 15{,}6 \cdot 100 = 1560\,[L] \tag{3.154}$$

Nun kann der Rohrreaktor ausgelegt werden

$$D_{RR} = 50\,[\text{mm}] = 0{,}5\,[\text{dm}] \tag{3.155}$$

und die Fläche

$$A_{RR} = 0{,}196\,[\text{dm}^2] \tag{3.156}$$

sowie die Reaktorlänge

$$L_{RR} = \frac{V_{RR}}{A_{RR}} = \frac{1560}{0{,}196} = 7959\,[\text{dm}] = 796\,[\text{m}] \tag{3.157}$$

Der größte Teil der Aufgabe ist damit gelöst. In **Lösungsebene 2** können bei Bedarf weitere Vorschläge für die Fortführung des Rechenweges gefunden und studiert werden.

> Ein Zahlenwert für eine Zustandsgröße ist dann von besonderer Bedeutung, wenn man dafür auch ein Gefühl entwickelt hat. Grundsätzlich fällt es schwer, eine Viskosität von 300 Pa s richtig einzuordnen. Wird hingegen von einer Temperatur gesprochen und der Zahlenwert 37 Grad genannt, so hängt die Einordnung vom Betrachter ab. Einem Europäer wird es wohl es etwas warm werden, weil er damit Grad Celsius verbindet, aber ein Amerikaner würde frösteln, weil er ja Fahrenheit im Hinterkopf hat, denn umgerechnet sind 37 [°F] etwa 5 [°C]. Dies ist ein „fühlbares" Beispiel, wie wichtig die Angabe der richtigen Einheit ist!

Lösungsebene 1 zu Abschn. 3.4.3 *Sterilisation: Vergleich Batch und KONTI*
Nachfolgend besteht die Möglichkeit, den gegangenen Lösungsweg zu vergleichen.
  Lösungsvorschlag: Isolierung der gegebenen und der gesuchten Größen, Erkennung der Aufgabenstellung.

Gegebene Größen: $T_S = 121\,[°C] = 394\,[K]$; $t_S = 20\,[\min]$; $T_S = 140\,[°C] = 413\,[K]$; $k_{0,M} = 10^{10}\,[\text{s}^{-1}]$; $E_{a,M} = 101\,400\,[J/\text{mol}]$; $n = 2$ (Reaktionsordnung); $k_{0,S} = 10^{37}\,[\text{s}^{-1}]$; $E_{a,S} = 290\,000\,[J/\text{mol}]$.

Gesuchte Größen: optimale Sterilisationsbedingungen (T_S, t_S) für $S = \text{const.}$; Bericht an die Betriebsleitung; Realisierung in der Praxis.

Da das Sterilisationskriterium eine wichtige Aussage enthält, wäre ein Einstieg in den Lösungsweg über S denkbar. In der Formelsammlung (Gl. (A.98) mit Gl. (A.86) → gelöste Form) findet man für das Sterilisationskriterium S

$$S = k_S \cdot t_S \tag{3.158}$$

Laut Vorgabe soll das bei den Standardbedingungen erreichbare Sterilisationskriterium als Maßgabe für die weiteren Betrachtungen gelten. Deshalb ist zu empfehlen, zuerst die Reaktionsgeschwindigkeitskonstante für die Temperatur von 121 [°C] zu finden

$$k_S = k_{0,S} \cdot \exp\left(-\frac{E_{a,S}}{R \cdot T_S}\right) = 10^{37} \cdot \exp\left(-\frac{290\,000}{8{,}314 \cdot 394}\right) = 0{,}0356\,[\text{s}^{-1}] \tag{3.159}$$

Mit der dazugehörigen Sterilisationszeit von 20 [min] erhält man schließlich das Sterilisationskriterium

$$S = 0{,}0356 \cdot 20 \cdot 60 = 42{,}76 \tag{3.160}$$

Das entspricht einem sehr hohen Wert, denn dahinter steckt immerhin eine Titerreduktion von $3{,}7 \cdot 10^{18}$. Dieser Wert soll für die Berechnung der weiteren Größen beibehalten werden.

Aus den Überlegungen zur Auslegung von Sterilisationsprozessen findet man, dass die höchste, einstellbare Temperatur, bei der noch die dazugehörige Zeit eingestellt werden kann, die günstigsten Bedingungen ergibt. Deshalb soll also 140 [°C] in die Gleichung eingesetzt werden, so ergibt sich

$$42{,}76 = 10^{37} \cdot \exp\left(-\frac{290\,000}{8{,}314 \cdot 413}\right) \cdot t_S \tag{3.161}$$

oder umgestellt nach der gesuchten Sterilisationszeit

$$t_S = \frac{42{,}76}{10^{37} \cdot \exp\left(-\frac{290\,000}{8{,}314 \cdot 413}\right)} = 20{,}44\,[\text{s}] \tag{3.162}$$

Man kann erkennen, statt der 20 [min] muss jetzt das Medium nur noch 20,44 [s] auf Sterilisationstemperatur gehalten werden. Damit kann man die Berechnung des Mediumskriteriums durchführen. Aus der Formelsammlung findet man dafür die Gleichung für die 2. Ordnung (Herleitung siehe [1, 2])

$$M\% = 100 \cdot (1 - C) \tag{3.163}$$

Aus den bisher gewonnenen Werten ist die Bestimmung der dimensionslosen Konzentrationen (Verhältnis von verbliebener Konzentration zur Ausgangskonzentration) möglich

$$\frac{1}{C} = 1 + k_M \cdot t_S \tag{3.164}$$

Da für zwei verschiedene Situationen $M\%$ bestimmt werden soll, erhält man

$$k_M(140) = k_{0,M} \cdot \exp\left(-\frac{E_{a,M}}{R \cdot T_S}\right) = 10^{10} \cdot \exp\left(-\frac{101\,400}{8{,}314 \cdot 413}\right)$$
$$= 1{,}49 \cdot 10^{-3}\,[\text{s}^{-1}] \tag{3.165}$$

und

$$k_M(121) = k_{0,M} \cdot \exp\left(-\frac{E_{a,M}}{R \cdot T_S}\right) = 10^{10} \cdot \exp\left(-\frac{101\,400}{8{,}314 \cdot 394}\right)$$
$$= 3{,}6 \cdot 10^{-4}\,[\text{s}^{-1}] \tag{3.166}$$

Damit gilt für die Ultrahochtemperaturbedingungen

$$C = \frac{1}{1 + 1{,}49 \cdot 10^{-3} \cdot 20{,}44} = 0{,}97 \tag{3.167}$$

d. h. für das Mediumskriterium $M\% = 2{,}97\,[\%] \cong 3\,[\%]$. Das bedeutet, dass lediglich 3 [%] Thiaminverluste zu erwarten sind.

Die Fortsetzung des Lösungsweges ist in der **Lösungsebene 2** beschrieben.

Lösungsebene 1 zu Abschn. 3.4.4 KONTISTER: Rohr oder Wendel

Nachfolgender Lösungsweg kann zur Kontrolle oder zur Aufklärung dienen.

An erster Stelle steht die Bestimmung der Reaktionsgeschwindigkeitskonstanten bei einer Temperatur von 142 [°C]:

$$k_S(142) = k_0 \cdot \exp\left(-\frac{E_a}{R \cdot T_S}\right) = 2{,}5 \cdot 10^{26} \cdot \exp\left(-\frac{210\,000}{8{,}314 \cdot 415}\right)$$
$$= 0{,}9226\,[\text{s}^{-1}] \tag{3.168}$$

Als Nächstes kann die Hydrodynamik betrachtet werden. Darunter versteht man die Beschreibung von Flüssigkeitsströmen durch den Volumenstrom, die Strömungsgeschwindigkeit und andere. Es genügt zunächst der Volumenstrom und man erhält

$$\dot{V} = \frac{V_{ch}}{t_{ch}} = \frac{125}{5} = 25\,\left[\frac{\text{m}^3}{\text{h}}\right] \cong 6{,}945 \cdot 10^{-3}\,\left[\frac{\text{m}^3}{\text{s}}\right] \tag{3.169}$$

Danach interessiert die Strömungsgeschwindigkeit. In der Regel meint man eigentlich immer die mittlere hydrodynamische Strömungsgeschwindigkeit, die als auf den Querschnitt bezogener Volumenstrom definiert ist. Der Volumenstrom ist schon bekannt, also wird zunächst die Querschnittsfläche bestimmt. Man erhält

$$A = \frac{D^2 \cdot \pi}{4} = \frac{0{,}065^2 \cdot \pi}{4} = 3{,}32 \cdot 10^{-3}\,[\text{m}^2] \tag{3.170}$$

Mit diesen beiden Größen kann nun die Strömungsgeschwindigkeit berechnet werden. Sie hat den Wert

$$w = \frac{\dot{V}}{A} = \frac{6{,}945 \cdot 10^{-3}}{3{,}32 \cdot 10^{-3}} = 2{,}09\,\left[\frac{\text{m}}{\text{s}}\right] \tag{3.171}$$

Die vorliegende Aufgabe umschließt zwar nur kontinuierlich betriebene Prozesse, aber dennoch benötigt man erst das Sterilisationskriterium für die Batch-Situation. Die Definition ist schon bekannt und in Gl. (3.173) nochmals ersichtlich. Dazu ist zunächst die Gesamtzellzahl zu Beginn des Sterilisationsprozesses erforderlich

$$N_0 = X_0 \cdot V = 10^3 \cdot 125 \cdot 10^6 = 1{,}25 \cdot 10^{11} \text{ [Keime]} \tag{3.172}$$

Diese Gesamtzellzahl bezieht man nun im natürlichen Logarithmus auf die gewünschte/angestrebte Endkeimzahl N und erhält damit das Sterilisationskriterium

$$S = \ln\left(\frac{N_0}{N}\right) = \ln\left(\frac{1{,}25 \cdot 10^{11}}{10^{-4}}\right) = 34{,}76 \tag{3.173}$$

Mit dem Sterilisationskriterium ist es jetzt auch möglich, die erforderliche Sterilisationszeit im Batch-Prozess zu ermitteln. Gleichung 3.168 zeigt, dass dazu auch die Reaktionsgeschwindigkeitskonstante schon bekannt ist

$$S = k(T_S) \cdot t_S \tag{3.174}$$

und durch Umstellen dieser Gleichung die für einen Batch-Prozess erforderliche Sterilisationszeit ebenfalls. Es darf nicht vergessen werden, dass im Batch-Prozess unter dieser Zeit einzig und allein die Zeit steckt, die nach dem Erreichen der Sterilisationstemperatur bis zum Abbruch bzw. dem Verlassen der Sterilisationstemperatur verstreicht (vgl. Abschn. 1.3, Abb. 1.10)

$$t_{S,B} = \frac{S}{k(T_S)} = \frac{34{,}76}{0{,}9226} = 37{,}7 \text{ [s]} \tag{3.175}$$

Wie eingangs schon erwähnt, bietet diese Aufgabenstellung eine Vielzahl von Möglichkeiten, aber auch Notwendigkeiten, Annahmen zu treffen und Iterationen durchzuführen. Nun muss erkannt werden, dass eine „passende" Annahme zu treffen möglichst viel Insiderwissen über den Prozess verlangt, denn eine Annahme, die weit neben aller Realität liegt, führt in den meisten Fällen nur zum totalen Verlust des Fadens. Nur unter günstigen Umständen wird eine durchzuführende Iteration konvergieren, also zu einem Ziel führen.

Bei der ersten Annahme handelt es sich um die Bodenstein-Zahl. Dazu sollte man wissen, dass diese das Verhältnis von konvektivem Transport zur axialen Dispersion (ähnlich Diffusion, aber nicht verwechseln(!), siehe Abschn. 1.3.5) zum Ausdruck bringt (vgl. Formelsammlung Gl. (A.137)). Sie kann zwischen null und ∞ liegen und sagt etwas über den Grad der Rückvermischung aus. Vollkommene Rückvermischung liegt bei Bo = 0 vor (kontinuierlicher Rührwerksreaktor, CSTR) und reine Pfropfenströmung (Plug-Flow) bei Bo = ∞. Man muss dazu wissen, dass ab Bodenstein-Zahlen von 50 schon der Charakter Bo = ∞ annähernd vorliegt.

Der nächste Schritt ist *Annahme 1*. Da im Batch-Prozess Bo = ∞ gilt, sollte für den Einstieg eine höhere Verweilzeit gewählt werden als in Gl. (3.175) berechnet. Somit kann man für das Wendelrohr folgenden Wert wählen:

$$\text{Bo}_{WR} < \infty \quad \text{die 1. Annahme} \quad \tau_{WR} = 50 \text{ [s]} \tag{3.176}$$

Mit dieser Verweilzeit kann man nun die vorläufige Wendellänge L_{WR} über die Gl. (3.178a) berechnen

$$\tau_{WR} = \frac{A \cdot L_{WR}}{A \cdot \overline{w}} \tag{3.178a}$$

$$L_{WR} = \tau_{WR} \cdot w = 50 \cdot 2{,}09 = 104{,}5 \, [\text{m}] \tag{3.178b}$$

Der gemachten Annahme 1 wird auch sofort die *Kontrolle 1* angeschlossen. Für die Standardabweichung im Wendelrohr findet man

$$\sigma_{t,WR} = \frac{104{,}5}{2{,}09} \cdot 0{,}25 = 12{,}50 \, [\text{s}] \tag{3.178}$$

und damit für die Varianz, die dem weiten Moment entspricht,

$$\sigma_{t,WR}^2 = 156{,}25 \, [\text{s}^2] \tag{3.179}$$

Über das axiale Dispersionsmodell werden die beiden mittleren Verweilzeiten zusammengebracht (Formelsammlung Gl. (A.132))

$$\bar{t} = \tau \cdot \left(1 + \frac{2}{\text{Bo}}\right) \tag{3.180}$$

und mit der Festlegung auf eine bestimmte Bodenstein-Zahl kommt man zur *Annahme 2* mit Bo = 50 und damit zu einer vorläufigen mittleren arithmetischen Verweilzeit

$$\bar{t} \approx 50 \cdot 1{,}04 = 52{,}0 \, [\text{s}] \tag{3.181}$$

Daraus folgt dann die dimensionslose Varianz

$$\sigma^2 = \frac{\sigma_t^2}{\bar{t}^2} = \frac{156{,}25}{52{,}0^2} = 0{,}058 \tag{3.182}$$

und damit die neue Bodenstein-Zahl

$$\text{Bo}_{WR} = \frac{1 + \sqrt{1 + 8 \cdot \sigma^2}}{\sigma^2} = \frac{1 + \sqrt{1 + 8 \cdot 0{,}058}}{0{,}058} = 38 \tag{3.183}$$

Kontrolle 2: Die Annahme Bo = 50 führte jetzt zu einer berechneten Bo = 38, woraus nun eine arithmetische mittlere Verweilzeit von

$$\bar{t} = 50 \cdot \left(1 + \frac{2}{\text{Bo}}\right) = 52{,}63 \, [\text{s}] \tag{3.184}$$

resultiert.

Damit beträgt die Abweichung von Annahme 1 nur etwa 1,2 [%] (Gl. (3.181)).

Für die Berechnung des Sterilisationskriteriums im Wendelreaktor liegt nun alles bereit. Man erhält

$$S_{WR} = \ln(C^{-1}) = \ln\left\{\frac{4 \cdot \beta}{(1+\beta)^2 \cdot \exp[-\text{Bo}/2 \cdot (1-\beta)]}\right\}^{-1} \tag{3.185}$$

mit einer Damköhler-Zahl 1. Art von

$$\mathrm{Da}_\mathrm{I} = k(142) \cdot \tau_\mathrm{WR} = 0{,}9223 \cdot 50 = 46{,}13 \tag{3.186}$$

Zusammen mit der Substitution

$$\beta = \sqrt{1 + \frac{4 \cdot 46{,}13}{38}} = 2{,}42 \tag{3.187}$$

kommt man letztendlich zur dimensionslosen Konzentration, was gleichbedeutend mit dem Verhältnis von Anfangs- und Endkeimzahl (Eingangs- und Ausgangskeimzahl) ist

$$C = \frac{4 \cdot 2{,}42}{3{,}42^2 \cdot \exp\left(+\frac{38}{2}1{,}42\right)} = 1{,}59 \cdot 10^{-12} \tag{3.188}$$

Für das Sterilisationskriterium benötigt man den Kehrwert und erhält

$$C^{-1} = 6{,}3 \cdot 10^{11} \tag{3.189}$$

Eingesetzt in Gl. (3.185) bringt das Sterilisationskriterium im Wendelrohrreaktor

$$S_\mathrm{WR} = \ln(6{,}3 \cdot 10^{11} = 27) \tag{3.190}$$

Das erforderliche Sterilisationskriterium ist mit

$$S_\mathrm{erf} = 34{,}56 \tag{3.191}$$

vorgegeben, d.h., τ_WR ist zu klein! Das kann mit einem neuen Vorschlag, eine Erhöhung der Verweilzeit auf $\tau_\mathrm{WR} = 80\,[\mathrm{s}]$ zu erreichen, korrigiert werden. Die dazu erforderliche *Kontrolle* sollte nicht vergessen werden.

Mit diesem Wert von $\tau_\mathrm{WR} = 80\,[\mathrm{s}]$ erhält man dann über die Gleichungskette Gl. (3.178b) ($L_\mathrm{WR} = 167\,[\mathrm{m}]$) – Gl. (3.178) ($\sigma_{t,\mathrm{WR}} = 20$) – Gl. (3.179) ($\sigma^2_{t,\mathrm{WR}} = 400$) – Gl. (3.182) ($\sigma^2 = 0{,}0564$) – Gl. (3.183) ($\mathrm{Bo}_\mathrm{WR} = 39$) – Gl. (3.184) ($\bar{t} = 84$) – Gl. (3.186) ($\mathrm{Da}_\mathrm{I} = 73{,}8$) – Gl. (3.187) ($\beta = 2{,}93$) – Gln. (3.188) und (3.189) ($C = 3{,}66 \cdot 10^{-17}$; $C^{-1} = 2{,}73 \cdot 10^{16}$) – Gl. (3.190) das *neue Sterilisationskriterium* $S_\mathrm{WR} = 38$, womit das „Soll" erfüllt wäre.

Das wäre die halbe „Wahrheit" bzw. die Hälfte des Lösungsweges. Der zweite Schritt ist in der **Lösungsebene 2** dargestellt.

Lösungsebene 1 zu Abschn. 3.4.5 *Mediumssterilisation – Durchflusssterilisation ideal und real*

Nachfolgend soll ein Lösungsvorschlag dargestellt werden.

In diesem Fall ist es nicht so schwer, eine geeignete Einstiegsformel zu finden, die gleich schon das Ziel enthält. Es handelt sich um die Definitionsgleichung für das Mediumskriterium $M\%$. Diese findet man in der Formelsammlung (Gl. (A.93)) und lautet

$$M\% = 100 \cdot (1 - C)$$

Nun ist es eigentlich „nur" noch notwendig, sich um den einen Parameter zu kümmern, der das Verhältnis von Ausgangs- zu Eingangskonzentration zum Ausdruck bringt. Aber dazu gibt es nun mehrere Möglichkeiten, je nachdem welche Situation man vorfindet. Entscheidet man sich zunächst für den Fall des *idealen Rohrreaktors*, also einen Reaktor mit Plug-Flow-Verhältnissen, dann setzt man bezüglich der Konzentration c eine Bilanz an. Diese lautet

$$\int_{c^\alpha}^{c^\omega} \frac{dc}{c} = -\frac{k}{u} \cdot \int_0^L dx \tag{3.192}$$

Die Lösung der Bilanzgleichung (3.192) verbunden mit der Definition der dimensionslosen Konzentration $C = c^\omega/c^\alpha$ lautet

$$\ln C = -\frac{k \cdot L}{u} = -Da_I \tag{3.193}$$

In Gl. (3.193) taucht bereits die Reaktionsgeschwindigkeitskonstante auf. Mit den gegebenen kinetischen Parametern und der Temperatur von 140 [°C] erhält man

$$k(T_S) = 7 \cdot 10^{10} \cdot \exp\left(-\frac{110\,000}{8{,}314 \cdot 413}\right) = 8{,}56 \cdot 10^{-4}\,[s^{-1}] \tag{3.194}$$

Ebenfalls stehen schon die Daten für die Berechnung des erforderlichen Volumenstromes zur Verfügung. Dazu bezieht man das Vorlagevolumen auf die vorgegebene Entleerungszeit und erhält

$$\dot{V} = \frac{V}{t} = \frac{40}{5} = 8 \left[\frac{m^3}{h}\right] \tag{3.195}$$

Damit steht der Weg zur Bestimmung der mittleren hydrodynamischen Verweilzeit offen. Es gilt $\tau = V_{BIR}/\dot{V}$ und somit

$$\tau = \frac{0{,}4}{8} = 0{,}05 \cdot 3600 = 180\,[s] \tag{3.196}$$

Damit ist man in der Lage, die Damköhler-Zahl der 1. Art zu berechnen. Sie erreicht den Wert

$$Da_{I,AD} = 8{,}56 \cdot 10^{-4} \cdot 180 = 0{,}154 \tag{3.197}$$

und diese ist gemäß selbiger Gleichung im vorliegenden Fall (Plug-Flow), also ohne Rückvermischung, $\ln C = -0{,}154$

Man bildet daraus $C = 0{,}857$ und kommt zum Ergebnis $M\%_{ideal} = 14\,[\%]$.

Das war die Betrachtung für den „idealen Fall". Doch wie sieht die Situation im realen Fall aus? Das wäre nun die nächste Etappe zur vollständigen Lösung der Aufgabe. In der **Lösungsebene 2** ist die Fortführung des Lösungsweges einzusehen.

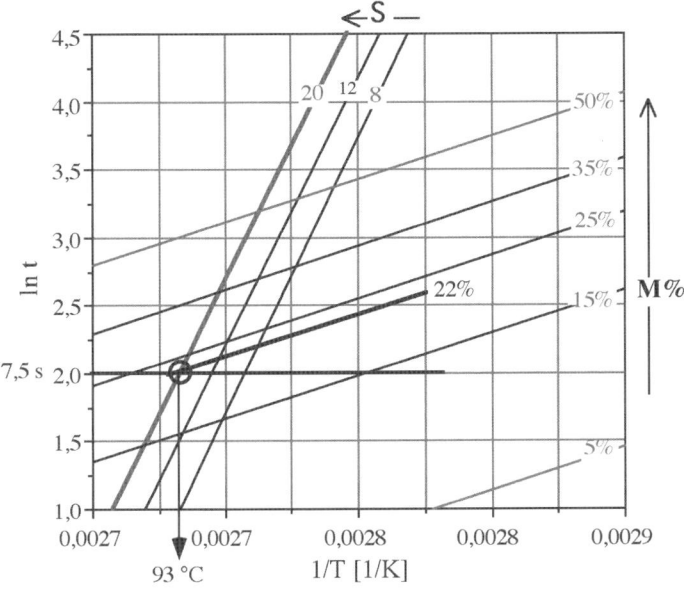

Abb. 3.29 Sterilisationsarbeitsdiagramm für den Virus MVM und β-Lactoglobulin.

Lösungsebene 1 zu Abschn. 3.4.6 *Titerreduktion von Viren*
Die Erstellung des SADs erfordert Geradengleichungen vom Typ

$$\ln t = f(S) + \frac{E_{a,S}}{R} \cdot \frac{1}{T_S}$$
$$\ln t = f(M\%) + \frac{E_{a,M\%}}{R} \cdot \frac{1}{T_S} \tag{3.198}$$

Diese findet man in Abschn. 1.3.4.1 mit der Gl. (1.33) für die Sterilisation und in den Gln. (1.34) bis (1.37) abhängig von der Reaktionsordnung für das Mediumskriterium. Für den Abbau des β-Lactoglobins findet man ebenfalls eine Reaktion 1. Ordnung [14]. Damit ist Gl. (1.35) relevant.

Für das SAD stehen dann die folgenden Gleichungen zur Verfügung

$$\ln t = \ln\left(\frac{S}{k_0}\right) + \frac{E_{a,S}}{R} \cdot \frac{1}{T_S}$$
$$\ln t = \ln\left[-\frac{\ln(1 - M\%/100)}{k_0}\right] + \frac{E_{a,M\%}}{R} \cdot \frac{1}{T_S} \tag{3.199}$$

Mit jeder dieser zwei Gleichungen und jedem Sterilisationskriterium ($S =$ const.) sowie jeder Mediumsverlustlinie ($M\% =$ const.) werden mit den Gl. (3.199) zwei Punkte bestimmt und in das Diagramm eingetragen (vgl. Abb. 3.29). Man erhält im Schnittpunkt der Gerade $S = 20$ sowie der kürzesten Zeit $t = 7{,}5\,[s]$ ($\ln 7{,}5 = 2{,}015$) den Arbeitspunkt $T_S = 93\,[°C]$ bei einer Schädigung von 22 [%].

Das bedeutet, der Arbeitspunkt liegt bei $T_S = 93$ [°C] und einer Sterilisationszeit von 7,5 [s], und man erhält eine Titerreduktion von 10^8 und einen Wertstoffverlust von 22 [%].

Die Anwendung eines kalkulatorischen SADs soll in der **Lösungsebene 2** gezeigt werden.

Lösungsebene 1 zu Abschn. 3.4.7 *Sterilisation bei realem Temperaturverlauf*
Zunächst sollte man sich die Situation im Temperatur-Zeit-Diagramm vor Augen halten (vgl. Abb. 3.30). Die Berechnungsgleichungen für die Temperaturverläufe gewinnt man aus einer Wärmebilanz. Vereinfachend lässt sich formulieren, dass die zugeführte bzw. abgeführte Wärme einer Zunahme bzw. Abnahme der gespeicherten Wärme entspricht. Es gilt also für den Aufheizvorgang mit Dampf

$$k \cdot A_M \cdot [T_D - T(t)] = m \cdot c_p \cdot \frac{dT}{dt} \tag{3.200}$$

und für den Abkühlvorgang

$$k \cdot A_M \cdot [T(t) - T_{KW}] = m \cdot c_p \cdot \frac{dT}{dt} \tag{3.201}$$

Aus den beiden Gln. (3.200) und (3.201) können dann die Berechnungsgleichungen für die beiden Phasen „Heizen" und „Kühlen" gewonnen werden. Es gilt für den Heizvorgang

$$T_H(t) = T_D + (T_0 - T_D) \cdot e^{-0,0218 \cdot t} \tag{3.202}$$

und schließlich für den Kühlvorgang

$$T_K(t) = T_{KW} + (T_S - T_{KW}) \cdot e^{0,0218 \cdot t} \tag{3.203}$$

Die einzelnen Zeitabschnitte lassen sich aus Wärmebilanzen berechnen (vgl. Abschn. 2.1, Typ 7). Mit Gl. (2.54) und den in dieser Aufgabe gegebenen Zahlenwerten erhält man für die Aufheizzeit t_H

$$t_H = \frac{5000 \cdot 4,2 \cdot 10^3}{500 \cdot 60 \cdot 15,27} \cdot \ln\left(\frac{140 - 25}{140 - 120}\right) = 80,2 \text{ [min]} \tag{3.204}$$

Wobei die Wärmeaustauschfläche (komplette Mantelfläche) mit den Gln. (2.56) und (2.57) ermittelt wurde und in diesem Fall

$$D = \sqrt[3]{\frac{V_{R,L} \cdot 4}{\pi \cdot f_S}} = \sqrt[3]{\frac{5,0 \cdot 4}{\pi \cdot 2}} = 1,47 \text{ [m]}$$

$$H = \sqrt[3]{\frac{V_{R,L} \cdot f_S^2 \cdot 4}{\pi}} = \sqrt[3]{\frac{5,0 \cdot 4 \cdot 4}{\pi}} = 2,94 \text{ [m]} \tag{3.205}$$

$$A_M = \frac{1,47^2 \cdot \pi}{4} + 1,47 \cdot \pi \cdot 2,94 = 15,27 \text{ [m]} \tag{3.206}$$

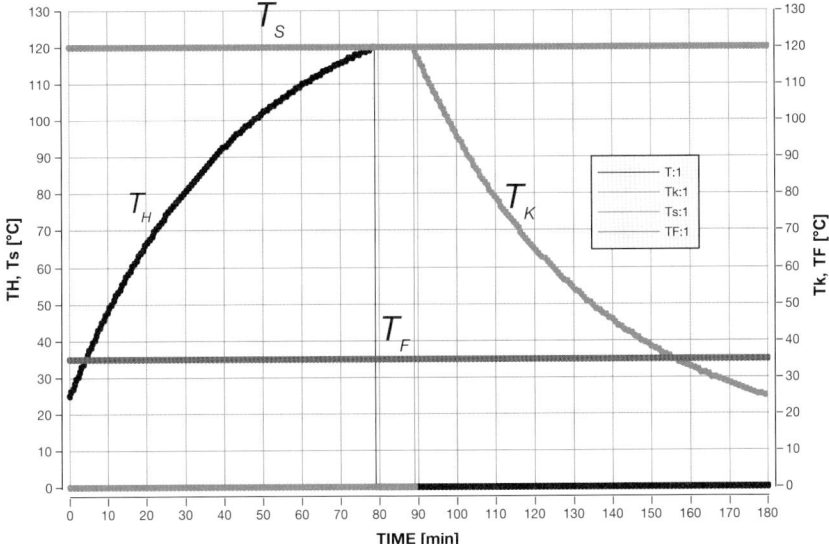

Abb. 3.30 Temperaturverläufe für den Heiz- (T), den Sterilisations- (T_S) und den Kühlvorgang T_K bei einer Dampftemperatur von 140 [°C] und einer doppelt gemittelten Kühlmediumstemperatur 10 [°C] (Daten aus dem MADONNA®-Modell, siehe Anhang Programm C.1).

beträgt. Die Sterilisationszeit mit 10 [min] ist gegeben, und schließlich kann für die abschließende *Abkühlzeit*

$$t_K = \frac{5000 \cdot 4{,}2 \cdot 10^3}{500 \cdot 60 \cdot 15{,}27} \cdot \ln\left(\frac{120 - 10}{37 - 10}\right) = 64{,}4 \,[\text{min}] \tag{3.207}$$

berechnet werden. Aus Abb. 3.30 können diese Werte bestätigt werden. Der Heizvorgang beansprucht unter den getroffenen Annahmen in der Aufgabenstellung etwa 80 [min]. Dazu kommen die 10 [min] Sterilisationszeit und weitere 65 [min] für den Kühlvorgang. Die Gesamtdauer der Sterilisation beansprucht demnach 155 [min], oder gut 2,5 [h]. Damit können auch die drei Zeitabschnitte benannt werden. Die Zeit nach Ende der Aufheizzeit ist $t_1 = 80$ [min], Zeit $t_2 = 90$ [min] und Zeit $t_3 = 154$ [min].

Was geschieht nun in die einzelnen Phasen hinsichtlich Sterilisations- und Mediumskriterium? Mit den Gln. (3.208) bis (3.212) kann diese Frage beantwortet werden

$$S_\Sigma = S_H + S + S_K \tag{3.208}$$

bzw.

$$M\%_\Sigma = M\%_H + M\% + M\%_K \tag{3.209}$$

Für die einzelnen Phasen können folgende Gleichungen angegeben werden:

$$S_H = k_0 \int_{t_0}^{t_2} \exp\left(-\frac{E_a}{R \cdot T(t)_H}\right) dt \tag{3.210}$$

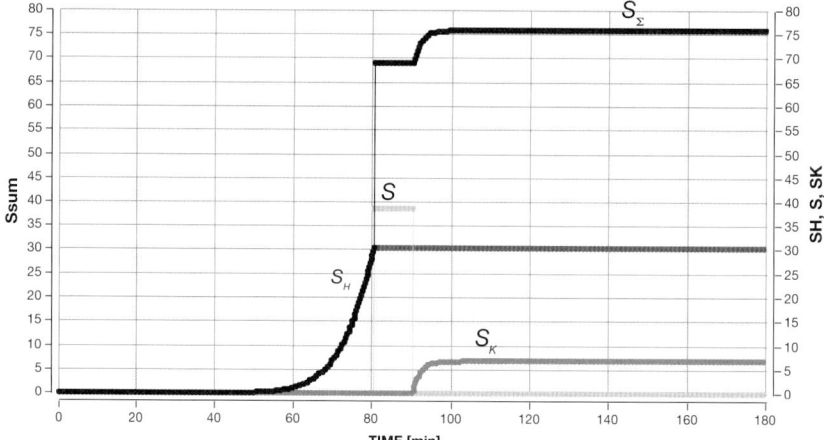

Abb. 3.31 Beiträge zu den einzelnen Phasen (S_H, S, S_K) eines kompletten Sterilisationsprozesses sowie deren Aufsummierung (S_Σ = Ssum) zum Gesamtsterilisationskriterium bei einer Dampftemperatur von **140** [°C]. Statt des geforderten Sterilisationskriteriums von $S = 39$ ergibt sich in der Summe ein Wert von 75,8 (Daten aus dem MADONNA®-Modell, siehe Anhang Programm C.1).

$$S = k_0 \exp\left(-\frac{E_a}{R \cdot T_S}\right) \tag{3.211}$$

$$S_K = k_0 \int_{t_3}^{t_5} \exp\left(-\frac{E_a}{R \cdot T(t)_K}\right) dt \tag{3.212}$$

In Abb. 3.31 können die einzelnen Phasen eines kompletten Sterilisationsprozesses abgelesen werden. Wäre das vorgegebene Sterilisationskriterium der Wert, der alleine in der Sterilisationsphase erzielt wird, so ergäbe das $S = 38{,}7$. Man kann aber erkennen, dass alle drei Phasen ein Gesamtsterilisationskriterium $S_\Sigma = 75{,}8$ ergeben. Das bedeutet eine Überbelastung um 96 [%], wobei allein der Aufheizvorgang 78,6 [%] ($S_H = 30{,}4$) beisteuert und die Abkühlphase nochmals 17,3 [%] ($S_K = 6{,}7$).

Wenn man also ein „sterileres als ein steriles" Ergebnis erzielen kann, dann hat man das unter den vorliegenden Bedingungen erreicht. Aufzulösen ist diese etwas unlogische Situation dadurch, dass das Ergebnis nicht steril wird, sondern die Wahrscheinlichkeit eines unsterilen Ergebnisses um

$$\frac{N_2}{N_1} = e^{(S_1-S_2)} = e^{(38{,}7-75{,}8)} = 7{,}7 \cdot 10^{-17} \tag{3.213}$$

abnimmt. Beim ersten Hinschauen scheint das wohl ein Vorteil zu sein, doch wie verhält sich das Mediumskriterium? Die Lösungsschritte dazu befinden sich in **Lösungsebene 2**.

3.4.9
Lösungsebene 2 zu Abschn. 3.4.1 bis 3.4.7

Lösungsebene 2 zu Abschn. 3.4.1 *Beweisführung der Steigung – die letzten Schritte*
Im Folgenden wird nun der letzte Lösungsschritt zur Beweisführung der Steigung für große Zeiten im „LABIS-RESIS-Modell" beschrieben. Dazu erweitert man nun die Ausgangsgleichung 3.136 um $e^{k' \cdot t}/e^{k' \cdot t}$, dann erhält man für den Grenzwert nach sehr langer Zeit ($\lim \to \infty$) den Ausdruck

$$\frac{d(\ln(N/N_0))}{dt}\bigg|_{\lim t \to \infty} = -\frac{N'_0 \cdot k' \cdot e^{(k'-k') \cdot t} + N''_0 \cdot k'' \cdot e^{(k'-k'') \cdot t}}{N'_0 \cdot e^{(k'-k') \cdot t} + N''_0 \cdot e^{(k'-k'') \cdot t}}$$
$$= -\frac{N'_0 \cdot k' \cdot 1 + 0}{N'_0} = -k' \qquad (3.214)$$

womit auch für den zweiten Teil der Aufgabenstellung der Beweis erbracht wäre.

Die zunächst augenscheinlich gemachte Annahme, dass im Nullpunkt die Steigung der gemeinsamen Kurve gleich der Steigung der labilen Keime und bei sehr hohen Zeiten die Steigung der resistenten Keime repräsentiert, ist nun mathematisch verifiziert.

Lösungsebene 2 zu Abschn. 3.4.2 *Sterilisation: Vergleich chemisch – Hitze*
Im Folgenden wird ein möglicher Weg zur Lösungsfindung beschrieben.

Was fehlt noch? Zum Beispiel das Mediumskriterium für die verschiedenen Sterilisationsmethoden.

Also soll als Nächstes die Situation für das Mediumskriterium $M\%$ beim thermischen Sterilisationsprozess untersucht werden. Dazu steigt man mit der Definitionsgleichung für $M\%$ ein

$$M\% = 100 \cdot (1 - C) \qquad (3.215)$$

Die dafür erforderliche dimensionslose Konzentration bekommt man über den Umweg der Damköhler-Zahl der 1. Art

$$C^{-1} = \left(1 + \frac{\text{Da}_\text{I}}{7{,}82}\right)^{7{,}82} \qquad (3.216)$$

$$\text{Da}_\text{I} = k_{0M} \cdot \tau = 9{,}76 \cdot 10^{-4} \cdot 933 = 0{,}91 \qquad (3.217)$$

$$C^{-1} = \left(1 + \frac{0{,}91}{7{,}82}\right)^{7{,}82} = 0{,}42 \qquad (3.218)$$

Nun wird nur noch dieser Wert in Gl. (3.215) eingesetzt und man erhält

$$M\% = 100 \cdot (1 - 0{,}42) = 58\,[\%] \qquad (3.219)$$

was gleichbedeutend ist mit einem Verlust an Produkt von 58 [%]! Eine wahrlich nicht zufriedenstellende Situation. Also sollte als Nächstes die Situation für die chemische Sterilisation mit Wasserstoffperoxid betrachtet werden. Dazu bestimmt man die Reaktionsgeschwindigkeitskonstante für die Zellinaktivierung

$$k_S(c\%) = 1{,}65 \cdot \exp\left(-\frac{2{,}25}{3}\right) = 0{,}779\,[\text{min}^{-1}] = 0{,}013\,[\text{s}^{-1}] \tag{3.220}$$

Da es sich wieder um eine Reaktion 1. Ordnung handelt, kann die Inaktivierung wie folgt beschrieben werden

$$\ln C = -0{,}013 \cdot t_S = -\ln S \tag{3.221}$$

Durch Umstellen

$$51{,}24 = 0{,}013 \cdot t \tag{3.222}$$

erhält man schließlich die erforderliche Sterilisationszeit

$$t_S = \frac{51{,}24}{0{,}013 \cdot 60} = 65{,}7\,[\text{min}] \tag{3.223}$$

Die Schädigung des Enzyms verläuft nach einer Reaktion 2. Ordnung

$$\frac{1}{C} = 1 + k_M(\%) \cdot t \tag{3.224}$$

Mit der Reaktionsgeschwindigkeitskonstanten

$$k_M(\%) = 0{,}012 \cdot \exp\left(-\frac{1{,}90}{3}\right) = 6{,}4 \cdot 10^{-3}\,[\text{min}^{-1}] \tag{3.225}$$

erhält man

$$\frac{1}{C} = 1 + 6{,}4 \cdot 10^{-3} \cdot 65{,}7 = 1{,}41 \tag{3.226}$$

und schließlich

$$C = 0{,}706 \quad \text{und damit } M\% = 29{,}5\,[\%] \tag{3.227}$$

Es gehen also nur(!) 29,5 [%] Produkt verloren.

Obwohl das chemische Verfahren Produktverluste von 29 [%] bringt, ist es im Vergleich zum thermischen Verfahren doch weit schonender, denn der Verlust halbiert sich dabei. Also ist es zu empfehlen, für den Prozess das chemische Verfahren zu wählen.

> Kommentar: Vielleicht mag das Ergebnis gelegentlich auf Unverständnis stoßen, aber diese Aufgabe zeigt, dass man sich nicht stur auf ein bestimmtes Verfahren festlegen sollte, sondern in jedem Einzelfall eine Prüfung durchführen. Unterm Strich bleibt dann u. U. mehr übrig. Oder seriöser ausgedrückt: „Der Prozess stellt sich wirtschaftlicher dar"!

Lösungsebene 2 zu Abschn. 3.4.3 *Sterilisation: Vergleich Batch und KONTI*

Unter Standardbedingungen sieht die Situation anders aus. Man erhält jetzt

$$C = \frac{1}{1 + 3{,}6 \cdot 10^{-4} \cdot 1200} = 0{,}7 \tag{3.228}$$

und damit $M\% = 30\,[\%]$, was einen Thiaminverlust von 30 [%] bedeutet.

Das zeigt eindeutig, dass die Bedingungen 140 [°C] und 20,44 [s] den Standardbedingungen vorzuziehen sind.

Diese kurze Zeit lässt sich in einer Batch-Sterilisation nicht einstellen (vgl. Abschn. 1.3.5 Durchflusssterilisation sowie [2]). Also bleibt die Notwendigkeit, den Prozess in einem Durchflusssterilisator zu fahren.

> Notiz an die Betriebsleitung: Hiermit teilen wir Ihnen mit, dass beim Sterilisationsprozess unter Standardbedingungen ein Thiaminverlust von 30 [%] zu befürchten ist. Die finanziellen Verluste sind nur schwer zu beziffern, denn der reine Materialverlust an Vitamin B1 ist im Vergleich zu der dadurch verursachten Minderung an Produktivität womöglich kaum der Rede wert. Das gilt im besonderen Maße bei Sekundärstoffwechselprodukten. Vitamin B1-Mangel kann zu erheblichen Einbußen der RZA führen, bis hin zum Totalausfall.
>
> Mit einer Durchflusssterilisation könnte man die Verluste um 90 [%] reduzieren. Des Weiteren reduzieren sich die Rüstzeiten, sodass mehr Fermentationskapazität zur Verfügung steht. Dem gegenüber stehen eine Investition von etwa 550 000 € (vgl. Aufgabe 3.9.2 Tab. 3.44) für die neue Sterilisationsanlage. Das würde sich aber in wenigen Jahren amortisieren.

Lösungsebene 2 zu Abschn. 3.3.4 *KONTISTER: Rohr oder Wendel*

Nun zum letzten Schritt des Lösungsweges.

Betrachtet man zunächst den *Rohrreaktor*. Um den Einstieg zu machen, beginnt man erneut mit einer Annahme, der *Annahme 3*. Es betrifft die hydrodynamische Verweilzeit. In der Annahme, dass die Bodenstein-Zahl im geraden Rohr aufgrund der fehlenden Dean-Wirbel merklich niedriger sein wird, muss die Verweilzeit erhöht werden, z. B. um den Faktor zwei, und man erhält

$$\tau_{RR} \approx 2 \cdot \tau_{WR} = 160\,[\text{s}] \tag{3.229}$$

Und dann noch die *Annahme 4*. Gewählt sei $Bo_{RR} \approx 10$, da diese im Rohrreaktor aufgrund der fehlenden Dean-Wirbel in jedem Fall kleiner sein wird als im Wendelreaktor. Das in diesem Fall zu einer Reaktorlänge von

$$L_{RR} = \tau_{RR} \cdot w = 160 \cdot 2{,}09 \approx 335\,[\text{m}] \tag{3.230}$$

führt und zur Standardabweichung bzw. zur Varianz von

$$\sigma_{t,RR} = \frac{335}{2{,}09}0{,}8 = 128\,[\text{s}] \quad \rightarrow \quad \sigma_{t,RR}^2 = 16\,443\,[\text{s}^2] \tag{3.231}$$

Zusammen mit der mittleren arithmetischen Verweilzeit

$$\bar{t} = 160 \cdot \left(1 + \frac{2}{10}\right) \approx 192 \, [s] \tag{3.232}$$

gelangt man zur dimensionslosen Varianz

$$\sigma^2 = \frac{\sigma_t^2}{\bar{t}^2} = \frac{16\,443}{192^2} = 0{,}446 \tag{3.233}$$

und man kann damit Kontrolle 3 durchführen

$$\mathrm{Bo}_{RR} = \frac{1 + \sqrt{1 + 8 \cdot 0{,}446}}{0{,}446} \approx 7 \tag{3.234}$$

Somit wird $\mathrm{Bo}_{RR,ist} < \mathrm{Bo}_{Annahme}$. Es muss also eine neue mittlere arithmetische Verweilzeit $\bar{t}_{RR}$ gefunden werden. Dazu geht man iterativ vor und benutzt die letzte berechnete Bodenstein-Zahl aus Gl. (3.234). Die neue mittlere arithmetische Verweilzeit lautet

$$\bar{t}_{RR} = 160 \cdot \left(1 + \frac{2}{7}\right) = 205 \, [s] \tag{3.235}$$

Daraus folgt erneut eine passende dimensionslose Varianz

$$\sigma^2 = \frac{16\,443}{205^2} = 0{,}39 \tag{3.236}$$

was zu einer Bodenstein-Zahl analog Gl. (3.234) von $\mathrm{Bo}_{RR} = 7{,}77$ führt.

Das Ziel einer Iteration ist die Konvergenz. Bis jetzt kann man das noch nicht endgültig erkennen. Also wäre ein nächster Schritt erforderlich.

Mit der neuen Bodenstein-Zahl von $\mathrm{Bo}_{RR} = 7{,}77$ erhält man jetzt analog zu Gl. (3.232) eine neue mittlere arithmetische Verweilzeit von $\bar{t}_{RR} = 201 \, [s]$, analog Gl. (3.233) die Varianz $\sigma^2 = 0{,}407$ und schließlich analog zu Gl. (3.234) eine neue Bodenstein-Zahl von $\mathrm{Bo} = 7{,}52$.

Die Annahme von $\mathrm{Bo} = 10$ war etwas zu hoch angesetzt, hat aber durch die Korrekturen in die Nähe zur „Wahrheit" geführt.

Nun besteht die Möglichkeit das Mediumskriterium für den Rohrreaktor zu berechnen. Dazu ist zunächst die Damköhler-Zahl der 1. Art erforderlich. Man erhält

$$\mathrm{Da}_{I,RR} = 0{,}9226 \cdot 160 = 147{,}6 \tag{3.237}$$

Mit dieser Damköhler-Zahl und der letzten gefundenen Bodenstein-Zahl kann man die Substitution

$$\beta \sqrt{1 + \frac{4 \cdot 147{,}6}{7{,}52}} = 8{,}92 \tag{3.238}$$

berechnen und damit erhält man das Verhältnis von Eingangs- zu Ausgangskonzentration

$$C = \frac{4 \cdot 8{,}92}{9{,}92^2 \cdot \exp\left(+\frac{7{,}52}{2} 7{,}92\right)} = 4{,}23 \cdot 10^{-14} \tag{3.239}$$

Tab. 3.8 Zusammenfassung der Ergebnisse.

Reaktortyp	Sterilisationskriterium	Reaktorlänge [m]
Wendelreaktor	38	167
Rohrreaktor	36,3	450

Für die Berechnung des Sterilisationskriteriums benötigt man den Kehrwert

$$C^{-1} = 2{,}36 \cdot 10^{13} \quad \text{und erhält damit} \quad S_{RR} = 30{,}79$$

wobei das erforderliche Sterilisationskriterium $S_{erf} = 34{,}56$ wäre, das erreichbare S ist weiterhin zu klein. Also muss die mittlere hydrodynamische Verweilzeit erhöht werden. Steigert man diese von 160 auf 215 [s] und startet den dritten Lauf (die Anwendung eines Kalkulationsprogrammes, z. B. Excel, wäre zu empfehlen) für beide Reaktoren mit $\tau_{RR,2} = 215$ [s].

Damit bekommt man ein Sterilisationskriterium von $S_{RR} = 36{,}3$, was also der Vorgabe entspricht. Die Reaktorlänge wird nun etwa 450 [m] (vgl. Tab. 3.8).

Dieses Beispiel zeigt deutlich, dass aufgrund des hydrodynamischen Effektes der Dean-Wirbel im Wendelrohr die günstigere Variante ist, zumal wegen der wesentlich kürzeren Reaktorlänge zusätzlich auch noch der günstigere Raumbedarf zu Buche schlägt. Denn die Wendel kann als stehende Spirale aufgebaut werden, wohingegen der Rohrreaktor eine Hallenlänge von mindestens 450 [m] benötigt.

Der Bilanzansatz für das axiale Dispersionsmodell geht von folgenden Annahmen aus:

- Die Rückvermischung wird durch die Überlagerung der konvektiven Strömung entlang x durch eine Art Diffusion bewirkt. Da diese „Diffusion" alle Effekte beinhalten soll, die an der Rückvermischung beteiligt sind, nennt man sie Dispersion, beschreibt sie aber nach dem 1. Fick'schen Gesetz (Gl. ((A.51)a–c); vgl. [1]). D_{ax} ist also der axiale Dispersionskoeffizient [m^2/s].
- Es herrscht Plug-Flow, d. h., die Geschwindigkeit $u(x)$ ist axial konstant, $du/dr = 0$.
- Die Konzentration c ist nur eine Funktion entlang der Reaktorlänge, $dc/dx \neq 0$, aber $dc/dr = 0$.
- Der axiale Dispersionskoeffizient ist konstant und nur eine Funktion der Medien und Temperatur.
- Die ablaufende Reaktion gehorcht einer Reaktion 1. Ordnung.
- Der Durchmesser des Reaktors ist konstant.
- Es liegen stationäre Bedingungen vor.

Der Bilanzansatz für das axiale Dispersionsmodell lautet damit

$$dV \cdot \frac{dc}{dt} = 0 = -\frac{d}{dx}\left(u \cdot c(x) - D_{ax} \cdot \frac{dc}{dx}\right) \cdot dx \cdot A - k \cdot c \cdot dV \quad (3.240)$$

und die Aufgabe ist gelöst!

Lösungsebene 2 zu Abschn. 3.4.5 *Mediumssterilisation – Durchflusssterilisation ideal und real*

Wie immer ist auch hier die *Welt nicht „ideal"*, man hat sich mit der Realität herumzuschlagen. Dazu braucht man zunächst die mittlere arithmetische Verweilzeit, also die „echte gemittelte Verweilzeit" (vgl. [2]). Diese ist bereits ermittelt worden und beträgt

$$\bar{t} = 1{,}25 \cdot 180 = 225\,[\mathrm{s}] \,\hat{=}\, 3{,}75\,[\mathrm{min}] \tag{3.241}$$

Mit der Vorgabe des Verhältnisses der beiden mittleren Verweilzeiten und dem Zugrundelegen eines „offenen Systems" erhält man den Zusammenhang

$$\frac{\bar{t}}{\tau} = 1{,}25 = 1 + \frac{2}{\mathrm{Bo}} \tag{3.242}$$

und damit die Bodenstein-Zahl als Maß für den Grad der Rückvermischung

$$\mathrm{Bo} = \frac{2}{0{,}25} = 8 \tag{3.243}$$

Eine Bodenstein-Zahl von acht entspricht schon einem hohen Wert, wenn man bedenkt, dass ab Bo > 50 schon nahezu Plug-Flow-Bedingungen vorliegen.

Mit der gegebenen Standardabweichung und der in Gl. (3.241) berechneten mittleren arithmetischen Verweilzeit erhält man die Varianz

$$\sigma^2 = \frac{2{,}28^2}{3{,}75^2} = 0{,}37 \tag{3.244}$$

und kann dann die Bodenstein-Zahl auf einem zweiten Weg berechnen. Man bekommt mit

$$\mathrm{Bo} = \frac{1 + \sqrt{1 + 8 \cdot 0{,}37}}{0{,}37} = 8{,}09 \tag{3.245}$$

also nahezu dasselbe Ergebnis.

Die Aufgabenstellung erfordert, einmal die Mediumsschädigung mit dem axialen Dispersionsmodell zu bestimmen [2]. Dazu ermittelt man zunächst die Substitution

$$\beta = \sqrt{1 + \frac{4 \cdot 0{,}154}{8{,}08}} = 1{,}0374 \tag{3.246}$$

und setzt den Wert in Gl. (3.247) ein

$$C = \frac{4 \cdot 1{,}0374}{2{,}0374^2 \cdot \exp\left(+\frac{8{,}09}{2} 0{,}0374\right)} \approx 0{,}8593 \tag{3.247}$$

Man erhält das Ergebnis $M\%_{\mathrm{real}} = 14{,}07\,[\%]$.

Nun zum Zellenmodell. Dazu benutzt man den Zusammenhang zwischen Zellenzahl und Bodenstein-Zahl zur Ermittlung der Anzahl der Zellen [2]

$$n = 1 + \frac{\mathrm{Bo}^2}{2 \cdot \mathrm{Bo} + 3} = 1 + \frac{8{,}09^2}{2 \cdot 8{,}09 + 3} = 4{,}41 \tag{3.248}$$

Im Fall des Zellenmodells, das ja gedanklich eine Aneinanderreihung von n gleich großen, vollkommen durchmischten Rührwerkskesseln (Zellen) darstellt, muss auch die nicht ganzzahlige Zellenzahl zur weiteren Berechnung verwendet werden, weil es sich ja nur um eine fiktive Kesselzahl handelt.

Mit dieser Zellzahl erhält man jetzt die Damköhler-Zahl der 1. Art im Zellenmodell

$$\mathrm{Da_{I,ZM}} = \frac{\mathrm{Da_{I,AD}}}{n} = \frac{0{,}154}{4{,}41} = 0{,}035 \tag{3.249}$$

Damit geht man nun in die entsprechende Gleichung zur Berechnung des Konzentrationsverhältnisses

$$C = (1 + 0{,}035)^{-4{,}41} = 0{,}8592 \tag{3.250}$$

und erhält damit das gesuchte Mediumskriterium

$$M\% = 100 \cdot (1 - 0{,}8592) = 14{,}08\,[\%] \tag{3.251}$$

Wie man erkennt, ist der Unterschied minimal.

Offen ist nun noch die Größe eines Haltebehälters, der die Aufgabe des Sterilisierens hinsichtlich desselben Mediumskriteriums wie im Realfall bei vollkommener Rückvermischung, also bei einer Bodenstein-Zahl von Bo = 0, übernimmt.

Ausgehend von einer Bilanzgleichung lautet sie in diesem Fall

$$V \cdot \frac{\mathrm{d}c}{\mathrm{d}t} = 0 = \dot{V} \cdot (c^\alpha - c^\omega) - k \cdot c^\omega \cdot V_\mathrm{H} \tag{3.252}$$

Mit der Annahme, dass bei vollkommener Durchmischung die Ausgangskonzentration gleich der Konzentration im Reaktor ist, erhält man mit dem Kehrwert des Ergebnisses von Gl. (3.250) aus Gl. (3.252)

$$\left(\frac{c^\alpha}{c^\omega}\right) = C^{-1} = 1 + k \cdot \frac{V_\mathrm{H}}{\dot{V}} = 1{,}1639 \tag{3.253}$$

Um das angestrebte Mediumskriterium von 14,08 [%] auch im Haltekessel zu erreichen, muss folgendes Volumen installiert werden

$$V_\mathrm{H} = \frac{1{,}1639 - 1}{k} \cdot \dot{V} = \frac{0{,}1639}{8{,}56 \cdot 10^{-4}} \cdot \frac{8}{3600} = 0{,}425 \triangleq 425\,[\mathrm{L}] \tag{3.254}$$

Damit wäre die Aufgabe gelöst.

Lösungsebene 2 zu Abschn. 3.4.6 *Titerreduktion von Viren*
Zur rein mathematischen Lösung geht man wieder von den beiden Gln. (3.199) aus. Dabei werden erneut die Vorgaben $S = 20$ und $t_S = 7{,}5$ [s] berücksichtigt, um den Betriebspunkt zu finden. Die zu erwartende Produktschädigung, ausgedrückt durch $M\%$, vervollständigt das Ergebnispaket.

Aus dem oberen Teil der Gln. (3.199) erhält man die erforderliche Sterilisationstemperatur

$$T_S = \frac{E_{a,S}}{R \cdot \ln\left(\frac{t \cdot k_0}{S}\right)} \cdot = \frac{336\,000}{8{,}314 \cdot \ln\left(\frac{7{,}5 \cdot 2{,}99 \cdot 10^{48}}{20}\right)} = 365{,}25 - 273{,}15 = 92{,}1\,[°C]$$
(3.255)

Nun sind die Sterilisationsparameter bekannt, was fehlt ist noch das „Opfer", das für die gewünschte Titerreduktion erbracht werden muss. Wie viel Produkt geht verloren? Diese Frage lässt sich mithilfe des unteren Teils der Gl. (3.199) beantworten

$$\begin{aligned}M\% &= \left(1 - \exp\left\{-\frac{k_{0,M\%} \cdot t_S}{\exp\left[E_{a,M\%}/(R \cdot T_S)\right]}\right\}\right) \cdot 100 \\ &= \left(1 - \exp\left\{-\frac{1{,}8 \cdot 10^6 \cdot 7{,}55}{\exp\left[54\,000/(8{,}314 \cdot 365{,}25)\right]}\right\}\right) \cdot 100 = 22{,}71\,[\%]\end{aligned}$$
(3.256)

Natürlich können diese Zusammenhänge auch in einem Kalkulationsprogramm dargestellt werden. Damit ist man in der Lage, verschiedene Situationen schnell und vielfältig zu beurteilen.

Zusammenfassung: Die Vorgabe einer Titerreduktion von 10^8 und einer minimal einstellbaren Sterilisationszeit erfordern ein Sterilisationskriterium von $S = 20$, eine Sterilisationstemperatur von $T_S = 92{,}1\,[°C]$ und muss einen Produktverlust von $22{,}71\,[\%]$ akzeptieren. Es sei an dieser Stelle noch einmal auf die Vorbemerkung zu Abschn. 1.3.1 hingewiesen. Diese Randbedingungen sind in der vorliegenden Fragestellung voll berücksichtigt worden.

Lösungsebene 2 zu Abschn. 3.4.7 *Sterilisation bei realem Temperaturverlauf*
Für eine Reaktion 2. Ordnung gilt Gl. (1.28) (Abschn. 1.3) zusammen mit Gl. (1.19), und man erhält für eine konstante Temperatur bzw. für eine zeitabhängige Temperatur die Zusammenhänge

$$\begin{aligned}M\% &= 100 \cdot \left\{1 - \frac{1}{1 + k_0 \cdot \exp\left[-E_a/(R \cdot T)\right] \cdot t}\right\} \\ M\% &= 100 \cdot \left\{1 - \frac{1}{\int 1 + k_0 \cdot \exp\left[-E_a/(R \cdot T(t))\right] \cdot dt}\right\}\end{aligned}$$
(3.257)

Mit diesem Gleichungssystem ist man nun in der Lage, die einzelnen drei Phasen der Sterilisation hinsichtlich Mediumsschädigung zu berechnen. Dabei kann man sich verschiedener mathematischer Hilfsmittel bedienen. Erneut kann für die Aufheiz- und Abkühlphase ein Taschenrechner mit etablierter Integrationsregel (z. B. Simpson) nützliche Dienste erweisen. Oder man benutzt andere auf

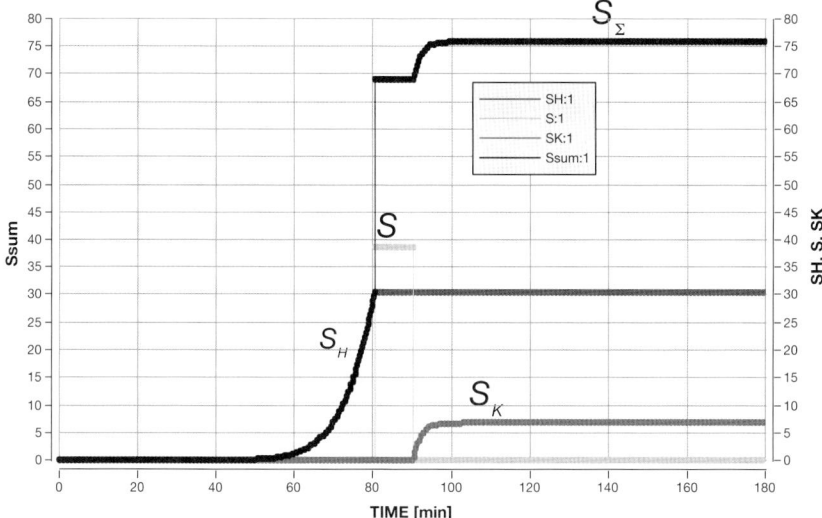

Abb. 3.32 Beiträge zum Mediumskriterium in den einzelnen Phasen ($M\%_H$ = MH, $M\%$ = MM, $M\%_K$ = MK) sowie deren Aufsummierung ($M\%_\Sigma$ = Msum) eines kompletten Sterilisationsprozesses bei einer Dampftemperatur von 140 [°C]. Das Mediumskriterium ändert sich von der idealen Betrachtung von $M\%$ = 16,4 [%] auf $M\%$ = 64,4 [%] bei realen Gegebenheiten. Das bedeutet, es werden statt gut 15 [%] tatsächlich fast 65 [%] Thiamin zerstört! (Daten aus dem MADONNA®-Modell, siehe Anhang Tab. C.1).

dem Markt verfügbare Softwarepakete, wie z. B. Berkeley MADONNA® (siehe Anhang C.2 Programm C.1).

In Abb. 3.32 sind die Resultate zusammengefasst, die mit MADONNA® ermittelt wurden. Dazu sind die drei Einzeleffekte, $M\%_H$ = Heizphase (MH), $M\%$ = Haltephase bei T_S und t_S (MM) sowie $M\%_K$ = Kühlphase (MK) separat und schließlich in der Aufsummierung zu $M\%_\Sigma$ (Msum) dargestellt. Danach wird in der eigentlichen Sterilisationsphase, der Haltephase t_S, 16,4 [%] Thiamin zerstört. Doch vorab gehen aber schon in der Aufheizphase 37 [%] und danach in der Abkühlphase nochmals 11 [%] verloren. In der Summe macht das „stolze" 65 [%]. Das Auffälligste dabei ist, dass die Aufheizphase Hauptverursacher für die Verluste ist. Das resultiert daraus, dass mit zunehmender Temperatur, also kurz vor Erreichen der Sterilisationstemperatur, die Zunahme aufgrund der immer geringer werdenden Temperaturdifferenz zwischen Dampf und Medium immer langsamer erfolgt und so relativ lange eine hohe Belastung auftritt. Man verliert also knapp 70 [%] des eingesetzten Thiamins!

Das sollte eigentlich vermieden werden. Aber wie?

Ganz einfach, indem man den Sterilisationsprozess technisch so nahe als möglich dem Idealverlauf annähert. Das kann in erster Näherung durch die Verbesserung des Wärmedurchgangs geschehen. Sieht man sich die Wärmedurchgangsbeziehung an, so sind da vier „Hebel" auszumachen. Der äußere und der innere Wärmeübergang, die Wärmeleitung und das treibende Temperaturgefälle. Während

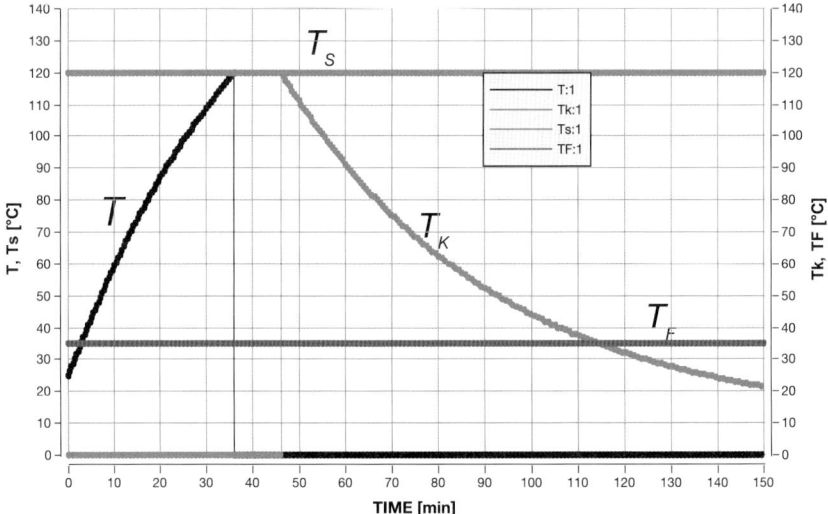

Abb. 3.33 Temperaturverläufe für den Heiz- (T), den Sterilisations- (T_S) und den Kühlvorgang (T_K) bei einer Dampftemperatur von 200 [°C] und einer doppelt gemittelten Kühlmediumstemperatur 10 [°C] (Daten aus dem MADONNA®-Modell, siehe Anhang Tab. C.1).

im Wärmetransportmechanismus kaum noch Verbesserungspotenzial steckt, erscheint eine Erhöhung des treibenden Temperaturgefälles sehr wirksam zu sein. Und in der Tat, erhöht man die Dampftemperatur von 140 auf 200 [°C], dann reduziert sich bei sonst gleichen Bedingungen der Thiaminverlust um 26 auf jetzt 42 [%] (vgl. Abb. 3.35). Maßgebend für diese günstigere Situation ist der verbesserte Wärmetransportablauf (vgl. Abb. 3.33).

In Abb. 3.33 sind die Temperaturverläufe dargestellt. Danach dauert der Gesamtprozess jetzt nur noch knapp 115 [min], weil sich vor allem die Aufheizphase mehr als halbiert hat. Diese beträgt jetzt statt 80 nur noch 35 [min]. Allerdings muss hier darauf geachtet, werden, dass das einfache Modell keinen Regelalgorithmus enthält und somit kein „Einlaufen" in die Sterilisationstemperatur simuliert, sondern bei T_S spontan den Aufheizvorgang abbricht. Das bedeutet, die Aufheizzeit verlängert sich wieder, sodass die reale Situation zwischen den beiden dargestellten Abläufen liegt.

Auf das Gesamtsterilisationskriterium wirkt sich das reduzierend aus (vgl. Abb. 3.34). Der Haupteffekt bleibt in der Haltephase bei 120 [°C] und erreicht $S = 38{,}7$. Der Beitrag der Aufheizphase nimmt von 30,4 auf 8,5 ab, wobei der Beitrag der Abkühlphase naturgegeben mit 6,7 gleichbleibt. In der Summe reduziert sich das Sterilisationskriterium auf 54, beträgt also bezogen auf den Sollwert nur noch 138,5 [%].

Gemäß Gl. (3.213) beträgt nun die zusätzliche Reduzierung der Wahrscheinlichkeit eines misslungenen Sterilisationsprozesses

$$\frac{N_2}{N_1} = e^{(S_1 - S_2)} = e^{(38{,}7 - 53{,}9)} = 2{,}5 \cdot 10^{-7} \tag{3.258}$$

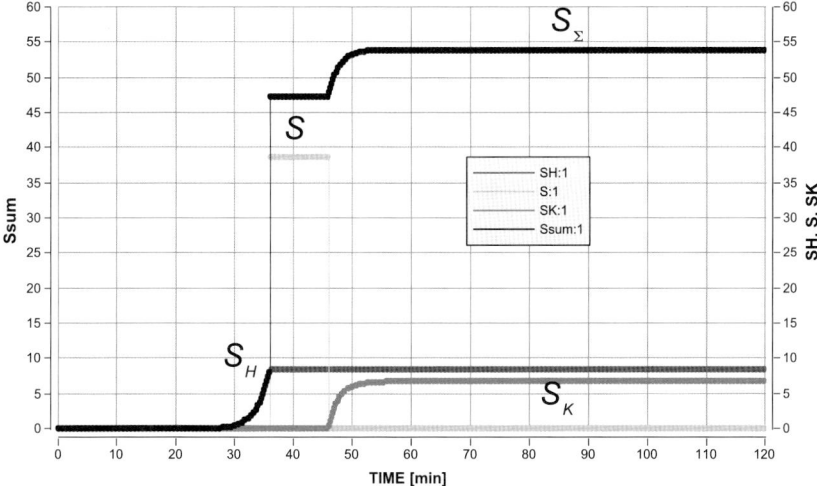

Abb. 3.34 Beiträge zu den einzelnen Phasen (S_H, S, S_K) eines kompletten Sterilisationsprozesses sowie deren Aufsummierung (S_Σ = Ssum) zum Gesamtsterilisationskriterium bei einer Dampftemperatur von 200 [°C]. Das vorgegebene Sterilisationskriterium bleibt bei S = 38,7. Die Aufheizphase „beteiligt" sich jetzt allerdings nur mit S_H = 8,5. Der Anteil des Abkühlvorganges ändert sich nicht, er bleibt bei S_K = 6,7. In der Summe macht das S_Σ = 54 (Daten aus dem MADONNA®-Modell, siehe Anhang Tab. C.1).

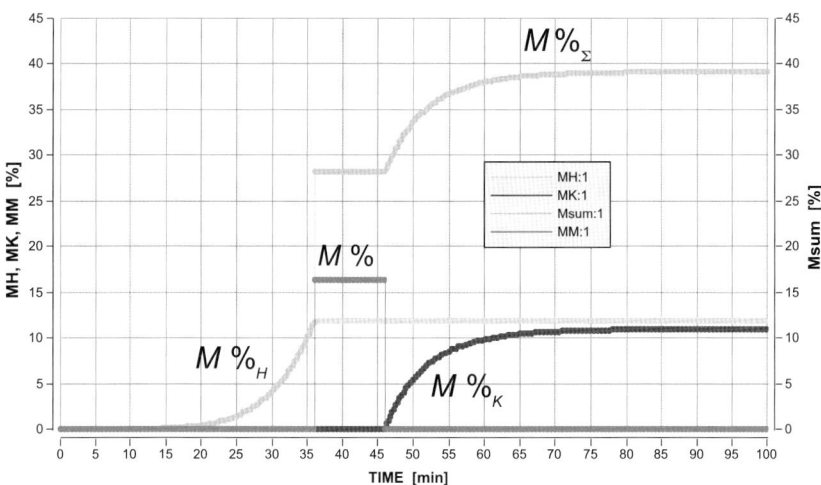

Abb. 3.35 Beiträge zum Mediumskriterium in den einzelnen Phasen ($M\%_H$ = MH, $M\%$ = MM, $M\%_K$ = MK) sowie deren Aufsummierung ($M\%_\Sigma$ = Msum) eines kompletten Sterilisationsprozesses bei einer Dampftemperatur von T_D = 200 [°C]. Das Mediumskriterium ändert sich von der idealen Betrachtung von $M\%$ = 16,4 [%] auf $M\%$ = 39,2 [%] bei realen Gegebenheiten. Das bedeutet, es werden statt gut 15 [%] fast 40 [%] Thiamin zerstört! (Daten aus dem MADONNA®-Modell, siehe Anhang Programm C.1).

Da das erforderliche Sterilisationskriterium als Zielgröße für den Prozess im Pflichtenheft festgelegt ist, bedarf es keiner zusätzlichen Reduzierung der Wahrscheinlichkeit. Viel wichtiger ist, dass damit eine völlig unerwünschte Steigerung der Zerstörung der Leitgröße Thiamin einhergeht. Wäre es damit tatsächlich von Vorteil, mit einer höheren Dampftemperatur zu arbeiten? Wenn da nicht noch die Frage wäre, wie sich die Situation aufgrund der erhöhten Wandtemperatur gestaltet. Schließlich hat eine Erhöhung der Wärmeträgertemperatur auch eine Erhöhung der Innenwandtemperatur zur Folge, und durch diese Region strömen sowohl Sporen als auch Mediumsbestandteile. Würde in Wandnähe die Temperatur 185 [°C] erreichen und verweilten Teilchen lediglich eine Tausendstelsekunde, wäre das alleine ein Sterilisationskriterium von 55 – allerdings für das Medium eine Schädigung von nur 0,003 [%]. Das könnte bedeuten, dass die Erhöhung der Dampftemperatur eine machbare Maßnahme wäre.

Eine sinnvollere Alternative ist allerdings der Einsatz einer *Durchflusssterilisation*. Dazu werden die aus technischen Gründen maximal einstellbare Temperatur und die noch realisierbare mittlere hydrodynamische Verweilzeit τ gesucht. In der Aufgabenstellung ist die maximale Temperatur mit 145 [°C] angegeben.

Damit wird als neue Sterilisationstemperatur die höchst zulässige Temperatur mit $T_{S,k} = 145$ [°C] festgelegt. Das erforderliche Sterilisationskriterium soll dem in der Haltephase erreichten Wert gleich sein, also $S = 38{,}7$.

Für die Auslegung eines Durchflusssterilisators müssen mehrere sinnvolle Annahmen getroffen werden. So stellt sich zunächst die Frage nach den Strömungsverhältnissen. Diese müssen die Randbedingung für eine hohe Bodenstein-Zahl erfüllen können. Ein bekanntes Maß für den Turbulenzgrad ist allgemein die Reynolds-Zahl. Ein Zahlenwert von 12 000 ist aus praktischer Sicht ein angemessener Wert (vgl. Anhang C.6). Mit den Stoffdaten für die kinematische Viskosität und die Dichte lässt sich damit folgender Zusammenhang formulieren

$$\text{Re} = \frac{w \cdot d}{\nu} = 12\,000 = \frac{w \cdot d}{1{,}5 \cdot 10^{-6}} \tag{3.259}$$

Wenn der Reaktor in 1 [h] gefüllt werden soll, dann ergibt das einen Volumenstrom von 5 [m³/h].

Aus dem Sterilisationsarbeitsdiagramm (vgl. Abschn. 1.3.4 Abb. 1.8) kann gefolgert werden, dass die höchst mögliche Temperatur die günstigste für den Prozess ist. Deshalb sollte erst einmal geprüft werden, ob eine Temperatur von 145 [°C] eingestellt werden kann. Ausgehend vom geforderten Sterilisationskriterium lässt sich für den Fall einer Plug-Flow-Strömung eine Reaktionsgeschwindigkeitskonstante bestimmen. Es gilt

$$k_S = k_{0,S} \cdot \exp\left(-\frac{E_{a,S}}{R \cdot T_S}\right) = 4{,}6 \cdot 10^{40} \cdot \exp\left(-\frac{315\,000}{R \cdot 418{,}15}\right) = 20{,}5\,[\text{s}^{-1}] \tag{3.260}$$

und damit

$$S \triangleq \text{Da}_\text{I} = k_S \cdot \tau \tag{3.261}$$

Das ergibt eine erforderliche Haltezeit von

$$\tau = \frac{Da_I}{k_S} = \frac{39}{20{,}5} = 1{,}9\,[s] \tag{3.262}$$

Dies ist technisch nicht machbar. Eine Mindestzeit von 10 bis 20 [s] wäre angebracht. Wählt man den „goldenen" Mittelwert, also 15 [s], dann führt das zu einer neuen Sterilisationstemperatur. Es gilt

$$k_S = \frac{Da_I}{\tau} = \frac{39}{15} = 2{,}6\,[s^{-1}] \tag{3.263}$$

und damit für die Reaktionstemperatur

$$\begin{aligned} k_S &= k_{S,0} \cdot \exp\left(-\frac{E_{a,S}}{R \cdot T_S}\right) \\ T_S &= \frac{E_{a,S}}{R \cdot \ln\left(\frac{k_{S,0}}{k_S}\right)} = \frac{315\,000}{R \cdot \ln\left(\frac{4{,}6 \cdot 10^{40}}{2{,}6}\right)} = 408{,}83\,[K] \mathrel{\widehat{=}} 135{,}7\,[°C] \end{aligned} \tag{3.264}$$

Über die Reynolds-Zahl kommt man dann zur Strömungsgeschwindigkeit

$$\begin{aligned} Re &= 12\,000 = \frac{w \cdot d}{\nu} \\ w &= \frac{12\,000 \cdot 1{,}5 \cdot 10^{-6}}{15 \cdot 10^{-3}} = 1{,}2\,[m/s] \end{aligned} \tag{3.265}$$

Ein hoher aber realistischer Wert (siehe Anhang C.6 Faustwerte – Standardwerte – Erfahrungswerte). In Gl. (3.259) hat sich ein Wert für den Durchmesser „eingeschlichen". Dieser entspringt aber erneut einem praktischen Erfahrungswert und wurde im Einklang zum späteren Ergebnis schon abgestimmt.

Mit der berechneten Verweilzeit (gleichbedeutend mit der Sterilisationszeit t_S) von 15 [s] kommt man schließlich zur noch fehlenden geometrischen Größe, der Reaktorlänge L_R

$$L_R = w \cdot \tau = 1{,}2 \cdot 15 = 18\,[m] \tag{3.266}$$

Mit dieser Anlage kann nun das vorgegebene Sterilisationskriterium $S = 39$ erreicht werden. Es bleibt die Überprüfung des Mediumskriteriums.

Unter der Voraussetzung, dass der „Umsatz" sehr gering ist – und das sollte im Falle der Mediumsschädigung in jedem Fall zutreffen –, kann eine Reaktion 2. Ordnung auch durch eine der 1. Ordnung beschrieben werden (vgl. Tab. 3.11 und Abb. 3.37 sowie 3.38). Da dies für die Mediumsschädigung zutreffen sollte, nimmt man für die weitere Betrachtung eine Reaktion 1. Ordnung an. Damit lässt sich für das Mediumskriterium (vgl. Gl. (A.139))

$$M\% = 100 \cdot \left[1 - \left(1 + \frac{Da_{I,M\%}}{n}\right)^{-n}\right] \tag{3.267}$$

Tab. 3.9 Vergleich der verschiedenen Verfahrensvarianten hinsichtlich des Mediumskriteriums $M\%$.

	Ideale Situation, Batch-Prozess	Reale Situation bei $T_D = 140\,[°C]$	Reale Situation bei $T_D = 200\,[°C]$	Durchfluss-sterilisation
S	39	76	54	39
$M\%$	19	67	42	1,5

Man beachte! Die Damköhler-Zahl muss auf eine „Zelle" bezogen werden, weil die Verweilzeit nur ein n-tel der Gesamtverweilzeit ist.

Die Zellenzahl berechnet man aus der gegebenen Bodenstein-Zahl mit Gl. (A.129)

$$n = 1 + \frac{\text{Bo}^2}{2 \cdot \text{Bo} + 3} = 1 + \frac{50^2}{2 \cdot 50 + 3} = 25{,}27 \qquad (3.268)$$

und die Damköhler-Zahl für das Mediumskriterium über den gesamten Reaktor nach Gl. (A.138) mit Gl. (A.83b)

$$k_{M\%} = k_{0,M\%} \cdot \exp\left(-\frac{E_{a,M\%}}{R \cdot T_S}\right)$$
$$= 8{,}57 \cdot 10^9 \cdot \exp\left(-\frac{101\,000}{8{,}314 \cdot 408{,}33}\right) = 1{,}0288 \cdot 10^{-3}\,[\text{s}^{-1}]$$
$$\text{Da}_{I,M\%} = k_{M\%} \cdot \tau = 1{,}0288 \cdot 10^{-3} \cdot 15 = 0{,}0154$$

$$(3.269)$$

Damit erhält man für das Mediumskriterium

$$M\% = 100 \cdot \left[1 - \left(1 + \frac{0{,}0154}{25{,}27}\right)^{-25{,}27}\right] = 1{,}5\,[\%] \qquad (3.270)$$

Es gehen also lediglich 1,5 [%] des Thiamins durch die Sterilisation im Durchflusssterilisator verloren.

Den Vergleich der einzelnen Verfahrensvarianten soll Tab. 3.9 zeigen. Man sieht sehr deutlich, dass das bei idealer Betrachtungsweise erzielte Mediumskriterium in keinem realen Verfahren erreicht werden kann. Die Vorgabe für $S = 39$ bewirkt im idealen Fall ein $M\% = 19\,[\%]$. Bei realer Betrachtung und einer Dampftemperatur von 140 [°C] erhöht sich das Sterilisationskriterium gewaltig, allerdings wesentlich schwerwiegender auch das Mediumskriterium, man erreicht unvertretbare 67 [%]. Etwas günstiger gestaltet sich die Situation bei Anwendung einer höheren Dampftemperatur von 200 [°C]. Hier sinken die Mediumsverluste auf 42 [%]. Am günstigsten gestaltet sich allerdings die Situation beim Einsatz einer Durchflusssterilisation. Bei gefordertem Sterilisationskriterium reduzieren sich die Verluste auf absolut akzeptierbare 1,5 [%].

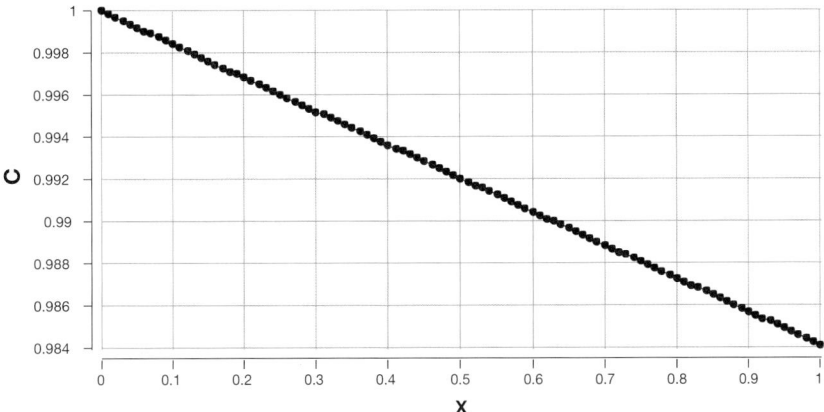

Abb. 3.36 Simulation der Verhältnisse in der Durchflusssterilisation. Am Reaktorausgang beträgt die dimensionslose Konzentration $C = 0{,}984\,113$ und das daraus ermittelte Mediumskriterium $M\% = 1{,}59$.

Diese Lösung kann auch mithilfe einer geeigneten Software, z. B. MADONNA®, gefunden werden. Dazu wird eine Differenzialbilanz erstellt und in eine dimensionslose Form überführt (vgl. Gln. (3.271) sowie (3.272)). Man erhält unter der Annahme eines stationären Zustandes, einer Reaktion 1. Ordnung sowie der Zusammenwirkung von Konvektion (w) und Diffusion (D_{ax}) den Gleichungskomplex

$$\frac{dc}{dt} = 0 = -\frac{d}{dx} \cdot \left(w \cdot c(x) - D_{ax} \cdot \frac{dc}{dx} \right) - k_{M\%} \cdot c$$

$$0 = -\frac{w \cdot L}{w \cdot c^{\alpha}} \cdot \frac{dc}{dx} + \frac{D_{ax} \cdot L}{w \cdot c^{\alpha} \cdot L} \cdot \frac{d^2 c}{dx^2} - k_{M\%} \cdot \frac{L}{w} \cdot \frac{c}{c^{\alpha}} \quad (3.271)$$

$$0 = -\frac{dC}{dX} + \frac{1}{\text{Bo}} \cdot \frac{d^2 C}{dX^2} - \text{Da}_\text{I} \cdot C$$

Durch Umformen erhält man die Bilanzgleichung für das Modell (vgl. Anhang Programm C.1)

$$C'' = -\text{Bo} \cdot (C' + \text{Da}_\text{I} \cdot C)\,[\%] \quad (3.272)$$

In Abb. 3.36 und Tab. 3.10 sind die Ergebnisse wiedergegeben. Man erkennt, dass der geringe Mediumsverlust mit $M\% = 1{,}59\,[\%]$ bestätigt wird, auch wenn der Wert nicht exakt mit dem in Gl. (3.270) übereinstimmt. Der geringe Unterschied kommt durch Auf- und Abrundungen zustande.

In Abb. 3.36 scheint der Konzentrationsverlauf einer Geraden zu entsprechen. Das ist augenscheinlich richtig, doch dieser Effekt wird dadurch bewirkt, dass in der kurzen Zeit von 15 [s] nur sehr geringe Umsätze stattfinden (vgl. Abb. 3.37 und 3.38).

Eine Gegenüberstellung von drei Reaktionsordnungen bezüglich des Mediumskriteriums für eine Reaktion 0., 1. und 2. Ordnung zeigt Tab. 3.11 und die

Tab. 3.10 Werte für den Verlauf der Kurve in Abb. 3.36. C [ohne Einheit] dimensionslose Konzentration; M [%] Mediumsverluste in [%].

X	C [–]	M [%]
0	1,000	0,000
0,1	0,998 4	0,160 01
0,2	0,996 802	0,319 774
0,3	0,995 207	0,479 282
0,4	0,993 615	0,638 535
0,5	0,992 025	0,797 533
0,6	0,990 437	0,956 277
0,7	0,988 852	1,114 77
0,8	0,987 27	1,273
0,9	0,985 69	1,430 99
1	0,984 113	1,588 72

Tab. 3.11 Vergleich verschiedener Reaktionsordnungen für das Mediumskriterium bei $T_s = 135{,}7$ [°C]. Man erkennt, dass bei kurzen Zeiten und damit kleinen Umsätzen kaum ein Unterschied bemerkbar ist.

Time [s]	M0 [%]	M1 [%]	M2 [%]
0	0	0	0
10	0,325 793	0,325 263	0,324 735
15	**1,588 090**	**1,575 62**	
50	1,628 96	1,615 77	1,602 85
100	3,257 93	3,205 43	3,155 13
150	4,886 89	4,769 4	4,659 2
200	6,515 85	6,308 11	6,117 26
250	8,144 82	7,821 95	7,531 4
300	9,773 78	9,311 33	8,903 57
350	11,402 7	10,776 7	10,235 6
400	13,031 7	12,218 3	11,529 2
450	14,660 7	13,636 6	12,786 1
500	16,289 6	15,032 1	14,007 8
550	17,918 6	16,405	15,195 7
600	19,547 6	17,755 7	16,351 3

Abb. 3.37 und 3.38. Die Unterschiede bei einer Einwirkzeit von 15 [s] sind unbedeutend. Erst bei längeren Zeiten fächern sich die Kurven auf und die Schädigung nimmt mit niedrigerer Reaktionsordnung stärker zu (vgl. Abb. 3.38).

Diese Aufgabe zeigt, dass die physikalische Betrachtung des Sterilisationsablaufes eine hohe Sensibilität des Systems an den Tag legt und es demnach sehr

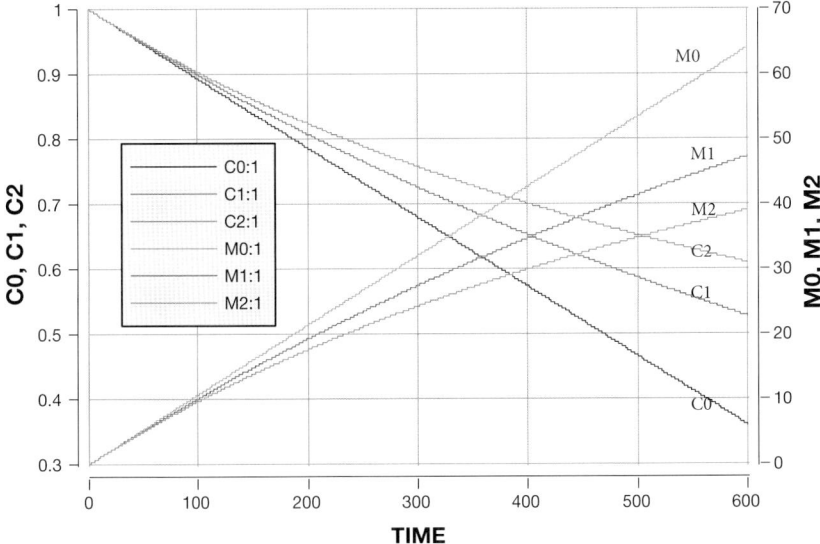

Abb. 3.37 Darstellung der dimensionslosen Konzentration $C = c/c_0$ und des Mediumskriteriums bei $T_s = 135{,}7$ [°C] über einen Zeitraum von 600 [s] (10 [min]) für die Reaktionsordnungen 0, 1 und 2. Man erkennt, dass Unterschiede erst ab etwa 200 [s] auftreten, also bei kleinen Umsätzen kaum Unterschiede registriert werden.

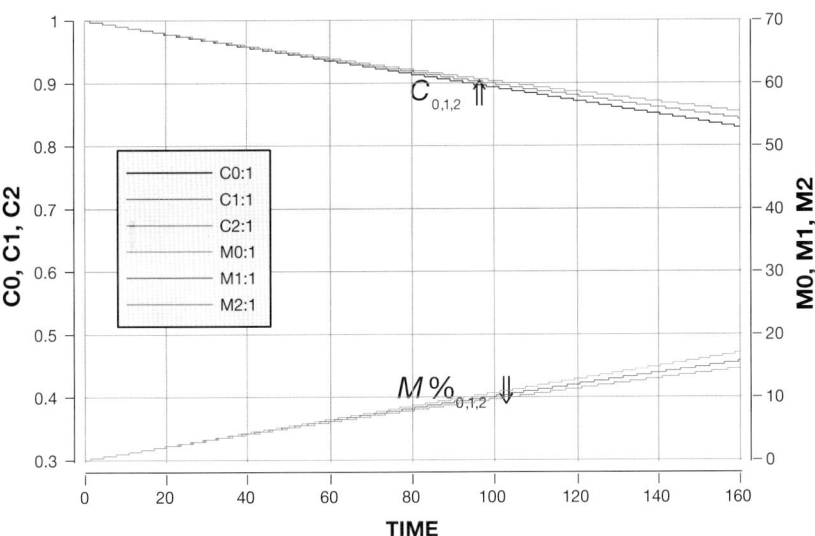

Abb. 3.38 Darstellung der dimensionslosen Konzentration $C = c/c_0$ und des Mediumskriteriums bei $T_s = 135{,}7$ [°C] über einen Zeitraum von 160 [s] für die Reaktionsordnungen 0, 1 und 2. Hier wird deutlich, dass die Berechnungen ohne Weiteres statt mit Reaktion 2. Ordnung auch mit 1. Ordnung durchgeführt werden können, sofern der Umsatz geringer als 5 [%] ist.

aufwendig erscheint, einen optimalen Sterilisationsprozess auszulegen. Dennoch könnte sich der Aufwand von Mal zu Mal doch „lohnen". Die etablierten Bedingungen von 121 [°C] und 20 [min] sollten zumindest als kritisch eingestuft werden!

3.5
Messtechnische Effekte

3.5.1
Bewertung des Sauerstoffsignals und Bestimmung des Henry-Koeffizienten

Die gängigen Methoden (elektrochemisch, optisch) zur Bestimmung der Sauerstoffkonzentration im Medium setzen eine Kalibrierung bei definierten Bedingungen voraus. Dazu zählen der Gaszustand, insbesondere der Sauerstoffanteil, der Druck bzw. die Partialdrücke, die Temperatur und die Mediumszusammensetzung, weil diese die physikalische Löslichkeit des Sauerstoffs im vorliegenden Medium festlegen. Und die gemeldeten Signale danach, also während des Prozesses, beziehen sich dann auf diese Kalibrierbedingungen. Das gilt im besonderen Maße für den Partialdruck des Sauerstoffs in der Gasphase (aus der das Medium den Sauerstoff bezieht) und die Mediumszusammensetzung.

In der Regel ist der Partialdruck des Sauerstoffs gut zugänglich. Bei vollkommener Durchmischung entspricht der Wert des Molenbruchs dem im Abgas. Was aber kaum messtechnisch inline verfolgbar ist, ist die komplette Mediumszusammensetzung, insbesondere von Salzkomponenten. Diese beeinflussen die Löslichkeit mehr oder weniger stark. Da aber das DO-Signal sich immer nur auf den während der Kalibrierung herrschenden Partialdruck bezieht, geht der Überblick über die augenblicklichen Lösungsverhältnisse buchstäblich verloren. Man müsste den Verlauf des Löslichkeitsverhaltens während einer Fermentation verfolgen können!

Aufgabenstellung

Die Kenntnis, dass die Sauerstoffsonde immer nur die Annäherung an den während der Kalibrierung vorherrschenden Sättigungswert erkennt, lässt folgendes Gedankenspiel zu.

Nimmt man zunächst ein Medium 1, z. B. Wasser, und sättigt dieses mit Luftsauerstoff, stellt dazu den Wert DO = 100 [%] ein und mischt dann in ein vorgelegtes, komplett sauerstofffreies Medium 2 mit gleichem Volumen das Medium 1 unter, so beobachtet man den resultierenden DO_1.

Hätten beide Medien dasselbe Lösungsverhalten zu Sauerstoff, so sollte der $DO_1 = 50\,[\%]$ sein. Weicht die Anzeige von 50 [%] ab, so ist das Lösungsverhalten der Medien unterschiedlich. Wird das Prozedere in umgekehrter Reihenfolge durchgeführt, so erhält man einen zweiten DO-Wert (DO_2).

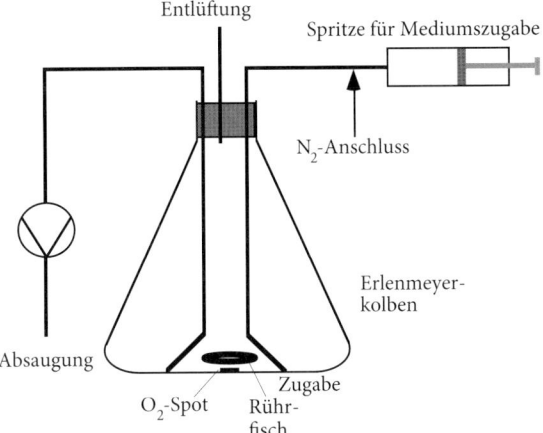

Abb. 3.39 Apparatur zur Bestimmung des Henry-Koeffizienten. In einen Kolben mit Rührfisch (nicht im Bild) wird entgastes (DO = 0 [%]) Medium 2 mit unbekanntem Henry-Koeffizienten vorgelegt und anschließend gesättigtes (DO = 100 [%]) Medium 1 mit bekanntem Henry-Koeffizienten (z. B. Wasser) untergemischt. Im zweiten Durchgang dreht man die Reihenfolge um und erhält zwei DO-Werte. Der DO wird über einen Sauerstoffspot (z. B. Presens) optisch gemessen. Über eine Spritze können die Medien zugegeben werden. Ein Stickstoffanschluss ermöglicht die Überlagerung mit inertem Gas, über eine Pumpe können die Medien wieder entfernt werden.

Ist nun der Henry-Koeffizient eines der beiden Medien bekannt, dann ließe sich der des anderen bestimmen.

Die Aufgabe besteht darin, den Henry-Koeffizient für das Medium 2 zu ermitteln, wenn er für das Medium 1 mit 830 [bar · L/mol] bekannt ist. Für die erste Abschätzung kann von idealen Bedingungen in der Messapparatur ausgegangen werden, d. h., es findet außer den beiden Medien kein weiterer Austausch von Sauerstoff statt.

Die Messungen wurden in der Anordnung, wie in Abb. 3.39 dargestellt, durchgeführt. Mit den in Abb. 3.39 ersichtlichen Angaben lassen sich Informationen gewinnen, die eine exaktere Bestimmung ermöglichen. Es wurden im ersten Versuch im stationären Zustand $DO_1 = 51$ [%] und im zweiten Versuch $DO_2 = 34$ [%] bei einem Luftdruck ($Y_{O_2} = 0{,}21$) von 1013 [mbar] und einer Temperatur von 28,5 [°C] bestimmt.

Welche Konzentrationen in [g/L] liegen bei den beiden DO-Werten vor? Wie würden sich die Anzeigen tendenziell verändern, wenn man eine große Menge Ammoniumsulfat (z. B. 100 [g/L]) hinzufügen würde? Eine Begründung der Bewertung wäre sehr zu empfehlen. Des Weiteren wird die Sättigungskonzentration in [g/L] bei den angegebenen Bedingungen gesucht, also die Konzentration an der Phasengrenze bei konstantem Partialdruck des Sauerstoffs in der Gasphase

Für die detailliertere Ermittlung des Henry-Koeffizienten stehen neben der Abbildung auch noch folgende Daten zur Verfügung:

k_L-Wert durch die lam. GS PGL-LPK	$3{,}39 \cdot 10^{-5}$ [m·s^{-1}] ($D_{O_2,L}/\delta_L = 10^{-9}/10^{-3}$)
$k_{L,S}$-Wert durch die lam. GS L-S	6,23 [m/s] ($D_{O_2,L}/\delta_L = 10^{-9}/10^{-1}$)
D_{O_2/N_2}-Wert im Röhrchen	$4{,}13 \cdot 10^{-7}$ [m²/s]
Entlüftungsröhrchenlänge	90 [mm]
Durchmesser Entlüftungsröhrchen	4 [mm]
Durchmesser an Flüssigkeitsoberfläche	75,5 [mm]
Durchmesser des Spots	4 [mm]
V_L – Liquidvolumen	100 [mL]
V_G – Gasvolumen	260 [mL]

Lösungsweg

Gegebene Größen: gleiche Volumenanteile; $DO_1 = 51$ [%]; $DO_2 = 34$ [%]; $H_1 = 830$ [(bar·L)/mol]; $p = 1013$ [mbar]; $Y_{O_2} = 0{,}21$; $T = 28{,}5$ [°C]; Abmessungen der Versuchsapparatur sowie physikalische Daten für Stofftransport siehe Text.

Aufgabenstellung (gesuchte Größen): H_2 [bar·L/mol]; $c^*_{1,L}$ [mmol/L]; $c^*_{2,L}$ [mmol/L]; Interpretation des Henry-Koeffizienten; reale Werte für DO_1 und DO_2 und Überprüfung des Henry-Koeffizienten.

Die weiteren Lösungsschritte werden in **Lösungsebene 1** gegangen.

3.5.2
Onlinebestimmung von Milchsäure

Für eine ausreichend gute Prozessbeobachtung und eine gute Prozessführung sind Mess- und Analysentechniken unumgänglich. Man kennt dazu drei Ebenen der Mess- und Analysentechnik, die Inline-, die Online- und die Offlineebene [1, 2]. Die Inlineebene verspricht die schnellste Antwort über einen zu beobachtenden Messwert, die Onlinegeräte ziehen die Probe selbst und verarbeiten sie vor Ort, um ein Signal zu gewinnen, während man bei der Offlineebene die vor Ort gezogene Probe in einem Labor auswertet. Die Phasenverschiebung zur Aktualität ist beim Inlineverfahren die kürzeste, man erhält also Werte, die sehr nahe am Istzustand sind. Das ermöglicht auch noch einen Eingriff in das Geschehen. Typische Messungen dieses Typs sind dabei die Temperatur, der Druck, Standmessungen, pH-Messung und Sauerstoffmessung. Inlinemessungen, die einer Analytik gleichkämen, sind nicht so viele verfügbar, am ehesten noch eine Glucosesonde. Die Offline-Sonden sind dagegen schon merklich zeitverschoben, weil sie automatisiert dieselbe Nasschemie benutzen (z. B. Autoanalyser, Flow-Injection-Analyser, FIA), um zum Ziel zu kommen. Die Zeitverschiebung erreicht bei der Offlineanalytik die größten Werte und ist meist nur noch zur Erklärung oder zur Dokumentation bestimmter Zusammenhänge verwendbar.

In einem rauen Produktionsbetrieb müssen die technischen Systeme der In- und Onlineebene auch ausreichend gut dem täglichen Betrieb standhalten, sie müs-

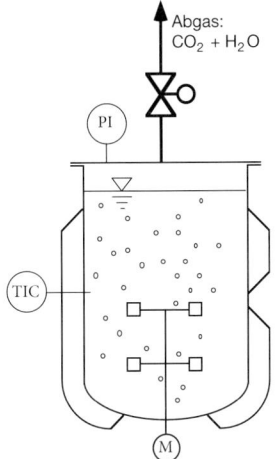

Abb. 3.40 Milchsäurebioreaktor mit der verfügbaren MSR und einem Teil der Verrohrung. Die anaerobe Fermentation benötigt keinen Sauerstoff, also muss der Reaktor auch nicht begast werden. Das entstehende Abgas setzt sich ausschließlich aus flüchtigen Komponenten der Kulturbrühe zusammen, überwiegend aus Kohlendioxid und einem Wasseranteil, der dem Sättigungswert entspricht. Zur Messung wird das Ventil für einen Zeitraum Δt_2 geschlossen und der Druckanstieg registriert. Die Messung wurde alle 2 [h] durchgeführt (vgl. Tab. 3.12).

sen also robust sein. Dieser Anforderung können viele Analysengeräte nicht immer gerecht werden, so ist man dann heilfroh, auch über eine einfache Messtechnik zu einer komplexeren Aussage zu gelangen.

Aufgabenstellung

Das Produkt „Milchsäure" wird in einem Blasensäulenreaktor (Gärbottich) hergestellt. Der Reaktor hat ein Bruttovolumen von 5 [m^3], einen Schlankheitsgrad von 3,0 und das Flüssigreaktionsvolumen nimmt 70 [%] des Bruttovolumens ein. Über eine einfache Messtechnik und bei Kenntnis der stöchiometrischen Zusammenhänge lässt sich eine „Milchsäureanalytik" etablieren. Dafür stehen ein obligates Manometer mit einer Messgenauigkeit von $\pm 1{,}0$ [mbar], die ebenfalls vorhandene Temperaturregelung für $T_F = 40 \pm 0{,}1$ [°C], ein Ventil (Kugelhahn) in der Abgasleitung und die Kenntnis zur Verfügung, dass außer das mit Wasser beladene Kohlendioxid keine weitere Komponente im Abgas vorhanden ist (vgl. Abb. 3.40 und Gl. (3.273)).

Um den pH-Wert konstant zu halten, wird Calciumcarbonat vorgelegt, das ständig mit der entstehenden Milchsäure zu Calciumlactat nach folgender Gleichung reagiert

$$2\underbrace{CH_3-CH(OH)-COOH}_{(2\times 90)} + \underbrace{CaCO_3}_{(100)} \rightarrow \underbrace{Ca-(CH_3-CH(OH)-CO_2)_2}_{(218)}$$

$$+ \underbrace{CO_2}_{(44)} + \underbrace{H_2O}_{(18)} \quad (3.273)$$

Auch wenn bei der Reaktion Wasser entsteht, aber andererseits Wasser mit dem Abgas ausgetragen wird, kann von einem konstanten Flüssigkeitsvolumen ausgegangen werden.

Tab. 3.12 Messwerte für den Druckanstieg bei verschlossenem Abgasventil (vgl. Abb. 3.40 innerhalb eines Δt_2 von 20 [min] in den Zeitabständen Δt_1 von 2 [h]).

Zeit [h]	Δt_1 [h]	Δp [mbar/Δt_2]
0	2	0
2	2	6
4	2	222
6	2	264
8	2	216
10	2	198
12	2	180
14	2	162
16	2	150
18	2	132
20	2	120
22	2	102
24	2	90
26	2	72
28	2	60
30	2	42
32	2	24
34	2	15
36	2	7
38	2	3
40	2	0

Mit den genannten Möglichkeiten soll nun eine „Milchsäureanalytik" etabliert werden. Die Messwerte aus Tab. 3.12 sind das Ergebnis der Druckmessungen und dabei behilflich, entsprechende Konzentrationen für die Milchsäure zu ermitteln. Die Messung wurde alle 2 [h] in einem Zeitraum von 20 [min] durchgeführt. Der Messzeitraum Δt_2 sollte so gewählt werden, dass der Druckanstieg in den sinnvollen Messbereich des Druckaufnehmers gelangt, aber auch nicht zu hoch gerät, weil aufgrund der guten Löslichkeit des Kohlendioxids eine Verfälschung des Messwertes folgen würde.

Welche Raumzeitausbeute in [g/L/h] und welcher Verlauf der Milchsäurekonzentrationsentwicklung in [g/L] lässt sich daraus ableiten? Dabei kann zunächst mit einem „trockenen" Abgas und der idealen Gasgleichung gerechnet werden.

Außerdem ist man damit auch noch in der Lage, die *Leistungsdichte* (Energiedissipation) [W/m³], die dieser Bioreaktor zusätzlich durch die Selbstbegasung aufbringt, zu bestimmen, wenn die Dichte des Mediums 1130 [kg/m³] beträgt und eine vollständige Homogenität aller Phasen vorausgesetzt wird. Eine Abschätzung der Rührwerksleistung soll zeigen, welchen Anteil der pneumatische Leistungseintrag darstellt.

Es wäre noch ganz interessant eine Fehlerabschätzung durchzuführen, die aufgrund der Verwendung der realen Gasgleichung und feuchtem Abgas verursacht wird.

Gegebene Größen: $V_{R,B} = 5{,}0\,[\text{m}^3]$; $V_{R,L} = 0{,}7 \cdot V_{R,B}$; $f_S = 3{,}0$; Stöchiometrie (Gl. (3.273)); Wertetabelle 3.12; $\rho_L = 1130\,[\text{g/L}]$; $T_{CO_2,\text{krit}} = 304{,}18\,[\text{K}]$; $p_{CO_2,\text{krit}} = 75{,}27\,[\text{bar}]$.

Gesuchte Größen: $c_{MS}(t)$ [g/L]; c_{MS}(Ende) [g/L]; RZA [g/L/h]; ε_G [W/m³]; Situation bei idealen und realen Verhältnissen (inklusive Wasserbeladung).

Der bekannte Einstieg in die Lösungsschleife ist die Frage nach einem mathematischen Zusammenhang zur gesuchten Größe. Die entsprechende Gleichung kann aus der Basisgleichung für die Leistungsberechnung abgeleitet oder aber der Formelsammlung entnommen werden. In der **Lösungsebene 1**, Abschn. 3.5.2 wird dieser Ansatz entwickelt.

3.5.3
Bestimmung eines Limitierungszustandes für Sauerstoff

In der biotechnologischen Praxis begegnet man des Öfteren runzelnden Stirnflächen, die auf einen fragenden Operator hinweisen, der wieder einmal die mangelnde Sauerstoffversorgung als scheinbar anders nicht zu erklärendes Zustandekommen des ungünstigen Zustandes eines Fermentationsprozesses deutet: „Wohl wieder einmal eine Sauerstofflimitierung?" … ist meist die lapidare Schlussfolgerung! Doch die Beweisführung bleibt aufgrund fehlender Bewertungsmöglichkeiten meist aus und so verwundert es nicht, wenn man in der Praxis bestimmte Zahlenwerte für den Gelöstsauerstoffgehalt als untere Grenze festlegt. Diese Werte entstammen häufig gefühlsgesteuerten Erfahrungswerten. Wie schön wäre es da, wenn doch eine Möglichkeit bestünde, die augenblickliche Situation hinsichtlich Sauerstoffgehalt wissenschaftlich bewerten zu können. Eine mögliche Methode soll in der nachfolgenden Aufgabenstellung bearbeitet werden.

Aufgabenstellung
Eine Fermentation mit hohem Sauerstoffbedarf läuft im Steady State bei OTR = OUR. Das konstant verlaufende Sauerstoffsignal hat einen Wert von 26,4 [%] erreicht. Dem Betreiber stellt sich die Frage, ob bei diesen Bedingungen die Sauerstoffversorgung ausreichend ist, also auch OUR = ODR gilt, oder ob eine Limitierung vorliegt, also OUR < ODR, d. h. der Sauerstoffbedarf nicht gedeckt ist.

Die Fermentation läuft in einem 25-m³-Flüssigkeitsvolumen Rührwerksbioreaktor mit variabler Drehzahleinstellung. Der Drehzahlbereich ist zwischen 75 und 200 [upm] stufenlos einstellbar. Der Reaktor weist einen Schlankheitsgrad von 2,0 auf und das Rührwerk ein Rührerdurchmesserverhältnis von 0,4. Es wird ein zweistufiges Scheibenrührwerk (Ruston-Turbine) eingesetzt mit einer Newton-Zahl

Tab. 3.13 Zusammenstellung der eingestellten und gemessenen Parameter zu Ermittlung des Status hinsichtlich Sauerstoffversorgung.

Lfd. Nr.	n [upm]	DO [%]	$Y_{O_2}^{\omega}$
1	90	26,4	0,145
2	120	35,3	0,150
3	125	36,3	0,150

von 7,2 (unbegast). Die Fermentationstemperatur ist auf 40 [°C] eingestellt. Die Dichte des Mediums wird mit 1,15 [kg/L] angegeben. Die Fermentation läuft bei einem Leistungseintrag im Betrieb ohne Begasung von 1,0 [W/kg], mit einer Begasungsrate von 0,5 [vvm] und einem Kopfraumdruck von 1,5 [bar].

Die wichtige Frage, ob für die Einstellungen und die daraus resultierenden Parameter das biologische System bezüglich der Sauerstoffversorgung im Gleichgewicht steht oder aber eine Limitierung vorliegt, steht nun als Aufgabe im Raum.

Dazu wird folgende Vorgehensweise vorgeschlagen: Als veränderlicher Parameter wird einzig und allein die Drehzahl verwendet, weil man damit weniger Veränderungen im physikalischen System bewirkt als das der Fall bei Hinzunehmen des zweiten frei verfügbaren Parameters, der Begasungsrate, wäre.

Man beginnt mit der Drehzahl n_1 und fährt dann gemäß Tab. 3.13 fort. Die Startdrehzahl ergibt im unbegasten Zustand die Leistungsdichte von 1,0 [W/kg]. Gemessen werden die Sauerstoffgelöstkonzentration mittels Clark-Elektrode und die Abgaskonzentration des Sauerstoffs (Molenbruch mittels paramagnetischer Messung [1], siehe Tab. 3.13).

Im relativ kurzen Zeitraum der Versuchsdurchführung kann die Bodenstein'sche Quasistationaritätsbedingung (vgl. Vorwort und Abschn. 3.6.5) angewandt werden. Das bedeutet, das relativ langsame Wachstum der Zellen (lange Zeitkonstante der Zellzahlveränderung) kann im Vergleich zur Zeitkonstanten der Umgebung (Stofftransportvorgänge) vernachlässigt werden. Demnach gilt: $dX/dt \approx 0$.

Was sagen die gemessenen Werte bezüglich der Situation hinsichtlich Sauerstoffversorgung bei den einzelnen Einstellungen der Drehzahl aus? Was würde man als nächsten Schritt vorschlagen? Und wie ist das Verhalten des DO-Wertes eventuell für eine Aussage zur „laminaren Grenzschicht" um die Zellen zu interpretieren?

Lösungsweg

Gegebene Größen: $V_{R,L} = 25\,000$ [L]; $T_F = 40$ [°C]; $\varepsilon_{R,b} = 1,0$ [W/kg]; $f_S = 2,0$; $f_R = 0,40$; $q = 0,5$ [vvm]; $p^{\omega} = 1,5$ [bar]; $Ne_0 = 7,2$; DO $= 34,5$ [%] $=$ const.; Drehzahlbereich: $n_0 = 75$ bis 220 [upm]; $\rho_L = 1,15$ [kg/L].

Gesuchte Größen: Drehzahl bei Normalbetrieb, Aussage OUR $\leq$ ODR, Beurteilung der Situation, spezifischer Sauerstoffbedarf, Drehzahl für OTR = OUR = ODR, Vorschlag für Bestimmung der lam. GS.

Zunächst empfiehlt es sich, mithilfe der gegebenen Daten die Abmessungen des Reaktors zu bestimmen, um damit auch an die Gasleerrohrgeschwindigkeit zu kommen. Mit dieser und einem geeigneten Reaktorleistungsfaktor F_{RR} (reaktortypbezogen, STR = 490 [1]) lässt sich schließlich auch die Leistungsdichte im begasten Zustand ermitteln. Jetzt wäre der Weg frei, die zur angegebenen Leistungsdichte gehörende Drehzahl zu bestimmen, woraus sich die weiteren zwei Drehzahlen ergeben. Damit soll die Sauerstoffsituation OTR – OUR – ODR beleuchtet werden. Da man in der Regeln die ODR nicht kennt, möchte man natürlich wissen, ob eine Limitierung vorliegt. Dazu werden dann verschiedene Drehzahlen eingestellt und der resultierende DO bewertet.

Es liegt in der Natur der Sache, dass sich in einem quasistationären Zustand (Zeitkonstante des Zellwachstums ≪ Änderungen in der Umgebung, vgl. Vorwort), dass OTR = OUR sein muss, denn was reingeht (OTR) muss auch aufgenommen (OUR) werden, sonst nix Gleichgewicht! Dies lässt sich an DO = const. erkennen. Ob aber ODR = OUR erfüllt ist, lässt sich spontan nicht feststellen.

Anhand eines Beispiels aus Tab. 3.13 und 3.17, beginnend mit der Drehzahl $n_1 = 90$ [upm], sollte diese Betrachtung durchgeführt werden. Die zur Bewertung heranzuziehenden Zahlenwerte für die OTR erhält man aus einer Gasbilanz mit den gemessenen Werten für $Y_{O_2}^{\omega}$ und $Y_{CO_2}^{\omega}$ sowie den bekannten, weil gegebenen Werten für $Y_{O_2}^{\alpha}$, $Y_{CO_2}^{\alpha}$ die Begasungsrate q, die Fermentationstemperatur T_F und den Druck im Kopfraum p^{ω}.

Mithilfe der gegebenen Daten lässt sich diese Situation z. B. mit einem Tabellenkalkulationsprogramm (z. B. Excel) simulieren (vgl. **Lösungsebene 2**).

Mit diesen Vorbemerkungen kann man nun in die erste Hauptebene des Lösungsweges einbiegen. Dazu mehr in der **Lösungsebene 1**.

3.5.4
Leistungsberechnung

> Einer der wichtigsten Größen für die Beurteilung der Verwendbarkeit eines Reaktors ist der Leistungseintrag [W] oder noch besser, die massenbezogene erreichbare Leistungsdichte [W/kg]. Da die üblichen Messtechniken zur Bestimmung der eingetragenen Leistung in der Regel sehr teuer sind und nicht immer den robusten Verhältnissen in einem Produktionsbetrieb gewachsen sind, ist die Methode der Wärmebilanzierung sehr willkommen und in jedem Maßstab mit vorhandenen Temperaturmessungen durchführbar (vgl. Abschn. 1.1).

3.5.4.1 Bestimmung der Newton-Zahl

Um die Newton-Zahl eines Rührwerks in einem Bioreaktor zu ermitteln soll die Wärmebilanzmethode angewandt werden. Dazu wird der Bioreaktor mit 15 000 [L] Wasser gefüllt und auf 2 [°C] unter Raumtemperatur temperiert.

Anschließend wird die Temperierung ausgeschaltet und das Rührwerk mit einer Drehzahl von 75 [upm] gestartet. Das Rührwerk wird konstant solange betrieben, bis die Wassertemperatur 2 [°C] über der Raumtemperatur liegt. Die gestoppte Zeit für diesen linear verlaufenden Vorgang beträgt 7,5 [h].

Der Reaktor hat bezogen auf die Wasserfüllung einen Schlankheitsgrad von 2,0 und ein Rührerdurchmesserverhältnis von 0,45. Die Wärmekapazität von Wasser beträgt 4,2 [kJ/kg/K] bei einer Dichte von 0,98 [kg/L] und die dynamische Viskosität 10^{-3} [Pa · s].

Für die Bilanzierung braucht nur die Wassermasse berücksichtigt zu werden, und es wird weder Medium zu- noch abgeführt, die Umgebungstemperatur beträgt 23 [°C] und bleibt konstant.

Wie ist das Ergebnis einzustufen? Um welchen Rührertyp (Aufgabenzuordnung) könnte es sich handeln? Ein kurzer Kommentar ist angebracht!

Eine Skizze des kompletten Ne-Re-Diagrammes und die Markierung des gefundenen Punktes ist erwünscht!

Hinweise und Tipps
- Es kann ein linearer Verlauf der Temperatur angenommen werden.
- Eine oder auch zwei Skizzen helfen auch in diesem Fall!

Lösungsweg
Gegebene Größen: $V_{R,L} = 15\,000$ [L], $T_R = 23$ [°C], $T_1 = T_R + 2$ [°C], $T_0 = T_R$ 2 [°C], $n = 75$ [upm], $f_S = 2,0$, $f_R = 0,45$, $c_p = 4,2$ [kJ/(kg · K)], $\rho_L = 0,98$ [kg/L], $\eta = 10^{-3}$ [Pa · s].
Gesuchte Größen: Ne_0, Kommentar, Rührertyp, Aufgabenspektrum.

Eine Skizze sollte am Beginn der Überlegungen stehen. Je detaillierter die Skizze die Situation widerspiegelt, desto besser ist der Überblick und auch die Chance, einen gezielten Einstieg in den Lösungsweg zu finden.

In der Skizze (Abb. 3.41) ist der Temperaturverlauf zum einen als ideal steigende Gerade mit einer konstanten Steigung dT/dt eingezeichnet, zum anderen als Kurve. Die Kurve entspricht eher der Praxis. Um diese dann zur Ermittlung des Leistungseintrags und damit der Newton-Zahl verwenden zu können, braucht man die Funktion $T_1 = f(t)$. Dann kann man nach der Differenzialmethode die Berechnungen in gleicher Art und Weise durchführen, also hätte man eine Gerade mit gleichbleibender Steigung vorliegen. Hat man ein Tabellenkalkulationsprogramm, dann kann man sich z. B. ein Polynom ausgeben lassen und damit im Schnittpunkt die Steigung berechnen (vgl. Abschn. 1.1 [5]).

Da auch die Außentemperatur in der Praxis selten eine ideale Gerade ergeben und auch kaum konstant bleiben wird, hat man hier ebenfalls einen mehr oder weniger stochastischen Kurvenverlauf zu erwarten. Doch die Kenntnis der Funktion $T_u = f(t)$ ist bei Anwendung der Differenzialmethode nicht notwendig. Es genügt den Schnittpunkt zu haben, der muss allerdings auftreten!

Für die Aufgabenstellung sei die vereinfachte Form gewählt!

Der bekannte Einstieg in die Lösungsschleife ist die Frage nach einem mathematischen Zusammenhang zur gesuchten Größe. Die entsprechende Gleichung kann aus der Basisgleichung für die Leistungsberechnung abgeleitet oder aber der

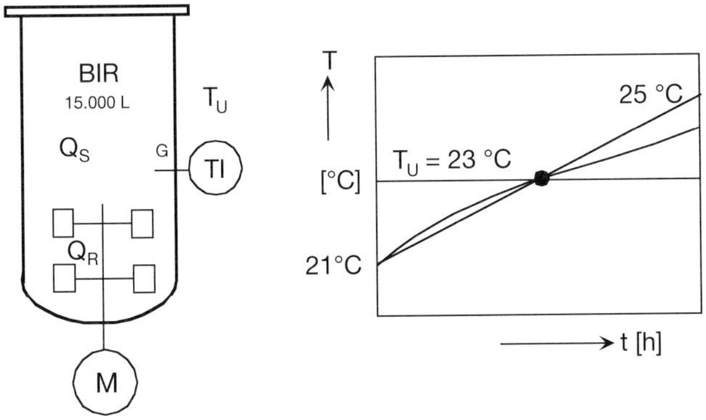

Abb. 3.41 Darstellung der Situation, wie sie von der Aufgabenstellung verlangt wird. Der Reaktor wird mit Wasser gefüllt und auf eine Temperatur 2 [°C] unterhalb der Raumtemperatur eingestellt. Dann werden alle Wärmequellen und -senken abgekoppelt, das Rührwerk eingeschaltet und der Temperaturanstieg im Inneren verfolgt.

Formelsammlung entnommen werden. In Abschn. 3.5.4.1 (**Lösungsebene 1**) wird dieser Ansatz entwickelt.

3.5.5
Lösungsebene 1 zu Abschn. 3.5.1 bis 3.5.4

Lösungsebene 1 zu Abschn. 3.5.1 *Bewertung des Sauerstoffsignals und Bestimmung des Henry-Koeffizienten*

Der Ablauf der Kalibrierung lässt sich wie folgt interpretieren.

Nach der Nullpunktseinstellung (das Medium ist vollkommen sauerstofffrei) wird das Medium mit dem Betriebsgas (gleicher Sauerstoffanteil) in Kontakt gebracht, der DO-Wert steigt von 0 [%] auf einen maximalen Wert an. Bleibt dieser Wert konstant, wird er zu DO = 100 [%] erklärt. Wie viel mg/L dabei in Lösung sind, weiß man in der Regel nicht genau. Dazu ist die Kenntnis des Henry-Koeffizienten vonnöten. Verschlechtert sich im Laufe des Betriebs das Lösungsverhalten (Veränderungen im Medium), dann wird dieser Wert nie wieder erreicht, auch wenn der augenblicklich erreichbare Sättigungswert erreicht ist.

Mischt man nun zwei Medien mit gleichem Lösungsverhalten und gleichen Volumenanteilen zusammen, wobei ein Medium gesättigt und das andere vollkommen frei ist, so sollte die Anzeige DO = 50 [%] sein. Ist hingegen die Löslichkeit in dem gesättigten Medium höher, so erwartet man DO > 50 [%] und umgekehrt.

Mit dieser Vorbetrachtung kann nun der Henry-Koeffizient für das Medium 2 bestimmt werden. Für das Medium 1 (z. B. Wasser) ist der Henry-Koeffizient bei 28,5 [°C] bekannt. Er beträgt 830 [bar · L/mol], und zusammen mit den abgelesenen DO-Werten im scheinbar stationären Zustand $DO_1 = 51\,[\%]$ bzw. $DO_2 = 34\,[\%]$ erhält man

$$H_2 = H_1 \cdot \frac{DO_1}{DO_2} = 830 \cdot \frac{51}{34} = 1245 \left[\frac{\text{bar} \cdot \text{L}}{\text{mol}}\right] \quad (3.274)$$

Damit sind beide Henry-Koeffizienten bekannt und man kann die Sättigungskonzentrationen berechnen. Man erhält für das Medium 1

$$c^*_{1,L} = \frac{p \cdot Y_{O_2}}{H_1} = \frac{1{,}013 \cdot 0{,}21}{830} \cdot 1000 = 0{,}256 \left[\frac{\text{mmol}}{\text{L}}\right] \qquad (3.275)$$

sowie für das Medium 2

$$c^*_{2,L} = \frac{p \cdot Y_{O_2}}{H_2} = \frac{1{,}013 \cdot 0{,}21}{1245} \cdot 1000 = 0{,}171 \left[\frac{\text{mmol}}{\text{L}}\right] \qquad (3.276)$$

Interpretation des Henry-Koeffizienten

Der Henry-Koeffizient sagt aus, mit welchem Partialdruck das flüssige Medium überlagert werden muss, um 1 [mol/L] der entsprechenden Gaskomponente maximal in Lösung zu bringen. Für Medium 1 wären das 830 [bar] und für das Medium 2 wegen der schlechteren Löslichkeit sogar 1245 [bar].

Diese Konzentration von 1 [mol/L] ist natürlich enorm hoch. Bei Normaldruck, 25 [°C] und Luft ($Y_{O_2} = 0{,}21$) gehen z. B. in Wasser etwa 9 [mg/L] bzw. 0,28 [mmol/L] in Lösung, also nur 1/3570.

Die noch offene Frage ist, ob man mit den bestimmten DO-Werten im quasistationären Zustand keinen zu großen Fehler macht, weil bis dahin mehrere dynamische Abläufe vonstatten gehen und die eigentlichen Werte direkt nach der Vermischung beider Medien nicht bekannt sind. Sie sind messtechnisch nicht zugänglich.

Dazu muss man sich z. B. einer Modellierung bedienen, mit der diese dynamischen Abläufe beschrieben werden können. Eine mögliche Vorgehensweise ist in **Lösungsebene 2** vorgestellt.

Lösungsebene 1 zu Abschn. 3.5.2 *Onlinebestimmung von Milchsäure*

Wie man aus der stöchiometrischen Gl. (3.273) erkennen kann, geht das Verschwinden von 2 [Mol] Milchsäure mit der Entstehung von 1 [Mol] Kohlendioxid einher, und da außer Kohlendioxid keine weitere Komponente im Abgas vorliegt (der Wasserdampfanteil soll zunächst unterschlagen werden!), kann über den Abgasvolumenstrom die entstandene Milchsäure bestimmt werden. Dazu muss der Abgasstrom gemessen werden. Erscheint dies zu aufwendig (weil auch teuer), so kann man die freigesetzte Gasmenge über den Druckanstieg bestimmen. Dazu schließt man in der Abgasleitung den Kugelhahn. Dadurch steigt der Druck im Reaktor an. Diesen misst man im einfachsten Fall mit einem Manometer. Ist diese Messung im Genauigkeitsbereich von ±1 [mbar], dann lässt man den Kugelhahn so lange geschlossen, bis ein Druckanstieg von mindestens 100 [mbar] erreicht ist. Danach kann man diese Messung mittels der idealen Gasgleichung in einen Molenstrom für das Kohlendioxid umrechnen. Die ideale Gasgleichung (A.124) lautet

$$p \cdot V = n \cdot R \cdot T \qquad (3.277)$$

Stellt man Gl. (3.277) nach der während der Messung in der Messzeit von $\Delta t_2 = 20$ min entstandenen Molmenge an Kohlendioxid um, so erhält man

$$\Delta n_{CO_2,i} = \frac{\Delta p_i \cdot V_G \cdot 100}{R \cdot (273{,}15 + T)} \; [\text{mol}_{CO_2}] \tag{3.278}$$

Mithilfe der Stöchiometrie nach Gl. (3.273) und der Molmasse von Milchsäure kann Gl. (3.278) direkt in die Gl. (3.279) zur Berechnung der entstandenen Masse an Milchsäure

$$\Delta m_{MS,i} = \frac{\nu_{MS}}{\nu_{CO_2}} \cdot \Delta n_{CO_2,i} \cdot M_{MS} \; [\text{g}_{MS}] \tag{3.279}$$

überführt werden.

Bezieht man diesen Wert noch auf das Reaktionsvolumen und die Messzeit, so erhält man die Raum-Zeit-Ausbeute

$$\text{RZA}_i = \frac{\Delta m_{MS,i} \cdot 60 \cdot}{V_{R,L} \cdot \Delta t_2 \cdot 10^3} \; [\text{g/L/h}] \tag{3.280}$$

Tab. 3.14 Aus den gegebenen Messwerten aus Tab. 3.12 wurden die mittleren Werte im Zweistundenabstand nach den Gln. (3.278) bis (3.282) berechnet.

Zeit [h]	RZA$_i$ [g/L/h]	$c_{MS,i}$ [g/L]
0	0,00	0,00
2	0,05	0,05
4	1,97	2,08
6	2,35	6,40
8	1,92	10,67
10	1,76	14,35
12	1,60	17,71
14	1,44	20,75
16	1,33	23,52
18	1,17	26,03
20	1,07	28,27
22	0,91	30,24
24	0,80	31,95
26	0,64	33,39
28	0,53	34,56
30	0,37	35,47
32	0,21	36,05
34	0,13	36,40
36	0,06	36,60
38	0,03	36,69
40	0,00	36,71

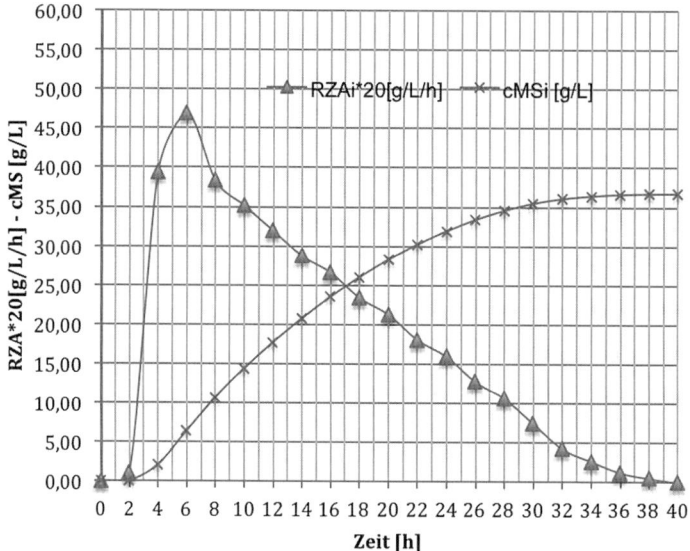

Abb. 3.42 Auf Basis der berechneten Werte von Tab. 3.14 der Verlauf von RZA und der Milchsäurekonzentration [g/L]. Der Wert von RZA wurde um den Faktor 20 erhöht, damit die Kurve im Diagramm gut zur Geltung kommt.

Zur Bestimmung der Milchsäurekonzentration müsste nun die Raum-Zeit-Ausbeute über die Zeit nach dem Muster

$$c_{MS} = \frac{1}{V_{R,L}} \int \dot{m}_{MS} \cdot dt \tag{3.281}$$

integriert werden, doch dafür wäre eine Gleichung für den Kurvenverlauf für die RZA erforderlich. Näherungsweise lässt sich die Milchsäurekonzentration aber auch mit dem Trapezverfahren bestimmen. Man kann

$$c_{MS,i} = RZA_{i-1} + \left[\frac{RZA_i + RZA_{i-1}}{2}\right] \cdot (t_i - t_{i-1}) \quad [g/L] \tag{3.282}$$

formulieren, um die gewünschten Konzentrationen zu berechnen. Anzumerken wäre noch, dass mit steigender Anzahl der Messungen die Zeitdifferenz sinkt und damit die Genauigkeit verbessert wird. Allerdings muss die zu erwartende Druckdifferenz sicher im Bereich der Messgenauigkeit liegen.

Mit den Gln. (3.280) und (3.282) können die Werte für die Raum-Zeit-Ausbeute ($RZA(t_i)$) bzw. für die Milchsäurekonzentration ($c_{MS}(t_i)$) berechnet werden. Vorteilhafterweise kann dies mittels eines Tabellenkalkulationsprogramms (z. B. Excel) geschehen.

Die Resultate sind in Tab. 3.14 zusammengestellt.

In Abb. 3.42 sind die Werte aus Tab. 3.14 aufgetragen. Dabei wurde der RZA-Wert um den Faktor 20 erhöht, damit er gut im Diagramm zur Geltung kommt.

Kommentar: Bei all den Vereinfachungen oder auch der Anwendung von Hilfsverfahren kann sich natürlich ein mehr oder weniger großer Fehler ergeben. Die

Größe des Fehlers ist natürlich von der Sorgfalt und dem Aufwand (Zahl der Messungen) abhängig, sollte aber unter ±5 [%] liegen. Um das zu bestätigen, muss das gewählte Modell zu gegebener Zeit validiert werden. Das geschieht durch das Analysenverfahren im Labor. Dazu werden dann über den Prozess hinweg drei bis fünf Proben in geeigneten Zeitabständen gezogen und die Analyse damit durchführt. Die jeweiligen Zeitpunkte können z. B. im Abstand $\Delta t = t_F/z$ (z – Probenzahl), wobei die erste Probe Δt nach dem Start und die z-te Probe in jedem Fall am Ende gezogen werden sollten. Die „Endprobe" ist immer für die Prozessbilanzierung erforderlich und steht deshalb nach jedem Batch zur Kontrolle der „Ersatzanalyse" zur Verfügung.

Weitere Lösungsschritte und auch Kommentare sind in **Lösungsebene 2** angeführt.

Lösungsebene 1 zu Abschn. 3.5.3 *Bestimmung eines Limitierungszustandes für Sauerstoff*

Da am Reaktor vor Ort lediglich die Drehzahl veränderbar ist, sollte zunächst die zur geforderten Leistungsdichte erforderliche Drehzahl bestimmt werden. Mit den Gln. (A.2) bis (A.4) kommt man zum Ziel. Man berechnet zunächst aber die geometrischen Gegebenheiten

$$H = \sqrt[3]{\frac{4 \cdot V_{R,L} \cdot f_S^2}{\pi}} = \sqrt[3]{\frac{4 \cdot 25 \cdot 2^2}{\pi}} = 5{,}03 \,[\text{m}]$$
$$D = \frac{H}{f_S} = \frac{5{,}03}{2} = 2{,}52 \,[\text{m}] \quad (3.283)$$
$$d_R = f_R \cdot D = 0{,}4 \cdot 2{,}52 = 1{,}00 \,[\text{m}]$$

und kann dann mit der Begasungsrate die Gasleerrohrgeschwindigkeit berechnen

$$u_G = \frac{q}{60} \cdot H = \frac{0{,}5}{60} \cdot 5{,}03 = 0{,}042 \,[\text{m/s}] \quad (3.284)$$

Mit dieser Vorleistung und dem Wert 490 für den Faktor F_{RR} (typischer Wert für einen zweistufigen Scheibenrührer [1, 2]) erhält man eine Newton-Zahl im begasten Zustand von

$$\frac{Ne_b}{Ne_0} = \frac{1}{\sqrt{1 + F_{RR} \cdot u_G/\sqrt{g \cdot D}}} = \frac{1}{\sqrt{1 + 490 \cdot 0{,}042/\sqrt{g \cdot 2{,}52}}} = 0{,}44$$

$$Ne_b = 7{,}2 \cdot 0{,}44 = 3{,}18$$

(3.285)

Damit geht man nun in die Gln. (A.2) und (A.3) und bekommt

$$\varepsilon_R = \frac{Ne_b \cdot \rho_L \cdot n^3 \cdot d_R^5}{V_{R,L} \cdot \rho_L} = \frac{7{,}2 \cdot (n/60)^3 \cdot 1^5}{25} = 1{,}0 \,[\text{W/kg}]$$

$$n = 60 \cdot \sqrt[3]{\frac{1{,}0 \cdot 25}{7{,}2 \cdot 1{,}0}} = 90{,}86 \cong 90 \,[\text{upm}]$$

(3.286)

Mit dieser Drehzahl stellt sich ein DO-Wert von 26,4 [%] ein. Damit ist ohne Kenntnis der gesamten Zusammenhänge noch keine Aussage möglich, also wird eine neue Drehzahl eingestellt. Man wählt z. B. $n_2 = 120$ [upm] und es stellt sich eine DO von 35,3 [%] ein. Daraus lässt sich zunächst noch keine brauchbare Information gewinnen, denn dazu wäre eine Gasbilanzierung erforderlich. Diese hat das Aussehen

$$\mathrm{OTR} = \frac{q \cdot 60}{V_\mathrm{M}} \cdot \left(Y_{\mathrm{O}_2}^\alpha - \frac{1 - Y_{\mathrm{O}_2}^\alpha - Y_{\mathrm{CO}_2}^\alpha}{1 - Y_{\mathrm{O}_2}^\omega - Y_{\mathrm{CO}_2}^\omega} \cdot Y_{\mathrm{O}_2}^\omega \right) \tag{3.287}$$

Den weiteren Berechnungen stellt man vorzugsweise einige theoretische Betrachtungen voran. Setzt man die Zweifilmtheorie als Diskussionsgrundlage voraus (vgl. Abb. 1.23), so lässt sich für beide Seiten – OTR von der Gasblase und OUR in die Zelle (vgl. auch Abb. 1.13) – folgender Zusammenhang formulieren

$$\mathrm{OTR} = \frac{D_{\mathrm{O}_2,\mathrm{L}}}{\delta_\mathrm{L}} \cdot a \cdot \left(c_\mathrm{L}^* - c_\mathrm{L} \right) = \frac{D_{\mathrm{O}_2,\mathrm{L}}}{\delta_{\mathrm{L},\mathrm{MO}}} \cdot a_\mathrm{MO} \cdot (c_\mathrm{L} - 0) = \mathrm{OUR} \tag{3.288}$$

Unter der Annahme, die Sauerstoffkonzentration in der Zelle ist nahe null, so lässt sich feststellen, dass die Unterscheidung zwischen OTR und OUR im Wesentlichen durch die beiden unterschiedlichen spezifischen Stoffaustauschflächen und durch die Lage des Gelöstsauerstoffes bewirkt wird, aber auch durch die laminare Grenzschicht. Während auf der Blasenseite die Modellvorstellung einer laminaren Grenzschicht gut übertragen werden kann, ist das bei den Zellen aufgrund der geringen Größe und damit der geringen Masse kaum möglich, weil die Geschwindigkeitsschwankungen zwischen Mikroorganismus und umgebendem Medium viel geringer sind, damit auch der Geschwindigkeitsgradient. Es ergibt sich eine mehr oder weniger undefinierte Situation. Will man dennoch das System mit der Zweifilmtheorie beschreiben, so muss die laminare Grenzschicht an der Zelle fiktiv vergrößert werden. Dazu lässt sich nach „alter Ingenieurssitte" ein Faktor einführen, den man $F_{\delta,\mathrm{LZ}}$ nennen kann. Da sowohl die laminare Grenzschicht als auch die spezifische Stoffaustauschfläche im Stofftransportkoeffizienten steckt (vgl. Gln. (A.59) und (A.60)), kann dieser Faktor auch auf die spezifische Stoffaustauschfläche angewandt werden. Somit lässt sich definieren

$$F_{\delta_{\mathrm{L,Z}}} \equiv \frac{a_\mathrm{MO}}{a_{\mathrm{MO,wirk}}} \tag{3.289}$$

Und damit für die „wirksame" spezifische Stoffaustauschfläche zu den Zellen, also für OUR

$$a_\mathrm{MO} = \frac{6 \cdot X \cdot 10^6}{\rho_\mathrm{Z} \cdot d_x}$$
$$a_{\mathrm{MO,wirk}} = \frac{a_\mathrm{MO}}{F_{\delta_{\mathrm{L,Z}}}} \tag{3.290}$$

Die spezifische Stoffaustauschfläche auf der OTR-Seite hängt vom Gasgehalt sowie dem Blasendurchmesser ab (vgl. Gl. (A.61)). Man kann schreiben

$$a = \frac{6 \cdot \varphi_\mathrm{G}}{(1 - \varphi_\mathrm{G}) \cdot d_\mathrm{BS}} \tag{3.291}$$

In der Literatur [1] findet man für den Gasgehalt und den Sauterdurchmesser der Gasblasen mehrere Vorschläge. Je eine empirische Gleichung aus dem Angebot für die üblichen Parametereinstellungen (0,1 [W/kg] < $\varepsilon_{R,b}$ < 5 [W/kg]; 0,1 [vvm] < q < 2,0 [vvm]) sei hier erwähnt, um damit die Aufgabenstellung zu bearbeiten. Für den relativen Gasgehalt (DEF-Gl. (A.61)) findet man Gl. (A.39)

$$\varphi_G = \sqrt{\varepsilon_{R,b}^{0,5} \cdot u_G} \cdot f_{KZ} \tag{3.292}$$

und für den stellvertretenden Blasendurchmesser (Sauterdurchmesser)

$$d_{BS} = 142 \cdot \frac{\sigma^{0,6} \cdot \varphi_G^{0,65}}{\rho_L^{0,2}} \cdot \left(\frac{V_{R,L}}{P_R}\right)^{0,4} \cdot \left(\frac{\eta_G}{\eta_L}\right)^{1/4} \tag{3.293}$$

In Gl. (3.292) ist noch der Koaleszenzfaktor enthalten. Für diesen gilt 1,0 (Wasser, koaleszierend) und < 1,5 (koaleszenzgehemmt, tensidhaltig).

Damit wären nun lediglich die vorbereitenden Schritte für die eigentliche Lösung erbracht.

Nun ist die Aufgabe, bei den vorherrschenden Bedingungen eine Aussage über den Sauerstoffstatus zu bekommen. Dazu muss die Drehzahl erhöht und die Messgrößen DO sowie $Y_{O_2}^{\omega}$ mit den „Vorgängerwerten" verglichen werden.

Dieser Vorgang muss so lange in kleinen Drehzahlschritten wiederholt werden, bis $OTR_{i+1} = OTR_i$ ist, denn dann ist OTR = OUR = ODR! Steigert man allerdings die Drehzahl noch weiter, so bleibt der Gleichgewichtszustand erhalten, aber c_L steigt immer mehr an und damit fällt das treibende Konzentrationsgefälle immer mehr ab, letztendlich tut man des Guten zu viel und vergeudet Energie (Wirtschaftlichkeit).

Die Analyse und Auswertung ist in **Lösungsebene 2** dargelegt.

Lösungsebene 1 zu Abschn. 3.5.4.1 *Bestimmung der Newton-Zahl*
Der bekannte Einstieg in die Lösungsschleife ist also die Frage nach einem mathematischen Zusammenhang zur gesuchten Größe. In diesem Fall ist das sehr deutlich erkennbar, nämlich die Newton-Zahl. Dazu nimmt man ganz einfach die Berechnungsgleichung für die Leistung eines Rührwerks.

Diese leitet sich aus der Basisgleichung zur Leistungsberechnung her (Gl. (A.1)). Demnach gilt, dass sich die Leistung aus dem geförderten Volumenstrom [m³/s] und dem zu überwindenden Druckverlust Δp [N/m²] ergibt. Allein schon die dimensionsmäßige Betrachtung dieser beiden Parameter führt zur Dimension der Leistung [m³/s · N/m² = W]. Da es aber im Gegensatz zum Betrieb einer Pumpe nicht sehr einfach ist, den Volumenstrom und auch den Druckverlust zu bestimmen, muss ein anderer Weg gewählt werden. Man hält Ausschau nach bestimmbaren Parametern, die direkt oder zumindest indirekt die Zielgröße unterstützen. Und beim Rührwerk fällt sofort der Rührerdurchmesser und die Drehzahl auf, denn es gilt für beide: Sind sie nicht vorhanden, ist also der Rührer ausgeschaltet, und/oder ist am Schaft überhaupt kein Rührer befestigt, dann wird auch kein Volumenstrom erzeugt, andererseits werden beide größer, so wird auch die Leistung steigen.

Man sucht nun nach einem mathematischen Zusammenhang für beide Parameter und findet mithilfe dimensionstechnischer Betrachtung, dass folgende Proportionalitäten bestehen müssen

$$\dot{V}_L \propto n \cdot d_R^3 \tag{3.294}$$

$$\Delta p \propto \rho_L \cdot (n \cdot d_R)^2 \tag{3.295}$$

Führt man nun beide Gleichungen zusammen, dann führt das zu

$$P_R \propto \dot{V}_L \propto n \cdot d_R^3 \cdot \rho_L \cdot (n \cdot d_R)^2 = \rho_L \cdot n^3 \cdot d_R^5 \tag{3.296}$$

und mit der Proportionalitätskonstante „Rührerkennzahl" oder „Newton-Zahl" $Ne_{,0}$ für den unbegasten Rührer gewinnt man die bekannte Gleichung (vgl. (A.1)) zur Leistungsberechnung von Rührwerken

$$P_R = Ne_0 \cdot \rho_L \cdot n^3 \cdot d_R^5 \tag{3.297}$$

Zur Ermittlung der gesuchten Größe fehlt jetzt noch der Leistungseintrag. Den kann eine Wärmebilanz (vgl. Formelsammlung Gln. (A.71) oder (A.102) und (A.103)) mit dem Wissen, dass die eingetragene Leistung als Wärme wiedergefunden wird, liefern. Die erforderlichen Daten sind in der Aufgabenstellung schon vorgegeben.

Die Fortführung des Lösungsweges findet man in der **Lösungsebene 2**.

3.5.6
Lösungsebene 2 zu Abschn. 3.5.1 bis 3.5.4

Lösungsebene 2 zu Abschn. 3.5.1 *Bewertung des Sauerstoffsignals und Bestimmung des Henry-Koeffizienten*

Mit den gegebenen Informationen bilanziert man die Abläufe. Die dynamischen Veränderungen verschiedener Parameter beschreibt man mit entsprechenden Differenzialgleichungen. Also wird ein Paket von Differenzialgleichungen aufgestellt. Es bietet sich an, mit der Gelöstsauerstoffmenge, ausgedrückt durch den DO-Wert für beide Messungen, zu beginnen. Man erhält

$$\begin{aligned}\frac{dDO_1}{dt} &= k_L \cdot a \cdot \left[100 \cdot \left(\frac{Y^\omega_{O_2,1}}{Y^\alpha_{O_2,1}} - DO_1\right)\right] \\ \frac{dDO_2}{dt} &= k_L \cdot a \cdot \left[100 \cdot \left(\frac{Y^\omega_{O_2,2}}{Y^\alpha_{O_2,2}} - DO_2\right)\right]\end{aligned} \tag{3.298}$$

Die Gln. (3.29) sagen aus, dass die Veränderung der Gelöstkonzentration mit dem Gasaustausch zwischen Gas- und Liquidphase einhergeht. Nun macht man sich an die wichtigste Frage: Wie ist das Sondensignal zu deuten? Der Sondentyp (optische Sonde) registriert die Sauerstoffaufnahme des Sondenspots und gibt dann nach durchgeführter Kalibrierung den zugeordneten Wert aus. Dieser Vorgang ist dynamisch und dauert eine gewisse Zeit, hinkt also stets dem eigentlichen Wert immer etwas hinterher. Die Differenzialgleichungen

$$\frac{\mathrm{dDO}_{1,S}}{\mathrm{d}t} = k_{L,S} \cdot a_S \cdot (\mathrm{DO}_1 - \mathrm{DO}_{1,S})$$
$$\frac{\mathrm{dDO}_{2,S}}{\mathrm{d}t} = k_{L,S} \cdot a_S \cdot (\mathrm{DO}_2 - \mathrm{DO}_{2,S})$$
(3.299)

nehmen darauf Rücksicht. Nun muss noch die Gasphase bilanziert werden, denn der Sauerstoffgehalt in der Gasphase, ausgedrückt durch den Molenbruch, bestimmt, ob Sauerstoff nachgeliefert oder herausgezogen wird. Im vorliegenden Fall wird der Wert zunehmen, weil zu Beginn eine reine Stickstoffatmosphäre vorliegt. Also „saugt" die Gasphase Sauerstoff aus dem Medium und zusätzlich diffundiert Sauerstoff über das Entlüftungsröhrchen hinein. Demnach gilt

$$\frac{\mathrm{d}Y^\omega_{O_2,1}}{\mathrm{d}t} = k_L \cdot a \cdot \left[Y^\alpha_{O_2} \cdot \left(\frac{\mathrm{DO}_1}{100}\right) - Y^\omega_{O_2,1} \right] \cdot f_V + F_G \cdot D \cdot \left(Y^\alpha_{O_2} - Y^\omega_{O_2,1} \right)$$
$$\frac{\mathrm{d}Y^\omega_{O_2,2}}{\mathrm{d}t} = k_L \cdot a \cdot \left[Y^\alpha_{O_2} \cdot \left(\frac{\mathrm{DO}_2}{100}\right) - Y^\omega_{O_2,2} \right] \cdot f_V + F_G \cdot D \cdot \left(Y^\alpha_{O_2} - Y^\omega_{O_2,2} \right)$$
(3.300)

Damit ist das Bilanzpaket komplett und man kann sich nun den erforderlichen Kinetiken widmen. Diese sind lediglich für die Berechnung von (spezifischen) Flächen sowie Faktoren erforderlich. Man erhält für die Phasengrenze zwischen Liquid und Gasraum

$$A_{PG} = \frac{d_K^2 \cdot \pi}{4} \cdot 10^{-6}$$
(3.301)

sowie die auf das Liquidvolumen bezogene spezifische Fläche

$$a = \frac{A_{PG}}{V_L} \cdot 10^6$$
(3.302)

Ebenso kann die Spotoberfläche

$$A_{S,O} = \frac{d_S^2 \cdot \pi}{4} \cdot 10^{-6}$$
(3.303)

sowie die entsprechende spezifische Oberfläche

$$a_S = \frac{A_{S,O}}{V_L} \cdot 10^6$$
(3.304)

bestimmt werden. Das Entlüftungsröhrchen bleibt noch übrig. Man erhält

$$A_R = \frac{d_R^2 \cdot \pi}{4} \cdot 10^{-6}$$
(3.305)

und für eine Hilfsgröße das Volumenverhältnis

$$f_V = \frac{V_L}{V_G} \tag{3.306}$$

Nimmt man nun die vorgestellten Gleichungen für die Modellierung mit einer geeigneten Software (z. B. hier MADONNA®), dann erhält man das folgende Konzept.

Programm 3.1 Simulation der Verhältnisse bei der Löslichkeitsbestimmung.

```
{Programm zur Ermittlung der Korrekturdaten für die Sauerstoffmessung mit
der PreSensSonde}
{damit lässt sich der Henry-Koeffizient für den vorliegenden Geräteaufbau
(vgl. Abb. 3.39) bestimmen}

{Systemparameter}
METHOD RK4
STARTTIME = 0                    ; wird jeder Messung angepasst (slider-fkt)
{Starttime für DO1 = 0.3; für DO2 = 0.45} ; min
STOPTIME = 5                     ; min
DT = 0.02

{Massenbilanzen}
d/dt(DO1)  = kL*a*(100*(Yo21w/Yo2a) - DO1)*60              ; %/min
d/dt(DO2)  = kL*a*(100*(Yo22w/Yo2a) - DO2)*60              ; %/min
d/dt(DO1s) = kLs*aS*(DO1 - DO1s)                           ; %/min
d/dt(DO2s) = kLs*aS*(DO2 - DO2s)                           ; %/min
d/dt(Yo21w) = kL*a*(Yo2a*(DO1/100) - Yo21w)*fV + FG*D*(Yo2a - Yo21w)*60
                                                           ; min^-1
d/dt(Yo22w) = kL*a*(Yo2a*(DO2/100) - Yo22w)*fV + FG*D*(Yo2a - Yo22w)*60
                                                           ; min^-1

{Kinetiken}
a   = Apg/VL*10^6        ; m^-1
aS  = Aso/VL*10^6        ; m^-1
Aso = dS^2*3.14/4*10^-6  ; m^2
Apg = dK^2*3.14/4*10^-6  ; m^2
fV  = VL/VG*10^-6        ; Volumenverhältnis Liquid/Gas
;=================================================
{das Röhrchen als Sauerstofflieferant}
D  = 4.127e-5            ; m^2/s
dS = 4                   ; mm
L  = 0.09                ; m - 90 mm Länge
VG = 0.26/1000           ; m^3 - 260 mL Gasraum
VL = 100                 ; mL
FG = AR/(L*VG)           ; m^-2
AR = dR^2*3.14/4*10^-6   ; m^2 - Röhrchenquerschnitt
dR = 3                   ; mm - Röhrchendurchmesser
;=================================================
```

3.5 Messtechnische Effekte

```
{Konstanten}
{für die mit {*} gekennzeichneten Werte werden zunächst „Dummies"
eingesetzt und der passende Wert über "curve fit" ermittelt}
VL = 100                   ; mL
VG = 0.26/1000             ; m^3 - 200 mL Gasraum
{*} kL = 3.39e-5           ; m/s - Übergang zur Flüssigkeit
{*} kLs = 6.23             ; m/s - Übergang zum Spot
dK = 75.5                  ; mm - Kolbendurchmesser an der Liquidoberfläche
dS = 4                     ; mm - Messspotdurchmesser
Yo2a = 0.21                ; -
Yo21wo = 0                 ; %
Yo22wo = 0                 ; %
{*} DO11 = 70              ; %
{*} DO21 = 47              ; %
DO1o = 3.355               ; %
DO2o = 2.5                 ; %

{Startwerte}
init DO1 = DO11            ; %
init DO2 = DO21            ; %
init DO1s = DO1o           ; %
init DO2s = DO2o           ; %
init Yo21w = Yo21wo        ; %
init Yo22w = Yo22wo        ; %
```

Die daraus gewonnenen Diagramme sind in den Abb. 3.43 und 3.44 dargestellt. Aus Abb. 3.43 kann abgelesen werden, dass der eigentliche DO-Wert direkt nach der Mischung einiges höher ist, wie der nach der Gleichgewichtseinstellung (Abb. 3.44). Aus diesen Werten kann nun der gesuchte Henry-Koeffizient der

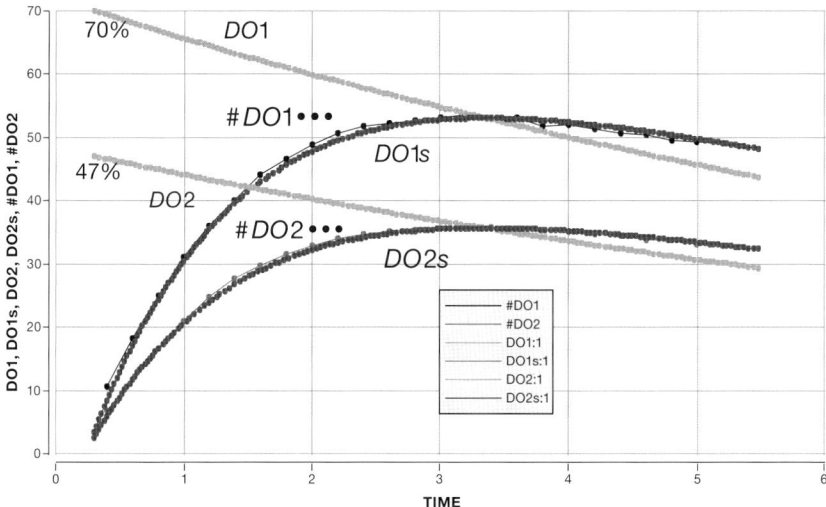

Abb. 3.43 Der Verlauf des Sondensignals im Vergleich zur Simulation.

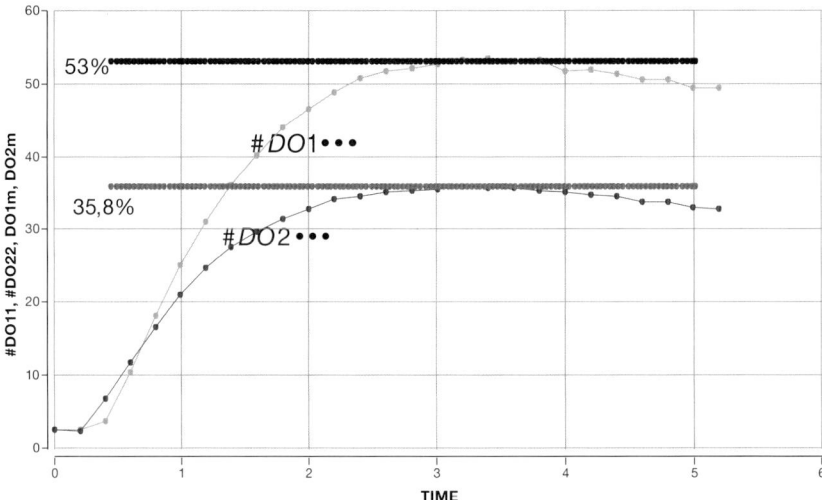

Abb. 3.44 Aufnahme des Messsignals und Ermittlung des gemessenen Maximums.

Salzlösung ermittelt werden. Für die gemessenen Maxima (Abb. 3.44) erhält man die Werte $DO_1 = 53\,[\%]$ bzw. $DO_2 = 35{,}8\,[\%]$ und damit

$$H_{NaH_4} = H_{H_2O} \cdot \frac{DO_1}{DO_2} = 830 \cdot \frac{53}{35{,}8} = 1230 \left[\frac{bar \cdot L}{mol}\right] \qquad (3.307)$$

und mittels der Bilanzmethode mit den Werten $DO_1 = 70\,[\%]$ bzw. $DO_2 = 47\,[\%]$ also

$$H_{NaH_4} = H_{H_2O} \cdot \frac{DO_1}{DO_2} = 830 \cdot \frac{70}{47} = 1235 \left[\frac{bar \cdot L}{mol}\right] \qquad (3.308)$$

Hier stellt sich die Frage: Hat sich der Aufwand gelohnt? Wie beide Ergebnisse zeigen, ist der Aufwand ein wenig übertrieben, denn die Ergebnisse sind relativ nah beieinander und fallen unter die „Toleranzschutzzone".

Lösungsebene 2 zu Abschn. 3.5.2 *Onlinebestimmung von Milchsäure*
Es bleibt noch die Frage nach dem gemachten Fehler durch die Verwendung der realen Gasgleichung offen.

Nach van der Waals (1873) ist schon ein relativ brauchbarer Ansatz für die Beschreibung realer Verhältnisse gegeben. Dieser einfache Ansatz korrigiert die Unzulänglichkeiten, die durch die Verwendung der idealen Gasgleichung entstehen, weil dort die gegenseitige Beeinträchtigung der Gasmoleküle und die Raumbegrenzung unterdrückt wird. Der Vorschlag nach van der Waals lautet

$$p = \frac{R \cdot T}{v - b} - \frac{a}{v^2} \qquad (3.309)$$

bzw.

$$p = \frac{R \cdot T}{(V/n_{CO_2}) - b} - \frac{a}{(V/n_{CO_2})^2} \qquad (3.310)$$

wobei für die Anpassungsparameter a

$$a = \frac{27}{64} \cdot \frac{R^2 \cdot T_{\text{krit}}^2}{p_{\text{krit}}} \quad (3.311)$$

sowie für b

$$b = \frac{1}{8} \cdot \frac{R \cdot T_{\text{krit}}}{p_{\text{krit}}} = \frac{V_{\text{krit}}}{3} \quad (3.312)$$

die entsprechenden Ansätze vorgeschlagen werden.

Setzt man nun die Werte für den vorliegenden Fall ein, so bekommt man

$$a = \frac{27}{64} \cdot \frac{8{,}314^2 \cdot 304{,}18^2}{75{,}27 \cdot 10^5} = 0{,}358 \, [\text{N} \cdot \text{m}^4/\text{mol}^2] \quad (3.313)$$

$$b = \frac{1}{8} \cdot \frac{8{,}314 \cdot 304{,}18}{75{,}27 \cdot 10^5} = 4{,}32 \cdot 10^{-05} \, [\text{m}^3/\text{mol}] \quad (3.314)$$

Nun setzt man diese beiden Werte in Gl. (3.309) ein und erhält

$$p = \frac{8{,}314 \cdot 313{,}18}{v - 4{,}32 \cdot 10^{-5}} - \frac{0{,}358}{v^2} \quad (3.315)$$

Mit den gemessenen Druckwerten in Tab. 3.12 kann zunächst bei gegebenem Druck mit den Gln. (3.309) und (3.315) iterativ die Molmenge an Kohlendioxid berechnet werden, danach die Raumzeitausbeute nach Gl. (3.280) und dann analog zu Gl. (3.282) die Milchsäurekonzentration. Die Ergebnisse sind in Tab. 3.15 eingetragen und in Abb. 3.45 grafisch dargestellt.

Man erkennt den geringen Unterschied der beiden Betrachtungen und schließt daraus: „Warum einfach, wenn es auch kompliziert geht"?

Betrachtung: CO_2-Löslichkeit, Wasserbildung und Wasserbeladung des Abgases

CO_2-Löslichkeit Die Kohlendioxidlöslichkeit in Wasser beträgt bei 25 [°C] 0,0333 [mol/bar/L] und bei 50 [°C] 0,0192 [mol/bar/L]. Das bedeutet, dass in 3500 [L] Wasser (Annahme im Medium herrscht dieselbe Löslichkeit) bei einer abgeschätzten Löslichkeit bei 40 [°C] von 0,025 [mol/bar/L] gehen zunächst

$$n_{CO_2,\text{lös}} = 0{,}025 \cdot 3500 \cdot 1{,}013 = 88{,}64 \, [\text{mol}] \quad (3.316)$$

in Lösung. Da dieses Kohlendioxid in der Flüssigphase entsteht und erst dann aus dieser austreten würde, wenn sie übersättigt ist, bleiben die 88,64 [mol] vorerst in der Flüssigphase, gehen also für die Messung „verloren". Das bedeutet, wenn man die Werte von Gl. (3.278) aufsummiert

$$n_{CO_2,\text{ges}} = \sum n_{CO_2,i-1} + \left[\frac{n_{CO_2,i-1} + n_{CO_2,i}}{2} \cdot \frac{60}{\Delta t_2} \cdot (t_i - t_{i-1}) \right] \quad (3.317)$$

dann erhält man für den idealen Fall $n_{CO_2,\text{ges}} = 722{,}34$ [mol] und damit würden 12,3 [%] zu wenig angezeigt werden.

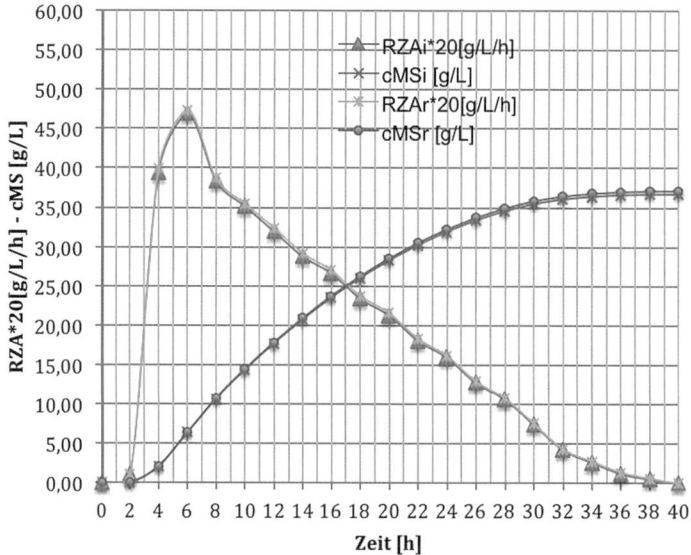

Abb. 3.45 Beide Berechnungen („i" – ideal; „r" – real, van der Waals) gegenübergestellt zeigen, dass nahezu identische Ergebnisse zustande kommen. Der Aufwand mit den realen Bedingen zu arbeiten ist bei diesem niedrigen Druck und Temperatur nicht gerechtfertigt.

In der Praxis müssen ohnehin in jedem Fall die Messwerte durch Stichanalysen validiert werden.

Während der gesamten Fermentation entsteht gemäß Gl. (3.273)

$$m_{H_2O,\text{ges}} = n_{CO_2,\text{ges}} \cdot \frac{M_{H_2O}}{M_{CO_2}} = 722{,}34 \cdot \frac{18}{44} = 295{,}5 \, [g_{H_2O}] \tag{3.318}$$

Wasserbildung Das sind 0,008 [%] Zuschlag zum Reaktionsvolumen. Somit ist dieser Aspekt in jedem Fall vernachlässigbar, zumal über das Abgas noch Wasser ausgetragen wird.

Wasseraustrag Die Wasserbeladung von Kohlendioxid sei ähnlich der von Luft. Bei 40 [°C] und 1,013 [bar] nimmt Luft im Sättigungszustand gemäß Hilfsmittel Abb. B.10 etwa 48 [$g_{H_2O}/kg_{\text{Luft}}$] auf. Dieselbe Menge in Kohlendioxid ergibt ein Molverhältnis

$$\frac{n_{H_2O}}{n_{CO_2}} = 0{,}048 \cdot \frac{44}{18} \cdot 100 = 11{,}7 \, [\%] \tag{3.319}$$

Das bedeutet, der Wasseranteil beeinflusst das Ergebnis um +11,7 [%], weil der Anteil an Wasser am Gesamtdruck über seinen Partialdruck beteiligt ist. In Wirklichkeit sind also 11,7 [%] weniger Milchsäure entstanden, als der Druckanstieg es andeutet.

Tab. 3.15 Aus den gegebenen Messwerten aus Tab. 3.12 wurden die mittleren Werte im Zweistundenabstand nach den Gl. (3.280) sowie Gln. (3.309) bis (3.315) berechnet.

Zeit [h]	RZA_i [g/L/h]	$c_{MS,i}$ [g/L]
0	0,00	0,00
2	0,05	0,05
4	1,97	2,08
6	2,35	6,40
8	1,92	10,67
10	1,76	14,35
12	1,60	17,71
14	1,44	20,75
16	1,33	23,52
18	1,17	26,03
20	1,07	28,27
22	0,91	30,24
24	0,80	31,95
26	0,64	33,39
28	0,53	34,56
30	0,37	35,47
32	0,21	36,05
34	0,13	36,40
36	0,06	36,60
38	0,03	36,69
40	0,00	36,71

Zusammenfassung Die Wasserbildung über die Neutralisationsreaktion besitzt eine untergeordnete Bedeutung. Wohingegen die durch Lösung verbleibende Kohlendioxidmenge im Medium die bestimmte Milchsäurekonzentration erniedrigt, erhöht die Wasserbeladung den Wert. Die Wasserbeladung eliminiert quasi den Fehler durch die Löslichkeit.

Das bestätigen auch Vergleiche in der Praxis, die nach der hier angewandten Methode mit den Analysenergebnissen sehr gut korrespondieren.

Leistungsberechnung Das Rührwerk hat in dieser Fermentation die Aufgaben

Homogenisieren, gleichmäßige Verteilung der Feststoffe Zellen und Calciumcarbonat (Kreide) sowie Temperaturverteilung,
Desorption des gelösten, „überschüssigen" Kohlendioxids (Kohlensäure).

Beim Homogenisieren geht es in erster Linie darum, Feststoffe in Schwebe zu halten, also der Sinkgeschwindigkeit entgegen zu wirken. Die kleinen und in ihrer Dichte sich nur gering vom Medium unterscheidenden *Lactobacillus* sp. sind einfach in Schwebe zu halten, weil sich deren Dichte nur unwesentlich von der des Mediums unterscheidet ($\rho_{MO} = 1{,}02 \ldots 1{,}05$ [kg/L]), wohingegen die Dichte von Calciumcarbonat 2,73 [kg/L] beträgt und damit nahezu die dreifache Sinkgeschwindigkeit ausgeglichen werden muss. In der Regel reicht für eine solche Aufgabe eine Leistungsdichte von 0,1 bis 0,2 [W/kg] (vgl. Abschn. C.6).

Zur Vermeidung einer Übersättigung des Mediums mit Kohlendioxid trägt der Leistungseintrag zur Desorption bei. Da die dissoziierte Form des Kohlendioxids als Kohlensäure eine schwache Form darstellt, benötigt man hierzu keinen großen Aufwand. Diese Aufgabe ist ebenfalls mit der angegebenen Leistungsdichte erfüllbar.

Aus diesen Betrachtungen heraus kann ein Mittelwert von $\varepsilon_{R,b} = 0{,}15$ [W/kg] angenommen werden. Dem gegenüber wird noch zusätzlich das aufsteigende Gas einen Beitrag leisten. Dieser berechnet sich nach Gl. (A.5)

$$\varepsilon_{G,P} = g \cdot u_G \cdot \frac{H'}{H} \tag{3.320}$$

Mit den Gln. (A.25) und (2.2) kann die Flüssigkeitssäule berechnet werden

$$H = \sqrt[3]{\frac{V_{R,L} \cdot 4 \cdot f_S^2}{\pi}} = \sqrt[3]{\frac{3{,}5 \cdot 4 \cdot 3^2}{\pi}} = 3{,}42\,[\text{m}] \tag{3.321}$$

Der Eingabeort des Gases ist im vorliegenden Fall bei vollkommener Durchmischung (Homogenität) $H' = H/2$ [BIR], und die Gasleerrohrgeschwindigkeit kann man mit Gl. (A.52)

$$u_{G,i} = \frac{\dot{V}_G}{A} = \frac{22{,}4 \cdot \dot{n}_i \cdot p_n \cdot T}{A \cdot p \cdot T_n} \tag{3.322}$$

berechnen. Darin stecken nun die Drücke und Temperaturen bei Norm- und Istbedingungen, die Querschnittsfläche und der Molenstrom. Den Molenstrom liefert indirekt Tab. 3.15, nämlich in Form der RZA. Diese wird in den Molenstrom des Kohlendioxids umgerechnet. Man erhält

$$\dot{n}_i = \frac{RZA_i \cdot V_{R,L} \cdot 10^3}{M_{MS} \cdot \nu_{MS}/\nu_{CO_2} \cdot 3600} = \frac{RZA_i \cdot 3{,}5 \cdot 10^3}{90 \cdot 2/1 \cdot 3600} = 5{,}4 \cdot 10^{-3} \cdot RZA_i \tag{3.323}$$

Die Querschnittsfläche berechnet man aus dem Reaktionsvolumen und dem Schlankheitsgrad

$$A = \frac{H^2 \cdot \pi}{f_S^2 \cdot 4} = \frac{3{,}42^2 \cdot \pi}{3^2 \cdot 4} = 1{,}02\,[\text{m}^2] \tag{3.324}$$

Damit sind alle Größen benannt bzw. aufbereitet, um mit Gl. (3.320) die Leistungsdichte, die über das Gas eingetragen wird, zu berechnen. In Tabelle 3.16 sind die Ergebnisse zusammengestellt.

Aus Tab. 3.16 kann man ablesen, dass bei maximaler Raum-Zeit-Ausbeute der Anteil der pneumatischen Leistungsdichte gerade 1 [%] erreicht. Das bedeutet, dass der Reaktor in jedem Fall auf einen Leistungseintrag von außen angewiesen ist.

Tab. 3.16 Aus den gegebenen Messwerten aus Tab. 3.14 wurden die mittleren Werte im Zweistundenabstand nach den Gln. (3.320) bis (3.324) berechnet.

Zeit [h]	RZA [g/L/h]	n_{CO_2} [mol/s]	ε_{GP} [W/kg]
0	0,00	0,00E+00	0
2	0,05	2,88E-04	3,18E-05
4	1,97	1,07E-02	1,18E-03
6	2,35	1,27E-02	1,40E-03
8	1,92	1,04E-02	1,14E-03
10	1,76	9,51E-03	1,05E-03
12	1,60	8,64E-03	9,54E-04
14	1,44	7,78E-03	8,59E-04
16	1,33	7,20E-03	7,95E-04
18	1,17	6,34E-03	7,00E-04
20	1,07	5,76E-03	6,36E-04
22	0,91	4,90E-03	5,41E-04
24	0,80	4,32E-03	4,77E-04
26	0,64	3,46E-03	3,82E-04
28	0,53	2,88E-03	3,18E-04
30	0,37	2,02E-03	2,23E-04
32	0,21	1,15E-03	1,27E-04
34	0,13	7,20E-04	7,95E-05
36	0,06	3,36E-04	3,71E-05
38	0,03	1,44E-04	1,59E-05
40	0,00	0,00E+00	0,00E+00

Lösungsebene 2 zu Abschn. 3.5.3 *Bestimmung eines Limitierungszustandes für Sauerstoff*

Im nächsten Schritt sollen die gemessenen Werte bei den vorgegebenen Drehzahleinstellungen, wie sie in Tab. 3.13 zusammengefasst sind, zur Beurteilung der Situation hinsichtlich Sauerstoffversorgung dienen. Ausgehend von der berechneten Drehzahl n_1 von 90 [upm] wurden die beiden folgenden Einstellungen (vgl. Tab. 3.17) um jeweils 15 [%] erhöht, sodass es die etwas ungeraden Drehzahlen ergab (vgl. Tab. 3.18).

Die erste Einstellung für sich allein ergibt noch keine Aussage. Nach der zweiten Einstellung erkennt man allerdings, dass der erhöhte Leistungseintrag einen höheren $k_L a$-Wert und damit auch einen höheren OTR bewirkt, solange der DO-Anstieg das nicht kompensiert. Anhand des Absinkens des $Y_{O_2}^{\omega}$-Wertes kann man aber erkennen, dass in der ersten Drehzahleinstellung eine Limitierung vorlag, also OTR = OUR < ODR. Bei weiterer Erhöhung der Drehzahl auf n_3 nimmt diesmal der DO um den kompensierenden Betrag zu, weil $Y_{O_2}^{\omega}$ unverändert bleibt, die Limitierung ist aufgehoben.

Tab. 3.17 Sauerstofflimitierung – Parametereinstellungen.

$V_{R,L}$ [m³] = 25,00	d_X [µm] = 25	p^ω = 1,5 [bar]
f_S = 2,00	ρ_Z [g/L] = 1085	ρ_L = 1150 [kg · m⁻³]
f_R = 0,40	$F_{\delta,L,Z}$ = 500	pm = 1,78 [bar]
H [m] = 5,03	ν_L = 0,000 001 75	T_F = 40 [°C]
D [m] = 2,52	C = 0,0002	σ = 0,07 [N · m]
d_R [m] = 1,01	a = 0,6	D_L = 1,00E-09 [m²/s]
Ne_0 = 7,20	u_G [m/s] = 0,042	$Y^\alpha_{O_2}$ = 0,21
Ne_b = 3,18	X [g/L] = 25	$Y^\alpha_{CO_2}$ = 0,003
H_{O_2} [bar · L/mol] = 965	q_{O_2} = 5	$Y^\alpha_{N_2}$ = 0,787
	[mmol/g/h]	c_L^* = 0,36 [mmol/L]
	RQ = 1	V_M = 12,73 [L/mol]

Tab. 3.18 Sauerstofflimitierung – Parameterberechnungen.

	q [vvm] = 0,5			
$Y^\omega_{O_2}$	n [upm]	ε [W/kg]	ε_b [W/kg]	$k_L a$ [s⁻¹]
0,145	90	1,00	0,44	1,29E-01
0,150	120	2,38	1,05	2,17E-01
0,150	125	2,69	*1,19*	*2,33E-01*
OTR [mmol/L/h]	OUR [mmol/L/h]	ODR [mmol/L/h]	DO [%]	Henry T [°C]	$H_{O_2}(T)$ [bar · L/mol]
76,06	76,06	125	26,3	25	800
125,00	125,00	125	35,0	50	1075
125,00	125,00	125	36,9	40	**965**

Resümee: Zwischen n_2 und n_3 liegt der *optimale Betriebspunkt*, wo genau, müsste noch genauer analysiert werden. Dazu besteht die Möglichkeit, die Fermentation zu simulieren. Um die Simulation der gestellten Situation anschaulich durchführen zu können, müssen die Daten aus dem oberen Block in Tab. 3.18 um die Berechnungsgrößen (unterer Block) erweitert werden.

Die zur Bewertung heranzuziehenden Zahlenwerte für die OTR erhält man aus einer Gasbilanz mit den gemessenen Werten für $Y^\omega_{O_2}$ und $Y^\omega_{CO_2}$ sowie den bekannten, weil gegeben Werten für die Geometrien, für $Y^\alpha_{O_2}$, $Y^\alpha_{CO_2}$, die Begasungsrate q, die Fermentationstemperatur T_F und den Druck im Kopfraum p^ω.

Den Tab. 3.17 und 3.18 (unterer Block) liegen die verschiedensten Gleichungen zugrunde. Diese müssen aus der Formelsammlung aber auch aus Erfahrungswerten erstellt werden. Im Einzelnen ist das folgende Gleichungspaket angemessen und liegt den berechneten Werten zugrunde.

Neben den schon besprochenen Gln. (3.283) bis (3.291) wurden zunächst die Hilfsgrößen (Substitutionen) aus der Abgasbilanz gemäß Gl. (3.287)

$$K = Y^\alpha_{O_2} - \frac{OTR \cdot V_M}{q \cdot 60 \cdot 1000 \cdot Y^\alpha_{N_2}} \tag{3.326a}$$

$$K2 = 1 + RQ \cdot Y^\alpha_{O_2} - Y^\alpha_{N_2} \tag{3.326b}$$

gebildet. Dann wird damit die Berechnungsgleichung für den Molenbruch des Sauerstoffs im Abgas unter Berücksichtigung von Gl. (A.120)

$$Y^\omega_{O_2} = Y^\alpha_{O_2} - \frac{K \cdot K2}{1 + K \cdot (1 + RQ)} \tag{3.326}$$

aufgestellt, um schließlich damit eine Berechnungsgleichung für den Gelöstsauerstoffgehalt

$$DO = \frac{Y^\omega_{O_2}}{Y^\alpha_{O_2} \cdot (1 + a_{MO}/(F_{\delta_{L,Z}} \cdot a))} \tag{3.327}$$

zu erhalten. Für den spezifischen Sauerstofftransport wurde das Modell nach Henzler verwendet (vgl. Gln. (A.58b) und (A.58c)) und damit die Gleichung für die OTR

$$OTR = \frac{k_L a \cdot \overline{p}}{H_{O_2}} \cdot \left(Y^\omega_{O_2} - \frac{K}{100 \cdot Y^\alpha_{O_2}} \right) \cdot 100 \cdot 3600 \tag{3.328}$$

formuliert.

Ergebnis: Bei der ursprünglichen Einstellung ($n = 90$ [upm] und $q = 0{,}5$ [vvm]) lagen limitierende Verhältnisse vor. Durch die Erhöhung auf $n = 120$ [upm] konnte die Limitierung aufgehoben und mit der Drehzahl $n = 125$ [upm] bestätigt werden. Die optimale Drehzahl liegt also bei $n = 120$ [upm] oder knapp darunter. Zu hohe Drehzahlen wegen des damit einhergehenden übertriebenen Leistungseintrags wären unwirtschaftlich.

Lösungsebene 2 zu Abschn. 3.5.4.1 *Bestimmung der Newton-Zahl*

Vorausgesetzt, dass sämtliche Wärmequellen und -senken ausgeschlossen werden können, bleiben lediglich die Verlustwärme, die Speicherwärme und natürlich die über das Rührwerk zugeführte Wärme übrig. Der Temperaturverlauf wurde so gewählt, dass sich die im ersten Abschnitt aus der Umgebung aufgenommenen mit der im zweiten Abschnitt des Versuches abgegebenen Wärme aufheben. Es bleibt somit nur noch die Speicherenergie und der Leistungseintrag im Rennen. Somit lässt sich folgende Bilanz formulieren

$$\dot{Q}_S = P_R = Ne_0 \cdot \rho_L \cdot n^3 \cdot d^5_R = m_L \cdot c_p \cdot \frac{\Delta T}{\Delta t} \tag{3.329}$$

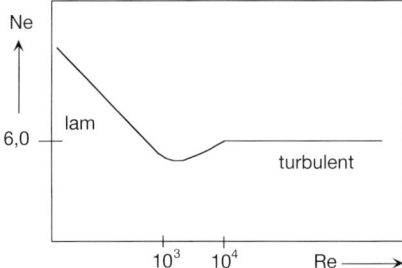

Abb. 3.46 Ne$_0$-Re-Diagramm: Nur bei niedrigen Reynolds-Zahlen ist die Newton-Zahl eine Funktion der Reynolds-Zahl, im turbulenten Bereich ist sie konstant. Im doppelt logarithmischen Diagramm verläuft die Linie mit dem Gefälle $-1/$Re bis etwa 10^3, dann schließt sich ein nicht genau definierbarer Übergangsbereich an, und ab etwa 10^4 liegen turbulente Verhältnisse vor, wo dann Ne $=$ const. gilt.

Bis auf den Rührerdurchmesser ist alles gegeben. Dieser kann aus den gegebenen geometrischen Verhältnissen bestimmt werden

$$d_R = f_R \cdot \sqrt[3]{\frac{4 \cdot V_{R,L}}{\pi \cdot f_S}} = 0{,}45 \cdot \sqrt[3]{\frac{4 \cdot 15}{\pi \cdot 2{,}0}} = 0{,}955 \,[\text{m}] \tag{3.330}$$

und damit

$$\text{Ne}_0 = \frac{9{,}15 \cdot 10^3}{0{,}98 \cdot 10^3 \cdot (75/60)^3} 0{,}955^5 = 6{,}0 \tag{3.331}$$

Bewertung: Es handelt sich um die Newton-Zahl im unbegasten Zustand. Dieser Wert ist relativ hoch und passt am besten zu einem Scheibenrührer, eventuell sogar zweistufig. Die hohe Newton-Zahl ist charakteristisch für einen „Dispergierer".

Anhand der Reynolds-Zahl kann man noch abschätzen, in welchen Bereich die Newton-Zahl eingestuft werden kann. Es gilt

$$\text{Re} = \frac{d_R^2 \cdot n}{\nu} = \frac{0{,}955^2 \cdot 75}{10^{-6} \cdot 60} = 1\,140\,000 \tag{3.332}$$

Damit liegt der Newton-Wert weit im turbulenten Bereich und ist damit unabhängig von der Reynolds-Zahl, also eine Konstante. Aus Abb. 3.46 kann dieser Sachverhalt abgelesen werden. Die Aufgabe kann als gelöst betrachten werden.

3.6
Fermentation

3.6.1
Auslegung einer Fermentation

Mit dem Sporenbildner *Bazillus subtilis* soll eine Wirkstofffermentation bei 37 [°C] im 10 L-Maßstab (Schlankheitsgrad 2,0) ausgearbeitet werden. Das Hauptproblem besteht darin, die Bedingungen für die Sporulierung zu vermeiden. Diese tritt sowohl im Falle der Substrat- als auch der Sauerstoffverknappung auf und zwar immer dann, wenn die spezifische Wachstumsrate unter die Hälfte der maximalen Wachstumsrate gerät. Für die Prozessführung wird ein kontinuierlich betriebener Rührwerksreaktor eingesetzt. Im durchströmten Reaktor sind sämtliche Phasen vollkommen durchmischt.

Die Begasung wird so eingestellt, dass eine Gasleerrohrgeschwindigkeit von 0,05 [m/s] vorliegt, sich ein relativer Gasgehalt von 30 [%] ergibt und der Sautergasblasendurchmesser 1,5 [mm] beträgt. Im Abgas wird ein konstanter Sauerstoffmolenbruch von 0,15 bei einem mittleren Druck (vgl. Abschn. 1.7) von 1,3 [bar] gemessen.

Die maximale spezifische Wachstumsrate wurde zu 1,2 [h^{-1}] ermittelt, es wird eine Zelldichte von $5 \cdot 10^8$ [Zellen/mL] eingestellt und die Einzeller können mit einem einheitlichen, kugeligen Durchmesser von 2,5 [μm] angenommen werden. Der Sauerstoffbedarf beträgt für diese Zelldichte 85 [mmol/L/h]. Es soll keine Sauerstofflimitierung vorliegen! Die flüssigkeitsseitige Stofftransportgeschwindigkeit ist sowohl an der Zelle wie auch an der Blase gleich groß (Achtung: vgl. dazu Aufgabe 3.5.3)!

Die Sättigungskonstante für das Substrat liegt bei 0,75 [g/L] sowie die für Sauerstoff bei 0,012 [mmol/L]. Der Henry-Koeffizient wird mit 1300 [bar · L/mol] angegeben und die Viskosität beträgt $2 \cdot 10^{-6}$ [m^2/s]. Der Ausbeutekoeffizient Biomassesubstrat beträgt 0,5 und im Ablauf soll die Substratkonzentration aus wirtschaftlichen Gründen minimiert werden.

Hilfsgleichung:

$$k_L a = C \cdot \left(\frac{g^2}{\nu}\right)^{(1/3)} \cdot \left(\frac{\varepsilon}{g \cdot u_G}\right)^a \quad \text{mit} \quad C = 2 \cdot 10^{-4} \quad \text{und} \quad a = 0,7 \tag{3.333}$$

Auf welche Substratkonzentration muss der Prozess eingestellt und welche Leistungsdichte muss eingetragen werden? Welche Verdünnungsrate soll eingestellt werden?

Hinweise und Tipps
- Der Widerstand des Stofftransportes liegt allein in der Flüssigkeitsphase.
- Doppelte Monod-Kinetik wäre ein brauchbarer Ansatz.
- Bei kontinuierlicher Fahrweise gilt komplett Steady State.
- Die Dichte des Mediums kann mit 1,1 [kg/L] angenommen werden.

Einstieg zum vorgeschlagenen **Lösungsweg**:

Zunächst werden aus der obigen Aufgabenstellung die gegebenen Größen isoliert und ihnen geeignete Formelzeichen zugewiesen. Im Falle des Kopfraumdruckes ist kein Wert erwähnt, also kann man von einer sogenannten „drucklosen" Fahrweise ausgehen. Da aber das Abgas auf dem Weg durch das Leitungssystem und den Abgasfilter dennoch einen Druckverlust überwinden muss, sollte ein

Wert größer eins gewählt werden. Diesen Wert kann man bei einem so kleinen Bioreaktor auch zugleich als Mittelwert betrachten. Somit ergibt sich Folgendes:

Gegebene Größen: $T = 37\,[°C]$; $V_{R,L} = 10\,[L]$; $f_S = 2{,}0$; $\mu = 0{,}5 \cdot \mu_{max}$; $u_G = 0{,}05\,[m/s]$; $\varphi_G = 30\,[\%]$; $d_{BS} = 1{,}5\,[mm]$; $Y_{O_2}^{\omega} = 0{,}15$; $\overline{p} = 1{,}3\,[bar]$
$\mu_{max} = 1{,}2\,[h^{-1}]$; $X = 10^8$ [Zellen/mL]; $d_X = 2{,}5\,[\mu m]$; $K_S = 0{,}75\,[g/L]$; $K_O = 0{,}012\,[mmol/L]$; OTR = OUR = $85\,[mmol/(L \cdot h)]$; $H_{O_2} = 1300\,[(bar \cdot L)/mol]$; $\nu = 2 \cdot 10^{-6}\,[m/s]$; $Y_{XS} = 0{,}5$; $\rho_L = 1{,}1\,[kg/L]$.
Gesuchte Größen: $S\,[g/L]$; $\varepsilon\,[W/kg]$; $D\,[h^{-1}]$.

Für den weiteren Verlauf des Lösungsweges könnte zu Beginn die Frage stehen, ob die Zellen auch wirklich mit der maximalen Wachstumsrate wachsen können? Das soll aber in **Lösungsebene 1** besprochen werden.

3.6.2
Auslegung und Entsorgung

> In die gute Küche gehört auch kalt gepresstes, natives Olivenöl mit einem hohen Anteil an ungesättigten Fettsäuren. Diese Erkenntnis hat sich aus den Mittelmeerländern herkommend auch im restlichen Europa durchgesetzt. Entsprechend haben sich die Essgewohnheiten damit verändert – waren noch vor Jahrzehnten die Mittelmeerkinder schlank und rank, so galt im nördlichen Europa die Pummeligkeit als „normal". Dieses Bild hat sich inzwischen geändert: Im Norden sind die Kinder schlank und im Mittelmeer pummelig, weil man im Norden inzwischen die mediterrane Küche pflegt und in den Mittelmeerländern sich das Fast Food durchgesetzt hat.
> Die Produktion von Olivenöl ist dadurch aber eher angestiegen und man muss sich auch Gedanken machen, wie die anfallenden Abfälle entsorgt werden können. Im Jahre 2008 wurden weltweit knapp 3 000 000 [t] Olivenöl produziert, wobei Spanien mit 1 200 000 [t], Italien mit 600 000 [t] und Griechenland mit 300 000 [t] den Löwenanteil erzeugten (http://ruiz-simon.de/index.php?s=81).

Zur anaeroben Entsorgung von Abfällen aus besagter Olivenölproduktion soll ein Airliftreaktor [1] zum Gasliftschlaufenreaktor umgebaut werden. Dazu wird aus dem Kopfraum Gärgas angesaugt und zusätzlich zum entstehenden Biogas in das Innenleitrohr geblasen. Die Zugabestelle ist bezüglich der Gesamthöhe (brutto) ein Viertel von der Flüssigkeitssäulenhöhe vom Reaktorboden entfernt und das Bruttovolumen des Reaktors beträgt $25\,[m^3]$.

Um das Gas gut nutzen zu können, wurde ein Schlankheitsgrad von 4,5 vorgesehen und ein Gasdruck im Kopfraum von 1,15 [bar] eingestellt. In der Suspension befinden sich neben den Zellen auch noch andere Feststoffe, wie Kernbruchstücke, sodass eine Leistungsdichte von 0,15 [W/kg] für eine ausreichende Homogenisierung erreicht werden soll.

Im kontinuierlich betriebenen Reaktor wird eine mittlere (hydrodynamische) Verweilzeit von 5 [h] ($V_{R,L}/\dot{V}_L$) eingehalten, es entstehen pro Liter Abwasser 20 [L] auf Normbedingungen ($T = 273$ [K], $p = 1013$ [mbar]) bezogenes Biogas. Die Dichte des Mediums beträgt 1,09 [kg/L] und der CSB-Abbau erfolgt bei einer Temperatur von 30 [°C].

Weitere Angaben sind noch zum Gas-Holdup-Faktor (1,2), zum Faktor für Einbauten (1,1) und zum Schaumfaktor (1,1) gemacht [1]. Natürlich ist die allgemeine Gaskonstante als bekannt vorausgesetzt ($R = 8,314$ [J/(mol · K)]).

Wie viel Biogas muss im Kreis gefahren werden? Da die Regelung über einen Mass-Flow-Regler gefahren wird, soll der erforderliche Wert in [kg/h] angegeben werden.

Hinweise und Tipps
- Die allgemeine Gasgleichung (p und T) zur Berechnung der Gasdichte benutzen;
- Bezug auf den Istzustand beim mittleren Druck: $(p^\alpha + p^\omega)/2$;
- das Biogas besteht aus Methan ($CH_4 = 16$ [g/mol]) und 25 [%] Kohlendioxid ($CO_2 = 44$ [g/mol]);
- es ist zu bedenken, dass der Leistungseintrag auf den Istzustand bezogen sein muss.

Lösungsweg: Isolierung der gegebenen und der gesuchten Größen, Erkennung der Aufgabenstellung.

Gegebene Größen: $H' = H_L - 0,75 \cdot H_B$; $V_{R,B} = 25$ [m³]; $f_S = 4,5$; $p^\omega = 1,15$ [bar]; $\varepsilon = 0,15$ [W/kg]; $\tau = 5$ [h]; $q = 20$ [L_{Gn}/L_{bbA}]; $\rho_L = 1,09$ [kg/L]; $T = 30$ [°C].
Gesuchte Größen: $\dot{m}_{Gas,cycle}$.

Wie empfohlen, soll die Lösung mit einer möglichst aussagekräftigen Skizze begonnen werden. In Abb. 3.47 sind alle gegebenen Zusammenhänge ersichtlich.

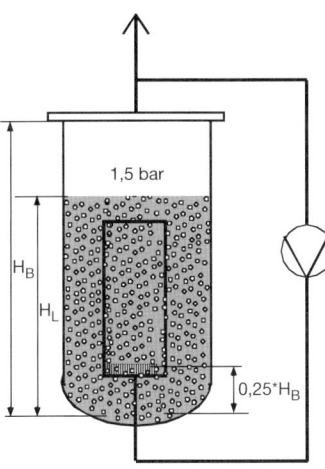

Abb. 3.47 Die Blasensäule als Bioreaktor für den Abbau von organischen Substanzen in behandlungsbedürftigem Abwasser aus der Olivenölproduktion. Den für die Erfüllung der Aufgaben erforderlichen Leistungseintrag bezieht der Reaktor vom Gärgas und wird durch das Umpumpen des Abgases in einem externen Kreislauf unterstützt.

Welche Einstiegsbeziehung kann weiterhelfen? Für die gesuchte Größe, dem Massenstrom an Gas gilt

$$\dot{m}_{\text{Gas}} = \dot{V}_{\text{G}} \cdot \overline{\rho} \tag{3.334}$$

Es sollte im weiteren Verlauf nun die Suche nach den fehlenden Parametern erfolgen. In **Lösungsebene 1** sind dazu weitere Vorschläge zu finden.

3.6.3
Stofftransport mit Begasungsrate

> Die Sauerstoffversorgung stellt bei aeroben Fermentationsprozessen oft ein zentrales Problem dar. Deshalb misst man diesem Aspekt bei der Auslegung von Bioreaktoren große Bedeutung zu. Das bedeutet, der Bioreaktor muss in der Lage sein, die geforderte Versorgung mit Sauerstoff zu gewährleisten.
> Die meist verwendete Modellvorstellung ist die Zweifilmtheorie auf der Flüssigkeitsseite und die Massenbilanzierung auf der Gasseite (vgl. Abschn. 1.5). Der nachfolgende Aufgabentyp gibt die Gelegenheit, diese Thematik zu bearbeiten.

In einem Rührwerksbioreaktor mit einem Volumen von 75 [m^3] und einem Schlankheitsgrad von 2,25 soll eine Fermentation etabliert werden. Zur ausreichenden Sauerstoffversorgung müssen 50 [mmol/(L · h)] bei einem Druck im Kopfraum von 1,5 [bar] transferiert werden. In dem leicht koaleszenzgehemmten Medium betragen die Molanteile des Sauerstoffs in der Zuluft 21 [%] und im Abgas 17,5 [%] sowie der Henry-Koeffizient 1943 [bar · L/mol]. Die Gelöstsauerstoffkonzentration wird auf 20 [%] gehalten, die Dichte des Mediums ist 1,15 [kg/L] und die dynamische Viskosität beträgt 15 [mPa · s]. Der Leistungseintrag des Gases soll 20 [%] vom Gesamtleistungseintrag betragen. Die Konstante A und die Exponenten zur Berechnung des spezifischen Stofftransportkoeffizienten sind bekannt ($A = 4 \cdot 10^{-4}$; $a = 0,3$; $b = 0,55$). Alle Phasen sind vollkommen durchmischt und die Fermentation läuft bei einer Temperatur von 30 [°C] ab. Es kann ein Respirationsquotient von 1,0 angenommen werden, d. h., die erzeugte Molmenge an Kohlendioxid entspricht der Menge an verbrauchtem Sauerstoff.

Welche Begasungsrate (Istzustand) ist einzustellen? Der Wert sollte in der üblichen Dimension dieses Parameters angegeben werden!

Hinweise und Tipps
- Der Widerstand des Stofftransportes liegt allein in der Flüssigkeitsphase.
- In der $k_\text{L} \cdot a$-Gleichung bitte den gesamten Leistungseintrag verwenden (Rührwerk + Gas)!

Es besteht auch hier wieder die Möglichkeit, bei Bedarf Annahmen zu treffen und diese hinterher zu kontrollieren.

Vorgeschlagener Lösungsweg: Isolierung der gegebenen und der gesuchten Größen, Erkennung der Aufgabenstellung.

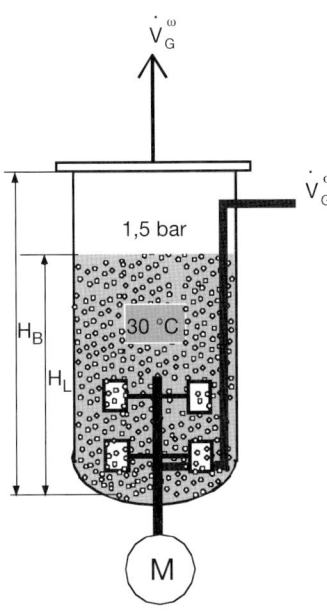

Abb. 3.48 Rührwerksbioreaktor für eine aerobe Fermentation. Die Leistung setzt sich also aus der mechanischen und der potenziellen Gasleistung zusammen. In spezifischen, auf die Reaktionsmasse bezogenen Größen ausgedrückt: $\varepsilon_g = \varepsilon_{R,b} + \varepsilon_{G,P}$. Der Sauerstofftransfer OTR kann zum einen über die Gasphase, und zum andern über die Flüssigkeitsphase bestimmt werden. Damit bestehen zwei Möglichkeiten, die gesuchte Begasungsrate im Istzustand zu bestimmen.

Gegebene Größen: $V_{R,L} = 75\,[\text{m}^3]$; $f_S = 2{,}25$; ODR = $50\,[\text{mmol/L/h}]$; $p^\omega = 1{,}5\,[\text{bar}]$; $Y_{O_2}^\alpha = 0{,}21$; $Y_{O_2}^\omega = 0{,}175$; $H_{O_2} = 1943\,[\text{bar}\cdot\text{L/mol}]$; DO = $20\,[\%]$; $\rho_L = 1{,}15\,[\text{kg/L}]$; $\eta = 15\,[\text{mPa}\cdot\text{s}]$; $\varepsilon_G = 0{,}2\cdot\varepsilon_g$; $A = 4\cdot 10^{-4}$; $a = 0{,}3$; $b = 0{,}55$; $T = 30\,[°\text{C}]$.

Gesuchte Größen: q_{ist} und mehr.

Der OTR ist gegeben. Also wird nun eine Gleichung gesucht, die es ermöglicht, diese Größe zu berechnen. Zwei davon lassen sich in der Formelsammlung finden!
Die Fortführung des Lösungsweges ist in der **Lösungsebene 1** beschrieben.

3.6.4
Fermentation und Biomassegewinnung

Es soll eine *Escherichia coli*-Fermentation zur Biomassegewinnung gefahren werden. Da *Escherichia coli* zu den schnell wachsenden Mikroorganismen gehört, kommt man zumindest in größeren Reaktoren schnell in die Sauerstofflimitierung, und da auch Sauerstoff als Substrat betrachtet werden kann, in die Substratlimitierung. Diese Substratlimitierung lässt sich mit der (einfachen) Monod-Kinetik beschreiben, wobei die Sättigungskonstante mit 0,085 [mmol/L] angegeben wird. Ohne Limitierung teilt sich der *Escherichia coli* alle 25 [min]. Der Rührwerksbioreaktor, in dem die Züchtung durchgeführt werden soll, besitzt ein Reaktionsvolumen von 250 [L] und weist einen Schlankheitsgrad von 2,5 auf.

Es kann angenommen werden, dass der *kontinuierlich* betriebene Reaktor sowohl hinsichtlich der flüssigen als auch der gasförmigen Phase vollkommen durchmischt ist. Neben der Sauerstofflimitierung *liegen keine anderen* Limitierungen oder Hemmungen vor (Monod!).

Die Dichte des wässrigen Mediums beträgt 1,15 [kg/L], die kinematische Viskosität bleibt während der gesamten Fermentation bei $2 \cdot 10^{-6}$ [m²/s], der Henry-Koeffizient beträgt 1800 [(bar · L)/mol], der absolute Druck im Kopfraum wird bei 1,8 [bar] und die Fermentationstemperatur bei 37 [°C] gehalten (geregelt).

Es wird eine Luftmenge von 15 [m³$_n$/h] in den Reaktor geleitet (Sauerstoffmolenbruch am Eingang = 0,21). Die Abgasanalytik liefert die konstanten Werte für den Sauerstoff- und den Kohlendioxidmolenbruch von 0,17 bzw. 0,07. Außer Sauerstoff und Stickstoff sind in der Zuluft keine anderen Komponenten vorhanden und im Abgas kommt lediglich Kohlendioxid hinzu. Der spezifische Stofftransportkoeffizient beträgt 1950 [h^{-1}] und der Prozess wird bei konstanter Biomasse von 12 [g/L] gefahren.

Welche Begasungsrate ([vvm], Istbedingungen) ist einzustellen, damit die erforderliche Biomasseproduktion erreicht werden kann? Wie groß ist diese Biomasseproduktion [kg/h]?

Außerdem: $V_{M,n} = 22{,}4$ [L/mol]: Normbedingungen: $p_n = 1013$ [mbar], $T_n = 273{,}15$ [K].

Es besteht auch hier wieder die Möglichkeit, bei Bedarf Annahmen zu treffen und diese hinterher zu kontrollieren.

Lösungsweg: Isolierung der gegebenen und der gesuchten Größen, Erkennung der Aufgabenstellung.

Gegebene Größen: $V_{R,L} = 250$ [L]; $f_S = 2{,}5$; $\nu = 2 \cdot 10^{-6}$ [m²/s]; $T_F = 37$ [°C] = 310,15 [K]; $\dot{V}^\alpha_{G,n} = 15$ [m³$_n$/h]; $Y^\alpha_{O_2} = 0{,}21$; $Y^\omega_{O_2} = 0{,}17$; $Y^\omega_{CO_2} = 0{,}07$; $k_L a = 1950$ [h^{-1}]; $H_{O_2} = 1800$ [bar · L/mol]; $X = 12$ [g/L]; $K_S = 0{,}085$ [mol/m³]; $\rho_L = 1{,}15$ [kg/L]; $p^\omega = 1{,}8$ [bar].

Gesuchte Größen: q_{ist} [vvm]; P_x [kg/h].

Den Einstieg in die Lösungsroutine kann man in der **Lösungsebene 1** finden. Außerdem sind im Anhang Kapitel C alle Ergebnisse aufgelistet. Zu empfehlen wäre allerdings selbst, nach eigenen Vorstellungen zu beginnen.

3.6.5
Stofftransport – OTR = OUR, Diffusionskoeffizient bestimmen

Der Sauerstoffdurchgangskoeffizient wird neben der messtechnisch kaum zugänglichen laminaren Grenzschicht noch von der Stoffgröße „Diffusionskoeffizient" geprägt. Der Diffusionskoeffizient ist dabei nur vom Stoffsystem und der Temperatur abhängig.

Der nachfolgende Aufgabentyp gibt die Gelegenheit, die Thematik zu bearbeiten. Wollte man den Sauerstoffdurchgangskoeffizienten bestimmen, so braucht man auch eine Möglichkeit, diesen getrennt von der spezifischen Stoffaustauschfläche zu messen oder zu berechnen. Die Sulfitmethode beinhaltet diese Möglichkeit durch Einstellen der Cobaltkonzentration entweder den spezifischen Sauerstoffdurchgangskoeffizienten oder die spezifische Stoffaustauschfläche zu ermitteln. Diese kann auch über die Möglichkeit einer Messung der Blasengrößenverteilung gewonnen werden [2].

Für aerobe Fermentationen ist der Sauerstofftransfer maßgebend und dort ist der Diffusionskoeffizient geschwindigkeitsbestimmend. Für den Diffusionskoeffizienten in der Liquidphase soll der Wert in einem 5000 L-Bioreaktor mit einem Schlankheitsgrad von 2,0 bestimmt werden, wenn angenommen werden kann, dass auf beiden Seiten die laminare Grenzschicht 150 [µm] misst.

Dieser Reaktor wird über Luft bei einem Gesamtdruck im Kopfraum von 1,8 [bar] mit Sauerstoff versorgt. Der Stofftransportwiderstand durch die beiden laminaren Grenzschichten auf der Liquidseite der Gasblase und der Mikroorganismen sei gleich und hängt in gleicher Weise vom Leistungseintrag ab (vgl. Abschn. 1.5). Der Henry-Koeffizient wurde mit 850 [bar · L/mol] ermittelt. Die Sauerstoffkonzentration in der Zelle sei null, weil der ankommende Sauerstoff sofort umgesetzt wird (schnelle Reaktion!). Die Zelldichte liegt im angenommenen Steady State bei $2 \cdot 10^8$ [Zellen/mL], und die Mikroorganismen können als Kugeln mit einem Durchmesser von 3 [µm] betrachtet werden und haben einen Sauerstoffbedarf von 5,0 [pg/(h Zelle)]. Der Blasendurchmesser erreicht im Durchschnitt ($\rightarrow$ Sauterdurchmesser) 1,5 [mm] bei einem Gas Holdup (relativer Gasgehalt) von 25 [%]. Der Widerstand des Sauerstofftransportes aus der Blase liegt allein auf der Flüssigkeitsseite, und auch der Widerstand durch die Zellmembran ist vernachlässigbar klein. Im vollkommen durchmischten Reaktor (auch die Gasphase) und der Annahme, dass im betrachteten kurzen Zeitraum stationäre Verhältnisse herrschen, wurde dabei im Abgas ein Sauerstoffmolenbruch von 0,18 gemessen.

Hinweise
- Der *Druck* sei überall gleich! Annahme Mittelwert bei $\rho_L = 1{,}1$ [kg/L];
- der Sauerstoffmolenbruch in der *Zuluft* = 0,21;
- Skizze nicht vergessen für quasistationären Zustand (Bodenstein'sche Quasistationaritätsprinzip)[2]
- Submersbegasung $\rightarrow$ Annahme der Eingabeposition der Luft;
- 1 [pg] (Pikogramm = 10^{-12} Gramm).

2) Das Bodenstein'sche Quasistationaritätsprinzip (nach Max Bodenstein; auch Bodenstein'sche Quasistationaritätshypothese, Quasistationaritätsbedingung oder nur Quasistationarität genannt) ist eine Näherung für eine chemische Reaktion über ein reaktives Zwischenprodukt.
Wenn das Zwischenprodukt langsam mit der Geschwindigkeitskonstante k_1 entsteht und das Endprodukt schnell mit der Geschwindigkeitskonstante k_2, so ist die Konzentration des Zwischenproduktes und damit auch ihre Änderung sehr viel kleiner als die Konzentrationsänderungen der übrigen an der Reaktion beteiligten Spezies. Sie kann daher in guter Näherung gleich null gesetzt werden [www.cyclopaedia.de/wiki/Chemische-Reaktion].

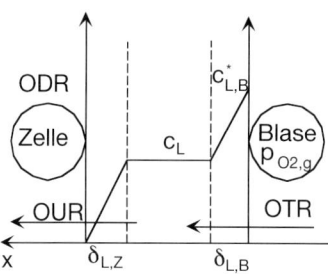

Abb. 3.49 Der Sauerstofftransport aus der Zelle nennt man OTR, und denjenigen in die Zelle hinein OUR. Im Steady State sollen beide gleich sein und das ist andererseits wiederum nur möglich wenn auch ODR, also die Vorgabe an Bedarf denselben Wert hat. Es gilt also OTR = OUR = ODR, Transfer = Aufnahme = Bedarf.

Lösungsweg: Isolierung der gegebenen und der gesuchten Größen, Erkennung der Aufgabenstellung.

Gegebene Größen: $V_{R,L} = 5 \, [\text{m}^3]$; $f_S = 2{,}0$; $\text{ODR} = 45 \, [\text{mmol/L/h}]$; $p^\omega = 1{,}8 \, [\text{bar}]$; $k_{L,Mo} = k_{L,B}$; $H_{O_2} = 850 \, [\text{bar} \cdot \text{L/mol}]$; $c_Z = 0$; $X = 2 \cdot 10^8 \, [\text{Zellen/mL}]$; $d_{Mo} = 3 \, [\mu\text{m}]$; $q_{O_2} = 5 \, [\text{pg/(Zellen} \cdot \text{h)}]$; $d_B = 1{,}5 \, [\text{mm}]$; $\varphi_G = 0{,}25$; $p_{O_2,g} = p^*_{O_2,g}$; $Y^\omega_{O_2} = 0{,}18$; $Y^\alpha_{O_2} = 0{,}21$; $\rho_L = 1{,}1 \, [\text{kg/L}]$; $\delta_L = 150 \, [\mu\text{m}]$.

Gesuchte Größen: D_L und mehr.

Diese Aufgabe soll zeigen, dass OTR = OUR sein sollte und im Steady State auch ist (vgl. Abb. 3.49).

Es macht keinen Sinn, mehr Sauerstoff einzutragen als erforderlich ist. Das gilt insbesondere, wenn die Gelöstkonzentration das Gleichgewicht bezüglich des Partialdruckes in der Gasphase erreicht hat, weil dann das treibende Gefälle gegen null geht.

Für den weiteren Lösungsweg sollen stationäre Verhältnisse angenommen werden. In **Lösungsebene 1** sind dazu die erforderlichen Rechenoperationen beschrieben.

3.6.6
Wirkstoffherstellung mit einem Pilz in Blasensäule – Scherung

> In der Praxis sieht man sehr oft, dass im Zusammenhang mit Gas als Einsatzmedium nicht darauf Rücksicht genommen wird, unter welchen Bedingungen man eigentlich das Gas handhabt. Dabei ist es doch sehr einfach: Weil man sich mit der Realität herumzuschlagen hat, sollte man auch die Gaszustandsparameter auf die herrschenden Bedingungen beziehen. Man kommt aber immer wieder in Verlegenheit, wenn man sich mit Volumen- und Volumenstrommessungen beschäftigen muss, denn die Hersteller von z. B. Gasvolumenstrommessern kennen die Bedingungen, mit denen man arbeitet, überhaupt nicht. So liegt es für die Hersteller auf der Hand, die Kalibrierung auf das Medium und einen Normzustand zu beziehen.
> Die folgende Aufgabe gibt die Gelegenheit, sich ein wenig mit diesen Zusammenhängen zu beschäftigen, indem Ist- und Normzustände nebeneinander gehandhabt werden sollen.

> Des Weiteren ist in der Aufgabenstellung auch die Problematik der Scherung in sehr einfacher Form präsent und kann mittels des sogenannten Kolmogorow-Modells bewertet werden [2].

Es soll ein Prozess zur Wirkstoffherstellung entwickelt werden. Dafür wurde ein Pilz als Produktionsstamm ausgewählt, der in einer Blasensäule fermentiert werden soll. Ziel ist es, den Pilz in Flockenform (kugelig) mit einem Durchmesser von 30 [µm] zu kultivieren, weil unter diesen morphologischen Bedingungen die besten Ergebnisse zu erwarten sind. Bei einer Zelldichte von 18 [g/L] besteht ein Sauerstoffbedarf von 117 mmol/(L · h). Um die benötigte Jahrestonnage zu erreichen, benötigt man einen Bioreaktor mit einem Reaktionsvolumen von 85 [m³]. Dieser hat einen Schlankheitsgrad von 6,0. Der Prozess soll bei 34 [°C], einem Kopfraumdruck von 1,3 [bar] und einer Gelöstsauerstoffkonzentration von 40 [%] (DO-Anzeige der Sauerstoffsonde) gefahren werden. Die Löslichkeit des Sauerstoffes wurde mit der Winkler-Methode (Titriermethode) zu 0,172 [mol/m³] bei 1,0 [bar], $T = 34$ [°C] $= T_F$ und einem Sauerstoffmolenbruch von 0,21 ermittelt (Henry'scher Koeffizient).

Das Medium hat eine Dichte von 1,08 [kg/L] und eine dynamische Viskosität von $8 \cdot 10^{-3}$ [Pa · s] und soll mit Luft ($Y_{O_2}^\alpha = 0{,}21$; $Y_{N_2}^\alpha = 0{,}79$) begast werden. Die Proportionalitätskonstante in der $k_L a$-Gleichung beträgt 2,2 [m$^{-0,8}$] und der Exponent wird mit 0,8 angegeben.

Es soll zunächst die erforderliche Begasungsrate (Istzustand auf den Normzustand 273 [K] und 1,013 [bar] umrechnen) bestimmt werden unter der Annahme, dass der Molenbruch des Kohlendioxids im Abgas 0,04 und der des Sauerstoffs 0,17 ist, und es soll dann die Situation hinsichtlich mechanischer Belastung der Flocken beurteilt werden. Außerdem soll das treibende Gefälle Δc_m (logarithmisch, siehe Tipps) für den Sauerstofftransport bestimmt werden.

Hinweise und Tipps
- Die Istbedingungen beziehen sich auf den Mittelwert des Druckes (arithmetischer Mittelwert).
- Es liegt bezüglich der Gasphase eine reine Pfropfenströmung vor, während die Flüssigkeit vollkommen durchmischt ist.
- Die Sauerstoffmessung ist in halber Flüssigkeitssäulenhöhe.
- Als treibendes, mittleres Konzentrationsgefälle ist das logarithmische zu verwenden und es soll auch berechnet werden, wenn es nicht gebraucht wird.

Zum Einstieg in einen der möglichen Lösungswege isoliert man die gegebenen und die gesuchten Größen.

Gegebene Größen: Blasensäulenreaktor – Myzelpellets mit $d_{Myc} = 30$ [µm]; $X = 18$ [g/L]; ODR $= 117$ [mmol/L/h]; $V_{R,L} = 85$ [m³]; $f_S = 6{,}0$; $T_F = 34$ [°C]; $c_L^* = 0{,}172$ [mol/m³]; $\rho_L = 1{,}08$ [kg/L]; $\eta = 8 \cdot 10^{-3}$ [Pa · s]; $p_{O_2} = 0{,}21$ [bar]; $p^\omega = 1{,}3$ [bar]; $Y_{O_2}^\alpha = 0{,}21$; $Y_{N_2}^\alpha = 0{,}79$; $Y_{O_2}^\omega = 0{,}17$; $Y_{CO_2}^\omega = 0{,}04$; $A_{(kLa)} = 2{,}35$ [m$^{-0,8}$]; $a = 0{,}8$; DO $= 40$ [%].

Gesuchte Größen: q_n [vvm]; Frage beantworten: Ist eine mechanische Belastung zu befürchten?

In **Lösungsebene 1** wird die Lösung weiterentwickelt.

3.6.7
Fermentation im Spiegel des Scale-ups

> Auch die Morphologie spielt bei der Produktivität in einem Bioreaktor für das eine oder andere Verfahren eine wichtige Rolle. Ein Beispiel ist die Herstellung von Zitronensäure mit dem Pilz *Aspergillus niger*. Dieser wächst myzelartig und man hat herausgefunden, dass eine spezielle morphologische Entwicklung des Produktionsstammes die Produktivität begünstigt und die Raum-Zeit-Ausbeute steigt. Bei der Maßstabsvergrößerung sind einige Parameter nicht auf jeden Maßstab übertragbar. Deshalb müssen auch Kompromisse eingegangen werden, z. B. die maximale Größe des Produktionsmaßstabes muss festgelegt werden. Die folgende Aufgabe soll einen solchen Fall repräsentieren.

Zum Zwecke einer Wirkstoffherstellung soll ein Pilz in einem Rührwerksreaktor kontinuierlich fermentiert werden. Der Pilz soll in Flockenform (kugelig) mit einem Durchmesser von 25 [µm] kultiviert werden, weil unter diesen morphologischen Bedingungen die besten Ergebnisse zu erwarten sind. Aufgrund der Morphologieentwicklung und des erforderlichen Sauerstofftransportes ist vom Rührsystem ein gewisses Maß an Scherung aufzubringen.

Der Fermentationsprozess wurde im Labormaßstab (Modell) im 35 L-Fermenter ausgearbeitet und als direkt abhängig vom Verhältnis „Volumenstrom zu Schubspannung" $\dot V/\tau$ erkannt, d. h., es muss für die Maßstabsübertragung $\dot V/\tau$ = idem gelten. Dieses Verhältnis drückt auch aus, wie sich die Mischzeit zur Dispergierung verhält. Es ist bekannt, dass dieses Scale-up-Kriterium nur schwer übertragbar ist [2]. Deshalb wurde im Labormaßstab eine Leistungsdichte von nur 0,3 [W/kg] eingestellt. Dazu ist eine Drehzahl von 350 [upm] erforderlich.

Im Produktionsmaßstab ist ein Gesamtreaktionsvolumen von 1800 [L] erforderlich. Wie viel Reaktoren müssen vorgesehen werden, wenn eine Steigerung der Leistungsdichte um den Faktor 10 noch vertretbar erscheint (geometrische Ähnlichkeit vorausgesetzt)?

Welche Einstellungen sind im Produktionsmaßstab für die Drehzahl n und die Begasungsrate q vorzunehmen, wenn $\mathrm{Ne_b}$ = idem und $k_\mathrm{L}a$ = idem grob angenommen werden kann? Für die Exponenten in der $k_\mathrm{L}a$-Beziehung (vgl. Gl. (A.58c)) gilt das Modell nach Henzler [1]: $a + b = 1$ mit $a = 0{,}42$.

Bei einer Zelldichte von 18 [g/L] beansprucht der Pilz 6,5 [mmol] Sauerstoff pro Gramm und Stunde. Dieser hat einen Schlankheitsgrad von 2,0. Der Prozess soll bei 34 [°C] gefahren werden. Das treibende Konzentrationsgefälle beträgt 0,2 [mol/m³].

Das Medium hat eine Dichte von 1,08 [kg/L] und eine dynamische Viskosität von $8 \cdot 10^{-3}$ [Pa · s]. Die Proportionalitätskonstante in der $k_L a$-Gl. (A.58c) ist mit $1,1 \cdot 10^{-3}$ angegeben.

Hinweise und Tipps
- Man kann auch $\dot{V}^*/\tau^* = \dot{V}/\tau$ schreiben und die gesuchten Größen einsetzen.
- Proportionale Größen verwenden.
- Es liegt vollkommene Durchmischung aller Phasen vor.
- Die Begasungsrate ist nicht gegeben, sondern gesucht.

Für einen der möglichen **Lösungswege** lassen sich die gegebenen sowie die gesuchten Größen zusammenstellen.

Gegebene Größen: $d_{MO} = 25$ [μm]; $\varepsilon_{P,\beta} = 0{,}3$ [W/kg]; $n = 350$ [upm]; $V = 35$ [L]; $V_\Sigma^* = 1800$ [L]; $\varepsilon_{P,\beta}^* = 10 \cdot \varepsilon$; $a = 0{,}42$; $X = 18$ [g/L]; $q_x = 6{,}5$ [mmol/(g h)]; $T = 34$ [°C]; $f_S = 2{,}0$; $C = 1{,}1 \cdot 10^{-3}$; $\Delta c_m = 0{,}2$ [mol/m³]; $\dot{V}/\tau =$ idem; $Ne_b =$ idem; $k_L a =$ idem.

Gesuchte Größen: n^* [upm]; q^* [vvm]; Einzelvolumen eines Bioreaktors $V_{R,L1}$ [L]; Anzahl der Bioreaktoren z [ohne Einheit].

Auch wenn es nicht explizit genannt wurde, so handelt es sich doch um ein Scale-up-Problem. Das fordert die Ähnlichkeitstheorie heraus und damit deren Anwendung. Wie das im Einzelnen gehandhabt werden kann, wird in **Lösungsebene 1** gezeigt.

3.6.8
Vom Schüttelkolben in die Produktion – Hilferuf aus dem Labor

Die Verfahrensentwicklung beginnt im Labor und dort zunächst mit dem gezielten Blick auf die Reaktionsstufe, in der Biotechnologie, die Fermentation. Aus verschiedenen, meist auch nachvollziehbaren Gründen setzt man im Frühstadium der Prozessentwicklung als Reaktoren Schüttelkolben ein [1]. Dort wird dann zunächst das Screening durchgeführt und wenn dann einige „Kandidaten" zum Produktionsstamm „befördert" wurden, werden diese geschüttelt und gerüttelt was das Zeug hält, „weil man sie so lieb hat!"

Dabei wird auch eine Fülle von Daten gewonnen, und es folgt der Gedanke, die Reaktion auch im Großmaßstab zu testen. Doch was soll man dem Produktionsleiter mitteilen? Da in der Regel dort ein Rührwerksfermenter steht, möchte dieser wissen, unter welchen Parametereinstellungen die Fermentation gefahren werden soll. Welche Drehzahl, welche Begasungsrate, welche Temperatur, welcher Druck sollen eingestellt werden und welche Betriebsweise ist angesagt? Schließlich ist es das Ziel, dieselbe Produktivität zu erreichen!

Das genau sind die Fragen, die in der täglichen Praxis gestellt werden.

Aufgabenstellung

Es wird der Auftrag ausgegeben, einen Fermentationsprozess zur Herstellung eines Sekundärstoffwechselproduktes zu entwickeln. Im Screening wurden einige Produktionsstämme ausgewählt. Die besten Ergebnisse hinsichtlich Raum-Zeit-Ausbeute wurden schließlich ausgewählt. Folgende Einstellungen lagen den Resultaten zugrunde:

- Nennvolumen $V_{R,B}$: 300 [mL]
- Reaktionsvolumen $V_{R,L}$: 50 [mL]
- Temperatur (im Inkubator) T: 35 [°C]
- Kopfraumdruck p: Raumbedingungen
- Schüttelfrequenz n: 260 [upm]
- Exzentrizität e: 2,5 [cm]
- Fermentationszeit, netto: 56 [h]
- Endkonzentration: 5 [g/L]

Zur Herstellung von Mustermengen und auch Gewinnung von ersten Scale-up-Erkenntnissen soll die Fermentation in mehreren Technikumsbioreaktoren durchgeführt werden. Dazu stehen ein 50, ein 300 und ein 5000 [L] Reaktor zur Verfügung. Die geometrische Ähnlichkeit ist dabei in allen Maßstäben gegeben. Das macht das Scale-up schon etwas einfacher! Alle Reaktoren sind mit einem dreistufigen Scheibenrührwerk ausgestattet, und die Newton-Zahl im unbegasten Zustand wird mit 6,5 angegeben. Der Schlankheitsgrad ist für alle Reaktoren 2,0 und das Rührerdurchmesserverhältnis 0,35.

An der Rezeptur soll zunächst nichts verändert werden, da man davon ausgeht, dass diese hinsichtlich Verfahrensoptimierung für die Reaktion schon optimiert und hinsichtlich Wirtschaftlichkeit schon abgeschätzt wurde. Dann benötigt der Betriebsleiter in der Produktion die Angaben für die Parametereinstellungen in den einzelnen Maßstäben. Für den Fall, dass im größten Reaktor nur eine feste Drehzahl von 150 [upm] möglich ist, bräuchte er eine Zusatzinformation.

Die erste Frage, die zu beantworten ist, lautet: Welche Scale-up-Kriterien sollen herangezogen werden? Danach werden die Parameter gewählt. Da einige Schüttelkolben mit einem Sauerstoffsensor ausgestattet waren, konnte der Sauerstoffbedarf der Zellen bestimmt werden. Er beträgt 1,95 [$mmol_{O_2}/g_{TS}/h$]. Ebenso ist die „Wärmetönung" (Reaktionsenthalpie) bekannt. Sie ist gekoppelt mit dem Sauerstoffverbrauch und beträgt 500 [kJ/mol_{O_2}]. Der Druck im Kopfraum ist gleichbedeutend mit den Raumbedingungen, also $p^\omega = 1050$ [mbar], und den maximalen Innendurchmesser des Erlenmeyerkolbens erhält man aus Tab. A.1 → $d_{i,max}$.

Folgende Stoffdaten sind weiterhin bekannt: Viskosität $\nu = 3 \cdot 10^{-6}$ [m²/s]; Dichte $\rho_L = 1,3$ [kg/L]; Henry-Koeffizient $H_{O_2} = 810$ [bar · L/mol].

Welche Empfehlungen kann man für den Betriebsleiter aussprechen?

Zunächst ist die Problemstellung wieder zu analysieren und die Aufgabenstellungen herauszuarbeiten. Danach kann man in die Lösungsroutine einsteigen. Man fasst wieder die gegebenen und gesuchten Größen zusammen:

Gegebene Größen: Schüttelkolben: $V_{R,B} = 300$ [mL]; $V_{R,L} = 50$ [mL]; TF = 35 [°C] im Temperierschrank(!); $p^\omega = 1013$ [mbar]; $n_{SK} = 260$ [upm]; $e = 2,5$ [cm]; $t_F = 56$ [h]; $P = 5$ [g/L];
Pilotplant: $V_1^* = 50$ [L]; $V_2^* = 300$ [L]; $V_3^* = 3000$ [L];
$ODR_g = 1,95$ [mmol/g/h]; $q_E = 500$ [kJ/mol]; $Ne_0 = 6,5$; $f_S = 2,0$; $f_R = 0,35$.
Gesuchte Größen: Pilotplant: Scale-up-Kriterien; Einstellparameter – n_i^*; q_i^*; T^*; p_i^*; Verhältnis Wärmeaustauschfläche$_{SOLL}$/Wärmeaustauschfläche$_{IST}$.

Ein Vorschlag zur Lösung des Problems ist in den **Lösungsebenen 1** und **2** zu finden.

3.6.9
Mischgüte und Scherung bei pH-Wert-Kontrolle

Läuft eine Fermentation nicht so gut wie gewünscht, so erscheinen immer wieder Argumente rund um die Scherproblematik. Das gilt insbesondere für die Zellkulturtechnik. Aber auch beim Einsatz von myzelartig wachsenden Pilzen ist das der Fall. Eine exakte Vorhersage die Scherauswirkung auf den Prozess zu treffen, fällt in der Regel sehr schwer, insbesondere, wenn solche Aussagen dann noch mit Fakten und nackten Zahlen belegt werden sollen.

Man muss sich also anders behelfen. Da zu den wichtigsten Basisaufgaben die Homogenisierung oder, anders ausgedrückt, das Mischen gehört und dieser Vorgang mit makroskopischen Transportvorgängen zusammenhängt, liegt es nahe, die Turbulenzausbreitungstheorie nach Kolmogorow anzuwenden. Auf einen sehr kurzen Nenner gebracht sagt es aus, dass Energie vom Eintragsort zunächst in großen Wirbeln weitergetragen wird, die nach und nach in kleinere zerfallen, bis am Ende die kleinsten Wirbel, die sogenannten Kolmogorow-Micro-Eddies, sämtliche Energie durch Reibung dissipieren. Und die Größe dieser verbliebenen Micro-Eddies, die zum „Harakiri" bereit sind, sagt über deren Schädigungspotenzial gegenüber herumschwirrenden Partikeln etwas aus [1, 2]. Sind diese Wirbel viel größer als die Partikel, so können sie keinen Schaden anrichten, denn sie tragen die Partikel in großen Bahnen durch den Raum und es wirken nur geringe Trägheitskräfte. Sind sie hingegen viel kleiner, so „kitzeln" sie zwar nur, doch die ebenfalls vorhandenen größeren Wirbel haben das Potenzial zur Schädigung durch Trägheitskräfte. Besitzen die Micro-Eddies und die Partikel dieselben Abmessungen, so machen sich die Dissipationskräfte als Reibungskräfte bemerkbar und können schädigen. Die nachfolgende Aufgabe behandelt die Fragestellung bezüglich einer Scherbelastung über zwei Maßstäbe hinweg.

Aufgabenstellung

Ein Fermentationsprozess wird mit Zellen durchgeführt, deren längste Abmessung 15 [µm] beträgt. Zum Zwecke der Neutralisation wird dem Fermentationsmedium Lauge zudosiert. Im 63-m³-Bioreaktor wird aus praktischen Gründen nach dem Zweipunktverfahren neutralisiert, d. h., der pH-Sollwert wird in den

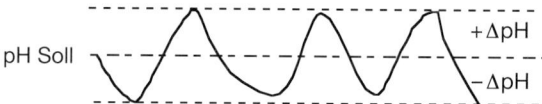

Abb. 3.50 Schematische Darstellung des pH-Verlaufs bei der Zweipunktregelung in der gestellten Aufgabe.

Grenzen $\pm\Delta$pH geregelt. Ist der pH bei $-\Delta$pH angelangt, dann wird spontan (sehr schnell!) so viel Lauge zugegeben, damit der Wert pH $+\Delta$pH erreicht wird.

Da im „negativen" $-\Delta$pH-Bereich der Prozess merklich inhibiert wird, soll der Mischvorgang innerhalb von 10 [s] ablaufen. Da die Zellen scherempfindlich sind, muss darauf geachtet werden, dass die Leistungsdichte im Normalbetrieb so eingestellt wird, dass die kleinsten Wirbel im System um den Faktor zehn über dem Zellendurchmesser liegen. Während des Mischvorganges muss dieser ideale Zustand verlassen werden. Welche Drehzahlen sind im Normalbetrieb und während des Mischvorganges einzustellen?

Der Schlankheitsgrad des Bioreaktors beträgt 2,3, das Rührer-/Kesseldurchmesserverhältnis 0,35 und die Newton-Zahl 4,5. Die Dichte des Mediums bleibt bei 1,12 [kg/L] und die dynamische Viskosität bei $8 \cdot 10^{-3}$ [Pa $\cdot$ s] konstant.

Tipp
Das Kolmogorow-Modell hilft bei der Bearbeitung des Problems, aber es stellt lediglich eine Abschätzung dar.

Lösungsvorschlag
Durch ein klärendes Problemmanagement findet man, dass der pH durch eine relativ ungenaue Zweipunktmethode in die zulässigen Grenzen verwiesen werden soll. Das ermöglicht es, die mechanische Belastung auf die Zellen in zwei Phasen zu unterteilen, nämlich eine kurze Hochbelastungsphase nach der Korrekturmittelzugabe und eine längere Niederbelastungsphase.

Vorschlag: Zunächst die Situation in einer Skizze darstellen und alle Randbedingungen (gegebene und gesuchte Größen) notieren.

Gegebene Größen: $L_Z = 15$ [μm]; $V_{R,L} = 63$ [m^3]; $\Theta = 10$ [s]; $f_S = 2,3$; $f_R = 0,35$; $\rho_L = 1,12$ [kg/L]; $\eta = 8 \cdot 10^{-3}$ [Pa $\cdot$ s]; Ne $= 4,5$.
Gesuchte Größen: Drehzahlen im Normalbetrieb n_{NB} und beim Mischvorgang n_M [min^{-1}].

Jetzt wird wieder die Möglichkeit eingeräumt, den Einstieg in die Lösungsroutine zu wagen. In **Lösungsebene 1** kann man die Ergebnisse mit den Vorschlägen vergleichen.

3.6.10
Lösungsebene 1 zu Abschn. 3.6.1 bis 3.6.9

Lösungsebene 1 zu Abschn. 3.6.1 *Auslegung einer Fermentation*
Für die Suche nach der stationären Substratkonzentration S bietet es sich an, die Monod-Kinetik zu verwenden (vgl. Gl. (A.100)) und man erhält

$$\mu = \mu_{max} \frac{S}{K_S + S} = \frac{\mu_{max}}{2} \tag{3.335}$$

Des Weiteren gilt $\overline{p} = p^\omega$. Stellt man Gl. (3.335) um, so erhält man

$$2 \cdot S = K_S + S \rightarrow 2 \cdot S - S = S = K_S = 0{,}75\,[\text{g/L}] \tag{3.336}$$

Die vereinfachte Gleichung für den spezifischen Stofftransport des Sauerstoffs lautet (vgl. Formelsammlung Gl. (A.63) (allgemeine Form) und Abschn. 1.5, Gl. (1.67))

$$\text{OTR} = k_L \cdot a \cdot \Delta c_m \tag{3.337}$$

mit der Abweichung, dass in Wirklichkeit kein „einfaches" Δc genommen werden kann, sondern ein modifiziertes in Form eines Mittelwertes. In dieser Aufgabenstellung ist es nicht erforderlich, den mittleren Druck zu bestimmen, weil er mithilfe der Annahme gegeben ist. Die Temperatur und die Gelöstsauerstoffkonzentration werden als homogen betrachtet.

Für die spezifische Stofftransferfläche findet man in der Formelsammlung (Gl. (A.61) zusammen mit Gl. (A.42) sowie die Volumen- und Oberflächenberechnung einer Kugel)

$$a = \frac{6 \cdot \varphi_G}{(1 - \varphi_G) \cdot d_{BS}} = \frac{6 \cdot 0{,}3}{(1 - 0{,}3) \cdot 1{,}5 \cdot 10^{-3}} = 1714{,}3\,[\text{m}^{-1}] \tag{3.338}$$

Im Steady State muss die aufgenommene Sauerstoffmenge gleich der abgegebenen sein. Also gilt

$$\text{OTR} = k_L \cdot a \cdot (c_L^* - c_L) = k_L \cdot a_{MO} \cdot c_L = \text{OUR} \tag{3.339}$$

Mit der Voraussetzung, dass der Stoffübergangskoeffizient an der Blase und an der Zelle derselbe ist (Achtung: siehe Abschn. 1.5.1) ergibt sich

$$c_L^* = \frac{1{,}3 \cdot 0{,}15}{1300} = 1{,}5 \cdot 10^{-4}\,\left[\frac{\text{mol}}{\text{L}}\right] \tag{3.340}$$

Es muss noch die spezifische Oberfläche der Zellen bestimmt werden. Dazu gilt

$$a_{MO} = d_x^2 \cdot \pi \cdot X \tag{3.341}$$

und unter Berücksichtigung der Einheiten mit Umrechnungsfaktoren

$$a_{MO} = (2{,}5 \cdot 10^{-6})^2 \cdot \pi \cdot 5 \cdot 10^8 \cdot 10^6 = 9817{,}5\,[\text{m}^{-1}] \tag{3.342}$$

Damit sei die erste Etappe dieser Aufgabenstellung bewältigt. Der weitere Verlauf ist in **Lösungsebene 2** dargestellt.

Lösungsebene 1 zu Abschn. 3.6.2 *Auslegung und Entsorgung*

Um den Lösungsweg beschreiben zu können, muss man zuerst zum Istwert vom Volumenstrom und dem mittleren Druck kommen.

Der Volumenstrom wiederum verlangt die Kenntnis der Flüssigreaktionsvolumen $V_{R,L}$ (vgl. Abschn. 1.6 und [1]). Mithilfe der Faktoren, die die Flüssigkeit verdrängen, das sind Einbauten und der Gas Holdup bzw. über der Flüssigkeit noch ein eigenes Volumen beanspruchen, das Schaumvolumen, kann aus dem gegebenen Bruttovolumen (das ist das Volumen, das man kaufen muss, das also Geld kostet) das Liquidvolumen bestimmt werden [2]

$$V_{R,L} \frac{V_{R,B}}{f_E \cdot f_G \cdot f_F} = \frac{25}{1{,}1 \cdot 1{,}2 \cdot 1{,}1} = 17{,}2\,[\text{m}^3] \tag{3.343}$$

Damit kann man in die eigentliche Auslegung und Berechnung einsteigen. Zunächst liegt es nahe, die Flüssigkeitssäule zu berechnen

$$H_L = \sqrt[3]{\frac{17{,}2 \cdot 4{,}5^2 \cdot 4}{\pi}} = 7{,}63\,[\text{m}] \tag{3.344}$$

und schließlich mit dem gegebenen Schlankheitsgrad den Kesseldurchmesser

$$D = 1{,}7\,[\text{m}] \tag{3.345}$$

Für die Gasleerrohrgeschwindigkeit ist die Querschnittsfläche von Vorteil und diese lässt sich mithilfe des Durchmessers berechnen

$$A = \frac{D^2 \cdot \pi}{4} = \frac{1{,}7^2 \cdot \pi}{4} = 2{,}27\,[\text{m}^2] \tag{3.346}$$

Die Definitionsgleichung für die mittlere hydrodynamische Verweilzeit beinhaltet das Volumen und den Volumenstrom

$$\tau = \frac{V_{R,L}}{\dot{V}_L} \tag{3.347}$$

Durch umstellen erhält man den Volumenstrom

$$\dot{V}_L = \frac{V_{R,L}}{\tau} = \frac{17{,}2}{5} = 3{,}44\,\left[\frac{\text{m}^3}{\text{h}}\right] \tag{3.348}$$

Der auf Normbedingungen bezogene Gärgasstrom greift auf die Angabe zurück, dass die Rate mit dem Flüssigkeitsablauf im Zusammenhang steht

$$\dot{V}_{G,n} = q_n \cdot \dot{V}_L = 20 \cdot 3{,}44 = 68{,}8\,\left[\frac{\text{m}^3_{G,n}}{\text{h}}\right] \tag{3.349}$$

Die Leistungsdichte, die vom Gärstrom beigesteuert wird

$$\varepsilon_{GP} = u_G \cdot g \cdot \frac{H'}{H} = \frac{u_G \cdot g}{2} \tag{3.350}$$

Um aber die korrekten Bedingungen zusammenstellen zu können, muss man zuerst den mittleren Druck, der auf das Gas (Blase) wirkt, bestimmen

$$\overline{p} = p^\omega + \frac{\rho_L \cdot g \cdot H}{2} = 1{,}15 + \frac{0{,}98 \cdot 10^3 \cdot g \cdot 7{,}63}{10^5 \cdot 2} = 1{,}51 \, [\text{bar}] \quad (3.351)$$

Damit wird der Istwert des Gärgasstromes

$$\dot{V}_{\text{Gär,ist}} = 68{,}8 \cdot \frac{1{,}013 \cdot 303}{1{,}51 \cdot 273} = 51{,}23 \left[\frac{\text{m}^3}{\text{h}}\right] \quad (3.352)$$

und schließlich die Gasleerrohrgeschwindigkeit

$$u_G = \frac{\dot{V}_{\text{Gär,ist}}}{A \cdot 3600} = 6{,}27 \cdot 10^{-3} \left[\frac{\text{m}}{\text{s}}\right] \quad (3.353)$$

Der Anteil des Gärgases am Leistungseintrag beträgt somit

$$\varepsilon_{\text{GP,Gär}} = \frac{6{,}27 \cdot 10^{-3} g}{2} = 0{,}031 \left[\frac{\text{W}}{\text{kg}}\right] \quad (3.354)$$

Damit muss der äußere umgewälzte Gasstrom noch die Differenz von

$$\varepsilon_{\text{GP}} = 0{,}15 - 0{,}031 = 0{,}119 \left[\frac{\text{W}}{\text{kg}}\right] \quad (3.355)$$

beisteuern. In diesem Wert steckt auch der zu suchende Umwälzgasstrom.

Außerdem muss die zuständige Säulenhöhe H' noch bestimmt werden. Diese steckt in der Gleichung zur Leistungsdichteberechnung

$$\varepsilon_{\text{GP}} = \frac{\dot{V}_{G,\text{cycle}} \cdot \rho_L \cdot g \cdot H'}{V_{R,L} \cdot \pi \cdot \rho_L} \quad (3.356)$$

Damit wäre die Basis für die Berechnung des spezifischen Leistungseintrages gegeben. In **Lösungsebene 2** kann dann der weitere Verlauf des Lösungsweges nachvollzogen werden.

Lösungsebene 1 zu Abschn. 3.6.3 *Stofftransport mit Begasungsrate*
In der Formelsammlung und auch in der Literatur [1, 2] findet man solche Ansätze, oft mit empirischem Hintergrund, aber auch auf bilanztechnischer Basis. Der Einstieg soll mit der Bilanzgleichung des Gasstromes erfolgen. Diese lautet unter der berechtigten Annahme, dass sich der Stickstoff inert verhält (d. h., am Eingang herrscht derselbe Molenstrom wie am Ausgang)

$$\text{OTR} = \frac{\dot{V}_G}{V_{R,L} \cdot V_M} \cdot \left(Y^\alpha_{O_2} - \frac{Y^\alpha_{N_2}}{Y^\omega_{N_2}} \cdot Y^\omega_{O_2}\right) \quad (3.357)$$

wobei die Molenbrüche für Stickstoff jeweils die Differenz zu eins und der Summe aller anderen Komponenten darstellt. Es gilt also

$$Y^i_{N_2} = 1 - \sum Y^i_c \quad (3.358)$$

mit der Einschränkung $Y_C^i \neq Y_{N_2}^i$. Des Weiteren bleiben in der Praxis häufig alle anderen Komponenten wie Wasserdampf, Argon und sämtliche anderen flüchtigen Substanzen unberücksichtigt (vgl. Abschn. 1.7). Vernachlässigt man Wasserdampf, weil das Analysengas getrocknet wird und sei der Respirationsquotient RQ = 1, dann kann der Bruch in der Klammer von Gl. (3.357) gleich eins sein. Damit vereinfacht sich die gasseitige OTR-Gl. (3.357) zu

$$\text{OTR} = \frac{\dot{V}_G}{V_{R,L} \cdot V_M} \cdot \left(Y_{O_2}^\alpha - Y_{O_2}^\omega \right) \tag{3.359}$$

Da die OTR gegeben ist, fehlt in Gl. (3.359) „nur" noch der Gasvolumenstrom, hier auf den Istzustand bezogen. Auf den Gasvolumenstrom umgestellt, erhält man

$$\dot{V}_G = \frac{\text{OTR} \cdot V_{R,L} \cdot V_M}{\left(Y_{O_2}^\alpha - Y_{O_2}^\omega \right)} \tag{3.360}$$

Neben der OTR ist auch noch das Flüssigkeitsvolumen gegeben, doch die anderen Größen müssen noch berechnet werden. Da im Reaktor verschiedene Druckniveaus bestehen, bezieht man die Betrachtung auf den Mittelpunkt des Reaktors, also auf $H/2$ der Flüssigkeitssäule. Daraus resultiert eine Höhe der reinen Flüssigkeitssäule von

$$H = \sqrt[3]{\frac{V_{R,L} \cdot f_S^2 \cdot 4}{\pi}} = \sqrt[3]{\frac{75 \cdot 2{,}25^2 \cdot 4}{\pi}} = 7{,}85 \,[\text{m}] \tag{3.361}$$

Die Gleichung für den mittleren Druck lässt sich wie folgt angeben

$$\overline{p} = p^\omega + \frac{\rho_L \cdot g \cdot H}{2} = 1{,}5 + \frac{1{,}15 \cdot 10^3 \cdot g \cdot 7{,}85}{2 \cdot 10^5} = 1{,}94 \,[\text{bar}] \tag{3.362}$$

Der Faktor 10^5 ist ein Umrechnungsfaktor und wandelt bar in Pa um. Damit kann man auch gleich den Druck am Reaktoreingang berechnen. Man erhält

$$p^\alpha = 1{,}5 + 1{,}15 \cdot 10^{-2} \cdot g \cdot 7{,}85 = 2{,}39 \,[\text{bar}] \tag{3.363}$$

Wenn jetzt der Umrechnungsfaktor vermisst wird, so ist dieser mit der Dichte zu 10^{-2} verrechnet worden.

Die allgemeine Gasgleichung (vgl. Abschn. 1.7 – Gaszustandsgleichungen)

$$p \cdot V = n \cdot R \cdot T \tag{3.364}$$

angewandt auf die gegebenen Bedingungen ergibt ein Molvolumen von

$$V_M = \frac{V}{n} = \frac{R \cdot T}{\overline{p}} = \frac{8{,}314 \cdot 303}{1{,}94 \cdot 10^5} = 0{,}013 \left[\frac{\text{m}^3}{\text{mol}}\right] \tag{3.365}$$

Damit kann man den Volumenstrom nach Gl. (3.360) berechnen

$$\dot{V}_G = \frac{50 \cdot 75 \cdot 0{,}013}{0{,}21 - 0{,}175} = 1400 \left[\frac{\text{m}^3}{\text{h}}\right]$$

$$\Rightarrow \text{Dimensionsbetrachtung} \quad \left[\frac{\text{mol}}{\text{m}_{R,L}^3 \cdot \text{h}} \cdot \frac{\text{m}_{R,L}^3}{\text{mol}} \frac{\text{m}_G^3}{\text{mol}}\right] \tag{3.366}$$

Wie fast immer gibt es nun mehrere Wege zum Ziel, die Begasungsrate q_{ist} zu berechnen. Ein möglicher Weg führt über die Gasleerrohrgeschwindigkeit (ein anderer Weg wäre über die Querschnittsfläche direkt). Also erhält man

$$u_G = \frac{\dot{V}_G}{Aq} = \frac{1400}{9{,}55 \cdot 3600} = 0{,}041 \left[\frac{m}{s}\right] \qquad (3.367)$$

und damit für die Begasungsrate

$$q_{ist} = \frac{u_G \cdot 60}{H} = \frac{0{,}0407 \cdot 60}{7{,}85} = 0{,}311 \, [vvm] \qquad (3.368)$$

Das scheint ein sehr einfacher Weg zur Lösung gewesen zu sein. Aber warum einfach, wenn es auch kompliziert geht? Besser ausgedrückt sollte man sagen: „Es fördert das Verständnis zur Thematik, wenn man auch den zweiten Weg, also den Weg über die Flüssigphase, wählt". Dieser Weg wäre ohnehin der einzige, wenn die OTR nicht gegeben wäre. Man setzt dann beide Gleichungen für die OTR gleich und isoliert daraus die Gasleerrohrgeschwindigkeit.

Dazu benötigt man neben Gl. (3.359) noch eine weitere Gleichung für die Betrachtung aus der Flüssigkeitsphase. Diese lautet

$$\text{OTR} = k_L \cdot a \cdot \Delta c_m \qquad (3.369)$$

mit den Hilfsgleichungen für den $k_L a$-Wert und der Konzentrationsdifferenz Δc_m

$$k_L \cdot a \cdot \left(\frac{\nu}{g^2}\right)^{1/3} = A \cdot \left[\frac{\varepsilon_g}{(g^4 \cdot \nu)^{1/3}}\right]^a \cdot \left[\frac{u_G}{(g \cdot \nu)^{1/3}}\right]^b \qquad (3.370)$$

$\Delta c_m = c_L^* - c_L$ sowie die Einzelgleichungen $c_L^* = \overline{p} \cdot Y_{O_2}^\omega / H_{O_2}$ und $c_L = \text{DO}/100 \cdot \overline{p} \cdot Y_{O_2}^\alpha / H_{O_2}$ sowie der gegebenen Größe $\varepsilon_{G,P} = 0{,}2 \cdot \varepsilon_g$.

In Gl. (3.370) ist nun eigentlich alles so weit aufbereitet, sodass sich die folgenden Schritte von selbst erklären sollten. In **Lösungsebene 2** sind diese Schritte dann auch detailliert beschrieben.

Lösungsebene 1 zu Abschn. 3.6.4 *Fermentation und Biomassegewinnung*

Wie immer existieren auch hier mehrere Einstiegsmöglichkeiten. In diesem Fall soll mit der Ermittlung der maximalen Wachstumsrate begonnen werden, um daraus die reale Wachstumsrate zu finden. Man macht sich dazu die Wachstumskinetik 1. Ordnung sowie die Verdoppelungszeit zunutze (Formelsammlung, Gl. (A.85)) und erhält

$$\mu_{max} = \frac{\ln 2 \cdot 60}{25} = 1{,}66 \, [h^{-1}] \qquad (3.371)$$

Damit kann man die herrschende Wachstumsrate

$$\mu = \mu_{max} \cdot \frac{c_L}{K_S + c_L} \qquad (3.372)$$

bestimmen, wenn nicht die Gelöstsauerstoffkonzentration fehlen würde. Zunächst wird der mittlere Druck ermittelt, der in der Mitte der (reinen) Flüssigkeitssäule im Reaktor herrscht. Es gilt demnach

$$\overline{p} = 1{,}8 + \frac{1{,}15 \cdot g \cdot 1{,}25}{10^2 \cdot 2} = 1{,}87 \text{ [bar]} \tag{3.373}$$

Die Parameter zur Ermittlung der Sättigungskonzentration sind nun alle gegeben, also

$$c_L^* = \frac{\overline{p} \cdot Y_{O_2}^\omega}{H_{O_2}} = \frac{1{,}87 \cdot 0{,}17}{1800} = 1{,}77 \cdot 10^{-4} \text{ [mol/L]} \tag{3.374}$$

Eine Bilanzgleichung für den Sauerstoff in der Gasphase und der Flüssigphase liefert die gesuchte Größe, denn es gilt, dass die Sauerstofftransferrate auf beiden Seiten im stationären Fall gleich sein muss. Somit bekommt man

$$\text{OTR} = k_L a \cdot \left(c_L^* - c_L\right) = \frac{\dot{V}_{G,n}}{V_{R,L} \cdot V_{M,n}} \cdot \left(Y_{O_2}^\alpha - \frac{Y_{N_2}^\alpha}{Y_{N_2}^\omega} \cdot Y_{O_2}^\omega\right) \tag{3.375}$$

Es fehlt nur noch der Molenbruch des Stickstoffes. Vereinfachend, d. h. unter Vernachlässigung der Spuren von Wasserdampf, Argon und sonstiger flüchtiger Komponenten (vgl. Abschn. 1.7), erhält man

$$Y_{N_2}^\omega = 1 - 0{,}17 - 0{,}07 = 0{,}76 \tag{3.376}$$

Alle verfügbaren Daten in Gl. (3.375) eingesetzt ergeben

$$\text{OTR} = 1950 \cdot 1{,}77 \cdot 10^{-4} - 1950 \cdot c_L = \frac{15}{0{,}25 \cdot 22{,}4} \cdot \left(0{,}21 - \frac{0{,}79}{0{,}76} \cdot 0{,}17\right)$$
$$= 0{,}0892 \tag{3.377}$$

und es resultiert der Wert für die Gelöstkonzentration des Sauerstoffes

$$c_L = \frac{0{,}34515 - 0{,}0892}{1950} = 1{,}313 \cdot 10^{-4} \text{ [mol/L]} \tag{3.378}$$

Es sind nun alle Angaben für die Berechnung der spezifischen Wachstumsrate verfügbar, und man erhält

$$\mu = 1{,}66 \cdot \frac{0{,}1313}{0{,}085 + 0{,}1313} = 0{,}607 \text{ [h}^{-1}] \tag{3.379}$$

Die letzten Schritte sind nun in der **Lösungsebene 2** zu finden. Es handelt sich eigentlich um die Findung der vorgegebenen Zielgrößen Begasungsrate und Produktivität.

Lösungsebene 1 zu Abschn. 3.6.5 *Diffusionskoeffizient bestimmen*

Im Falle stationärer Verhältnisse muss die in das Medium transferierte Sauerstoffmenge (Oxygen Transfer Rate, OTR) gleich der von den Zellen aufgenommenen Menge (Oxygen Uptake Rate, OUR) sein. Es gilt also

$$\text{OTR} = \text{OUR} \tag{3.380}$$

In Abb. 3.49 ist die Situation in der Zweifilmtheorie dargestellt. Demnach wird der aus der Blase transportierte Sauerstoff

$$\text{OTR} = k_L \cdot a \cdot (c_L^* - c_L) \tag{3.381}$$

und der von der Zelle aufgenommene Sauerstoff

$$\text{OUR} = k_L \cdot a_{MO} \cdot c_L \tag{3.382}$$

Dabei bildet sich vor der starren Blase und auch der starren Zelle dieselbe von den gleichen Parametern abhängige laminare Grenzschicht aus (Achtung: vgl. Abschn. 1.5 und Aufgabe 3.5.3). Zudem ist natürlich der Diffusionskoeffizient in beiden laminaren Grenzschichten gleich, weil dieser ja nur vom Stoffsystem und von der Temperatur abhängig ist. Das bedeutet, dass der Stofftransportkoeffizient k_L in beiden Fällen gleich ist und sich herauskürzt (idealisiert).

Zuerst sollen nun die spezifischen Oberflächen bestimmt werden (ein Vorschlag, denn diese sind später noch nützlich). Für die Oberfläche der Zellen (Mikroorganismen, kugelförmig) kann man schreiben

$$a_{MO} = X \cdot d_{MO}^2 \cdot \pi \cdot 10^6 = 2 \cdot 10^8 \cdot (3 \cdot 10^{-6})^2 \cdot \pi \cdot 10^6 = 5654{,}87 \, [\text{m}^{-1}] \tag{3.383}$$

Nahe liegend wäre, jetzt auch gleich die (augenblickliche) Gesamtzellzahl zu bestimmen und man erhält

$$N = X \cdot V_{R,L} = 2 \cdot 10^8 \cdot 5000 \cdot 10^3 = 10^{15} \, [\text{Zellen}] \tag{3.384}$$

Aus dem relativen Gasgehalt lässt sich nun auch die spezifische Stoffaustauschfläche für den OTR ermitteln

$$a = \frac{6 \cdot \phi_G}{(1 - \phi_G) \cdot d_B} = \frac{6 \cdot 0{,}25}{(1 - 0{,}25) \cdot 1{,}5 \cdot 10^{-3}} = 1333{,}33 \, [\text{m}^{-1}] \tag{3.385}$$

wobei folgende Definition für den relativen Gasgehalt zugrunde gelegt wurde

$$\varphi_G = \frac{V_{G,h}}{V_{G,h} + V_{R,L}} = 0{,}25 \tag{3.386}$$

Damit lässt sich der Gas Holdup berechnen

$$V_{G,h} = \frac{\varphi_G \cdot V_{R,L}}{(1 - \varphi_G)} = \frac{0{,}25 \cdot 5000}{(1 - 0{,}25)} = 1666{,}7 \, [\text{L}] \tag{3.387}$$

und damit mit dem mittleren Blasendurchmesser die Blasenzahl

$$n_B = \frac{1{,}667 \cdot 6}{(1{,}5 \cdot 10^{-3})^3 \cdot \pi} = 9{,}43 \cdot 10^8 \, [\text{Blasen}] \tag{3.388}$$

Die knapp eine Milliarde Blasen repräsentieren eine gesamte Oberfläche von

$$A_{P,G} = n_B \cdot A_O = 9{,}43 \cdot 10^8 \cdot (1{,}5 \cdot 10^{-3})^2 \cdot \pi = 6666{,}8\,[\text{m}^2] \tag{3.389}$$

oder auf das Flüssigreaktionsvolumen bezogen, die spezifische Stoffaustauschfläche auf der Blasenseite

$$a = \frac{6666{,}8}{5} = 1333{,}4\,[\text{m}^{-1}] \tag{3.390}$$

Um zur gesuchten Größe, dem Diffusionskoeffizienten, zu kommen, wäre nun der nächste Schritt den repräsentativen Druck, besser den mittleren Druck, zu bestimmen. Doch dies soll erst wieder in **Lösungsebene 2** angegangen werden.

Lösungsebene 1 zu Abschn. 3.6.6 *Wirkstoffherstellung mit Pilz in Blasensäule – Scherung*
Mit den in Abschn. 3.6.6 aufbereiteten Daten kann man in die Lösungsroutine einsteigen. Die Sauerstoffbedarfsrate ist vorgegeben. Da diese über die Transferrate abgedeckt werden muss, gilt folgender Zusammenhang

$$\text{ODR} = \text{OTR} = k_L a \cdot \Delta c_m \tag{3.391}$$

Für die spezifische Sauerstofftransfergeschwindigkeit ist eine empirische Gleichung empfohlen worden (siehe auch Formelsammlung Gl. (A.56)). Wenn man diese zusammen mit Gl. (3.391) betrachtet, so erhält man

$$k_L a = A \cdot q_{\text{ist}} \cdot \left(\frac{H}{0{,}8}\right)^a = \frac{\text{ODR}}{\Delta c_m} \tag{3.392}$$

In Gl. (3.392) fehlen jetzt noch zwei Größen. Zum einen die Flüssigkeitssäulenhöhe H und zum anderen das mittlere treibende Konzentrationsgefälle Δc_m. Man nimmt die Gln. (A.25) und (A.26) aus der Formelsammlung und bildet daraus

$$H = \sqrt[3]{\frac{4 \cdot V_L \cdot f_S^2}{\pi}} = \sqrt[3]{\frac{4 \cdot 85 \cdot 6^2}{\pi}} = 15{,}73\,[\text{m}] \tag{3.393}$$

Da die Gasströmung auch innerhalb des Bioreaktors als Plug-Flow angenommen werden kann, die Gelöstsauerstoffkonzentration im Medium dagegen vollkommen vermischt angenommen wird, ist man gezwungen, ein über den gesamten Reaktor gemitteltes Konzentrationsgefälle zu bestimmen. Mit den dazugehörigen Konzentrationen erhält man für ein mittleres logarithmisches Konzentrationskonzentrationsgefälle mit den Annahmen einer Plug-Flow-Situation des Gases und einer vollkommenen Durchmischung der Flüssigphase

$$\Delta c_m = \frac{\left(c_L^{\alpha*} - c_L\right) - \left(c_L^{\omega*} - c_L\right)}{\ln\left[\left(c_L^{\alpha*} - c_L\right)/\left(c_L^{\omega*} - c_L\right)\right]} \tag{3.394}$$

wobei für die Sättigungskonzentration am Reaktorboden und am Reaktorkopf die beiden Beziehungen

$$c_L^{\alpha*} = \frac{p^\alpha \cdot Y_{O_2}^\alpha}{H_{O_2}} \quad \text{bzw.} \quad c_L^{\omega*} = \frac{p^\omega \cdot Y_{O_2}^\omega}{H_{O_2}} \tag{3.395}$$

gelten.

Jetzt sind die Drücke noch nicht genau zugeordnet. Bei gegebenem Kopfraumdruck erhält man für den Druck am Reaktorboden

$$p^\alpha = p^\omega + \rho_L \cdot g \cdot H = 1{,}3 + \frac{1{,}08 \cdot 10^3 \cdot g \cdot 15{,}73}{10^5} = 2{,}97 \,[\text{bar}] \qquad (3.396)$$

und damit für den Mittelwert, auf den später ja alle Istgrößen bezogen werden, folgt

$$\overline{p} = \frac{p^\alpha + p^\omega}{2} = \frac{2{,}97 + 1{,}3}{2} = 2{,}13 \,[\text{bar}] \qquad (3.397)$$

In Gl. (3.395) ist das Henry'sche Gesetz schon verarbeitet (vgl. auch Formelsammlung Gl. (A.63) Henry'sches Gesetz und [2] sowie [1]). Die Gelöstkonzentration des Sauerstoffs an der Phasengrenze auf der Flüssigkeitsseite ist dem Partialdruck des Sauerstoffs in der Gasphase proportional. Den proportionalen Zusammenhang stellt die Henry-Konstante dar. Daraus resultiert

$$c_L^* = \frac{p^*}{H_{O_2}} \qquad (3.398)$$

und mit den jetzt zur Verfügung stehenden Daten den Wert

$$H_{O_2} = \frac{0{,}21}{0{,}172} = 1{,}221 \left[\frac{\text{bar} \cdot \text{m}^3}{\text{mol}}\right] \qquad (3.399)$$

Beachtet man die Einheiten, so ist es vorteilhaft, abweichend von der sonst üblichen Schreibweise die Henry-Konstante auf das Volumen zu beziehen, man kann dann sofort die Konzentration am Reaktorboden berechnen

$$c_L^{\alpha*} = \frac{2{,}97 \cdot 0{,}21}{1{,}221} = 0{,}51 \left[\frac{\text{mol}}{\text{m}^3}\right] \qquad (3.400)$$

Da die Henry-Konstante lediglich von den Mediumskomponenten und der Temperatur beeinflusst wird, bleibt sie in beiden Fällen gleich, weil die Flüssigkeit sowohl hinsichtlich der Temperatur als auch den Konzentrationen als homogen betrachtet wird. Also erhält man im Reaktorkopf

$$c_L^{\omega*} = \frac{1{,}3 \cdot 0{,}17}{1{,}221} = 0{,}181 \left[\frac{\text{mol}}{\text{m}^3}\right] \qquad (3.401)$$

Die Gelöstkonzentration berechnet sich aus dem Partialdruck in der Gasphase, wie sie während der Kalibrierung vorlag. Und da sie dort am Ende gleich dem Eingangswert war und zu 100 [%] gesetzt wurde, bezieht sich die DO-Anzeige auch auf diesen Wert

$$c_L = \frac{p \cdot Y_{O_2}^\alpha}{H_{O_2}} \frac{\text{DO}}{100} = \frac{2{,}13 \cdot 0{,}21}{1{,}221} \frac{40}{100} = 0{,}1465 \left[\frac{\text{mol}}{\text{m}^3}\right] \qquad (3.402)$$

Man kann aus dieser Betrachtung ersehen, dass für die Fermentation die Zusammensetzung der Zuluft die gleiche Zusammensetzung wie die bei der Kalibrierung haben sollte. Abweichungen davon sind zunächst nicht unbedingt von irreversiblem Schaden, wenn man diesbezüglich die DO-Anzeige richtig einordnet und noch berücksichtigt, dass bei zu hohen Sauerstoffmolenbrüchen die Linearität der DO-Anzeige nicht mehr gegeben ist.

Mit den Werten aus den Gln. (3.400) bis (3.402) erhält man für das mittlere treibende Konzentrationsgefälle

$$\Delta c_m = \frac{(0{,}51 - 0{,}1465) - (0{,}181 - 0{,}1465)}{\ln[(0{,}51 - 0{,}1465)/(0{,}181 - 0{,}1465)]} = 0{,}140 \left[\frac{\text{mol}}{\text{m}^3}\right] \quad (3.403)$$

Nun kann man die Werte aus den Gln. (3.393) und (3.403) in Gl. (3.392) einsetzen und erhält

$$q_{\text{ist}} = \frac{\text{ODR}}{\Delta c_m \cdot A \cdot (H/0{,}8)^a} = \frac{117}{0{,}14 \cdot 2{,}2 \cdot (15{,}73/0{,}8)^{0{,}8} \cdot 60} = 0{,}584\,[\text{vvm}] \quad (3.404)$$

Daraus ist es möglich, die gesuchte Größe q_n zu bestimmen, also die auf Normbedingungen bezogene Begasungsrate

$$q_n = q_{\text{ist}} \cdot \frac{\overline{p} \cdot T_n}{p_n \cdot T} = 0{,}584 \frac{2{,}13 \cdot 273}{1{,}013 \cdot 307} = 1{,}092\,[\text{vvm}] \quad (3.405)$$

> Man beachte den doch merklichen Unterschied zwischen den beiden Begasungsraten! Hatten wir im Nachbarbetrieb neulich nicht einen Kollegen getroffen, der darauf keine Rücksicht nahm und ihm die Zellen „erstickten"?

Da die Messgeräte aber keine Begasungsraten anzeigen können, muss man am Regler einen Volumenstrom einstellen und zwar auch den Normvolumenstrom, weil die Hersteller die Bedingungen, unter denen das Messgerät im Betrieb arbeitet, nicht kennen können. Für den vorliegenden Fall erhält man

$$\dot{V}_n = q_n \cdot V_{R,L} \cdot 60 = 1{,}092 \cdot 85 \cdot 60 \approx 5570 \left[\frac{\text{m}_n^3}{\text{h}}\right] \quad (3.406)$$

oder über die Gasbilanz berechnet

$$\dot{V}_n = \frac{\text{OTR} \cdot V_{R,L} \cdot V_{M,n}}{Y_{O_2}^a - Y_{N_2}^a / Y_{N_2}^\omega \cdot Y_{O_2}^\omega} = \frac{117 \cdot 85 \cdot 0{,}0224}{0{,}21 - 0{,}79/0{,}79 \cdot 0{,}17} \approx 5570 \left[\frac{\text{m}_n^3}{\text{h}}\right] \quad (3.407)$$

Es bleibt noch eine Fragestellung offen, nämlich die bezüglich der Scherung, oder besser ausgedrückt, der Gefahr, dass Scherung das System stören könnte. Dieser Frage wird in der **Lösungsebene 2** nachgegangen.

3.6 Fermentation

Lösungsebene 1 zu Abschn. 3.6.7 *Fermentation im Spiegel des Scale-ups*

Die Begasungsrate, eine der gesuchten Größen, beinhaltet die Gasleerrohrgeschwindigkeit u_G. Diese wiederum wird auch in einer $k_L a$-Gleichung zu finden sein. Die angegebenen Parameter deuten auf die Gleichung

$$\frac{k_L \cdot a}{u_G} \cdot \left(\frac{\nu^2}{g}\right)^{1/3} = C \cdot \left(\frac{\varepsilon_g}{g \cdot u_G}\right)^a \tag{3.408}$$

hin.

Aus Gl. (3.408) kann nun die Gasleerrohrgeschwindigkeit gefunden werden. Wie man aus dieser Gleichung entnehmen kann, benötigt man neben der Konstante C, dem Exponenten a auch noch die kinematische Viskosität ν und den $k_L a$-Wert. Die kinematische Viskosität berechnet man zu

$$\nu = \frac{\eta}{\rho} = \frac{8 \cdot 10^{-3}}{1{,}08 \cdot 10^3} = 7{,}41 \cdot 10^{-6} \, [\text{m}^2/\text{s}] \tag{3.409}$$

den $k_L a$-Wert über die Sauerstoffbedarfsrate ODR, die gleich der OTR gesetzt wird. Es gilt

$$\text{OTR} = \text{ODR} = q_{O_2,x} \cdot X = 6{,}5 \cdot 18 = 117 \left[\frac{\text{mol}}{\text{m}^3 \cdot \text{h}}\right] \tag{3.410}$$

Da auch gilt

$$\text{OTR} = k_L \cdot a \cdot \Delta c_m \tag{3.411}$$

erreicht man durch Umstellen

$$k_L \cdot a = \frac{\text{OTR}}{\Delta c_m} = \frac{117}{0{,}2} = 585 \, [\text{h}^{-1}] \mathrel{\widehat{=}} 0{,}16 \, [\text{s}^{-1}] \tag{3.412}$$

Jetzt muss man Gl. (3.408) heranziehen und man erhält

$$\frac{0{,}16}{u_G} \cdot \left[\frac{(7{,}41 \cdot 10^{-6})^2}{g}\right]^{1/3} = 1{,}1 \cdot 10^{-3} \cdot \left(\frac{0{,}3}{g \cdot u_G}\right)^{0{,}42} \tag{3.413}$$

bzw.

$$2{,}84 \cdot 10^{-5} = 2{,}54 \cdot 10^{-4} \cdot u_G \cdot u_G^{-0{,}42} \tag{3.414}$$

und

$$u_G = 0{,}117^{1/0{,}58} = 0{,}0228 \, [\text{m/s}] \tag{3.415}$$

mit

$$H = \sqrt[3]{\frac{V \cdot 4 \cdot f_S^2}{\pi}} = \sqrt[3]{\frac{0{,}035 \cdot 4 \cdot 2^2}{\pi}} = 0{,}563 \, [\text{m}] \tag{3.416}$$

letztendlich

$$q = \frac{u_G \cdot 60}{H} = \frac{0{,}0228 \cdot 60}{0{,}563} = 2{,}43\,[\text{vvm}] \tag{3.417}$$

die Begasungsrate für den Labormaßstab.

Jetzt werden die Betrachtungen auf den Produktionsmaßstab gerichtet. Die bereits bearbeitete Gl. (3.413) hat folgendes Aussehen

$$2{,}84 \cdot 10^{-5} = u_G^{0{,}58} \cdot \left[\frac{3{,}0}{g}\right]^{0{,}42} \cdot 1{,}1 \cdot 10^{-3} \tag{3.418}$$

Umgestellt nach der Gasleerrohrgeschwindigkeit erhält man

$$u_G^* = \left[\frac{2{,}84 \cdot 10^{-5}}{0{,}608 \cdot 1{,}1 \cdot 10^{-3}}\right]^{1/0{,}58} = 4{,}31 \cdot 10^{-3}\,[\text{m/s}] \tag{3.419}$$

Daraus gleich zum Ziel zu kommen, ist hier leider nicht möglich, denn es fehlt für die Gleichung

$$q^* = \frac{u_G^* \cdot 60}{H^*} \tag{3.420}$$

noch die Höhe der Flüssigkeitssäule im Produktionsmaßstab. Es gilt auch hier die Gl. (3.416), nur ist das Volumen des Einzelreaktors noch nicht bekannt, wohl aber das Gesamtreaktionsvolumen. Um das Einzelvolumen zu bekommen, muss man die vorgegebene Scherung ins Spiel bringen. Es ist das Verhältnis von Volumenstrom und Scherung (ausgedrückt durch die Schubspannung) vorgegeben, was gleichbedeutend mit dem Verhältnis aus Mischfähigkeit und Dispergierung ist,

$$\frac{\dot{V}}{\tau} = \text{idem} \tag{3.421}$$

Diesen Zusammenhang kann man auch unter dem Aspekt der Proportionalitätsbetrachtung darstellen. Der Volumenstrom mit der Einheit [m³/s] benötigt aus dem betrachteten System also eine Größe, welche die Einheit [1/s] mitbringt und mindestens eine weitere, welche die Einheit [m³] bereitstellt. In einem Rührwerksreaktor ist sowohl der Rührerdurchmesser als auch dessen Drehzahl relevant, denn weder bei $n = 0$ [upm bzw. 1/s] noch bei einem Rührerdurchmesser von $d_R = 0$ [m] kann ein Volumenstrom erzeugt werden und je größer beide Parameter sind, desto höher wird der Volumenstrom. Man kann also schreiben (vgl. Abschn. 2.1, Typ 3 und [2])

$$\tau \propto \rho_L \cdot w^2 \propto \rho_L \cdot n^2 \cdot d_R^2 \left[\frac{\text{N}}{\text{m}^2}\right] \tag{3.422}$$

Ähnlich kann man bei der Schubspannung analog einem Druckverlust mit der Einheit [N/m²] vorgehen. Aus der Strömungslehre ist bekannt, dass der Druckverlust proportional zur Strömungsgeschwindigkeit und bei turbulenter Strömung proportional zum Quadrat der Strömungsgeschwindigkeit ist. Demnach kann man für die Schubspannung folgenden Zusammenhang formulieren

$$\tau \propto \rho_L \cdot w^2 \propto \rho_L \cdot n^2 \cdot d_R^2 \left[\frac{\text{N}}{\text{m}^2}\right] \tag{3.423}$$

Die Dichte wird bei Maßstabsübertragungen in der Biotechnologie gleich sein und später wegfallen, doch hier empfiehlt es sich, sie erst mal einzuführen, um die erwartete Einheit zu bekommen. Man erhält nun

$$\frac{\dot V}{\tau} \propto \frac{n \cdot d_R^3}{n^2 \cdot d_R^2} = \frac{d_R}{n} = \text{idem} \tag{3.424}$$

Es steht nun die Frage im Raum, wie unter dieser Betrachtung die Leistungsdichte dasteht. Als proportionale Betrachtung findet man dann (vgl. Formelsammlung Gl. (A.2) mit Gl. (A.3) und [2])

$$\varepsilon \propto n^3 \cdot d_R^2 \tag{3.425}$$

Wird diese Betrachtung auf beide Maßstäbe angewandt, so entfällt die Proportionalitätskonstante erneut und man gelangt zu

$$\frac{\varepsilon^*}{\varepsilon} = \left(\frac{n^*}{n}\right)^3 \cdot \left(\frac{d_R^*}{d_R}\right)^2 \tag{3.426}$$

Durch weitere Umstellung erhält man die nachfolgend dargestellte Gleichungskette

$$\frac{n^*}{n} = \left(\frac{\varepsilon^*}{\varepsilon}\right)^{1/3} \cdot \left(\frac{d_R}{d_R^*}\right)^{2/3} \quad \text{und dann}$$

$$\frac{d_R^*}{d_R} \cdot \frac{n}{n^*} = 1 = \frac{d_R^*}{d_R} \cdot \left(\frac{\varepsilon}{\varepsilon^*}\right)^{1/3} \cdot \left(\frac{d_R^*}{d_R}\right)^{2/3} = 0{,}464 \cdot \left(\frac{d_R^*}{d_R}\right)^{5/3} \tag{3.427}$$

Führt man, wie in Abschn. 1.9 beschrieben, das Volumen für den Durchmesser ein, dann erhält man bei angenommener geometrischer Ähnlichkeit

$$2{,}145 = \left(\frac{d_R^*}{d_R}\right)^{5/3} = \left(\frac{V^*}{V}\right)^{5/9} = \left(\frac{V^*}{35}\right)^{5/9} \tag{3.428}$$

und letztendlich für das Einzelvolumen im Produktionsmaßstab

$$V^* = 2{,}15^{9/5} \cdot 35 = 140\,[\text{L}]$$

Wie dieses Volumen nun in einer Anlage unterzubringen ist, soll in **Lösungsebene 2** beschrieben werden.

Lösungsebene 1 zu Abschn. 3.6.8 *Vom Schüttelkolben in die Produktion*
Bevor man an die Festlegung der Scale-up-Kriterien geht, empfiehlt es sich, vielleicht die Situationen im Schüttelkolben zu charakterisieren [2]. Wichtige Parameter sind sicherlich die eingetragene Leistung in Form der Leistungsdichte (vgl. Abschn. 1.1) und das Angebot sowie der Verbrauch an Sauerstoff. Eventuell ergibt sich daraus schon ein Hinweis, ob im Schüttelkolben limitierende Verhältnisse hinsichtlich Sauerstoffangebot herrschen.

Für den spezifischen Leistungseintrag in einen Schüttelkolben ohne Stromstörer bietet sich die dimensionsgerechte Gl. (A.19) an. Da dazu auch die Reynolds-Zahl erforderlich ist, ermittelt man zunächst diese mit Gl. (A.20) und erhält

$$\mathrm{Re} = \frac{n \cdot d_{i,\mathrm{max}}^2}{\nu} = \frac{(260/60) \cdot (82 \cdot 10^{-3})^2}{3 \cdot 10^{-6}} = 9712 \quad (3.429)$$

Damit geht man in Gl. (A.19) und die Leistungsdichte berechnet sich zu

$$\varepsilon = 2{,}0 \cdot \frac{n^3 \cdot d_{i,\mathrm{max}}^4}{V_{\mathrm{R,L}}^{2/3} \cdot \mathrm{Re}^{0,2}} = 2{,}0 \cdot \frac{(260/60)^3 \cdot (82 \cdot 10^{-3})^4}{(50 \cdot 10^{-6})^{2/3} \cdot 9712^{0,2}} = 0{,}86 \left[\frac{\mathrm{W}}{\mathrm{kg}}\right] \quad (3.430)$$

oder auf das Reaktionsvolumen bezogen

$$\frac{P}{V} = \varepsilon \cdot \rho_{\mathrm{L}} = 0{,}86 \cdot 1{,}3 = 1{,}12 \left[\frac{\mathrm{W}}{\mathrm{L}}\right] \quad (3.431)$$

Diesen Wert kann man mithilfe der Hilfsdiagramme B.13 und/oder B.14 vergleichen. Da beide Fälle nicht exakt den vorliegenden Fall abbilden, geht man zuerst in Abb. B.13 und findet bei 260 [upm] einen Wert von 0,6 [W/L]. Dieser Wert ist niedriger, da er aber für einen kleineren Schüttelkolben gilt kann er als konservativ angenommen werden. Aus Abb. B.14 hingegen kann man für den 300-mL-Kolben einen Wert von 1,3 [W/L] ablesen. Da der zugrunde liegende Kolben aber nur mit 30 [mL] Reaktionsflüssigkeit gefüllt war, ist der Wert erwartungsgemäß deutlich erhöht. Damit kann das Ergebnis aus Gl. (3.431) als valide erachtet werden.

Ebenso augenscheinlich liegt es auf der Hand, den Sauerstoffbedarf ODR zu bestimmen. Mit den dazu gegebenen Größen erhält man

$$\mathrm{ODR} = X \cdot q_{\mathrm{O}_2} = 5 \cdot 1{,}95 \cdot 10^{-3} = 0{,}00975 \left[\frac{\mathrm{mol}}{\mathrm{L} \cdot \mathrm{h}}\right] \quad (3.432)$$

Zur Berechnung des dazugehörigen Pendants OTR empfiehlt es sich Gl. (A.63) anzuwenden. Diese ist für vollkommene Durchmischung und geringe Flüssigkeitssäulen gültig. Beide Randbedingungen sollten in einem Schüttelkolben gegeben sein! Man erhält damit

$$\mathrm{OTR} = k_{\mathrm{L}} \cdot a \cdot \left(c_{\mathrm{L}}^* - c_{\mathrm{L}}\right) \quad (3.433)$$

Für den spezifischen Stofftransportkoeffizienten in einem zwangsbegasten Reaktor lässt sich durch klare Zusammenhänge darstellen (vgl. Gln. (A.55) bis (A.59)). Bei Schüttelkolben ist es etwas komplizierter, weil insbesondere auch die benetzte Kolbenwand einen merklichen Einfluss darauf hat, der schwierig einzubeziehen ist. Dennoch sind einige empirische Gleichungen bekannt [2]. Eine davon ist Gl. (A.69). Mit dieser Gleichung erhält man

$$\frac{0{,}13}{c_{\mathrm{L}}^*} \cdot \left(\frac{P}{V}\right)^{0,31} \cdot V^{-0,64} = k_{\mathrm{L}} \cdot a = \frac{0{,}13}{(0{,}00026 - 0)} \cdot 0{,}66^{0,31} \cdot 50^{-0,64}$$

$$= 35{,}95 \, [\mathrm{h}^{-1}] \quad (3.434)$$

3.6 Fermentation | 275

Damit lässt sich auch die Sauerstofftransferrate berechnen

$$\text{OTR} = k_L \cdot a \cdot (c_L^* - c_L) = 35{,}6 \cdot (0{,}000\,26 - 0) = 0{,}009\,37 \left[\frac{\text{mol}}{\text{L} \cdot \text{h}}\right] \quad (3.435)$$

Aus den gegebenen Daten konnten nun inzwischen einige Fakten zusammengetragen werden. Dann liegt es nahe, auch noch die Wärmesituation zu behandeln. Die Reaktionswärme ist bei aeroben Fermentationen mit dem Sauerstoffverbrauch gekoppelt. Man findet in der Literatur [2] den Wert $q_{O_2} = 500\,[\text{kJ/mol}_{O_2}]$ und damit für die vorliegende Situation

$$\dot{Q}_F = \dot{q}_{O_2} \cdot \text{ODR} = \frac{500 \cdot 0{,}009\,75}{3600} \cdot 1000 = 1{,}35\,[\text{W/L}] \quad (3.436)$$

Zusammen mit der eingetragenen Rührwerksleistung ergibt das

$$\dot{Q}_{\text{ges}} = \dot{Q}_F + \dot{Q}_R = 1{,}35 + 1{,}12 = 2{,}48\,[\text{W/L}] \quad (3.437)$$

Die nächsten Schritte sollen nun in der **Lösungsebene 2** dargelegt werden.

Lösungsebene 1 zu Abschn. 3.6.9 *Mischgüte und Scherung bei pH-Wert-Kontrolle*
Nachfolgend ist ein Lösungsvorschlag für die vorliegende Fragestellung gegeben.
Die zentrale Gleichung ist diesmal

$$\eta = \left(\frac{v^3}{\varepsilon}\right)^{1/4} \quad (3.438)$$

aus einer Dimensionsanalyse gewonnen und beinhaltet nur zwei Parameter: die kinematische Viskosität oder auch den molekularen Ausgleichskoeffizienten des Impulses [m²/s] und die mittlere Leistungsdichte [W/kg].
Zunächst berechnet man die kinematische Viskosität. Aus der dynamischen Viskosität und der Dichte erhält man

$$v = \frac{\eta_L}{\rho_L} = \frac{8 \cdot 10^{-3}}{1{,}12 \cdot 10^3} = 7{,}14 \cdot 10^{-6}\,\left[\frac{\text{m}^2}{\text{s}}\right] \quad (3.439)$$

Der angegebene kritische Wirbeldurchmesser kann mit

$$\eta = 10 \cdot L_Z = 10 \cdot 15 = 150\,[\mu\text{m}] = 1{,}5 \cdot 10^{-4}\,[\text{m}] \quad (3.440)$$

angegeben werden.
Durch Umstellen von Gl. (3.438) gelangt man zu einem Zusammenhang für die Leistungsdichte für die Situation $\eta \to L_Z$

$$\varepsilon = \frac{v^3}{\eta^4} = \frac{(7{,}14 \cdot 10^{-6})^3}{(1{,}5 \cdot 10^{-4})^4} = 0{,}72\,\left[\frac{\text{W}}{\text{kg}}\right] \quad (3.441)$$

Um die nächsten Schritte einzuleiten, braucht man zunächst die maßgebenden Abmessungen des Reaktors. Zunächst berechnet man die Höhe der Flüssigkeitssäule, also des Mediums, und erhält (vgl. Gln. (A.25) und (A.26))

$$H = \sqrt[3]{\frac{V_{R,L} \cdot f_S^2 \cdot 4}{\pi}} = \sqrt[3]{\frac{63 \cdot 2{,}3^2 \cdot 4}{\pi}} = 7{,}5\,[\text{m}] \quad (3.442)$$

Durch umstellen von Gl. (A.26) erhält man die Berechnungsgleichung für den Reaktordurchmesser

$$D = \frac{H}{f_S} = \frac{7{,}5}{2{,}3} = 3{,}26 \, [\text{m}] \tag{3.443}$$

und schließlich mit Gl. (A.29) den Rührwerksdurchmesser, der eigentlich maßgebend für den Leistungseintrag zeichnet. Man erhält

$$d_R = f_R \cdot D = 0{,}35 \cdot 3{,}26 = 1{,}14 \, [\text{m}] \tag{3.444}$$

Mit Gl. (A.2) kann der Gesamtleistungseintrag berechnet werden. Man erhält

$$P_R = \text{Ne} \cdot \rho_L \cdot n^3 \cdot d_R^5 = \varepsilon_R \cdot V_{R,L} \cdot \rho_L = 0{,}72 \cdot 63 \cdot 1{,}12 = 50{,}80 \, [\text{kW}] \tag{3.445}$$

Durch Umstellung von Gl. (A.2) kann schließlich die Drehzahl gefunden werden

$$n_{N,B} = \sqrt[3]{\frac{P_R}{\text{Ne} \cdot \rho_L \cdot d_R^5}} = \sqrt[3]{\frac{50\,800}{4{,}5 \cdot 1{,}12 \cdot 10^3 \cdot 1{,}145}} = 1{,}736 \, [\text{s}^{-1}] \stackrel{\wedge}{=} 104 \, [\text{min}^{-1}] \tag{3.446}$$

Damit ist der erste Schritt getan. Nun folgt der zweite Schritt. Die vorgeschlagene Lösungsroutine ist in **Lösungsebene 2** zu finden.

3.6.11
Lösungsebene 2 zu Abschn. 3.6.1 bis 3.6.9

Lösungsebene 2 zu Abschn. 3.6.1 *Auslegung einer Fermentation*
Da in Lösungsebene 1 die spezifischen Stoffaustauschflächen um die Blasen und auch um die Zellen ermittelt wurden, kann mit Gl. (3.339) fortgefahren werden

$$c_L^* - c_L = \frac{a_{MO}}{a} \cdot c_L = \frac{9817{,}5}{1714{,}3} \cdot c_L \tag{3.447}$$

und dann

$$c_L^* - c_L - 5{,}73 = 0 \tag{3.448}$$

Das führt schließlich zu

$$c_L = \frac{1{,}5 \cdot 10^{-4}}{6{,}37} = 2{,}23 \cdot 10^{-5} \, \left[\frac{\text{mol}}{\text{L}}\right] \tag{3.449}$$

und damit zur mittleren Konzentrationsdifferenz

$$\Delta c_m = c_L^* - c_L = 1{,}5 \cdot 10^{-4} - 2{,}23 \cdot 10^{-5} = 1{,}28 \cdot 10^{-4} \, \left[\frac{\text{mol}}{\text{L}}\right] \tag{3.450}$$

Somit hat man die Basis zur Bestimmung des spezifischen Stofftransportkoeffizienten geschaffen

$$k_L \cdot a = \frac{\text{OTR}}{\Delta c_m} = \frac{85}{1{,}28 \cdot 10^{-4} \cdot 10^3} = 664 \, [\text{h}^{-1}] = 0{,}184 \, [\text{s}^{-1}] \tag{3.451}$$

Ein Blick zurück zur gegebenen Gleichung, so erhält man

$$\frac{0{,}184}{2 \cdot 10^{-4}} = \left(\frac{g^2}{2 \cdot 10^{-6}}\right)^{1/3} \cdot \left(\frac{1}{g \cdot 0{,}05}\right)^{0{,}7} \cdot \varepsilon^{0{,}7} \tag{3.452}$$

und somit eine Beziehung für die gesuchte Leistungsdichte

$$922{,}2 = 363{,}7 \cdot 1{,}65 \cdot \varepsilon^{0{,}7} \tag{3.453}$$

$$\rightarrow \varepsilon = \left(\frac{922{,}2}{1{,}65 \cdot 363{,}7}\right)^{1/0{,}7} = 1{,}85 \left[\frac{W}{L}\right] \tag{3.454}$$

Die letzte verbliebene Aufgabe ist noch die Bestimmung der Verdünnungsrate D. Dazu muss man wissen, dass im stationären Zustand einer kontinuierlich betriebenen Kultur ohne Rückführung $\mu = D$ gilt und somit

$$\mu = D = \frac{1{,}2}{2} = 0{,}6\,[\mathrm{h}^{-1}] \tag{3.455}$$

womit die gesamte Aufgabe gelöst ist.

Lösungsebene 2 zu Abschn. 3.6.2 *Auslegung und Entsorgung*
Bis zur Gleichung zur Berechnung der potenziellen, spezifischen, massenbezogenen Leistungsdichte wurde die Aufgabe in Lösungsebene 1 bereits gelöst. Nun sollen nachfolgend noch die fehlenden Größen bestimmt werden.

Zur Berechnung von H' entnimmt man aus den Angaben den Hinweis, dass das Gas im Abstand vom Reaktorboden ein Viertel von der Gesamtreaktorhöhe ausmacht und erhält

$$H' = H_\mathrm{L} - \frac{1}{4} \cdot H_\mathrm{B} \tag{3.456}$$

Es fehlt noch die Gesamtreaktorhöhe, und die kann man aus der Volumenberechnung erhalten

$$V_\mathrm{R,B} = \frac{D^2 \cdot \pi}{4} \cdot H_\mathrm{B} \tag{3.457}$$

und schließlich die Bruttohöhe

$$H_\mathrm{B} = \frac{V_\mathrm{R,B} \cdot 4}{D^2 \cdot \pi} = \frac{25 \cdot 4}{1{,}7^2 \cdot \pi} = 11{,}0\,[\mathrm{m}] \tag{3.458}$$

Mit diesem Wert in Gl. (3.456) erhält man

$$H' = 7{,}63 - \frac{11}{4} = 4{,}88\,[\mathrm{m}] \tag{3.459}$$

Damit kann auch der mittlere Druck bestimmt werden

$$\overline{p}_\mathrm{neu} = 1{,}15 + \frac{0{,}98 \cdot g \cdot 4{,}88}{10^2 \cdot 2} = 1{,}38\,[\mathrm{bar}] \tag{3.460}$$

Für die Umwälzmenge gilt damit

$$\dot{V}_{G,\text{cycle}} = \frac{0{,}119 \cdot 17{,}2}{g \cdot 4{,}88} = 0{,}043 \left[\frac{\text{m}^3}{\text{s}}\right] \quad (3.461)$$

Um den Gasstrom in einen Massenstrom umzurechnen, benötigt man die Gasdichte

$$\overline{\rho}_G = \frac{\overline{p} \cdot \overline{M}}{R \cdot T} = \frac{1{,}38 \cdot 10^5 \cdot 23}{8{,}314 \cdot 303} = 1260 \left[\frac{\text{g}}{\text{m}^3}\right] \quad (3.462)$$

und die mittlere Molmasse

$$\overline{M} = 16 \cdot 0{,}75 + 44 \cdot 0{,}25 = 23{,}0 \left[\frac{\text{g}}{\text{mol}}\right] \quad (3.463)$$

und letztendlich den Massenstrom

$$\dot{m}_{\text{Gas}} = \dot{V}_G \cdot \overline{\rho} = 0{,}043 \cdot 1260 = 54{,}2 \left[\frac{\text{g}}{\text{s}}\right] = 195 \left[\frac{\text{kg}}{\text{h}}\right] \quad (3.464)$$

Es sind also zusätzlich außerhalb des Reaktors 195 [kg/h] umzuwälzen. Die Aufgabe ist hiermit gelöst.

Lösungsebene 2 zu Abschn. 3.6.3 *Stofftransport mit Begasungsrate*
Ausgehend von Gl. (3.370) und zusammen mit Gl. (3.357) sowie aus der Formelsammlung Gln. (A.52) und (A.53) findet man eine Gleichung, die nur noch die Gasleerrohrgeschwindigkeit als unbekannte Größe enthält. Es gilt demnach

$$\frac{u_G \cdot A_q}{V_{R,L} \cdot V_M} \cdot \left(Y_{O_2}^{\alpha} - \frac{Y_{N_2}^{\alpha}}{Y_{N_2}^{\omega}} Y_{O_2}^{\omega}\right) = \frac{A}{(\nu/g^2)^{1/3}} \cdot \left[\frac{u_G \cdot g}{0{,}2 \cdot (g^4 \cdot \nu)^{1/3}}\right]^a$$

$$\cdot \left[\frac{u_G}{(g \cdot \nu)^{1/3}}\right]^b \cdot (c_L^* - c_L) \quad (3.465)$$

Durch Umstellen nach der gesuchten Größe erhält man schließlich

$$u_G^{(1-(a+b))} = \frac{A \cdot V_{R,L} \cdot V_M}{\left(\frac{\nu}{g^2}\right)^{1/3} \cdot A_q \cdot \left(Y_{O_2}^{\alpha} - \frac{Y_{N_2}^{\alpha}}{Y_{N_2}^{\omega}} Y_{O_2}^{\omega}\right)} \cdot \left[\frac{g}{0{,}2 \cdot (g^4 \cdot \nu)^{1/3}}\right]^a$$

$$\cdot \left[\frac{1}{(g \cdot \nu)^{1/3}}\right]^b \cdot (c_L^* - c_L) \quad \text{bzw.}$$

$$u_G = \left\{\frac{A \cdot V_{R,L} \cdot V_M}{\left(\frac{\nu}{g^2}\right)^{1/3} \cdot A_q \cdot \left(Y_{O_2}^{\alpha} - \frac{Y_{N_2}^{\alpha}}{Y_{N_2}^{\omega}} Y_{O_2}^{\omega}\right)} \cdot \left[\frac{g}{0{,}2 \cdot (g^4 \cdot \nu)^{1/3}}\right]^a \right.$$

$$\left. \cdot \left[\frac{1}{(g \cdot \nu)^{1/3}}\right]^b \cdot (c_L^* - c_L)\right\}^{(1-(a+b))} \quad (3.466)$$

3.6 Fermentation

Diese Gleichung muss nur noch mit den Zahlenwerten ausgestattet werden. Es gilt

$$c_L^* = \frac{\overline{p} \cdot Y_{O_2}^\omega}{H_{O_2}} = \frac{1{,}94 \cdot 0{,}175 \cdot 10^3}{1943} = 0{,}175 \left[\frac{\text{mol}}{\text{m}^3}\right] \tag{3.467}$$

$$c_L = \frac{DO}{100} \cdot \frac{\overline{p} \cdot Y_{O_2}^\alpha}{H_{O_2}} = \frac{20}{100} \cdot \frac{1{,}94 \cdot 0{,}21 \cdot 10^3}{1943} = 0{,}042 \,[\text{mol}/\text{m}^3] \tag{3.468}$$

sowie für die kinematische Viskosität (auch „Ausgleichskoeffizient des Impulses" genannt – in Analogie zum „Diffusionskoeffizienten" und zur „Wärmeleitzahl")

$$\nu = \frac{\eta}{\rho_L} = \frac{15 \cdot 10^{-3}}{1150} = 1{,}3 \cdot 10^{-5} \left[\frac{\text{m}^2}{\text{s}}\right] \tag{3.469}$$

$$u_G = \left\{ \frac{4 \cdot 10^{-4} \cdot 75 \cdot 0{,}013}{\left(\frac{1{,}3 \cdot 10^{-5}}{g^2}\right)^{1/3} \cdot A_q \cdot \left(0{,}21 - \frac{1}{1} \cdot 0{,}175\right)} \cdot \left[\frac{g}{0{,}2 \cdot (g^4 \cdot 1{,}3 \cdot 10^{-5})^{1/3}}\right]^{0{,}3} \right.$$

$$\left. \cdot \left[\frac{1}{(g \cdot 1{,}3 \cdot 10^{-5})^{1/3}}\right]^{0{,}55} \cdot (0{,}175 - 0{,}042) \right\}^{\frac{1}{(1-(0{,}3+0{,}55))}}$$

$$u_G = 0{,}041 \,[\text{m}/\text{s}] \tag{3.470}$$

Mit diesem Ergebnis geht man wieder in Gl. (3.368) und erhält die auf Istbedingungen bezogene Begasungsrate $q_\text{ist} = 0{,}311$ [vvm].

> Kritik!
> „Was soll nun diese Spielerei? Da hat sich wieder einmal ein Ingenieur richtig ausgelassen!"
> „Naja, Applied Mathematics, die Sprache der Wissenschaft, damit man weiß, wie man's schafft!" könnte die Antwort sein. Aber wertvoller ist die Erkenntnis, dass man nun die Begasungsrate genau einstellen kann, denn in der Schlussabrechnung ist der Einsatz von Fermentationsluft oft ein nicht zu unterschätzender Kostenfaktor (vgl. [2] Kapitel 9.1.2 Produktionskostenschätzung ... Kostenstrukturen und Aufgabe 3.9.1). Man kann also dem Prinzip „nur so viel Sauerstoff einzutragen wie man braucht" gerecht werden. Also OTR = ODR = OUR und alle sind zufrieden.

Lösungsebene 2 zu Abschn. 3.6.4 *Fermentation und Biomassegewinnung*
Jetzt bleibt die Bestimmung der Produktivität übrig. Im vorliegenden Fall ist das die Biomassebildung. Das bedeutet, man braucht dazu den Flüssigkeitsvolumenstrom bzw. die auf das Reaktionsvolumen bezogene Verdünnungsrate D. Dazu setzt man für den vorliegenden stationären Fall eine Bilanzgleichung für die Biomasse an

$$\frac{\mathrm{d}X}{\mathrm{d}t} = \dot{V}_\mathrm{L} \cdot (X^\alpha - X) + \mu \cdot X \cdot V_\mathrm{R,L} \tag{3.471}$$

In der sehr sinnvollen Annahme, dass im Zulauf keine Biomasse hinzugegeben wird, erhält man aus Gl. (3.471)

$$D = \mu \tag{3.472}$$

Das heißt, die Verdünnungsrate ist identisch mit der spezifischen Wachstumsrate, was logisch ist, weil ansonsten die Biomasse im Reaktor ohne Rückhaltevorrichtung nicht konstant gehalten werden kann.

Der nächste Schritt zur Produktivität ist nun nicht mehr schwer und man erhält über eine kleine Dimensionsbetrachtung für die Produktivität

$$P_X = D \cdot X \cdot V_\mathrm{R,L} = 0{,}607 \cdot 12 \cdot 250 = 1821 \,[\mathrm{g/h}] = 1{,}821 \,[\mathrm{kg/h}] \tag{3.473}$$

oder auch die spezifische „Ausgabe"

$$r_X = k_X \cdot X = \mu \cdot X = 0{,}607 \cdot 12 = 7{,}28 \,[\mathrm{g/(L \cdot h)}] \tag{3.474}$$

Aus der Aufgabenstellung bleibt noch die Berechnung der Begasungsrate im Istzustand übrig. Dazu hilft der gegebene, auf Normbedingungen bezogene Volumenstrom und die allgemeine Gasgleichung (vgl. Abschn. 1.7), die auf beide Zustände angewandt und in einer Gleichung vereint wird. Das Resultat ist

$$q_\mathrm{ist} = \frac{\dot{V}_\mathrm{G,ist}}{V_\mathrm{R,L}} = \frac{\dot{V}_\mathrm{G,n}}{V_\mathrm{R,L}} \cdot \frac{p_\mathrm{n} \cdot T}{p \cdot T_\mathrm{n}} = \frac{15 \cdot 1{,}013 \cdot 310{,}15}{0{,}25 \cdot 1{,}87 \cdot 273 \cdot 60} = 0{,}615 \,[\mathrm{vvm}] \tag{3.475}$$

Aufgabe gelöst!

Lösungsebene 2 zu Abschn. 3.6.5 *Diffusionskoeffizient bestimmen*
Für die gesuchte Größe, den Diffusionskoeffizienten D_L (siehe Gln. (3.380) und (3.381)), benötigt man den mittleren Druck, der zur Darstellung des Partialdruckes auch in nachfolgender Gl. (3.476) steckt

$$c_\mathrm{L} = \frac{\mathrm{DO}}{100} \cdot \frac{\overline{p} \cdot Y^\alpha_{\mathrm{O}_2}}{H_{\mathrm{O}_2}} \tag{3.476}$$

Damit kann aber noch nicht gerechnet werden, weil eben der mittlere Druck noch fehlt. Diesen wiederum kann man aus Gl. (3.477) berechnen

$$\overline{p} = p^\omega + \frac{\rho_\mathrm{L} \cdot g \cdot H}{2} \tag{3.477}$$

Man muss aber dazu zuerst die Flüssigkeitssäulenhöhe

$$H = \sqrt[3]{\frac{5 \cdot 4 \cdot 4}{\pi}} = 2{,}94 \,[\text{m}] \tag{3.478}$$

und den Reaktordurchmesser bestimmen

$$D = 1{,}47 \,[\text{m}] \tag{3.479}$$

Nun kann der mittlere Druck bestimmt werden und man erhält

$$\overline{p} = 1{,}8 + \frac{1{,}1 \cdot 10^3 \cdot g \cdot 2{,}94}{2 \cdot 10^5} = 1{,}96 \,[\text{bar}] \tag{3.480}$$

Damit führt der Weg zur Sättigungskonzentration für Sauerstoff im Falle vollkommener Durchmischung und man erhält den Wert

$$c_L^* = \frac{\overline{p} \cdot Y_{O_2}^\omega}{H_{O_2}} = \frac{2{,}94 \cdot 0{,}18 \cdot 10^3}{850} = 0{,}623 \left[\frac{\text{mol}}{\text{m}^3}\right] \tag{3.481}$$

Damit liegen alle für die Ausgangsgleichung (3.482) erforderlichen Werte vor

$$k_L \cdot a \cdot (c_L^* - c_L) = k_L \cdot a_{MO} \cdot (c_L^* - c_L) \tag{3.482}$$

Mit den gemachten Annahmen im Zusammenhang mit den Gln. (3.381) und (3.382) vereinfacht sich Gl. (3.482) zu

$$a \cdot c_L^* = a_{MO} \cdot c_L + a \cdot c_L \tag{3.483}$$

und schließlich durch umformen zu

$$a \cdot c_L^* = c_L \cdot (a_{MO} + a) \tag{3.484}$$

Jetzt muss nur noch nach der gesuchten Größe umgestellt werden, und es wird

$$c_L = \frac{a \cdot c_L^*}{a_{MO} + a} \frac{1333{,}33 \cdot 0{,}623}{5654{,}87 + 1333{,}33} = 0{,}119 \left[\frac{\text{mol}}{\text{m}^3}\right] \tag{3.485}$$

Jetzt greift man noch auf die OUR-Gleichung zurück. Diese lautet

$$\text{OUR} = \frac{D_L}{\delta_L} \cdot a_M \cdot c_L \tag{3.486}$$

Aus den Angaben kann man ODR bestimmen, der ja dem OUR entspricht (siehe eingangs gemachte Annahmen)

$$\text{ODR} = \frac{q_{O_2} \cdot X \cdot 10^6}{10^{12} \cdot 32} = \frac{5 \cdot 2 \cdot 10^8 \cdot 10^6}{10^{12} \cdot 32} = 31{,}25 \left[\frac{\text{mol}}{\text{m}^3 \cdot \text{h}}\right] \tag{3.487}$$

Mit den bereits bekannten und gegebenen Größen ist es schließlich möglich, die k_L-Gleichung für den nächsten Schritt heranzuziehen

$$\frac{D_L}{\delta_L} = \frac{31{,}25}{5654{,}87 \cdot 0{,}119 \cdot 3600} = 1{,}29 \cdot 10^{-5} \,[\text{m/s}] \tag{3.488}$$

und damit kommt man mit der gegebenen laminaren Grenzschichtdicke $\delta_L = 0{,}15 \cdot 10^{-3}$ [m] zur gesuchten Größe

$$D_L = 1{,}93 \cdot 10^{-9} \,[\text{m}^2/\text{s}] \tag{3.489}$$

Als Kontrolle kann man sich auch noch die OTR-Seite anschauen und feststellen, dass

$$\text{ODR} = \text{OTR} = 31{,}25 \left[\frac{\text{mol}}{\text{m}^3 \cdot \text{h}}\right] \tag{3.490}$$

$$k_L = \frac{31{,}25}{1333{,}33 \cdot (0{,}623 - 0{,}119)} = 0{,}0465\,[\text{m/h}] = 1{,}29 \cdot 10^{-5}\,[\text{m/s}] \tag{3.491}$$

ist. Mit der gegebenen laminaren Grenzschicht $\delta_L = 0{,}15 \cdot 10^{-3}$ [m] erhält man wieder den Wert

$$D_L = k_L \cdot \delta_L = 1{,}29 \cdot 10^{-5}\,[\text{m/s}] \cdot 1{,}5 \cdot 10^{-4} = 1{,}93 \cdot 10^{-9}\,[\text{m/s}] \tag{3.492}$$

also identisch mit dem Wert der OUR-Gleichung. Damit ist die Aufgabe gelöst.

Lösungsebene 2 zu Abschn. 3.6.6 *Wirkstoffherstellung mit Pilz in Blasensäule – Scherung*
Die verbliebene Fragestellung ist, wie schon erwähnt, die Frage nach der Scherung oder besser, ob die Gefahr einer Scherbelastung gegeben sein könnte.

Dazu kann das Kolmogorow-Modell oder besser ein winziger Teil dieser Impulsausbreitungstheorie weiterhelfen. Über eine Dimensionsanalyse gelangt man zu einer Gleichung, mit der der Durchmesser der sogenannten Kolmogorow-Wirbel (Micro-Eddies) berechnet werden kann. Das sind die Wirbel, die das letzte Glied in der Wirbelkette darstellen und die eingetragene Leistung (Energie pro Zeit) letztendlich dissipieren und damit auch mit den umliegenden Partikeln interagieren [1, 2]. Man findet (vgl. Gl. (A.43))

$$\eta = \left[\frac{\nu^3}{\varepsilon_{G,P}}\right]^{1/4} = \left(\frac{(7{,}4 \cdot 10^{-6})^3}{1{,}41}\right)^{1/4} = 1{,}3 \cdot 10^{-4}\,[\text{m}] \tag{3.493}$$

mit der kinematischen Viskosität

$$\nu = \frac{\eta}{\rho} = \frac{8 \cdot 10^{-3}}{1{,}08} = 7{,}41 \cdot 10^{-6}\,\left[\frac{\text{m}^2}{\text{s}}\right] \tag{3.494}$$

Vergleicht man den Wirbeldurchmesser mit dem Pelletdurchmesser, so bekommt man das Ergebnis, dass die Wirbel mit 130 [μm] merklich größer sind als die Pelletdurchmesser (130 [μm] ≫ 30 [μm]). Damit kann man nach den Modellvorstellungen feststellen:

→ **Kein Problem!** Aufgabe gelöst!

Lösungsebene 2 zu Abschn. 3.6.7 *Fermentation im Spiegel des Scale-ups*

In Lösungsebene 1 ist der erste Teil der Aufgabe gelöst worden. Damit ist der nächste Schritt, die Anzahl der erforderlichen Produktionsreaktoren zu berechnen, quasi vorgegeben. Mit dem gegebenen Gesamtvolumen von 1800 [L] erhält man

$$z_{\text{BIR}} = \frac{1800}{140} = 13\,[\text{Stk}] \tag{3.495}$$

Die Flüssigkeitssäule berechnet sich dann zu

$$H^* = \sqrt{\frac{0{,}14 \cdot 4 \cdot 4}{\pi}} = 0{,}893\,[\text{m}] \tag{3.496}$$

Nun kann man Gl. (3.420) vollenden und erhält für die Begasungsrate im Produktionsmaßstab im Einzelreaktor

$$q^* = 0{,}3\,[\text{vvm}] \tag{3.497}$$

Mit dem Verhältnis der beiden spezifischen Leistungsdichten besteht nun die Möglichkeit, die Drehzahl im Produktionsmaßstab zu ermitteln. Man erhält

$$\left(\frac{\varepsilon^*}{\varepsilon}\right) = 10 = \left(\frac{n^*}{n}\right)^3 \cdot \left(\frac{d_R^*}{d_R}\right)^2 = \left(\frac{n^*}{n}\right)^3 \cdot \left(\frac{V^*}{V}\right)^{2/3} \tag{3.498}$$

sowie

$$\left(\frac{n^*}{n}\right) = 10^{1/3} \cdot \left(\frac{35}{140}\right)^{2/9} \tag{3.499}$$

und letztendlich $n^* = 554$ [upm]. Damit ist die Aufgabe gelöst!

Lösungsebene 2 zu Abschn. 3.6.8 *Vom Schüttelkolben in die Produktion*

Die Übertragung der Ergebnisse vom Schüttelkolben in den Labor- und Pilotmaßstab muss ein großes Handicap überwinden: Es existiert nicht im geringsten eine geometrische Ähnlichkeit. Auch wenn es immer wieder versucht wurde, dieses Handicap zu umgehen, indem man den Schüttelkolben in große Maßstäbe übertrug, so schlug das in der Regel fehl, weil so große Schüttelmaschinen (*Erdbebengeneratoren*) zum Scheitern verurteilt waren.

Man ist also gezwungen die Übertragung der Ergebnisse unter Missachtung dieser Regel vorzunehmen. Da die zu erledigende Arbeit in einer vorgegebenen Zeit vollrichtet werden muss, bietet sich die Leistungsdichte als erster Scale-up-Parameter an. Für die Leistungsdichte im Rührwerksreaktor gilt Gl. (A.3) und man erhält zusammen mit den Gln. (A.2), (A.25) und (A.26) für die unbegaste Leistungsdichte

$$\varepsilon = \frac{4 \cdot \text{Ne}_0 \cdot n^3 \cdot d_R^2 \cdot f_R^3}{f_S \cdot \pi} = 0{,}86\,[\text{W/kg}] \tag{3.500}$$

sowie durch Umstellung eine Gleichung für die gesuchte Drehzahl in den einzelnen Maßstäben. Man bekommt

$$n = \sqrt[3]{\frac{\varepsilon \cdot \pi \cdot f_S}{4 \cdot \text{Ne}_0 \cdot d_R^2 \cdot f_R^3}} \qquad (3.501)$$

ist aber damit noch nicht im Ziel angekommen, weil die Leistungsdichte unter Betriebsbedingungen, d. h. im begasten Zustand, gesucht ist.

In Gl. (3.501) setzt man noch für die unterschiedlichen Maßstäbe den jeweiligen Rührerdurchmesser ein. Für diesen gilt

$$d_R = f_R \cdot \sqrt[3]{\frac{4 \cdot V_{R,L}}{f_S \cdot \pi}} \qquad (3.502)$$

Damit man weiter kommt, benötigt man die erforderliche Begasungsrate. Diese lässt sich über die Gasleerrohrgeschwindigkeit ermitteln.

Um die Reaktion aus dem Schüttelkolben auch in den einzelnen Reaktoren abbilden zu können, sollte die OTR = idem gelten. Daraus kann dann mit Gl. (3.433) der erforderliche $k_L a$-Wert bestimmt werden. Man erhält zusammen mit Gl. (A.58a) bis (A.58c)

$$k_L a = \frac{\text{OTR}}{c_L^* - c_L} = A \left(\frac{g^2}{\nu}\right)^{1/3} \cdot \left[\frac{\varepsilon}{(g^4 \cdot \nu)^{1/3}}\right]^a \cdot \left[\frac{u_G}{(g \cdot \nu)^{1/3}}\right]^b \qquad (3.503)$$

In Gl. (3.503) ist noch nicht klar, welche Gelöstkonzentration im Reaktor herrscht (herrschen soll). Im Schüttelkolben wurde $c_L = 0$ festgestellt. Dabei muss man allerdings registrieren, dass die Bedeutung der benetzten Kolbenwand eine nicht bekannte Situation aufweist, man aber davon ausgehen kann, dass der Sauerstoffwert dort höher ist.

Also sollte man im Reaktor einen Wert größer null wählen, z. B. DO = 20 [%]. Damit erhält man für den $k_L a$ einen Wert von

$$k_L a = \frac{0{,}009\,75}{0{,}000\,26 \cdot (1 - 0{,}2)} = 46{,}88\,[\text{h}^{-1}] \qquad (3.504)$$

Diesen Wert in Gl. (3.503) eingesetzt und diese Gleichung nach der Gasleerrohrgeschwindigkeit umgestellt, bringt

$$u_G = \left\{ \left(\frac{\nu}{g^2}\right)^{1/3} \cdot \frac{k_L a}{A \cdot \left[\frac{\varepsilon}{(g^4 \cdot \nu)^{1/3}}\right]^a} \right\}^{1/b} \cdot (g \cdot \nu)^{1/3} \qquad (3.505)$$

In Gl. (3.505) sind alle Größen bekannt, eine Ausnahme stellen allerdings die sogenannten „Anpassungsparameter" dar, die in diesem Fall eher als Proportionalitätsfaktor A und Exponenten a bzw. b bezeichnet werden sollten. Sie müssen so gewählt werden, dass sie den Gegebenheiten angepasst sind. Da es sich bei allen drei Größen um empirisch ermittelte Werte handelt (vgl. Tab. A.2), wäre der sicherste Weg, diese in den einzelnen Reaktoren direkt zu bestimmen. Erscheint dieser Aufwand zu groß, dann bleibt nur übrig, die Literatur zu bemühen. Dort findet man [1, 2] für die empirische Gleichung

$$\frac{k_L \cdot a}{u_G} \cdot \left(\frac{v^2}{g}\right)^{1/3} = C \cdot \left[\frac{\varepsilon_R}{g \cdot u_G}\right]^a \tag{3.506}$$

mit der Randbedingung $a + b \approx 1{,}0$ auch die dazugehörigen Konstanten (vgl. Tab. A.2). Mit Gl. (3.506) kann man nun einen zweiten Weg zur Bestimmung der erforderlichen Gasleerrohrgeschwindigkeit finden. Man erhält

$$u_G = \frac{k_L a \cdot \left(\frac{v^2}{g}\right)^{1/3}}{C \cdot \left[\frac{\varepsilon}{g}\right]^a}^{\frac{1}{1-a}} \tag{3.507}$$

Ist die für Gl. (3.506) angenommene Randbedingung erfüllt, so kann für die Berechnung der Gasleerrohrgeschwindigkeit Gl. (3.507) verwendet werden. Man erhält

$$u_G = \left\{\frac{\frac{44{,}5}{3600} \cdot \left[\frac{(3 \cdot 10^{-6})^2}{g}\right]^{1/3}}{2 \cdot 10^{-5} \cdot \left(\frac{0{,}86}{g}\right)^{0{,}65}}\right\}^{\frac{1}{1-0{,}65}} = 0{,}0295 \, [\text{m/s}] \tag{3.508}$$

Damit lässt sich die Newton-Zahl unter begasten Bedingungen bestimmen. Die Gleichung dafür ist Gl. (A.4) und lautet

$$\frac{\text{Ne}_b}{\text{Ne}_0} = \frac{1}{\sqrt{1 + F_{RR} \cdot \frac{u_G}{\sqrt{g \cdot D}}}} \tag{3.509}$$

Der Faktor $F_{RR} = 490$ ist für Standardbioreaktoren mit Rührwerken sehr gängig. Damit erhält man für die begaste Newton-Zahl nach Gl. (A.4)

$$\text{Ne}_{b,1} = \frac{\text{Ne}_0}{\sqrt{1 + F_{RR} \cdot \frac{u_G}{\sqrt{g \cdot D}}}} = \frac{6{,}5}{\sqrt{1 + 490 \cdot \frac{0{,}0295}{\sqrt{g \cdot 0{,}317}}}} = 2{,}14$$

$$\text{Ne}_{b,2} = \frac{\text{Ne}_0}{\sqrt{1 + F_{RR} \cdot \frac{u_G}{\sqrt{g \cdot D}}}} = \frac{6{,}5}{\sqrt{1 + 490 \cdot \frac{0{,}0295}{\sqrt{g \cdot 0{,}576}}}} = 2{,}44 \tag{3.510}$$

$$\text{Ne}_{b,3} = \frac{\text{Ne}_0}{\sqrt{1 + F_{RR} \cdot \frac{u_G}{\sqrt{g \cdot D}}}} = \frac{6{,}5}{\sqrt{1 + 490 \cdot \frac{0{,}0295}{\sqrt{g \cdot 1{,}24}}}} = 2{,}87$$

Da die Newton-Zahl im begasten Zustand maßstabsabhängig ist, erhält man bei gleicher Gasleerrohrgeschwindigkeit (u_G = idem) für zunehmende Volumina höhere Werte.

Dadurch können nun für die endgültig einzustellenden Drehzahlen im Betrieb folgende Werte angegeben werden (mit Gl. (3.501), statt $Ne_0 \to Ne_b$):

50 L-Bioreaktor: $\quad n_1 = 640$ [upm]

300 L-Bioreaktor: $\quad n_2 = 411$ [upm]

3000 L-Bioreaktor: $\quad n_3 = 232$ [upm]

Die dazugehörigen Begasungsraten sind (mit Gl. (A.53) $\to q = 60 \cdot u_G/H$ und $H' = H$)

50 L-Bioreaktor: $\quad q_1 = 2{,}81$ [vvm]

300 L-Bioreaktor: $\quad q_2 = 1{,}55$ [vvm]

3000 L-Bioreaktor: $\quad q_3 = 0{,}71$ [vvm]

Was bleibt noch zu tun? Es ist augenscheinlich noch folgende Frage offen: Welche Temperatur muss in den Reaktoren eingestellt werden? Diese Frage muss gestellt werden, weil im Schüttelkolben die Außentemperatur zugrunde gelegt wurde und in den Reaktoren die Temperatur in wandnähe im Medium gemessen wird. Man muss allerdings von einer völligen Homogenität ausgegangen werden. Dies trifft bei den berechneten Leistungseinträgen und der noch relativ niedrigen Viskosität und Dichte sicherlich im 50 L-Reaktor zu. Bei den größeren Reaktoren sollte das zumindest angenommen werden können.

Also muss man zunächst die im Schüttelkolben herrschende Temperatur feststellen. Das geschieht über eine Wärmebilanz [1] am Schüttelkolben. Über den Sauerstoffverbrauch kann man die Wärmetönung bzw. die Reaktionsenthalpie berechnen. Diese ergibt sich zu

$$V_{R,L} \cdot \rho_L \cdot c_p \cdot \frac{dT_F}{dt} = k \cdot A_b \cdot (T_F - T_B) + \varepsilon \cdot V_{R,L} \cdot \rho_L + \dot{Q}_F \quad (3.511)$$

Da die Temperatur im Reaktor im Gleichgewicht zum Brutraum steht, liegt ein stationärer Fall vor und damit wird

$$0 = -k \cdot A_b \cdot (T_F - T_B) + \varepsilon \cdot V_{R,L} \cdot \rho_L + \dot{Q}_F \quad (3.512)$$

In Gl. (3.512) müssen noch der Wärmedurchgangskoeffizient k, die benetzte Oberfläche, über die die Wärme transportiert werden kann, und die Reaktionswärme $\dot{Q}_F$ bestimmt werden, um die gesuchte Fermentationstemperatur T_F zu finden.

Der Wärmedurchgangskoeffizient setzt sich aus dem inneren Übergang, der Leitung und dem äußeren Übergang zusammen. Es gilt

$$\frac{1}{k} = \frac{1}{\alpha_i} + \frac{\delta}{\lambda} + \frac{1}{\alpha_a} \quad (3.513)$$

Die Übergangswerte hängen von den Strömungsverhältnissen und von den Mediumseigenschaften ab. In ausreichend gut durchmischten, turbulenten Strömungsbedingungen erhält man Wert zwischen 3000 und 4000 [W/m^2/K]. Die

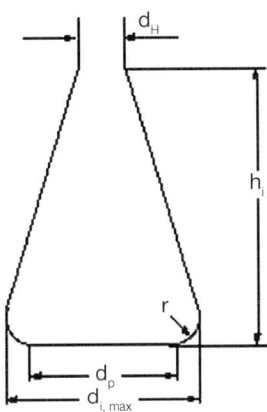

Abb. 3.51 Der kleinste und auch häufigste „Bioreaktor" ist der Kolbenreaktor (Schüttelkolben oder Magnetfischkolben), auch als Erlenmeyerkolben längst in chemischen Labors etabliert. Er ist einfach, preiswert und somit in großen Stückzahlen einsetzbar. Zur Darstellung der geometrischen Verhältnisse müssen die kennzeichnenden Abmessungen bekannt sein. Für die Vergleichbarkeit von Ergebnissen ist geometrische Ähnlichkeit wünschenswert [2]. In Tab. A.1 sind die Werte für die Abmessungen angegeben. Den Wert für d_H erhält man, indem man zwischen Grundplatte und Seitenwand einen Winkel von 76° annimmt.

Wand besteht aus Glas mit der Wandstärke von 1 [mm] und einer Wärmeleitfähigkeit von 1 [W/m/K]. Der Wärmeübergang an die Luft stellt den größten Widerstand dar. Unter „Sturmbedingungen" wird dem äußeren Wärmeübergangskoeffizient ein Wert von 70 [W/m²/K] zugeschrieben [1]. Damit erhält man für die Wärmedurchgangszahl näherungsweise den Wert

$$\frac{1}{k} = \frac{1}{3500} + \frac{10^{-3}}{1} + \frac{1}{70} \approx \frac{1}{70} \left[\frac{m^2 \cdot K}{W}\right]$$
$$k \approx 70 \left[\frac{W}{m^2 \cdot K}\right]$$
(3.514)

Um die benetzte Oberfläche abschätzen zu können, nimmt man sich am besten Abb. 3.51 und Tab. A.1 vor. Da die wandbenetzende Flüssigkeit mit zunehmender Drehzahl und auch Exzentrizität zunimmt, nimmt auch die benetzte Oberfläche zu. Unter den gegebenen Bedingungen lässt sich eine spezifische Oberfläche $a = A_b/V_{R,L}$ von 80 [m^{-1}] abschätzen.

Es bleibt die Bestimmung der Reaktionswärme übrig. Diese lässt sich aus der OTR berechnen. Man erhält

$$\dot{Q}_F = \dot{q}_F \cdot OTR = 500 \cdot \frac{0{,}009\,37}{3600} \cdot 1000 = 1{,}35 \, [W/L]$$
(3.515)

Für die benetzte Oberfläche gilt

$$A_b = a \cdot V_{R,L} = 80 \cdot 50 \cdot 10^{-6} = 0{,}004 \, [m^2]$$
(3.516)

Und damit erhält man für die im Reaktor herrschende Temperatur

$$T_F = T_B + \frac{\varepsilon \cdot \rho_L + \dot{Q}_F}{k \cdot A_b} = 35 + \frac{0{,}86 \cdot 1{,}3 + 1{,}35}{70 \cdot 0{,}004} = 43{,}81 \, [°C]$$
(3.517)

Die Temperatur, die im Reaktor einzustellen und geregelt werden soll, ist somit

Reaktionstemperatur: $T_F = 44 \, [°C]$.

Vielleicht eine Überraschung, aber bei hohen Sauerstoffverbrauchsraten ist die erzeugte Wärme sehr hoch und die Wärmeabfuhr insbesondere auf dem Weg zur umgebenden Luft sehr schwierig.

Damit ist eine in der täglichen Praxis am häufigsten gestellte Frage beantwortet!

Lösungsebene 2 zu Abschn. 3.6.9 *Mischgüte und Scherung bei pH-Wert-Kontrolle*
Für die Lösung des zweiten Teiles benötigt man einen Zusammenhang, der die Mischzeit und die Drehzahl zusammenbringt. Die Drehzahl ist zwar die Größe, die am Reaktor eingestellt werden kann, aber die wesentliche Größe ist die Leistung oder besser die Leistungsdichte. Aus der Praxis ist bekannt, dass durch zehnmaliges umwälzen des Volumens eine zugegebene Substanz „ausreichend gut" durchmischt ist („Faustwert").

> Man kann das mit einer Tasse Kaffee ausprobieren, indem nach Zugabe von Milch mit dem Rührwerk „Löffel" der Kaffee mit der Milch einige Male umgewälzt und der Mischungsgrad abgeschätzt wird. Man wird sehen, wenn zehnmal umgewälzt wurde, erscheint (visuell) der Kaffee homogen. Oder man bemüht die Geschmackssensorik, indem man zum Kaffee Zuckersirup gibt, zehnmal umwälzt und dann abschmeckt!

Für die Umwälzhäufigkeit gilt der Zusammenhang (vgl. Gl. (A.23))

$$z = \frac{\dot{V}_L}{V_{R,L}} \propto \frac{n \cdot d_R^3}{D^2 \cdot H} = \frac{n \cdot d_R^2 \cdot d_R \cdot D}{D^2 \cdot H \cdot D} = n \cdot f_R \cdot f_S \propto n \tag{3.518}$$

Demnach ist also diese proportional zur Drehzahl des Rührwerks. Die Mischzeit wiederum muss reziprok proportional dazu sein, sodass man folgenden Zusammenhang

$$\Theta \propto n^{-1} \propto \frac{d_R^{2/3}}{\varepsilon^{1/3}} \propto z^{-1} \tag{3.519}$$

formulieren kann. Aus Gl. (A.2) erkennt man den proportionalen Zusammenhang

$$P_R \propto n^3 \cdot d_R^5 \tag{3.520}$$

und umgestellt ergibt sich

$$n \propto \frac{P_R^{1/3}}{d_R^{5/3}} \tag{3.521}$$

Geht man mit dieser Gleichung in Gl. (3.518) und benutzt zusätzlich Gl. (A.29), dann erhält man den Zusammenhang

$$\Theta \propto \frac{D^{5/3}}{P_R^{1/3}} \tag{3.522}$$

Aus der Literatur [25] ist bekannt, dass für Rührwerke eine Proportionalitätskonstante gefunden wurde. Damit kann man für die Abschätzung die Gleichung

$$\frac{P_R \cdot \Theta^3}{\rho_L \cdot D^5} = 300 \tag{3.523}$$

benutzen.

Jetzt setzt man nur noch die schon gefundenen Zahlenwerte ein und erhält

$$P_R = \frac{300 \cdot \rho_L \cdot D^5}{\Theta^3} = \frac{300 \cdot 1{,}12 \cdot 10^3 \cdot 3{,}26^5}{10^3} = 123{,}175\,[\text{W}] \tag{3.524}$$

oder als Leistungsdichte ausgedrückt

$$\varepsilon_R = \frac{123{,}18 \cdot 10^3}{63 \cdot 1{,}12 \cdot 10^3} = 1{,}75\,\left[\frac{\text{W}}{\text{kg}}\right] \tag{3.525}$$

Stellt man Gl. (A.2) um, so findet man eine Berechnungsgleichung für die gesuchte Drehzahl und erhält

$$n = \sqrt[3]{\frac{P_R}{\text{Ne} \cdot \rho_L \cdot d_R^5}} = \sqrt[3]{\frac{123{,}175}{4{,}5 \cdot 1{,}12 \cdot 10^3 \cdot 1{,}14^5}} = 2{,}33\,[\text{s}^{-1}] \mathrel{\widehat{=}} 140\,[\text{min}^{-1}] \tag{3.526}$$

Damit ist gefunden, dass die Drehzahl für den Mischvorgang auf 140 und im Falle des Normalbetriebs auf 104 [upm] einzustellen ist.

Hier erneut der *Hinweis*: Auch andere Wege führen zum Ziel, vor allem für das Intermezzo zur Findung des Zusammenhangs von Geometrie und Leistung lassen sich andere Wege finden.

3.7 Aufarbeitung – Down-Stream-Processing

3.7.1 Reinigung durch Auswaschen

Nach der Fermentation liegt das gewünschte Produkt in der sogenannten „Kulturbrühe" vor. Wie der Name schon anstößig verrät, ist dieses Gemisch vom Zustand hoher Reinheit weit entfernt. Das Produkt muss also aufgereinigt werden – oder anders ausgedrückt: Die Gesamtheit der Begleitstoffe muss bis zur Nachweisgrenze reduziert werden. Eine komplette Entfernung ist praktisch und auch theoretisch nicht möglich. Man kann die These formulieren: „Alles was drin ist, bleibt auch drin"! Wenn auch nicht in der ursprünglichen Konzentration (Menge).

Eine sehr oft benutzte Methode, die auch im täglichen Leben durchaus beobachtet wird, ist das Auswaschen: Es wird Puffer zugegeben, d. h. es wird zunächst nur kräftig verdünnt, und dann werden die Verunreinigungen abgeführt. Das findet man auch in vielen Prozessen, auch wenn insgesamt die Ökobilanz ein wenig strapaziert wird. Ein solcher Reinigungsschritt wird in nachfolgender Aufgabenstellung beschrieben.

Aufgabenstellung
Folgendes Problem muss bearbeitet werden:

In einem *Escherichia coli* wird ein Fremdprotein als Inclusion Body (IB) exprimiert. Damit das Protein nach erfolgter Freisetzung (Zelldesintegration und Separation) möglichst frei von Endotoxinen ist, muss der IB gewaschen werden. Das soll mit einem endotoxinfreien Puffer geschehen. Es kommt dafür ein Batch- oder ein kontinuierlicher Waschprozess in Betracht. Es soll ein Prozess vorgeschlagen werden, der aus Sicht des Bearbeiters der Günstigere ist (z. B. Puffermenge, Zeitbedarf).

Beim Batch-Prozess sollte man von einer Pelletmasse von 12,5 [kg] mit einem Trockensubstanzgehalt (TS) von 30 [% w/w] und einer IB-Dichte von 1,2 [kg/L] ausgehen, und es wird in jedem Schritt mit dem fünffachen Puffervolumen verdünnt, gerührt und in einer Mikrofiltration wieder auf 30 [%] aufkonzentriert. Die Dichte der Flüssigkeit und des Puffers beträgt 1,0 [kg/L]. Der Zeitbedarf für jede Waschung beträgt 0,5 [h].

Im kontinuierlichen Prozess wird zum Pelletvolumen zu Beginn des Prozesses das fünffache Puffervolumen hinzugegeben, über eine Mikrofiltration gefahren und kontinuierlich das ausgeschleuste Permeat volumenkonstant durch frischen Puffer ersetzt. Der Prozess wird mit einer Verdünnungsrate von 1,5 [h^{-1}] gefahren.

Die Anfangskonzentration der Endotoxine soll von 150 auf 0,01 [µg/L] gesenkt werden. Von Interesse ist neben dem erforderlichen Puffervolumen auch die Dauer der beiden Prozesse.

Tipps
- Im Ausgangspellet liegt das Endotoxin nur im Flüssigkeitsvolumen vor.
- Beim kontinuierlichen Prozess ist der Rührwerkskessel vollkommen durchmischt.
- Bilanz bei homogenen Bedingungen, konstantem Volumen, ohne Reaktion.
- Nicht vergessen, auch eine Skizze zu machen!

Lösungsvorschlag
Gegebene Größen: $m_{PE} = 12{,}5$ [kg]; TS = 30 [%]; $\rho_{IB} = 1{,}2$ [kg/L]; $V_{P/Schritt} = 5 \cdot V_{PF} \rightarrow$ Filtration $\rightarrow$ TS = 15 [%]; $\rho_L = \rho_P = 1{,}0$ [kg/L]; $t_{Batch/Zyklus} = 0{,}5$ [h]; $D_K = 0{,}5$ [h^{-1}]; $c_0 = 150$ [µg/L] $\rightarrow c_n = 0{,}01$ [µg/L].

Gesuchte Größen: – Dauer für Batch und KONTI; – den günstigsten Prozess Batch oder KONTI.

In **Lösungsebene 1** zu Abschn. 3.7.1 ist der Einstieg in die Lösungsroutine dargestellt.

3.7.2
Abtrennung von Ethanol aus wässrigem Medium (Wasser)

Ethanol ist und bleibt auch eines der mengenmäßig größten Produkte, die biotechnologisch hergestellt werden. Es wird im Bereich der Lebensmitteltechnik auf der einen Seite in alkoholischen Getränken als gewünschte Zugabe gesehen, aber andererseits für die Herstellung „alkoholfreier(!)" Getränke aus den Ausgangslösungen als störende Komponente entfernt (soweit es technisch notwendig und dann auch möglich ist [29]). Dazu werden u. a. schonende Trennverfahren eingesetzt (Vakuumdestillation, Ultrafiltration, Nanofiltration, Umkehrosmose). In der medizinischen Hygiene dient 70 %iges Ethanol als Desinfektionsmittel und in der Medizin wie auch in der Naturheilkunde als Lösungsmittel (Aufnahme von Wirkstoffen), ebenso in der Kosmetik (Aufnahme von Riech- und Aromastoffen). In der Petrochemie ist Ethanol eine wichtige Grundchemikalie. Ursprünglich und auch noch in naher Zukunft wird der größte Teil davon aus Ethen chemisch synthetisiert. Doch auch in der Chemie setzt man gezwungenermaßen mehr und mehr auf nachhaltige Prozesse, also auch auf nachwachsende Rohstoffe.
Ein weiteres Einsatzfeld findet Ethanol als Treibstoff für ottomotorbetriebene Kraftfahrzeuge. Auch wenn die optimistischen Prognosen, die von der Politik gestützt wurden, nicht einmal näherungsweise eintrafen, so wird man sich in Zukunft diesem Thema nicht entziehen können.
Egal zu welchem Zweck letztendlich Ethanol eingesetzt oder als störende Komponente entfernt werden soll, es sind geeignete verfahrenstechnische Operationen notwendig.

Aufgabenstellung

Folgendes Problem soll bearbeitet werden [30]:

Aus 2000 [kg/h] eines Flüssigkeitsgemischs mit 40 [Gew.-%] Ethanol (1) und 60 [Gew.-%] Wasser (2) wird in einer Rektifikationskolonne ein flüssiger Destillatstrom von 850 [kg/h] mit 90 [Gew.-%] Ethanol gewonnen. Die Kolonne wird bei Umgebungsdruck betrieben und der Feedstrom im Siedezustand zugeführt. Folgende Punkte sind offen:

a) Wie hoch ist der Sumpfstrom und dessen Zusammensetzung in [Gew.-%]?
b) Berechnung des Molenbruchs der leichter flüchtigen Komponente im Feed-, Sumpf- und Destillatstrom.
c) Die minimale Bodenzahl ist zu bestimmen.
d) Wie hoch ist das minimale Rücklaufverhältnis?

292 | 3 Aufgabenthemen

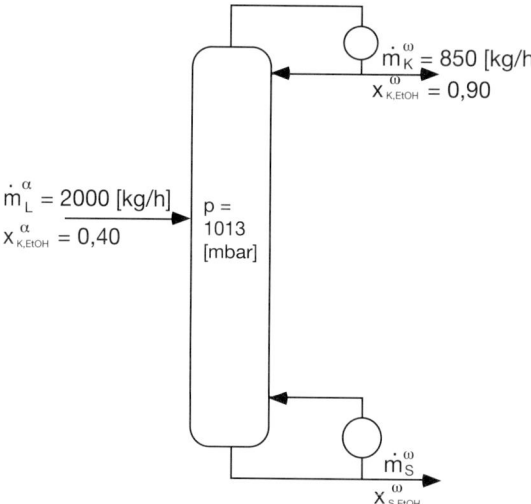

Abb. 3.52 Bilanzsituation um die Destillationskolonne. Ein Bilanzrahmen um die Kolonne herum ergibt drei Ströme: Den Zulauf und die daraus abgetrennten beiden Ströme: Destillat- und Brüdenstrom.

e) Wie viele praktische Böden besitzt die Kolonne, wenn der Kolonnen(boden)-wirkungsgrad 0,7 beträgt und die Kolonne bei doppeltem Rücklaufverhältnis betrieben wird?

f) Welcher Energieaufwand (Dampf, Kühlwasser) ist aufzuwenden? Die einzelnen Temperaturlevels sind dabei festzulegen.

g) Es soll auch eine Abschätzung (Short-cut-Methode) der geometrischen Kolonnendaten durchgeführt werden. Eine „anspruchsvollere" Lösung mithilfe von entsprechender Software sei allen empfohlen, die eine solche Software benutzen können.

Die Molmasse von Ethanol wird mit 46,07 [kg/kmol] und die von Wasser mit 18,02 [kg/kmol] angegeben.

Lösungsvorschlag
Man stellt zunächst wieder die gegebenen und die gesuchten Größen zusammen und erhält

Gegebene Größen: $\dot{m}_L^\alpha = 2000$ [kg/h]; $x_{EtOH}^\alpha = 40$ [% w/w]; $x_{H_2O}^\alpha = 60$ [% w/w]; $\dot{m}_K^\omega = 850$ [kg/h]; $x_{EtOH}^\omega = 90$ [% w/w]; $p = 1,013$ [bar]; $T^\alpha = 99,5$ [°C]; $M_{EtOH} = 46,07$ [kg/kmol]; $M_{H_2O} = 18,02$ [kg/kmol]; Stufenwirkungsgrad $z = 0,7$.

Gesuchte Größen: $\dot{m}_S^\omega$ [kg/h]; x_{S1}^ω [% w/w]; x_{S2}^ω [% w/w]; x_1^α [mol/mol %]; x_{K1}^ω [mol/mol %]; x_{S1}^ω [mol/mol %]; n_{min}; ν_{min}; $\nu = 2 \cdot \nu_{min}$; $\dot{m}_D$; $\dot{m}_{KW}$.

Eine Skizze dient der Übersicht und ist in Abb. 3.52 dargestellt.

Zur Lösung der Aufgabe ist für den nächsten Schritt das McCabe-Thiele-Diagramm sehr nützlich. Dieses enthält die Gleichgewichtskurve des Systems. Ein

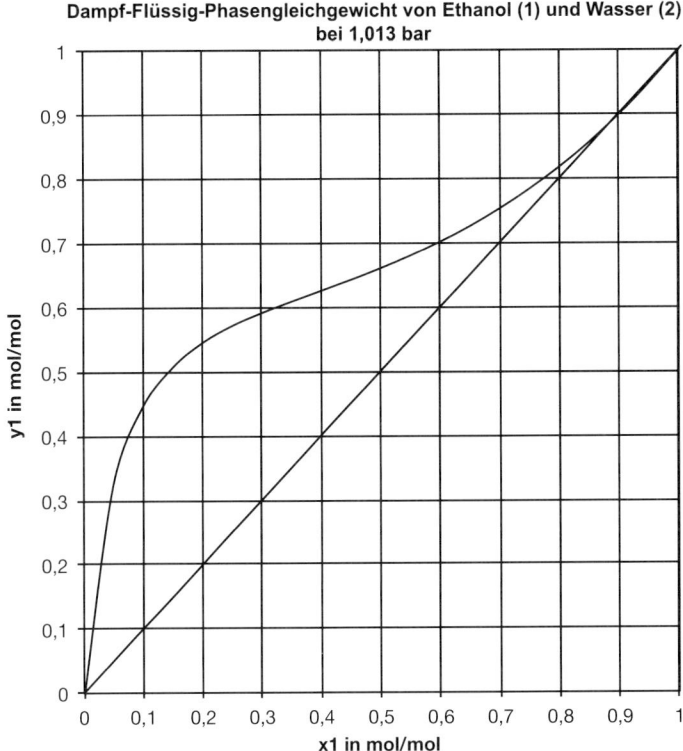

Abb. 3.53 McCabe-Thiele-Diagramm für das binäre Gemisch Ethanol–Wasser bei 1013 [mbar]. Die „1" kennzeichnet den Leichtsieder (Ethanol), x den Anteil in der Flüssigphase und y den Anteil in der Dampfphase.

solches Diagramm erhält man aus Messungen oder – für einfache Systeme – auch aus der Literatur. Für dieses einfache Binärsystem Ethanol–Wasser wurde das in Abb. 3.53 dargestellte Diagramm gefunden [30]. Es zeigt das Molverhältnis der leichter siedenden Komponente, im vorliegenden Fall das Ethanol, zwischen der Konzentration in der Flüssigphase (x) und in der Dampfphase (y). Ebenso lässt sich augenscheinlich eine Tendenz der relativen Flüchtigkeit ausmachen, denn je weiter die Gleichgewichtskurve von der Diagonalen abweicht, desto höher gestaltet sich dieser Wert. Unter diesem Aspekt erkennt man im Diagramm (Abb. 3.53) auch eine Besonderheit des Ethanol-Wasser-Systems, nämlich einen Punkt, wo die relative Flüchtigkeit gleich eins ist, dem sogenannten azeotropen Punkt [2, 31]. Das besondere Merkmal dieses Punktes ist, das eine klassische thermische Trennung des Stoffgemisches nur bis zu diesem Punkt möglich ist. Darüber hinaus, also bis zum Absolutalkohol, müssen sogenannte Schleppmittel eingesetzt werden [31]. Für die gestellte Fragestellung ist das aber nicht relevant, weil nur bis 80 [%] aufkonzentriert werden soll.

Der weitere Lösungsweg ist in **Lösungsebene 1** dargestellt.

3.7.3
Lösungsebene 1 zu Abschn. 3.7.1 und 3.7.2

Lösungsebene 1 zu Abschn. 3.7.1 *Reinigung durch Auswaschen*

Am Beginn des Lösungsweges könnte zunächst mal der erste Schritt zur Bilanzierung des Batch-Prozesses stehen. Dann folgt der zweite Schritt, danach der dritte Schritt usw. Vielleicht entdeckt man dann einen logischen Zusammenhang, womit man sich die vielen Schritte sparen kann.

Die Vorgehensweise ist beliebig, aber eine Skizze zu Beginn ist in jedem Fall hilfreich, um für den Batch-Prozess wie folgt vorzugehen:

Zunächst muss Klarheit über die einzelnen vorkommenden Volumina bestehen. Dazu berechnet man zuerst das Volumen der Inclusion Bodies (IB). Die Masse dieser IB beträgt

$$m_{IB} = TS \cdot m_{PF} = 0{,}3 \cdot 12{,}5 = 3{,}75 \, [kg] \tag{3.527}$$

und damit das Volumen

$$V_{IB} = \frac{m_{IB}}{\rho_{IB}} = \frac{3{,}75}{1{,}2} = 3{,}125 \, [L] \tag{3.528}$$

Das Lückenvolumen, also das Wasser zwischen den IB, lässt sich mit

$$V_{Lücke} = m_L \cdot \rho_L = \frac{m_{PF} - m_{IB}}{\rho_L} = \frac{12{,}5 + 3{,}75}{1{,}0} = 8{,}75 \, [L] \tag{3.529}$$

angeben. Damit ist das gesamte Volumen bekannt und man kann das gewählte Puffervolumen, das in jedem Schritt zugegeben werden soll, berechnen. Das Resultat ist

$$V_{Pufferzugabe} = 5 \cdot V_{PF} = 5 \cdot (V_{IB} + V_L) = 5 \cdot (3{,}125 + 8{,}75) = 59{,}4 \, [L] \tag{3.530}$$

Nun stellt man sich den ersten Schritt der „Waschung" vor. Also gibt man auf das vorliegende Lückenvolumen, in dem die Verunreinigung c_0 vorliegt, das eben berechnete Puffervolumen hinzu und berechnet für diesen Vorgang die nun herrschende Konzentration c_1 der Verunreinigung durch das Endotoxin. Vernünfti-

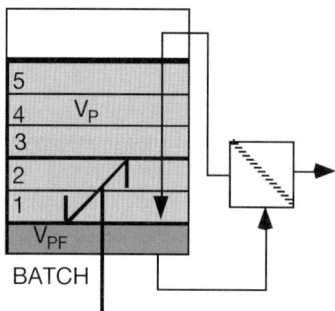

Abb. 3.54 Schematische Darstellung der Situation für die Batch-weise Auswaschung einer Verunreinigung (Endotoxin) aus einer Fermentationsbrühe. Auf das IB-Pellet wird der fünffache Volumenanteil an reinem Puffer zugegeben, vermischt und danach über eine Filtereinheit (UF- oder MF-Cross-Flow-Einheit) wieder auf das Ausgangsvolumen aufkonzentriert. Dieser Vorgang wird n-mal wiederholt, bis die gewünschte Endkonzentration c_n erreicht ist.

3.7 Aufarbeitung – Down-Stream-Processing

gerweise hat man im Puffer kein Endotoxin vorliegen. Daraus ergibt sich der folgende einfache Zusammenhang für die Konzentration nach dem ersten Schritt

$$c_1 = \frac{V_L \cdot c_0 + V_P \cdot 0}{V_L + V_P} = \frac{8{,}75 \cdot 150 + 0}{8{,}75 + 59{,}4} = 19{,}27\,[\mu g/L] \tag{3.531}$$

Nun reduziert man über einen geeigneten Trennschritt, z. B. einer Ultrafiltration, die als semipermeabel gilt, das Flüssigvolumen erneut auf 8,75 [L], gibt erneut die Puffermenge von 59,4 [L] dazu und bestimmt die neue Konzentration nach dem zweiten Schritt

$$c_2 = \frac{8{,}75 \cdot 19{,}27 + 0}{68{,}15} = 2{,}47\,[\mu g/L] \tag{3.532}$$

Man könnte nun so weiter machen bis eine Konzentration von 0,01 [µg/L] erreicht ist. Doch bei genauerem Hinsehen erkennt man doch einen Zusammenhang! Da die Endotoxinkonzentration im Puffer weiterhin und immer null ist, lässt sich der Zusammenhang

$$c_i = k \cdot c_{i-1} \tag{3.533}$$

erkennen, mit k als dem Verhältnis aus dem Ausgangslückenvolumen und des Gesamtvolumens

$$k = \frac{V_L}{V_L + V_P} = \frac{8{,}75}{68{,}15} = 0{,}128 \tag{3.534}$$

Reiht man nun sämtliche Schritte multiplikativ aneinander, so erhält man

$$c_n \cdot c_{n-1} \cdot c_{n-2} \cdots c_3 \cdot c_2 \cdot c_1 = k \cdot c_{n-1} \cdot k \cdot c_{n-2} \cdots k \cdot c_3 \cdot k \cdot c_2 \cdot k \cdot c_1 \cdot k \cdot c_0 \tag{3.535}$$

Durch kürzen aller Größen, die auf beiden Seiten der Gleichung vorkommen, bleibt schließlich nur noch

$$c_n = k^n \cdot c_0 \tag{3.536}$$

übrig. Mit den Zahlenwerten ergibt das

$$0{,}01 = 0{,}128^n \cdot 150 \tag{3.537}$$

logarithmiert und umgestellt

$$\log \frac{0{,}01}{150} = n \cdot \log 0{,}128 \rightarrow n = \frac{\log(0{,}01/150)}{\log 0{,}128} = 4{,}68 \tag{3.538}$$

Da man sinnvollerweise nur ganzzahlige Prozessschritte durchführen kann, erhält man fünf Prozessschritte. Damit ergibt sich für das gesamte erforderliche Puffervolumen im Batch-Prozess

$$V_{PB,\Sigma} = 5 \cdot 59{,}4 = 297\,[L] \tag{3.539}$$

und für die erforderliche Zeit

$$t_{WB,\Sigma} = 5 \cdot 0{,}5 = 2{,}5\,[\text{h}] \tag{3.540}$$

Das sollte der schwierigere der beiden Fälle sein, also fällt es nun sicherlich leicht, die Situation für den kontinuierlichen Waschvorgang zu bilanzieren.

In **Lösungsebene 2** kann ein Einblick in die Fortführung des Lösungsweges gefunden werden.

Lösungsebene 1 zu Abschn. 3.7.2 *Abtrennung von Ethanol aus wässrigem Medium*
Wie sehr häufig bringt auch hier eine Bilanzierung, eine Massenbilanzierung, die Antwort auf die erste Frage. Für die Massenströme gilt die Gesamtbilanz

$$\dot{m}^{\omega}_{L,S} = \dot{m}^{\alpha}_{L} - \dot{m}^{\omega}_{L,K} = 2000 - 850 = 1150\,[\text{kg/h}] \tag{3.541}$$

und man erhält den gesuchten Sumpfmassenstrom.

Für die Umrechnung der Massenkonzentrationen in Molenbrüche braucht man eigentlich nur die Molmassen der entsprechenden Stoffe. Eine erneute Massenbilanz, aber jetzt eine Komponentenbilanz für Ethanol ergibt

$$x^{\omega}_{S1} = \frac{\dot{m}^{\alpha}_{L} \cdot x^{\alpha}_{1} - \dot{m}^{\omega}_{L,K} \cdot x^{\omega}_{K1}}{\dot{m}^{\omega}_{L,S}} = \frac{2000 \cdot 0{,}4 - 850 \cdot 0{,}9}{1150} = 0{,}0304 \mathrel{\hat{=}} 3{,}04\,[\text{Gew.-\%}] \tag{3.542}$$

Auf der Suche nach den Molenbrüchen bedient man sich zunächst der Definition für ein Zweistoffgemisch (1 = EtOH; 2 = H$_2$O)

$$x_{1/2} = \frac{N_{1/2}}{N_1 + N_2} \tag{3.543}$$

um daraus dann die gesuchten Molenbrüche zu bestimmen. Man erhält

$$x_{\text{EtOH}} = \frac{x_{\text{EtOH}}/\tilde{M}_{\text{EtOH}}}{x_{\text{EtOH}}/\tilde{M}_{\text{EtOH}} + x_{\text{H}_2\text{O}}/\tilde{M}_{\text{H}_2\text{O}}} \tag{3.544}$$

und die Werte für die einzelnen Molenbrüche im Zulauf

$$x^{\alpha}_{\text{EtOH}} = \frac{x^{\alpha}_{\text{EtOH,m}}/\tilde{M}_{\text{EtOH}}}{x^{\alpha}_{\text{EtOH,m}}/\tilde{M}_{\text{EtOH}} + x^{\alpha}_{\text{H}_2\text{O,m}}/\tilde{M}_{\text{H}_2\text{O}}}$$

$$= \frac{0{,}4/46{,}07}{0{,}4/46{,}07 + 0{,}6/18{,}02} = 0{,}207\,[\text{mol}_{\text{EtOH}}/\text{mol}] \tag{3.545}$$

im Sumpfstrom

$$x^{\omega}_{S,\text{EtOH}} = \frac{x^{\omega}_{S,\text{EtOH,m}}/\tilde{M}_{\text{EtOH}}}{x^{\omega}_{S,\text{EtOH,m}}/\tilde{M}_{\text{EtOH}} + x^{\omega}_{S,\text{H}_2\text{O,m}}/\tilde{M}_{\text{H}_2\text{O}}}$$

$$= \frac{0{,}0304/46{,}07}{0{,}0304/46{,}07 + 0{,}9696/18{,}02} = 0{,}0121\,[\text{mol}_{\text{EtOH}}/\text{mol}] \tag{3.546}$$

und im Kopfstrom

$$x^\omega_{K,EtOH} = \frac{x^\omega_{K,EtOH,m}/\tilde{M}_{EtOH}}{x^\omega_{K,EtOH,m}/\tilde{M}_{EtOH} + x^\omega_{K,H_2O,m}/\tilde{M}_{H_2O}}$$

$$= \frac{0{,}0304/46{,}07}{0{,}0304/46{,}07 + 0{,}9696/18{,}02} = 0{,}779 \, [\text{mol}_{EtOH}/\text{mol}] \quad (3.547)$$

Zur Findung der minimalen theoretischen und praktischen Bodenzahl bedient man sich des McCabe-Thiele-Diagramms. Die entsprechende Vorgehensweise wird in **Lösungsebene 2** demonstriert.

3.7.4
Lösungsebene 2 zu Abschn. 3.7.1 und 3.7.2

Lösungsebene 2 zu Abschn. 3.7.1 *Reinigung durch Auswaschen*
Nun zum zweiten Teil der Aufgabe. Beginnen kann man wieder einmal mit einer Skizze (Abb. 3.55).

Wie eingangs erwähnt, soll zunächst eine Bilanzgleichung stehen. Diese lautet für die gegebene Situation unter der Voraussetzung, einen vollkommen durchmischten Apparat vor sich zu haben, also $c^\omega = c$, und konstantem Volumenstrom (vgl. Gln. (A.117) und (A.77))

$$V \cdot \frac{dc}{dt} = \dot{V} \cdot (c^\alpha - c) - k(T) \cdot c^n \cdot V \quad (3.548)$$

Teilt man beide Seiten durch V und schließt eine chemische Reaktion aus, also $k(T) = 0$, so erhält man

$$\frac{dc}{dt} = -D \cdot c \quad (3.549)$$

Variablentrennung und Integration beider Seiten in den jeweiligen Grenzen

$$\int_{c_0}^{c} \frac{dc}{c} = -D \int_{0}^{t} dt \quad (3.550)$$

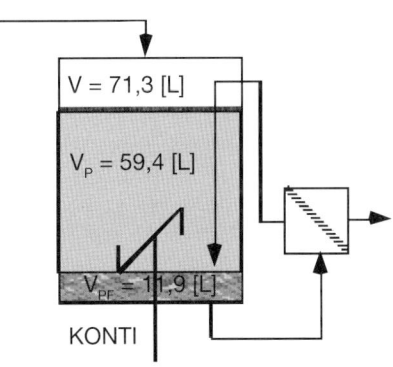

Abb. 3.55 Die Apparateanordnung für den Fall des kontinuierlich durchgeführten Waschprozesses. Man erkennt oben einen kontinuierlichen Zulauf des Puffers und aus dem Trennapparat einen mit Endotoxin angereicherten Ablaufstrom. Das Gesamtvolumen im Kessel bleibt während des Prozesses konstant und wird erst am Ende reduziert.

führt zum Ergebnis

$$\ln \frac{c}{c_0} = -D \cdot t_K \tag{3.551}$$

Durch Umstellen nach der Verdünnungsrate und Einsetzen der Zahlenwerte gelangt man zur Prozesszeit des kontinuierlichen Prozesses

$$t_K = \frac{-\ln(c/c_0)}{D} = \frac{-\ln(0{,}01/150)}{0{,}5} = 19{,}23 \, [\text{h}] \tag{3.552}$$

Das für den Prozess erforderliche Puffervolumen berechnet sich in diesem Fall zu

$$V_{PK} = 19{,}23 \cdot D \cdot V = 19{,}23 \cdot 0{,}5 \cdot 71{,}3 = 685{,}6 \, [\text{L}] \tag{3.553}$$

Mit der bereits gefundenen Prozesszeit $t_{\text{KONTI}} = 19{,}23$ [h] liegt nun auch für den Fall der kontinuierlichen Prozessführung das Ergebnis vor.

Der Vergleich ergibt ein eindeutiges Resultat: Der Batch ist der zu wählende Prozess. Auch wenn er im ersten Moment etwas umständlicher erscheinen mag, so kommt er doch mit wesentlich weniger Puffer (−57 [%]) und auch einer um 87 [%] reduzierten Prozesszeit aus!

Nun sind durchaus Zweifel angebracht! Man kann sich fragen, ob man nicht mit einer Erhöhung der Verdünnungsrate eine kürzere Betriebszeit erreichen könnte. Ja, natürlich, doch welche maximale Verdünnungsrate macht noch Sinn? In der Praxis zeigt sich der einmalige Austausch des Volumens pro Stunde als noch gut machbar. Das entspräche einer Verdünnungsrate von $D = 1{,}0$ [h^{-1}]. Passt man die Verdünnungsrate dem Batch-Prozess an, so erhält man

$$D = \frac{1}{t_{\text{Batch/Zyklus}}} = \frac{1}{0{,}5} = 2 \, [\text{h}^{-1}] \tag{3.554}$$

Damit wird die Prozesszeit immerhin noch

$$t_K = \frac{-\ln(0{,}01/150)}{2{,}0} = 4{,}81 \, [\text{h}] \tag{3.555}$$

also ist der Batch immerhin noch 48 [%] kürzer. Um auf dieselbe Zeit wie im Batch-Prozess zu kommen, müsste man im kontinuierlichen Prozess eine Verdünnungsrate von

$$D = \frac{\ln 15\,000}{2{,}5} = 3{,}85 \, [\text{h}^{-1}] \tag{3.556}$$

und das käme einem „Sturm im Wasserglas" gleich! Und dennoch, der Pufferverbrauch bliebe derselbe! Kurzum, die Entscheidung steht, der Prozess wird Batch-weise gefahren!

Lösungsebene 2 zu Abschn. 3.7.2 *Abtrennung von Ethanol aus wässrigem Medium*
Es steht nun an, die Fragen nach den Stufen-/Bodenzahlen, dem Rücklaufverhältnis, des Energiebedarfs und der Kolonnendimensionierung zu beantworten.

Für die Ermittlung der theoretischen Stufenzahl benutzt man meist das McCabe-Thiele-Diagramm (vgl. Abb. 3.52 und 3.56). Die ersten beiden Schritte zur Erstellung dieses Diagrammes sind in der Aufgabenstellung schon vorweggenommen, indem in das Grundgerüst bestehend aus x- und y-Achse, die Diagonale ($y = x$) sowie die Gleichgewichtskurve (GGK) für das binäre Stoffgemisch Ethanol–Wasser eingetragen sind.

Nun trägt man die Konzentrationen $x^\omega_{K,EtOH} = 0{,}779$, $x^\alpha_{EtOH} = 0{,}207$ und $x^\omega_{S,EtOH} = 0{,}0121$ [mol/mol] in das Diagramm ein und zieht eine Senkrechte bis zur Diagonalen. Die Zulaufkonzentration verlängert man bis zur Gleichgewichtskurve. Vom Schnittpunkt $x^\omega_{K,EtOH} = 0{,}779$ mit der Diagonalen legt man jetzt eine Tangente an den zweiten Wendepunkt der GGK (bei $x = 0{,}6$) und findet so den y-Achsenabschnitt b_{min}. Diese Gerade repräsentiert das Minimalrücklaufverhältnis v_{min}. Der Schnittpunkt der Tangente mit der Ordinate ergibt den Wert $b_{min} = 0{,}425$ (vgl. Abb. 3.56). Damit lässt sich aus

$$b_{min} = \frac{x^\omega_{K,EtOH}}{1 + v_{min}} = 0{,}425$$
$$v_{min} = \frac{x^\omega_{K,EtOH} - b_{min}}{b_{min}} = \frac{0{,}779 - 0{,}425}{0{,}425} = 0{,}833 \tag{3.557}$$

das Minimalrücklaufverhältnis bestimmen. Für übliche Trennaufgaben liegt das praktische Rücklaufverhältnis um den Faktor $z = 1{,}1 \ldots 5$ über diesem Wert [2]. In dieser Aufgabe wurde der Wert = 2,0 vorgegeben. Man erhält also

$$v = 2 \cdot v_{min} = 2 \cdot 0{,}833 = 1{,}67 \tag{3.558}$$

Die Verstärkungsgerade (VG) findet man über den Zusammenhang für den Schnittpunkt der VG mit der Ordinate (y_{VG})

$$y_{VG} = \frac{x^\omega_K}{1 + v} = 0{,}293 \tag{3.559}$$

Damit lässt sich die VG vom Schnittpunkt x^ω_K mit der Diagonalen bis zum Punkt y_{VG} einzeichnen.

Zieht man nun eine Gerade vom Nullpunkt bis zum Schnittpunkt der VG mit der x^α_{EtOH}-Senkrechten, so erhält man die Abtriebsgerade (AG). Beginnend vom Schnittpunkt „Diagonale/VG" erhält man durch Einzeichnen eines „Treppenverlaufes" zwischen der VG und der Tangenten die erforderlichen Trennstufen. Man findet im Verstärkungsteil sieben Stufen und im Abtriebsteil noch weitere drei Stufen (vgl. Abb. 3.56). Zusammen

$$n_{th} = n_{VG} + n_{AG} = 7 + 3 = 10 \quad \text{[theoretische Stufen]} \tag{3.560}$$

und mit dem gegebenen Stufenwirkungsgrad von $\eta_{st} = 0{,}7$ erhält man

$$n_{pr} = \frac{n_{th}}{\eta_{St}} = \frac{10}{0{,}7} = 14{,}3 \Rightarrow 15 \quad \text{[praktische Stufen]} \tag{3.561}$$

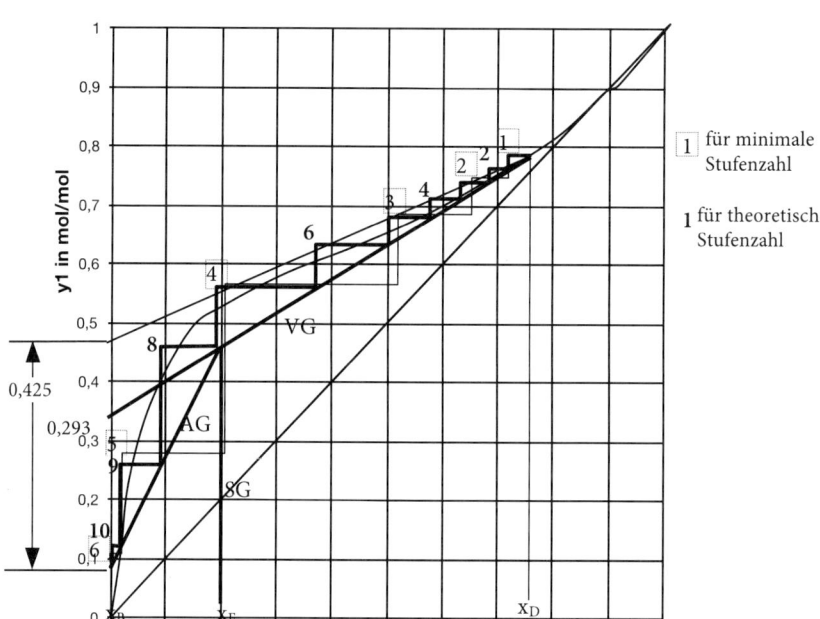

Abb. 3.56 McCabe-Thiele-Diagramm für das binäre Gemisch Ethanol–Wasser bei 1013 [mbar]. Komplette Darstellung mit AG, VG und Stufenzahlen [30].

Der Stufenwirkungsgrad liegt in der Regel zwischen 0,2 und 0,8, er muss aber aus Experimenten bestimmt werden [2]. Aufgrund des azeotropen Verhaltens dieses Gemisches steigt die Stufenzahl mit zunehmendem Aufkonzentrierungsgrad enorm an. Will man in die Nähe des azeotropen Punktes kommen, so kann die Stufenzahl durchaus um den Faktor fünf bis sechs ansteigen.

Da eine Verdampferstufe vorhanden ist und damit ein Boden quasi schon vorgegeben ist, beträgt die erforderliche Bodenzahl 14.

Die bisher ermittelten Daten müssen nun noch in „Stahl und Eisen gegossen", d. [h]. die Kolonne dimensioniert, werden. Den Durchmesser der Kolonne erfährt man aus den Strömungsverhältnissen wie der Dampfgeschwindigkeit, die Druckdifferenz und den Einbauten.

Für die gestellte Aufgabe kommen folgenden Einbauten infrage:

- Lochböden
- Siebböden
- Glockenböden
- Füllkörper
- Strukturpackung

Aufgrund der geometrischen Komplexität sind komplett theoretische Herleitungen der Gegebenheiten nur sehr eingeschränkt möglich. Hilfe bieten empirische Gleichungen, die allerdings meist auf einen Kolonnentyp, insbesondere der verwendeten Einbauten, ausgerichtet sind [3, 31]. Es ist also notwendig, die „passenden" Gleichungen für das ausgewählte Kolonnensystem zu finden.

Alternativ stehen Softwarepakete von Kolonnenherstellerfirmen (z. B. Raschig, Sulzer) zur Verfügung, in denen schon entsprechende Modelle und vor allem die herstellerspezifischen Daten für die Einbauten implementiert sind. Herstellerunabhängige Programme sind u. a. AspenPlus oder SULCOL u. a.

Mit SuperPro Designer® lässt sich ebenfalls eine Grobdimensionierung durchführen. Es ist allerdings Vorsicht geboten, weil der implementierte Algorithmus schnell zu Missverständnissen führen kann.

Hier ist es ausreichend, eine Short-cut-Methode anzuwenden. Dazu bedient man sich Erfahrungswerten [2, 32]. Damit erhält man für die Kolonnenauslegung die in den Tab. 3.19 und 3.20 zusammengestellten Daten. Für die Dampfgeschwindigkeit findet man in der Literatur [2, 4] relativ einheitlich den Zusammenhang

$$w_D \cdot \sqrt{\rho_D} = 1,8 \ldots 2,6 \,[\sqrt{Pa}] \tag{3.562}$$

Geht man nun von der idealen Gasgleichung aus und nimmt dabei das arithmetische Mittel aus den beiden Molmassen

$$\overline{M}_{1/2} = 0,4 \cdot 46,07 + 0,6 \cdot 18,02 = 29,2 \,[kg/kmol] \tag{3.563}$$

so erhält man die Beziehung

$$\overline{\rho}_D = \frac{p \cdot \overline{M}_{1/2}}{R \cdot T} = \frac{101,3 \cdot 29,2}{8,314 \cdot 363} = 0,98 \,[kg/m^3] \tag{3.564}$$

Tab. 3.19 Grundlagen für die Kolonnendimensionierung.

Eingaben	Werte
$\alpha_{1,2}$	1,66
% Destillat	80/20
R/R_{min}	2,5
Feed Quality	100
Druck [bar]	1,013
w_D [m/s]	1,7
η_{st}	0,7
D_{max} [m]	1,75
H/Stufe [h/N]	0,25
p_{Ausl} [bar]	3,0

Tab. 3.20 Berechnete Größen.

Ausgaben	Werte
N_{th}	9
N_{pr}	13
h_{Stufe} [St/m]	0,50
H [m]	26,00
D [m]	0,76
V [m³]	13,60

Um nun zur Dampfgeschwindigkeit zu kommen, bietet sich die Berechnung des Volumenstroms an. Diesen erhält man, indem man den gegebenen Masseneingangsstrom mit der gemittelten Dampfdichte und dem Rücklaufverhältnis kombiniert (der Rücklauf muss ja erneut verdampft werden). Man findet dann

$$\dot{V}_D = \frac{\dot{m}_D}{\overline{\rho}_D} \cdot v = \frac{2000}{0{,}98} \cdot 1{,}67 = 3401 \,[m^3/h] \,\widehat{=}\, 0{,}947 \,[m^3/s] \qquad (3.565)$$

Es fehlt immer noch die Dampfgeschwindigkeit. Mit dem gegebenen Zusammenhang der Dampfgeschwindigkeit in Gl. (3.562) lässt sich diese nun berechnen. Nimmt man den Mittelwert an, so ergibt sich

$$w_D = \frac{2{,}2}{\sqrt{0{,}98}} = 2{.}22 \,[m/s] \qquad (3.566)$$

und schließlich gilt für die Querschnittsfläche der Kolonne

$$A_K = \frac{\dot{V}_D}{w_D} = \frac{0{,}947}{2{,}22} = 0{,}426 \,[m^2] \qquad (3.567)$$

Damit ist der Weg für die Berechnung des Kolonnendurchmessers geebnet. Man erhält

$$D_K = \sqrt{\frac{4 \cdot A_K}{\pi}} = \sqrt{\frac{4 \cdot 0{,}426}{\pi}} = 0{,}736 \,[m] \qquad (3.568)$$

Die Kolonnenhöhe berechnet sich aus Stufenzahl und Stufen pro Boden. Dieser wird mit 0,5 [St/m] angegeben. Damit erhält man für die Kolonnenhöhe

$$H_K = \frac{N_{prak}}{h_{Stufe}} = \frac{13}{0{,}5} = 26 \,[m] \qquad (3.569)$$

Damit ist die Destillationskolonne komplett ausgelegt. Fügt man zu den geometrischen noch die physikalischen Daten Auslegungstemperatur = 200 [°C] und Auslegungsdruck

$$p_{zul} = p_K + \rho_L \cdot g \cdot H_K \cdot f_{TüV} \cdot 10^{-5} = 1{,}013 + 10^3 \cdot g \cdot 26 \cdot 1{,}3 \cdot 10^{-5}$$
$$= 3{,}56 \,[bar] \qquad (3.570)$$

Tab. 3.21 Datenblatt für die Destillationskolonne.

Parameter Einbautentyp	Dimension	Wert	Bemerkung Siebboden
Theoretische Stufenzahl	(Stufe)	9	Aus McCabe-Thiele
Praktische Stufenzahl	(Stufe)	13	Aus McCabe-Thiele
Durchmesser	m	0,736	Short-cut
Höhe	m	26	Short-cut
Auslegungsdruck	bar	3,5	Auch für Störung
Auslegungstemperatur	°C	240	Standard
Material	–	1,4435	Standard, rostfrei
Oberfläche	–	Korn 240	Standard

sowie gestalterische Merkmale (Oberflächenqualität, Mittenrautiefe) und Material hinzu, ist die Kolonne fertig für die Ausschreibung. Tabelle 3.21 legt alle Daten offen.

Es sei noch erwähnt, dass der TÜV-Faktor ($f_{\text{TÜV}}$) dafür steht, dass nach der Druckbehälterverordnung der Abnahmedruck 30 [%] über dem Auslegungsdruck liegen muss und der höchste Betriebsdruck auch den Fall einer Störung berücksichtigen muss, nämlich das vollkommene Fluten mit der schwereren Komponente (hier Wasser mit $\rho_{\text{L}} = 1000 \, [\text{kg/m}^3]$).

Um zu detaillierteren und weiterführenden Einblicken zu gelangen, sei auf die Literatur verwiesen [3, 32].

3.8 Modellierung

3.8.1 Simulation von Batch – Fedbatch – KONTI

3.8.1.1 Batch-Fachweise mit Diauxie und experimentelle Parameter

> Bei der Auswahl eines Bioreaktors für einen Produktionsprozess ist es vonnöten, sich auch über die Fahrweise eines Reaktors Gedanken zu machen. Traditionell wird in der Biotechnologie diese Frage etwas stiefmütterlich behandelt und man denkt spontan an die Batch-Fahrweise, nach dem Motto: Kessel auf, alles rein, Deckel zu und los geht's, die „Suppe kocht"!
> Nach und nach hat sich aber gezeigt, dass auch in der Biotechnologie ein Fed-Batch- oder ein kontinuierlich betriebener Prozess Vorteile bringen kann. Allein schon die Tatsache, dass zu hohe Anfangskonzentrationen, wie z. B. von Glucose, eine Substratinhibierung bewirken können, sollte den Weg zur Fed-Batch-Fahr-

weise freimachen. Denn damit ist man in der Lage, so viel Substrat nachzufüttern, wie verbraucht wird, die Konzentration also über einen langen Zeitraum hinweg konstant halten zu können.

Der Rührwerkskessel ist auch in der Biotechnologie dominant. Das hat zur Folge, dass hinsichtlich Verweilzeitverhalten kaum Spielraum besteht. Diesbezüglich können für eine kontinuierliche Betriebsweise Rohrreaktoren oder auch Kaskaden Anwendung finden, um den Effekt des „Verweilzeitverhaltens" nutzen zu können. Insbesondere als Durchlaufsterilisator in der Sterilisationstechnik ist das interessant, weil eine unterdrückte Rückvermischung einen positiven Einfluss auf den Umsatz zeigt (vgl. Aufgaben 3.4ff.).

Randbedingungen an die Batch-Fahrweise (vgl. [1, 2])

Im Rahmen einer Prozessentwicklung wurde ein Batch-Prozess im Labor ausgearbeitet. Dazu wurden *Escherichia coli*-Bakterien in einem 10 L-Bioreaktor kultiviert und durch kontinuierliche Messung der Zustandsgrößen Biomasse, Glucose, Lactose und β-Galactosidase dokumentiert. Dieser Prozess wird zur Herstellung von β-Galactosidase eingesetzt. Da als C-Quellen Glucose und Lactose angeboten wurden, verbraucht *Escherichia coli* diese nacheinander (Diauxie).

Um den Prozess besser verstehen zu können, soll der Fermentationsverlauf modelliert und simuliert werden. Das bedeutet insbesondere, dass die gemessenen Parameter „nachgestellt" werden sollen.

Folgende *Randbedingungen* sind vorgegeben:

- Der Stamm (*Escherichia coli*) hat zwei C-Quellen: Glucose und Lactose.
- In der ersten Phase wird erst Glucose verbraucht und anschließend nach einer kurzen Adaptionsphase (Diauxie) Lactose.
- Komplette Vermischung liegt vor, kein Konzentrationsgradient im Bioreaktor.
- Für Substratabbau sollen die Ausbeutekoeffizienten und für die Produktbildung das wachstumsge- und -entkoppelte Modell benutzt werden.
- Konstanten: $\mu_{max1} = 0{,}73\,[h^{-1}]$; $\mu_{max2} = 0{,}29\,[h^{-1}]$; ks1 $= 0{,}2\,[g/L]$; ks2 $= 0{,}12\,[g/L]$; ki $= 0{,}01\,[g/L]$; wachstumsgekoppelt k1 $= 0{,}05$ wachstumsentkoppelt; k2 $= 0{,}0375\,[h^{-1}]$; Biomasse/Substrat Ausbeutekoeffizient yxs1 $= 0{,}4$; Kps $= 1{,}0$; Produkt/Substrat Ausbeutekoeffizient yxs2 $= 0{,}53$; Sterberate fd $= 0{,}001\,[h^{-1}]$;
- Anfangsbedingungen (vgl. Tab. 3.22): x $= 0{,}16\,[g/L]$; s1 $= 10{,}68\,[g/L]$; s2 $= 21{,}2\,[g/L]$; p $= 0{,}11\,[g/L]$ (kommt wohl aus der Vorkultur!)

Aufgabenstellung
- Tabelle 3.22 in „*textdatei*" erstellen, um Kurven für die Messwerte zu bekommen (das Produkt β-Galactosidase #Gal, Substrat 1 Glucose #Gluc, Substrat 2 Lactose #Lac und Biomasse #X);
- ein Graph: y = Konzentration p, #Gal, s1, #Gluc, s2, #Lac, x, #X = f(Zeit), dynamischer Verhalten bis zum stationären Zustand;

Tab. 3.22 Messwerte für die Biomasse und die Konzentrationen von Glucose, Lactose und β-Galactosidase.

Time [h]	Biomass #X [g/L]	Glucose #Gluc [g/L]	Lactose #Lac [g/L]	β-Galactosidase #Gal [g/L]
0	0,16	10,68	21,20	0,11
0,75	0,22	10,54	21,17	0,20
1,25	0,25	10,32	21,10	0,22
1,75	0,45	10,11	21,04	0,29
2,25	0,67	9,47	20,90	0,45
2,75	1,19	8,45	20,29	0,54
3,25	1,81	7,60	20,20	1,14
3,75	2,42	5,48	19,17	1,65
4,25	4,20	3,94	19,00	2,75
5,00	7,97	0,00	16,81	4,60
5,25	8,91	0,00	13,75	10,72
6,25	19,01	0,00	0,15	14,18

- benutzt werden soll die Fitfunktion *curve fittings* für p/#Gal, x/#X, s1/#Gluc, s2/#Lac, zu verwenden sind die angepassten Parameter und diese sollen zur Modelloptimierung verwendet werden;
- die Anwendung der Optimierungsfunktion *optimization function* soll den Zusammenhang *time*p* zu optimieren.

Was jetzt ansteht, ist ein Modell mithilfe der zur Verfügung stehenden Modellgleichungen (vgl. Abschn. A.4ff.) zu entwickeln. Als Basis dienen Massenbilanzgleichungen und Kinetiken. Diese gilt es logisch zu verknüpfen. Um den Prozess besser verstehen zu können, soll der Fermentationsverlauf modelliert und simuliert werden. Das bedeutet insbesondere, dass die gemessenen Parameter „nachgestellt" und anschließend interpretiert werden sollen. Eventuell lassen sich auch Vorschläge für Verbesserungen ableiten.

Lösungsweg
Der Einstieg soll mittels geeigneter Bilanzgleichungen gemacht werden. Die Vorgehensweise ist in der **Lösungsebene 1** dokumentiert. Für die Durchführung ist ein Softwarepaket erforderlich. Geeignet wäre z. B. Berkeley MADONNA®. Ein DEMO-Programm kann kostenlos aus dem Internet heruntergeladen werden (www.berkeleymadonna.com/jmadonna/jmadrelease.html).

3.8.1.2 Fed-Batch-Fahrweise
Aus der erweiterten Monod-Kinetik für Substratinhibierung (Gl. (A.101)) kann man ablesen, dass eine zu hohe Anfangskonzentration des Substrates u. U. Probleme bereiten kann. Im schlimmsten Falle läuft die Reaktion erst gar nicht an.

Um diesen Nachteil eines klassischen Batch-Prozesses zu umgehen, bietet es sich an, mit einer niedrigeren Substratkonzentration zu starten und während der Fermentation Substrat zuzugeben (zuzufüttern). Ideal wäre es sogar, die Substratkonzentration während des gesamten Prozesses konstant zu halten und erst am Ende, also dann, wenn das maximale Volumen V_{max} erreicht wurde, noch den verbliebenen Rest aus Gründen der Wirtschaftlichkeit zu verbrauchen.

3.8.1.2.1 Simulation eines Fed-Batch-Prozesses bei konstantem Zulaufstrom und konstanter Zulaufkonzentration (Programm C.4)

Der Grund, einen Fed-Batch-Prozess zu fahren, ist eine Substratinhibierung zu vermeiden. Man hat also das Ziel, ein bestimmtes Substrat auf einem konstanten Level zu halten. Fährt man lediglich einen Volumenstrom mit eingestellter Substratkonzentration konstant zu (f2 und sf), so kann man das nicht erreichen, es ergeben sich den Parametereinstellungen angepasste Verläufe von $S(t)$, $X(t)$ und $P(t)$. Weil man mit dieser Fahrweise zumindest die Anfangsinhibierung verhindern kann, aber auf die aufwendige Regelung und dadurch aber auch auf den möglichen Vorteil der konstanten Konzentration im Reaktor verzichten möchte. Dennoch findet man in der Praxis diese vereinfachte Fed-Batch-Fahrweise, sodass es durchaus interessant ist, sich damit auseinanderzusetzen.

Aufgabenstellung Um einen Fed-Batch-Prozess mit konstantem Zulauf und konstanter Zulaufkonzentration zu simulieren, bedarf es der Entwicklung eines Modells. Zunächst muss nach den Randbedingungen gefragt werden, oder anders ausgedrückt, man sucht die gegebenen Parameter. Im Folgenden sind diese Parameter mit geeigneten Werten zusammengestellt, die für eine theoretische Betrachtung eines solchen Prozesses geeignet sind:

- Maximale Wachstumsrate = 0,3 [1/h],
- Sättigungskonstante = 0,51 [g/L],
- wachstumsentkoppelte Produktbildungskonstante = 0,005 [1/h],
- wachstumsgekoppelte Produktbildungskonstante = 0,5,
- Ausbeutekoeffizient Biomasse – Substrat = 0,48,
- Ausbeutekoeffizient Biomasse – Produkt = 0,91,
- Zulaufkonzentration = 25 [g/L],
- Zeitpunkt des Feedstarts = 10 [h],
- Zulaufvolumenstrom = 200 [L/h],
- Maximalvolumen = 5000 [L],
- Startvolumen = 1000 [L].

Die Abläufe in einem Bioreaktor beschreibt man mit Bilanzgleichungen und den notwendigen Kinetiken für die einzelnen Parameter. Als weitere Hilfestellung fertigt man eine Skizze zum Fed-Batch-Prozess (vgl. Abb. 3.66) an und arbeitet dann schrittweise die Punkte ab. Dazu Näheres in **Lösungsebene 1**.

3.8.1.2.2 Simulation eines Fed-Batch bei angepasster Flow Rate (Biostat)

Aufgabenstellung Wie deutlich gemacht werden konnte, ist ein Fed-Batch nur dann sinnvoll, wenn die Substratkonzentration im Reaktor konstant gehalten wird. Dies lässt sich durch die Regelung des Zulaufs erreichen. Aus einer Substratbilanz

$$\frac{dS}{dt} = 0 = \dot{V}_L \cdot S^\alpha - r_S \cdot V_L \tag{3.571}$$

$$\dot{V}_L = \frac{r_S \cdot V_L}{S^\alpha} \tag{3.572}$$

gewinnt man die Regelungsstrategie für den Volumenstrom bei festgelegter Zulaufkonzentration. Die Aufgabe besteht nun darin, den Fed-Batch-Prozess zu modellieren und eine theoretische Simulation zu präsentieren.

Folgende Daten sind dafür vorgegeben:

- Gewünschte Substratkonzentration = 3 [g/L],
- Zulaufkonzentration = 15 [g/L],
- Anfangskonzentration = 5,5 [g/L],
- maximale Wachstumsrate = 0,35 [1/h],
- Sättigungskonzentration Monod = 0,35 [g/L],
- wachstumsentkoppelte Produktbildungskonstante k1 = 0,03 [1/h],
- wachstumsgekoppelte Produktbildungskonstante k2 = 0,08,
- Ausbeutekoeffizient Biomassesubstrat = 0,3,
- Ausbeutekoeffizient Biomasseprodukt = 0,7,
- maximale Sterberate k4 = 10^{-4} [1/h],
- Sättigungskonstante Sterberate k5 = 0,008 [g/L],
- Konstante für den Erhaltungsstoffwechsel = 0,1 [1/h],
- Anfangsvolumen = 1000 [L],
- Maximalvolumen = 5000 [L].

Mit diesem Datensatz kann das geforderte Modell erstellt werden. Da kein Vergleich zu Messdaten zur Verfügung steht, können die Vorgaben auch verändert und eigene, entwickelte Fragestellungen verfolgt werden, um die Resultate zu diskutieren. Die Fragestellungen bzw. Aufgaben, die sich ergeben, sind z. B.:

- Verhält sich der Substratverlauf wie erwartet, gibt es die erwartete Anfangs-Batch-Phase, geht der Wert in eine stationäre Phase über und wird letztendlich das Substrat komplett abgebaut? Sollte die Zulaufkonzentration verändert werden?
- Was ist zur Biomasseentwicklung zu sagen? Was ist zu erwarten und wie deckt sich das mit der Simulation? Gibt es Effekte, die so nicht sinnvoll sind und wie könnte dem in dem Modell Abhilfe geschaffen werden?
- Ist der Verlauf des Volumens so, wie man es erwartet?
- Wie lässt sich die Regelung des Zulaufstromes realisieren? Reicht eine alleinige Volumenstromregelung aus (Mass-Flow-Controller) oder sind weitere Maßnahmen (Führungsregler) empfehlenswert?
- Eine Skizze inklusive der MSR sollte die Bewertung der Simulation abrunden.

3.8.1.2.3 Simulation eines Fed-Batch-Prozesses bei konstantem Zulaufstrom und angepasster Zulaufkonzentration (Programm C.7)

Eine andere Möglichkeit den Fed-Batch zu fahren besteht darin, die Zulaufsubstratkonzentration zu regeln und den Volumenstrom konstant zu halten. Aus einer Substratbilanz analog zu Gl. (3.571)

$$\frac{dS}{dt} = 0 = \dot{V}_L \cdot S^\alpha - r_S \cdot V_L \tag{3.573}$$

$$S^\alpha = \frac{r_S \cdot V_L}{\dot{V}_L} \tag{3.574}$$

gewinnt man jetzt die Regelungsstrategie für die Zulaufkonzentration bei festgelegtem Volumenstrom. Die Aufgabe besteht nun darin, den Fed-Batch-Prozess zu modellieren und eine theoretische Simulation zu präsentieren.

Folgende Daten sind dafür vorgegeben:

- Gewünschte Substratkonzentration = 3 [g/L],
- Zulaufvolumenstrom = 500 [g/L],
- Anfangskonzentration = 5,0 [g/L],
- maximale Wachstumsrate = 0,3 [1/h],
- Sättigungskonzentration MONOD = 0,1 [g/L].

Anpassungsparameter:

```
k1  = 0,03     ; 1/h - wachstumsentkoppelte Wachstumskonstante
k2  = 0,08     ; 1 - wachstumsgekoppelte Wachstumskonstante
yxs = 0,3      ; 1 - Ausbeutekoeffizient Biomasse/Substrat (Glucose)
yps = 0,7      ; 1 - Ausbeutekoeffizient Produkt/Substrat (Glucose)
k4  = 0,1      ; 1/h - Sterberate, max.
k5  = 0,01     ; g/L - Sterberatekonstante
ms  = 0,1      ; 1/h - Erhaltungsstoffwechselkonstante
vo  = 1000     ; L - Anfangsvolumen
vmax = 5000    ; L - Endvolumen
```

Mit diesem Datensatz kann das geforderte Modell erstellt werden. Da kein Vergleich zu Messdaten zur Verfügung steht, können die Vorgaben auch verändert und eigene, entwickelte Fragestellungen verfolgt werden, um die Resultate zu diskutieren. Die Fragestellungen bzw. Aufgaben, die sich auftun, sind z. B.:

- Verhält sich der Substratverlauf wie erwartet, gibt es die erwartete Anfangs-Batch-Phase, geht der Wert in eine stationäre Phase über und wird letztendlich das Substrat komplett abgebaut? Sollte der Zulaufvolumenstrom verändert werden?

- Was ist zur Biomasseentwicklung zu sagen? Was ist zu erwarten und wie deckt sich das mit der Simulation? Gibt es Effekte, die so nicht sinnvoll sind und wie könnte dem in dem Modell Abhilfe geschaffen werden?
- Ist der Verlauf des Volumens so, wie man es erwartet?
- Wie lässt sich die Regelung der Zulaufkonzentration realisieren? Reicht eine alleinige Konzentrationsregelung aus (QIC) oder sind weitere Maßnahmen (Führungsregler) empfehlenswert?
- Eine Skizze inklusive der MSR sollte die Bewertung der Simulation abrunden.

Das Ziel, die Substratkonzentration im Reaktor konstant zu halten, kann man auch mit einer angepassten Zulaufkonzentration bei konstantem Feed erreichen. Wie diese Situation simuliert werden kann, ist der Kern der anstehenden Aufgabenstellung. In **Lösungsebene 1** wird der Einstieg in diese Aufgabe aufgezeigt.

3.8.1.3 Simulation eines CSTR (Biostat)

3.8.1.3.1 Simulation der Anlaufphase eines CSTR (Biostat)
Modell: Programm C.9

Bisher war der Begriff der „vollkommenen Durchmischung" ein Begleiter bei der Beschreibung des Mischungszustandes in einem Reaktor (technischen Apparat). Bei der kontinuierlichen Fahrweise kommt noch der Begriff der Rückvermischung hinzu. Die ersten Fragen, die in diesem Zusammenhang zu stellen sind, hängen damit zusammen: Was versteht man unter einer Rückvermischung? Wie kann sie gedeutet werden? Welche Kategorien lassen sich ausmachen? Mit welcher Kennzahl (Definition) sowie welchen Modellvorstellungen wird die Rückvermischung beschrieben?

Die nächste Aufgabe, die zu bearbeiten wäre, behandelt den Continuous Stirred Tank Reactor (SCTR), also den kontinuierlich durchströmten Rührkesselreaktor. Welche Art der Rückvermischung wird diesem Reaktor in der Regel zugedacht und warum?

Die kontinuierliche Betriebsweise lässt sich in drei Phasen unterteilen:

Phase 1 ist ein Batch-Start-up. In dieser Phase muss zunächst die Biomasse im Batch-Modus angezüchtet werden, bis eine ausreichend hohe Zelldichte oder eine bestimmte Wachstumsphase erreicht ist. Dabei werden alle zu Beginn zugegebenen Substanzen, sofern sie sich am Umsatz beteiligen, auf ein angestrebtes Maß reduziert. Das gilt insbesondere für Substrate, die aus wirtschaftlichen Gründen im KONTI-Modus bei möglichst niedrigen Konzentrationen gehalten werden sollen.

Phase 2 beginnt mit dem Feed. Sobald sich das System auf den gewünschten Zustand eingependelt hat, startet man die Zufütterung. Je nachdem, welche Unterfahrweise man dann wählt, entwickeln sich dann die einzelnen Parameter je nach Einstellung. Die einen werden konstant gehalten und andere sinken weiter ab und wiederum andere nehmen zu. Letztendlich mündet diese Phase in einen stationären Zustand (Steady State).

Phase 3 schließt sich direkt an und kann auch als Hauptphase bezeichnet werden, weil diese Phase im Idealfall zeitlich unbegrenzt anhalten soll. Hier bleiben al-

Tab. 3.23 Vorgaben für die Modellentwicklung zur Anlaufphase eine CSTR.

start = 7	h – Zeitpunkt des Starts der Zugabe (Feedstart)
D = 0,4	1/h – Verdünnungsrate
mumax = 0,85	1/h – Max. spez. Wachstumsrate
Ks = 0,2	g/L – Sättigungskonstante
Ki = 8	g/L – Inhibierungskonstante
k1 = 0,3	Wachstumsentkoppelte P-Bildung
k2 = 0,8	Wachstumsgekoppelte P-Bildung
Yxs = 0,8	Ausbeutekoeffizient $S \to X$
Yps = 0,7	Ausbeutekoeffizient $S \to P$
Sf = 10,8	g/L – Zulaufkonzentration S^a
S0 = 3,0	g/L – Anfangssubstratkonzentration

le Parameter konstant, es ergeben sich also keine zeitlichen Veränderungen. Deshalb stellt man den Prozess auch nicht mehr in einem X-t-Diagramm (Parameter-Zeit-Diagramm) dar, sondern in einer X-D-Darstellung (Parameter-Verdünnungsrate)

Anhand dieser Einteilung lässt sich auch die Aufgabenstellung ableiten. Zunächst ist ein Modell für die Anlaufphase (Start-up) zu entwickeln. Für die Entwicklung des Simulationsmodells liegen die Vorgaben laut Tab. 3.23 zugrunde.

Lösungsstrategie Zunächst sollten die gestellten Fragen beantwortet werden, um sich in den CSTR-Prozess einzuarbeiten (Warming-up). Das Verständnis insbesondere auch zu den Modellvorstellungen und den Definitionen, die zur Beschreibung eingeführt wurden, soll abgerufen werden.

Im nächsten Schritt wird das mathematische Gerüst für die Modellerstellung aufbereitet, um dann an die Modellierung zu gehen. Schließlich soll die Simulation für einen gegebenen Vorgabenblock (vgl. Tab. 3.23) Einblicke in die Prozessstruktur liefern.

All diese Aufgabenstellungen und Fragen werden in der **Lösungsebene 1** weiterbearbeitet.

3.8.1.3.2 Simulation CSTR – Steady-State-Phase (Phase 3)

Die Darstellung, wie sie üblicherweise für zeitlich sich ändernde Abläufe genommen wird, ist im Falle eines kontinuierlichen Betriebs nicht sehr sinnvoll. Denn kontinuierlich bedeutet gleichzeitig, dass sich nichts ändert, also alles konstant bleibt. Wäre das nicht der Fall, dann müsste der Prozess zu irgendeinem Zeitpunkt mal abgebrochen werden. Wollte man den Prozess im üblichen Parameter-Zeit-Diagramm darstellen, kämen nur waagrechte Linien zustande. Das erscheint doch wohl nicht sehr aussagekräftig.

> Deshalb stellt man den KONTI-Prozess im Diagramm Parameter (X, S, P) über der Verdünnungsrate (D) dar.

Die Phase 3 ist die eigentlich kontinuierliche Phase. Dieser Zustand sollte sehr lange gehalten werden (100 bis 8000 [h] – also das ganze Jahr), deshalb müssen alle Parameter konstant bleiben. Die dritte Phase des CSTR-Modus entspricht einem Steady State. Wie der Name schon zum Ausdruck bringt, handelt es sich um stationäre Zustände und damit entfallen die partiellen Differenzialbilanzgleichungen hinsichtlich der Zeit komplett. Somit befassen sich die Bilanzgleichungen allein mit der Zustandserfassung.

Es besteht nun die Aufgabe, den über einen Batch-Modus (Phase 1) über eine „Anfütterungsphase" (Phase 2) in den stationären Zustand geführten Prozess im Steady-State-Modus (Phase 3) weiter zu betreiben. Das verlangt zunächst die Erstellung der Bilanzgleichungen ohne zeitliche Aspekte mit den dazugehörigen Kinetiken. Wie lassen sich nun das Substrat, die Biomasse und ein (fiktives) Produkt bilanzieren?

Für die Darstellung der spezifischen Wachstumsrate soll die um einen Substratinhibierungsterm erweiterte Monod-Kinetik angewandt werden und für die Produktbildung die Kinetik mit wachstumsge- und -entkoppeltem Term. Als Vorgabe können die in Tab. 3.24 aufgeführten Werte angenommen werden.

Eine weitere Aufgabenstellung fordert die Frage nach einer Angabe zur Produktivität. Das soll hinsichtlich Produkt und Biomasse ausgedrückt werden.

Hinweis: Die Daten in Tab. 3.24 sind *nicht* mit dem Modell (Programm C.9) abgestimmt. Das bedeutet, das Ergebnis steht für sich allein und soll nur zum Studium des Steady State im CSTR dienen.

Tipps

- Die Definition des Ausbeutekoeffizienten kann für die Bilanzierung eine wertvolle Hilfe sein.
- Die Substratbilanz sollte zeitlich unterteilt werden, um dem Sachverhalt Rechnung zu tragen, dass $D < \mu_{max}$ sein muss, da sonst die Mikroorganismen ausgewaschen werden.

Tab. 3.24 Basisdaten für den Einstieg in die Modellierung.

Parameter	Dimension	Wert	Anmerkung
μ_{max}	h^{-1}	0,30	Spez. Wachstumsrate
K_S	g/L	0,10	Sättigungskonstante
$Y_{X/S}$	–	0,80	Ausbeutekoeffizient Biomasse/Substrat
S^α	g/L	5,0	Zulaufkonzentration Substrat
k_1	h^{-1}	0,3	Wachstumsentkoppelte Produktbildungsrate
k_2	–	0,8	Wachstumsgekoppelte Produktbildungsrate

Das (mögliche) Ergebnis der Modellentwicklung ist in Programm C.10 dargestellt. Der Weg dorthin wird in der **Lösungsebene 1** dargelegt.

3.8.1.3.3 Simulation Rohrreaktor (mit Bo = ∞) (Programm C.10)

> In den meisten Fällen war es bisher möglich, für einen Lösungsansatz Gleichungen aus der Formelsammlung Anhang A zu entnehmen und sie direkt oder mit einigen wenigen Umformungen auf das jeweilige Problem anzuwenden. In dieser Aufgabe soll nun die differenzielle Bilanzgleichung (vgl. Gln. (A.112) und (A.117)) aufgestellt werden und mathematisch gelöst werden. Zum Vergleich sollen noch „vorgefertigte" Gleichungen (vgl. Gln. (A.134) bis (A.136)) benutzt werden, um das Ergebnis gegenüberzustellen.

Die Randbedingung Bo → ∞ bedeutet, dass keine Rückvermischung stattfindet. Das versteht man unter einem „idealen Rohrreaktor". Es handelt sich also um das Gegenstück zum CSTR, den „idealen Rührwerkskessel". In dieser Aufgabe soll nun die differenzielle Bilanzgleichung (vgl. Kapitel A Formelsammlung Gln. (A.112) und (A.117)) aufgestellt werden und mathematisch gelöst werden. Zum Vergleich sollen noch „vorgefertigte" Gleichungen (vgl. Kapitel A Formelsammlung Gln. (A.134) bis (A.136)) benutzt und eine Simulation erstellt werden, um das Ergebnis zu vergleichen. Sollte es Abweichungen geben, ist es selbstverständlich, dass dazu eine Erklärung abgegeben wird.

Da es sich erneut um eine kontinuierliche Fahrweise handelt, also stationäre Bedingungen vorliegen, tritt keine brauchbare zeitliche Änderung auf. Demzufolge entfallen Differenzialgleichungen, die nach der Veränderung der Zeit fragen.

In Abb. 3.57 ist das Reaktorsystem dargestellt. Es soll als Orientierung für die Modellentwicklung dienen.

Für die Modellerstellung seien die in Tab. 3.25 vorgegebenen Daten zugrunde gelegt.

Damit wäre die Aufgabe aufbereitet und kann bearbeitet werden. Die nächsten Schritte sollen in der **Lösungsebene 1** erläutert werden.

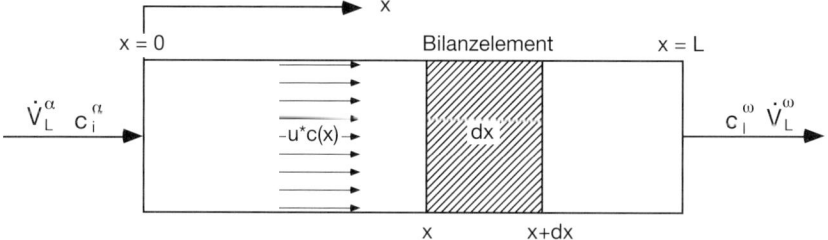

Abb. 3.57 Rohrreaktor mit den Bilanzelementen für Bo → ∞ zur Aufstellung der Modellgleichungen.

Tab. 3.25 Basisdaten für die Simulation des Rohrreaktormodells.

Parameter	Dimension	Wert	Anmerkung
μ_{max}	h^{-1}	0,95	Max. spezifische Wachstumsrate
KS	g/L	0,02	Sättigungskonstante
D	h^{-1}	0,2	Verdünnungsrate
L	m	5,0	Länge des Rohrreaktors
k	s^{-1}	0,01	Reaktionsgeschwindigkeitskonstante
C_0	–	1,0	Anfangsbedingung dimensionslose Konzentration

3.8.1.3.4 Simulation Rohrreaktor mit $0 < Bo < \infty$

Der Rohrreaktor gehört zu den Reaktortypen, die nur die kontinuierliche Betriebsweise zulassen. Im Grunde genommen ist ein solcher Reaktor denkbar einfach konstruiert, denn das Kernstück ist eigentlich nur ein Rohr. Die Variationen bestehen darin, die Rohrführung verschieden zu gestalten. Vom einfach geraden Rohr, über ein mäanderförmig gestaltetes System bis hin zu einer Wendel (spiralförmig verlegtes Rohr) ist alles denkbar. Zusätzlich können Wirbelschicht- und auch Festbettreaktoren zu diesem Reaktortyp gezählt werden.

Die Einfachheit lässt in der Anwendung diesen Reaktortyp oft mal schnell an seine Grenzen stoßen. Begasungs- aber auch Entgasungsaufgaben sind schwer zu realisieren. Dort wo diese Aufgaben nicht vorkommen, ist er der Reaktor der Wahl. Einen Rohrreaktor findet man sehr häufig in der Sterilisationstechnik und auch in der Enzymtechnik, wo immobilisierte Enzyme in Wirbelschichten oder Festbette als Biokatalysatoren eingesetzt werden.

Aufgabenstellung Vollkommene Rückvermischung bzw. total unterdrückte Rückvermischung sind strenge Grenzbedingungen, die keine Praxisrelevanz aufweisen. Die Randbedingung $Bo = 0$ und $Bo = \infty$ sind von rein theoretischer Natur.

Deshalb soll nun die differenzielle Bilanzgleichung (vgl. Kapitel A Formelsammlung Gln. (A.112) und (A.117)) aufgestellt werden, welche die Rückvermischung, also den realen Fall, beschreibt. Darauf aufbauend ist es gewünscht, ein Modell zu entwickeln.

Auch in diesem Fall ist darauf zu achten, dass es aufgrund der stationären Bedingungen keine zeitlichen Veränderungen gibt, wohl aber örtliche, d. h., es gilt $dc/dt = 0$, aber $c(x) \neq 0$. Abbildung 3.67 kann wieder als Orientierung für die Modellentwicklung dienen.

Für die Modellerstellung seien die in Tab. 3.26 vorgegebenen Daten zugrunde gelegt.

Die letzte Zeile in Tab. 3.26 enthält noch einen offenen Punkt, nämlich die Randbedingung(en) für den Wert der Steigung des Konzentrationsverlaufes an der Stelle $x = 0$. Diese Fragestellung muss zuerst angegangen werden. Danach kann man sich an die Modellierung machen.

Tab. 3.26 Basisdaten für die Simulation des Rohrreaktormodells.

Parameter	Dimension	Wert	Anmerkung
F	L/h	4	Volumenstrom (Zulauf)
D_{ax}	m²/s	$2,9 \cdot 10^{-5}$	Dispersionskoeffizient, axial
D	m	0,2	Rohr-(Kolonnen-)Durchmesser
L	m	5,0	Länge des Rohrreaktors
k	s^{-1}	0,01	Reaktionsgeschwindigkeitskonstante
C_0	–	1,0	Eingangsbedingung dimensionslose Konzentration
C_0'	–	?	Eingangsbedingung für die Steigung am Eingang

Damit wäre die Aufgabe aufbereitet und kann bearbeitet werden. Die nächsten Schritte sollen jedoch in der **Lösungsebene 1** dargelegt werden.

3.8.2
Symbiose von Simulation, SPF und Scale-up einer Fermentation

Aufgabenstellung

Es besteht die Herausforderung, einen Fermentationsprozess aus dem Labor in den 100-m³-Maßstab zu übertragen. Als Modellstamm dient das marine Bakterium *Vibrio natriegens*, das auf Glycerin wächst und als intermediäres Produkt Acetat bildet. Das Acetat wird als Zielgröße für die Prozessentwicklung ausgegeben.

Für die Prozessentwicklung stehen im Labor- und Technikumsmaßstab drei Reaktoren mit 2, 10 und 80 L-Reaktorvolumen zur Verfügung. Die beiden kleineren Reaktoren dienen zur Findung des Scale-up-Verhaltens. Dabei ist es nicht notwendig, gleiche Ergebnisse hinsichtlich der Produktbildung (Acetat) zu erlangen. In dieser Phase sind die Fixparameter (Tab. 3.30 ab Block drei bis acht) gesucht. Letztendlich soll die Produktkurve vom 10-L- über den 80-L- in den 100 000-L-Maßstab übertragen werden.

Die Aufgabenstellung ist prädestiniert, eine Modellierungsmethode anzuwenden. An diesem Beispiel wird die SPF-Modellierung, wie sie in Abschn. 1.9 vorgestellt wurde, benutzt. Die Basis wurde durch mehrere Fermentationsläufe im 2 und 10 L-Maßstab mit den Einstellungen und Gegebenheiten gemäß Tab. 3.27 gelegt. Die dort erzielten Resultate (Tab. 3.28) werden in das Modell mit dem Ziel eingegeben, die Produktkurve (Acetat) ab dem 10 L-Maßstab in jedem Maßstab „nachzuzeichnen" (Abb. 3.71 und 3.72). Das bedeutet, es sollen im 80 und im 100 000 L-Maßstab die Einstellungen der freien Parameter sowie die freien physikalischen und konstruktive Größen (Tab. 3.30 Spalte fünf und sechs) so gewählt werden, dass das Ergebnis des 10 L-Maßstabs erreicht wird. Da man davon ausgehen sollte, dass der Produktionsmaßstab (100 [m³]) noch nicht gebaut ist, sind dort die meisten Parameter noch frei (im technisch sinnvollen Rahmen), es sind also viele Möglichkeiten gegeben.

Tab. 3.27 Parameter(einstellungen) für die Fermentationen im 2 und 10 L-Maßstab.

Parameterblock	Dimension	2 L	10 L
$V_{R,L}$ – Liquidreaktionsvolumen	m³	0,002	0,01
n – Drehzahl	upm	1675	650
q – Begasungsrate	vvm	1,0	0,8
f_S – Schlankheitsgrad	–	1,59	1,59
f_R – Rührerdurchmesserverhältnis	–	0,35	0,375
f_H – Position Begasungsorgan	–	0,9[a]	0,9[a]
Ne_0 – Newton-Zahl, unbegast	–	4,5	7,2
p^ω – Kopfraumdruck	bar	1,13[a]	1,06[a]
$Y_{O_2}^\alpha$ – Molverhältnis Eintritt	–	0,21	0,21
ν – Kinematische Viskosität	m²/s	10^{-6}	10^{-6}
ρ_L – Flüssigkeitsdichte	kg/L	1,050[a]	1,050[a]
H_{O_2} – Henry-Koeffizient	bar · L/mol	1000[a]	1000[a]

[a] Muss bestimmt werden.

Tab. 3.28 Mess- und Analysenwerte zur Fermentation im 2- und 10 L-Maßstab.

Zeit [h]	Ace_10L [g/L]	DO_2_10L [g/L]	cL_10L [g/L]	Ace_2L [g/L]	Gly_2L [g/L]	cL_2L [g/L]
0	0	95	$7,08 \cdot 10^{-6}$	0	2,046	$7,70 \cdot 10^{-6}$
0,5	0,123	91,1	$6,71 \cdot 10^{-6}$	0,174	1,977	$7,66 \cdot 10^{-6}$
1,0	0,399	68	$5,07 \cdot 10^{-6}$	0,315	1,851	$7,00 \cdot 10^{-6}$
1,5	0,648	8,6	$6,71 \cdot 10^{-7}$	0,654	1,5735	$5,83 \cdot 10^{-6}$
2,0	0,804	0,0	0,0	0,474	1,286	$3,46 \cdot 10^{-6}$
2,5	0,84	0,0	0,0	0,0	0,612	$4,23 \cdot 10^{-6}$
3,0	0,75	0,0	0,0	0,0	0,0	$6,26 \cdot 10^{-6}$
4,0	0,00	28,6	$2,09 \cdot 10^{-6}$	0,0	0,0	$6,95 \cdot 10^{-6}$

Es geht jetzt darum, im 2 und 10 L-Maßstab einige Fermentationen mit den in Tab. 3.27 zusammengestellten Parametereinstellungen durchzuführen. Dabei ist es primär nicht erwünscht, schon die optimierte Situation zu treffen. Es gilt vielmehr erst mal die Unterschiede des Maßstabseinflusses zu erkennen. Danach macht man sich an die Optimierung in beiden Maßstäben. Diese sind nun in Tab. 3.27 aufgestellt.

Die erreichten Ergebnisse sind in Tab. 3.28 aufgelistet. Es sind die Konzentrationen für das Intermediärprodukt Acetat in beiden Maßstäben, das Substrat Glycerin im 2 L-Maßstab, die Sauerstoffkonzentration in beiden Maßstäben und der DO-Wert im 10 L-Maßstab über der Zeit aufgelistet.

Mit diesen Werten sollte nun die Grundstruktur des gesuchten Modells gewonnen werden. Das wesentliche Ziel ist es, die Fixparameter festzulegen, also solche, die für alle Maßstäbe gelten müssen (= idem). Das sind in der Regel alle Anpassungsparameter (AP, vgl. Abschn. 1.9).

Den Einstieg in das Modell beginnt man mit der Gewinnung einer geeigneten Modellstruktur. Wie das beispielhaft geschehen kann, ist in **Lösungsebene 1** wiedergegeben.

3.8.3
Lösungsebene 1 zu Abschn. 3.8.1 und 3.8.2

Lösungsebene 1 zu Abschn. 3.8.1.1 *Batch-Fahrweise, Diauxie und experimentelle Parameter*

Zunächst soll der Verlauf der Biomasse bilanziert werden. Man kann davon ausgehen, dass die Zellen sowohl auf Glucose als auch auf Lactose als C-Quelle wachsen werden. Wobei Glucose direkt zugänglich ist und für Lactose ein Hilfsenzym benötigt wird, das erst im Laufe der Fermentation, insbesondere, wenn Glucose zur Neige geht, synthetisiert wird. Um diese verzögerte Nutzung von Lactose im Modell zu implementieren, wird Glucose als Inhibitor für den Lactoseabbau vorgeschlagen.

Lactose wirkt als „Stimulator (Induktor)" für die β-Galactosidasesynthese. Dabei kann man im Modell von vorneherein einen Wachstumsterm (μ) und eine Sterberate (f_d) berücksichtigen. Damit lässt sich schreiben

$$\frac{dX}{dt} = (\mu_{ges} + f_d) \cdot X \tag{3.575}$$

Die Gesamtwachstumsrate μ_{ges} setzt sich aus den beiden Wachstumsraten auf Glucose und Lactose zusammen (Gl. (3.576)). Es gilt unter Verwendung der Monod-Kinetik (vgl. Gl. (A.100)) für die Substratlimitierung im Falle der Glucose (Gl. (3.577)

$$\mu_{ges} = \mu_{Gluc} + \mu_{Lac} \tag{3.576}$$

$$\mu_{Gluc} = \mu_{max,Gluc} \frac{S_{Gluc}}{K_{S,Gluc} + S_{Gluc}} \tag{3.577}$$

und unter zusätzlicher Anwendung einer („Schein"-)*Substrathemmung* (vgl. Gl. (A.162)) für die Lactose mit Glucose. Die Lactose wird ja erst dann abgebaut, wenn β-Galactosidase zur Verfügung steht, und dieses wird erst gebildet, wenn Glucose zur Neige geht. Dieses Verhalten kann durch den Ansatz

$$\mu_{Lac} = \mu_{max,Lac} \frac{S_{Lac}}{K_{S,Lac} + S_{Lac} + \left(\frac{S_{Gluc}}{K_i}\right)^2} \tag{3.578}$$

modelliert werden. Das Substrathemmelement in Gl. (3.578) ist in diesem Fall nicht die klassische Form der Substrathemmung, entspricht mehr einer Fremd-

oder auch „Schein"-Inhibierung. Damit hat man eine Möglichkeit, die Beobachtung sowie die Kenntnis zu simulieren, dass erst die Glucose und dann die Lactose abgebaut wird. Also „erklärt" man die Glucose zum *Inhibitor* für den Lactoseabbau.

Als Nächstes werden die Substrate bilanziert. Dazu lassen sich folgende Ansätze formulieren (vgl. Gln. (A.95) und (A.96)).

$$\frac{dS_{\text{Gluc}}}{dt} = -\mu_{\text{Gluc}} \cdot \frac{X}{Y_{X/\text{Gluc}}} \qquad (3.579)$$

$$\frac{dS_{\text{Lac}}}{dt} = -\mu_{\text{Lac}} \cdot \frac{X}{Y_{X/\text{Lac}}} \qquad (3.580)$$

Nun bleibt noch die Produktbildung, also die Entstehung der β-Galactosidase. Dort empfiehlt es sich, den Ansatz mit wachstumsge- und -entkoppeltem Term anzuwenden. Dabei sollte bedacht werden, dass die Anwesenheit von Lactose die Synthese stimuliert und im Umkehrschluss aber diese abbricht, wenn die Lactose aufgebraucht ist. Ein mögliches mathematisches Element dazu ist in Gl. (3.581) mit dem voranstehenden Term angewandt. Man erhält

$$\frac{dP}{dt} = \frac{S_{\text{Lac}}^2}{K_{\text{P,S}}} \cdot (k_1 \cdot \mu_{\text{Lac}} + k_2) \cdot X \qquad (3.581)$$

Mit allen Angaben in der Aufgabenstellung (Konstanten) und die Wahl der Anfangsbedingungen für die Differenzialgleichungen geht man in das Programm (hier MADONNA®, vgl. Anhang Programm C.3). Zunächst werden die Messwertdaten geladen und im Diagramm angezeigt. Der erste Run wird eine nicht zufriedenstellende Übereinstimmung der Simulation mit den Messwerten ergeben (vgl. Anhang Abb. C.1). Vor allem die Verläufe von Lactose und der Biomasse sind noch anpassungswürdig. Aufgrund des verzögerten Lactoseverbrauchs zieht sich auch die Produktbildung in die Länge und erreicht vor allem einen viel zu hohen Wert. Mithilfe einer *Curve-fit*-Funktion findet man dann die in Abb. C.1 dargestellten Kurvenverläufe und im Anhang Programm C.3 die neuen Parameterwerte.

Jetzt steht noch eine Bewertung und Deutung/Interpretation der Resultate an. Diese sollen dann auch in **Lösungsebene 2** durchgeführt werden.

Lösungsebene 1 zu Abschn. 3.8.1.2.1 *Simulation eines Fed-Batch-Prozesses bei konstantem Zulaufstrom und konstanter Zulaufkonzentration* **(Programm C.4)**
Modellentwicklung
Wie vorgeschlagen beginnt man zuerst mit den Bilanzgleichungen für das Volumen, die Biomasse, das Substrat und das Produkt. Im Gegensatz zu den Prozessen, bei denen das Volumen konstant bleibt, kann die Parameterwahl auf die jeweilige Konzentration [g/L] der Größe fallen. Im vorliegenden Fall ist es günstiger oder sogar notwendig, den Absolutwert zu verwenden, also in Masse [g]. Die Ausnahme dabei ist das Volumen, weil es von vornherein als Absolutgröße (extensive

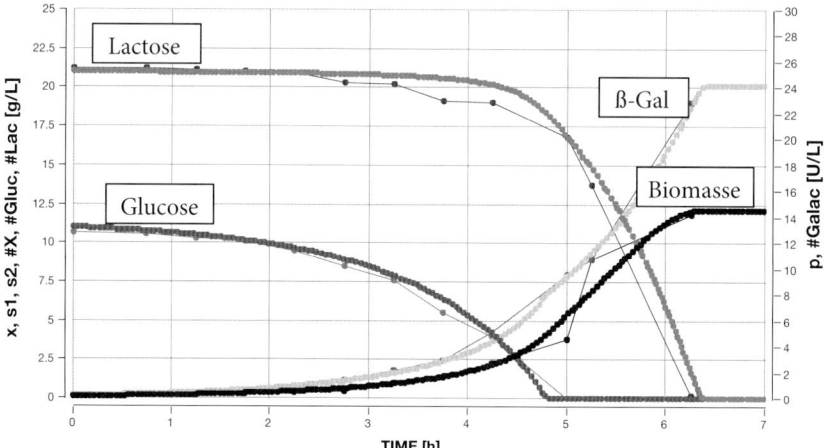

Abb. 3.58 Darstellung der Verläufe von gemessenen und simulierten Daten für Glucose, Lactose, Biomasse und Galactosidase.

Größe) gesehen werden kann. Damit erhält man

$$\frac{dV_L}{dt} = \dot{V}_L^\alpha \tag{3.582}$$

also die Volumenänderung ist gleich dem Zulaufstrom. Die Biomasse wächst mit der Wachstumsrate abzüglich einer Sterberate im augenblicklichen Volumen. Also gilt

$$\frac{dX_V}{dt} = \mu \cdot X \cdot V_L \tag{3.583}$$

Eine Sterberate ist in diesem Fall nicht eingeführt worden, auch wenn es sinnvoll wäre, weil angenommen werden muss, dass die Zellen keine Basis mehr für eine weitere Existenz haben nachdem das Substrat verbraucht ist. In **Lösungsebene 2** ist diese Überlegung realisiert.

Für den Substratabbau steht auf der einen Seite der Verbrauch für die Biomasse- und Produktbildung, aber auf der anderen Seite wird über den Zulauf frisches Substrat zugegeben. Das führt zu

$$\frac{dS_V}{dt} = \dot{V}_L^\alpha \cdot S^\alpha - \left(\frac{\mu}{Y_{X/S}} + \frac{k_1 + k_2 \cdot \mu}{Y_{P/S}} + m_S\right) \cdot X \cdot V_L \tag{3.584}$$

In Gl. (3.584) ist im Vorgriff schon die Produktbildungsrate aufgenommen, in der Annahme, dass auch Substrat für die Produktbildung verbraucht wird. Die Produktbildung setzt sich aus wachstumsentkoppelter und wachstumsgekoppelter Rate zusammen. Man kann schreiben

$$\frac{dP_V}{dt} = (k_1 + k_2 \cdot \mu) \cdot X \cdot V_L = r_P \tag{3.585}$$

Häufig beobachtet man auch insbesondere bei Proteinen oder Enzymen einen Abbau des Produktes (z. B. durch Proteasen). Dann muss das Modell ein solches Element enthalten.

Die Ergänzung stellen die Kinetiken dar. Als erster Block ist die Umrechnung der Absolutwerte (g) in Konzentrationen (g/L) vorzuschlagen (vgl. Gln. (3.586) bis (3.588))

$$x = \frac{X_V}{V_L} \tag{3.586}$$

$$s = \frac{S_V}{V_L} \tag{3.587}$$

$$p = \frac{P_V}{V_L} \tag{3.588}$$

Für die Wachstumsrate wird sehr häufig die Monod-Kinetik verwendet. Damit erhält man

$$\mu = \mu_{max} \cdot \frac{S}{K_S + S} \tag{3.589}$$

In der Modellgleichung (3.589) ist nur eine Substratlimitierung berücksichtigt. Sollte auch noch S-Hemmung auftreten, dann müsste Gl. (A.101) (vgl. auch Abschn. 3.8.1.1, Gl. (3.578)) verwendet werden.

Mit diesem Modellkonstrukt geht man dann in eine geeignete Software (z. B. Berkeley MADONNA®). Im Modell in Programm C.4 im Anhang ist diese Situation modelliert (die Zahlen in geschweiften Klammern weisen auf die Gleichungen innerhalb dieses Modells hin). Die erste Zielvorgabe ist die Prozesszeit, also vom Start ($V = V_0$) bis der Reaktor voll ist ($V = V_{max}$).

Das Resultat ist in Abb. 3.59 dargestellt. Man sieht, dass in der vorgenommenen Parametereinstellung der Prozess vor dem Erreichen von V_{max} abgeschlossen ist, weil das Substrat schon verbraucht ist (S bleibt auf null!).

Die Bewertung und weitere mögliche Modellvariationen werden in der **Lösungsebene 2** beschrieben.

Lösungsebene 1 zu Abschn. 3.8.1.2.2 *Simulation eines Fed-Batch bei angepasster Flow Rate (Biostat)*
Modell B: Programm C.6

Um die eigentliche Zielsetzung eines Batch-Prozesses erreichen zu können, muss eine Fütterungsstrategie gefahren werden. Diese erfordert eine konstante Substratkonzentration im Reaktor.

Dazu wird jetzt nicht mehr zu einem bestimmten Zeitpunkt der Feed gestartet, sondern dann, wenn die Wunschkonzentration S_1 erreicht ist. Gleichzeitig soll während der Phasen (vor und nach dem Feed) das Substrat gemäß den Kinetiken abgebaut werden. Wie in allen Fed-Batch-Fahrweisen muss das „Überlaufen" vermieden werden.

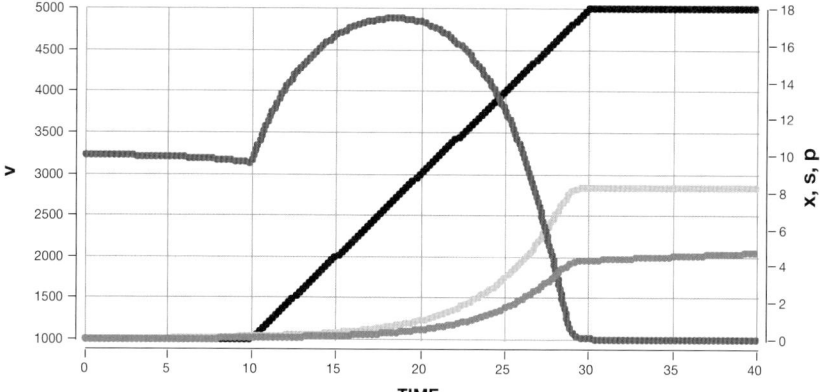

Abb. 3.59 Darstellung eines Fed-Batch-Prozesses ohne Fütterungsstrategie. Man startet die Fütterung zu einem vorgegebenen Zeitpunkt, hier 10. Stunde und endet bei $V_L = V_{L,max}$ (mmd: Programm C.4).

Modellentwicklung

Das Kernstück sind wieder die Massenbilanzen für das Substrat, die Biomasse und das Produkt sowie für das Reaktionsvolumen, das ja im Falle eines Fed-Batch-Prozesses zunimmt.

Die Abnahme der Absolutmassen von Biomasse und Produkt sowie das Volumen wird in gleicher Weise realisiert, wie in Abschn. 3.8.1.2.1 beschrieben (vgl. Modell in Programm C.5). Lediglich wird nun in die Modellgleichung neben der spezifischen Wachstumsrate zusätzlich eine Sterberate eingeführt, die dafür sorgen soll, dass nach dem Verbrauch des Substrates die Biomasse keine „Lebensgrundlage" mehr hat. Es ist lediglich darauf zu achten, dass nun der Zulaufvolumenstrom konstant geregelt wird. Die Regelstrategie dafür ist in Gl. (3.572) ausgedrückt.

Es sei an dieser Stelle nochmals daran erinnert, was in Abschn. 1.9 ausführlich diskutiert wird: Unter der Biomasse wird im Modell ausschließlich die aktive Biomasse verstanden.

Ein möglicher Ansatz für die Sterberate, die in diesem Modell verwendet wurde, wäre

$$f_d = \frac{k_4}{k_5 + S} \tag{3.590}$$

Für die spezifische Wachstumsrate erhält man damit

$$\mu = \frac{(\mu - f_d) \cdot X}{Y_{X/S}} \tag{3.591}$$

Die restlichen Elemente sind mit denen im Modell in Programm C.5 identisch. In Abb. 3.65 ist das Ergebnis der Simulation dargestellt.

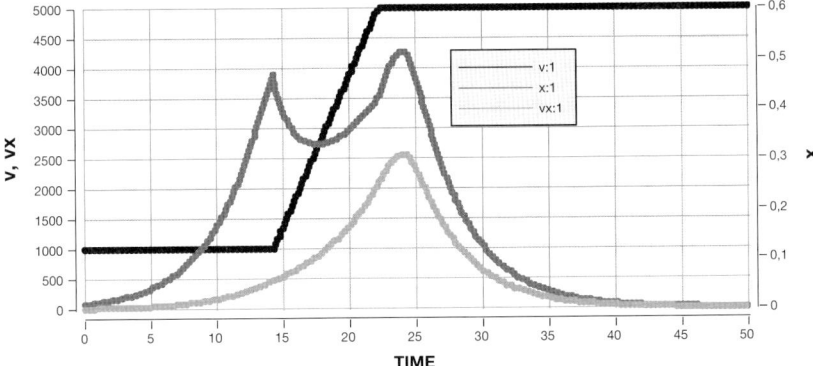

Abb. 3.60 Darstellung der Verläufe von simulierten Daten für das Volumen, Substrat, Biomasse und Produkt. Zu Beginn verläuft die Fermentation wie ein Batch-Prozess. Ist die vorgegebene Substratkonzentration erreicht, wird der Feed gestartet (etwa 13. Stunde). Die Fermentation endet, wenn das maximale Volumen erreicht wird (etwa 23. Stunde).

Der Zeitpunkt des Feedstarts wird durch Gleichung {11} im Modell in Programm C.6 erreicht und die Forderung, dass das Substrat ungestört von allen Einflüssen abgebaut wird, ist in Gleichung {4} realisiert. Das Überlaufen wird in der Simulation durch Gleichung {12} erreicht.

Bis zum Erreichen der vorgegebenen Substratkonzentration läuft der Prozess für die Biomasse, die Produktbildung und den Substratabbau wie ein Batch-Prozess ab, denn der Feed wurde noch nicht gestartet. Dann wird der Feed gestartet und verbrauchsorientiert gesteuert. Die Substratkonzentration geht in einen konstanten Verlauf über, bis der Reaktor am maximalen Volumen angelangt ist. Dann stoppt die Feedrate und das Substrat wird weiter komplett abgebaut.

Die Biomasseentwicklung läuft ebenfalls wie im Batch-Betrieb exponentiell an, knickt dann aber in der stationären Phase (substratbezogen) ab und verläuft danach linear weiter. Das ist gemäß Gleichung {8} zu erwarten, weil in dieser Phase sowohl die spezifische Wachstumsrate als auch die Sterberate konstant sind. Nach dem Stopp des Feeds steigt die Biomassekonzentration sehr schnell kurzzeitig an, weil die durch den Zulauf bewirkte Verdünnung ausgeblieben ist. Wenn das Substrat restlos verbraucht ist, geht die Wachstumsrate auf null, es wirkt nur noch die Sterberate und in dem Maße geht die aktive Biomasse zurück.

Der kontinuierliche Anstieg der Produktkonzentration wird so lange weiterlaufen, bis die Biomasse verschwunden ist, denn der wachstumsentkoppelte Term greift weiterhin. Das ist nicht unbedingt zu erwarten, meist ist die Produktbildung substratgekoppelt. Das könnte wieder mit dem gleichen Ansatz (Programm C.3) wie im Batch-Prozess erreicht werden.

Jetzt steht noch die Beurteilung der Resultate und die Darstellung des Prozesses in einem Schema an. Diese Schritte werden in **Lösungsebene 2** gegangen.

Lösungsebene 1 zu Abschn. 3.8.1.2.3 *Simulation eines Fed-Batch-Prozesses bei konstantem Zulaufstrom und angepasster Zulaufkonzentration* (Programm C.7)

Die Forderung an eine konstante Substratkonzentration wird in diesem Fall durch die Regelung der Substratzulaufkonzentration realisiert. Ansonsten läuft dieser Prozesse analog zum Fed-Batch, wie er in Abschn. 3.8.1.2.2 beschrieben ist.

Modellentwicklung

Im Modell in Programm C.7 im Anhang ist diese Situation modelliert. Die Ergebnisse der Simulation sind in Abb. 3.61 dargestellt.

Der Substratverlauf zeigt in der Phase vor dem Feedstart den üblichen Verlauf eines Batch-Prozesses. Sie fällt gemäß den zuständigen Prozessparametern zunehmend. Im Modell kann man diese Situation durch den Bilanzansatz

$$\frac{dS}{dt} = -\left[\frac{(\mu - f_d) \cdot X}{Y_{X/S}} + \frac{(k_1 + k_2 \cdot \mu) \cdot X}{Y_{P/S}} + m_S \cdot X\right] \quad (3.592)$$

beschreiben. Neben der spezifischen Wachstumsrate taucht wieder die Sterberate auf. Die beiden anderen Blöcke, verursacht durch die Produktbildung und den Erhaltungsaufwand, bleiben gleich wie in den Modellen zuvor (Abschn. 3.8.1.2.1 und 3.8.1.2.2). Die weitere Abnahme wird beim Erreichen der gewünschten Steady-State-Konzentration (s1) durch den Start des Feeds verhindert, die Substratkonzentration bleibt konstant. Die Substratkonzentration fällt ab, allerdings nicht auf null! Das kann dadurch erklärt werden, dass die gewählte Funktion {4} für die Sterberate inklusive der Parametereinstellungen (k4) zum summarischen Stillstand des Wachstums führt solange k4 > 0 ist. Wird ein solches Verhalten nicht beobachtet, dann muss die Funktion entsprechend abgeändert werden.

Ähnliches lässt sich über den Verlauf der Biomasse sagen. Erst sieht man den exponentiellen Anstieg wie im Batch-Prozess, dann beim Start der Fütterung erfolgt aufgrund eines Verdünnungseffektes ein spontaner Abfall bis auf ein Zwischen-

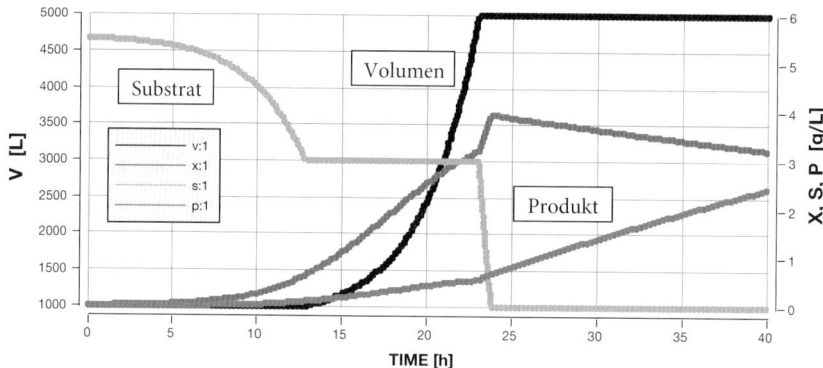

Abb. 3.61 Simulation eines Fed-Batch-Prozesses mit der Fütterungsstrategie einer geregelten Zulaufsubstratkonzentration und konstantem Feed (500 [L/h]). Man startet die Fütterung zu einem vorgegebenen Zeitpunkt, hier in der 10. Stunde, und endet, wenn das Maximalvolumen erreicht ist (mmd: Programm C.7).

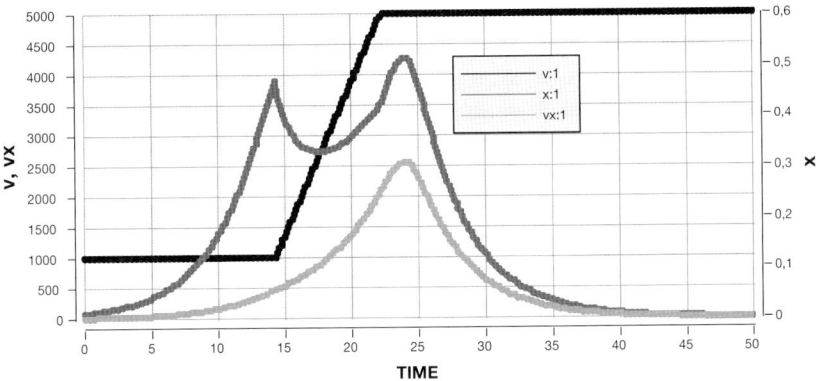

Abb. 3.62 Simulation eines Fed-Batch-Prozesses mit der Fütterungsstrategie einer geregelten Zulaufsubstratkonzentration und konstantem Feed (500 [L/h]) für $V(t)$. (mmd: Programm C.7).

tief, um letztendlich ein erneutes Maximum zu erreichen. Nach dem Feedstopp fällt die Kurve bis auf null ab.

Im Unterschied zum Prozess 3.8.1.2.2 verläuft die Produktkonzentration in der Endphase anders. Dies ist durch den Substratverlauf bedingt, und da das Substrat auf null abfällt, bleibt am Ende die Produktkonzentration aufgrund der Kopplung gemäß Gleichung {3} konstant, da keine Produktschädigung implementiert ist.

Der Verlauf der Zulaufkonzentration ist zu Beginn des Feedvorganges etwa 1 [g/L] und steigt bis zum Ende des Feedvorganges auf etwa 4 [g/L] gemäß den Anforderungen an (vgl. Gleichung {4}).

Die Aufgabenstellung ist hiermit bereits komplett abgearbeitet, sodass für diese Aufgabe *keine* **Lösungsebene 2** vorhanden ist.

Lösungsebene 1 zu Abschn. 3.8.1.3.1 *Simulation der Anfahrphase eines CSTR (Phase 1/2)*
Modell: Programm C.8
Zunächst sollen die Fragen und Aufgaben nochmals zusammengefasst werden.

Gesuchte Daten/Antworten/Fakten
- Was versteht man unter Rückvermischung und welche Kategorien kennt man?
- Welche Kennzahl beschreibt die Rückvermischung und wie ist sie definiert?
- Welche Modellvorstellung wird benutzt, um die Rückvermischung zu beschreiben?
- Welche Einordnung erfährt der CSTR und warum?

Antworten
- Legt man in eine Strömung eine (gedachte) Richtung, so versteht man unter Rückvermischung die Überlagerung der rückwärtsgerichteten zur vorwärts orientierten Bewegung, sodass vorauseilende Teilchen von nachfolgenden wieder „eingefangen" werden, um sich zu vermengen. Man unterscheidet eine solche Situation von jener, bei der dies vollkommen gelingt, d. h., Teilchen aller

Kategorien sind homogen im dynamischen System angeordnet. Dann spricht man von vollkommener Rückvermischung. Gelingt dies nur teilweise, dann liegt eine partielle Rückvermischung vor, und wenn das strikt unterdrückt wird, liegt eine Pfropfenströmung (Plug Flow) vor.
- Die Kennzahl, die dieses Verhaltens repräsentiert, ist die Bodenstein-Zahl. Sie ist wie folgt definiert:

$$\text{Bo} \equiv \frac{\text{konvektive Strömung}}{\text{axiale Dispersion}} = \frac{u \cdot L}{D_{\text{ax}}}$$

und drückt das Verhältnis von konvektivem Transport entlang der Strömungsachse und axialer Rückbewegung, ausgedrückt durch den Parameter D_{ax}, der die Summe aller an der Rückwärtsorientierung vorauseilender Teilchen beteiligter Effekte (Diffusion, Verwirbelung durch Einbauten und Störungen, Dean-Wirbel und Rührwerke) repräsentiert. Für vollkommene Rückvermischung gilt Bo = 0, für Teilrückvermischung gilt $0 < \text{Bo} < \infty$ und bei totaler Unterdrückung Bo $\to \infty$
- Im Wesentlichen kennt man zwei Modellvorstellungen: Das axiale Dispersionsmodell und das Zellenmodell. Im axialen Dispersionsmodell wird in einem kleinen Volumenelement die Masse einer Substanz bilanziert und über die Gesamtlänge aufintegriert. Im Zellenmodell wird das System in kleine Einheiten (Zellen) unterteilt und jede für sich als vollkommen durchmischt angesehen. Dann werden die einzelnen Zellen aneinandergereiht. Beide Modelle sind ineinander überführbar.
- Mit dem Rührwerk hat ein CSTR ein dominantes Rückvermischungselement und bewirkt den Zustand einer „vollkommenen Rückvermischung". Das bedeutet in diesem Fall gilt Bo = 0.

Entwicklung des Modells

Für das Modell zur Simulation der Anfahrphase sind drei Massenbilanzen erforderlich. Für die Biomasse X, das Substrat und das Produkt. Für die Biomasse wird zunächst keine Sterberate angenommen (es bleibt dem einzelnen Bearbeiter überlassen dies auch zu tun!), so bleibt ein Ansatz 1. Ordnung übrig und man erhält

$$\frac{dX}{dt} = (\mu - D) \cdot X \tag{3.593}$$

Dem Wachstum steht das Auswaschen der Biomasse gegenüber. Beim Substrat wird das zugeführte Substrat für die Biomasse verbraucht und ein anderer Teil ausgewaschen. Auf weitere Ausbeutefaktoren, z. B. Substrat → Produkt oder auch auf Maintenance-Faktoren wurde verzichtet. Diese Überlegungen können aber bei entsprechenden Hinweisen aus dem Experiment eingeführt werden. Mit der vereinfachenden Vorstellung führt das zu

$$\frac{dS}{dt} = (S^a - S) \cdot D - \mu \cdot \frac{X}{Y_{X/S}} \tag{3.594}$$

und schließlich gilt für die Produktbilanz, dass der Bildung die Auswaschung gegenübersteht. Wenn man auch hier auf Verlust durch Abbau verzichtet, weil eben bei dieser theoretischen Betrachtung keine anderen Erkenntnisse vorliegen, erhält man

$$\frac{dP}{dt} = r_P - P \cdot D \tag{3.595}$$

wobei zunächst für die Produktbildung die Produktivität r_P eingeführt wurde.

Diese Bilanzgleichung muss nun wieder mit entsprechenden Kinetiken ergänzt werden. Für das Wachstum greift man erneut auf die Monod-Kinetik zurück. Bleibt diese in ihrer ursprünglichen Form erhalten, so lässt sich

$$\mu = \mu_{max} \cdot \frac{S}{K_S + S} \tag{3.596}$$

formulieren. Für die theoretische Betrachtung kann jeder Nutzer im Rahmen der zu erwartenden Grenzen die einzelnen Parameter variieren und die Auswirkungen studieren.

Die Produktivität, die zunächst in Gl. (3.595) zur Übersicht eingeführt wurde, berechnet sich mittels Einführung eines wachstumsge- und -entkoppelten Terms zu

$$r_P = (k_1 + k_2 \cdot \mu) \cdot X \tag{3.597}$$

Mit dieser Modellstruktur entwickelt man ein Modell, wie es beispielhaft im Anhang Programm C.8 zu finden ist.

Die Simulation und die erzielten Ergebnisse mit dem Modell sollen in der **Lösungsebene 2** besprochen werden.

Lösungsebene 1 zu Abschn. 3.8.1.3.2 *Simulation CSTR – Steady-State-Phase*
(Programm C.9)
Gemäß den gegebenen Randbedingungen gilt für alle Parameter $d/dt = 0$. Stellt man unter dieser Prämisse für das Substrat eine Bilanz auf, die lediglich die Monod-Struktur enthält, so findet man unter Einbezug der Definition für den Ausbeutekoeffizient $Y_{X/S} = \Delta X / \Delta S$ sowie unter der Voraussetzung, dass $X^\alpha = 0$ und somit $\Delta X = X$ ist, den Zusammenhang

$$\frac{dS}{dt} = 0 = D \cdot (S^\alpha - S) - \frac{\mu_{max}}{Y_{X/S}} \cdot \frac{S \cdot X}{K_S + S}$$

$$D \cdot \frac{S^\alpha - S}{\Delta X} = \frac{\mu_{max}}{Y_{X/S}} \cdot \frac{S}{K_S + S} \Rightarrow\Rightarrow D \cdot (K_S + S) = \mu_{max} \cdot S \tag{3.598}$$

$$S = D \cdot \frac{K_S}{\mu_{max} - D}$$

und damit eine Bestimmungsgleichung für die Substratkonzentration. Die Gleichung für X steckt bereits in der Definitionsgleichung für den Ausbeutekoeffizienten und man bekommt damit

$$Y_{X/S} \equiv \frac{X^\alpha - X^\omega}{S^\alpha - S^\omega}$$
$$X = Y_{X/S} \cdot (S^\alpha - S^\omega) \tag{3.599}$$

Die Gleichung für die Produktkonzentration ist über den Produktbildungsansatz zu finden. Es gelten die Zusammenhänge

$$\frac{dP}{dt} = 0 = D(P^\alpha - P) + (k_1 + k_2 \cdot \mu) \cdot X$$
$$P = (k_1 + k_2 \cdot \mu) \cdot \frac{X}{D} \tag{3.600}$$

Es werden nun noch Kinetiken für die spezifische Wachstumsrate und die Produktivität sowohl für das Produkt als auch für die Biomasse benötigt. Für die spezifische Wachstumsrate nimmt man wieder die Monod-Kinetik und diesmal mit der Erweiterung um einen Substrathemmungsterm, um für die Simulation noch mehr „Spielraum" zu haben. Damit erhält man

$$\mu = \mu_{\max} \frac{S}{K_S + S + \frac{S^2}{K_i}} \tag{3.601}$$

(Hier sei der Hinweis wiederholt, dass dieses Modell nicht mit dem Modell für die Anfahrphasen abgestimmt ist, was für weitere Studien natürlich noch erweitert werden kann.)

Die beiden Produktivitäten definiert man ganz einfach durch die Multiplikation der Verdünnungsrate mit der Auslaufkonzentration von P und X.

Nun ist man in der Lage, das Modell in Programm C.9 für den CSTR-Steady-State zu entwickeln.

Da die Darstellung im X-D-Diagramm (X ist dabei stellvertretend für alle darzustellenden Parameter) erfolgt, muss im Modell auf der X-Achse statt der Zeit „time" die Verdünnungsrate „D" aufgetragen werden. Das geschieht im Modell durch den Befehl "rename time = D". Dadurch werden alle Werte für Start- und Stoppzeiten D-Werte, also Werte der Verdünnungsrate, die Zeit spielt keine Rolle mehr!

Das Ergebnis findet man in Programm C.10 im Anhang. Die Simulation ist in Abb. 3.69 wiedergegeben. Die Diskussion und die Bewertung der Ergebnisse findet man in der **Lösungsebene 2**.

Lösungsebene 1 zu Abschn. 3.8.1.3.3 *Simulation Rohrreaktor* (mit Bo = ∞)
In einem kleinen Volumenelement $dV = A \cdot dx$ wird ein Bilanzansatz für die Komponente c [mol/L] erstellt (vgl. Abb. 3.70). Dieser lautet für stationäre Verhältnisse

$$dV \cdot \frac{dc(t)}{dt} = 0 = -\frac{d}{dx}\left(w \cdot c(x) - D_{ax} \cdot \frac{dc(x)}{dx}\right) \cdot A \cdot dx - k(T) \cdot c(x)^n \cdot dV \tag{3.602}$$

Dieser Ansatz entspricht dem axialen Dispersionsmodell und dahinter steckt, dass sich zeitlich gesehen keine Veränderungen ergeben, wohl aber örtliche. Des Weiteren sind zwei Strömungsformen überlagert. Zum einen Konvektion, repräsentiert durch die mittlere Strömungsgeschwindigkeit und der örtlichen Konzentration, zum anderen eine überlagerte Konduktion (Diffusion), dargestellt

3.8 Modellierung

durch einen Diffusionsansatz gemäß dem 1. Fick'schen Gesetz. Allerdings stellt die Proportionalitätskonstante keinen Diffusionskoeffizienten der üblichen Form dar, sondern einen Dispersionskoeffizienten, der zum Ausdruck bringen soll, dass die erkennbare Stoffbewegung die Summe aller möglichen Effekte darstellt (Verwirbelungen, Rückströmungen, Diffusion).

Da Bo $\to \infty$ geht, muss $D_{ax} \to 0$ gehen, also fällt der zweite Term in der Klammer weg, das Volumenelement kürzt sich heraus und für n wird eine Reaktion 1. Ordnung angenommen. Damit vereinfacht sich Gl. (3.602) zu

$$0 = -w \cdot \frac{dc(x)}{dx} - k(T) \cdot c(x) \tag{3.603}$$

Stellt man Gl. (3.603) um, so erhält man

$$\int_{c^\alpha}^{c^\omega} \frac{dc(x)}{c(x)} = -\int_0^L \frac{k(T)}{w} \cdot dx \tag{3.604}$$

$$\ln\left(\frac{c^\omega}{c^\alpha}\right) = -k(T) \cdot \frac{L}{w} = -\text{Da}_I$$

Da die Software auf die Lösung von dergleichen spezialisiert ist, muss der letzte Schritt für die Erstellung des Modells nicht sein. Es muss sinnvollerweise nur noch Gl. (3.603) umgeformt werden, und zwar bietet sich eine dimensionslose Form an. Dazu Gl. (3.604) mit der Strömungsgeschwindigkeit, der Länge und der Eingangskonzentration erweitert und man erhält

$$0 = -w \cdot \frac{dc(x)}{dx} - k(T) \cdot c(x) \cap \cdot \frac{L}{c^\alpha \cdot w} \Rightarrow 0 = -\frac{w \cdot L \cdot dc}{w \cdot c^\alpha \cdot dx} - \frac{k \cdot L \cdot c}{w \cdot c^\alpha}$$

$$C' = -\text{Da}_I \cdot C \tag{3.605}$$

mit den Definitionen für die dimensionslosen Konzentration und der Damköhler-Zahl der 1. Art

$$C \equiv \frac{c}{c^\alpha} \Rightarrow \quad \text{sowie} \tag{3.606}$$

$$\Rightarrow \text{Da}_I \equiv \frac{k(T) \cdot L}{w} = k(T) \cdot \tau \tag{3.607}$$

Zur Bilanzgleichung gesellen sich noch einige Kinetiken für die spezifische Wachstumsrate μ, die hydrodynamische mittlere Verweilzeit τ, das Volumen V, die Querschnittsfläche A, die mittlere Strömungsgeschwindigkeit w und der Substratumsatz U_s. Man findet

$$\mu = \mu_{max} \cdot \frac{C}{K_S + C} \tag{3.608}$$

$$\text{Da}_I = k \cdot \tau \tag{3.609}$$

$$\tau = \frac{V}{F} \tag{3.610}$$

$$V = A \cdot L \tag{3.611}$$

$$A = D^2 \cdot \frac{\pi}{4} \tag{3.612}$$

$$w = \frac{F}{A} \tag{3.613}$$

$$U_S = (1 - C) \cdot 100 \tag{3.614}$$

Nun ist alles für die Erstellung des Modells aufbereitet. In Programm C.10 im Anhang ist das Modell zu finden. Die Simulation mit entsprechenden Bewertungen wird in **Lösungsebene 2** durchgeführt.

Lösungsebene 1 zu Abschn. 3.8.1.3.4 *Simulation Rohrreaktor mit* $0 < \mathrm{Bo} < \infty$

In der Praxis muss mit $0 < \mathrm{Bo} < \infty$ gearbeitet werden. Also geht man wieder vom Ansatz nach Gl. (3.602) aus

$$\mathrm{d}V \cdot \frac{\mathrm{d}c(t)}{\mathrm{d}t} = 0 = -\frac{\mathrm{d}}{\mathrm{d}x}\left(w \cdot c(x) - D_{\mathrm{ax}} \cdot \frac{\mathrm{d}c(x)}{\mathrm{d}x}\right) \cdot A \cdot \mathrm{d}x - k(T) \cdot c(x)^n \cdot \mathrm{d}V \tag{3.616a}$$

wobei diese Gleichung aber diesmal den Dispersionsanteil beibehalten muss, und man erhält somit den Gleichungsblock

$$0 = -\frac{w \cdot L}{w \cdot c^\alpha} \cdot \frac{\mathrm{d}c(x)}{\mathrm{d}x} + \frac{D_{\mathrm{ax}} \cdot L}{w \cdot c^\alpha} \cdot \frac{\mathrm{d}^2c(x)}{\mathrm{d}x^2} - \frac{k(T) \cdot L}{w \cdot c^\alpha} \cdot c(x) \tag{3.616b}$$

$$0 = -C' + \frac{1}{\mathrm{Bo}} \cdot C'' - \mathrm{Da}_\mathrm{I} \cdot c(x) \tag{3.616}$$

$$C'' = -\mathrm{Bo} \cdot (C' - \mathrm{Da}_\mathrm{I} \cdot C) \tag{3.617}$$

Es müssen nun erneut die ergänzenden Kinetiken hinzugefügt werden. Man erhält

$$\mathrm{Da}_\mathrm{I} = k \cdot \tau \tag{3.618}$$

$$\tau = \frac{V}{F} \tag{3.619}$$

$$A = \frac{D^2 \cdot \pi}{4} \tag{3.620}$$

$$\mathrm{Bo} = \frac{w \cdot L}{D_{\mathrm{ax}}} \tag{3.621}$$

$$w = \frac{F}{A} \tag{3.622}$$

$$U_S = 100 \cdot (1 - C) \tag{3.623}$$

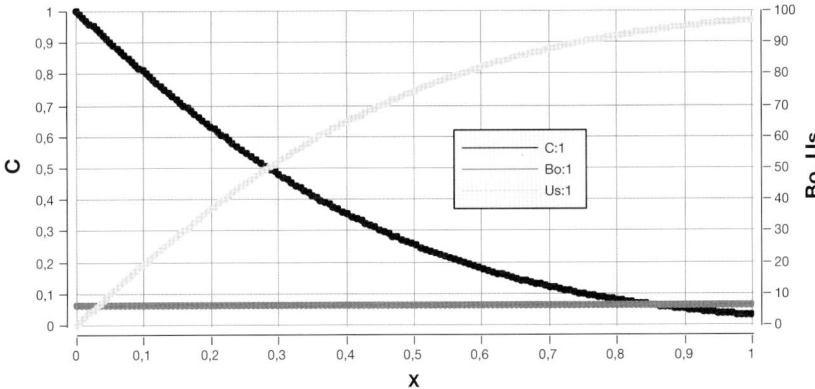

Abb. 3.63 Rohrreaktor mit $0 < Bo < \infty$. C repräsentiert den Substratabbau bis $C = 0{,}029$, hier im Beispiel ein Umsatz U_s von 97 [%] bei einer Bodenstein-Zahl von sechs (Modell: Programm C.11).

In Tab. 3.26 ist noch die Frage nach der Eingangsbedingung für den Konzentrationsverlauf $C(X)$ offen, da man davon ausgehen kann, dass (Annahme) erst beim Reaktoreintritt die Reaktion in Gang kommen bzw. voll wirken wird. Zuvor bleibt $C = C^\alpha = 1 = \text{const}$. Setzt man den Reaktionsterm an der Stelle $X = 0$ an, so erhält man

$$w \cdot \left(\frac{dc}{dx}\right)_{x=0} = -k \cdot c^\alpha \tag{3.624}$$

$$\left(\frac{dc}{dx}\right)_{x=0} = -\frac{k}{w} \cdot c^\alpha \left\langle * \frac{L}{c^\alpha} \right\rangle \tag{3.625}$$

$$C' = \left(\frac{dC}{dX}\right)_{X=0} = -\text{Da}_1 \cdot C^\alpha \tag{3.626}$$

Damit kann nun das Modell mithilfe der Gln. (3.609) und (3.613) bis (3.623) erstellt werden. Das Resultat findet man in Programm C.11.

Die Simulation ergibt die in Abb. 3.63 dargestellten Kurvenverläufe. Diese sind nun zur Diskussion freigegeben. In **Lösungsebene 2** kann die Diskussion mit Bewertung und Anmerkungen eingesehen werden.

Lösungsebene 1 zu Abschn. 3.8.2 *Symbiose von Simulation, SPF und Scale-up einer Fermentation*

Im Folgenden soll nun am Beispiel der *Vibrio natriegens*-Fermentation die Anwendung der SPF-Modellierung durchgeführt werden.

Modellstrukturen (Anwendung in „Berkeley MADONNA® – 8.01"): Der Kern des Modells sind die Bilanzgleichungen gemäß Programm 3.2 {1 bis 5}, also Differenzialgleichungen, die den Verlauf der Konzentrationen für die Biomasse (Gl. {1}), das Substrat (Gl. {2}), des Fleischextraktes (einer gedachten Komponente davon) (Gl. {3}), der Acetatkonzentration (Gl. {4}) und des Sauerstoffs (Gl. {5}). Es handelt sich um die klassischen Ansätze. Das Zellwachstum gehorcht einer Reaktion 1. Ordnung, und die Substratverbräuche werden mittels Ausbeutekoeffizienten beschrieben [2]. Die Produktbildung wird mittels wachstumsgekoppelter und wachstumsentkoppelter Faktoren beschrieben (vgl. Programm 3.2 Gl. {4}), wobei zusätzlich ein Verbrauchsterm eingebaut werden muss, weil Acetat wieder verstoffwechselt wird.

Programm 3.2 Basismodell zur Simulation des *Vibrio natriegens*-Fermentationsprozesses (MADONNA®, 8.01) (vgl. Abschn. 1.9.5).

```
{Simulation SPF für die Übertragung vom 2 L -> 80 L}
{Ziel: Anpassung an die realen Fixparameter, hier im 10 L-Maßstab mit
Übertragung in den 80 L-Maßstab}

{Modellparameter}
METHOD RK4
STARTTIME = 0
STOPTIME = 5       {h}
DT = 0.02          {h}

{Bilanzgleichungen}
{1} d/dt(X) = u*X                              {Biomasse; g/L/h}
{2} d/dt(S) = -u1*X/Yxs                        {Glycerin; g/L/h}
{3} d/dt(F) = -u3*X/Yxf                        {Fleischextrakt; g/L/h}
{4} d/dt(P) = (((alpha + beta*(u3+u2))*X)-u2*X/Yxp)     {Acetat; g/L/h}
{5} d/dt(cL) = OTR - OUR                       {Gelöstsauerstoff; mol/m^3/s}

{Modellgleichungen}
{6} u1 = umax1*(S/(Ks1+S))*(cL/(Ko1+cL))
                                    {spez. Wachstumsrate Glycerin; 1/h}
{7} u2 = umax2*(P/(Ks2+P+(F)^2/Ki))*(cL/(Ko2+cL))
                                    {spez. Wachstumsrate Acetat; 1/h}
{8} u3 = umax3*(F/(Ks3+F))*(cL/(Ko3+cL))
                                    {spez. Wachstumsrate FE; 1/h}
{9} u = u1 + u2 + u3
                                    {spez. Wachstumsrate gesamt; 1/h}

{Kinetiken}
{10} OUR = (u2/Yxo2 + (0.023/VRL)^-0.3*u3/Yxo3 + mo)*X/3600
              {g/L*s - VRL in m^3}
              {O_2" Aufnahmerate; Quotient 3600 Umrechnung in 1/s;
               mo - Konstante Erhaltungsstoffwechsel}
{11} OTR = kLa*(cLmax - cL)                    {Sauerstofftransferrate; g/L*s}
{12} cLmax = ((pmittel*YO2alpha)/Henry)*32/1000
                                    {Sättigungskonstante an PG; kg/L}
{13} kLa = uG*(g/vis^2)^(1/3)*4.65*10^-4*(eps/g/uG)^0.7         {1/s}
{14} eps = ((Neb*(n/60)^3*dR^5)/VRL) + ug*g*fH  { W/kg}
                                    {spez. Leistungseintrag; fH = H'/H, fH = H'/H;
                                     Quotient 60 Umrechnung upm in 1/s}
{15} pin = pout + ro*g*H*10^-5                 ; bar
{16} pmittel = (pin + pout)/2                  ; bar
```

```
{17} uG = (q/60)*H*(273+T)/273*1.013/pmittel
                              {Gasleerrohrgeschwindigkeit, mittel; m/s}
{18} H = (VRL*fS^2*4/3.14)^(1/3)      {Flüssigkeitssäule; m}
{19} D = H/fS                         {Reaktordurchmesser; m}
{20} Neb = Ne0/((1+mF*ug/((g*D)^0.5))^0.5)  {Newton-Zahl begast; -}
{21} mF = 490*(0.002/VRL)^0.05        {VRL in m^3}
{22} dR = fR*D                        {Rührerdurchmesser; m}


{Auslegung}
VRL = 0.002       {Flüssigreaktionsvolumen - maßstabsabhängig; m^3}
fS = 1.2          {Schlankheitsgrad - maßstabsabhängig}
fR = 0.33         {Verhältnis Kessel-Rührerdurchmesser -
maßstabsabhängig}
fH = 0.9          {Höhenverhältnis; fH = H'/H, Annahme = idem}
Ne0 = 6.0         {Newton-Zahl - maßstabsabhängig}

{Betriebsparameter}
T = 37            {°C}
n = 1200          {Drehzahl des Rührers - maßstabsabhängig; upm}
q = 0.5           {Begasungsrate NORM - maßstabsabhängig; vvm}
pout = 1.2        {mittlerer Druck - maßstabsabhängig; bar}

YO2alpha = 0.21   {Luftbegasung - evtl. maßstabsabhängig; -}

{Anpassungsparameter -> ermittelt durch curve fit und slider}
umax1 = 3.88206   {spez. max. Wachstumsrate auf Glycerin; 1/h}
umax2 = 2.32721   {spez. max. Wachstumsrate auf Acetat; 1/h}
umax3 = 2.32721   {spez. max. Wachstumsrate auf unbekanntem Substrat im
                                                      "FE"; 1/h}
mo = 5.0e-8       {Konstante für den Erhaltungsstoffwechsel}
Yxs = 0.5         {Ausbeutekoeffizient Biomasse Glycerin}
Yxf = 0.02        {Ausbeutekoeffizient Biomasse unbekanntes Substrat}
Yxp = 0.0045      {Ausbeutekoeffizient Biomasse Produkt}
Yxo1 = 0.1        {Ausbeutekoeffizient Biomasse Sauerstoff-Glycerin}
Yxo2 = 1          {Ausbeutekoeffizient Biomasse Sauerstoff-ACE}
Yxo3 = 5.5        {Ausbeutekoeffizient Biomasse Sauerstoff-FE}
Ks1 = 1.0         {Sättigungskonstante; g/L}
Ks2 = 0.6         {Sättigungskonstante; g/L}
Ks3 = 2           {Sättigungskonstante; g/L}
Ki = 3.5          {Inhibierungskonstante; g/L}
alpha = 0.0       {wachstumsentkoppelte Produktbildungskonstante; 1/h}
beta = 3.15       {wachstumsgekoppelte Produktbildungskonstante; -}
Ko1 = 1.5e-6      {Sättigungskonstante; kg/L}
Ko2 = 1.7e-5      {Sättigungskonstante; kg/L}
Ko3 = 3.6e-6      {Sättigungskonstante; kg/L}

{Stoff- und Naturkonstanten}
g = 9.81          {m/s^2}
vis = 10^-6       {kinematische Viskosität; m^2/s}
ro = 1050         {Dichte des Mediums; kg/m^3}
Henry = 1000      {Henry-Konstante; bar*L/mol}
```

```
{Anfangsbedingungen}
init X = 0.01                              {g/L}
init S = 2                                 {g/L}
init F = 15                                {g/L}
init P = 0                                 {g/L}
init cL=((pin*YO2alpha)/Henry)*32/1000     {g/L}

{Begrenzungen}
limit S >= 0                               {g/L}
limit P >= 0                               {g/L}
limit F >= 0                               {g/L}
limit S >= 0                               {g/L}
limit cL <= pin*YO2alpha)/Henry*32/1000    {g/L}
limit cL>=0                                {g/L}
limit OUR >=0                              {g/L*s}
```

In den Modellgleichungen werden als Erstes die spezifischen Wachstumsraten geschrieben (Gln. {6} bis {9}). Im Wesentlichen wird dazu die Monod-Kinetik in doppelter Ausführung (Substrat und Sauerstoff) verwendet. Diese wird im Fall von Acetat mit einem anderen Substrat (FE) als Inhibierungselement gekoppelt, um einen Inhibierungseffekt zu erzeugen.

Die restlichen Kinetiken sind „Beistellgleichungen" für die Berechnung der physikalischen Parameter [1, 2].

Mit diesem Modell kann man nun in MADONNA® die Simulationen durchführen und kommt dann zu den unter **Lösungsebene 2** beschriebenen Ergebnissen (vgl. Programm 3.2 sowie die Abb. 3.71 bis 3.74).

3.8.4
Lösungsebene 2 zu Abschn. 3.8.1 und 3.8.2

Lösungsebene 2 zu Abschn. 3.8.1.1 *Batch-Fahrweise, Diauxie und experimentelle Parameter*

Die Verläufe von Glucose, Biomasse und Produkt werden augenscheinlich sehr gut durch die Simulation beschrieben. Lediglich der Lactoseverlauf weicht geringfügig von der Messkurve ab, ist aber tendenziell zufriedenstellend wiedergegeben.

Der Verlauf der Glucose wird beschrieben durch

$$\frac{dS_{Gluc}}{dt} = -0{,}639 \cdot \left(\frac{S_{Gluc}}{0{,}005 + S_{Gluc}} \right) \cdot \frac{X}{0{,}418} \qquad (3.627)$$

Die maximale Wachstumsrate mit 0,639 [1/h] ist für *Escherichia coli* ein ausreichend hoher Wert, und die niedrige Sättigungskonstante mit 0,005 [g/L] stellt ebenfalls keine Überraschung dar, weil es bekannt ist, dass Glucose für *Escherichia coli* sehr gut zugänglich ist und somit auch schnell verbraucht wird. Etwa 42 [%] der Glucose werden in die Biomasse eingebaut. Wenn man davon ausgeht, dass 50 [%] ein üblicher Wert ist, kann auch dieser Wert akzeptiert werden. Bei dieser einfachen Simulation wurde noch auf einen Erhaltungsstoffwechselterm (Maintenance) verzichtet. Dazu müsste man noch Gl. (A.96) einbinden.

Die Lactose bleibt ja lange „unberührt", wird also zunächst nicht abgebaut. Diese Beobachtung/Erkenntnis wurde im Modell mit der „Schein"-Hemmung durch die Glucose berücksichtigt. Damit kann man den Verlauf der Lactose mit Gleichung

$$\frac{dS_{Lac}}{dt} = -0{,}712 \frac{S_{Lac}}{0{,}12 + S_{Lac} + \left(\frac{S_{Gluc}}{0{,}745}\right)^2} \cdot \frac{X}{0{,}73} \tag{3.628}$$

beschreiben. Das gelingt, wie schon erwähnt, nicht in dem Maße, wie man es sich wünschen würde, erscheint aber in diesem Fall ausreichend.

Die maximale Wachstumsrate ist mit 0,712 [1/h] merklich höher als auf Glucose. Das erscheint zunächst erstaunlich, doch sobald β-Galactosidase verfügbar wird und der Stamm keine Glucose mehr zur Verfügung hat, greift er umso „hastiger" auf Lactose zurück. Die Sättigungskonstante ist mit 0,12 [g/L] hoch und deutet darauf hin, dass Lactose schneller zur Limitierung führt. Verblüffend ist der hohe Ausbeutekoeffizient mit 0,73. Demnach gehen 73 [%] Lactose in die Biomasse. Die Einführung des Inhibierungstermes liefert für die Simulation das gewünschte Ergebnis. Der „Inhibitor Glucose" verhindert im Modell, dass Lactose im großen Stil abgebaut wird, solange noch Glucose vorhanden ist. Die Inhibierungskonstante k_i (in dieser Verwendung dimensionslos!) verstärkt diesen Effekt noch, weil der Wert kleiner eins (0,745) ist.

Die Produktbildung wird mit dem Ansatz

$$\frac{dP}{dt} = \left(\frac{S_{Lac}^2}{1{,}0}\right) \cdot (0{,}05 \cdot \mu_{Lac} + 0{,}02) \cdot X \tag{3.629}$$

beschrieben. Demnach wird β-Galactosidase in der Wachstumsphase doppelt so schnell gebildet als durch die statische Biomasse. Des Weiteren zeigt sich, dass der Anpassungsparameter für den Lactoseeinfluss 1,0 wird und damit keine Rolle spielt. Lactose geht also direkt proportional in die Produktbildung ein, bewirkt aber auch den Abbruch, wenn Lactose verbraucht ist.

Gegenüberstellung der Parameteranpassung (Curve Fit)

Das Modell bedient sich *neun Anpassungsparametern*, um die Messkurven möglichst identisch mit der Simulation nachzuzeichnen. In Tab. 3.29 sind diese Werte gegenübergestellt und mit − −, −, o, +, ++ bewertet. Diese Bewertung ergibt zusammengefasst folgendes Bild:

- Es ist keine Korrektur für die Sättigungskonstante der Glucose, für die wachstumsgekoppelte Produktbildungsrate und für die Sterberate erforderlich. Da die Einstiegswerte aufgrund vorliegender Erfahrung gemacht wurden, zeigt dies ein partielles Verständnis zum Prozess. Die Korrektur für die Sterberate ist sehr gering, verliert aber dadurch ihren Einfluss. Das bedeutet, dass im Modell auf eine Sterberate verzichtet werden könnte.

Tab. 3.29 Gegenüberstellung und Bewertung der Modellparameter vor und nach der Kurvenanpassung.

Parameter	Dimension	Einstiegswert	Nach Curve Fit	Bewertung
μ_{Gluc}	h^{-1}	0,73	0,639	–
μ_{Lac}	h^{-1}	0,29	0,712	++
$K_{S,Gluc}$	g/L	1,0	1,0	o
$Y_{X/Gluc}$	g/L	0,4	0,418	(+)
$Y_{X/Lac}$	g/L	0,53	0,73	+(+)
k_1	–	0,05	0,05	o
k_2	h^{-1}	0,0375	0,02	–(–)
K_i	g/L	0,01	0,745	++
f_d	h^{-1}	0,001	0	(–)

- Eine relativ geringe Korrektur ist für folgende Parameter erforderlich: spezifische Wachstumsrate auf Glucose, Ausbeutekoeffizient der Biomasse auf Glucose und wachstumsentkoppelte Produktbildungsrate. Die Wachstumsrate wurde nur geringfügig überschätzt, lag aber dennoch im sinnvoll Bereich. Der Ausbeutekoeffizient muss auch nur sehr geringfügig angepasst werden, ist also im gewählten Bereich geblieben. Die Produktbildungsrate muss immerhin halbiert werden, um die Übereinstimmung zu erreichen.
- Große Abweichungen weisen folgende Parameter auf: die spezifische Wachstumsrate auf Lactose und die Inhibierungskonstante. Während die Produktbildungsrate auf etwa die Hälfte reduziert werden muss (sie ist also geringer als erhofft!), muss die spezifische Wachstumsrate auf Lactose mehr als verdoppelt werden (demnach wachsen die Zellen, nachdem sie sich adaptiert haben bzw. β-Galactosidase zur Verfügung steht, auf Lactose sehr gut). Dasselbe trifft für den Ausbeutekoeffizienten auf Lactose zu, allerdings nur eine Steigung um 50 [%]. Das passt mit der Aussage zusammen, dass die Zellen eine hohe Affinität zu Lactose aufweisen.

Damit ist der Batch-Prozess mit Diauxie ausführlich beschrieben.

Lösungsebene 2 zu Abschn. 3.8.1.2.1 *Simulation eines Fed-Batch-Prozesses bei konstantem Zulaufstrom und konstanter Zulaufkonzentration A* **(Programm C.4)**
Diskussion – Bewertung
Der Start des Feeds (vgl. Modell in Programm C.4) wird durch einen festzulegenden Zeitpunkt definiert (Gl. {5} mit Feedtime) und das Ende mit $V = V_{max}$ (Gl. {6}, vgl. Abb. 3.59). In der Anfangsphase scheint das Substrat konstant zu bleiben, bis zum Start des Feeds. Das liegt daran, dass bis dahin die Biomasse noch kaum zugenommen hat und somit auch nur wenig Substrat verbraucht wird. Ab dem Zeitpunkt des Zulaufs, hier die 10. Stunde willkürlich gewählt, steigt zunächst das Substrat aufgrund des zusätzlichen Substrates spontan an, erreicht ein Maximum und fällt noch vor dem Erreichen des Feedstopps fast zur Grundlinie ab. Dieses

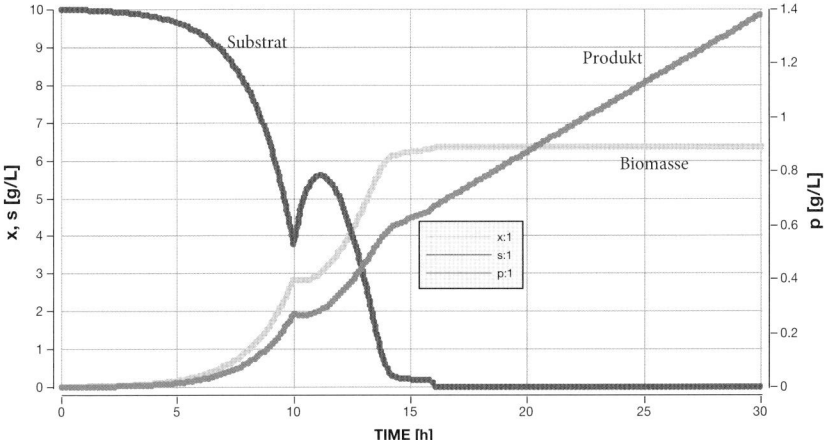

Abb. 3.64 Darstellung der Verläufe von simulierten Daten für Substrat (in [g/L]), Biomasse (in [g/L]) und Produkt (in [g/L]).

wird gleich nach dem Feedstopp erreicht. Die Produkt- und die Biomassekonzentration nehmen – so lange noch Substrat zur Verfügung steht – exponentiell zu und bleiben anschließend konstant (P nimmt leicht zu, weil der wachstumsentkoppelte Term $k_1 > 0$ zugelassen wurde. Es ist von Fall zu Fall zu überprüfen, ob eine solche Situation überhaupt Sinn macht!). Es ist im Modell weder eine Sterberate noch ein Produktabbau implementiert.

Eine Änderung der Parametereinstellung (vgl. Modell in Programm C.5) für die maximale Wachstumsrate von 0,3 auf 0,6 [1/h] sowie eine Erhöhung des Zulaufvolumens von 200 auf 680 [L/h] und eine Senkung der Zulaufkonzentration von 25 auf 15 [g/L] ergibt die Darstellung in Abb. 3.64. Jetzt kann man deutlich erkennen, dass in den ersten Stunden schon merklich Substrat abgebaut wird und im späteren Verlauf nur noch ein kurzer Anstieg zu verzeichnen ist, bis schließlich relativ schnell die Konzentration auf einen niedrigen Wert abnimmt, um schließlich nach dem Feedstopp auf null zu fallen (vgl. auch Abb. 3.64).

Eine „unglaubwürdige Rolle" spielt in diesem Modell die Weiterentwicklung des Produktes. Das liegt eben daran, dass das Modell keine substratgekoppelte Produktbildung enthält. Wird ein solcher Zusammenhang in der Praxis beobachtet, dann sollte man ähnlich wie in Modell in Programm C.3 (Batch) vorgehen.

Zur Veranschaulichung der Situation erstellt man vorzugsweise eine Skizze. Diese soll neben den apparatetechnischen Einrichtungen auch mess- und regeltechnisches Equipment enthalten. In Abb. 3.66 ist diese Skizze realisiert. Man erkennt den Vorlagekessel, eine Dosiereinheit (z. B. eine Pumpe), ein oder mehrere regeltechnische Geräte und den Reaktor.

Im Ansatzkessel wird das Originalmedium steril vorgelegt und über die Dosiereinheit in den Reaktor gegeben. Die mess- und regeltechnische Einrichtung besteht lediglich aus einem FIC (Flow Indication Control). Dieser trägt dafür Sorge, dass der vorgegebene Volumenstrom konstant gehalten wird. Ein Überwachungselement (QIA[+] – Quality Indication Alarm), eine Standsonde, soll verhindern,

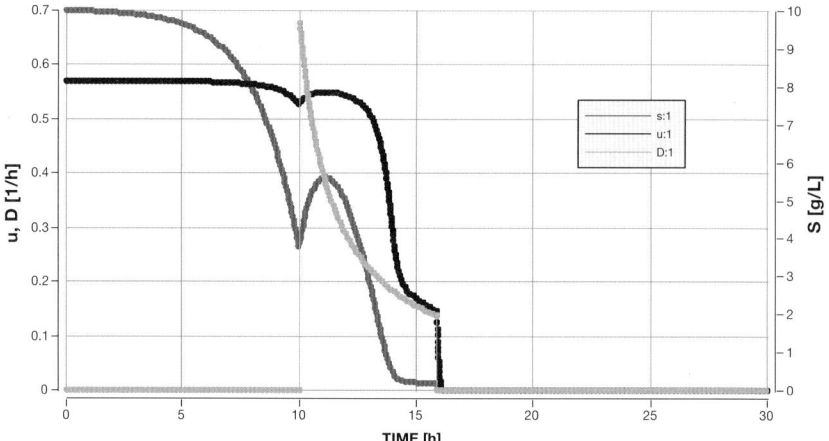

Abb. 3.65 Fed-Batch Typ A: Darstellung der Verläufe der simulierten Verdünnungsrate [h^{-1}], der Wachstumsrate [h^{-1}] und der Substratkonzentration [L/h].

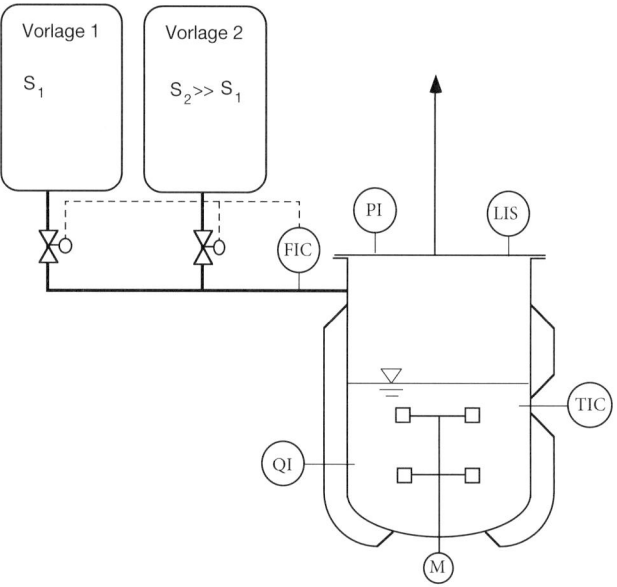

Abb. 3.66 Komplette Fed-Batch-Anlagenschema: Je nach Steuerungstyp wird die Anlage modifiziert. Typ A: Bei kontantem Zulauf-Volumenstrom und konstanter Zulauf-Substratkonzentration entfällt die Vorlage 2 und die Wirklinie (FIC)–(QI).

Typ B: Bei Substrat-gesteuertem Zulauf-Volumenstrom und konstanter Zulauf-Substratkonzentration entfällt die Vorlage 2.
Typ C: Bei Substrat-gesteuerter Zulauf-Substratkonzentration und konstantem Zulaufstrom gilt die komplette Anlage.

dass der Reaktor überfüllt wird und schaltet die Dosiereinheit ab. Dieses Element kann zusätzlich mit einer Alarmfunktion ausgestattet werden (QIS$^+$A$^+$ – Quality Indication Switch).

Lösungsebene 2 zu Abschn. 3.8.1.2.2 *Simulation eines Fed-Batch bei angepasster Flow Rate (Biostat)*
Der technische Aufwand für die Regelung der zeitabhängigen Zulaufkonzentration erscheint höher und gestaltet sich schwieriger. Insbesondere dann, wenn sich die zu messenden Größe als schwierig erweist. Sicherlich sprechen dennoch einige Gründe für diese Fahrweise. Damit ist es möglich, den Volumenstrom auf einen sehr niedrigen Wert einzustellen. Das bedeutet, dass sich der Reaktor langsamer füllt und somit langsameren Reaktionen entgegenkommt.

Wesentliche Größen für das Modell sind die Anpassungsparameter (vgl. Abschn. 1.9).

Im Ansatzkessel wird das Originalmedium steril vorgelegt und über die Dosiereinheit in den Reaktor gegeben. Die mess- und regeltechnischen Einrichtungen (FIC und QIC – Quality Indication Control) sorgen dafür, dass der vorgegebene Volumenstrom konstant gehalten wird. Ein Überwachungselement (QIS$^+$), eine Standsonde, soll verhindern, dass der Reaktor überfüllt wird und schaltet die Dosiereinheit ab. Dieses Element kann zusätzlich mit einer Alarmfunktion ausgestattet werden (QIS$^+$A$^+$).

Der Volumenstrom kann durch einen einzigen Mass-Flow-Controller geregelt werden. Das funktioniert so lange gut, wie im Reaktor alles nach Vorgabe verläuft. Gibt es Störungen, die eine Veränderung der Reaktionsgeschwindigkeiten bewirken, so läuft die Substratkonzentration aus dem Ruder. Abhilfe kann diesbezüglich lediglich eine Inlinemessung des Substrats bringen. Diese als Führungsregler ausgebaut und mit dem als Stellungsregler umfunktionierten Mass-Flow-Controller verknüpft, stellt die optimale Lösung dar.

In Abb. 3.66 ist das Schema der Anlage mit den wichtigsten Details dargestellt.

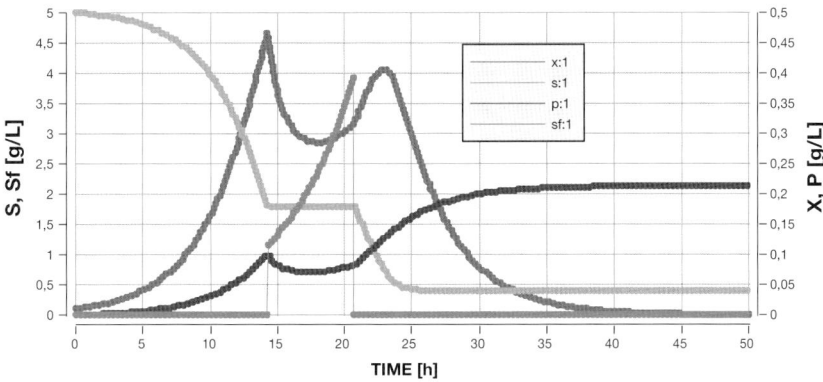

Abb. 3.67 Darstellung der Verläufe des simulierten Volumens [L] bei konstanter Durchflussrate [L/h] in einem vorgegebenen Zeitfenster.

Lösungsebene 2 zu Abschn. 3.8.1.3.1 *Simulation der Anfahrphase eines CSTR (Phase 1/2)*
Modell: Programm C.8

Simulation (vgl. Abb. 3.68): Die verwendeten Konstanten inklusive der Feedstartzeit sind im Rahmen der zu erwartenden Größen, aber zunächst willkürlich. Es lässt die Freiheitsgrade offen, die notwendig sind, um beliebig viele Simulationen laufen zu lassen und damit ein Gefühl für die Modell- aber auch die Prozesssensibilität zu entwickeln. Die ausgewählte Einstellung hält ein ganzes Bündel an Kritikpunkten bereit. Damit die Substratkonzentration zu Beginn nicht zu weit abfällt, muss der Feed nach 3 [h] gestartet werden. Dadurch kann sie bei 0,7 [g/L] abgefangen werden und steigt mit dem Feedstart steil auf 13,34 [g/L] an, um sich dann auf den gewünschten niedrigen Wert von 0,7 [g/L] einzupendeln.

Die Produktentwicklung steigt stetig weiter, weil die Biomasse und auch die Produktivität nicht einbrechen, sondern konstant bleiben. Nach etwa 16 [h] erreicht die Produktkonzentration einen Wert von 2,9 [g/L]. Es wurde kein Produktabbau, z. B. durch Proteaseabbau, eingebaut. Sobald der Feed gestartet wird, nehmen diese Parameter wieder zu. Eine Ausnahme macht die Substratkonzentration. Und das ist gut so, denn diese soll sich bis zum Gleichgewicht auf ein gewünschtes, niedriges Maß einpegeln. Im Beispiel sind das $S = 0{,}7$ [g/L].

Die Simulation ist in Abb. 3.68 visuell wiedergegeben.

Beim Erreichen des Steady State kann dann der Prozess mit den Werten $S = 0{,}7$ [g/L], $P = 2{,}9$ [g/L] und $X = 7{,}72$ [g/L] in den KONTI-Modus überführt werden. Eine fundierte Bewertung des Modells lässt aber ausschließlich der Vergleich mit Messwerten zu.

Dieser Abschnitt wäre nun gelöst, und es schließt sich die Aufgabe an, den Steady State zu beschreiben und zu modellieren (vgl. Abschn. 3.8.1.3.2).

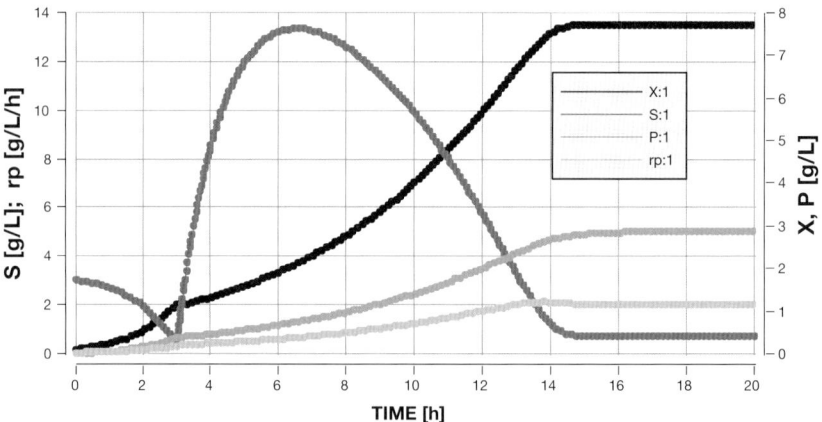

Abb. 3.68 Anfahrphase des CSTR: Darstellung der Verläufe von simulierten Daten für Substrat, Biomasse und Produkt. Man erkennt den Feedstartzeitpunkt nach 3 [h], um $X \to 0$ zu vermeiden, und den Zeitpunkt der stationären Phase zwischen der 14. und 16. Stunde.

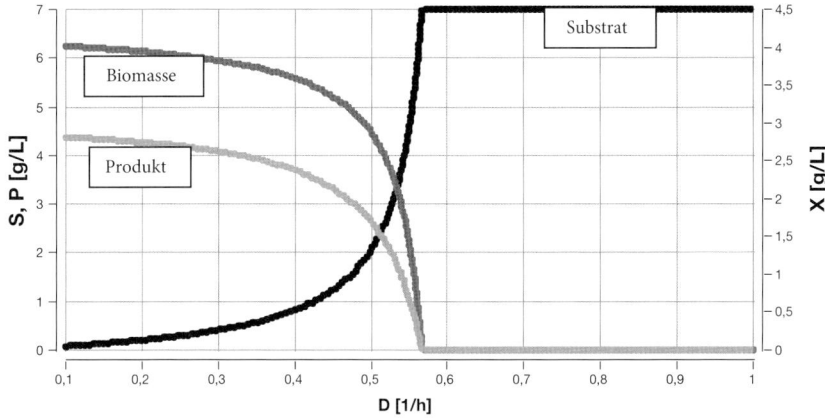

Abb. 3.69 CSTR im Steady-State-Modus die übliche Auftragung Parameter (X, S, P) über Verdünnungsrate (D).

Lösungsebene 2 zu Abschn. 3.8.1.3.2 *Simulation CSTR – Steady-State-Phase*

Die Simulation des Modells gemäß Programm C.9 ergibt das in Abb. 3.69 dargestellte Bild. Die über der Verdünnungsrate aufgetragenen Parameter Biomasse (X), Substrat (S) und Produkt (P) zeigen einen klassischen Verlauf eines Biostaten. Bei niedrigen Verdünnungsraten verbleiben die Biomasse und das Substrat auf hohem Niveau und die Substratkonzentration niedrig. Mit steigender Verdünnungsrate fallen sowohl die Biomasse als auch das Substrat allmählich ab bis zu einem Punkt (Bereich), wo die Wachstumsgeschwindigkeit mit dem Durchfluss nicht mehr konkurrieren kann und eine Auswaschung erfolgt. In diesem Moment verschwinden die Zellen aus dem Reaktor, es wird kein Produkt mehr gebildet, und das Substrat, das nicht mehr verwertet werden kann, steigt auf die Zulaufwertkonzentration an.

Das gewählte Beispiel ist nicht unbedingt mit allen Praxiswässern gewaschen, es soll vielmehr zum Studium eines CSTR-Betriebs dienen.

Lösungsebene 2 zu Abschn. 3.8.1.3.3 *Simulation Rohrreaktor (mit* Bo $= \infty$*)*

Die Simulation mittels des in Programm C.10 dargestellten Modells und den in Tab. 3.25 vorgegebenen Parametern ergibt das Diagramm in Abb. 3.63.

Entsprechend der Einfachheit des Modells ist bei der Simulation auch keine große Überraschung zu erwarten. Wie vermutet werden durfte, fällt die Konzentration entlang des Reaktors logarithmisch ab und im Gegenzug nimmt der Umsatz zu.

Dem ist in diesem Fall nichts mehr hinzuzufügen.

Lösungsebene 2 zu Abschn. 3.8.1.3.4 *Simulation Rohrreaktor mit* $0 <$ Bo $< \infty$

In Abb. 3.63 ist nur eine Momentaufnahme einer Simulation mit den speziell dafür ausgesuchten Parametereinstellungen dargestellt (vgl. Programm C.11). Es ist bewusst eine niedrige Bodenstein-Zahl ausgewählt worden, um von beiden

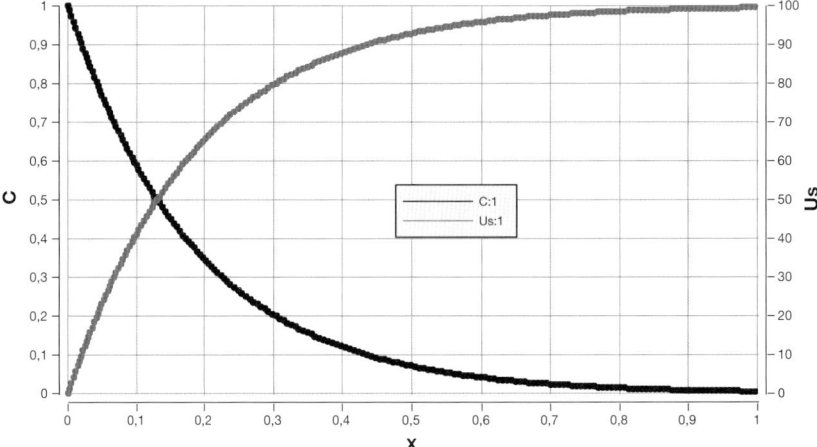

Abb. 3.70 Rohr Typ A, Bo → ∞: Darstellung der Verläufe der simulierten dimensionslosen Substratkonzentrationen für Substrat und Substratumsatz [%] über die dimensionslose Länge X.

Grenzfällen weit genug entfernt zu sein. Nun scheint der Wert Bo = 6 sehr weit von Bo → ∞ entfernt zu sein, wohl aber nicht von Bo = 0. Doch führt man sich vor Augen, dass schon Bo = 50 als → ∞ angesehen werden kann und praktische Erfahrungen auch schon Bo > 20 als sehr hoch erscheinen lassen, dann ist der gewählte Rückvermischungseffekt durchaus in Ordnung.

Der Abbau des Substrates erfolgt ähnlich wie in Abb. 3.70 gezeigt und erreicht am Reaktorende den Wert $C = C^\omega = 0{,}029$, was mit dem Umsatz $U_S = 97\,[\%]$ übereinstimmt.

Würde man mit diesem Modell einen Festbettreaktor beschreiben wollen, so wäre die Bodenstein-Zahl vermutlich höher, also die Rückvermischung geringer und bei einer Wirbelschicht läge das umgekehrt.

Dieses kurze Resümee soll den Abschluss des Aufgabenblockes besiegeln.

Lösungsebene 2 zu Abschn. 3.8.2 *Symbiose von Simulation, SPF und Scale-up einer Fermentation*

Mit der Modellstruktur, wie sie in Tab. 3.2 dargestellt ist, können nun mithilfe der Slider- und CurveFit-Funktionen in MADONNA® die Anpassungsparameter gefunden werden. Auch die ParameterPlot-Funktion bzw. die Batch-Funktion können hilfreich sein. Letztendlich kommt man zu den Resultaten, wie sie in Tab. 3.30 festgehalten sind.

Diskussion/Resümee

Wie kann dieses Resultat verwertet werden? Die Übertragung in den 100 000 L-Maßstab ist laut Simulation nur möglich, wenn der Kopfraumdruck auf 4 [bar] und der Molenbruch in der Zuluft auf 0,32 erhöht wird (vgl. Tab. 3.30). Nur dann kann in diesem großen Maßstab der erforderliche OTR erreicht werden. Außer-

Tab. 3.30 Parametereinstellungen aus der Simulation der 2 und 10 L-Ergebnisse mit Übertragung in den 80-L- und 100-m³-Maßstab.

Parameterblock	Dimension	2 L	10 L	80 L	100 [m³]
$V_{R,L}$ – Reaktionsvolumen	[m³]	0,002	0,01	0,08	100
n – Drehzahl	upm	1675	650	510[a]	110[a]
q – Begasungsrate	vvm	1,0	0,8	0,40[a]	0,35[a]
f_S – Schlankheitsgrad	–	1,59	1,59	1,59[b]	2,00[b]
f_R – Rührerdurchmesser	–	0,35	0,375	0,4[b]	0,4[b]
f_H – Position Begasungsorgan	–	0,9[b]	0,9[b]	0,9[b]	0,9[b]
Ne_0 – Newton-Zahl	–	4,5	7,2	7,2	8,5
p^ω – Kopfraumdruck	bar	1,13[b]	1,06[b]	1,04[a]	4,00[a]
$Y_{O_2}^\alpha$ – Molenbr. ein	–	0,21	0,21	0,21	0,32
ν – kinematische Viskosität	m²/s	10^{-6}	10^{-6}	10^{-6}	10^{-6}
ρ_L – Dichte	kg/L	1,050[b]	1,050[b]	1,050[b]	1,050[b]
H_{O_2} – Henry-Koeffizient	(bar · L/mol)	1000[b]	1000[b]	1000[b]	1000[b]
μ_{max1} – Wachstumsrate	h⁻¹	2,0	2,0	2,0	2,0
μ_{max2} – Wachstumsrate	h⁻¹	0,1	0,1	0,1	0,1
μ_{max3} – Wachstumsrate	h⁻¹	3,0	3,0	3,0	3,0
m_0 – Maintenance	h⁻¹	10^{-8}	10^{-8}	10^{-8}	10^{-8}
$Y_{X/S}$	–	0,5	0,5	0,5	0,5
$Y_{X/F}$ – Ausbeutekoeffizient	–	0,020	0,020	0,020	0,020
$Y_{X/P}$	–	0,0045	0,0045	0,0045	0,0045
Y_{XO1}	–	0,1	0,1	0,1	0,1
Y_{XO2} – Ausbeutekoeffizient	–	1,0	1,0	1,0	0,015
Y_{XO3}	–	5,5	5,5	5,5	5,5
K_{S1}	g/L	1,0	1,0	1,0	1,0
K_{S2} – Sättigungskonstante	g/L	0,6	0,6	0,6	0,6
K_{S3}	g/L	2,0	2,0	2,0	2,0
K_I – Inhibierungskonstante	g/L	3,5	3,5	3,5	3,5
α – μ-Entkoppelt	h⁻¹	0,0	0,0	0,0	0,0
β – μ-Gekoppelt	–	3,15	3,15	3,15	3,15
K_{O1}	g/L	$3,6 \cdot 10^{-6}$	$3,6 \cdot 10^{-6}$	$3,6 \cdot 10^{-6}$	$3,6 \cdot 10^{-6}$
K_{O_2} – Sättigungskonstante	g/L	$1,70 \cdot 10^{-5}$	$1,70 \cdot 10^{-5}$	$1,70 \cdot 10^{-5}$	$1,70 \cdot 10^{-5}$
K_{O3}	g/L	$1,5 \cdot 10^{-6}$	$1,5 \cdot 10^{-6}$	$1,5 \cdot 10^{-6}$	$1,5 \cdot 10^{-6}$

a) Nach Simulation.
b) Muss bestimmt werden.

dem wird mit der vorgeschlagenen Drehzahl die Leistungsdichte noch von 1,5 (im 10 L-Maßstab) auf 4,5 [W/kg] angehoben. Eine Leistungsdichte, die in diesem Maßstab eine installierte Bruttogesamtleistung von über 800 [kW], also fast 1 [MW] erfordert!

342 | 3 Aufgabenthemen

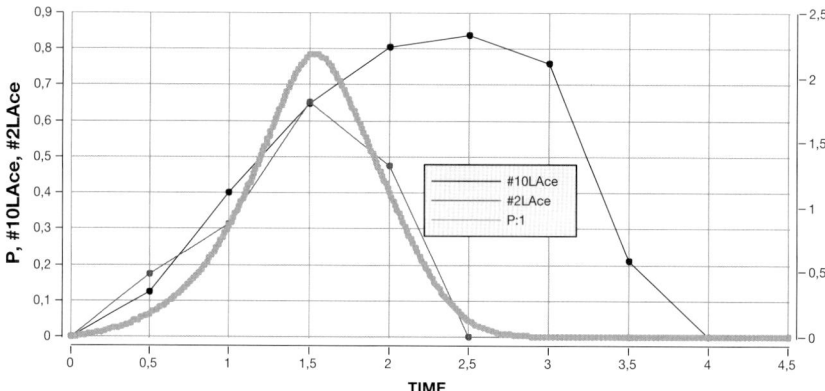

Abb. 3.71 Die Acetatkurve und deren Simulation im 2 L-Maßstab.

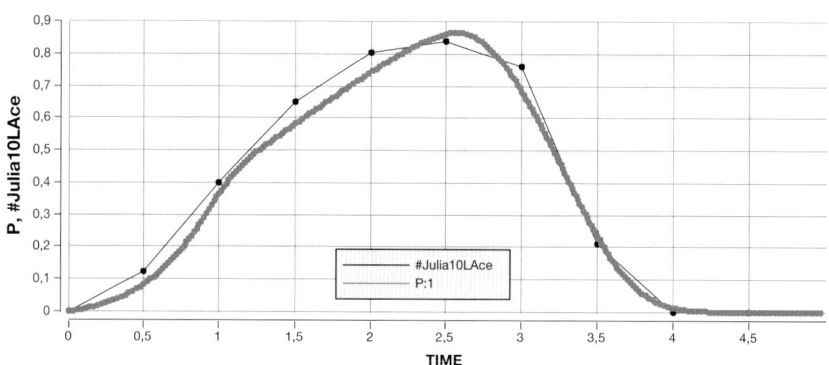

Abb. 3.72 Die Acetatkurve und deren Simulation im 10 L-Maßstab.

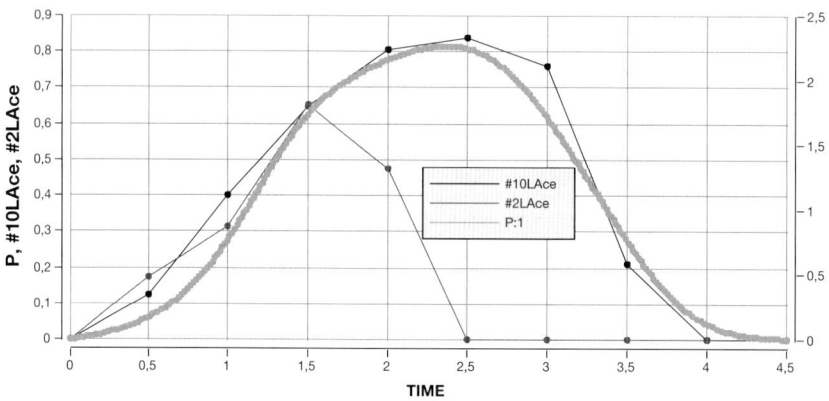

Abb. 3.73 Die Acetatkurve vom 10 L-Maßstab und deren Simulation im 80 L-Maßstab.

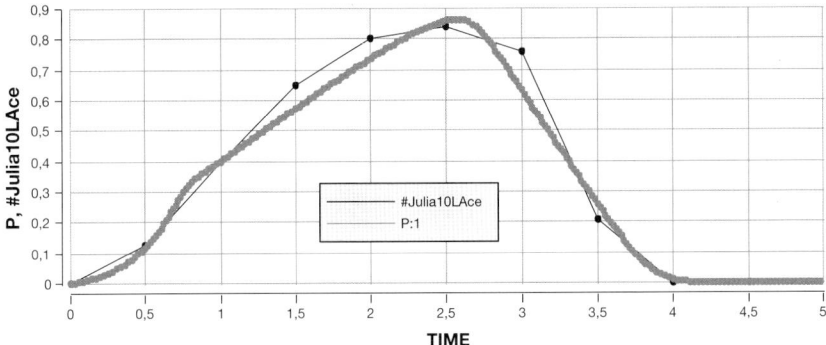

Abb. 3.74 Die Acetatkurve vom 10 L-Maßstab und deren Simulation im 100 000 L-Maßstab.

Im Modell sind noch folgende „Unebenheiten" festzustellen:

- Der Ausbeutekoeffizient Y_{X/O_2} musste auf 0,015 abgesenkt werden, um das Tailing beschreiben zu können. Es empfiehlt sich, eine bessere Lösung zu finden, weil diese Hilfsmaßnahme eventuell das Gerüst zum Einstürzen bringt!
- In der Anstiegsphase der Acetatkurve wird der exponentielle Anstieg etwas zu stark abgebremst. Das hängt mit dem etwas zu frühen Erreichen von DO = 0 [%] zusammen. Es sollte noch nachgeprüft werden, ob ein „sanfterer" Abfall der Sauerstoffkonzentration erreicht werden kann.

Sind diese kleinen Unstimmigkeiten behoben, dann kann die Produktionsanlage gebaut werden.

3.9 Anlagenplanung

3.9.1 Wirtschaftlichkeitsbetrachtung der β-Galactosidaseherstellung

Die Produktfindung wurde von der Beobachtung gelenkt, dass weltweit die Lactoseintoleranz stetig zunimmt. Waren vor Jahrzehnten augenscheinlich nur die Asiaten davon betroffen, erreicht dieses Stoffwechseldefizit zusehends auch europäische und amerikanische Zonen. Inzwischen sind etwa 75 [%] der erwachsenen Weltbevölkerung von einer Lactoseintoleranz betroffen. In Europa sind (Stand 2012) 15 bis 20 [%] (auch Deutschland) und im Rhein-Neckar-Dreieck lediglich 2,5 [%] Betroffene zu verzeichnen [33]. Geht man davon aus, dass die Lactoseintoleranz hauptsächlich erwachsene Personen trifft, so heißt das, dass nur wenige Populationen über eine *Persistenz* der Lactoseaktivität im Erwachsenenalter verfügen.

Das lässt eigentlich den Schluss zu, dass dagegen Hilfe bereitgestellt werden sollte. Eine Möglichkeit ist die Gabe von β-Galactosidaseprodukten als Lebensmittelergänzung.

Aufgabenstellung

Die Aufgabe besteht darin, mithilfe eines biotechnologischen Prozesses ein Enzym herzustellen, das hilft, das Problem der Lactoseintoleranz zu beherrschen. Das ausgewählte Enzym ist β-Galactosidase. Um sich ein Bild über eine mögliche Marktsituation und damit auch über den Erfolg des gewählten Produktes zu machen, besteht der *erste Teil der Aufgabenstellung* aus einer Marktstudie. Daraus soll die erforderliche Kapazität abgeschätzt werden.

Wirtschaftlichkeitsbetrachtung

Im *zweiten Teil* soll die Wirtschaftlichkeit mit den Daten aus dem Labor-(Modell-)Versuch im Produktionsmaßstab untersucht werden. Dazu sollen zwei Methoden angewandt werden, nämlich

- eine manuelle, überschlägige Kalkulation mittels Short-cut-Methode [2] und
- eine softwareunterstützte Kalkulation mit SuperPro Designer® [24].

In der ersten Betrachtung soll ausgehend von der in „Bioverfahrensentwicklung" [2] vorgestellten Kalkulation die Situation auf die neu ermittelte Kapazität übertragen werden. Dabei ist es ausreichend, alleine über die beiden Kapazitäten (20 000 [MU/a] → neu) die Studie durchzuführen, um daraus die Schlüsse für das weitere Vorgehen zu ziehen. Das Resultat soll dann analysiert und es sollen für die Detailstudie in SuperPro Designer® neue Prozessdaten erarbeitet/vorgegeben werden.

Die *Herstellkosten* pro 10^6 Units β-Galactosidase (*1 [MU]*) bei einer festzulegenden Kapazität sollen bestimmt werden, wenn für die Anlage *7000 Betriebsstunden im Jahr* vorgesehen sind. Es ist also die Wirtschaftlichkeit des Prozesses zu betrachten (vgl. Tab. 3.31).

Im Bioreaktor wird mittels *Escherichia coli* (DSM 613) β-Galactosidase produziert. Da es sich bei diesem Stamm um einen noch nicht optimierten Produktionsstamm handelt, sollte überprüft werden, ob noch eine Stammentwicklung angeschlossen werden sollte.

Im Anschluss an die Fermentation werden die Zellen in mehreren Durchläufen in einem Hochdruckhomogenisator erst aufgeschlossen, um die intrazelluläre β-Galactosidase freizusetzen, und dann das Enzym aufgereinigt. Die dafür geeigneten Operationen sind auszuwählen und im ersten Planungsschritt in einem *Verfahrensblockschema/-diagramm* darzustellen. Als Vorgabe dafür ist folgende Sequenz gegeben: Aufbereitung (Up-Stream-Processing, Mediumsansatz – Sterilisation – Reinigung) – Fermentation – Aufarbeitung (Down-Stream-Processing: Zellseparation – Zelldesintegration – Debris-Abtrennung/β-Galactosidase-Ausschleusung – Entsalzung – Feinreinigung).

Tab. 3.31 Zusammenstellung der für die Prozessauslegung relevanten Parameter. Einige davon können erst nachträglich eingetragen werden, nachdem sie im Modellmaßstab ermittelt wurden.

Produkt: β-Galactosidase			Kapazität: 600 000 [MU/a] in 7000 [h]		
Fahrweise: Batch (diskontinuierlich)			Stamm: *Escherichia coli* DSM 613		
Reaktionsparameter			Einsatzstoffe		
Parameter	Wert	Dimension	Stoff	[g/L]	[€/kg]
Temperatur	37	[°C]	Glucose	10,00	1,0
pH	6,8	[–]	Lactose	20,00	1,2
Druck	1,0	[bar]	Mineralmedium	a)	0,75
DO, Dissolved Oxygen	> 20	[%]	Spurenelementlösung	b)	10,0
Begasungsrate	0,3	[vvm]			
Leistungsdichte	$\geq 1,0$	[W/kg]			
Produktkonzentration	16,3	[U/mL]			
Zelldichte	14,3	[g/L]			
Verweil-/Fermentzeit	6	[h]			
Rüstzeit (Gl. (A.76))	13	[h]			
Animpfverhältnis	10	[%]			
Raum-Zeit-Ausbeute	2720	[U/(L · h)]			
Umsatz (Glucose/Lactose)	0,98	[–]			
Aufarbeitungswirkungsgrad	8	[%]			
Wärmetönung	4,0	[W/L]			

a) Ammoniumsulfat (12,0); Kaliumhydrogenphosphat (1,5); Magnesiumsulfat (0,5); Kaliumsulfat (0,1); Calciumchlorid (0,05); Eisensulfat (0,02); D/L-Methionin (0,0005); PPG2000 (0,1) jeweils [g/L]

b) 1 [mL]/L der Spurenelementlösung b) in das Mineralmedium a): $AlCl_3$ (40); $CoCl_2$ (16); $KCr(SO_4)_2$ (4); $CuCl_2$ (4); H_3BO_3 (2); KJ (40); $MnSO_4$ (40); Na_2MoO_4 (8); $NiSO_4$ (1,8); $ZnSO_4$ (8) jeweils in [mg/L].

Eine Möglichkeit den gesamten Prozess zu beschreiben, ist ihn auf Basis des Reaktionsterms zu stellen. In der Biotechnologie ist das die Fermentation. Die erforderlichen Ausgangsdaten sind in Tab. 3.31 zusammengestellt.

Die Ergebnisse der Simulation in SuperPro Designer® sollen interpretiert werden. Diese Interpretation soll aus folgenden Elementen bestehen:

- Apparateliste/Einzel-, Gesamtapparatekosten,
- Fließmengenschema/Anlagenschema – Einzelschema,
- Ergebnistabelle (Kostenstrukturen, Kostenanalyse).

Sollten die ersten Ergebnisse nicht zum Ziel führen, so müssen Verbesserungspotenziale ausfindig gemacht und mit diesen neuen Kalkulationen durchgeführt werden. Letztendlich soll mit einem Softwarepaket (z. B. SuperPro Designer®) der „Feinschliff" angebracht werden.

Die weitere Vorgehensweise ist in **Lösungsebene 1** sowie in **Lösungsebene 2** einzusehen, wobei in **Lösungsebene 1** soll zunächst die manuelle Vorgehensweise mittels Short-cut-Methode gezeigt und in **Lösungsebene 2** die Benutzung von SuperPro Designer® demonstriert werden.

Es sei aber an dieser Stelle schon darauf hingewiesen, dass der Einsatz eines Softwarepaketes in der Regel weit mehr Detailinformationen zum Prozess benötigt als die Short-cut-Methoden [2].

3.9.2
Wirtschaftlichkeitsbetrachtung eines Vakuumprozesses zur Ethanolherstellung

> Ethanol wird häufig als Ersatzenergieträger für Kraftstoff (Benzin) genannt. Diesbezüglich gab und gibt es viele und verschiedene Programme, an den Zapfsäulen sukzessive den Ethanolanteil im Kraftstoff zu steigern, bis irgendwann reiner Alkohol für die unentbehrliche Mobilität sorgen soll! In der deutschen Automobilindustrie gibt es gegen diese Entwicklung Widerstände, wegen technischer Probleme heißt es in gut informierten Kreisen. Das ist etwas unverständlich, zumal im Hochtechnologieland Brasilien schon mehr als 50 Jahre die Autos mit reinem Ethanol fahren, obwohl dort die gleichen Modelle laufen wie in Deutschland! Ungeachtet dessen ist Ethanol dennoch ein wichtiges Produkt, das aus der „weißen Biotechnologie" kommt und neben der Verwendung als Kraftstoff auch noch in großen Mengen als Chemierohstoff, als Lösungsmittel sowie als Desinfektionsmittel in der Medizin Anwendung findet (vgl. auch Kasten in Abschn. 3.7.2).

Aufgabenstellung

Es soll ein nachhaltiger Prozess zur Produktion von Ethanol auf Basis nachwachsender Rohstoffe etabliert werden. Das Produkt soll mehrere Bereiche bedienen. Neben der Verwendung als Benzinzugabe, dem Einsatz in der Chemie als Grundchemikalie, soll Pharmaware zum Zwecke der Desinfektion bereitgestellt werden.

Für die Auslegung des Prozesses und die Anlagenkonzeptionierung inklusive aller Berechnungen für die Wirtschaftlichkeit stehen die Daten in Tab. 3.32 bereit.

Es sollen 500 000 [t] in 7200 h/a Jahr Bulkware (95 %ig, azeotrop) hergestellt werden. Da in diesem Fall das Produkt flüchtiger ist als das Lösungsmittel/die Trägerflüssigkeit Wasser empfiehlt es sich darüber nachzudenken, ob man nicht die Reaktionswärme schon im Reaktor dazu nutzt, einen Teil des Ethanols zu verdampfen. Die Reaktionswärme ist in derselben Größenordnung wie die Verdampfungswärme von Ethanol. Allerdings wird bei dieser einstufigen Destillation schon viel Wasser mitverdampft (vgl. Aufgabe 3.7.2), sodass letztendlich eventuell sogar Wärme zugeführt werden muss.

Die Aufgabe besteht wieder aus zwei Teilen, nämlich

- einer manuellen, überschlägigen Kalkulation mittels Short-cut-Methode [2] und
- einer softwareunterstützten Kalkulation mit SuperPro Designer® [24].

Tab. 3.32 Zusammenstellung der für die Prozessauslegung relevanten Parameter. Einige davon können erst nachträglich eingetragen werden, nachdem sie im Modellmaßstab ermittelt wurden.

Produkt: Ethanol (C_2H_5OH)			Kapazität: 500 000 [t/a] in 7200 [h/a]		
Fahrweise: Batch (diskontinuierlich)			Stamm: *Saccharomyces cerevisae*		
Reaktionsparameter			Einsatzstoffe		
Parameter	Wert	Dimension	Stoff	[g/L]	[€/kg]
Temperatur	35,0	[°C]	Glucose	500,00	0,4[b]
pH	6,8	[–]	50 % in Melasse		
Druck	0,15	[bar]			
DO, Dissolved Oxygen	< 0,05	[%]			
Begasungsrate (O_2)	0,015	[vvm]			
Leistungsdichte	0,70	[W/kg]			
Produktkonzentration	(350)[a]	[g/L]			
Zelldichte	153	[g/L]			
Verweil-/Fermentzeit	6,5	[h]			
Raum-Zeit-Ausbeute	53,5	[kg/m³/h]			
Aufarbeitungswirkungsgrad	87,5	[%]			

a) Aufgrund des Vakuumbetriebs entspricht dies einem „Scheinwert".
b) Vom Melassepreis hochgerechnet.

In der ersten Betrachtung muss in diesem Fall die Kalkulation eigenständig entwickelt werden. Dabei soll es ausreichend sein, einfache Auslegungsroutinen anzuwenden, um damit die Studie durchzuführen. Daraus sollen wieder Schlüsse für das weitere Vorgehen gezogen werden. Das Resultat soll dann analysiert und für die Detailstudie in SuperPro Designer® neue Prozessdaten erarbeitet/vorgegeben werden. Unter Umständen wird es erforderlich sein, auch gewisse Forderungen an die Rohstoffpreise, die Ausbeute und die ein oder andere Prozessparametereinstellung zu stellen, an so mancher „Schraube zu drehen", um eine wirtschaftlich interessante Situation zu erreichen!

Die weitere Vorgehensweise ist in **Lösungsebene 1** und **Lösungsebene 2** dargestellt, wobei in **Lösungsebene 1** zunächst die manuelle Vorgehensweise mittels Short-cut-Methode gezeigt und in **Lösungsebene 2** die Betrachtung mit SuperPro Designer® vorgenommen werden soll.

3.9.3
Lösungsebene 1 zu Abschn. 3.9.1 und 3.9.2

Lösungsebene 1 zu Abschn. 3.9.1 *Wirtschaftlichkeitsbetrachtung der β-Galactosidase-Herstellung*

Eine Marktanalyse [33–35] und die darauf aufbauende Wirtschaftlichkeitsbetrachtung soll klären, ob in eine Anlage zur Produktion von β-Galactosidase

Tab. 3.33 Zusammenstellung einer Marktanalyse und Gegenüberstellung des Rhein-Neckar-Raums und der Europäischen Union [33].

	Rhein-Neckar	EU (BRD)	Einheit
Einwohner	2,4	500,0	Mio.
Davon lactoseintolerant	5	> 15	%
Davon Kunden (Annahme)	20	5	%
Gesamtkundenzahl	24	3 750	Tsd.
Erforderliche Dosis	10 000	10 000	U/Tag
Milchtage	300	300	d/a
Milchmahlzeiten	2	1	/d
Bedarf pro Kunde	6	3	MU/a pro Kunde
Gesamtbedarf	144 000	11 250 000	MU/a
Marktvolumen	3,6	280	Mio. €
Marktpreis (Handel)	25,00	25,00	€/MU
Marktanteil (Ziel)	25	5	%
Produktionsziel	36 000	600 000	MU/a

investiert werden soll. Dabei wurde die Situation im Rhein-Neckar-Dreieck (als Beispiel für eine deutsche Region) und in der Europäischen Union beleuchtet. Im Wesentlichen wurden die Daten aus einer „oberflächlichen" Internetrecherche zusammengestellt.

Um nun auf die geforderte Kapazität zu gelangen, muss ein realistischer, aber machbarer und anzustrebender *Marktanteil* formuliert werden. Als Neueinsteiger könnte man sich in der Region auf 25 [%] und in Europa auf 15 [%] einigen. Damit ergibt sich für Europa ein Produktionsziel (Kapazität) von $6 \cdot 10^{11}$ [U/a]. In Tab. 3.33 sind die Daten dazu zusammengestellt [33].

Es fällt auf, dass der Anteil der betroffenen Personen im Rhein-Neckar-Dreieck etwa 5 [%] bzw. in der EU 15 [%] beträgt und im Vergleich zu den 75 [%] weltweit noch sehr gering ist. Das hängt mit dem sehr hohen Anteil der Asiaten an der Weltbevölkerung zusammen.

Geht man davon aus, dass lediglich 20 bzw. 5 [%] der Betroffenen das Mittel nehmen, dann bedeutet das 24 000 potenzielle Kunden im Rhein-Neckar-Dreieck bzw. 3,75 Mio. in der EU. Als Zielsetzung für die geplante Anlage soll ein Marktanteil von 5 [%] in der EU angesetzt werden.

Alle weiteren Annahmen ergeben letztendlich ein Marktvolumen für Europa von etwa 280 Mio. € bei einer Produktkapazität von $6 \cdot 10^{11}$ [U/a]. Ein zunächst bescheidener Markt, wenn es gelingt, einen Marktpreis von 25 [€/MU] hinsichtlich der Herstellkosten deutlich zu unterbieten, denn in die Betrachtung geht ein durchschnittlicher Preis für β-Galactosidaseprodukte, der aus mehreren gefundenen Onlineangeboten (2016) zu 20–30 [€/MU] (€/Mio. Units) ermittelt wurde, ein.

Eine gängige Einheit sei in diesem Zusammenhang noch erwähnt, der Food Chemical Codex (FCC): 3000–5000 FCC spalten 5 [g] Lactose (Milchzucker), 1 FCC entspricht 1 Unit.

Ziel muss es gemäß Tab. 3.31 sein, einen Herstellpreis von höchstens 15 [€/MU] zu erzielen, um in eine *Gewinnmarge von sechs Mio. €* zu erreichen.

Blockdiagramm
In Abb. 3.75 ist der Prozess in einem Blockdiagramm dargestellt. Diese Abbildung soll als Leitfaden für die nachfolgenden Betrachtungen dienen.

Manuelle Kostenkalkulation
Als Basis soll der in „Bioverfahrensentwicklung" [2] dargestellte Prozess dienen. Zur Abschätzung der Konkurrenzfähigkeit des Verfahrens besteht die Möglichkeit, sich der Kenntnis zu bedienen, dass bei einer Kapazitätsänderung zwischen zwei ansonsten identischen Prozessen und den Investitionen der einfache statisch gewonnene Zusammenhang

$$I^* = I \cdot \left(\frac{K^*}{K}\right)^{0,35} \tag{3.630}$$

besteht. Mit dem in „Bioverfahrensentwicklung" [2] dargestellten Prozess und der dort zugrunde gelegten Kapazität von 20 000 [MU/a] ergibt sich somit folgende Investition für den hier zu betrachtenden Prozess mit 600 000 [MU/a] von

$$I^* = 25 \cdot \left(\frac{60}{2}\right)^{0,35} = 80\text{–}85 \,[\text{Mio €}] \tag{3.631}$$

Geht man damit in die Ergebnistabelle [2], vereinfacht und unterteilt diese in Fix- und variable Kosten, so findet man die in Tab. 3.34 dargestellten Ergebnisse.

Das Ergebnis ist ernüchternd! Bei einem vermeintlichen Marktpreis von 25 [€/MU] liegen die Herstellkosten um den Faktor 24 darüber! Ein großes Verlustgeschäft wäre die Folge. Also wird niemand in ein solches Projekt investieren wollen. Eine klare Empfehlung lautet also: Keine Investition! Unterlagen in die Schublade!

Wenn einem Unternehmer dennoch dieses Produkt interessant erscheint, muss sich die Bioverfahrenstechnik die Frage stellen „Wo müssen die Hebel noch angesetzt werden, um wirtschaftlich werden zu können?"

Da fällt auch sofort auf, dass die Einsatzstoffkosten mit 74 [%] den Löwenanteil darstellen. Also muss hier eingegriffen werden. Das kann zum einem natürlich dadurch geschehen, dass kaufmännisch betrachtet nach günstigeren Substanzen gesucht wird, zum anderen verfahrenstechnisch (inklusive Stammentwicklung) optimiert wird, indem in erster Linie die Ausbeute (Raum-Zeit-Ausbeute) sowie der Aufarbeitungswirkungsgrad gesteigert wird, denn 92 [%] Aufarbeitungsverluste sind nicht tragbar.

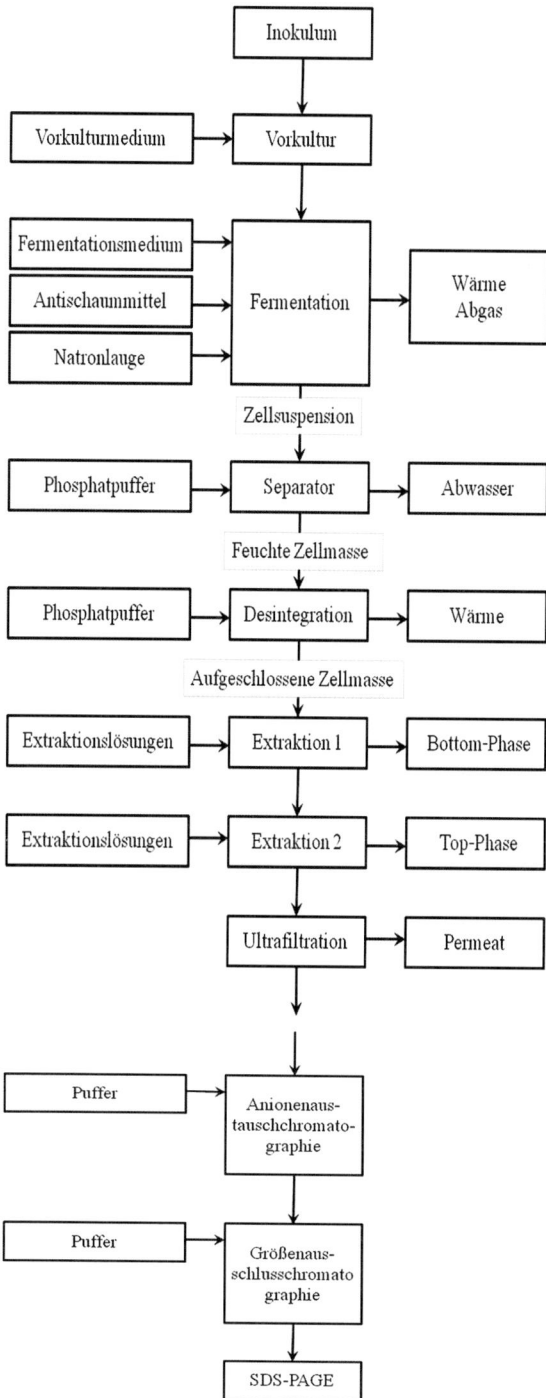

Abb. 3.75 Blockdiagramm des β-Galactosidaseprozesses.

Tab. 3.34 Vereinfachte Ergebnisabschätzung für $K = 600\,000$ [MU/a] (z. T. gerundete Werte).

Kostenart	Massenstrom [kg/h]	Preis [€/Einheit]	Preis/Std. [€/h]	Preis/MU [€/MU]	[T€/a]	[%]
Einsatzstoffe						
Summe			38 820	450	272 000	74
Entsorgung						
Summe	–	–	7 000	82	50 000	14
Energie						
Summe	–	–	2 100	25	14 700	4
Personal		[T€/Pos/a]				
WS-Platz	10	350		6	3 500	
TS-Stelle	5	70		0,5	500	
AT-Stelle	2	120		0,5	300	
Summe	–	–	-	7	4 300	1,0
Investition	€ 85 000 000					
Werkstatt	5 % von Investition			4 250		1,0
Nebenkosten	= f (Personal, Energie, Investition)			9 000		2,5
Abschreibung	10 % von Investition			8 500		2,5
Produktionskosten	600 €/MU			363 000		100

Dazu besteht die Möglichkeit auf Grundlage von Tab. 10.27 in „Bioverfahrenstechnik" [2] den Block „Einsatzstoffe" zu analysieren und die Potenziale auszuloten, um die Basis für eine neue, wirtschaftliche Situation zu kreieren.

Nun geht man in Tab. 3.35, die einen Auszug aus der genannten Tab. 10.27 darstellt, und formuliert Verbesserungsvorschläge, die zunächst rein theoretischer Natur sind und erst noch verifiziert werden müssen, ob sie so auch umsetzbar sind. Da die Einsatzstoffe zu den variablen Kosten zählen, also direkt mit der produzierten Menge zusammenhängen, lässt sich über eine Kapazitätssteigerung von 20 000 auf 600 000 [MU/a] kein Effekt erzielen, die Herstellpreisbelastung bliebe quasi unberührt. Eine günstigere Situation kann man durch geänderte Mengen und Preise erreichen.

Zunächst soll der Aufarbeitungswirkungsgrad untersucht werden und die einzelnen Stufenwirkungsgrade an die Grenze des Machbaren geschoben werden. In Tab. 3.35 ist das Ergebnis dokumentiert.

Fürwahr, einige Postulate sind sehr gewagt und müssen im Experiment noch bestätigt werden, aber damit kann in die neue Einsatzstoffteiltabelle 3.36 gegangen werden. Zusätzlich sind Mengen- und Preisreduzierungen angenommen worden (auch diese müssen noch bestätigt werden).

Tabelle 3.36 zeigt das Resultat der „Bemühungen". Der dabei berechnete Anteil der Einsatzstoffkosten an den Herstellkosten ist mit der „Selfmadegleichung" (3.632)

Tab. 3.35 Ermittlung eines fiktiven, sehr optimistischen Aufarbeitungswirkungsgrads.

Aufarbeitungswirkungsgrad	a_Σ	0,60
Zellernte und Separation		0,99
Zellaufschluss		0,95
Extraktion 1		0,85
Extraktion 2		0,9
Aufkonzentrierung (UF)		0,95
Gelchromatographie		0,88

Tab. 3.36 Resultat der eingeführten „Verbesserungen" (z. T. gerundete Werte). Die Kalkulationsspalte 6 setzt sich dabei aus Kombination der Spalten 5, 7 und 8 zusammen.

Spalte 1	2	3	4	5	6	7	8
Einsatzstoffe	MU/a 20 000		$a_{\Sigma 1}$ 8%	MU/a 600 000	$a_{\Sigma 2}$ 60%	Menge RED	Preis RED
Stoff	[kg/h]	[€/kg]	[€/MU]	[kg/h]	[€/MU]	[%]	[%]
Wasser	12 000	0,01	21	360 000	1,26	50	10
Salze Σ	70,4	1,50	37	2 112	2,93	30	15
Kochsalz	334,8	0,15	18	10 044	0,63	70	10
Kalisalze	236	1,50	124	7 080	4,13	50	50
Glucose	25	1,00	9	750	0,95	10	10
Lactose	50	1,30	23	1 500	2,46	10	10
Natronlauge	10	0,50	2	300	0,19	10	10
Fleischextrakt	2	4,10	3	60	0,31	10	10
Fleischpepton	1	10,20	4	30	0,34	10	20
PEG	170	3,60	214	5 100	5,00	75	30
			453,33		18,20		

$$K_{H,Est} = \sum_1^n \dot{m}_i \cdot \frac{BST}{K} \cdot P_i \cdot \frac{a_{\Sigma 2}}{a_{\Sigma 1}} \cdot \left(1 - \frac{M_{Red,i}}{100}\right) \cdot \left(1 - \frac{P_{Red,i}}{100}\right) \quad (3.632)$$

durchgeführt worden. Mit dem jetzt vorliegenden Kostenanteil der Einsatzstoffe an den Herstellkosten hat man eine vielversprechende Basis für einen wirtschaftlichen Prozess. Die Ergänzung mittels Short-cut-Betrachtung soll dies schon zeigen.

Bezüglich der Investitionsabschätzung muss jetzt das Verhältnis der Massenströme herangezogen werden, weil bei jetzt günstigeren Bedingungen dieselbe

Tab. 3.37 Vereinfachte Ergebnisabschätzung für $K = 600\,000$ [MU/a] bei fiktiven, optimierten Bedingungen (z. T. gerundete Werte).

Kostenart	Massenstrom [kg/h]	Preis [€/Einheit]	Preis/h [€/h]	Preis/MU [€/MU]	[T€/a]	[%]
Einsatzstoffe	–	–	1 560	18,20	10 920	54
Entsorgung	–	–	100	1,20	700	3
Energie	–	–	130	1,50	910	5
Personal	Anzahl	[T€/Pos/a]				
WS[a]-Platz	2	350		1,17	700	
TS[b]-Stelle	2	70		0,25	150	
AT[c]-Stelle	1	120		0,25	150	
Summe	–	–	–	1,67	1 000	5
Investition	€ 35 000 000					
Werkstatt	5 % von Investition			1 500	7	
Nebenkosten	= f (Personal, Energie, Investition)			1 790	9	
Abschreibung	10 % von Investition			3 500	17	
Produktionskosten	34 €/MU			20 320	100	

a) WS – Wechselschichtsarbeitsplatz
b) TS – Tagschichtangestellter
c) AT – außertariflicher Mitarbeiter

Kapazität bleibt. Danach erhält man gemäß Gl. (3.631)

$$I^* = 25 \cdot \left(\frac{22}{12}\right)^{0,35} = 30\text{--}35 \, [\text{Mio. €}] \tag{3.633}$$

wobei im Klammerausdruck das Verhältnis der Massenströme in Tonnen pro Stunde repräsentiert ist.

Damit wird aus Tab. 3.34 die neue Kalkulation gemäß Tab. 3.37.

Weitere Berücksichtigung fanden: Eine "dramatische" Personalreduktion aufgrund der geringeren Apparate- und Reaktorenanzahl von WS 10 → 2, TS 5 → 2, AT 2 → 1. Trotz aller Anstrengungen ist das erklärte Ziel immer noch nicht erreicht. Es müssen also weitere Wege gefunden werden, die Herstellkosten nochmals zu halbieren. Da die Einsatzstoffe mit 54 [%] Anteil immer noch dominieren, muss wohl weiter an dieser Schraube gedreht werden. Allein eine Erhöhung der Ausbeute hinsichtlich der spezifischen Aktivität könnte einen Fortschritt bringen. Ein möglicher Weg dazu soll in **Lösungsebene 2** mittels SuperPro Designer® aufgezeigt werden.

Lösungsebene 1 zu Abschn. 3.9.2 *Wirtschaftlichkeitsbetrachtung der Ethanolherstellung*
Eine Marktanalyse gestaltet sich in diesem Fall etwas übersichtlicher, weil die Märkte klar umrissen sind, auch wenn der Einsatz als Kfz-Treibstoffersatz hinsichtlich Kapazität noch einige Unsicherheiten aufweist (siehe grauer Block in Abschn. 3.9.2).

Sollte das Produkt überwiegend auch die Zapfsäulen bedienen, so erscheinen die 500 000 [t/a] etwas wenig zu sein. Allerdings ist hier die Fragestellung, ob man mit dem gewählten Verfahren hinsichtlich der Wirtschaftlichkeit prinzipiell eine Rentabilität erreichen kann.

Superbenzin mit 10 [%] Ethanolanteil kostet im Moment (2016) 1,30 [€/L] an der Tankstelle. Doch trotz Subvestitionen bleiben für den Hersteller des Kraftstoffes nur noch 0,65 € übrig (frei erfundene Annahme! Ist vermutlich wesentlich weniger!).

Rentabel würde es dann werden, wenn Herstellkosten von weniger als 0,50 [€/L] erreicht werden könnten. Bei der vorgegebenen Kapazität wäre das ein Gewinn von knapp 100 Mio. € im Jahr. Welche Herstellungskosten letztendlich zu erwarten sind, zeigt dann die nach der Wirtschaftlichkeitsbetrachtung gewonnene Ergebnistabelle Tab. 3.46

Blockdiagramm

Es wird zunächst ein Blockdiagramm des Prozesses erstellt und danach anhand des Diagramms mithilfe der Short-cut-Methode eine Grobauslegung durchgeführt. Dadurch kommt man auf die Apparatekosten und mit Gl. (A.185) für den Anlagenfaktor zur Investition.

In Abb. 3.76 ist der Prozess in einem Blockdiagramm dargestellt. Im Einzelnen sind folgende Verfahrensschritte erforderlich:

- Lager für den Einsatzstoff Melasse (Lieferzyklus vier Tage),
- Einsatzstoffbereitstellung (Wasserzugabe und Temperatureinstellung),
- Durchflusssterilisation,
- Fermentation (Bioreaktor mit Vakuumaggregat und Kondensator),
- Zellrückführung (Separator),
- Gasabscheidung,
- Destillation zum Azeotrop (vgl. Aufgabe 3.7.2),
- Produktlager (Abgabezyklus ein Monat).

Apparateauslegung

Tanklager Als Einsatzstoff soll Melasse, ein „Abfallstoff" aus der Zuckerindustrie, zum Einsatz kommen. Melasse enthält 50 [% w/w] Glucose, 30 [%] Proteine, Asche und sonstige Feststoffe und der Rest ist Wasser. Es ist eine hochviskose Flüssigkeit und muss bei etwa 40 [°C] gehandhabt werden, damit sie gut pumpfähig bleibt.

In Tab. 3.38 sind die Basisdaten für die Auslegung des Melassetanklagers zusammengestellt. Aus der Bilanzgleichung (3.634) kann der erforderliche Bedarf an Melasse abgeschätzt werden. Es gilt

$$\underbrace{C_6H_{12}O_6}_{180} \Rightarrow \underbrace{2 \cdot C_2H_5OH}_{2\cdot 46} + \underbrace{2 \cdot CO_2}_{2\cdot 44} \qquad (3.634)$$

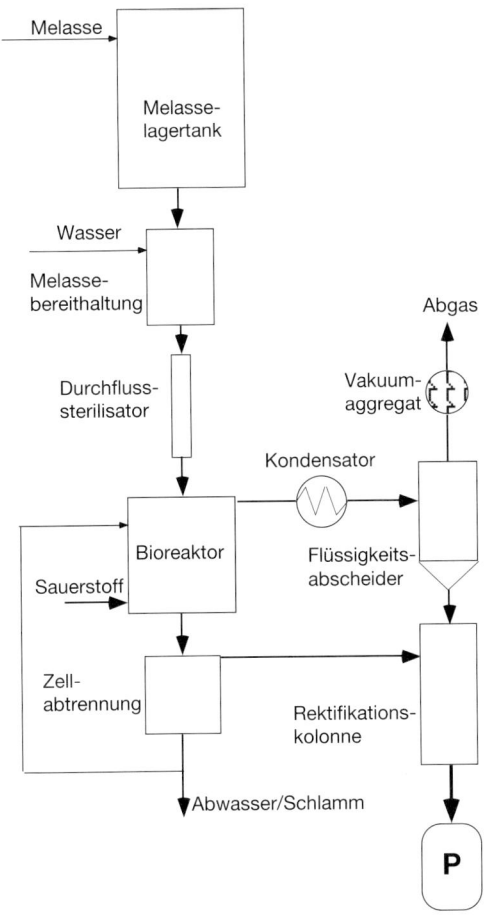

Abb. 3.76 Blockdiagramm des kontinuierlichen Ethanolprozesses bei Vakuumfahrweise.

und damit kann für Melasse bei einer Ausbeute von 87 [%] ein stündlicher Bedarf von

$$\dot{m}_{\text{Mel}}^{\alpha} = \frac{K}{\text{BST} \cdot \alpha} \cdot \frac{M_{\text{Gluc}}}{c_{\text{Gluc}} \cdot 2 \cdot M_{\text{EtOH}}} = \frac{500\,000}{7200 \cdot 0{,}87} \cdot \frac{180}{0{,}5 \cdot 2 \cdot 46} = 312\,[\text{t/h}] \tag{3.635}$$

berechnet werden. Mit den in Tab. 3.38 genannten Werten für die Dichte, den Füllgrad und den Lieferzyklus ergibt das für das Bruttovolumen einen Wert von

$$V_{\text{T,Mel}} = \frac{\dot{m}_{\text{Mel}}^{\alpha} \cdot t_{\text{Zykl}} \cdot 24}{\rho_{\text{Mel}} \cdot \varphi_{\text{Füll}}} = \frac{312 \cdot 4 \cdot 24}{1{,}12 \cdot 0{,}9} = 29{,}715\,[\text{m}^3] \tag{3.636}$$

Das Volumen übersteigt beträchtlich die gemachte Vereinbarung zu einer Maximalgröße. Teilt man dieses ermittelte Volumen durch das vorgegebene Maxi-

Tab. 3.38 Basisdaten für die Auslegung des Melasselagers.

Hinweis	Ausbeute [%]	M_{Gluc} [g/L]	M_{CO_2} [g/L]	Glucose/Melasse [g/g]	Füllgrad [%]
Glucose in Melasse	87	180	44	0,5	90

Melasse ges.	Dichte [kg/L]	Lieferzyklus [d]	max. Volumen [m³]		
Melasse	1,12	4	7500		

Tab. 3.39 Basisdaten für die Auslegung des Melassebereitstellungsbehälters.

Glucosekonzentration [g/L]	Verweilzeit [h]	Dichte [kg/L]	Füllgrad [%]	V_{max} [m³]
425	1,5	1,10	90	250

malvolumen, so findet man knapp vier Reaktoren, die sich die Arbeit teilen sollen. Nimmt man nun vier Reaktoren an, so wird

$$V_{T,Mel,1} = \frac{29\,715}{4} = 7430\,[m^3] \Leftrightarrow \text{vier Stück} \tag{3.637}$$

Damit wird festgelegt: vier Lagertanks zu je 7500 [m³].

Melassebereitstellung Den Übergang von der diskontinuierlichen Lagerhaltung für Melasse in den kontinuierlichen Ablauf des Prozesses soll der Melassebereitstellungskessel bieten. In Tab. 3.39 sind die Basisdaten für diese Aufgabe zusammengestellt.

In diesem Kessel wird nur bei Bedarf ein wenig Wasser hinzudosiert. Für den Zweck der Short-cut-Betrachtung sei diese Menge unbedeutend und wird deshalb vernachlässigt. Es empfiehlt sich einen Rührwerkskessel vorzusehen, um eine ausreichend gute Durchmischung zu gewährleisten.

Das Volumen des Kessels berechnet sich damit zu

$$V_{T,Mel,1} = \frac{\dot{m}_{Melasse} \cdot \tau}{\rho_{Mel} \cdot \varphi_F} = \frac{312 \cdot 1,5}{1,1 \cdot 0,9} = 470\,[m^3] \tag{3.638}$$

Das ist fast das doppelte des festgelegten Maximalvolumens. Es werden somit zwei Kessel zu je 250 [m³] gewählt.

Durchflusssterilisator Eine Durchflusssterilisation spart Zeit und schont das Medium (vgl. Abschn. 1.3 sowie Aufgaben 3.4). Deshalb soll sie auch hier zum Einsatz kommen. In Tab. 3.40 sind die Basisdaten für die Auslegung zusammengestellt.

Tab. 3.40 Basisdaten für die Auslegung Durchflusssterilisation.

Vorlauftemperatur [°C]	Sterilisations-temperatur [°C]	Ablauf-temperatur [°C]	Dampf-temperatur [°C]	mittlere KW-Temperatur [°C]
40	140	35	152	10
k – für beide [W/m²/K]	c_p-Wasser [kJ/kg/K]	c_p-Glucose [kJ/kg/K]	c_p-Proteine [kJ/kg/K]	c_p-Mittel [kJ/kg/K]
500	4,18	1,99	4,10	3,1
kinematische Viskosität [m²/s]	Re	S	E_a [J/mol/K]	k_0 [s^{-1}]
0,00005	15 000	35	321 000	$3,4 \cdot 10^{40}$

Der Einstieg ist vielfältig möglich. Beispielsweise kann man mit den Wärmeströmen, die zu übertragen sind, beginnen. Beim Hochheizen mit Dampf ($T = 152$ [°C], vgl. Tab. 3.39) wird der Zulaufstrom von 40 auf 140 [°C] aufgeheizt und nach der Sterilisation (nach der Haltestrecke) der Strom wieder auf 35 [°C] abgekühlt. Das ergibt den Wärmestrom

$$\dot{Q}_H = \dot{m}_L \cdot c_p \cdot (T_S - T_V) = 312 \cdot 3{,}1 \cdot (140 - 40) \cdot 3600^{-1} = 26{,}76 \,[\text{MW}] \tag{3.639}$$

für den Aufheizvorgang und analog dazu erhält man mit

$$\dot{Q}_K = \dot{m}_L \cdot c_p \cdot (T_S - T_A) = 312 \cdot 3{,}1 \cdot (140 - 35) \cdot 3600^{-1} = 28{,}10 \,[\text{MW}] \tag{3.640}$$

den Wärmestrom für den Abkühlvorgang.

Damit lassen sich die beiden Wärmeaustauscher berechnen. Dazu muss aber vorab die jeweilige Temperaturdifferenz (das treibende Gefälle) bestimmt werden. Man erhält für den Aufheizvorgang

$$\Delta T_{H,m} = \frac{(T_D - T_V) + (T_D - T_S)}{\ln[(T_D - T_V)/(T_D - T_S)]} = \frac{(152 - 40) + (152 - 140)}{\ln[(152 - 40)/(152 - 140)]} = 55{,}52 \,[\text{K}] \tag{3.641}$$

bzw. für den Abkühlvorgang

$$\Delta T_{K,m} = \frac{(T_D - T_V) + (T_D - T_S)}{\ln[(T_D - T_V)/(T_D - T_S)]} = \frac{(140 - 10) + (35 - 10)}{\ln[(140 - 10)/(35 - 10)]} = 94{,}02 \,[\text{K}] \tag{3.642}$$

Damit ist der Weg frei zur Berechnung der Wärmeaustauschflächen. Für den Aufheizer lässt sich

$$A_H = \frac{\dot{Q}_H}{k \cdot \Delta T_{H,m}} = \frac{26{,}76 \cdot 10^6}{500 \cdot 55{,}52} = 960 \, [\text{m}^2] \tag{3.643}$$

bzw. für den Kühler

$$A_K = \frac{\dot{Q}_K}{k \cdot \Delta T_{K,m}} = \frac{28{,}10 \cdot 10^6}{500 \cdot 94{,}02} = 600 \, [\text{m}^2] \tag{3.644}$$

berechnen.

Haltestrecke Nun muss man noch die Haltestrecke, den eigentlichen Sterilisator, auslegen. Um einen ausreichend hohen Turbulenzgrad zu erreichen, findet man in der Literatur für die Reynolds-Zahl oft einen Wert zwischen 12 000 und 15 000. Dadurch und durch entsprechende konstruktive Maßnahmen (gewendeltes Rohr, Rohrwendel) erreicht man eine hohe Bodenstein-Zahl (vgl. Abschn. 3.4), sodass man von einer Plug-Flow-Situation sprechen kann.

Die Darstellung (Beschreibung der Haltestrecke) verlangt die geometrischen Parameter Rohrdurchmesser und Rohrlänge und die beiden physikalischen Größen Temperatur und Druck.

Durch die Vorgabe der Reynolds-Zahl und den hydrodynamischen Daten lassen sich zwei Gleichungen für die Geschwindigkeit aufstellen. Einmal aus der Reynolds-Zahl stammend

$$w = \frac{\text{Re} \cdot \nu}{D} \tag{3.645}$$

Und dann noch über den Mengenstrom

$$w = \frac{\dot{m}_L}{\rho_L \cdot A} = \frac{4 \cdot \dot{m}_L}{\pi \cdot \rho_L \cdot D^2} \tag{3.646}$$

Setzt man beide Gleichungen gleich, führt dies zu einer Berechnungsgleichung für den Durchmesser D

$$D = \frac{4 \cdot \dot{m}_L}{\pi \cdot \text{Re} \cdot \nu} = \frac{4 \cdot 312 \cdot 1000}{\pi \cdot 1{,}1 \cdot 15\,000 \cdot 5 \cdot 10^{-5} \cdot 3600} = 133 \, [\text{mm}] \tag{3.647}$$

Die Länge der Rohrstrecke bekommt man über die hydrodynamische Verweilzeit (Haltezeit, Sterilisationszeit). Diese wiederum wird durch die kinetischen Parameter festgelegt (vgl. Tab. 3.40). Die Reaktionsgeschwindigkeitskonstante erhält man aus

$$k(T_S) = k_0 \cdot \exp\left(-\frac{E_a}{R \cdot T_S}\right) = 3{,}4 \cdot 10^{40} \cdot \exp\left(-\frac{321\,000}{8{,}314 \cdot 413{,}15}\right) = 0{,}88 \, [\text{s}^{-1}] \tag{3.648}$$

Tab. 3.41 Zusammenfassung der Daten für den **Durchflusssterilisator**.

Auslegungstemperatur [°C]	Auslegungsdruck [bar]	Rohrlänge [m]	Durchmesser [mm]	mittlere KW-Temperatur [°C]
200	12	225	133	10

und damit mit dem gegebenen Sterilisationskriterium S die hydrodynamische Verweilzeit t

$$\tau = t_S = \frac{S}{k(t_S)} = \frac{35}{0{,}88} = 40 \, [\text{s}] \tag{3.649}$$

Jetzt ist die Rohrlänge über die Geschwindigkeit

$$w = \frac{\text{Re} \cdot v}{D} = \frac{15\,000 \cdot 5 \cdot 10^{-5}}{133} \cdot 1000 = 5{,}64 \, [\text{m/s}] \tag{3.650}$$

zugänglich und man erhält

$$L = w \cdot \tau = 5{,}64 \cdot 40 = 225 \, [\text{m}] \tag{3.651}$$

Zur Berechnung des Druckverlustes im Bereich $2320 < \text{Re} < 10^5$ wird meist die Gleichung nach Blasius [36] für den Widerstandsbeiwert verwendet. Sie lautet

$$\lambda = 0{,}3164 \cdot \text{Re}^{-0{,}25} = 0{,}3164 \cdot 15\,000^{-0{,}25} = 0{,}0286 \tag{3.652}$$

Womit man schließlich den Druckverlust

$$\Delta p = \lambda \cdot \frac{L}{D} \cdot \rho_L \cdot \frac{w^2}{2} = 0{,}0286 \cdot \frac{225}{0{,}133} \cdot 1100 \cdot \frac{5{,}64^2}{2} = 8{,}5 \, [\text{bar}] \tag{3.653}$$

erlangt. Üblicherweise wird der Auslegungsdruck dann um etwa 30 [%] erhöht und hier mit $p_{\text{Aulg}} = 12$ [bar] festgelegt! Der Druck, der über die Dampfversorgung bei einer Temperatur von 152 [°C]

$$p_{\text{Dpf}} = 1{,}26 \cdot 10^{-8} \cdot T^{3{,}942} = 1{,}26 \cdot 10^{-8} \cdot 152^{3{,}942} = 5{,}03 \, [\text{bar}] \tag{3.654}$$

aufgeprägt wird, liegt weit darunter.

Die Zusammenfassung der Daten für den Durchflusssterilisator findet sich in Tab. 3.41. Zum Zwecke der sicheren Verfügbarkeit soll die Sterilisationsaufgabe auf zwei Durchflusssterilisatoren verteilt werden.

Bioreaktor Das für die Kostenbetrachtung erforderliche Bruttoreaktionsvolumen lässt sich gemäß Gl. (A.34) berechnen. Da die Gasleerrohrgeschwindigkeit maßstabsabhängig ist, kann der Faktor für den Gas Holdup erst bestimmt werden, wenn das Einzelvolumen bekannt ist, also auch die Anzahl der zu wählenden

Reaktoren. Die anderen Parameter und Faktoren lassen sich aus Tab. 3.32 ablesen oder einfach bestimmen.

Für den Gas-Holdup-Faktor f_G braucht man die Leistungsdichte, die Gasleerrohrgeschwindigkeit und den Koaleszenzfaktor (das Koaleszenzverhalten). Das Medium kann als koaleszierend angenommen werden (keine Tenside, niederviskos), und die Leistungsdichte beträgt gemäß Tab. 3.32 0,7 [W/kg]. Für die Gasleerrohrgeschwindigkeit müssen zwei Situationen zusammengefasst werden: der Gasstrom durch die Begasung mit reinem Sauerstoff und der Gasstrom über die Selbstbegasung über das entstehende CO_2. Dazu muss zunächst das Flüssigkeitsreaktionsvolumen bestimmt werden. Dazu bestimmt man die einzelnen Faktoren und erhält

$f_F \rightarrow$ geringe Begasung, keine Schäumer $\rightarrow 1{,}1$

$f_K \rightarrow$ schnelles Wachstum, mageres Medium $\rightarrow 1{,}03$

$f_E \rightarrow$ Rührwerk, Stromstörer, Begasungsrohr $\rightarrow 1{,}2$

Mit Gl. (A.27) erhält man dann

$$V_{R,L} = \frac{K \cdot f_K}{\text{BST} \cdot \text{RZA}_B \cdot \alpha} = \frac{500\,000\,000 \cdot 1{,}03}{7200 \cdot 53{,}5 \cdot 0{,}875} = 1530\,[\text{m}^3] \tag{3.655}$$

Das Bruttovolumen wird um 30 bis 80 [%] größer, also kann ein Gesamtvolumen von etwa 2500 [m³] angenommen werden. Lässt man ein Maximalvolumen von 700 [m³] zu, so ergibt das eine Anzahl von 2500/700 = 3,57, d. h. vier Bioreaktoren zu je 1530/4 = 380 [m³] Flüssigkeitsreaktionsvolumen. Daraus lässt sich mit einem Schlankheitsgrad von 2,0 die Flüssigkeitssäule

$$H = \sqrt[3]{\frac{4 \cdot V_{R,L} \cdot f_S}{\pi}} = \sqrt[3]{\frac{4 \cdot 380 \cdot 2}{\pi}} = 10\,[\text{m}] \tag{3.656}$$

berechnen. Jetzt benötigt man die beiden Volumenströme bezogen auf den Bezugspunkt bei $H/2$. Der Volumenstrom für Sauerstoff ergibt sich aus der Begasungsrate $q = 0{,}015$ [vvm]. Man erhält

$$\dot{V}_{O_2} = q \cdot V_{R,L} \cdot 60 = 0{,}015 \cdot 380 \cdot 60 = 342\,\left[\frac{\text{m}^3}{\text{h}}\right] \tag{3.657}$$

den Volumenstrom, der sich von vornherein auf den Bezugspunkt ausrichtet. Für das CO_2 kann der Massenstrom aus der Stöchiometrie ermittelt werden (vgl. Gl. (3.635) und analog dazu Gl. (3.636)). Man erhält mit

$$\dot{m}_{CO_2} = \frac{K}{\text{BST} \cdot \alpha} \cdot \frac{M_{CO_2}}{M_{\text{EtOH}}} = \frac{500\,000}{7200 \cdot 0{,}875} \cdot \frac{44}{46} = 75{,}9\,[\text{t}_{CO_2}/\text{h}] \tag{3.658}$$

Um diesen Massenstrom auf einen Volumenstrom im Bezugspunkt (= Mitte des Flüssigkeitssäule $H/2$) benötigt man die Dichte, die das CO_2 an dieser Stelle annimmt. Man erhält für den dort herrschenden Druck und dann für die Dichte

$$\overline{p} = p^\omega + \frac{\rho_L \cdot g \cdot H}{2 \cdot 10^5} \left(= 0{,}15 + \frac{1100 \cdot g \cdot 10}{2 \cdot 10^5} \right) = 0{,}69 \, [\text{bar}]$$

$$\rho_{CO_2} = \frac{\overline{p} \cdot M_{CO_2}}{R \cdot T} = \frac{0{,}69 \cdot 10^5 \cdot 44}{8{,}314 \cdot 308 \cdot 10^3} = 1{,}185 \left[\frac{\text{kg}}{\text{m}^3} \right]$$

(3.659)

Das führt zu einem Volumenstrom im Einzelnen der vier Bioreaktoren von

$$\dot{V}_{CO_2} = \frac{\dot{m}_{CO_2}}{\rho_{CO_2} \cdot n_{BIR}} = \frac{75\,900}{1{,}185 \cdot 4} = 16\,010 \left[\frac{\text{m}^3}{\text{h}} \right]$$

$$\dot{V}_{ges} = \dot{V}_{O_2} + \dot{V}_{CO_2} = \frac{342}{4} + 16\,010 = 16\,100 \left[\frac{\text{m}^3}{\text{h}} \right]$$

(3.660)

Jetzt bestimmt man den Kesseldurchmesser, über diesen die Querschnittsfläche und schließlich die Gasleerrohrgeschwindigkeit. Man erhält

$$D = \frac{H}{f_S} = \frac{10}{2} = 5 \, [\text{m}]$$

$$A_Q = 5^2 \cdot \frac{\pi}{4} = 19{,}63 \, [\text{m}^2]$$

$$u_G = \frac{\dot{V}_G}{A_Q} = \frac{16\,100}{19{,}63 \cdot 3600} = 0{,}23 \left[\frac{\text{m}}{\text{s}} \right]$$

(3.661)

Man erhält nun den relativen Gasgehalt

$$\varphi_G = \sqrt{\epsilon^{0{,}5} \cdot u_G} \cdot f_{KZ} = \sqrt{0{,}7^{0{,}5} \cdot 0{,}23} \cdot 1{,}0 = 0{,}43$$

$$f_G = 1 + \varphi_G = 1 + 0{,}43 = 1{,}43$$

(3.662)

Dass eine Gasleerrohrgeschwindigkeit von 0,23 [m/s] mehr als ein „Sturm im Wasserglas" ist, war zu vermuten, und so wirkt sich das auf die Forderung, das Reaktorvolumen allein für den Gas Holdup um 43 [%] zu erhöhen, aus.

Damit erhält man aus Gl. (3.655)

$$V_{R,B} = \frac{K \cdot f_F \cdot f_K}{\text{BST} \cdot \text{RZA}_B \cdot \alpha} \cdot f_G \cdot f_E = \frac{500\,000\,000 \cdot 1{,}1 \cdot 1{,}03}{7200 \cdot 53{,}5 \cdot 0{,}875} \cdot 1{,}43 \cdot 1{,}2 = 2880 \, [\text{m}^3]$$

(3.663)

mit 2880 [m³] das Gesamtvolumen, insgesamt auf vier Reaktoren verteilt, ein Einzelvolumen von 720 [m³]. Eine Zusammenfassung der Daten für die Bioreaktoren ist in Tab. 3.42 gegeben.

Tab. 3.42 Zusammenfassung der Daten für die Bioreaktoren.

Auslegungstemperatur [°C]	Auslegungsdruck [bar]	Volumen [m³]	Anzahl	Material
200	4,0	720	4	V4A

Tab. 3.43 Zusammenstellung der Daten für die Auslegung des Kondensators.

r – Wasser [kJ/kg]	r – Ethanol [kJ/kg]	c_p – Kaltwasser [kJ/kg/K]	c_p – Kohlendioxid [kJ/kg/K]	k-Wert [W/m²/K]
2350	910	4,0	0,846	1500

Kondensator Das im Vakuum abgesaugte Dampfgemisch aus Wasser und Ethanol muss aus dem Trägergas Kohlendioxid auskondensiert werden. Die Randbedingungen für die Auslegung sind in Tab. 3.43 zusammengestellt.

Den Bioreaktor verlassen in etwa

$$\dot{m}^\omega_{EtOH} = \frac{K \cdot 10^3}{BST \cdot \alpha} = \frac{500\,000 \cdot 10^3}{7200 \cdot 0{,}875} = 80\,000 \left[\frac{\text{kg}}{\text{h}}\right] \quad (3.664)$$

Ethanol. Davon gehen etwa 10 [%] über Kopf in Dampfform weg. Gleichzeitig wird ein Anteil von 40 [%] Wasser verdampft, also etwa 5 [t/h]. Beide Dämpfe werden im Trägergas Kohlendioxid (etwa 75 [t/h]) ausgetragen. Das ergibt folgende Wärmebilanzen:

$$\begin{aligned}
\dot{Q}_\Sigma &= \dot{Q}_{EtOH} + \dot{Q}_{H_2O} + \dot{Q}_{CO_2} = 5370\,[\text{kW}] \\
\dot{Q}_{EtOH} &= \dot{m}_{EtOH} \cdot r_{EtOH} = \frac{8000 \cdot 910}{3600} = 2020\,[\text{kW}] \\
\dot{Q}_{H_2O} &= \dot{m}_{H_2O} \cdot r_{H_2O} = \frac{5000 \cdot 2350}{3600} = 3260\,[\text{kW}] \\
\dot{Q}_{CO_2} &= \dot{m}_{EtOH} \cdot c_{p,CO_2} = \frac{75\,000 \cdot 0{,}846 \cdot 5}{3600} = 90\,[\text{kW}]
\end{aligned} \quad (3.665)$$

Demnach muss der Kondensator etwa 5,4 [MW] Energie abführen. Kondensierender Dampf hat einen hohen Wärmeübergangskoeffizienten bis 10 000 [W/m²/K], doch die Widerstände durch die Wärmeleitung und der Übergang auf der gegenüberliegenden Seite dominieren den Vorgang. Dadurch kann lediglich ein Wert von 1500 [W/m²/K] angenommen werden.

Damit lässt sich die erforderliche Wärmeaustauschfläche berechnen. Man erhält

$$A_{Kond} = \frac{\dot{Q}_\Sigma \cdot 1000}{k \cdot \Delta T_m} = \frac{5370 \cdot 1000}{1500 \cdot 18} = 200\,[\text{m}^2] \quad (3.666)$$

Die mittlere logarithmische Temperaturdifferenz von 18 [°C] wurde dabei aus den Daten

- Gasraum, Kondensat 35 [°C] = const.
- Kühlwasserzulauf 5 [°C]
- Kühlwasserablauf 25 [°C]

ermittelt.

Der Kondensator wird mit einer Austauschfläche von 200 [m²] aufgenommen.

Kondensatabscheider Nach dem Kondensator müssen die Flüssigkeit, das kondensierte Ethanol und der Wasseranteil vom Gasstrom abgetrennt werden. Es bietet sich ein Zyklon an. Bei einer kurzen Verweilzeit von wenigen Sekunden (etwa 5 [s]), ergibt das einen Behälter mit einem Volumen von

$$V_{\text{AbSch}} = \dot{V}_{\text{CO}_2} \cdot \tau \cdot f_{\text{FG}} = 290\,000 \cdot \frac{5}{3600} \cdot 1{,}3 = 525\,[\text{m}^3] \qquad (3.667)$$

Es werden zwei Kondensatabscheider zu je 260 [m³] vorgesehen.

Verdichter Der Verdichter muss 290 000 [m³/h] Kohlendioxid von 0,15 auf 1,013 [bar] verdichten. Für die Kostenbetrachtung wird dieser Wert herangezogen.

Gasabscheider Nach der Verdichtung zurück zum Normaldruck ist es notwendig, die noch verbliebenen Flüssigkeitsreste, also auch Produkt, aus dem Gasstrom abzuscheiden. Der Gasstrom hat sich danach um das Verhältnis der Druckunterschiede reduziert, sodass der Abscheider einen Gasstrom von 45 000 [m³/h] Kohlendioxid bei 1,013 [bar] verarbeiten muss.

Legt man eine Verweilzeit von 1 [min] als ausreichend zugrunde, so wird das Volumen des Abscheiders zu

$$V_{\text{GAS\_AbSch}} = \dot{V}_{\text{CO}_2} \cdot \tau = 45\,000 \cdot \frac{1}{60} = 750\,[\text{m}^3] \qquad (3.668)$$

Ein Volumen von 750 [m³] kann in einem einzigen Apparat beherrscht werden.

Feststoffabtrennung – Zentrifugation Die *Feststoffabtrennung* hat die Aufgabe, die Zellmasse und die über die Melasse eingeschleppten Feststoffe aus dem Prozess zu holen. Der gewählte Separator steht vor dem Problem einen Massenstrom von 270 000 [t/h] in einen feststofffreien Überstand und in die Zellsuspension zu splitten. Der Überstand geht direkt zur Destillation und der zellbehaftete Strom wird z. T. recycelt, aber ein gewisser Teil wird ausgeschleust, um frischer Biomasse Platz einzuräumen.

Für die Kostenrechnung soll lediglich der Massenstrom betrachtet und ein Maximum von 55 000 [t/h] festgelegt werden. Dadurch ergeben sich fünf Separatoren zu je 55 000 [t/h].

Destillation – Gegenstromrektifikation In die Destillationskolonnen werden vier Ströme geleitet. Vorzugsweise wird in der Praxis der jeweilige Strom entsprechend seiner Zusammensetzung in die „passende" Stelle der Kolonne eingeleitet. Die „Auslegung" zum Zweck der Kostenschätzung bezieht sich allein auf die Flüssigkeitsbelastung (vgl. auch Aufgabe 3.7.2).

Zur Abschätzung der Kolonnenabmessungen wird eine hydraulische Last von 300 [m³/h] vorgesehen und danach die Kolonne(n) abgeschätzt. Es soll aber die Gesamtlast auf drei Kolonnen aufgeteilt werden.

Produktlager Es kommen 70 bis 75 [t] 95%iges Ethanol pro Stunde an und dieses soll jede Woche (alle sieben Tage) einmal abgeholt/ausgeliefert werden. Daraus lässt sich die erforderliche Lagerkapazität abschätzen. Es gilt (Annahme: die Dichte liegt nahe 1,0 [kg/L] und 10 [%] Zuschlag für die Berücksichtigung des Füllgrades):

$$V_{\text{EtOH\_Lagertank}} = 75 \cdot 24 \cdot 7 \cdot 1,1 = 14\,000\,[\text{m}^3] \tag{3.669}$$

Um mehr Flexibilität zu haben, wird dieses Volumen geteilt und zwei Kessel zu je 7000 [m³] vorgeschlagen.

Manuelle Kostenkalkulation

Apparateliste Aus der durchgeführten Grobauslegung erstellt man zunächst die dazugehörige Apparateliste (Tab. 3.44). Um aufgrund der knapp angesetzten Einheit einen Ausgleich zu schaffen, werden noch diverse Pumpen und Kleingeräte hinzugefügt.

Mit den Daten aus Tab. 3.44 kann der Anlagenfaktor bestimmt werden. Man erhält

$$\Phi = \frac{24\,000}{60} = 400\,[\text{T€}]$$

$$f_A = \left(1 + \frac{13 \cdot 60^{0,2}}{400^{0,35}}\right) \cdot 1,5 = 6,9 \tag{3.670}$$

Tab. 3.44 Apparateliste als Basis der Kostenkalkulation der Ethanolanlage.

Apparat	Anzahl	Größe	Einzelkosten [T€]	Kosten, ges. [T€]
Melasselager	4	7 500	1 500	6 000
Melassevorlage	2	250	430	860
WT-Heizer	2	480	410	820
WT-Kühler	2	300	280	560
Haltestrecke	2	5	40	80
Bioreaktor	4	720	1 400	5 600
Kondensator	1	200	350	350
Kondensatabscheider	1	560	460	460
Verdichter	1	290 000	600	600
Gasabscheider	1	750	650	650
Separator	5	55 000	460	2 300
Destillation	3	100 000	150	450
Produktlager	2	7 000	2 200	4 400
Pumpen	10	200	50	500
Kleingeräte	20	10	50	200
Summe	**60**			**24 000**

Damit kann die Investition berechnet werden. Es gilt

$$I = \sum_{\text{App}} \cdot f_A = 23\,000 \cdot 6{,}9 = 165\,[\text{Mio. €}] \tag{3.671}$$

Die Genauigkeit einer Kostenschätzung liegt im Bereich von ±30 [%]. Da die erforderliche Apparatezahl kaum richtig eingeschätzt werden kann, liegt dieser Wert in der Regel zu niedrig. Zudem sind diese nicht erkannten Geräte der Kategorie „billig" zuzuordnen, d. h., auch der durchschnittliche Apparatepreis ist zu hoch, sodass die Investition eher bei 175 Mio. € anzusiedeln ist. Für die weitere Betrachtung wird Folgendes gewählt: Investition 170 000 000 [€]!

Ergebnisdarstellung
Einsatzstoffkosten Aus dem Anlagenschema kann entnommen werden, dass lediglich Melasse, Sauerstoff und etwas Wasser in den Prozess eingehen. Gleichung 3.635 „verrät" die erforderliche Melassemenge (= 312 [t/h] = 156 [t/h] Glucose + 93,6 [t/h] Proteine + 62,4 [t/h] Wasser). Zusätzlich werden noch 300 [kg/h] Wasser und Sauerstoff über die Begasung mit 0,015 [vvm] hinzugegeben. Für Sauerstoff lässt sich die Bilanz

Dichte_des_Sauerstoffs_Sauerstoffzufuhr

$$\begin{aligned}
H &= \sqrt[3]{\frac{V_{R,L} \cdot f_S \cdot 4}{\pi}} = \sqrt[3]{\frac{550 \cdot 0{,}85 \cdot 2 \cdot 4}{\pi}} = 10{,}5\,[\text{m}] \\
\overline{p} &= p^\omega + \frac{\rho_L \cdot g \cdot H}{2 \cdot 10^5} = 0{,}15 + \frac{1150 \cdot g \cdot 10{,}5}{2 \cdot 10^5} = 0{,}75\,[\text{bar}] \\
\rho_{O_2} &= \frac{m_{O_2}}{V} = \frac{p \cdot M_{O_2}}{R \cdot T} = \frac{0{,}75 \cdot 10^5 \cdot 32}{8{,}314 \cdot 308} = 940\,[\text{g/m}^3] \\
\dot{V}_{O_2} &= q \cdot V_{R,L} \cdot 60 \cdot n_{BIR} = 0{,}015 \cdot 550 \cdot 0{,}85 \cdot 60 \cdot 4 = 1680\,\left[\frac{\text{m}^3}{\text{h}}\right] \\
\dot{m}_{O_2} &= 16\,830 \cdot 0{,}94 = 1580\,\left[\frac{\text{kg}}{\text{m}^3}\right]
\end{aligned} \tag{3.672}$$

aufstellen.

Entsorgung Es kann die im Anlagenschema durchgeführte grobe Bilanz für die Bestimmung der Entsorgungssituation verwendet werden.
Zwei Ausgänge sind bekannt

- Abgasstrom: 75 [t/h] CO_2 + 1,4 [t/h] O_2 + H_2O + EtOH = 76,5 [t/h];
- Produktstrom: 69,5 [t/h] EtOH + 3,5 [t/h] H_2O = 73 [t/h];
- Reststrom: Im Reststrom gehen 165,5 [t/h] ins Abwasser. Dieser Strom setzt sich aus 40 [t/h] X + 2 [t/h] Gluc + 10 [t/h] EtOH + 90 [t/h] Prot + 23,5 [t/h] H_2O zusammen (X = Biomasse).

Tab. 3.45 Zusammenstellung des Strombedarfs.

Apparat	Anzahl	Einheit	Größe	spez. Bedarf [kW/m³]	Aufwand, ges. [kWh/a]
Melassevorlage	2	[m³]	225	0,25	810 000
Bioreaktor	4	[m³]	380	0,75	8 210 000
Verdichter	1	[m³/h]	68 000	0,863 [bar]	11 700 000
Separator	5	50 [kW/Sep]			1 800 000
Pumpen allg.	10	[m³/h]	50	1,5 [bar]	150 000
Kleingeräte	UVG	[%]	20		5 660 000
Summe					**28 300 000**

Energien

Strom Es kann die im Anlagenschema durchgeführte grobe Bilanz für die Bestimmung des Strombedarfs verwendet werden. Der Strombedarf ist in Tab. 3.45 zusammengestellt.

Dampf Es kann die im Anlagenschema durchgeführte grobe Bilanz für die Bestimmung des Dampfbedarfs verwendet werden.

Hauptverbraucher von Dampf sind die Rektifikation, der Bioreaktor und die Durchlaufsterilisation.

Für die Rektifikation gilt, dass das Destillat v-mal (Rücklaufverhältnis, vgl. Aufgabe 3.7.2) verdampft werden muss und im Falle der Durchflusssterilisation wird ein Großteil der Wärme zurückgewonnen ($\varphi_{\text{Rück}}$-Wert). Es gilt demnach

$$\dot{Q}_{\text{Rekti}} = v \cdot (\dot{m}_{\text{EtOH}} \cdot r_{\text{EtOH}} + \dot{m}_{\text{H}_2\text{O}} \cdot r_{\text{H}_2\text{O}})$$
$$= 2 \cdot (69\,444 \cdot 910 + 3655 \cdot 2350) = 35\,108\,[\text{kW}]$$

$$\dot{Q}_{\text{BIR}} = \dot{m}_{\text{EtOH}} \cdot r_{\text{EtOH}} + \dot{m}_{\text{H}_2\text{O}} \cdot r_{\text{H}_2\text{O}}$$
$$= 7937 \cdot 910 + 5291 \cdot 2350 = 3654\,[\text{kW}] \quad (3.673)$$

$$\dot{Q}_{\text{KONTISTER}} = \dot{m}_{\text{Melasse}} \cdot c_{p,\text{Mel}} \cdot \Delta T \cdot \left(1 - \frac{\varphi_{\text{Rück}}}{100}\right)$$
$$= 316\,034 \cdot 4 \cdot 100 \cdot (1 - 0{,}85) = 5272\,[\text{kW}]$$

Dabei wurde das Rücklaufverhältnis mit 2,0 und der Wärmerückgewinnungswert mit 85 [%] angenommen.

In der Summe ergibt das 48 438 [kW], die über den Dampf aufgebracht werden müssen. Damit berechnet sich der Dampfbedarf zu

$$\dot{m}_{\text{Dpf}} = \frac{\dot{Q}_\Sigma}{r} \cdot 3600 = 74\,203\,\left[\frac{\text{kg}}{\text{h}}\right] \quad (3.674)$$

Kühlwasser Es kann die im Anlagenschema durchgeführte grobe Bilanz für die Bestimmung des Kühlwasserbedarfs verwendet werden. Der Einfachheit halber

Tab. 3.46 Ergebnisabschätzung für $K = 500\,000$ [t_{EtOH}/a] (z. T. gerundete Werte).

Kostenart	Massenstrom [Einheit/h]	Preis [€/Einheit]	Preis/h [€/h]	Preis/kg [€/kg]	T€/Jahr	%
Einsatzstoffe						
Melasse [kg]	312 000	0,175	54 600	0,78	390 000	
Wasser [kg]	300	0,025	10	0	50	
Sauerstoff [kg]	1 580	0,050	80	0	570	
Summe			54 690	0,78	390 600	55,8
Entsorgung						
Org. Fracht [kg]	70 000	0,5	35 000	0,50	250 000	
Wasserfracht [kg]	95 500	0,001	100	0	700	
Summe	–	–	35 100	0,50	250 700	35,8
Energie						
Strom [MWh]	46 000	0,15			28 300	
Dampf [t]	74,2	20,00			10 700	
Kühlwasser [m³]	4 000	0,10			2 900	
Summe	–	–	2 100	0,04	41 900	3,0
Personal	Anzahl	[T€/Pos/a]				
WS-Platz	3	400		0,01	1 200	
TS-Stelle	2	75		0,0	150	
AT-Stelle	1	150		0,0	150	
Summe	–	–	-	0,01	1 500	1,0
Investition	€ 170 000 000					
Werkstatt	5 % von Investition				8 500	1,2
Nebenkosten	= f (Personal, Energie, Investition)				10 000	1,4
Abschreibung	10 % von Investition				17 000	2,5
Produktionskosten	1,44 €/kg				721 400	100

und damit einer Short-cut-Methode gerecht werdend, kann angenommen werden, dass der Wärmeaufwand auch wieder aus dem System genommen werden muss. Als muss über das Kühlwasser der Wärmestrom von etwa 50 [MW] angeführt werden. Das ergibt einen Kühlmittelbedarf (Kaltwasser) von

$$\dot{m}_{KW} = \frac{\dot{Q}_\sigma}{c_{p,KW} \cdot \Delta I} \cdot 3600 = \frac{50\,000}{4 \cdot 20} \cdot \frac{3600}{1000} = 4000 \left[\frac{t}{h}\right] \quad (3.675)$$

Mit dem Resultat von 1,44 €/kg (= 1,14 €/L) Ethanol kann man an der Zapfsäule im Augenblick nicht konkurrenzfähig sein, zumal noch überhaupt kein Gewinn und vor allem keine Steuer einbezogen ist. Es ist üblich, neben der Abschreibung zusätzlich noch eine Rendite vorauszusetzen, die in drei bis sieben Jahren (R_a) die Investition – die ein Risikokapital darstellt – zurückbringt.

Aus dieser Vorgabe und der Forderung, das angelegte Kapital in fünf Jahren ($R_a = 5\,[a]$) zurückfließen zu lassen, ergibt das einen Marktpreis ($P_{\text{MP,EtOH}}$) (mit K = Ethanolkapazität 500 000 [t/a]) von

$$P_{\text{EtOH}} = \frac{I_{\text{NV}} + R_a \cdot K \cdot H_{\text{EtOH}}}{R_a \cdot K} = \frac{170 \cdot 10^6 + 5 \cdot 500 \cdot 10^6 \cdot 1{,}44}{5 \cdot 500 \cdot 10^6} = 1{,}51 \left[\frac{\text{€}}{\text{kg}}\right]$$
(3.676)

Mit einer Dichte von 0,785 [kg/L] entspricht das 1,189 [€/L].

Dieser Preis würde an der Zapfsäule konkurrenzfähig sein, aber die Vorstellungen des Finanzministers sind dabei noch nicht berücksichtigt. Der ist es gewohnt, 80 [%] vom jetzigen „Kuchen" (= 0,95 € von 1,20 €) für sich zu beanspruchen, sodass letztendlich an der Zapfsäule ein Preis von 2,15 [€/L] stehen müsste (= (1,19 + 0,95)[€/kg])!

Das bedeutet, dass vor allem die beiden dominierenden Blöcke „Einsatzstoffkosten" und die „Entsorgung" der übriggebliebenen Stoffe sowie der Nebenprodukte noch kräftig nachgebessert werden müssen, um die Produktionskosten (H_{EtOH}) zu senken. Zucker ist und bleibt für diesen Zweck noch zu teuer. Melasse kann u. U. einen günstigeren Zuckerpreis versprechen, doch durch die Begleitstoffe schleppt man in den Prozess einige Probleme ein, die sich vor allem bei der Entsorgung dann bemerkbar machen. Als Alternativen werden Zuckermoleküle u. a. aus der Algenzucht angedacht.

In der **Lösungsebene 2** wird mithilfe der Simulation in SuperPro Designer® gezeigt, welche Möglichkeiten noch bestehen.

3.9.4
Lösungsebene 2 zu Abschn. 3.9.1 und 3.9.2

Lösungsebene 2 zu Abschn. 3.9.1 *Wirtschaftlichkeitsbetrachtung der β-Galactosidaseherstellung*

Zur Darstellung und Simulation von verfahrenstechnischen Prozessen existieren eine Reihe von Softwarepaketen. Damit lässt sich die von „Hand" durchgeführte Short-Cut-Abschätzung verfeinern und eine detailliertere Vorhersage hinsichtlich Kostenaufwand (Investition), Betriebskosten und Herstellkosten machen. Darüber hinaus ist es möglich, die Sensitivitätsanalyse noch genauer durchzuführen. Ein Beispiel dazu ist die Software SuperPro Designer®.

SuperPro Designer®
SuperPro Designer® ist eine Software, die die Simulation von verfahrenstechnischen Prozessen erlaubt. Es ist möglich, den Prozess in seinen Einzelheiten darzustellen und mit der Scale-up-Funktion in den Produktionsmaßstab zu übertragen.

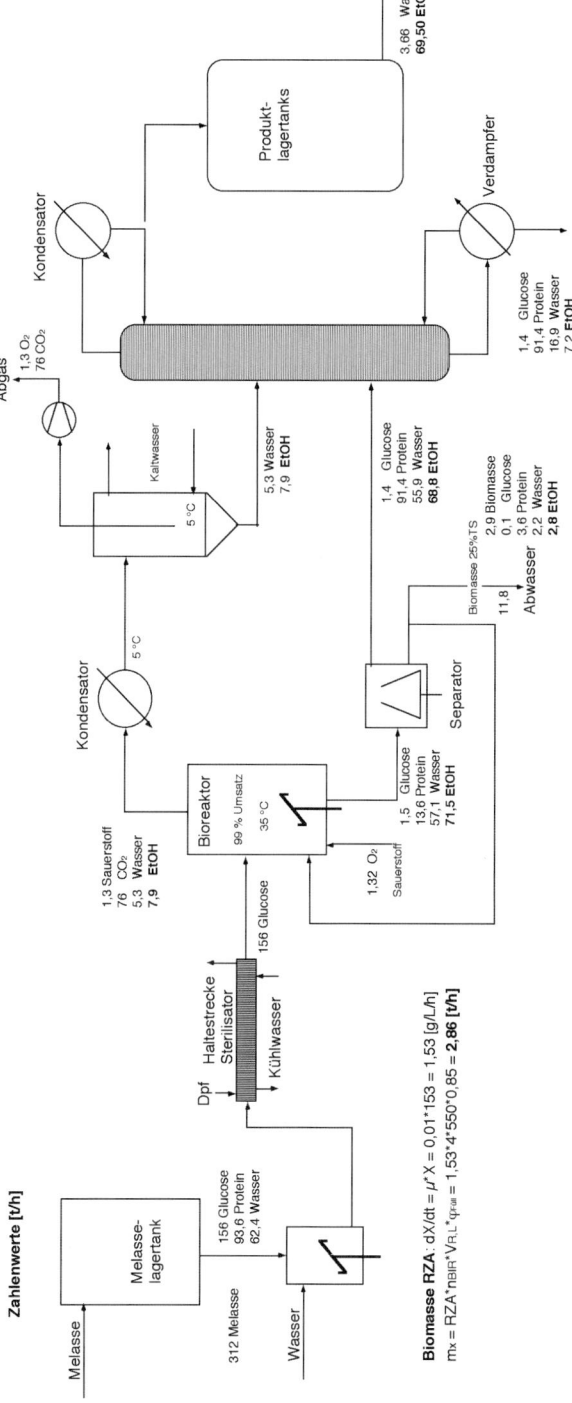

Abb. 3.77 Anlagenschema zum Ethanolprozess als Basis für die Short-cut-Methode zur Abschätzung der Produktionskosten bei einer Jahrestonnage von 500 000 [t/a] (7200 [h/a]). Die Zahlenwerte sind alle mit der Einheit [t/h] verbunden.

Folgendermaßen wird dabei vorgegangen:

- Stoffliste anlegen (Einsatzstoffe, Ausgangsstoffe, Reaktions- bzw. Zwischenprodukte; vgl. Abb. 3.78. Beispiel „Pure Components"). Dabei wird zwischen Pure Components und Stock Mixtures unterschieden, wobei die Stock Mixtures sich aus Pure Components zusammensetzen. Darüber hinaus sind für beide Gruppen manuell Stoffe zu definieren und einzugeben.
- Den Prozessschritten aus Abb. 3.75 (Blockschema) Apparate zuweisen und alle Apparate und Maschinen miteinander „verrohren" (verbinden).
- Definition aller Funktionen jeder Einheit im zeitlichen Verlauf hinzufügen.
- Reportdarstellung, bestehend aus Apparatelisten und Wirtschaftlichkeitsbetrachtungen, erzeugen.

Um an die genauen Apparatekosten zu kommen, müssen Angebote zu den einzelnen Apparaturen eingeholt werden. SuperPro Designer® hat auf $-Basis Kalkulationsroutinen im Programm. Diese müssen mit Vorsicht verwendet werden, weil sie mehr dem US-Markt angeglichen sind. Es können aber auch manuell Berechnungsgleichungen oder auch Preise direkt eingegeben werden.

Im ersten Schritt können die Substanzen, die für den Prozess genutzt werden, in das System eingegeben werden. Hier werden bei „Task" unter der Option „Pure Components" die benötigten Komponenten für den Prozess ausgewählt, gegebenenfalls müssen neue Edukte über „Add a New Component" festgelegt werden (vgl. Abb. 3.78).

Die Eigenschaften der einzelnen Komponenten können dann unter „Pure Component Properties" verändert werden. Damit SuperPro Designer® möglichst realitätsnah kalkuliert, ist es nötig, die Kosten einzelner Substanzen in das System zu integrieren. Hierfür wird unter dem Reiter „Economics" der aktuelle Preis der Substanz eingegeben.

Im zweiten Schritt werden über „Unit Procedure" die für den Prozess nötigen Apparate zusammengetragen und mit Rohrleitungen verbunden. Den einzelnen Apparaten können nun Prozessabläufe zugewiesen werden.

Zu diesen Prozessabläufen gehören z. B.:

Charge	Mit diesem Prozess kann der Behälter mit einer Komponente aus der Datenbank befüllt werden.
Transfer In	Damit wird der Behälter mit dem Produkt aus dem vorigen Prozessschritt befüllt.
Transfer Out	Damit wird das Produkt im Behälter ausgetragen.

Wichtig bei den einzelnen Prozessabläufen sind die Reihenfolge der einzelnen Prozesse und die Dauer, die sie in Anspruch nehmen. Diese können bei jedem Apparat unter „Operation Data" modifiziert werden. Um hier den Überblick zu behalten, ist es möglich, unter „Task" → „Gantt Charts" → „Operations GC", den zeitlichen Verlauf des gesamten Prozesses zu überwachen.

Der dritte Schritt umfasst die Auswertung des Prozesses, hier können die einzelnen Reporte unter „Reports" aufgerufen werden, die z. B. Informationen über die verschiedenen Kostenfaktoren, die Eduktmengen und die Abfallmengen geben.

3.9 Anlagenplanung | 371

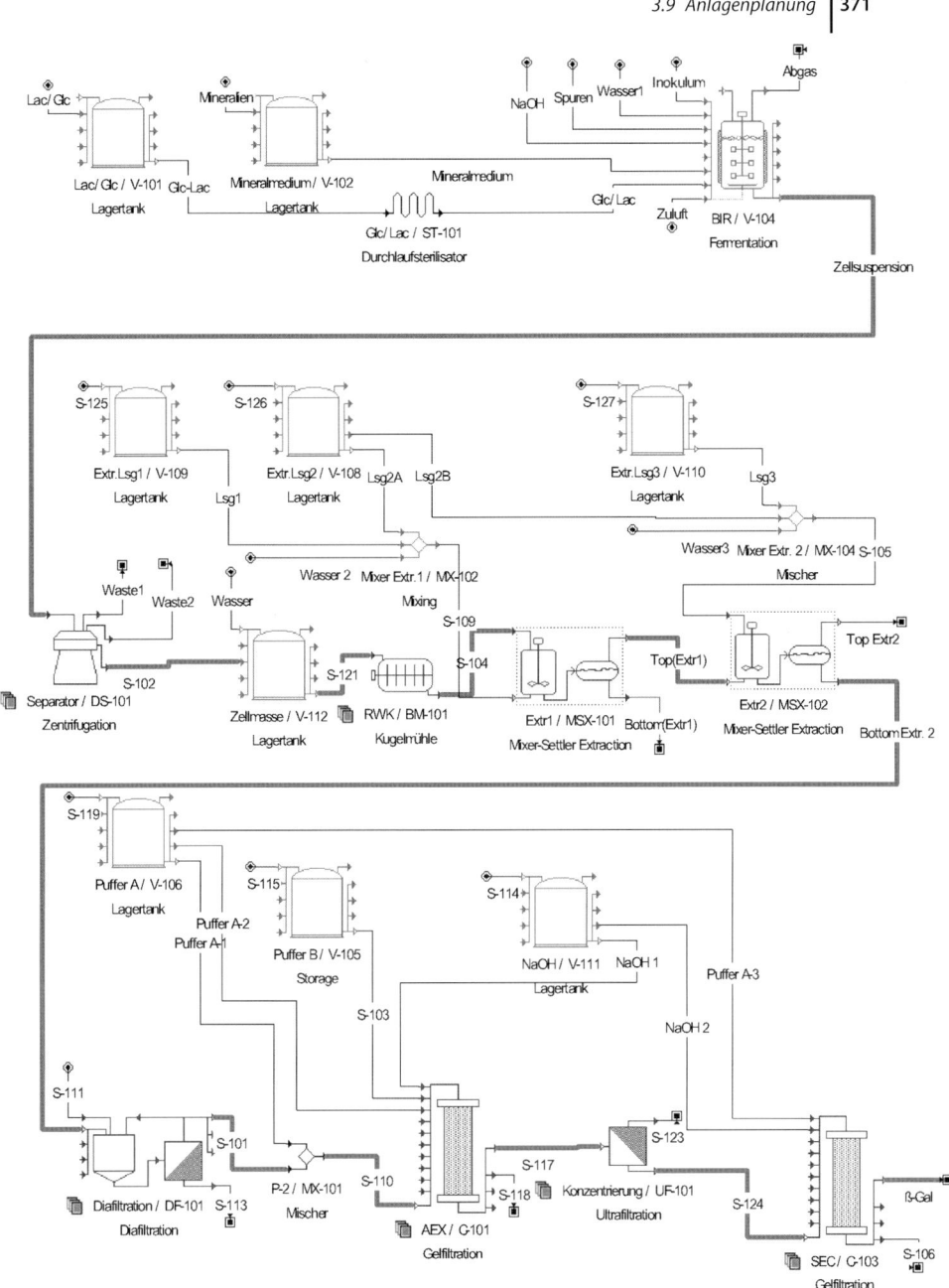

Abb. 3.78 Prozessschema des β-Galactosidaseprozesses aus SuperPro Designer®.

Die erste Simulation im SuperPro Designer® wird aufgrund der Daten eines Laborversuchs aufgestellt. Um die Produktionsmenge auf den Maßstab einer industriellen Anlage zu übertragen, kann unter „Task" → „Adjust Process Throughput"

Tab. 3.47 Zusammenstellung der für die Prozessauslegung relevanten Parameter. Einige davon können erst nachträglich eingetragen werden, nachdem sie im Modellmaßstab ermittelt wurden.

Produkt: β-Galactosidase			**Kapazität: 600 000 [MU/a] in 7000 [h/a]**		
Fahrweise: Batch (diskontinuierlich)			**Stamm:** *Escherichia coli* DSM 613		
Reaktionsparameter			**Einsatzstoffe**		
Parameter	Wert	Dimension	Stoff	[g/L]	[€/kg]
Temperatur	37	[°C]	Glucose	9,00	1,0
pH	6,8	[–]	Lactose	18,00	1,2
Druck	1,0	[bar]	Mineralmedium	a)	0,75
DO, Dissolved Oxygen	> 20	[%]	Spurenelementlösung	b)	10,0
Begasungsrate	0,3	[vvm]			
Leistungsdichte	≥ 1,0	[W/kg]			
Produktkonzentration	16,0	[U/mL]			
Zelldichte	14,3	[g/L]			
Verweil-/Fermentzeit	6	[h]			
Rüstzeit (Gl. (A.76))	13	[h]			
Animpfverhältnis	10	[%]			
Raum-Zeit-Ausbeute	2670	[U/(L · h)]			
Umsatz (Glucose/Lactose)	0,98	[–]			
Aufarbeitungswirkungsgrad	60	[%]			
Wärmetönung	4,0	[W/L]			

a) Ammoniumsulfat (12,0); Kaliumhydrogenphosphat (1,5); Magnesiumsulfat (0,5); Kaliumsulfat (0,1); Calciumchlorid (0,05); Eisensulfat (0,02); D/L-Methionin (0,0005); PPG2000 (0,1) jeweils [g/L].

b) 1 [mL] Spurenelementlösung (nachfolgender Zusammensetzung) pro Liter Wasser: $AlCl_3$ (40); $CoCl_2$ (16); $KCr(SO_4)_2$ (4); $CuCl_2$ (4); H_3BO_3 (2); KJ (40); $MnSO_4$ (40); Na_2MoO_4 (8); $NiSO_4$ (1,8); $ZnSO_4$ (8) jeweils in [mg/L].

der Prozess entweder durch Erhöhung der Menge oder durch einen Scale-up-Faktor eingestellt werden. Ist eine Prozessaufgabe in einer Einheit von einer anderen Einheit zeitlich abhängig, so muss dies unter „Master-Slave Relationship" berücksichtigt werden.

Datenanpassung Aufgrund der unwirtschaftlichen Ausgangssituation müssen günstigere Prozessdaten vorgegeben werden. Tab. 3.47 weist diese Daten aus. Diese sind zunächst als Postulat zu verstehen, müssen allerdings nach Vorlage der Simulation der Wirtschaftlichkeit verifiziert werden.

Im Labormaßstab (10 [L]) konnte eine Menge von 10 500 U β-Galactosidase realisiert werden. Die spezifische Aktivität entspricht hier 496 [U/mg]. Bei der Darstellung des Laborprozesses im SuperPro Designer® wird von diesen Daten ausgegangen.

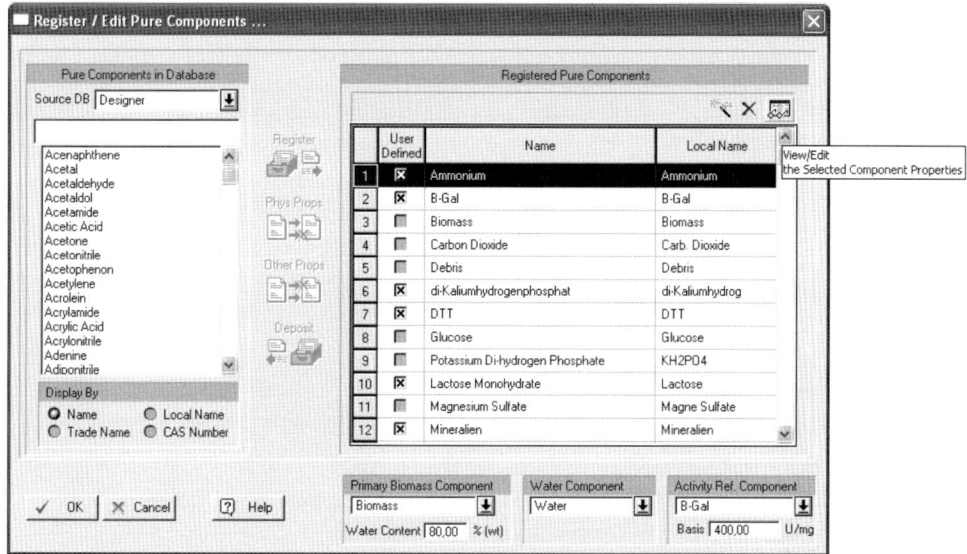

Abb. 3.79 Eingabe der Reinkomponenten (am Beispiel „Pure Components").

Im Produktionsmaßstab sollen pro Jahr $6 \cdot 10^{11}$ [U/a] hergestellt werden, was gemäß dem Laborwerten einer Menge von 1008 [kg Protein/a] entspricht.

In Abb. 3.79 ist das Prozessschema 3.75 (Blockdiagramm) in ein Apparateschema umgesetzt; dies ist Basis für die Simulation des Prozesses in SuperPro Designer®.

Ergebnisdarstellung aus der SuperPro Designer®-Simulation
1. Simulation: Daten Tab. 3.47

Eingaben und Einstellungen

- *Process Operating Mode*: Batch-Fahrweise; BST = 7000 [h/a];
- *Pure Components und Stock Mixtures*: siehe Stoffliste Abb. 3.79;
- *Stream Classification*: Cost/Price Ref. Amount = Water by SPD außer Revenue → angestrebter Verkaufspreis für 1 [kg] β-GAL = 25 [€/MU] * 16 [U/mg] = 625 [€/kg] – Stream = B-Gal – Single Component in Stream = B-Gal – Flow Ref. Units = kg;
- *Adjust Process Throughput*: Factor = 1,00 eingestellt (wird verändert, wenn die Kapazität verändert/angepasst werden soll);
- *Currency*: auf freiem Fließbild, rechte Maus und in *Databanks* € einstellen.

Fließbild erstellen (vgl. Abb. 3.79)

- *Unit Procedures*: Alle erforderlichen Apparate/-einheiten zusammenstellen und mit dem Verrohrungssymbol Zu- und Abläufe eintragen sowie verbinden.

- *Add/Remove Operations + Operation Data*: Für jeden Apparat die erforderlichen Abläufe benennen und ihnen die notwendigen Daten hinzufügen (wenn notwendig, Abläufe mit Nachfolgeoperationen verknüpfen (*Master Slave*); die Reihenfolge der Operationen beachten/richtig einordnen!
- *Equipment Data*: Für jede Einheit die Freiheitsgrade ausloten und Werte eintragen (z. B. maximales Volumen, Füllgrad, Abmessungen, Drücke, Temperaturen etc.).
- *Edit Label/Edit Elbows*: Passende Bezeichnungen einfügen, bei Rohrleitungen kann auch die Führung durch „Edit Labels" korrigiert/verändert werden.
- *Solve M&E Balances*: nach jeder Eingabe starten (Rechnersymbol oder über Tasks).

Resultate der 1. Simulation

Für die zugrunde gelegten Angaben ergab die Simulation folgende Resultate:

- *Anzahl der Batches*: $n_{\text{Batch}} = 518\,[\text{Batch/a}]$;
- *Spezifische Aktivität/volumenbezogen am Ausgang*: $A_V = 3085{,}9\,[\text{U/mL}]$;
- *Wirtschaftlichkeitsbetrachtung*: vgl. Tab. 3.48.

Bewertung

Der Blick fällt sofort auf die Herstellkosten! Ein Wert von fast 60 [€/MU] ist nicht akzeptierbar. Das führt erneut zu einem Verlustgeschäft. Also müssen weitere Maßnahmen gesucht und gefunden werden.

Jetzt sind vor allem noch die Biologie/Biochemie und das Marketing gefragt. Es muss eine höhere massenbezogene spezifische Aktivität erreicht und die Marktchancen müssen höher eingestuft werden.

Vorschläge der Bioverfahrenstechnik: Man geht mit $A_M = 50\,[\text{U/mg}]$ und einer Verdoppelung der Kapazität auf 1 200 000 [MU/a] ins Rennen. Es müsste machbar sein, den Marktanteil von 5 auf 10 [%] zu erhöhen!

Die Simulation brachte nun das in Tab. 3.49 dargestellte Ergebnis hervor.

Allein der Blick auf die jetzt erreichten Herstellkosten zeigt, dass der eingeschlagene Weg der richtige war. Das gesteckte Ziel ist in erster Näherung erreicht.

Resultate Die Zusammenfassung der Simulation hinsichtlich der wirtschaftlichen Daten zeigt Tab. 3.50.

Analyse Wie Tab. 3.49 zeigt, ist der Prozess hinsichtlich Wirtschaftlichkeit trotz der vielen z. T. noch nicht verifizierten Abstriche immer noch einsatzstofflastig. Diese machen über 50 [%] der Herstellkosten aus. Der zweite dominierende Posten ist die Investition. Da aber beide „Schwergewichte" schon sehr ausgereizt sind, sollte das auch das Ende der Fahnenstange bedeuten. Die Personalkosten sind so weit nach unten gedrückt, sodass es fraglich ist, ob an dieser Stelle nicht noch nach oben korrigiert werden muss. Alles in allem stellt die vorliegende Kostenstruktur das noch erreichbare Optimum dar.

Tab. 3.48 Kostendarstellung aus der SuperPro Designer®-Simulation für 600 000 [MU/a] (SPD 2.1).

Kostenart	[kg/a]	[€/Einheit]	[T€/Jahr]	[€/MU]	[%]
Einsatzstoffe [kg]					
Glucose	5 000 000	0,32	1 600	2,67	4,54
Wasser	94 500 000	0,004	378	0,63	1,07
Lactose	10 000 000	0,32	3 200	5,33	9,09
Mineralmedium	28 500 000	0,025	713	1,19	2,02
Inokulum	13 900 000	0,010	139	0,23	0,39
Luft	61 000 000	0,007	427	0,71	1,21
Natronlauge (20 %)	7 700 000	0,123	947	1,58	2,69
NaOH (0,5 M)	28 500 000	0,010	285	0,48	0,81
Phosphatpuffer	3 400 000	0,011	37	0,06	0,11
Extraktionslösung 1	5 500 000	1,228	6 754	11,26	19,18
Extraktionslösung 2	7 800 000	0,424	3 307	5,51	9,39
Extraktionslösung 3	4 500 000	0,214	963	1,61	2,73
AEX-Puffer A	61 200 000	0,011	673	1,12	1,91
AEX-Puffer B	42 200 000	0,011	464	0,77	1,32
Summe			19 888	33,15	56,47
Entsorgung [kg]					
Flüssigabfälle					
Summe			500	0,83	1,42
Energie					
Dampf [kg]					
Kühlwasser [kg]					
Strom [kWh]					
Summe			200	0,33	0,57
Personal [h/a]					
WS-Platz					
TS-Stelle					
AT-Stelle					
Summe			630	1,05	1,80
Werkstattkosten			3 750	6,25	10,60
Umlagekosten			2 749	4,58	8,00
Abschreibung			7 500	12,50	21,00
Herstellkosten			35 217	58,69	100

Tab. 3.49 Kostendarstellung aus der SuperPro Designer®-Simulation für 1 200 000 [MU/a] (SPD 2.3).

Kostenart	[kg/a]	[€/Einheit]	[T€/Jahr]	[€/MU]	[%]
Einsatzstoffe [kg]					
Glucose	3 300 000	0,093	307	0,26	1,54
Wasser	80 500 000	0,004	322	0,27	1,62
Lactose	6 600 000	0,093	614	0,51	3,08
Mineralmedium	24 600 000	0,025	615	0,51	3,09
Inokulum	12 000 000	0,010	120	0,10	0,60
Luft	51 500 000	0,007	361	0,30	1,81
Natronlauge (20 %)	6 670 000	0,123	820	0,68	4,12
NaOH (0,5 M)	20 700 000	0,050	1 035	0,86	5,19
Phosphatpuffer	2 300 000	0,011	25	0,02	0,13
Extraktionslösung 1	2 100 000	1,228	2 579	2,15	12,94
Extraktionslösung 2	5 500 000	0,424	2 332	1,94	11,70
Extraktionslösung 3	2 500 000	0,214	535	0,45	2,68
AEX-Puffer A	44 600 000	0,011	491	0,41	2,46
AEX-Puffer B	30 600 000	0,011	337	0,28	1,69
Summe			10 400	8,74	56,65
Entsorgung [kg]					
Flüssigabfälle					
Summe			500	0,42	2,51
Energie					
Dampf [kg]					
Kühlwasser [kg]					
Strom [kWh]					
Summe			200	0,17	1,00
Personal [h/a]					
WS-Platz					
TS-Stelle					
AT-Stelle					
Summe			630	0,53	3,16
Werkstattkosten			2 140		10,74
Umlagekosten			1 686		8,46
Abschreibung			4 280		21,48
Herstellkosten			19 928	16,61	100

Tab. 3.50 Zusammenfassung der SuperPro Designer®-Simulation für 1 200 000 [MU/a] (SPD 2.3).

Position		Einheit	Bemerkung
Investition	42 781 000	[€]	
Produktmenge	1 200 000	[U/a]	
Produktmenge	24 027	[kg/a]	
Kostenaufwand	20 288 000	[€/a]	
Gewinnspanne	30 033 000	[€/a]	
Herstellkosten	844,61	[€/kg]	β-GAL
Herstellkosten	16,61	[€/MU]	β-GAL
Verkaufspreis	25	[€/MU]	β-GAL
Bruttorendite	9 750 000	[€/a]	22 [%] Rendite
Rückzahlzeitraum	4,45	[Jahre]	

Anmerkungen Um letztendlich zu einem wirtschaftlichen Ergebnis zu kommen, mussten viele Annahmen getroffen und sehr schwer zu verifizierende Randbedingungen eingeführt werden. Das bedeutet, damit ein realisierbarer Prozess etabliert werden kann, muss im Labor und in der Planung noch einiges geleistet werden. Das wäre zugleich die nächste große Aufgabe, die anzugehen wäre. Doch dies soll an anderer Stelle geschehen.

Lösungsebene 2 zu Abschn. 3.9.2 *Wirtschaftlichkeitsbetrachtung der Ethanolherstellung*
Ähnlich wie in Abschn. 3.9.1 (**Lösungsebene 1**) wird auch in diesem Fall vorgegangen. Zunächst stellt man die aufgrund der Kenntnisse aus der Short-cut-Methode veränderten Daten für den Prozess zusammen (vgl. Tab. 3.51)

Datenanpassung
Aufgrund der unwirtschaftlichen Ausgangssituation müssen günstigere Prozessdaten vorgegeben werden. Tabelle 3.51 weist diese Daten aus. Diese sind zunächst als Postulat zu verstehen, müssen allerdings nach Vorlage der Simulation der Wirtschaftlichkeit in der Praxis (Modellmaßstab, Versuche im Labor und u. U. im Pilotmaßstab) verifiziert werden.

Die Short-cut-Methode zeigte schon deutlich, dass im Wesentlichen die Einsatzstoffe, insbesondere der Zuckerlieferant Melasse, und die Entsorgung Sorgen bereiten. Beide zusammen machen fast 92 [%] der Produktionskosten aus.

In Abb. 3.76 ist der Prozess in einem Anlagenschema dargestellt und ist Basis für die Simulation des Prozesses in SuperPro Designer®.

Abb. 3.80 Anlagenschema der Ethanolproduktionsanlage als Grundlage für die Simulation in SuperPro Designer. Die Kapazität liegt bei 500 000 [t/a] (7200 [h/a]).

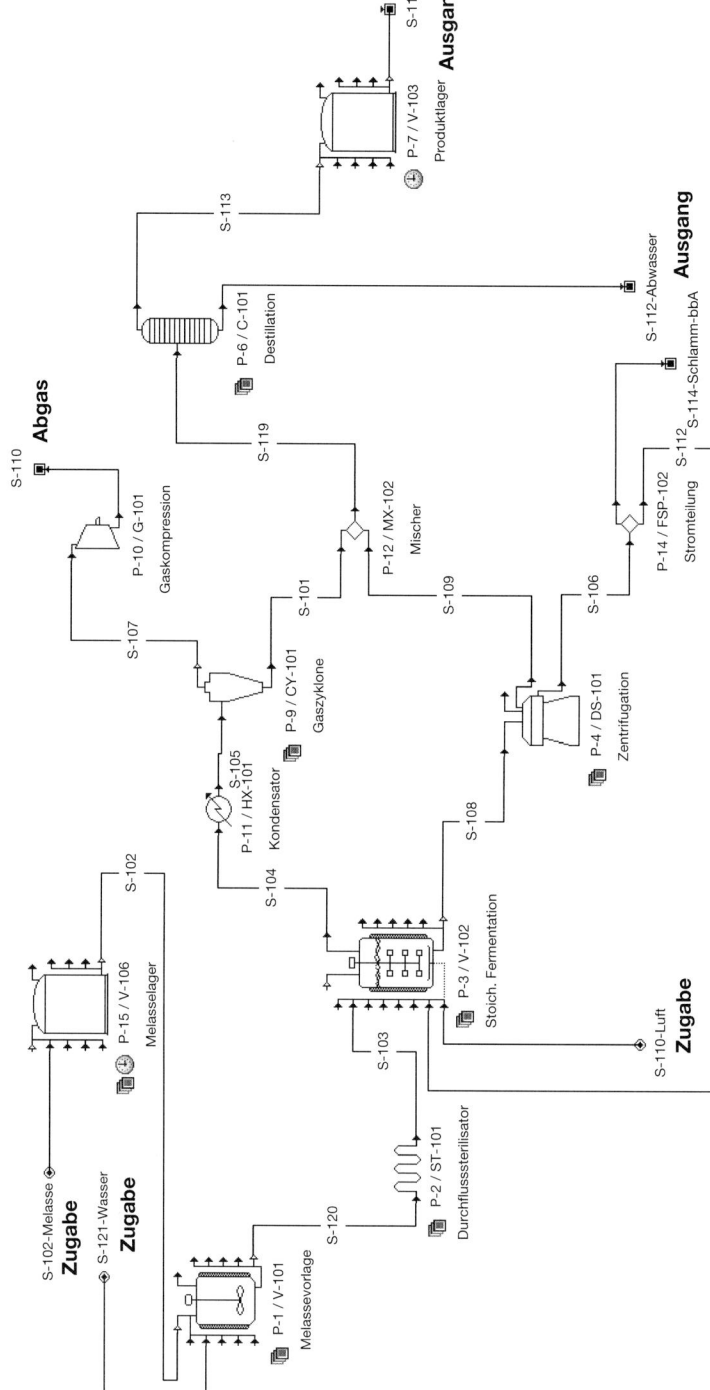

Tab. 3.51 Zusammenstellung der für die Prozessauslegung relevanten Parameter als Basis für die Simulation in SuperPro Designer®.

Produkt: Ethanol (C_2H_5OH)			Kapazität: 500 000 [t/a] in 7200 [h/a]		
Fahrweise: Batch (diskontinuierlich)			Stamm: *Escherichia coli* DSM 613		
Reaktionsparameter			Einsatzstoffe		
Parameter	Wert	Dimension	Stoff	[g/L]	[€/kg]
Temperatur	35,0	[°C]	Glucose	500,00	0,4[a]
pH	6,8	[–]	50 % in Melasse		
Druck	0,15	[bar]			
DO, Dissolved Oxygen	< 0,05	[%]			
Begasungsrate (O_2)	0,015	[vvm]			
Leistungsdichte	0,70	[W/kg]			
Produktkonzentration	(350)[b]	[g/L]			
Zelldichte	153	[g/L]			
Verweil-/Fermentzeit	6,5	[h]			
Raum-Zeit-Ausbeute	53,5	[kg/m³/h]			
Aufarbeitungswirkungsgrad	87,5	[%]			

a) Von Melassepreis hochgerechnet.
b) Aufgrund des Vakuumbetriebs entspricht dies einem „Scheinwert".

Ergebnisdarstellung aus der SuperPro Designer-Simulation
2. Simulation: Daten Tab. 3.51

Eingaben und Einstellungen

- *Process Operating Mode*: Batch-Fahrweise; BST = 7200 [h/a];
- *Pure Components und Stock Mixtures*: siehe Stoffliste Tab. 3.36;
- *Stream Classification*: Cost/Price Ref. Amount = Water by SPD außer Revenue → angestrebter Verkaufspreis für 1 [kg] Ethanol = 0,80 [€/kg] * 0,79 [U/mg] = 0,63 [€/L] – Stream = Ethanol – Single Component in Stream = Ethanol – Flow Ref. Units = kg;
- *Adjust Process Throughput*: Factor = 1,00 eingestellt (wird verändert, wenn die Kapazität verändert/angepasst werden soll);
- *Currency*: auf freiem Fließbild, rechte Maus und in *Databanks* € einstellen.

Fließbild erstellen (vgl. Abb. 3.76)

- *Unit Procedures*: Alle erforderlichen Apparate/-einheiten zusammenstellen und mit dem Verrohrungssymbol Zu- und Abläufe eintragen sowie verbinden.
- *Add/Remove Operations + Operation Data*: Für jeden Apparat die erforderlichen Abläufe benennen und ihnen die notwendigen Daten zufügen (wenn notwendig), Abläufe mit Nachfolgeoperationen verknüpfen (*Master Slave*); die Reihenfolge der Operationen beachten/richtig einordnen!

- *Equipment Data*: Für jede Einheit die Freiheitsgrade ausloten und Werte eintragen (z. B. maximales Volumen, Füllgrad, Abmessungen, Drücke, Temperaturen etc.).
- *Edit Label/Edit Elbows*: Passende Bezeichnungen einfügen, bei Rohrleitungen kann auch die Führung durch „Edit Labels" korrigiert/verändert werden.
- *Solve M&E Balances*: Nach jeder Eingabe starten (Rechnersymbol oder über Tasks).

Resultate der Simulation   Für die zugrunde gelegten Angaben ergab die Simulation folgende Resultate:

- *Kontinuierliche Prozessführung*: Zustrom Melasse = 300 [t/h];
- *Produktkonzentration am Ausgang*: P_{EtOH} = 28,7 [g/L];
- *Investition*: 180 000 000 [€];
- *Wirtschaftlichkeitsbetrachtung*: vgl. Tab. 3.52.

Bewertung   Bezieht man die Dichte des Produktstromes mit ein (0,785 [kg/L]), so erhält man Literproduktionskosten von 0,68 [€/L]. Mit Einbezug der erwarteten Rendite ergäbe das (vgl. Gl. (3.676))

$$P_{EtOH} = \frac{180 \cdot 10^6 + 5 \cdot 500 \cdot 10^6 \cdot 0,68}{5 \cdot 500 \cdot 10^6} = 0,752 \left[\frac{€}{L}\right] \quad (3.677)$$

und einen möglichen Literpreis an der Zapfsäule von 1,70 [€/L]. Wenn die Ölpreise auf einem ausgewogenen Niveau stehen, dann zeigt sich dieser Preis konkurrenzfähig. Immerhin hat er den großen Vorteil, zu einem nachhaltigen Produkt zu gehören.

3.9.5
„Tierische" Bioverfahrenstechnik – Der BioVT-Zoo

> Es ergab sich zu jener Zeit als sich ein Chemiekonzern entschloss, die Dienste der Biotechnologie in sein Portfolio zu integrieren. Man sah darin einen Lückenschließer im Synthesebaukasten, vor allem für die chemisch schwierigen Aufgabenstellungen, wie die Synthese von Stereoisomeren (Enantiomeren), komplexen aktiven Polymeren oder natürlichen Substanzen (Riech- und Aromastoffen) bis hin zu human wirksamen Proteinen.
> So sprach der Macher, dann macht mal ein Verfahren zur Herstellung eines biologischen Pflanzenschutzmittels, das die Umwelt schont!
> Die Quadratur des Kreises? Und es gelang ... zumindest zur Hälfte ... ein „Bioverfahrenstechnik-Zoo" war die Lösung.

Es sollte ein Prozess entwickelt werden, der den Basisbaustein für eine Substanz liefern sollte, die mit halber Aufwandmenge dieselbe Wirkung zeigt. Man kam auf Pflanzenschutzmittel, die insbesondere breitblättrige Wildkräuter weniger gut

Tab. 3.52 Kostendarstellung aus der SuperPro Designer®-Simulation für 500 000 [t/a].

Kostenart	[t/a]	[€/Einheit]	[T€/a]	[€/100 kg]	[%]
Einsatzstoffe [t]					
Melasse	2 160 000	160,00	345 600	69,12	4,54
Wasser	1 500	4,00	6	0,01	1,07
Sauerstoff	36 900	50,00	1 845	0,4	
Summe			347 450	69,50	79,90
Entsorgung [kg]					
Flüssigabfälle					
Summe			11 650	2,30	2,70
Energie					
Dampf [kg]					
Kühlwasser [kg]					
Strom [kWh]					
Summe			30 600	6,10	7,00
Personal [h/a]					
WS-Platz					
TS-Stelle					
AT-Stelle					
Summe			3 400	0,70	0,80
Werkstattkosten			9 250	1,80	2,10
Umlagekosten			15 400	3,10	3,50
Abschreibung			17 300	3,50	4,00
Herstellkosten	Investition:	180 Mio. €	435 000	87,00	100

schützen und damit der Kulturpflanze Existenzvorteile verleiht. So kam man auf die „gute alte" Milchsäure. Ein Molekül, das zu den Stereoisomeren zählt und somit aus zwei Enantiomeren besteht, der d(−)- und der l(+)-Milchsäure. Man wusste, dass vom Endprodukt, ebenfalls als Stereoisomer existent, nur das eine Enantiomer wirksam ist. Schnell entstand der Slogan „halbe Aufwandmenge gleiche Wirkung". Das zeigte auch schnell Wirkung auf Diskussionen in verschiedenen Parlamenten und siehe da, einige Länder pochten darauf, das Ausbringen der Pflanzenschutzmittel zu halbieren.

Also musste die d(+)-Form der Milchsäure gewonnen werden. Und das ist die Stärke der Biotechnologie, solche Differenzierungen zu realisieren. Die Papierform war klar, die Umsetzung in die Praxis stand aus! Es sprach viel dafür, Bakterien zu suchen, die in der Lage sind, möglichst rein das eher „unnatürliche" Molekül D(+)-Milchsäure zu synthetisieren. Und siehe da, man fand auf dem Euter der Kuh LISA einen solchen Stamm, einen *Lactobazillus*.

Nun war es notwendig, mit diesem Stamm einen Prozess zu entwickeln und zu realisieren. Auf der Suche nach einer geeigneten C-Quelle kam man schnell auf die D-Glucose und für die Spurenelemente sollten Hefeextrakte sorgen. Offen blieb zunächst, wie der pH-Wert-Drift aufgrund der entstehenden Milchsäure korrigiert/neutralisiert werden sollte. Es bot sich Calciumcarbonat ($CaCO_3$) an, das vorgelegt werden kann, als Feststoff „unbeteiligt" im Reaktor schwimmt und nur in der Menge nachgelöst wird, wie es für die Neutralisation verlangt wird.

Es musste also eine Feststoffzugabe für die Fermentation etabliert werden. In einer Projektbesprechung wurden die dafür erforderlichen Apparaturen herausgearbeitet. Und man war sehr erstaunt, welch eine Viecherei dabei zutage trat. Mit einer *Schildkröte* sollte der Feststoffcontainer herangekarrt werden, *Ameisen* bringen ihn in Zusammenarbeit mit einer *Laufkatze* in Position, ein „*Rüttelspecht*" sorgt für den „reibungslosen" Feststoffaustrag, von wo das Calciumcarbo-

Abb. 3.81 Original Handskizze des Verfahrensschemas einer Feststoffdosierung [Autor dieses Buches]. Eine Schildkröte liefert das Feststoffgebinde an, Ameisen bringen es in Position, eine Laufkatze hievt das Behältnis auf eine Waage, ein „Rüttelspecht" sorgt für den problemlosen Feststoffaustrag, eine Austragsschnecke bedient eine Dosierschnecke, die schließlich über einen Dosierrüssel den Feststoff ans Ziel bringt.

nat mit einer *Austragsschnecke* und schließlich einer *Förderschnecke* über einen *Dosierrüssel* zum „Eumel", wie der Bioreaktor in diesem Zusammenhang schnell genannt wurde, gebracht wird.

Festgehalten wurde diese Verfahrensentwicklung schnell auf einer Handskizze, die als Originalversion in Abb. 3.81 dargestellt ist.

Mag dem ein oder der anderen die Materie dieses Buches etwas sachlich und kühl vorgekommen sein, so zeigt das letzte Beispiel doch, dass auch in der Bioverfahrenstechnik nicht alles so *„tierisch ernst"* genommen werden muss.

> Na dann … wider dem tierischen Ernst!
> Zum Schluss ein Vergleich, den der Physiker und Kabarettist Vince Ebert in der ZDF-Sendung „Volle Kanne" (1, 2017) von sich gab und der Autor auf sich beziehen möchte:
> **„Er ist noch längst kein Einstein, aber er Albert schon mal gerne"**!

Anhang A
Formelsammlung

A.1
Leistungsberechnung, Mischzeitcharakteristik und Kräfte
(→ Einheiten siehe Formelzeichenerklärung am Anfang des Buches)

Leistungseintrag in Strömungsmaschine, allgemein	$P = \dot{V} \cdot \Delta p$	(A.1)
Leistungseintrag in Rührwerkskessel	$P_0 = \mathrm{Ne}_0 \cdot \rho_\mathrm{L} \cdot n^3 \cdot d_\mathrm{R}^5$	(A.2)
Leistungsdichte [W/kg]	$\varepsilon = \dfrac{P}{V_{\mathrm{R,L}} \cdot \rho_\mathrm{L}}$	(A.3)
Begaste Newton-Zahl [ohne Einheit]. F_RR – Reaktortypfaktor (vgl. [1])	$\dfrac{\mathrm{Ne}_\mathrm{b}}{\mathrm{Ne}_0} = \dfrac{1}{\sqrt{1 + F_\mathrm{RR} \cdot \frac{u_\mathrm{G}}{\sqrt{g \cdot D}}}}$	(A.4)
Leistungsdichte durch aufsteigendes Gas, vereinfacht – starre Blase (inkompressibel)	$\varepsilon_{\mathrm{G,P}} = g \cdot u_\mathrm{G} \cdot \dfrac{H'}{H}$	(A.5)
Gasleerrohrgeschwindigkeit, Istwert, Normwerte berücksichtigt	$u_\mathrm{G} = \dfrac{\dot{V}_\mathrm{G}}{A} = \dfrac{22{,}4 \cdot \dot{n} \cdot p_\mathrm{n} \cdot T}{A \cdot p \cdot T_\mathrm{n}}$	(A.6)
Mischzeitcharakteristik aus Dimensionsanalyse nach [8]	$\dfrac{P_\mathrm{R} \cdot \theta^3}{\rho \cdot D^5} = 300$	(A.7)
Leistungsdichte aus Rührwerks- und pneumatischer Leistung in [W/m³]	$\dfrac{P}{V_{\mathrm{R,L}}} = \dfrac{P_\mathrm{R}}{V_{\mathrm{R,L}}} + \dfrac{q}{60} \cdot \rho_\mathrm{L} \cdot g \cdot H'$	(A.8)
Gesamtleistungsdichte in [W/kg]	$\varepsilon_\mathrm{g} = \dfrac{P_\mathrm{g}}{V_{\mathrm{R,L}} \cdot \rho_\mathrm{L}} + g \cdot u_\mathrm{G} \cdot \dfrac{H'}{H}$	(A.9)
Schubspannung sowie proportionaler Zusammenhang zum Druckverlust [N/m²]	$\tau = \eta \cdot D$	(A.10)

Proportionaler Zusammenhang zwischen Druckverlust, Dichte und Geschwindigkeit [N/m²]	$\tau \propto \Delta p \quad \to \quad \Delta p \propto \rho_L \cdot w^2$	(A.11)
Scherrate aus Dimensionsanalyse nach [9] [m²/s]	$D = \left(\dfrac{P_g}{V_{R,L} \cdot \rho_L \cdot \nu} \right)^{1/2}$	(A.12)
Trägheitskraft [N]	$F_T = m \cdot a$	(A.13)
Gewichtskraft [N]	$F_G = m \cdot g$	(A.14)
Reibungskraft [N]	$F_R = \tau \cdot \dfrac{dw}{dx}$	(A.15)
Reibungskraft [N]	$F_R = \tau \cdot A$	(A.16)
Widerstandskraft [N]	$F_W = c_W \cdot A \cdot \rho \cdot \dfrac{w^2}{2}$	(A.17)
Auftriebskraft [N]	$F_A = V \cdot \rho \cdot g$	(A.18)
Leistungsdichte für Schüttelkolben ohne Stromstörer	$\varepsilon = 2{,}0 \cdot \dfrac{n^3 \cdot d_{i,max}^4}{V_{R,L}^{2/3} \cdot Re^{0{,}2}}$	(A.19)
Reynolds-Zahl im Schüttelkolben	$Re = \dfrac{n \cdot d_{i,max}^2}{\nu}$	(A.20)
Leistungsdichte im Schüttelkolben mit Stromstörer bei $e = 2{,}5$ [cm]; n [upm]; $V = V_{R,L}$ [mL]; $V_{R,B} = 300$ [mL]	$\dfrac{P}{V} = 1{,}17 \cdot 10^{-6} \cdot \dfrac{n^{2{,}95}}{V^{0{,}62}}$	(A.21)
Mischzeit in einem (Rührwerks-)Reaktor. Meersmann [25] fand für Rührwerksreaktoren die Konstante $C_{MZ} = 300$	$\dfrac{P_R \cdot \Theta^3}{\rho_L \cdot D^5} = C_{MZ}$	(A.22)
Umwälzhäufigkeit	$z = \dfrac{\dot{V}_L}{V_{R,L}}$	(A.23)
Leistungsdichte im Schüttelkolben mit Stromstörer bei $e = 1{,}25$ [cm]	$\dfrac{P}{V} = 1{,}88 \cdot 10^{-8} \cdot n^{2{,}81} \cdot V^{0{,}82}$	(A.24)

A.2
Volumen- und Flächenberechnungen (Längen – Flächen – Volumen)

Vorbemerkung: Das Reaktionsvolumen wird bei runden Kesseln immer als zylindrisches Volumen interpretiert und berechnet, d. h., Klöpperboden und Ähnliches bleiben unberücksichtigt.

A.2 Volumen- und Flächenberechnungen (Längen – Flächen – Volumen)

Tab. A.1 Geometrien sowie geometrische Verhältnisse verschiedener Erlenmeyerkolben (vgl. auch [2]). Der Winkel zwischen Bodenplatte und Seitenwand beträgt $\alpha \approx 76°$.

Größe [mL]	$d_{i,max}$ [mm]	d_P [mm]	h_i [mm]	r [mm]	$f_D = \dfrac{d_P}{d_{i,max}}$	$f_{S,B} = \dfrac{h_i}{d_{i,max}}$	$f_S = \dfrac{h_L}{d_{i,max}}$	$f_B = \dfrac{r}{d_{i,max}}$
1000	127	92	176	17,5	0,72	1,39		0,138
500	101	68	139	16,5	0,67	1,38	$f(V_{R,L}/V_{R,B})$	0,163
300	82	55	120,6	13,5	0,67	1,47		0,165
250	80	55	104	12,5	0,69	1,30		0,156
100	60,6	40	81,5	10,3	0,66	1,35		0,170

Beschreibung	Formel	Nr.
Reaktionsvolumen, Liquid (reines Flüssigkeitsreaktionsvolumen)	$V_{R,L} = \dfrac{D^2 \pi}{4} \cdot H$	(A.25)
Schlankheitsgrad	$f_S = \dfrac{H}{D}$	(A.26)
Reaktionsvolumen aus Kapazität, Betriebsstunden und Raumzeitausbeute (brutto)	$V_{R,L} = \dfrac{K \cdot f_K}{BST \cdot RZA_B \cdot \alpha}$	(A.27)
Gas-Holdup-Volumen aus Oberflächenanstieg bei Begasung und Querschnittsfläche (vgl. Gln. (A.39) und (A.42))	$V_{G,h} = \Delta H \cdot A$	(A.28)
Rührer-Durchmesser-Verhältnis im Rührwerkskessel	$f_R = \dfrac{d_R}{D}$	(A.29)
Kugelvolumen aus Durchmesser	$V_K = \dfrac{d_K^3 \cdot \pi}{6}$	(A.30)
Querschnittsfläche aus Durchmesser	$A = \dfrac{D^2 \cdot \pi}{4}$	(A.31)
Mantelfläche um das zylindrische Reaktionsvolumen (seitlich und Boden)	$A_M = D^2 \cdot \pi \cdot (0{,}25 + f_S)$	(A.32)
Faustformel: 1,1–1,3	$f_F = $ Schaumfaktor	(A.33)
Reaktorvolumen (gesamtes Reaktorvolumen, muss gekauft werden)	$V_{R,B} = \dfrac{K \cdot f_F \cdot f_K}{BST \cdot RZA_B \cdot \alpha} \cdot f_G \cdot f_E$	(A.34)
Nomogramm Abb. B.1 Hilfsmittel	$f_K = $ Kontaminationsfaktor	(A.35)
Gas-Holdup-Faktor (vgl. Gl. (A.42))	$f_G = 1 + \varphi_G$	(A.36)

A Formelsammlung

Beschreibung	Formel	Nr.
Konstruktionsbedingt; Rührer, Stromstörer, Begasungsrohr, Impulsaustauschrohr, mechanischer Schaumabscheider	f_E = Einbauten	(A.37)
Aufarbeitungswirkungsgrad $= f(\text{Verfahren}) < 1 \ldots 0,8 \ldots 0,3 \ldots$	α = Wirkungsgrad DSP	(A.38)
Relativer Gasgehalt (vgl. Gl. (A.28)) = f(Leistungsdichte, Gasleerrohrgeschwindigkeit und Koaleszenzfaktor)	$\varphi_G = 1,0 \cdot \sqrt{\varepsilon^{0,5} \cdot u_G} \cdot f_{KZ}$	(A.39)
$1,0 < f_{KZ} < 1,5$: 1,0 Wasser; 1,5 koaleszenzgehemmtes System, tensidhaltig	f_{KZ} = Koaleszenzfaktor	(A.40)
Aufarbeitungswirkungsgrad	$\alpha = 1 - \dfrac{\text{Verluste \%}}{100}$	(A.41)
Definitionsgleichung (vgl. Gl. (A.28))	$\varphi_G \equiv \dfrac{V_{G,h}}{V_{R,L} + V_{G,h}}$	(A.42)
Kolmogorow-Eddy	$\eta = \left(\dfrac{\nu^3}{\varepsilon}\right)^{1/4}$	(A.43)
Begasungskennzahl	$Q \equiv \dfrac{q \cdot V_{R,L}}{n_{\ddot{u}} \cdot d_R^3}$	(A.44)
Überflutungskennzahl	$Q = k \cdot \text{Fr}^\alpha \cdot f_R^\beta$ $10 < k < 25;\ 0,5 < \alpha < 1,5;$ $2 < \beta < 3,5$	(A.45)

Adäquater Durchmesser einer gedachten Einzelpore als Undichtigkeitsverursacher für das Modell „reibungsfrei"

$$D_{ad} = \sqrt{\dfrac{4 \cdot V \cdot M}{\pi \cdot R \cdot T \cdot \sqrt{\dfrac{2 \cdot \kappa}{\kappa - 1} \cdot \rho_R \cdot p_R \cdot \left[1 - \left(\dfrac{p}{p_R}\right)^{\frac{\kappa-1}{\kappa}}\right]}}} \cdot \dfrac{\Delta p}{\Delta t} \quad (A.46)$$

Beschreibung	Formel	Nr.
Adäquater Durchmesser für das Modell „reibungsbehaftet"	$D_{ad} = \sqrt[4]{\dfrac{128 \cdot L^* \cdot \nu \cdot V \cdot M \cdot \Delta p_1}{\pi \cdot R \cdot T \cdot \Delta p_2 \cdot \Delta t}}$	(A.47)
Dichtbreite (Länge) quer zu einem O-Ring; der Weg des ausströmenden Gases bei Undichtigkeit	$L^* = 2 \cdot d \cdot \sqrt{\dfrac{\text{VSP}}{200} \cdot \left(1 - \dfrac{\text{VSP}}{200}\right)}$	(A.48)
Definition der Vorspannung eines O-Ringes	$\text{VSP} \equiv \dfrac{d - h}{d} \cdot 100\ [\%]$	(A.49)
Wahrscheinlichkeit, mit der eine gemessene Undichtigkeit durch eine einzige Pore verursacht wird	$P_{ja} = \left(\dfrac{D_{ad}}{D_{krit}}\right)^2 \cdot \dfrac{D_{ad} - D_{krit}}{2 \cdot L}$	(A.50)

A.3
Stofftransportvorgänge, -geschwindigkeit – Wärmetransport

Massenstrom aus Volumenstrom und Dichte	$\dot{m} = \dot{V} \cdot \rho$	(A.51)
Gasleerrohrgeschwindigkeit, Istwert, Normwerte berücksichtigt	$u_G = \dfrac{\dot{V}_G}{A} = \dfrac{22{,}4 \cdot \dot{n} \cdot p_n \cdot T}{A \cdot p \cdot T_n}$	(A.52)
Gasvolumenstrom aus Begasungsrate (immer in [vvm]) und Liquidreaktionsvolumen	$\dot{V}_G = \dfrac{q}{60} \cdot V_{R,L}$	(A.53)
Massenstrom proportional zur Drehzahl und Rührerdurchmesser (vgl. Gl. (A.67))	$\dot{V} \propto n \cdot d_R^3$	(A.54)
Spezifischer Sauerstofftransportkoeffizient im Rührkessel, empirisch	$k_L \cdot a = K \cdot \left(\dfrac{P}{V}\right)^a \cdot u_G^b$	(A.55)
Spezifischer Sauerstofftransportkoeffizient in der Blasensäule, empirisch [2]	$k_L \cdot a = K \cdot q \cdot \left(\dfrac{H}{0{,}8}\right)^a$	(A.56)
Spezifischer Sauerstofftransportkoeffizient im Rührkessel, empirisch für Wasser [2]	$\underbrace{k_L \cdot a}_{[s^{-1}]} = 0{,}01 \cdot \underbrace{\left(\dfrac{P_R}{V}\right)^{0{,}475}}_{[W/m^3]} \cdot \underbrace{u_G^{0{,}4}}_{[m/s]}$	(A.57)

Spezifischer Sauerstofftransportkoeffizient im Rührkessel, empirisch, beidseitig dimensionslos [2]

$$k_L \cdot a \cdot \left(\dfrac{\nu}{g^2}\right)^{1/3} = A \cdot \left[\dfrac{\varepsilon_R}{(g^4 \cdot \nu)^{1/3}}\right]^a \cdot \left[\dfrac{u_G}{(g \cdot \nu)^{1/3}}\right]^b \qquad (A.58a)$$

Randbedingung für die Exponenten nach Hentzler [1, 2]	$a + b \approx 1{,}0$	(A.58b)
Mit der Randbedingung gemäß Gl. (A.58b) erhält man für den spezifischen Sauerstofftransportkoeffizienten im Rührkessel [2]; Konstanten vgl. Tab. A.2	$\dfrac{k_L \cdot a}{u_G} \cdot \left(\dfrac{\nu^2}{g}\right)^{1/3} = C \cdot \left[\dfrac{\varepsilon_R}{g \cdot u_G}\right]^a$	(A.58c)
Spezifischer Sauerstofftransportkoeffizient im Rührkessel aus Gasbilanz [2]	$k_L \cdot a = \dfrac{OTR \cdot H}{p \cdot \left(Y_{O_2}^\omega - \dfrac{DO}{100} \cdot Y_{O_2}^\alpha\right)}$	(A.59)
Spezifischer Stofftransportkoeffizient, allgemein für Stoff „i" im Liquid „l" aus dem Diffusionskoeffizienten und laminarer Grenzschicht [1, 5]	$k_{i,l} = \dfrac{D_{i,l}}{\delta_l} \; ; \quad \dfrac{1}{k_i} = \dfrac{1}{k_{i,g}} + \dfrac{1}{k_{i,l}}$	(A.60)
Spezifische Stoffaustauschfläche	$a = \dfrac{A_{PG}}{V_{R,L}}$	(A.61)

Tab. A.2 Konstanten, Gültigkeit für Gl. (A.58c).

Medium	$C \cdot 10^5$	a	η	u_G	$P_R/V_{R,L}$
	–	–	[mPa·s]	[m/h]	[kW/m³]
Wasser	7,6	0,43	1	2,4–64	0,01–16,3
Wässrige Salzlösungen 6,7 [g/L]	7,2	0,68	1	4,2–17	0,15–16
Wässrige Salzlösungen 16–36 [g/L]	8,3	0,71	1	4,3–64	0,23–18
Wässrige Glucoselösung	9,0	0,7	12–267	–	–
Hirsebrei	2,65	0,7	1,3–70	7–28	0,23–2,2
Wässrige CMC-Lösung	36	0,55	16–1500	8–68	0,06–6,2

$m = 0{,}4\text{–}0{,}82$ (vgl. [1])

Stofftransportgeschwindigkeit [m/s], allgemein für Stoff „i" im Liquid „l" aus dem Diffusionskoeffizienten und laminarer Grenzschicht [1, 5]

$$k_{i,l} = \frac{D_{i,l}}{\delta_l} \qquad (A.62)$$

Transferrate für den Stoff „i" aus dem Medium „g = Gas" zum Medium „l = Liquid": (a) Betrachtung von der Gasseite; (b) Betrachtung von der Liquidseite [2] und Henry'sches Gesetz

$$iTR = \dot{n}_i = \frac{k_{i,g}}{R \cdot T} \cdot a \cdot \left(p_{i,g} - p_{i,g}^*\right) = k_{i,l} \cdot a \cdot \left(c_{i,l}^* - c_{i,l}\right)$$

Henry'sches Gesetz: $c_{i,l}^* = \dfrac{p_{i,g}^*}{H_{O_2}}$

$\qquad (A.63)$

Sauerstofftransferrate unter Berücksichtigung der Gasbedingungen am Ein- und Ausgang [2]

$$OTR = \frac{1}{V_{R,L} \cdot V_{M,n}} \cdot \frac{T_n}{p_n} \cdot \left[\frac{p^\alpha}{T^\alpha} \cdot \dot{V}_G^\alpha \cdot Y_{O_2}^\alpha - \frac{p^\omega}{T^\omega} \cdot \dot{V}_G^\omega \cdot Y_{O_2}^\omega\right] \qquad (A.64)$$

Sauerstofftransferrate mit dem Eingangsgasvolumenstrom und den Gasbedingungen sowie den Molenbrüchen der restlichen zwei Gase im Abgas (nur CO_2 und N_2 berücksichtigt, nicht jedoch H_2O, Argon u. a. [2])

$$OTR = \frac{1}{V_{R,L} \cdot V_{M,n}} \cdot \frac{p^\alpha \cdot T_n}{p_n \cdot T^\alpha} \cdot \dot{V}_G^\alpha \cdot \left[\frac{p^\alpha}{T^\alpha} \cdot Y_{O_2}^\alpha - \frac{1 - Y_{N_2}^\alpha - Y_{CO_2}^\alpha}{1 - Y_{N_2}^\omega - Y_{CO_2}^\omega} \cdot Y_{O_2}^\omega\right] \qquad (A.65)$$

Auf Normbedingungen bezogen. Vorteil: Ein Mass-Flow-Meter, obwohl es einen Massenstrom bestimmt, weist nach interner Umrechnung einen Gasstrom unter Normbedingungen aus [2]

$$OTR = \frac{1}{V_{R,L} \cdot V_{M,n}} \cdot \dot{V}_{G,n}^\alpha \cdot \left[Y_{O_2}^\alpha - \frac{1 - Y_{N_2}^\alpha - Y_{CO_2}^\alpha}{1 - Y_{N_2}^\omega - Y_{CO_2}^\omega} \cdot Y_{O_2}^\omega\right] \qquad (A.66)$$

Geschwindigkeit im Rührwerkskessel ist proportional der Drehzahl und dem Rührerdurchmesser (vgl. auch Gl. (A.54))

$$w \propto n \cdot d_R \qquad (A.67)$$

Wärmedurchgang zwischen zwei Temperaturen	$\dot{Q} = k \cdot A \cdot \Delta T$	(A.68)
Spezifischer Sauerstofftransportkoeffizient im Schüttelkolben	$\dfrac{0{,}13}{c_L^*} \cdot \left(\dfrac{P}{V}\right)^{0{,}31} \cdot V^{-0{,}64} = k_L \cdot a$	(A.69)
Linearer Temperaturverlauf zwischen zwei Punkten	$T(t) = T_{i-1} + \dfrac{T_i - T_{i-1}}{t_i - t_{i-1}} \cdot (t - t_{i-1})$	(A.70)
Wärmebilanzierung: Speicherung = Wärme – Durchgang	$\dfrac{dQ}{dt} = m \cdot c_p \cdot \dfrac{dT}{dt} = k \cdot A_M \cdot \Delta T(t)$	(A.71)
Temperaturdifferenz zwischen zwei Trägermedien	$\Delta T_1 = f(T_a;\ T_D\ \text{bzw.}\ T_{KM})$	(A.72)
Temperaturdifferenz zwischen zwei Trägermedien	$\Delta T_2 = f(T_e;\ T_{KM}\ \text{bzw.}\ T_D)$	(A.73)
Reaktionswärme (Wärmetönung)	$\dot{Q}_R = \dfrac{\Delta H \cdot V_{R,L} \cdot \text{RZA}}{3600}$	(A.74)

A.4
Reaktion, Kinetiken, Umsatz

A.4.1
Volumen und Reaktionskinetiken

Erforderliches Raumzeitausbeutebrutto weil der Aufarbeitungswirkungsgrad mit eingeschlossen ist	$\text{RZA}_B = \dfrac{P^{e,\omega}}{t_F(\tau) \cdot \alpha}$	(A.75)
Erforderliches Raumzeitausbeutebrutto aus dem Nettovolumen inklusive der Rüstzeit	$\text{RZA}_B = \text{RZA}_N \cdot \dfrac{t_F}{t_F + t_R}$	(A.76)
Allgemeiner Potenzansatz für die Reaktionsgeschwindigkeit	$r = \dfrac{dc}{dt} = k_n(T) \cdot c^n$	(A.77)
Lösung von Gl. (A.77) für $n \neq 1$	$c^{-n+1} - c_0^{-n+1} = (1-n) \cdot k_n(T) \cdot t$	(A.78)
Lösung von Gl (A.77) für $n = 1$	$c = c_0 \cdot e^{k \cdot t}$	(A.79)
Reaktionsgeschwindigkeitskonstante für Reaktion 0. Ordnung	$k_0 = c_0 \cdot k(T)$	(A.80)
Reaktionsgeschwindigkeitskonstante für Reaktion 1. Ordnung	$k_1 = k(T)$	(A.81)

Reaktionsgeschwindigkeitskonstante für Reaktion 2. Ordnung bei gegebener Stöchiometrie	$k_2 = \dfrac{k(T) \cdot v_{A1}}{c_0 \cdot v_{A2}}$	(A.82)
Reaktionsgeschwindigkeitskonstante für Reaktion 3. Ordnung	$k_3 = \dfrac{k(T) \cdot v_{A1}^2}{2 \cdot c_0^2 \cdot v_{A2} \cdot v_{A3}}$	(A.83a)
Die reaktionsordnungsabhängige Einheit	$\left[\dfrac{m^{3\cdot(n-1)}}{s \cdot mol^{(n-1)}}\right]$	
Arrhenius-Gesetz mit k_0 als Arrhenius-Konstante	$k(T) = k_0 \cdot \exp\left(-\dfrac{E_a}{R \cdot T}\right)$	(A.83b)
Exponentielle Wachstumskinetik, Absolutkeimzahl [Keime]	$\dfrac{dN}{dt} = \mu \cdot N$	(A.84)
Exponentielle Wachstumskinetik, Keimdichte [Keime/L] (siehe Gl. (A.97))	$\dfrac{dX}{dt} = \mu \cdot X$	(A.85)
Inaktivierungskinetik, durch Minuszeichen gekennzeichnet	$\dfrac{dX}{dt} = -k(T) \cdot X$	(A.86)
Inaktivierungskinetik für die „Resis"	$\dfrac{dN'}{dt} = -k'(T) \cdot N'$	(A.87)
Inaktivierungskinetik für die „Labis"	$\dfrac{dN''}{dt} = -k''(T) \cdot N''$	(A.88)
Gesamtkontaminantenzahl [Keime]	$N = N' + N''$	(A.89)
Reaktionsgeschwindigkeitskonstante [s^{-1}]	$k(T) = \dfrac{0 - \ln(N/N_0)_1}{0 - t_1}$	(A.90)
Aktivierungsenergie [J/mol]	$E_a = \dfrac{R \cdot \ln(k(T_1)/k(T_2))}{1/T_1 - 1/T_2}$	(A.91)
Geometrische Progression der Zellvermehrung	$N = N_0 \cdot 2^n$	(A.92)
Wachstumsgeschwindigkeit der Hyphenlängen	$\dfrac{dL}{dt} = \alpha \cdot N$	(A.93)
Verzweigungsgeschwindigkeit von Hyphen	$\dfrac{dN}{dt} = \beta \cdot L$	(A.94)
Substratabbau unter Verwendung des Ausbeutekoeffizienten	$\dfrac{dS}{dt} = -\mu \cdot \dfrac{X}{Y_{x/s}}$	(A.95)
Wie Gl. (A.95) jetzt mit Maintenance-Faktor	$\dfrac{dS}{dt} = -\left(\dfrac{\mu}{Y_{x/s}} + m_X\right) \cdot X$	(A.96)

Wie Gl. (A.85) jetzt mit Sterberate $\quad \dfrac{dX}{dt} = (\mu - f_d) \cdot X \qquad$ (A.97)

A.4.2
Sterilisationskriterien, Mediumskriterium

Sterilisationskriterium $\quad S = \ln\left(\dfrac{N_0}{N}\right) \qquad$ (A.98)

Mediumskriterium $\quad M\% = 100 \cdot (1 - C) \qquad$ (A.99)

A.4.3
Monod-Kinetiken

Substratlimitierung $\quad \mu = \mu_{\max} \cdot \dfrac{S}{K_S + S} \qquad$ (A.100)

Zusätzliche Substratinhibierung $\quad \mu = \mu_{\max} \cdot \dfrac{S}{K_S + S + S^2/K_I} \qquad$ (A.101)

A.5
Bilanzgleichungen: Umsatz, Ausbeute, Selektivität

Allgemeine Wärmebilanz. Die Summe aller Wärmen ergibt null $\quad \displaystyle\sum_{i=1}^{n} Q_i = 0 \qquad$ (A.102)

Beispielhafte Bilanz: F – Fermentation (Reaktion); R – Rührwerk; P – Pumpe; G – Gas ein-aus; L – Liquid ein-aus; D – Dampf; KW – Kühlmedium; V – Austausch mit Umgebung; S – Speicher

$$Q_F + Q_R + Q_P \pm Q_G \pm Q_L + Q_D - Q_{KW} \pm Q_V \pm Q_S = 0 \qquad (A.103)$$

Statische Wärmebilanz am Reaktor für Speicher- und Durchgangswärme $\quad m \cdot c_p \cdot (T_a - T_e) = k \cdot A_M \cdot \Delta T_m \qquad$ (A.104)

Dynamische Wärmebilanz am Reaktor für Speicher- und Durchgangswärme $\quad \dfrac{dQ}{dt} = m \cdot c_p \cdot \dfrac{dT}{dt} = k \cdot A_M \cdot \Delta T(t) \qquad$ (A.105)

Absoluter Umsatz in einem durchströmten Reaktor $\quad U_{\text{abs}} = \dot{V} \cdot \dfrac{c^\alpha - c^\omega}{c^\alpha} \qquad$ (A.106)

Relativer Umsatz für kontinuierlich und Batch. Im Fall Batch steht $c(t)$ $\quad U_{\text{rel}} = \dfrac{c^\alpha - c^\omega}{c^\alpha} \qquad$ (A.107)

Umsatz einer Kaskade vollkommen durchmischter Reaktoren $\quad \left(1 - \dfrac{c^\omega}{c^\alpha}\right) = 1 - (1 + k \cdot \tau)^{-n} \qquad$ (A.108)

Einfacher, proportionaler Zusammenhang zwischen Produkt und Biomasse $\quad P \propto X_P \qquad$ (A.109)

Komplette Integralbilanz	$\dfrac{d(\int c \cdot dV)}{dt} = \dot{V}^\alpha \cdot c^\alpha - \dot{V}^\omega \cdot c^\omega \pm \int r \cdot dV$	(A.110)
Einfacher, proportionaler Zusammenhang zwischen Produkt und Biomasse (Maximalwerte)	$P_{max} \propto X_{P,max}$	(A.111)
Differenzielle Bilanzierung, eindimensional	$\int r \cdot dV \Rightarrow \dfrac{dc}{dt} = -u \cdot \dfrac{dc}{dx} + D_{ax} \cdot \dfrac{d^2 c}{dx^2} \pm k \cdot c^n$	(A.112)
Differenzielle Bilanzierung, räumlich	$\dfrac{dc}{dt} = -\nabla(u - D_{ax} \cdot \nabla c) \pm r$	(A.113)
Relative Produktivität	$P_V\% = 100 \cdot \left(\dfrac{P_{max} - P}{P_{max}}\right)$	(A.114)
Animpfverhältnis	$I_A\% = 100 \cdot \dfrac{X_{P,0}}{X_{P,max}} = 100 \cdot \dfrac{N_{P,0}}{N_{P,max}}$	(A.115)
Definition der Verdünnungsrate aus Gl. (A.117)	$D = \dfrac{\dot{V}}{V}$	(A.116)
Bilanzgleichung für kontinuierlich betriebenen, vollkommen durchmischten Reaktor (vgl. Gl. (A.77))	$V \cdot \dfrac{dc}{dt} = \dot{V} \cdot (c^\alpha - c) \pm r \cdot V$	(A.117)
Ausbeutekoeffizient: Biomasse gebildet, Substrat verbraucht	$Y_{X/S} \equiv -\dfrac{dX}{dS} = \dfrac{\Delta X}{\Delta S}$	(A.118)
Ausbeutekoeffizient: Biomasse gebildet, Sauerstoff verbraucht	$Y_{X/O} \equiv \dfrac{\int OUR \cdot dt}{\Delta X}$	(A.119)
Respirationskoeffizient	$RQ \equiv \dfrac{\Delta CO_2}{\Delta O_2}$	(A.120)

A.6
Feuchte Luft und andere Stoffdaten

Wasserdampfsättigungsdruck [bar]. Empirische Gleichung mit Daten aus [18], gültig zwischen 10 und 70 [°C]	$p_S(T) = 0{,}0083 \cdot e^{0{,}0525 \cdot T\,[°C]}$	(A.121)
Wasserbeladung trockener Luft [kg/kg] nach [20]	$x = \dfrac{M_{H_2O} \cdot p_S(T) \cdot \varphi}{M_{Luft} \cdot (p - \varphi \cdot p_S(T))}$	(A.122)

Relative Feuchtigkeit von Luft zwischen 0 und 1,0 nach [20]	$\varphi = \dfrac{x \cdot p}{(x + M_{H_2O}/M_{Luft}) \cdot p_S(T)}$	(A.123)
Ideale Gasgleichung	$p \cdot V_G = \dfrac{m_G}{M_M} \cdot R \cdot T$	(A.124)
Wasserdampfsättigungsdruck nach Antoin [Torr]. T in [°C]	$\log p = A - \dfrac{B}{C + T}$	(A.125a)
Zahlenwerte für Wasser bei Normaldruck sowie zwischen $T = 1$ und 100 [°C] [19]	$A = 8{,}071\,31$ $B = 1730{,}63$ $C = 233{,}426$	(A.125b)

A.7
Verweilzeitverteilung

Dichtefunktion	$E(t) = \dfrac{\mathrm{d}F(t)}{\mathrm{d}t} = \dfrac{c^{\omega}(t)}{\int_0^{\infty} c^{\omega}(t) \cdot \mathrm{d}t}$	(A.126)
Summenfunktion	$F(t) = \int_0^{\infty} E(t) \cdot \mathrm{d}t = \dfrac{c^{\omega}(t)}{c_{\infty}^{\omega}}$	(A.127)
Bodenstein-Zahl für ein offenes System	$\mathrm{Bo} = \dfrac{1 \pm \sqrt{1 + 8 \cdot \sigma^2}}{\sigma^2}$	(A.128)
Zusammenhang: Zellenzahl und Bodenstein-Zahl	$n = 1 + \dfrac{\mathrm{Bo}^2}{2 \cdot \mathrm{Bo} + 3}$, bzw. $\mathrm{Bo} = n - 1 + \sqrt{n^2 + n - 2}$	(A.129)
Bodenstein-Zahl für ein halboffenes System, iterativ lösbar	$\sigma^2 = \dfrac{2}{\mathrm{Bo}} + \dfrac{3}{\mathrm{Bo}^3}$	(A.130)
Bodenstein-Zahl für ein geschlossenes System, iterativ lösbar	$\sigma^2 = \dfrac{2}{\mathrm{Bo}} + \dfrac{2}{\mathrm{Bo}^2} \cdot [1 - \exp(-\mathrm{Bo})]$	(A.131)
Verhältnis von arithmetischer und hydrodynamischer Verweilzeit offenes bzw. geschlossenes System	$\dfrac{\bar{t}}{\tau} = 1 + \dfrac{2}{\mathrm{Bo}}$	(A.132)
Verhältnis von arithmetischer und hydrodynamischer Verweilzeit halboffenes bzw. geschlossenes System [2]	$\dfrac{\bar{t}}{\tau} = 1 + \dfrac{1}{\mathrm{Bo}}$ bzw. $\dfrac{\bar{t}}{\tau} = 1$	(A.133)

Konzentrationsverhältnis c^{ω}/c^{α} nach dem axialen Dispersionsmodell (nach Dankwerts)

$$C = \dfrac{4 \cdot \beta}{(1 + \beta)^2 \cdot \exp\left[-\mathrm{Bo}/2 \cdot (1 - \beta)\right] - (1 - \beta)^2 \cdot \exp\left[-\mathrm{Bo}/2 \cdot (1 + \beta)\right]} \qquad (A.134)$$

Substitution Gl. (A.134)

$$\beta = \sqrt{1 + \frac{4 \cdot \mathrm{Da_{I,AD}}}{\mathrm{Bo}}} \quad (A.135)$$

Konzentrationsverhältnis c^ω/c^α nach dem axialen Zellenmodell [2]

$$C = (1 + \mathrm{Da_{I,ZM}})^{-n} \quad (A.136)$$

Basisdefinition der Bodenstein-Zahl

$$\mathrm{Bo} \equiv \frac{\text{konvektiver Transport}}{\text{axiale Dispersion/Rückvermischung}} = \frac{u \cdot L}{D_{ax}} \quad (A.137)$$

Damköhler-Zahl der 1. Art

$$\mathrm{Da_I} \equiv \frac{k \cdot L}{u} = \frac{k \cdot V}{\dot{V}} \quad (A.138)$$

Konzentrationsverhältnis c^ω/c^α nach dem axialen Zellenmodell [2]

$$C = (1 + \mathrm{Da_{I,ZM}})^{-n} \quad (A.139)$$

A.8
Wirbelschicht

Anmerkung: Aus dem Diagramm Abb. B.6 im Abschn. B.5 Hilfsmittel kann entnommen werden, dass der laminare Bereich sicher bis Re = 0,1–1,0 reicht, dann ein Übergangsbereich sich anschließt und erst ab Re > 500, eher 10^3 der turbulente Bereich beginnt.

Vereinbarung: laminar bis Re < 24, turbulent ab Re ≥ 24 (idealisiert aus Abb. B.6 übernommen, nur zur einfacheren Handhabung angenommen!).

Reynolds-Zahl für umströmten Partikel (Kugel)

$$\mathrm{Re} \equiv \frac{d_P \cdot v}{\nu} \quad (A.140)$$

Archimedes-Zahl = f (nur Stoffdaten)

$$\mathrm{Ar} \equiv \frac{d_P^3 \cdot \Delta\rho}{\nu^2 \cdot \rho_L} \quad (A.141)$$

Ω-Zahl = f (Betriebs- (v [m/s]) und Stoffparameter)

$$\Omega \equiv \frac{v^3 \cdot \rho_L}{g \cdot \nu \cdot \Delta\rho} \quad (A.142)$$

Sphärizitätsgrad

$$\varphi_S \equiv \frac{A_K(V_P)}{A_P} \quad (A.143)$$

Lückengrad (Lückenvolumen, Zwickelwasser)

$$\varepsilon_L \equiv \frac{V_L}{V_P + V_L} \quad (A.144)$$

Lastvielfaches: $n < 1$ → Festbett; $n = 1$ → Wirbelschicht; $n > 1$ → nur bei Festbett möglich

$$n = \frac{\Delta p}{h \cdot g \cdot (1 - \varepsilon_L) \cdot (\rho_P - \rho_L)}$$

$$= \frac{F_W}{F_G - F_A} \quad (A.145)$$

Tab. A.3 Sphärizitätsgrad für undefinierte Geometrien.

Teilchenform	Kugelig	Gerundet	Eckig	Länglich	Plattenförmig
φ_S	1,0	0,8	0,7	0,6	0,4

Fall I: laminar Re < 24 (gemäß Annahme, siehe oben (vgl. auch Gl. (A.157)))

Widerstandsbeiwert für umströmte Kugel (vgl. auch Gl. (A.157))
$$c_W = \frac{24}{\text{Re}} \tag{A.146}$$

Lockerungsgeschwindigkeit [m/s], die gesamte Schüttung ist in Schwebe
$$v_L = \frac{1}{150} \frac{\varphi_S^2 \cdot \varepsilon_L^3}{1-\varepsilon_L} \cdot g \cdot \frac{d_K^2 \cdot \rho}{\nu \cdot \rho_L} \tag{A.147}$$

Austragsgeschwindigkeit [m/s]
$$w_f = \frac{1}{18} \frac{g \cdot \varphi_S \cdot d_K^2 \cdot \Delta\rho}{\rho_L \cdot \nu} \tag{A.148}$$

Fall II: turbulent Re ≥ 24 (gemäß Annahme, siehe oben (vgl. auch Gl. (A.157)))

Widerstandsbeiwert für umströmte Kugel (vgl. auch Gl. (A.157))
$$c_W = 0{,}44 \tag{A.149}$$

Lockerungsgeschwindigkeit [m/s]
$$v_L = \left(\frac{1}{1{,}75} \cdot \varphi_S \cdot \varepsilon_L^3 \cdot g \cdot d_K \frac{\Delta\rho}{\rho_L} \right)^{0{,}5} \tag{A.150}$$

Austragsgeschwindigkeit [m/s]
$$w_f = \sqrt{\frac{4}{3} \frac{g \cdot \varphi_S \cdot d_K}{c_W(\text{Re}_{wf})} \frac{\Delta\rho}{\rho_L}} \tag{A.151}$$

Druckverlust zum Anheben der Schüttung, gilt auch für die Wirbelschicht
$$\Delta p = (1-\varepsilon_L) \cdot h \cdot \Delta\rho \cdot g \tag{A.152}$$

Partikelvolumenkonzentration [27] (vgl. Gl. (A.144))
$$\varphi_P \equiv \frac{V_P}{V_{\text{ges}}} = 1 - \varepsilon_L \tag{A.153}$$

Druckdifferenz über die gesamte, durchströmte Kolonne, Druckverlust + Flüssigkeitssäule H
$$\Delta p = (1-\varepsilon_L) \cdot h \cdot \Delta\rho \cdot g + \rho_L \cdot g \cdot H \tag{A.154}$$

Carman-Kozeny: Druckverlust zum Anheben der Schüttung, gilt auch für die Wirbelschicht (empirisch), vgl. Gl. (A.158)
$$\frac{\Delta p}{h} = \Psi \cdot \frac{1-\varepsilon_L}{\varepsilon_L^3} \cdot \frac{v_L^2}{d_{Ps}} \cdot \rho_L \tag{A.155}$$

Substitution Gl. (A.155) mit Re_{Ps} aus Gl. (A.158)
$$\Psi = 150 \cdot \frac{1-\varepsilon_L}{\text{Re}_{Ps}} + 1{,}75 \tag{A.156}$$

Widerstandsbeiwert für den Übergangsbereich $1 < \mathrm{Re}_{\mathrm{Ps}} < 100$, wobei $\mathrm{Re}_{\mathrm{Ps}}$ nach Gl. (A.158) bestimmt wird

$$c_{\mathrm{W}} = \frac{24}{\mathrm{Re}_{\mathrm{Ps}}} + \frac{4}{\sqrt{\mathrm{Re}_{\mathrm{Ps}}}} + 0{,}4 \qquad (A.157)$$

Reynolds-Zahl mit dem stellvertretenden Partikeldurchmesser

$$\mathrm{Re}_{\mathrm{Ps}} \equiv \frac{d_{\mathrm{Ps}} \cdot v}{\nu} \xrightarrow{\mathrm{mit}} d_{\mathrm{Ps}} = 6 \cdot \frac{V_{\mathrm{Ps}}}{A_{\mathrm{Ps}}} \qquad (A.158)$$

A.9
Enzymkinetik – Hemmtypen

Kompetetive Hemmung

$$v = v_{\max} \cdot \frac{S}{K_{\mathrm{M}} \cdot (1 + I/K_{\mathrm{I}}) + S} \qquad (A.159)$$

Nicht kompetitive Hemmung

$$v = v_{\max} \cdot \frac{1}{1 + I/K_{\mathrm{I}}} \cdot \frac{S}{K_{\mathrm{M}} + S} \qquad (A.160)$$

Unkompetitive Hemmung

$$v = v_{\max} \cdot \frac{S}{K_{\mathrm{M}} + (1 + I/K_{\mathrm{I}}) \cdot S} \qquad (A.161)$$

„Scheinhemmung" z. B. durch ein zweites Substrat im Falle einer Diauxie

$$v = v_{\max} \cdot \frac{S_1}{K_{\mathrm{M}} + S_1 + S_2^2/K_{\mathrm{I}}} \qquad (A.162)$$

A.10
Dichtigkeit

Wahrscheinlichkeit eines adäquaten Durchmessers

$$P_{\mathrm{ja}} = \left(\frac{D_{\mathrm{ad}}}{D_{\mathrm{krit}}}\right)^2 \cdot \frac{D_{\mathrm{ad}} - D_{\mathrm{krit}}}{2 \cdot L} \qquad (A.163)$$

Adäquater Durchmesser, ohne Druckverlust

$$D_{\mathrm{ad}} = \sqrt{\frac{4 \cdot V \cdot M}{\pi \cdot R \cdot T \cdot \sqrt{\frac{2 \cdot \kappa}{\kappa - 1} \cdot \rho_{\mathrm{R}} \cdot p_{\mathrm{R}} \left[1 - \left(\frac{p}{p_{\mathrm{R}}}\right)^{\frac{\kappa - 1}{\kappa}}\right]}}} \cdot \frac{\Delta p}{\Delta t} \qquad (A.164)$$

Adäquater Durchmesser, mit Druckverlust

$$D_{\mathrm{ad}} = \sqrt[4]{\frac{128 \cdot L \cdot \nu \cdot V \cdot M \cdot \Delta p_1}{\pi \cdot \Delta p_2 \cdot R \cdot T \cdot \Delta t}} \qquad (A.165)$$

Dichtbreite eine gequetschten O-Ringes

$$L^* = 2 \cdot d \cdot \sqrt{\frac{\mathrm{VSP}}{200} \cdot \left(1 - \frac{\mathrm{VSP}}{200}\right)} \qquad (A.166)$$

Definition der Vorspannung VSP [%]

$$\mathrm{VSP} \equiv \frac{d - h}{d} \cdot 100\,[\%] \qquad (A.167)$$

Tab. A.4 Toleranzen von O-Ringen und O-Ring-Nuten.

Schnurdurchmesser [mm]	Toleranz Nut; Ring [%]	Mindestvorspannung [%]	Maximalvorspannung [%]
$d < 5{,}33$	$\pm 4{,}0$	10	30
$d \geq 5{,}33$	$\pm 3{,}0$	10	22

A.11 Übertragungsregeln – Scale-up-Regeln

Leistungsdichte konstant	$\varepsilon = \text{idem}$	(A.168)
Sauerstofftransfer konstant	$\text{OTR} = \text{idem}$	(A.169)
Scherrate zu Volumenstrom	$\dfrac{\tau}{\dot{V}} = \text{idem}$	(A.170)

A.12 Allgemeine mathematische Regeln

Newton'sche Iterationsregel
$$x_{i+1} = x_i - \frac{y(x_i)}{y'(x_i)} \quad (A.171)$$

Produktregel
$$\frac{d(u(x) \cdot v(x))}{dx} = \frac{du(x)}{dx} \cdot v(x) + \frac{dv(x)}{dx} \cdot u(x) \quad (A.172)$$

Quotientenregel
$$\frac{d\frac{u(x)}{v(x)}}{dx} = \frac{\frac{du(x)}{dx} \cdot v(x) - \frac{dv(x)}{dx} \cdot u(x)}{v(x)^2} \quad (A.173)$$

A.13 Kennzahlen und Sonstiges

Reynolds-Zahl
$$\text{Re} \equiv \frac{n \cdot d_R}{\nu} \quad (A.174)$$

Froude-Zahl
$$\text{Fr} \equiv \frac{n^2 \cdot d_R}{g} \quad (A.175)$$

Newton-Zahl
$$\text{Ne} \equiv \frac{P_R}{\rho_L \cdot n^3 \cdot d_R^5} \quad (A.176)$$

Weber-Zahl

$$\mathrm{We} \equiv \frac{v^2 \cdot d_{P,max} \cdot \rho_L}{\sigma} \quad (A.177)$$

Begasungskennzahl

$$Q \equiv \frac{\dot{V}_G}{n \cdot d_R^3} \quad (A.178)$$

Damköhler-Zahl der 1. Art

$$\mathrm{Da_I} \equiv \frac{k(T) \cdot L}{w} = k(T) \cdot \tau = \frac{\text{Reaktionsgeschwindigkeit}}{\text{konvektiver Transport}} \quad (A.179)$$

Ereigniskennziffer zur Beurteilung von Scherereignissen und deren Auswirkung

$$E \equiv \frac{\rho_L \cdot (v + \varepsilon) \cdot D \cdot t \cdot f}{\sigma \cdot f(\eta/d_P)} \quad (A.180)$$

Einflussfaktor Kolmogorow-Wirbeldurchmesser zu Partikeldurchmesser

$$f\left(\frac{\eta}{d_P}\right) = 1 - \frac{\eta/d_P}{K + \eta/d_P} \quad (A.181)$$

Damköhler-Zahl der 2. Art

$$\mathrm{Da_{II}} \equiv \frac{k(T)}{k_L \cdot a}$$

$$= \frac{\text{Reaktionsgeschwindigkeit}}{\text{Stoffübergang PG}} \quad (A.182)$$

Bodenstein-Zahl

$$\mathrm{Bo} \equiv \frac{w \cdot L}{D_{ax}} = \frac{\text{konvektiver Transport}}{\text{Dispersion (Diffusion)}} \quad (A.183)$$

Thiele-Modulus

$$\phi \equiv \sqrt{\frac{q_{O_2,max} \cdot X \cdot r_P^2}{D_{O_2}^e \cdot c_{O_2,L}} \cdot \frac{C}{K_O^* + C}} \quad (A.184)$$

A.14

Kostenschätzung – Wirtschaftlichkeit

Anlagenfaktor mit: n – Anzahl der Apps; ϕ – durchschnittlicher App-Preis [T€]; f_I – Investfaktor = 10 ± 2; f_P – Planungsfaktor; $0{,}12 < a < 0{,}25$; $0{,}3 < b < 0{,}55$

$$f_A = \left(1 + \frac{f_I \cdot n^a}{2 \cdot \phi^b}\right) \cdot f_P \quad (A.185)$$

Scale-up der Investitionskosten: I – Investitionen; K – Kapazitäten; * – Großmaßstab

$$I^* = I \cdot \left(\frac{K^*}{K}\right)^{0{,}65} \quad (A.186)$$

Marktpreisfindung des Produktes „i": I – Investition; R_a – Jahresrendite; K – Kapazität; H_i – Herstellkosten

$$P_i = \frac{I + R_a \cdot K \cdot H_i}{R_a \cdot K} \quad (A.187)$$

A.15
Konstanten

Allgemeine Gaskonstante $\qquad R = 8{,}314\,[\text{kJ/mol/K}]$ (A.188)

Erdbeschleunigung/Gravitation $\qquad g = 9{,}81\,[\text{m/s}^2]$ (A.189)

Gravitationskonstante G $\qquad G = 6{,}67 \cdot 10^{-11}\,\left[\dfrac{\text{m}^3}{\text{kg} \cdot \text{s}^2}\right]$ (A.190)

Anhang B
Hilfsmittel

B.1
Nomogramm zur Ermittlung des Kontaminationsfaktors

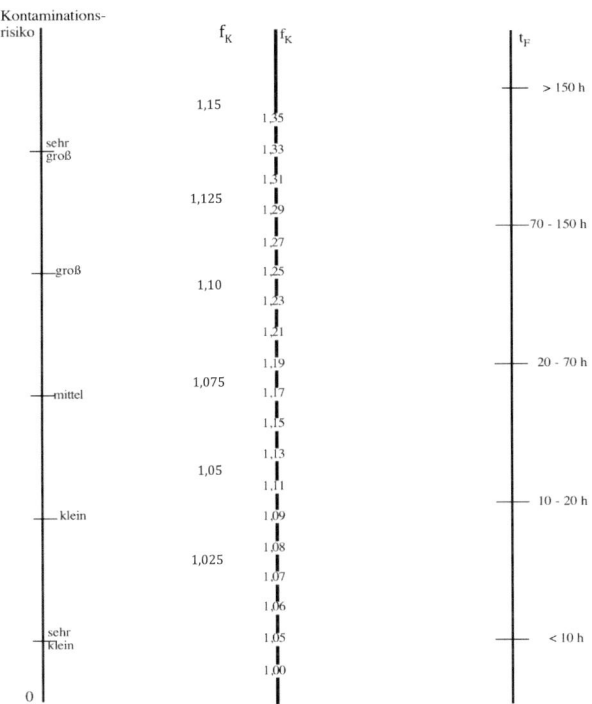

Abb. B.1 Nomogramm zur Ermittlung des Kontaminationsfaktors f_K für Gln. (A.27) und (A.34) [1]. Die Zeit t_F ist dabei die reine Fermentationszeit, also ohne Rüstzeit. Die „Urform" dieses Nomogrammes ist mit Daten aus den 1960er- bis 1980er-Jahren, also vor ±40 bis 50 Jahren, entwickelt worden [1]. Dabei brachten auch sehr alte Anlagen, deren Steriltechnik noch alle Wünsche offen ließen, Beiträge dazu ein. Inzwischen hat sich die Steriltechnik und vor allem auch das Qualitätsmanagement enorm weiterentwickelt, sodass Kontaminationsraten von mehr als 10 bis 15 [%] kaum noch denkbar sind. In diesem Nomogramm ist dieser Umstand durch eine neue f_K-*Säule (f_K-Zahlen links)* berücksichtigt.

Angewandte Bioverfahrensentwicklung, 1. Auflage. Winfried Storhas.
© 2018 WILEY-VCH Verlag GmbH & Co. KGaA. Published 2018 by WILEY-VCH Verlag GmbH & Co. KGaA.

B.2
Unterteilung von Bioreaktoren

B.2.1
Bioreaktorgruppe 1 – pneumatisch und hydraulisch betrieben

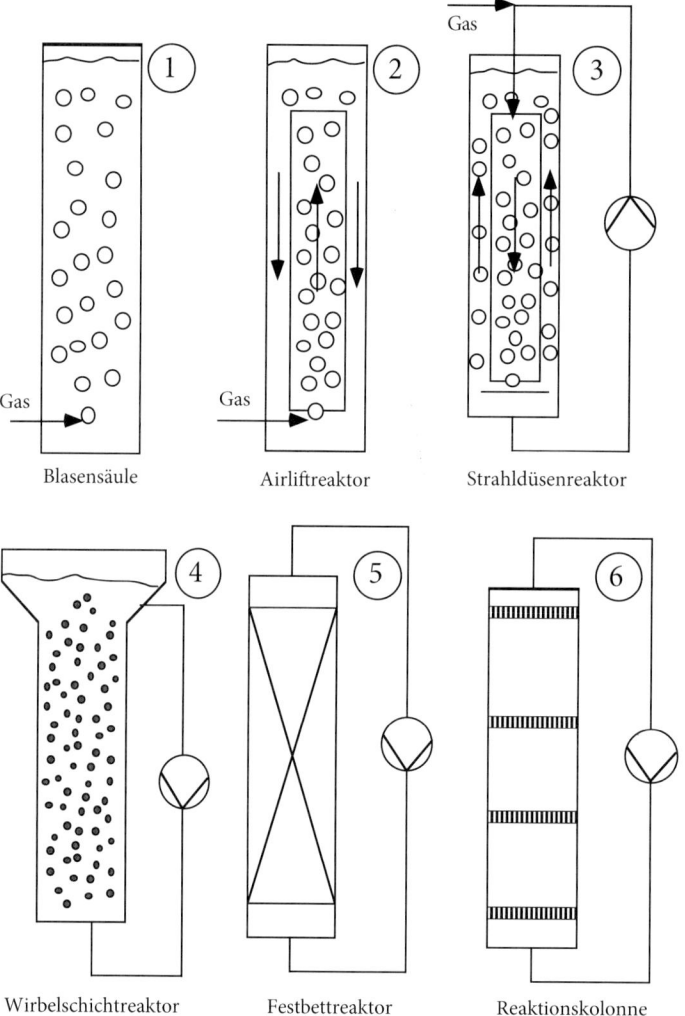

Abb. B.2 Beispielhaft sechs Bioreaktoren zur Auswahl für verschiedene Prozesse. Die Reaktoren 1 und 2 sind pneumatisch und 3 bis 6 hydraulisch betrieben.

B.2.2
Bioreaktoren 2 – hydraulisch und mechanisch betrieben

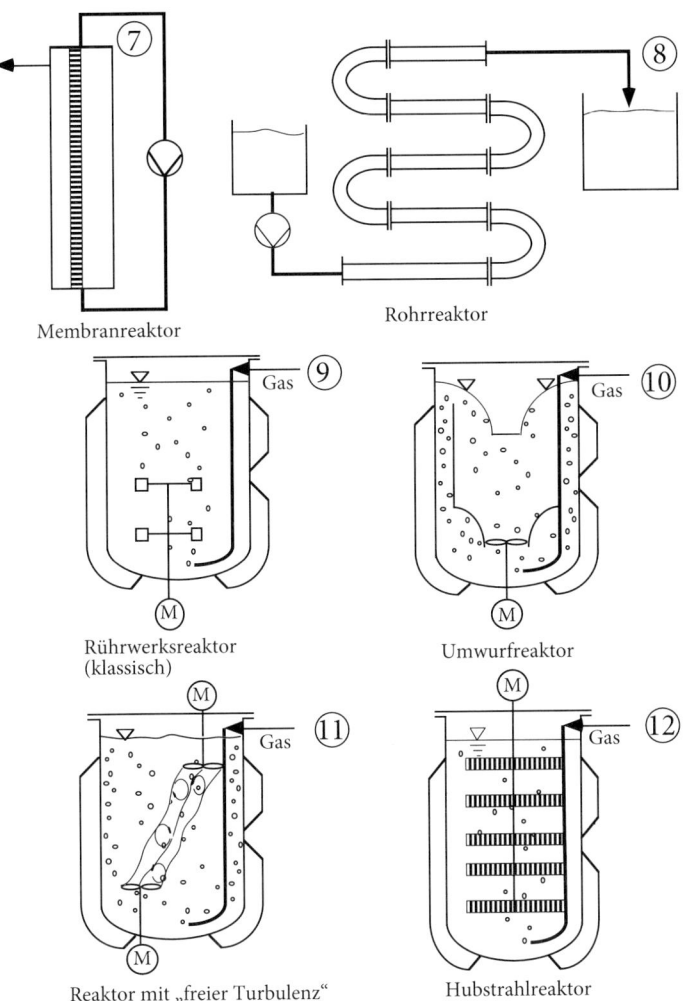

Abb. B.3 Beispielhaft sechs Bioreaktoren zur Auswahl für verschiedene Prozesse. Die Reaktoren 7 sowie 8 sind hydraulisch und 9 bis 12 mechanisch betrieben.

B.3
Tabelle der Einsatzbereichsmöglichkeiten der zwölf Bioreaktoren

Tab. B.1 Einsatzbereichsmöglichkeit von 12 ausgewählten Bioreaktoren. Die Symbole bedeuten: ↓ – niedrig; ↓↓ – sehr niedrig; ↑↑ – sehr hoch; b – Batch; k – kontinuierlich. Aus dieser Matrix nur die unteren drei Kriterien verwenden.

Kriterium	Dim	Reaktortypen											
		1	2	3	4	5	6	7	8	9	10	11	12
Mech. Antrieb	$\frac{KW}{m^3}$	–	–	15	1	5	7	7	10	10	7	10	10
$k_L a$ (max)	h^{-1}	200	600	2000	400	100	700	800	1000	2000	1500	1500	1200
OTR <	$\frac{g}{l \cdot h}$	1,5	5	15	3	1	6	7	9	15	13	13	10
Max. Volumen	m^3	900	400	300	400	500	80	5	10	400	80	100	200
Viskosität	Pa · s	↓↓	< 0,1	↓	< 0,4	↓↓	↓	↓	↓	> 2	< 2	> 2	> 2
Kosten (relativ)	–	1	2	7	5	3	6	8	4	9	11	12	10
Fahrweise	–	b/k	b/k	b/k	b/k	k	k	k	k	b/k	b/k	b/k	b/k
Schlankheitsgr.	–	5–10	5–10	2–6	3–6	2–6	5–10	–	–	2–3	2–4	1–3	3–5

Tab. B.2 Auswahlkriterienmatrix für zwölf ausgewählte Bioreaktoren. Die Nummern beziehen sich auf die jeweilige Reaktornummer in den Abb. B.2 und B.3. **Hauptmatrix**.

Viskosität		in Pa · s Reaktor →	> 2 9/11/12		< 2 10		< 0,4 3/4/6/7/8		< 0,1 1/2/5	
Pumpfähigkeit des Mediums		Reaktor →	Sehr schlecht 9/11/12		Schlecht 10/1		Gut 2/4/7/8		Sehr gut 3/5/6	
Mech. Belastbarkeit des Mikroorganismus		Reaktor →	Nicht 1/2		Etwas 4/6/9/10				Gut 3/5/7/8/11/12	
Maximale Reaktorgröße		in m^3 Reaktor →	> 500 1		< 400 9/4/12	< 300 2/11	< 100 3/5/6/10		< 10 7	< 5 8
Feststoffgehalt		Reaktor →	Sehr hoch → Sehr gering							
			9	11	12	10	4	2	1	8	3	6	5	7
Schaumbildungs-neigung des Mediums		Reaktor →	Sehr groß → Sehr gering							
			10	3	9	7	11	2	1	8	12	4	5	6
Homogenisierfähigkeit des Mediums		Reaktor →	Sehr schlecht → Sehr gut							
			10	9	11	12	8	3	6	5	4	7	2	1
Wärme- und Stofftransport		Reaktor →	Sehr groß → Sehr klein							
			3	9	10	11	12	8	7	6	2	4	1	5
Sterilitätsanforderungen		Reaktor →	Sehr groß → Sehr klein							
			1	2	3	4	8	9	10	11	7	12	6	5
Biologische Sicherheit		Reaktor →	Sehr groß → Sehr klein							
			1	2	3	4	8	9	10	11	7	12	6	5

B.4 Kritische Stellen

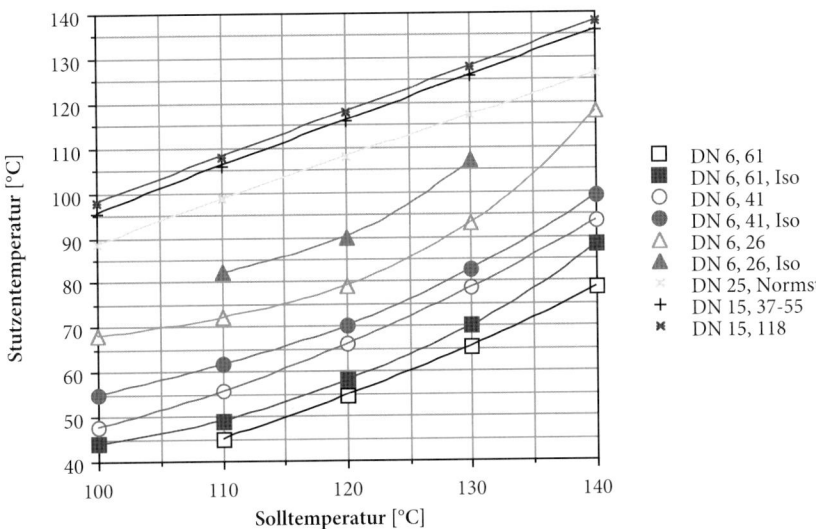

Abb. B.4 Stutzentemperatur über Solltemperatur bei verschiedenen Stutzendurchmessern (DN mm), Stutzentypen, Stutzenlängen [mm] sowie mit und ohne Isolation.

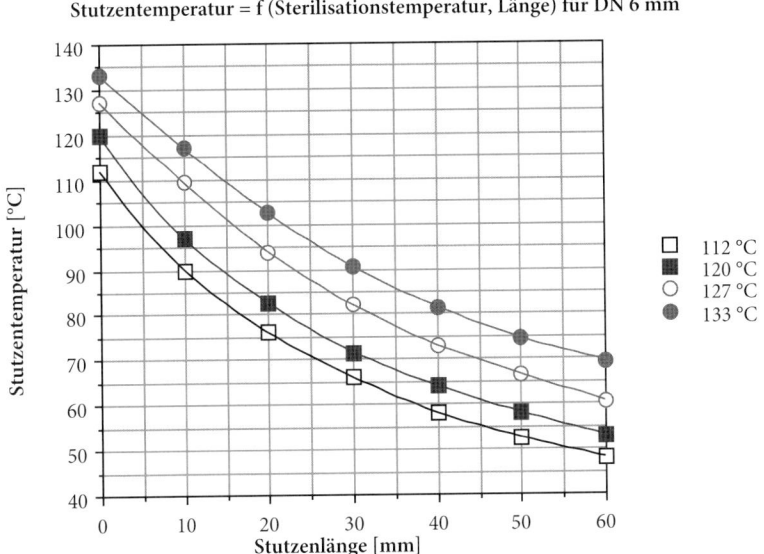

Abb. B.5 Stutzentemperatur über Stutzenlänge bei verschiedenen Solltemperaturen.

B.5
Widerstandsbeiwert an einer umströmten Kugel

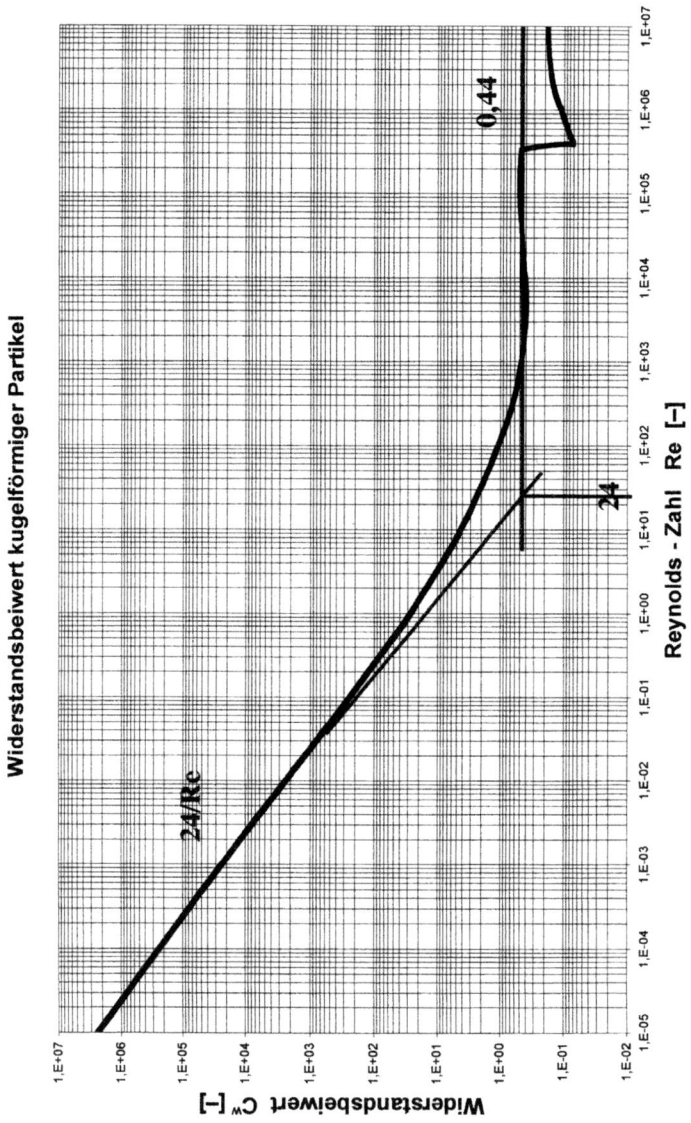

Abb. B.6 Widerstandsbeiwert an einer umströmten Kugel. Man kann fünf Bereiche erkennen. Im laminaren Bereich (1) findet man bis Re $\leq$ 1,0 eine 1/Re-Abhängigkeit. Es schließt sich ein Übergangsbereich (2) an. Bei Re $\geq$ 1000 beginn der turbulente Bereich (3) mit c_W = const. = 0,44, der bis zum Strömungsabriss bei Re = $2 \cdot 10^5$ reicht. Im Bereich (6) stabilisiert sich die Strömung wieder, sodass sich ab Re > 10^7 wieder ein konstanter Wert ergibt (c_W = 0,2).

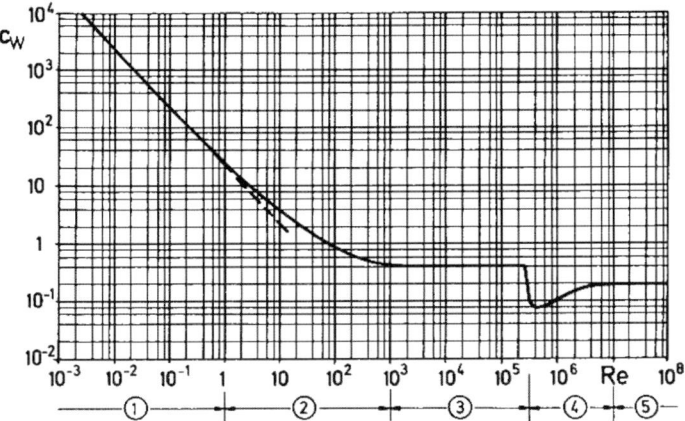

Abb. B.7 Widerstandsbeiwert an einer umströmten Kugel. Man kann fünf Bereiche erkennen. Im laminaren Bereich (1) findet man bis Re $\leq 1{,}0$ eine 1/Re-Abhängigkeit. Es schließt sich ein Übergangsbereich (2) an. Bei Re ≥ 1000 beginn der turbulente Bereich (3) mit $c_W = $ const. $= 0{,}44$, der bis zum Strömungsabriss bei Re $= 2 \cdot 10^5$ reicht. Im Bereich (6) stabilisiert sich die Strömung wieder, sodass sich ab Re $> 10^7$ wieder ein konstanter Wert ergibt ($c_W = 0{,}2$).

B.6
Dampfdruckkurve

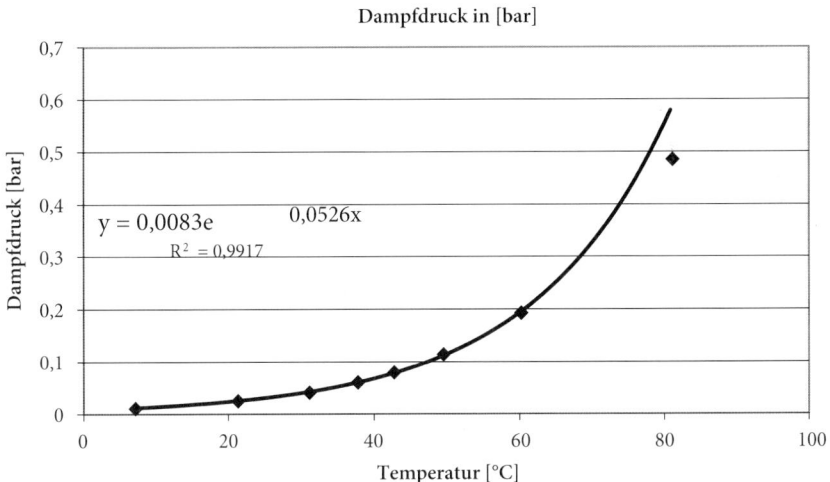

Abb. B.8 Dampfdruckkurve – empirisch ermittelte Gleichung, nur in diesem Bereich gültig!

B.7
Reh-Diagramm zur Auslegung einer Wirbelschicht

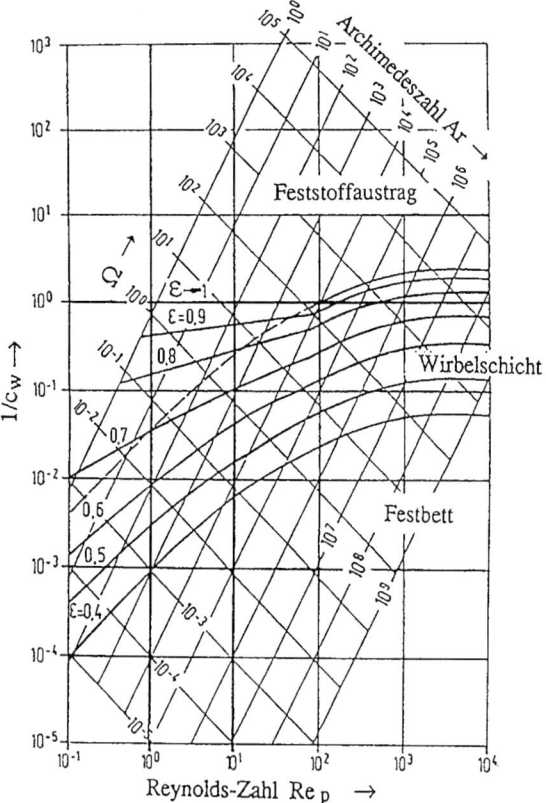

Abb. B.9 Reh-Diagramm [Uni Dresden]. Aufgetragen ist der Kehrwert des Widerstandsbeiwertes über die partikelbezogene Reynolds-Zahl. Als zusätzliche Parameter fungieren die beiden Kennzahlen der Wirbelschicht, die Archimedes- und die Omega-Zahl. Des Weiteren findet man den Lückengrad, der die Ausdehnung der Schüttung, ausgehend vom Wert einer Kugelschüttung von 0,4, beschreibt.

B.8
Mollier-Diagramme

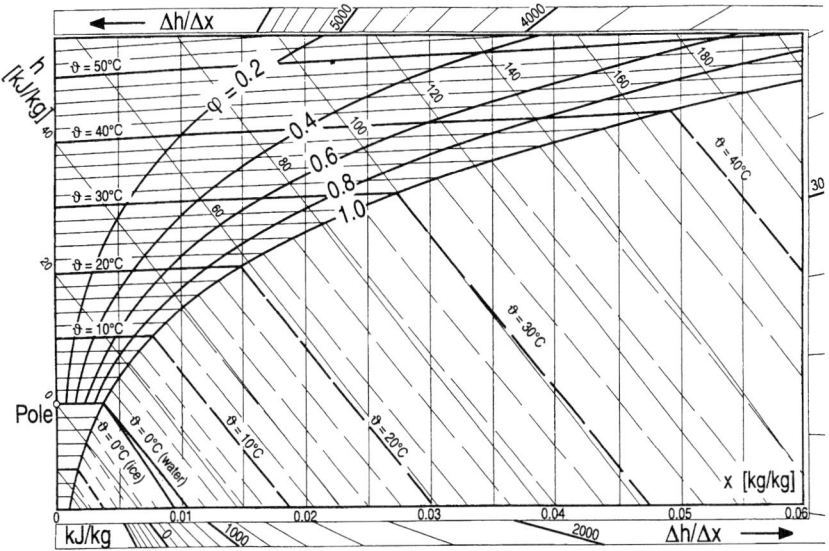

Abb. B.10 Mollier-Diagramm [39] für Temperaturen bis 50 [°C].

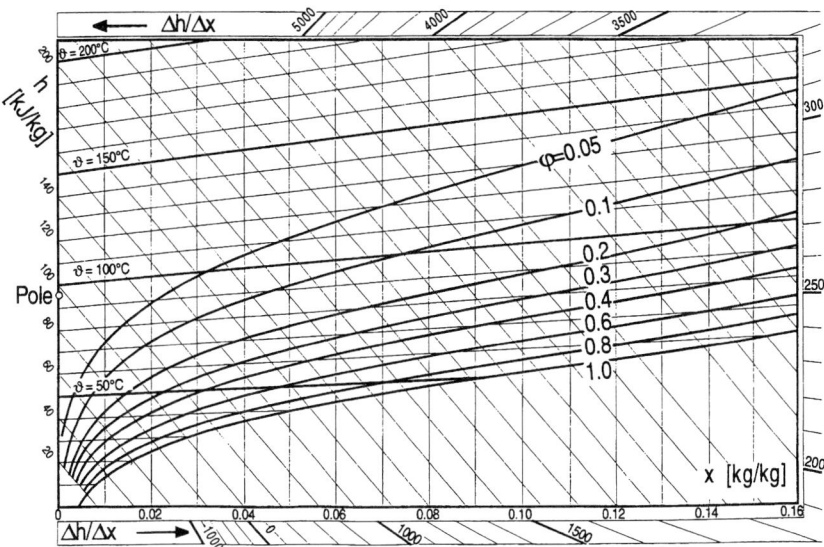

Abb. B.11 Mollier-Diagramm [39] für Temperaturen 150 [°C].

Mollier-h,x-Diagramm für feuchte Luft für p = 1 bar

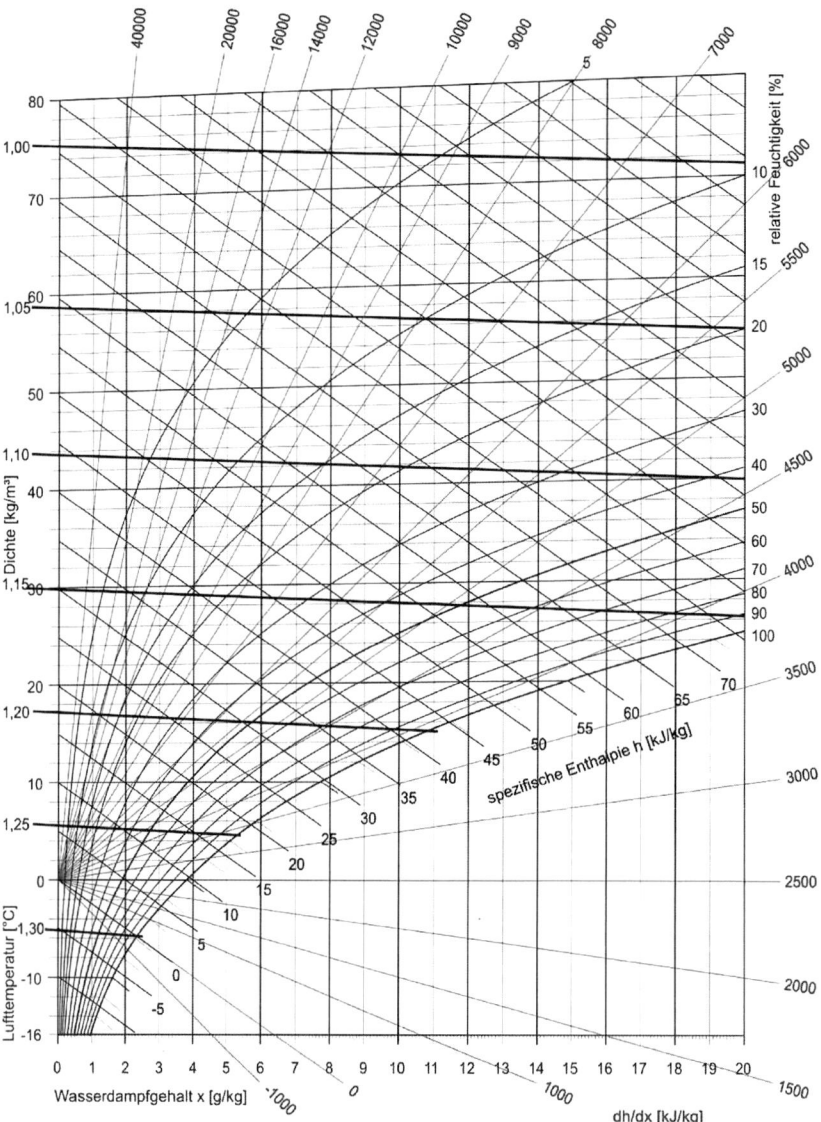

Abb. B.12 Mollier-Diagramm für feuchte Luft (Quelle: Gallegos López, S.: Ruhr-Universität Bochum, Fachlabor Mechanische Verfahrenstechnik).

B.9
Schüttelkolben – Becherglas

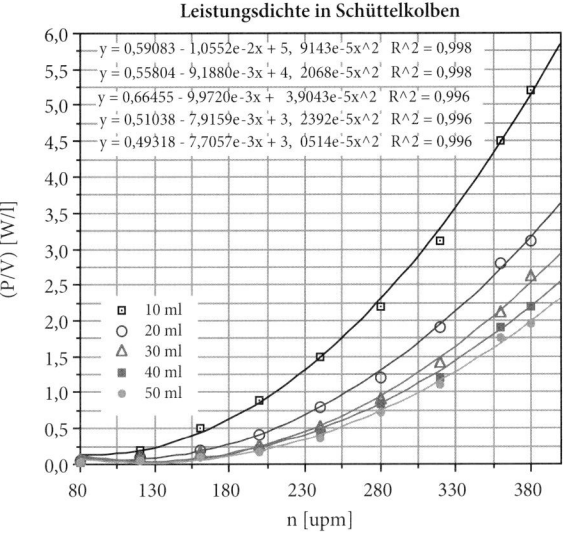

Abb. B.13 Leistungseintrag im hydrophilen 250-mL-Schüttelkolben *ohne* Stromstörer bei verschiedenen Füllvolumen (10 bis 50 [mL]) und einem Schüttelradius (Exzentrizität) von 1,25 cm [2].

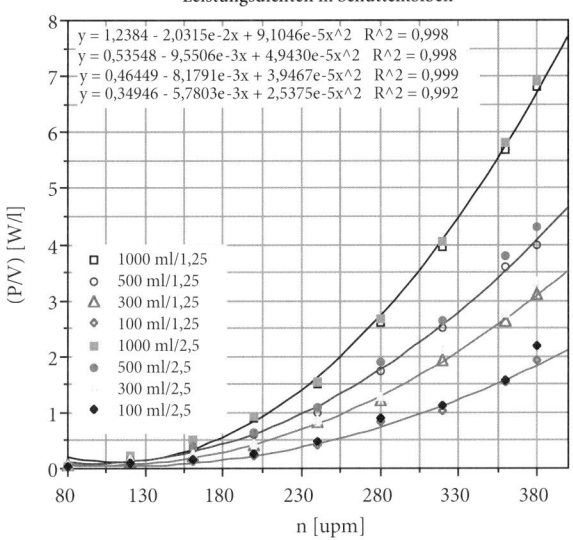

Abb. B.14 Leistungsdichten in einem Schüttelkolben *ohne* Stromstörer als Funktion der Schüttelfrequenz bei unterschiedlichem Schüttelradius (1,25 bzw. 2,5 cm). In diesem Fall hat der Schüttelradius keinen Einfluss auf die erzielbare Leistungsdichte [2].

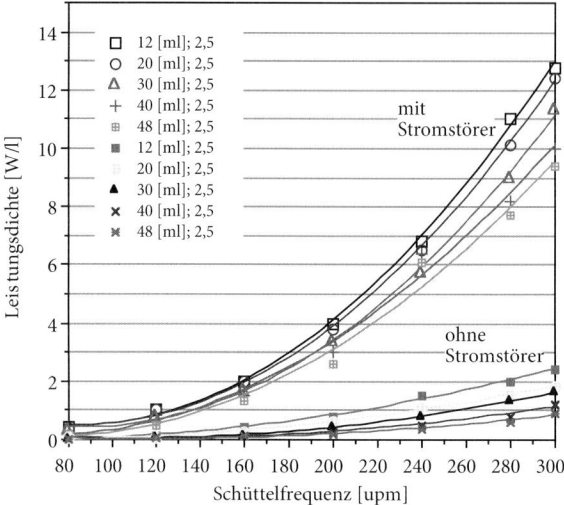

Abb. B.15 Leistungsdichte bei 250-mL-Schüttelkolben mit und ohne Stromstörer als Funktion der Schüttelfrequenz bei verschiedenen Füllvolumina und einem Schüttelradius von 2,5 cm [2].

Anhang C
Ergänzende Hinweise

C.1
Theorie (zu Kapitel 1)

Tab. C.1 Wertetabelle für Abb. 1.30.

$Y^\omega_{CO_2} =$	0,015	0,03	0,045
$RQ =$	$\Psi[1]$	$\Psi[2]$	$\Psi[3]$
0,10	0,70	0,50	0,39
0,20	0,83	0,68	0,58
0,30	0,90	0,79	0,70
0,40	0,94	0,85	0,78
0,50	0,96	0,90	0,85
0,60	0,98	0,93	0,90
0,70	0,99	0,96	0,93
0,80	1,00	0,98	0,97
0,90	1,01	1,00	0,99
1,00	1,01	1,01	1,01
1,10	1,02	1,03	1,03
1,20	1,02	1,04	1,05
1,30	1,03	1,05	1,06
1,40	1,03	1,05	1,08
1,50	1,03	1,06	1,09

Angewandte Bioverfahrensentwicklung, 1. Auflage. Winfried Storhas.
© 2018 WILEY-VCH Verlag GmbH & Co. KGaA. Published 2018 by WILEY-VCH Verlag GmbH & Co. KGaA.

Tab. C.2 SPF-Modell-Parameter.

Stoffdaten [SD]

Parameter	Dimension	Beschreibung
a	–	Exponent $k_L a$-Wert-Berechnung (0,7 integriert)
C	–	Konstante $k_L a$-Wert-Berechnung ($9.3 \cdot 10^{-5}$ integriert)
g	m/s^2	Erdbeschleunigung – 9,81
Henry	$bar \cdot L/mol$	Henry-Koeffizient Sauerstoff
YO2alpha	–	Molenbruch Sauerstoff Zuluft
ro	kg/m^3	Dichte
vis	m^2/s	kinematische Viskosität

Stoffkonzentrationen [SK]

Parameter	Dimension	Beschreibung
cL	mol/m^3	Sauerstoffkonzentration in der Flüssigphase
cLmax	mol/m^3	Sauerstoffkonzentration an der Phasengrenze
DO2	%	Maß für Gelöstsauerstoff
pH	–	pH-Wert
X	g/L	Biomasse
S	g/L	Glycerinkonzentration
F	g/L	Konzentration unbekannte Komponente im FE
P	g/L	Produktgehalt
Yn2w	–	Molenbruch Stickstoff im Abgas
Yo2w	–	Molenbruch Sauerstoff im Abgas

Einstellungsparameter [EP][a]

Parameter	Dimension	Beschreibung
n	upm	Rührerdrehzahl (maßstabsabhängig)[a]
q	vvm	Begasungsrate (maßstabsabhängig)[a]
T	°C	Temperatur

Geometrische Daten [GD]

Parameter	Dimension	Beschreibung
VR,L	m^3	Reaktionsvolumen, wählbar[a]
fR	–	Faktor Rührer-/Reaktordurchmesser[a]
fS	–	Schlankheitsgrad[a]
fH	–	Höhenverhältnis = H'/H
Ne0	–	Newton-Zahl, unbegast[a]

[a] Gehört auch zur Gruppe der Anpassungsparameter.

Tab. C.2 (Fortsetzung).

Berechnungsgrößen [BG]

Parameter	Dimension	Beschreibung
pin	bar	Druck am Boden des Reaktors (Eingang)
H	m	Höhe der Reaktionsflüssigkeit
D	m	Durchmesser des Reaktors
dr	m	Rührerdurchmesser
e	W/kg	Spez. Leistungsdichte
kLa	h^{-1}	Spez. Sauerstofftransportkoeffizient
u1	h^{-1}	Wachstumsrate Glycerin
u2	h^{-1}	Wachstumsrate Acetat
u3	h^{-1}	Wachstumsrate unbekanntes Substrat in FE
u	h^{-1}	Wachstumsrate, gesamt
Neb	–	Newton-Zahl, begast
mF	–	Anpassungsparameter für begaste Newton-Zahl
CLmax	mol/m^3	Sättigungskonzentration (Sauerstoff)
OUR	$mol/m^3/h$	Sauerstoffaufnahmerate
OTR	$mol/m^3/h$	Sauerstofftransferrate aus Flüssigphasenbilanz
ug	m/s	Gasleerrohrgeschwindigkeit

Anpassungsparameter [AP]

Parameter	Dimension	Beschreibung
Ki	g/L	Inhibierungskonstante FE für Acetat
Ks1	g/L	Sättigungskonstante Glycerin
Ks2	g/L	Sättigungskonstante Acetat
Ks3	g/L	Sättigungskonstante FE
Ko1	g/L	Sättigungskonstante Sauerstoff in Wachstum auf Glycerin
Ko2	g/L	Sättigungskonstante Sauerstoff in Wachstum auf Acetat
Ko3	g/L	Sättigungskonstante Sauerstoff ...... auf Fleischextrakt
mo	h^{-1}	Erhaltungsstoffwechsel
umax1	h^{-1}	Max. Wachstumsrate Glycerin
umax2	h^{-1}	Max. Wachstumsrate Acetat
umax3	h^{-1}	Max. Wachstumsrate FE
alpha	h^{-1}	Wachstumsentkoppelte Produktbildungsrate
beta	h^{-1}	Wachstumsgekoppelte Produktbildungsrate
Yxs	–	Ausbeutekoeffizient Biomasse/Glycerin
Yxf	–	Ausbeutekoeffizient Biomasse/FE
Yxp	–	Ausbeutekoeffizient Biomasse/Acetat
Yxo2	–	Ausbeutekoeffizient Biomasse/Sauerstoff
Yxo3	–	Ausbeutekoeffizient Biomasse/Sauerstoff
pout	bar	Kopfraumdruck (maßstabsabhängig)

C.2
Sterilisation

Programm C.1 Modell zur Simulation des kompletten Sterilisationsvorganges, also auch mit Heizen und Kühlen (Grundlage für die Abb. 3.30 bis 3.38).

```
{Systemparameter}
METHOD RK4
STARTTIME = 0
STOPTIME= 100      ; min
DT = 0.02

{Massen-/Wärmebilanzen}
d/dt(SH) = if time <= t1 then k0*60*exp(-Ea/(R*Ta)) else 0 ; -
d/dt(SK) =k0*60*exp(-Ea/(R*Tka)) ; -
d/dt(MH) = if time <= t1 then 100*(1-1/(1+kM0*60*exp(-EaM/(R*Ta))))
else 0 ; %
d/dt(MK) = if time <= t2 then 0
else 100*(1-1/(1+kM0*60*exp(-EaM/(R*Tka)))) ; %

{Kinetiken/Gleichungen}
S = if time <= t1 then 0 else SS
SS = if time >= t2 then 0 else k0*60*exp(-Ea/(R*Tsa))*tster
MM = if time <= t1 then 0 else M2 ; %
M2 = if time >= t2 then 0 else 100*(1-1/(1+kM0*60*exp(-EaM/(R*Tsa))))
    *tster
HILFE = if time <= t1 then 0 else 100*(1-1/(1+kM0*60*
exp(-EaM/(R*Tsa))))*tster ; Unterstützung für Msum-Darstellung
HILFEs = if time <= t1 then 0 else k0*60*exp(-Ea/(R*Tsa))*tster
; Unterstützung für Ssum-Darstellung
Ssum = SH + HILFEs + SK
Msum = MH + HILFE + MK
t1 = 1/fw*logn((TD - To)/(TD - Ts)) ; min - Aufheizzeit bis zu TS
t2 = t1 + tster ; min - bis Ende Haltezeit
t3 =t2 + 1/fw*logn((Ts - TKW)/(TF - TKW)) ; min - bis zum Ende Abkühlung
T = if time <= t1 then TD - (TD - To)*exp(-fw*time) else 0
                                ; °C - Aufheizen
Tk = if time <= t2 then 0 else TKW - (TKW - Ts)*exp(-fw*(time-t2))
; °C - Abkühlen
fw = k*60*AM/(m*cp*1000)    ; 1/min - Bilanzfaktor
Ta = T + 273.15             ; K - Absoluttemperatur aufheizen
Tka = Tk + 273.15           ; K - Absoluttemperatur abkühlen
Tsa = Ts + 273.15           ; K - Absoluttemperatur sterilisieren
Ts = Tss            ; °C - Hilfsgröße zur Darstellung von Ts im Diagramm
TF = Tff            ; °C - Hilfsgröße zur Darstellung von TF im Diagramm
AM = D^2*3.14*(0.24 + fS)   ; m^2 - (Mantel-)Wärmeaustauschfläche
D = (V*4/(fS*3.14))^(1/3)   ; m - Kesseldurchmesser

{Konstanten}
V = 5           ; m^3 - Liquidreaktionsvolumen
m = 5000        ; kg - Massen des Mediums
cp = 4.2        ; kJ/kg/K - Wärmekapazität
```

```
k0 = 4.6*10^40   ; 1/s - Arrhenius-Konstante Inaktivierungskinetik
kM0 = 8.57*10^9  ; 1/s - Arrhenius-Konstante Mediumsschädigung
Ea = 315000      ; J/mol - Aktivierungsenergie Inaktivierung
EaM = 101000     ; J/mol - Aktivierungsenergie Mediumsschädigung
R = 8.314        ; allg. Gaskonstante
k = 500          ; W/m^2/K - Wärmedurchgangskoeffizient
fS = 2.0         ; Schlankheitsgrad
To = 25          ; °C - Starttemperatur
TD = 140         ; °C - Dampftemperatur
Tss = 120        ; °C - Sterilisationstemperatur
Tff = 35         ; °C - Fermentationstemperatur
TKW = 10         ; °C - zweifach gemittelte Kühlmediumstemperatur
tster = 10       ; min - Sterilisationszeit

{Anfangsbedingungen}
init SH = 0
init SK = 0
init MH = 0
init MK = 0

{Begrenzungen}
; keine erforderlich
```

Programm C.2 Modell zur Simulation der Mediumsschädigung in einem Durchflusssterilisator.

```
{Aufgabe 3.4.7 realer Rohrreaktor: 0 < Bo < \infty}
STARTTIME = 0 ; Reaktoreingang
STOPTIME = 1 ; Reaktorausgang, dimensionslose Länge X
rename time = X ; Chi, dimensionslose Länge = x/L

{Bilanzgleichungen}
C'' = - Bo*(C' + Da*C) ; dimensionslose Darstellung

{Kinetiken}
M = 100*(1-C) ; %
koM = ko*exp(-EaM/R/Tsa) ; s^-1
Da = koM*tau
Tsa = Ts + 273.15 ; K

{Startwerte}
init C  = 1.0
init C' = - Da ; erste Ableitung

{Konstanten}
Bo = 50
tau = 15         ; s Haltezeit
ko = 8.56*10^9   ; s^-1 Arrhenius-Konstante
EaM = 101000     ; J/mol Aktivierungsenergie
R = 8.314        ; J/mol/K allg. Gaskonstante
Ts = 135.7       ; °C
```

```
{Begrenzungen}
limit C >= 0
```

C.3
Modellierung und Simulation

C.3.1
Simulation Batch

Programm C.3 Modell zur Simulation eines *Escherichia coli*-Prozesses zur Herstellung von β-Galactosidase auf Glucose und Lactose.

```
{Simulation eines Batch-Prozesses mit Diauxie und experimentellen Daten}
{Systemparameter}
METHOD auto
STARTTIME = 0
STOPTIME  = 7 ; h - Fermentationszeit
DT = 0.02

{Massenbilanzen}
d/dt(x)  = (uges - fd)*x ; g/L/h - Biomasse
d/dt(s1) = - u1*x/yxs1 ; g/L/h - Glucose
d/dt(s2) = - u2*x/yxs2 ; g/L/h - Lactose
d/dt(p)  = (s2/Kps)*(k1*u2 + k2)*x ; g/L/h - Galactosidase

{Kinetiken}
uges = u1 + u2 ; 1/h - Wachstumsrate, ges.
u1 = um1*s1/(ks1 + s1) ; 1/h - ... auf Glucose
u2 = um2*s2/(ks2 + s2 + (s1/ki)^2) ; 1/h - ... auf Lactose

{Konstanten}
um1  = 0.639 {0,73}    {1/h - maximale Wachstumsrate, Gluc}
um2  = 0.712 {0,29}    {1/h - maximale Wachstumsrate, Lac}
ks1  = 0.005 {0,2}     {g/L - Sättigungskonstante, Gluc}
ks2  = 0.12  {0,12}    {g/L - Sättigungskonstante, Lac}
Kps  = 1     {1,0}     {(g/L)^2 - Produktenthemmungsfaktor}
yxs1 = 0.418 {0,4}     {- - Ausbeutekoeffizient Biomasse/Glucose}
yxs2 = 0.73  {0,53}    {- - Ausbeutekoeffizient Biomasse/Lactose}
k1   = 0.05  {0,05}    {- - wachstumsgekoppelter P-Bildungsfaktor}
k2   = 0.02  {0,0375}  {1/h - wachstumsentkoppelter P-Bildungsfaktor}
ki   = 0.745 {0,01}    {- - Substrathemmfaktor, dimensionslos!}
fd   = 0     {0,001}   {1/h - Sterberate}

{Anfangsbedingungen}
init x  = 0.16   {g/L}
init s1 = 11.00  {g/L}
init s2 = 21.00  {g/L}
```

```
init p = 0        {g/L}

{Begrenzungen}
limit s1 >= 0     {g/L}
limit s2 >= 0     {g/L}
```

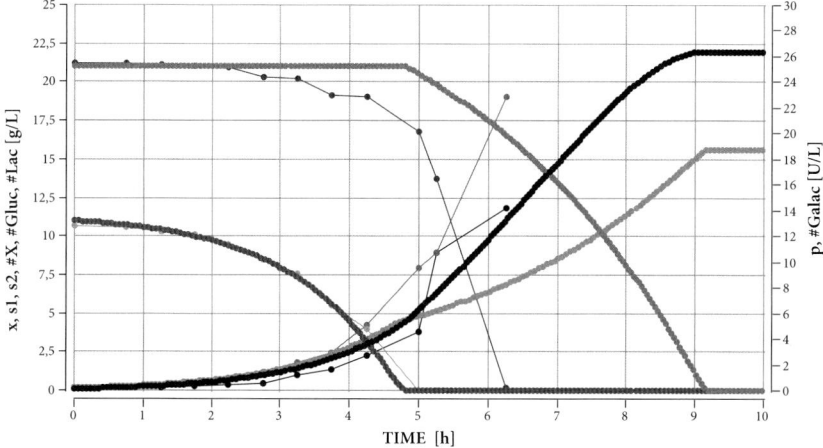

Abb. C.1 Erster Lauf einer Simulation eines *Escherichia coli*-Prozesses zur Herstellung von β-Galactosidase auf Glucose und Lactose. Die Parameter (in Programm C.3 in Klammern) sind noch nicht optimiert.

C.3.2
Fed-Batch

Programm C.4 Modell zur Simulation eines Fed-Batch-Prozesses bei konstantem Volumenstrom und konstanter Zulaufkonzentration. Der einfachste, aber nicht sinnvolle Fall A1!.

```
{Systemparameter}

Method auto
starttime=0
stoptime=40 ; h
DT=0.01

{Massenbilanzen, absolut, [g]}

{1} d/dt(v)  = f            {Änderung des Reaktionsvolumens - L/h}
{2} d/dt(vx) = rx*v         {Biomasseänderung - g/h}
{3} d/dt(vs) = f*sf - rs*v  {Substratänderung - g/h}
{4} d/dt(vp) = rp*v         {Produktänderung - g/h}
```

```
{Kinetiken}
{7a} x=vx/v                 {g/L}
{7b} s=vs/v                 {g/L}
{7c} p=vp/v                 {g/L}
u=um*s/(ks+s)               {1/h}
rx=u*x                      {g/L/h}
rs= rx/yxs + rp/yps         {g/L/h}
rp=(k1+k2*u)*x              {g/L/h}
{5} f1 = if time >= feedtime then f2 else 0
{6} f = if v >= vmax then 0 else f1

{Konstanten}
um=0.3      {1/h}
ks=0.51     {g/L}
k1=0.008    {1/h}
k2=0.5      {-}
yxs=0.48    {g/g}
yps = 0.91  {g/g}
sf=25       {g/L}
feedtime=10 {h}
f2 = 200    {L/h}
vmax = 5000 {L}
vo = 1000   {L}

{Anfangsbedingungen}
INIT v  = vo        {L}
INIT vx = 10        {g}
INIT vs = 10000     {g}
INIT vp = 0

{Begrenzungen}
limit v <= vmax    {L}
limit s >= 0       {g/L}
====================================================
```

Programm C.5 Fed-Batch bei konstanter Feedrate D und Zulaufkonzentration, somit der einfachste, aber nicht sinnvolle Fall AA.

```
Method auto
starttime=0
stoptime=30
DT=0.01

{Massenbilanz}
{1} d/dt(v)  = f            {totale Bilanz; m^3}
{2} d/dt(vx) = rx*v         {Zellbilanz; g/h}
{3} d/dt(vs) = f*sf - rs*v  {Substratbilanz; g/h}
{4} d/dt(vp) = rp*v         {Produktbilanz; g/h}
```

```
{Kinetiken}
x=vx/v                      {g/L}
s=vs/v                      {g/L}
p=vp/v                      {g/L}
u=um*s/(ks+s)               {1/h}
rx=u*x                      {g/L/h}
rs= rx/yxs + rp/yps         {g/L/h}
rp=(k1+k2*u)*x              {g/L/h}
{5} f1 = if time >= feedtime then f2 else 0
{6} f = if v >= vmax then 0 else f1

D  = f/v       ; 1/h - Verdünnungsrate
vr = v/vo      ; 1 - relatives Volumen

{Konstanten}
um = 0.6                    {1/h}
ks = 0.51                   {g/L}
k1 = 0.008                  {1/h}
k2 = 0.08                   {-}
yxs = 0.48                  {g/g}
yps = 0.91                  {g/g}
sf = 15                     {g/L}
feedtime = 10               {h}
f2 = 680                    {L/h}
vmax = 5000                 {L}
vo = 1000                   {L}

{Anfangsbedingungen}
INIT v  = vo                {L}
INIT vx = 10                {g}
INIT vs = 10000             {g}
INIT vp = 0

{Grenzwerte}
limit v <= vmax             {L}
limit s >= 0                {g/L}
```

Programm C.6 Programm zur Simulation eines Fed-Batch-Prozesses bei angepasstem Volumenstrom und konstanter Zulaufkonzentration B.

```
{Systemparameter}
Method RK4
starttime = 0
stoptime = 40 ; h
DT=0.01

{Massenbilanzen, absolut, [g]}
{1} d/dt(v)  = f2     {Volumenänderung - L/h}
{2} d/dt(vx) = rx*v   {Biomasseänderung, g/h}
```

```
{3} d/dt(vp) = rp*v {Produktänderung, g/h}
{4} d/dt(s) = if f2 = 0 then rs else 0

{Substratänderung, g/L/h}

{Kinetiken}
{5} x=vx/v                        ; g/L
{6} p=vp/v                        ; g/L
{7} u=um*s/(ks+s)                 ; 1/h
{8} rx= (u - fd)*x                ; g/L/h -
Wachstums- und Sterberate
{9} rs= - rx/yxs - rp/yps - ms*x
; g/L/h - Substratabbau mit Erhaltungsstoffwechsel
{10} rp=(k1+k2*u)*x               ; g/L/h - Produktbildung
{11} f1 = if s > s1 then 0 else -rs*v/sf  ; L/h - Feedstart
{12} f2 = if v >= vmax then 0 else f1     ; L/h - Feedstopp
{13} yield=v*x                    ; g -Ausbeutekoeffizient
{14} fd = k4/(k5 + S)             ; 1/h - Sterberate

{Konstanten}
s1 = 3          ; gewünschte Konzentration
s2 = 5.5        ; Anfangskonzentration
um = 0.35       ; 1/h - max. Wachstumsrate
ks = 0.35       ; g/L - Sättigungskonstante Monod
k1 = 0.03       ; 1/h - wachstumsentkoppelte P-Bildungsrate
k2 = 0.08       ; 1 - wachstumsgekoppelte P-Bildungsrate
yxs = 0.3       ; 1 - Substrat - Biomasseausbeutekoeffizient
yps = 0.7       ; 1 - Substrat - Produktausbeutekoeffizient
sf = 15         ; g/L - Zulaufkonzentration
k4 = 1e-4       ; 1/h - max. Sterberate
k5 = 0.008      ; g/L - Sterberate
ms = 0.1        ; 1/h - Erhaltungskonstante, Substrat
vo = 1000       ; L - Anfangsvolumen
vmax = 5000     ; L - max. Volumen

{Anfangswerte}
init s = s2     ; g/L
INIT v=vo       ; L
INIT vx=10      ; g entspricht einer Konzentration von 0.01 g/L
INIT vp=0       ; g

{Limitierungen}
limit v <= vmax ; L
limit s >= 0
```

Programm C.7 Programm zur Simulation eines Fed-Batch-Prozesses bei angepasster Zulaufkonzentration und konstantem Volumenstrom.

```
{Systemparameter}
Method RK4
starttime=0
stoptime=50  ; h
DT=0.01

{Massenbilanzen in Gramm, g/h}
{1} d/dt(v) = f1                        {Volumenänderung}
{2} d/dt(vx) = rx*v                     {Biomasseänderung, g/h}
{3} d/dt(vp) = rp*v                     {Produktänderung, g/h}
{4} d/dt(s) = if f1 = 0 then - rs else 0 {Substratänderung, g/L/h

{Kinetiken}
x=vx/v  ; g/L
p=vp/v  ; g/L
u=um*s/(ks+s)                    ; 1/h
rx= (u - fd)*x                   ; g/L/h -
Wachstums- und Sterberate
rs= rx/yxs + rp/yps + ms*x       ; g/L/h -
Substratabbau mit Maintenance
rp=(k1+k2*u)*x                   ; g/L/h - Produktbildung
{7} sf = if f1=0 then 0 else rs*v/f1 ; g/L - Zulaufkonzentration
{5} f1 = if s > s1 then 0 else f     ; L/h - Start des Feeds
{6} f = if v >= vmax then 0 else f2   ; L/h - Feedende
D = f1/v                         ; 1/h - Verdünnungsrate
vr = v/vo                        ; 1 - relatives Volumen (spezifisches)
yield=v*x                        ; g - Ausbeute an Biomasse
fd = k4/(k5 + S)                 ; 1/h - Sterberate

{Konstanten}
f2 = 500      ; L/h - Volumenstrom
s1 = 3        ; g/L - gewünschte Konzentration
s2 = 5        ; g/L - Anfangskonzentration
um = 0.3      ; 1/h - max. Wachstumsrate
ks = 0.1      ; g/L - Sättigungskonstante Monod
k1 = 0.03     ; 1/h - wachstumsentkoppelte P-Bildung
k2 = 0.08     ; 1 - wachstumsgekoppelte P-Bildung
yxs = 0.3     ; 1 - Substrat - Biomasseausbeute
yps = 0.7     ; 1 - Substrat - Produktausbeute
k4 = 0.1      ; 1/h - max. Sterberate
k5 = 0.01     ; g/L - Sterberatekonstante
ms = 0.1      ; 1/h - Erhaltungsstoffwechselkonstante
vo = 1000     ; L - Anfangsvolumen
vmax = 5000   ; L - Endvolumen

{Anfangswerte}
init s = s2   ; g/L
INIT v=vo     ; L
INIT vx=10    ; g - entspricht 0.01 g/L
```

```
INIT vp=0     ; g

{limitations}
limit v <= vmax ; L
limit s >= 0
```

==

C.3.3
KONTI (A)

Programm C.8 Anfahrphase der kontinuierlichen Fahrweise bis zum stationären Zustand = Steady State – CSTR-Anfahrphase, Biostat bei Bo = 0 → Abb. 3.68.

```
{Systemparameter}
METHOD RK4
STARTTIME = 0  {h}
STOPTIME=20    {h}
DT = 0.02      {h}

{Massenbilanzen}
d/dt (X) = X*(mu - D)              ; g/L/h
d/dt (S) = D*(Sf - S) - mu*X/Yxs   ; g/L/h
d/dt (P) = rp - D*P                ; g/L/h

{Kinetiken}
mu = mumax*S/(Ks + S)              ; 1/h
rp = (k1 + k2*mu)*X                ; g/L/h
D = if time >= start then D1 else 0 ; 1/h

{Konstanten}
start = 3      ; h
D1 = 0.7       ; 1/h
mumax = 0.9    ; 1/h
Ks = 0.2       ; g/L
Yxs = 0.4
k1 = 0.08      ; 1/h
k2 = 0.26      ; 1
Sf = 20        ; g/L
So = 3.0       ; g/L

{Anfangsbedingungen}
init X = 0.1   ; g/L
init S = So    ; g/L
init P = 0     ; g/L

{Begrenzungen}
limit S >= 0   ; g/L
```

==

C.3.4
KONTI (B) (CSTR Steady-State)

Programm C.9 Programm CSTR Steady State.

```
{Chemostat bei Bo = 0}

{Systemparameter}
METHOD auto
STARTTIME = 0.1 {h}
STOPTIME= 1     {h}
DT = 0.02       {h}
rename time = D

{Massenbilanzen}

{1} S = if D >= mumax then Sf else D*Ks/(mumax - D) ; g/L
{2} X = Yxs*(Sf - S)                                ; g/L
{3} P = (k1 + k2*mu)*X/D                            ; g/L

{Kinetiken}
{4} mu = mumax*S/(Ks + S+S^2/Ki) ; 1/h
prodP = D*P                      ; g/L/h
prodX = D*X                      ; g/L/h

{Konstanten}
mumax = 0.3
Ks = 0.1    ; g/L
Ki = 8      ; g/L
k1 = 0.3    ; 1/h
k2 = 0.8
Yxs = 0.8
Sf = 5      ; g/L

==================================================
```

C.3.4.1 Rohr Typ A (Bo = ∞)

Programm C.10 Rohrreaktor ohne Rückvermischung → Bo = ∞.

```
{Systemparameter}

STARTTIME = 0
STOPTIME = 1
METHOD RK4
rename time = X   ; dimensionslose Länge: X = x/L

{Bilanzgleichungen}
C' = - Da*C       ; dimensionslose Konzentration

{Kinetiken}
```

```
u = um*C/(Ks + C)/3600    ; s^-1
Da = k*tau                ; 1
tau = V/F*3600000         ; s
V = A*L                   ; m^3
A = D^2*3.14/4            ; m^2
w = F/A/360000            ; m/s
Us = (1 - C)*100

{Konstanten}
um = 0.95
Ks = 0.02
D = 0.2      ; m
L = 5        ; m
F = 300      ; L/h
k = 0.01     ; s-1

{Anfangsbedingungen}
init C = 1.0

{limitations}
limit C >= 0
```

C.3.4.2 Rohr Typ B (Bo = 0 < Bo < ∞)

Programm C.11 Realsituation mit Rückvermischung → $0 < Bo < \infty$.

```
{Systemparameter}
STARTTIME = 0
STOPTIME = 1
METHOD RK4
rename time = X

{Bilanzen}
C'' = - Bo*(C' + Da*C)

{Kinetiken}
Da = k*tau
tau = V/F*1000       ; h
V = A*L              ; m^3
A = D^2*3.14/4       ; m^2
Bo = w*L/Dax
w = F/A/3600000      ; m/s
Us = (1 - C)*100

{Konstanten}
Ca = 1.0
k = 0.05             ; 1/h
D = 0.2              ; m
L = 5                ; m
F = 4                ; L/h
Dax = 2.9e-5         ; m^2/s
```

```
{Anfangsbedingungen/Zulauf-}
init C = Ca
init C' = - Da*Ca

{Begrenzungen}
limit C >= 0

=====================
```

C.4
Löslichkeit von Gasen in Wasser u. ä.

Bei Gasen ist die Löslichkeit von Temperatur und Druck abhängig. Die folgende Tabelle zeigt die Löslichkeitskoeffizienten von reinem Sauerstoff, reinem Stickstoff und reinem CO_2 in g(Gas)/kg(Wasser)/bar [41]:

$$\text{Henry} = \text{Löslichkeitskoeffizient}^{-1} \cdot M_i \cdot \rho_L^{-1} \; [\text{bar} \cdot \text{L/mol}]$$

Tab. C.3 Löslichkeit von Gasen in Wasser.

T (°C)	Sauerstoff	Stickstoff	CO_2
0	0,0676	0,0281	3,26
10	0,0526	0,0226	2,28
20	0,0428	0,0190	1,67
30	0,0364	0,0166	1,28
50	0,0291	0,0137	0,82
70	0,0258	0,0129	0,59
90	0,0246	0,0125	–

Tab. C.4 Löslichkeit von gängigen Gasen in Wasser [mol/mol/bar] in Abhängigkeit der Temperatur [40].

T [°C]	NH_3	SO_2	Cl_2	CO_2	O_2	N_2
10	0,42	0,043	0,0024	$9{,}0 \cdot 10^{-4}$	$2{,}9 \cdot 10^{-5}$	$1{,}5 \cdot 10^{-5}$
20	0,37	0,031	0,0017	$6{,}5 \cdot 10^{-4}$	$2{,}3 \cdot 10^{-5}$	$1{,}3 \cdot 10^{-5}$
30	0,33	0,023	0,0014	$5{,}3 \cdot 10^{-4}$	$2{,}0 \cdot 10^{-5}$	$1{,}2 \cdot 10^{-5}$
40	0,29	0,017	0,0012	$4{,}2 \cdot 10^{-4}$	$1{,}8 \cdot 10^{-5}$	$1{,}1 \cdot 10^{-5}$

C.5
Dampftabelle

Tab. C.5 Auszug aus einer Dampftabelle [21] (die Zahlenwerte sind grob gerundet!) → Hinweis in Abschn. 3.4.7.

T [°C]	Druck [bar]	Dichte [kg/m³]
50	0,12	0,081
75	0,40	0,25
95	0,85	0,51
100	1,013	0,59
120	1,99	0,885
140	3,85	2,15
160	6,21	3,35

C.6
Faustwerte – Standardwerte – Erfahrungswerte

Tab. C.6 Faustwerte für die Fermentation.

Parameter	Einheit	Wert	Bemerkung	Quelle
ΔH – Reaktionswärme über O_2-Verbrauch	kJ/mol$_{O_2}$	500	Gilt für aerobe Prozesse	[2]
k – Wärmedurchgang	W/m²/K	250 … 500	Je nach Fouling-Zustand	[2]
T_S – Standardsterilisationstemperatur	°C	121	US-Standard: 250 [F]	[2]
t_S – Standardsterilisationszeit	min	10 … 30	Erfahrungswert	[2]
ΔT – Wand-/Innentemperatur	K (°C)	≤ 10	Empfehlung, um Temperaturschock zu reduzieren	[1]
Re für hochturbulente Strömungen Bo → ∞	-	12 000	z. B. für Durchflusssterilisatoren	[2]
Strömungsgeschwindigkeiten Flüssigkeiten, max.	m/s	≈ 1,0	In Transportrohrleitungen, in Spezialfällen → bis zehnfach	
Strömungsgeschwindigkeiten Gase, max.	m/s	≈ 10	In Transportrohrleitungen, in Spezialfällen → bis zehnfach	
Verdünnungsraten	h^{-1}	0,01 … 1,0 …	$= f(\mu)$	
Leistungsdichten	W/kg	… 0,1 … 1,0	Homogenisieren – suspendieren – dispergieren, Zellkultur auch ±0,025, hoher Wert auch 5,0	[1]

Tab. C.7 Fermentationsparameter.

Parameter	Einheit	Wert	Bemerkung	Quelle
Wachstumsraten (μ)	h^{-1}	0,0001 bis 0,001 0,01 bis 1,5 0,1 bis 5,0	Zellkulturen Hefen, Pilze Bakterien	[2]
Monod-Konstanten	g/L	0,001 bis 5 …	Affinitätsabhängig	

Tab. C.8 Standardwerte für die Reaktorauslegung.

Parameter	Einheit	Wert	Bemerkung	Quelle
Auslegungstemperatur	°C	130 bis 150	T_{max} richtet sich nach den Bedingungen der Sterilisation	[1]
Auslegungsdruck	bar	3 bis 6	Dampfdruck bei der Sterilisation 30 [%] Druckprüfung	[1]
Material		1.4571 (V4A) 1.4435 (V2A)	Edelstähle, kein Titananteil bei Elektropolitur	[1]
Oberfläche	Korn	240	Mittenrauigkeit 2 bis 4 [µm]	[1]

Literatur

1. Storhas, W. (1994) *Bioreaktoren und periphere Einrichtungen*, Verlag Vieweg, Wiesbaden, ISBN 3-528-06510-9.
2. Storhas, W. (2013) *Bioverfahrensentwicklung*, Wiley-VCH Verlag GmbH.
3. Sattler, K. und Adrian, T.: (2007) *Thermische Trennverfahren – Aufgaben und Auslegungsbeispiele*, Wiley-VCH Verlag GmbH, Weinheim, ISBN 978-3-527-31022-7.
4. Draxler, J. und Siebenhofer, M. (2014) *Verfahrenstechnik in Beispielen – Problemstellungen, Lösungsansätze, Rechenwege*, Springer Vieweg Fachmedien, Wiesbaden, ISBN 978-3-658-02739-1.
5. Potempa, M. (2003) Entwicklung eines apparativ einfachen Verfahrens zur Newtonzahlbestimmung, Studienarbeit Hochschule Mannheim.
6. Nixayathirath, V. (2015) Charakterisierung des Wave Bioreaktors EH20/50 im Hinblick der Scale-Up Kriterien: Mischzeit, spezifischen Sauerstofftransportkoeffizienten kLa und spezifischer Leistungseintrag, Bachelorarbeit Hochschule Mannheim.
7. Wehner, J.F. und Wilhelm, R.H. (1956) Boundary conditions of flow reactor. *Chem. Eng. Sci.*, **6**, 89–93.
8. Gruß, G. (2009) Untersuchung von kritischen Stellen am 400 Liter Bioreaktor im Zusammenhang mit der Insitu-Sterilisation, Studienarbeit Hochschule Mannheim.
9. Horak, F.P. (1980) Über die Reaktionstechnik der Sporenabtötung und chemischer Veränderungen bei der thermischen Haltbarmachung von Milch zur Optimierung von Erhitzungsverfahren, Dissertation, TH München-Weihenstephan.
10. Spanowsky, S. (2005) Untersuchungen mit *Vibrio natriegens* im Scale-up Verfahren: Verifizierung der synchronisierten Parallelfermentation Nr. 5, Studienarbeit Hochschule Mannheim.
11. Wisslyz (2015) Bericht über Realgymnasium Meran, ARD Alpha.
12. Kochner, A. (1987) Untersuchungen zur Auswirkung auf die erreichbare Temperatur in Toträumen während der Sterilisation; Studienarbeit Hochschule Mannheim.
13. Flickinger, M.C. (ed.) (2010) *Encyclopedia of Industrial Biotechnology: Bioprocess, Bioseparation, and Cell Technology*, 7 Volume Set, John Wiley & Sons, ISBN 978-0-471-79930-6.
14. Storhas, W. (2003) Vortrag auf der GDL-Tagung in Stuttgart.
15. Diem, A. und Stauder, S. (2003) Mediumsoptimierung für den Stamm *Vibrio natriegens* unter dem Aspekt der Kostenreduzierung, Studienarbeit Hochschule Mannheim.
16. Sander, R. (2015) Compilation of Henry's law constants (version 4.0) for water as solvent. *Atmos. Chem. Phys.*, **15**, 4399–4981.
17. Kamga, H. (2009) Untersuchungen zur Bestimmung der Sauerstofflöslichkeit in Verbindung mit Sauerstoffmesssystemen nach Clark und einem optischen Sensor, Studienarbeit Hochschule Mannheim.
18. Martin, J. (2007) What does the cell see? Investigation of physiological and physical status of oxygen in a bioreactor

Angewandte Bioverfahrensentwicklung, 1. Auflage. Winfried Storhas.
© 2018 WILEY-VCH Verlag GmbH & Co. KGaA. Published 2018 by WILEY-VCH Verlag GmbH & Co. KGaA.

during an *E. coli* fermentation with different salt concentrations, Diplomarbeit Hochschule Mannheim.
19 http://de.wikipedia.org/wiki/Diffusionskoeffizient und http://de.m.wikipedia.org/wiki/Antoine-Gleichung, letzter Zugriff jeweils: 9.2.2018.
20 Doran, P.M. (2012) *Bioprocess Engineering Prinziples*, Academic Press, Print ISBN-10: 012220851X, Print ISBN-13: 978-0122208515.
21 DUBBEL (1970) *Taschenbuch für den Maschinenbau*, 13. Aufl. (neueste Auflage 23, 2011), Springer, Berlin, Heidelberg, New York.
22 Schultz, M. (2002) Untersuchungen zur Fermentation von *Vibrio natriegens* unter Verwendung verschiedener Monitorsysteme und Einbezug von Maßstabsübertragungsregeln, Diplomarbeit Hochschule Mannheim.
23 Landesanstalt für Umwelt, Messungen und Naturschutz Baden-Württemberg (LUBW) (2013) http://www4.lubw.baden-wuertemberg.de/servlet/is/18340, letzter Zugriff: 14.1.2018.
24 INTELLIGEN, INC. 2326 Morse Avenue, Scotch Plains, NJ 07076, www.intelligen.com.
25 Meersmann, A. (1975) Auslegung und Maßstabsvergrößerung von Rührapparaturen. *Chemie-Ingenieur-Technik*, **47** (23), 953–996.
26 Bierl, A. (1985) Untersuchungen zur Dichtigkeit in Chemieanlagen, Dissertation, Technische Universität Karlsruhe.
27 Storhas, W. (2010) Bioreactors: Fluidized-bed (EIB 147), in *Encyclopedia of Industrial Biotechnology: Bioprocess, Bioseparation and Cell Technology (EIB)*, Wiley (http://onlinelibrary.wiley.com/doi/10.1002/9780470054581.eib147/abstract, letzter Zugriff: 8.2.2018).
28 GenTSV www.gesetze-im-internet.de/gentsv siehe auch https://www.bmel.de/DE/Landwirtschaft/Pflanzenbau/Gentechnik/_Texte/Gentechnikrecht.html, letzter Zugriff jeweils: 8.2.2018.
29 Müller, M., Bellut, K., Tippmann, J. und Becker, T. (2016) Physikalische Verfahren zur Entalkoholisierung verschiedener Getränkematrizes und deren Einfluss auf qualitätsrelevante Merkmale. *Chem. Ing. Tech.*, **88** (12), 1911–1928.
30 Landwehr, B. (2010) Thermische Verfahrenstechnik – Vorlesungsmanuskript, Hochschule Mannheim.
31 Sattler, K. (2001) *Thermische Trennverfahren – Grundlagen, Auslegung, Apparate*, Wiley-VCH Verlag GmbH, Weinheim, New York, Chichester, Brisbane, Singapore, Toronto, ISBN 3-527-30243-3.
32 Schlimbach, M. (2009) Beitrag zur technischen Entwicklung der Bioenthanol-Herstellung aus Rüben im Festbettreaktor, Dissertation, Martin-Luther-Universität Halle-Wittenberg.
33 Brestrich, B. (2008) BTP-Biotechnisches Praktikum-Abschlussbericht/Marktstudie, Hochschule Mannheim.
Brestrich, B. (2008) Studie im Rahmen des Biotechnologischen Praktikums – Hochschule Mannheim.
34 www.biolabor.de/milch/index.html.
35 www.dorispaas.de/laktase#dosierung.
36 Blasius in http://www.math-tech.at/Beispiele/upload/gra_Druckverlust_in_Rohrleitungen.PDF, letzter Zugriff: 8.2.2018.
37 Arnold, G. und Netz, H. (Hrsg.) (1965) *Formeln der Mathematik*, Georg Westermann Verlag, Braunschweig, Berlin, Hamburg, München, Kiel, Darmstadt.
38 Papula, L. (1998) *Mathematische Formelsammlung*, Vieweg Verlag, Braunschweig/Wiesbaden, ISBN 3-528-44442-8.
39 Kessler, H.G. (2002) *Food and Bio Process Engineering – Dairy Technology*, Verlag A. Kessler, München, ISBN 3-9802378-5-0.
40 Katoh, S. und Yoshida, F. (2015) *Biochemical Engineering*, Wiley-VCH Verlag GmbH, ISBN 978-3-527-32536-8.
41 http://www.wissenschaft-technik-ethik.de/wasser_loesung.html, letzter Zugriff: 8.2.2018.

Weiterführende Literatur

Storhas, W., Hoffmann, D. und Reuter, M. (2005) Testsystem für die Findung von Übertragungsregeln biotechnologischer Reaktionen – BMBF-Projekt FKZ 170 5202, Hochschule Mannheim.

Albrich, W. (1970) *Angewandte Strömungslehre*, Verlag Theodor Steinkopf, Dresden.

Haner, F. und Kurzhals, E. (2008) Weiterentwicklung der Synchronisierten Parallelfermentation (SPF) mit *Vibrio natriegens* zur Findung von Übertragungsregeln für biotechnologische Reaktionen unter Berücksichtigung der Inoculuimsdiversität und Einbezug der Modellierung, Studienarbeit Hochschule Mannheim.

Potempa, M. (2004) Mediumsoptimierung für ein biologisches Testsystem und Umsetzung in synchronisierte Parallelfermentationen bis in den 400 Liter-Maßstab, Diplomarbeit Hochschule Mannheim.

Spanowski, J. (2008) BTP-Biotechnisches Praktikum-Abschlussbericht/Marktstudie, Hochschule Mannheim.

Stichwortverzeichnis

A
Abgaskühlung 79, 147, 152
Abtrennung von Ethanol 291
adäquater Durchmesser 135
Ähnlichkeitsgesetze 109
Aktivierungsenergie 12
Anlagenplanung 74, 343
Arrhenius 12
Aufarbeitung 289
Aufheiz- und Abkühlzeiten 92
Auslegung einer Fermentation 261
Auslegung einer Wirbelschicht 156
Auslegungsdruck 83
Austragsgeschwindigkeit 79
Auswahl eines geeigneten Bioreaktors 131, 137
Auswahlkriterienmatrix 406
Auswaschen 294

B
Batch-Fahrweise 304
Begasungsrate 50
Bestimmung der Newton-Zahl 225, 233
Bestimmung des Henry-Koeffizient 218
Beurteilung von Sterilkonstruktionen 129, 136
Bewertung des Sauerstoffsignals 227, 234
Biomassegewinnung 251
Biomassewachstum 97
Bioreaktorauswahl 123
blasenfreie Begasung 80
Blasensäule 254
Blasensäulenreaktor 159
Bodenzahl 300

C
chemische Inaktivierung 176
CO_2-Löslichkeit 239
CSTR 312
CSTR (Biostat) 309

D
Dampfdruck 9
Dehnungsmessstreifen 2
Diauxie 303
Dichtigkeit 83, 126, 134, 140
Dicke der laminaren Grenzschicht um die Zelle 40
Diffusionskoeffizient 252
Dimensionsanalyse 112
Dispergierung 89
DO-Anzeige (Dissolved Oxygen) 26
doppeltwirkende Gleitringdichtung 130, 136
Druckbehälterverordnung 84
Drucktest 83
Durchflusssterilisation ideal und real 182
Durchflusssterilisationsanlage 94
dynamische Methode 43, 45

E
Einbauten 300
Entsorgung 248
Ergebnisdarstellung 365
Ethanolherstellung 346

F
Fed-Batch-Fahrweise 305
feuchte Hitzesterilisation 6, 10
Flüssigphasendynamik 46
Fouling 147

G
Gärbottich 77
β-Galactosidase 344
Gasbilanzierung 50
Gas-hold up 97
Gasphasendynamik 46

Angewandte Bioverfahrensentwicklung, 1. Auflage. Winfried Storhas.
© 2018 WILEY-VCH Verlag GmbH & Co. KGaA. Published 2018 by WILEY-VCH Verlag GmbH & Co. KGaA.

Gegenstromfahrweise 94
Gelöstsauerstoffkonzentration 24
Gesamtdruck 83
Gleichgewichtskurve 292
Gleitringdichtung 136
Grafische Auswertung von
 Sterilisationskinetiken 100
Grenzbereich 11
Grenzgerade 11

H
Henry-Koeffizient 30, 38, 237
Herstellkosten 344
hitzelabile Keime (LABIS) 14
hitzeresistente Keime (RESIS) 14
Hitzesterilisation 10, 176

I
Inaktivierungsgeraden 11
Inaktivierungsgeschwindigkeitskonstanten 12
Inaktivierungskurven 12
Inaktivierungsversuche 100
Inclusion Body (IB) 290, 294
Inhibitor 317
Interpretation des Henry-Koeffizienten 228

K
Kalibrierungsdrehzahl 29
kLa-Bestimmung 43
Kolbenreaktor 287
Kolmogorow-Modell 260
Kolonnen(boden)wirkungsgrad 292
Kontaminationsfaktor 403
Kontaminationsgeschwindigkeit 91
Kontaminationsrisiko 131
Kriterienwertung für die Reaktorauswahl 131
kritische Stellen 6
Kritische Stellen im Sterilbereich 124, 133, 139
Kühltemperatur 93

L
LABIS 14
laminare Grenzschicht 35
Leistungsaufwand beim Mischen 88
Leistungsberechnung 95, 225
Leistungsdichte 1
Limitierungszustand für Sauerstoff 223, 231
Lineweaver-Burk 115
Lockerungsgeschwindigkeit 78, 165
Lockerungspunkt 166
Löslichkeitskoeffizient 30

M
Magnetfischkolben 287
Manuelle Kostenkalkulation 349
Maßstabsübertragung 110
maximale Temperatur 83
maximale Vorspannung 85
McCabe-Thiele-Diagramm 292
mechanische Belastung 90
Mediumskriterium 14, 18, 103
Mediumsschädigungsreaktionen 16
Mediumssterilisation 182
messtechnische Effekte 218
Mindestvorspannung 84
Minitotraum 137
Mischgüte und Scherung 259
Mischkultur 100
Mischzeitbestimmung 88
Mischzeitcharakteristik 88
Modellierung 303
Mono- und Mischkulturen 100
Mustermengen 258

N
Newton'sche Iterationsregel 4
Normstutzen 6
Normzustand für Gas 51

O
Oberflächenbegasung 80
Olivenölproduktion 248

P
Parameterblockbildung 64
pH-Wert-Kontrolle 275
Problemmanagement 117
Problemstellen 81
Produktbildungskinetiken 114
Pumpfähigkeit 48

R
Reaktionsvolumen 86
Reaktionsvolumen durch Iteration 87
realer Temperaturverlauf 184
Reh-Diagramm 159
Relevanzliste 112
Rohrreaktor 180, 312
Rückvermischung 312

S
Sauerstoffauszehrung 81
Sauerstoffsonde 218
Scale-down 110
Scale-up 145, 256
Schaumphänomene 37
Scherung 91

Scherung und Dimensionsanalyse 112
Schnittpunktmethode 2
Schüttelkolben 257, 273, 287
Selbstbegasung 77
Simulation (Modellierung) 57
Simulation Rohrreaktor 326
Sonden 43
Sondendynamik 47
Sorptionscharakteristik 95
Spezifische Stoffaustauschfläche 89
SPF und Scale-up 314
Steady-State-Phase 310
Sterilisation 174
Sterilisationsarbeitsdiagramm 17, 18, 106
Sterilisationskinetik 11
Sterilisationskinetik einer Mischkultur 15
Sterilisationskriterium 12, 18
Sterilkonstruktion 5
Stofftransport 95, 250
Stufenwirkungsgrad 300
Submersbegasung 80
Substrathemmelement 316
Substrathemmung 316
synchronisierte Parallelfermentationen 65

T
Thiaminschädigung 103
Titerreduktion 183
Totraumfreiheit 84

U
Überflutung 99
Umsatzberechnung 96
Undichtigkeit 134

V
Vakuumprozess 346
Verteilungskoeffizient 38
Verweilzeitverteilung 106
Viren 183
Volumenausdehnung 97
Vorspannung 84

W
Wachstumskinetiken 114
Wärmeabfuhr 85
Wärmedurchgangskoeffizienten 147
Wärmetausch und Scale-up 146, 148, 150
wärmetechnische Betrachtungen 143
Wasseraustrag 79, 240
Wasserverluste 144
Wendelreaktor 180
Wirbelschicht 157
Wirkstoffherstellung 254
Wirtschaftlichkeitsbetrachtung 344, 347
Wirtschaftlichkeitsbetrachtung der
    Ethanolherstellung 377

Z
Zusammensetzung feuchter Zuluft 56
Zusammensetzung trockener Zuluft 55
Zweifilmtheorie 35, 95